Springer-Lehrbuch

Springer

Berlin
Heidelberg
New York
Hongkong
London
Mailand
Paris
Tokio

Hans Peter Latscha
Gerald Walter Linti
Helmut Alfons Klein

Analytische Chemie

Chemie – Basiswissen III

Vierte, völlständig überarbeitete Auflage

Mit 177 Abbildungen und 51 Tabellen

Springer

Prof. Dr. Hans Peter Latscha
Anorganisch-Chemisches Institut der Universität Heidelberg
Im Neuenheimer Feld 270, 69120 Heidelberg

Prof. Dr. Gerald Walter Linti
Anorganisch-Chemisches Institut der Universität Heidelberg
Im Neuenheimer Feld 270, 69120 Heidelberg

Dr. Helmut Alfons Klein
Bundesministerium für Arbeit und Sozialordnung
U-Abt. Arbeitsschutz/Arbeitsmedizin
Rochusstr. 1, 53123 Bonn

1. Auflage ist 1984 unter dem Titel „Analytische Chemie"
Heidelberger Taschenbücher, Band 230 erschienen.

ISBN 3-540-40291-8 Springer-Verlag Berlin Heidelberg New York

ISBN 3-540-58456-0 3. Auflage Springer-Verlag Berlin Heidelberg New York

Bibliographische Informationen der Deutschen Bibliothek
Die Deutsche Bibliothek verzeichnet diese Publikation in der Deutschen Nationalbibliographie; detaillierte bibliographische Daten sind im Internet über <http://dnb.ddb.de> abrufbar.

Springer-Verlag Berlin Heidelberg New York
ein Unternehmen der BertelsmannSpringer Science+Business Media GmbH

http://www.springer.de

Umschlaggestaltung: design & production GmbH, Heidelberg

52/3180Sy 5 4 3 2 – Gedruckt auf säurefreiem Papier

Vorwort zur vierten Auflage

Mit dem vorliegenden Buch präsentieren wir den *dritten* Band der Reihe „Chemie Basiswissen" in einer vollständig neu bearbeiteten Auflage; er enthält die Grundlagen der *analytischen Chemie*.

Die klassischen Methoden der *qualitativen* und *quantitativen* Analyse, der *Nachweis der Elemente und funktionellen Gruppen* in organischen Verbindungen und *elektrochemische* Methoden bilden weiterhin den Schwerpunkt des Buches. Den elektrochemischen Methoden wurde besondere Aufmerksamkeit gewidmet, weil sie für Forschung und Betrieb zunehmend an Bedeutung gewinnen.

Auf die immer mehr verfeinerten Methoden der instrumentellen Analytik und ihre Bedeutung wird im zweiten Teil des Buches eingegangen. Um den Rahmen nicht zu sprengen, können allerdings nur die wesentlichen Grundlagen der *optischen Analysenmethoden*, der *kernmagnetischen Resonanzspektroskopie (NMR)*, der *Infrarot (IR)*- und *Ultraviolett (UV)-Spektroskopie*, der *Massenspektroskopie (MS)* und anderer moderner Analysemethoden skizziert werden.

In den letzten Jahren sind die Anforderungen in Bezug auf die klassischen analytischen Methoden stark reduziert worden. Wegen Kürzungen bei der Studienzeit und z.T. noch ungelösten Problemen bei der Entsorgung von Chemikalien wurden viele Reaktionen ersatzlos gestrichen. Dies führt zwangsläufig zu einem Verlust an Fachwissen. Wir haben uns daher – entgegen dem allgemeinen Trend - dafür entschieden, den Inhalt der entsprechenden Kapitel nicht auf die derzeit aktuellen Anforderungen zu beschränken.

Aus dem Gesamtangebot lässt sich ein geeignetes Ausbildungsprogramm entsprechend den lokalen Anforderungen zusammenstellen.

Das Buch wurde so angelegt, dass es zur Prüfungsvorbereitung und als begleitender Lehrtext für Praktika benutzt werden kann von:

- Studierenden der Chemie
- Studierenden des höheren Lehramtes
- Studierenden mit Chemie als Nebenfach (z. B. Physiker, Geowissenschaftler, Biologen und Ingenieure)

Das „essentielle Pflichtprogramm“ der klassischen qualitativen Analyse, wie es in den Praktikumszielen verschiedener Universitäten formuliert ist, haben wir über einen Leitfaden und Randmarken erschlossen. Dieser soll insbesondere Studierenden mit Chemie als Nebenfach eine einfachere Orientierung bei der Erarbeitung von chemischem Grundlagenwissen ermöglichen.

Durch den konsequenten Einsatz einer Akzentfarbe haben wir zudem wesentliche Punkte herausgehoben. Damit soll dem Leser eine Möglichkeit zur Schnellorientierung gegeben werden. So sind z. B. bei den Analysemethoden die Reagenzien *farbig kursiv* und die zugehörigen Ergebnisse **farbig halbfett** gesetzt.

Dem Springer-Verlag und hier insbesondere Herrn P. Enders danken wir für ihre Unterstützung. Zu Dank verpflichtet sind wir auch Frau Karin Stelzer für die Mitarbeit bei der Erstellung des Layouts.

Heidelberg, im Juli 2003

H. P. LATSCHA
G. W. LINTI
H. A. KLEIN

Inhaltsverzeichnis

I. Einleitung

1 Analytische Chemie

Die Analytische Chemie* ist neben Synthese und Theorie eine der Grundsäulen der modernen Chemie. Sie geht bis in die Anfänge der Chemie zurück, denn z. B. zur Erzgewinnung, Heilmittelherstellung, Suche nach dem Elixier des Lebens und der alchemistischen Goldgewinnung mussten Stoffe getrennt, zerlegt und bestimmt werden. Heute ist die analytische Chemie in allen ihren Ausformungen mitbestimmend für den Fortschritt der Wissenschaft, Technik und Medizin. Denn, seien es Computerchips, Lebens- oder Arzneimittel, klinische Tests, Wassergütekontrolle, Schwermetall- und Pflanzenschutzmittel-Rückstände, überall ist die Analytik gefordert. Selbst Archäologie und Kunstgeschichte profitieren von analytischen Verfahren zur Datierung und damit Echtheitsbestimmung von Fund- und Kunstgegenständen.

Die analytische Chemie befasst sich mit der *Qualität* (dem „Was"), der *Quantität* (dem „Wieviel") und der *Struktur* (dem „Wie") von Stoffen. Es gibt eine Vielzahl von Analysenmethoden, weil unterschiedliche Probleme meist unterschiedliche Methoden erfordern. Die Auswahl der geeigneten Methode ist dann von der Zielstellung her vorzunehmen.

Wir wollen in diesem Buch die wichtigsten Analysenverfahren so präsentieren, wie es uns aufgrund langjähriger Erfahrung in Forschung und Lehre im Rahmen eines einführenden Lehrbuchs sinnvoll erscheint.

Zur weiteren Information wurde jedem Kapitel ein ausführlicher Literaturnachweis angefügt.

* $\alpha\nu\alpha\lambda\upsilon\sigma\iota\zeta$ = Zerlegung, Auflösung

2 Vorsichtsmaßnahmen und Unfallverhütung im chemischen Labor

Die meisten Chemikalien, mit denen im chemischen Labor gearbeitet wird, sind in irgendeiner Weise für den Menschen schädlich. Es ist daher erforderlich, bestimmte Regeln zu beachten und vorbeugend Schutzmaßnahmen zu treffen.

Zusätzlich sind die aus dem täglichen Leben allgemein bekannten Gefahren gegeben, z. B. durch elektrischen Strom bei Benutzung fehlerhafter Geräte oder Rutschgefahr auf glatten Fußböden. Sie sind oft die Ursache für besonders schlimme Unfälle mit Chemikalien (z. B. Verspritzen von Säuren nach Stolpern).

Besonderes Augenmerk ist auch auf die ordnungsgemäße Entsorgung von Chemikalienabfällen zu legen (z. B. Sammeln von Schwermetallresten in gesonderten Behältern). Hier sei aber auf die örtlichen Laborordnungen und Betriebsanweisungen verwiesen.

2.1 Wichtige Laborregeln beim Umgang mit chemischen Stoffen

Die folgenden Laborregeln haben sich als besonders wichtig erwiesen:

- Arbeiten Sie nie allein im Labor.
- Tragen Sie stets eine Schutzbrille.
- Benutzen Sie immer den Abzug bei Arbeiten mit giftigen, ätzenden oder sonst gefährlichen Gasen und Flüssigkeiten sowie Substanzen, die leicht entzündlich oder potentiell explosiv sind. Halten Sie dabei die Abzugsscheibe weitgehend geschlossen.
- Verwenden Sie Schutzschilde, um Verletzungen durch zerknallende Vakuumapparaturen oder unter Druck stehende Behälter vorzubeugen.
- Transportieren Sie Chemikalien in bruchsicheren Gefäßen (Lösemittel-Flaschen im Eimer).
- Fassen Sie Chemikalien nicht mit bloßen Fingern an. Benutzen Sie Schutzhandschuhe beim Hantieren mit gefährlichen Flüssigkeiten und Lösungen.
- Erhitzen Sie brennbare (organische) Lösemittel nicht über einer offenen Flamme.
- Stellen Sie keine unverschlossenen Gefäße in den Kühlschrank.
- Beschriften Sie Chemikaliengefäße richtig und lesbar.
- Begrenzen Sie die zum Arbeiten erforderlichen Chemikalienmengen auf das notwendige Maß. Besondere Vorsicht beim Arbeiten mit großen (Lösemittel) Mengen.
- Geben Sie niemals etwas zu einer konzentrierten Säure oder Lauge hinzu, sondern verfahren Sie z. B. beim Verdünnen umgekehrt.
- Richten Sie die Öffnungen von erhitzten Gefäßen (z. B. Reagenzgläsern) nicht auf eine Person, auch nicht auf sich selbst.
- Geben Sie niemals Feststoffe (z. B. Aktivkohle, Siedesteinchen) zu einer bereits erhitzten Lösung, sondern lassen Sie die Lösung vorher abkühlen.
- Pipettieren Sie grundsätzlich nicht mit dem Mund.
- Füllen Sie entnommene Substanzen nicht in das Reaktionsgefäß oder eine Vorratsflasche zurück.

- Tragen Sie einen Labormantel (reine Baumwolle!) sowie geeignete geschlossene Schuhe. Binden Sie lange Haare zurück und legen Sie lange Halsketten ab.
- Informieren Sie sich über die Notausgänge sowie Ort und Handhabung der Feuerlöscher, Löschdecken, Notbrausen, Augenduschen und anderer Sicherheitseinrichtungen.
- Beachten Sie die Laborvorschriften für die Vernichtung von Chemikalien-Resten und -Abfällen.
- Essen, trinken und rauchen Sie nicht im Labor.
- Informieren Sie sich *vor* Durchführung einer Reaktion über die Eigenschaften der verwendeten Chemikalien.

2.2 Gesetzliche Vorschriften (Auszug)

Die vorstehenden Laborregeln werden ergänzt durch gesetzliche Vorschriften, deren Einhaltung durch Landesbehörden (Amt für Arbeitsschutz, Gewerbeaufsicht) und die Berufsgenossenschaften (= gesetzliche Unfallpflichtversicherung) überwacht wird.

Beide Institutionen stehen auch jederzeit zur kostenlosen Beratung zur Verfügung. Jeder Beschäftigte (auch Schüler oder Student) ist kraft Gesetz versichert.

Bei der jeweils zuständigen Berufsgenossenschaft (BG) sind unentgeltlich erhältlich:

- Unfallverhütungsvorschriften (UVV);
- Merkblätter und Broschüren (BGI);
- BG-Regeln (BGR);

Wichtige Bundesgesetze für den Umgang mit gefährlichen Stoffen im Labor sind das Arbeitsschutzgesetz (ArbSchG) und das Chemikaliengesetz (ChemG). Hierauf basieren die Gefahrstoffverordnung (GefStoffV), die Betriebssicherheitsverordnung (BetrSiV) und die Arbeitstättenverordnung (ArbStättV) als wichtige Basisvorschriften. Die ArbStättV beschreibt die notwendige und sachgerechte Ausstattung des Arbeitsraumes (z.B. Lüftung, Fußböden, Feuerlöscher). Die BetrSiV nennt die Anforderungen an Arbeitsmittel (z. B. Laborgeräte) und Anlagen (z. B. Raffinerien). Die GefStoffV enthält grundlegende Vorschriften für die Kennzeichnung und die Einstufung von Chemikalien. Den größten Teil nehmen Regelungen für alle Tätigkeiten bei der Herstellung und Verwendung von Chemikalien ein. Ferner enthält die GefStoffV Herstellungs- und Verwendungsverbote für bestimmte gefährliche Chemikalien.

Das Kennzeichnungsschild der Verpackung muss insbesondere enthalten: die chemische Bezeichnung des Stoffes, Hinweise auf besondere Gefahren (R-Sätze), Sicherheitsratschläge (S-Sätze) sowie eines der Gefahrensymbole (Abb. 1). Da die gesetzlichen Kennzeichnungsvorschriften lückenhaft sind, darf eine nicht dergestalt gekennzeichnete Substanz keineswegs als ungefährlich angesehen werden. Genauere Angaben finden sich im Sicherheitsdatenblatt, das zu jeder

Chemikalie mitgeliefert werden muss bzw. beim Lieferanten angefordert werden kann.

Die GefStoffV wird durch Technische Regeln für Gefahrstoffe (TRGS) ergänzt, welche die Anforderungen der Verordnung präzisieren. Von besonderer Bedeutung ist die TRGS 900 mit den Werten der Maximalen Arbeitsplatzkonzentration (MAK-Werte, Tabelle 2). Diese geben an, welche mittlere Schadstoffkonzentration während eines achtstündigen Arbeitstages im Allgemeinen die Gesundheit nicht beeinträchtigt.

Sie werden u.a. erarbeitet von der „Senatskommission zur Prüfung gesundheitsschädlicher Arbeitsstoffe" der Deutschen Forschungsgemeinschaft, ständig überprüft und jährlich neu vom Bundesarbeitsministerium bekannt gegeben. Für Gemische und krebserzeugende Stoffe gibt es keine MAK-Werte, jedoch werden für letztere Technische Richtkonzentrationen (TRK-Werte, Tabelle 1) festgelegt, um das Risiko einer Beeinträchtigung der Gesundheit so niedrig wie technisch möglich zu halten. Die sachgerechte Messung der MAK-Werte ist aufwendig und nach der TRGS 402 vorzunehmen. Sicherheitshalber sollte jedenfalls mit allen Stoffen, die nicht zweifelsfrei ungefährlich sind, stets mit Abzug gearbeitet werden. Eine Liste der krebserzeugenden oder erbgutverändernden Stoffe enthält die TRGS 905.

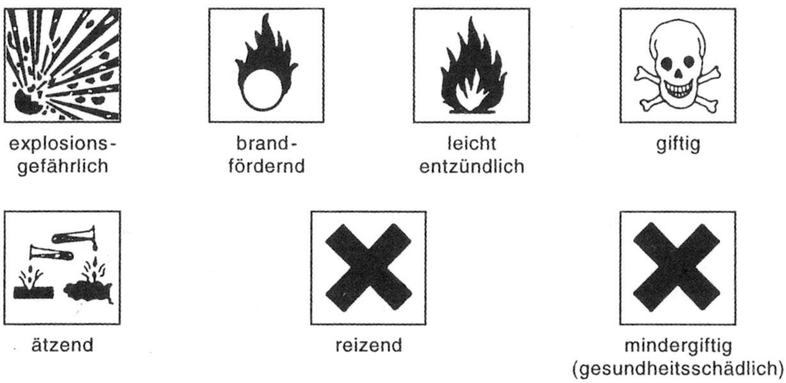

Abb. 1. Beispiele für Gefahrensymbole und Gefahrenbezeichnungen (schwarzer Aufdruck auf orange-gelbem Grund)

Tabelle 1. Ausgewählte TRK-Werte

	ppm = ml/m³		ppm = ml/m³
Acrylnitril	3	Hydrazin	0,1
Benzol	2,5	Nickeltetracarbonyl	0,1
Dimethylsulfat	0,04	Vinylchlorid	2

Tabelle 2. Ausgewählte MAK-Werte

	ppm = ml/m³		ppm = ml/m³
Aceton	500	Ethanol	500
Ameisensäure	5	Formaldehyd	0,3
Ammoniak	20	Kohlenmonoxid	30
Anilin	2	Kohlendioxid	5000
Brom	0,1	Methanol	200
Butanol	100	Ozon	0,1
Chlormethan	50	Phosgen	0,02
Chlorwasserstoff	5	Schwefeldioxid	0,5
Cyanwasserstoff (Blausäure)	1,9	Schwefelwasserstoff	10
Diethylether	400	Toluol	50
Essigsäureanhydrid	5		

2.3 Sicherheitsmaßnahmen

Während die gesetzlichen Vorschriften eher der rechtlichen Gefahrenvorsorge dienen, sind zur praktischen Gefahrenabwehr technische Schutzmaßnahmen erforderlich. Speziell im Labor gehören dazu:

- Verbandskästen in vorgeschriebener Ausführung und Auswahl
- Feuerlöscher verschiedener Größen
- Notbrausen
- Feuerlöschdecken
- Augenwaschlösungen oder Augenduschen
- persönliche Schutzausrüstung wie Handschuhe, Schutzbrillen etc.
- technische Einrichtungen wie Abzüge, Raumentlüftung, Notabsperrhähne etc.

Es ist selbstverständlich, dass jeder im Labor Tätige sich über Standort und Funktionsweise der Sicherheitseinrichtungen informiert. Ihr Betriebszustand ist regelmäßig zu prüfen, Mängel sind sofort zu beseitigen.

2.4 Erste Hilfe bei Unfällen

Es ist zweckmäßig, die berufsgenossenschaftliche „Anleitung zur Ersten Hilfe bei Unfällen“ (Bestell-Nr. BGI 510 (bisherige ZH 1/143), www.vbg.de/download/bgi_510.pdf), jedem im Labor Tätigen vor Arbeitsaufnahme auszuhändigen. Zusätzlich sollte eine übersichtliche Wandtafel des gleichen Inhalts im Labor aushängen. Auch der jeweils zuständige Ersthelfer ist durch Aushang bekannt zu machen.

Nach der Erstversorgung ist sofort ein Arzt hinzuzuziehen bzw. ein Transport ins nächste Krankenhaus zu veranlassen. Bei Unfällen mit Chemikalien ist unbedingt festzustellen, um welche Stoffe es sich handelt, damit gezielte Gegenmaßnahmen eingeleitet werden können.

Die Hinweise in Tabelle 3 sind als Laien-Ersthilfe gedacht und dienen als Ergänzung der üblichen Erste-Hilfe-Maßnahmen, deren Kenntnis vorausgesetzt wird.

Tabelle 3. Übersicht über Erste-Hilfe-Maßnahmen

Verletzungsort	Sofort-Maßnahme
Haut	Gefährliche Stoffe sofort mit viel Wasser (evtl. mit Seife) abwaschen. Keine Lösemittel verwenden, da Resorptionsgefahr! Benetzte Kleidungsstücke entfernen. Keine Brandsalben o. dgl. auftragen!
Augen	Auge weit öffnen und mit viel Wasser gut spülen. Augenwaschflasche bzw. -dusche benutzen! Danach mit nasser Schutzauflage sofort zum Augenarzt! Bei Kontaktlinsen: erst kurzes, intensives Spülen, danach Kontaktlinse entfernen und gründlich weiterspülen.
Mund und Magen	Mund spülen und eine ausreichende Menge Wasser trinken (jedoch bei fettlöslichen Stoffen 150 ml Paraffinöl). Erbrechen provozieren. Nicht erbrechen bei: – Bewusstlosen – Waschmitteln (Lungenödem!) – Säuren/Laugen (Zweitverätzung der Speiseröhre) – Lösemitteln (Lungenödem! Paraffinöl trinken)
Lunge	Vergiftete an frische Luft bringen (auf Eigenschutz achten!), flach lagern und warm zudecken. Falls erforderlich, künstlich beatmen. Lungenödem vorbeugen mit Auxiloson-Dosier-Aerosol (z. B. Dexamethason-Spray).
Weitere Hinweise	Daunderer-Weger, Kliniktaschenbücher: Vergiftungen (Erste-Hilfe-Maßnahmen des Arztes), Springer-Verlag Roth-Daunderer, Erste Hilfe bei Chemikalienunfällen, ecomed, 2001 Roth, Sicherheitsfibel Chemie, ecomed, 2002 Bender, Sicherer Umgang mit Gefahrstoffen, Wiley-VCH Wienmann-Thomas-Klein, Gefahrstoffverordnung mit Chemikalienrecht, Heymanns-Verlag. Bernabei, Sicherheit - Handbuch für das Labor, GIT-Verlag, aktualisiert 1999 Hommel, Handbuch der gefährlichen Güter, Springer-Verlag, 16. Aufl., 2002 (überarbeitete Auflage 2003).

3 Leitfaden zur Verwendung von Kapitel II durch Studierende mit Chemie als Nebenfach

Das folgende Kapitel gibt einen breiten Überblick über nasschemische Analysenmethoden, der über die Bedürfnisse dieser Zielgruppe weit hinausgeht.

Das hier gezeigte Schema 1 soll das Zurechtfinden erleichtern. Die angegebenen Unterkapitel sind als Grundgerüst für das Vertiefen des in den Praktika vermittelten Stoffes zu verstehen. Dabei werden einzelne Fächer ewas mehr oder weniger des ausgewählten Stoffes benötigen.

Um die Textpassagen mit dem ausgewählten Stoff leichter auffindbar zu machen, sind Randmarken angebracht.

Schema 1: Leitfaden zur Stoffauswahl „Qualitative Analyse“

Anionenanalysen II.5.2.1	**Kationenanalysen II.6**
Cl^-, Br^-, I^- S. 36 ff	Spektralanalysen II.2.1
S^{2-} S. 50	$(NH_4)_2S$-Gruppe II.6.4.1
SO_4^{2-} S. 52 f	H_2S-Gruppe II.6.5.3 u. II.6.5.4
PO_4^{3-} S. 44 f	HCl-Gruppe II.6.5.1
NO_3^- S. 49 f	
CO_3^{2-} S. 54	

II. Qualitative Analyse anorganischer Verbindungen

1 Allgemeine Einführung

Die *qualitative Analyse* ist der Teil der analytischen Chemie, der sich mit der qualitativen Zusammensetzung von Stoffen befasst.

Gegenstand dieses Kapitels ist die *„klassische qualitative Analyse"*. Sie bedient sich chemischer Reaktionen.

Analytisch brauchbare Reaktionen sind vor allem:

Fällungsreaktionen	$(Ag^+ + Cl^- \rightleftharpoons AgCl)$
Komplexbildungsreaktionen	$(AgCl + 2\ NH_3 \rightleftharpoons [Ag(NH_3)_2]^+ + Cl^-)$
Neutralisationsreaktionen	$(NH_3 + HCl \rightleftharpoons NH_4Cl)$
Redoxreaktionen	$(2I^- + Cl_2 \longrightarrow I_2 + 2\ Cl^-)$
Gasentwicklungsreaktionen	$(FeS + 2\ HCl \longrightarrow FeCl_2 + H_2S)$

Analytische Reaktionen liefern einen charakteristischen *Niederschlag* (Nd.) oder führen zur Auflösung eines Niederschlags; sie bewirken eine charakteristische *Farbänderung* oder *Fluoreszenz*, eine *Gasentwicklung* oder einen deutlich wahrnehmbaren *Geruch*.

Die *analytischen Reagenzien* lassen sich grob einteilen in *Gruppenreagenzien* (selektive Reagenzien), die den Nachweis oder die Abtrennung einer größeren Substanzgruppe (mit ähnlichen Eigenschaften) gestatten, und *spezifische Reagenzien,* die mit ganz bestimmten Substanzen eindeutige Nachweise geben.

1.1 Trennungsgänge

Reagieren spezifische Reagenzien mit mehreren Substanzen auf die gleiche Weise, müssen diese Substanzen vorher durch Gruppenreagenzien in verschiedene Gruppen aufgetrennt werden. In der klassischen qualitativen Analyse hat man für verschiedene Substanzen regelrechte Trennungsgänge entwickelt.

Beispiele für Trennungsgänge finden sich in Kap. II. 6.

Von großer Bedeutung für die Brauchbarkeit einer Nachweisreaktion ist ihre Empfindlichkeit.

1.2 Empfindlichkeit einer Nachweisreaktion

Die Empfindlichkeit lässt sich angeben durch die *Erfassungsgrenze EG* (*Feigel*, 1923):

> Erfassungsgrenze ist jene geringste Menge eines Stoffes in µg (10^{-6} g), die in einem zur Durchführung einer bestimmten Nachweisreaktion geeigneten Volumen vorhanden sein muss, um noch eine positive Reaktion zu erhalten.

Wenn also ein analytisches Signal fehlt, heißt das nicht, der entsprechende Stoff ist nicht da. Umgekehrt bedeutet dies aber auch, dass bei sehr empfindlichen Nachweisen die Relevanz des gefundenen Stoffes genau geprüft werden muss.

Von der IUPAC wurden folgende „Normalvolumina" festgelegt:

Reagenzglastest - 5 ml; kleines Reagenzglas - 1 ml
Mikroreagenzglas - 0,1 ml
Tropfen unter dem Mikroskop - 0,01 ml
Tüpfelanalyse - 0,03 ml

Die Empfindlichkeit kann auch angegeben werden durch die *Grenzkonzentration GK* (*Hahn*, 1930):

> Die Grenzkonzentration ist die geringste Konzentration, bei der die Reaktion noch positiv ist.

Im Allgemeinen setzt man die Grenzkonzentration als Verhältnis der Masse des zu bestimmenden Stoffes (meist gleich 1 g gesetzt) zur Gesamtmasse der Lösung. 1:100.000 = $1:10^5$ bedeutet also 1 Teil in 100.000 Teilen Lösung oder 10 µg in 1 g Lösung.

Für die Umrechnung zwischen beiden Empfindlichkeitsangaben gilt folgende Gleichung:

$$\text{Grenzkonzentration} = \frac{\text{Erfassungsgrenze (in } \mu g)}{\text{Arbeitsvolumen (im ml)} \cdot 10^6}$$

Oft verwendet man anstelle des GK-Wertes dessen negativen dekadischen Logarithmus, den *pD-Wert.* D von Dilution; p ist das Symbol für den negativen dekadischen Logarithmus.

Analytisch brauchbare Reaktionen haben einen pD-Wert zwischen 3 und 8.

Beachte: Die Empfindlichkeit einer Reaktion wird durch die Anwesenheit anderer Stoffe beeinflusst; meist wird sie verringert.

1.3 Die qualitative Analyse

Die häufig heterogene Analysensubstanz wird vor Beginn der Analyse durch physikalische Methoden *homogenisiert,* z. B. durch Verreiben in einer Reibschale.

Je nach der Menge der Analysensubstanz, die zur Verfügung steht bzw. mit der die Reaktionen durchgeführt werden, unterscheidet man verschiedene Methoden (Tabelle 4).

Die angegebenen Substanzmengen gelten als Richtwerte für eine Vollanalyse.

Anmerkung: Bei der sog. Spurenanalyse ist der nachzuweisende Bestandteil nur in äußerst geringer Konzentration vorhanden, z. B. Spurenelemente in biologischem Material. Hier werden ganz besondere Anforderungen an die Probennahme und Probenaufbereitung gestellt, um verlässliche Ergebnisse zu erhalten.

Tabelle 4. Einteilung nach der Größenordnung

Methode	Stoffmenge (mg)	Volumen (ml)
Makroanalyse	100	5
Halbmikroanalyse	100-10	1
Tüpfelanalyse	10	0,03
Mikroanalyse	10-0,1	0,01
Ultramikroanalyse	0,1	

1.4 Gang einer qualitativen Analyse

Es ist zweckmäßig, bei der Durchführung einer Analyse eine bestimmte Reihenfolge für die einzelnen Untersuchungen zu wählen.

Vorschlag:

- Kennzeichnung der Analyse und Charakterisierung der Substanz (Art, Menge, Aggregatzustand, Farbe, Geruch usw.)
- Vorproben
- Nachweis wichtiger Elementar-Substanzen
- Lösen der Analysensubstanz
- Untersuchung der Anionen
- Untersuchung der Kationen
- Zusammenstellung der Ergebnisse

1.5 Muster eines Analysenprotokolls

Protokoll zur Analyse:
Name: Datum:

1.) *Aussehen der Substanz:*
pH-Wert und Farbe des wässrigen Auszugs:
Löslichkeit: in Wasser: in verd. HCl:
in konz. HCl: in konz. HNO_3:
in Königswasser:
Farbe des Rückstandes:
Aufschlüsse: tartrathaltige NaOH:
$Na_2S_2O_3$ - oder KCN-Lösung:
$KHSO_4$:
K_2CO_3 / Na_2CO_3:
Oxidationsschmelze:
Na_2CO_3 / S:

2.) *Vorproben:*
Flammenfärbung:
Untersuchung im Spektroskop:
Erhitzen im Glühröhrchen:
Erhitzen mit Na_2CO_3: mit NH_4Cl:
Erhitzen mit As_2O_3 und Na_2CO_3:
Hepar-Probe:
Hempel-Probe:
Iodazid-Reaktion: Beilstein-Probe:
Lötrohrprobe:
Marshsche Probe: Leuchtprobe:
Borax- oder Phosphorsalzperle:
Oxidationsschmelze
Erhitzen mit verd. H_2SO_4: mit konz. H_2SO_4:
Ätzprobe: Wassertropfenprobe:
Abrauchen mit konz. H_2SO_4:

3.) Nachweis der Kationen mit folgenden Methoden:

Vorprobe Trennungsgang Rückstand	Vorprobe Trennungsgang Rückstand
NH_4^+ K^+ Na^+ Li^+ Mg^{2+}	Hg^{2+} Pb^{2+} Bi^{3+} Cu^{2+} Cd^{2+}
Ca^{2+} Sr^{2+} Ba^{2+}	As^{3+} Sb^{3+} Sn^{4+}
Co^{2+} Ni^{2+} Mn^{2+} Zn^{2+}	Ag^+ Se^{4+} MoO_4^{2-} WO_4^{2-}
Fe^{3+} Al^{3+} Cr^{3+} Ti^{4+}	VO_3^- Pd^{2+} UO_2^{2+}

4.) Nachweis der Anionen nach folgenden Methoden:

CO_3^-: S^{2-}: CH_3COO^-: $(SiO_3^{2-})_n$: $B(OH)_4^-$: F^-: CN^-:		
Sodaauszug: Ansäuern mit verd. HCl: Ansäuern mit verd. HCl und Zugabe von $BaCl_2$: Ansäuern mit verd. HCl und Zugabe von KI/Stärkelösung: Ansäuern mit verd. HCl und Zugabe von Iodlösung Ansäuern mit verd. HNO_3 und Zugabe von $AgNO_3$: Ansäuern mit verd. Essigsäure und Zugabe von $CaCl_2$: Ansäuern mit verd. H_2SO_4 und Zugabe von verd. $KMnO_4$-Lösung:	Farbe:	Farbe des Rückstandes:
Cl^-: Br^-: I^-: NO_3^-: SO_4^{2-}: PO_4^{3-}: SO_3^{2-}: $S_2O_3^{2-}$: NO_2^-: ClO_4^-: SCN^-: $[Fe(CN)_6]^{4-}$: $(COO)_2^{2-}$:		

5.) Besondere Beobachtungen und Bemerkungen

6.) Gefundene Ionen:

Ausgabedatum: Testat:

1.6 Arbeitsgeräte für die Halbmikro-Analyse

20	Reagenzgläser, 80-100 mm, 8-10 mm Ø
6	Zentrifugengläser
1	Reagenzglasgestell mit Abtropfstäbchen
1	Reagenzglashalter
1	Reagenzglasbürste
	kleine Bechergläser und Erlenmeyer-Kolben
1	Spritzflasche (Polyethylen) 500 ml für dest. Wasser
	Glühröhrchen
5	Glasstäbe (verschieden stark, 20 cm)
1	Messzylinder 100 ml
1	Messzylinder 10 ml
	Uhrgläser (25-40 mm Ø)
3	Porzellanschalen (2 runde, 30 mm Ø; 1 flache, 100 mm Ø)
2	Porzellantiegel (Ø 15 mm)
1	Bleitiegel (Deckel mit Loch, 2-4 ml)
1	Reibschale (Mörser mit Pistill, 30 mm Ø)
1	Tüpfelplatte
1	Pinzette
1	Tiegelzange
1	Lupe, 1 Mikroskop
5	Objektträger
	Spektroskop
1	Bunsenbrenner
1	Dreifuß
1	Stativ
1	Muffe, 1 Klammer oder Ring
1	Ceranplatte, Drahtnetz (Drahtgeflecht mit Keramikeinlage)
1	Tondreieck
1	Zentrifuge
1	Platindraht, 60-80 mm, 0,3 mm Ø, eingeschmolzen in einen Glasstab
10	Magnesiastäbchen
10	Magnesiarinnen
2	Cobaltgläser
	Spatel (18/8 Stahl) 150 mm lang, 2 mm breit
2	Spatel für Reagenzien
	Tropfpipetten (zur Spitze ausgezogene Glasrohre mit Saugbällchen)
1	Analysentrichter
	Filterpapier
1	Schere
	(Ionenaustauschersäule)
(1	Holzkohle und 1 Lötrohr)
	pH-Papier
	Mikrogaskammer (für CO_2, NH_3 usw.) (Abb. 2)
	Gärröhrchen oder Kohlendioxid-Nachweis-Apparat (für CO_2, NH_3 usw.) (Abb. 3 und 4)
1	Wasserbad (Abb. 5)
1	Flaschengestell
	Tropfflaschen 30-50 ml
	Pulverflaschen

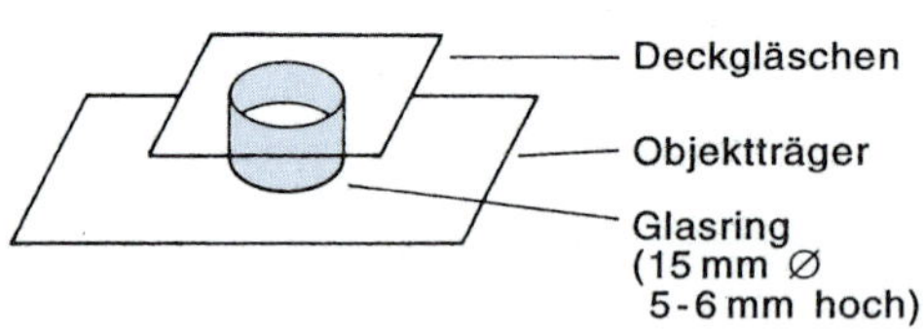

Abb. 2. Mikrogaskammer

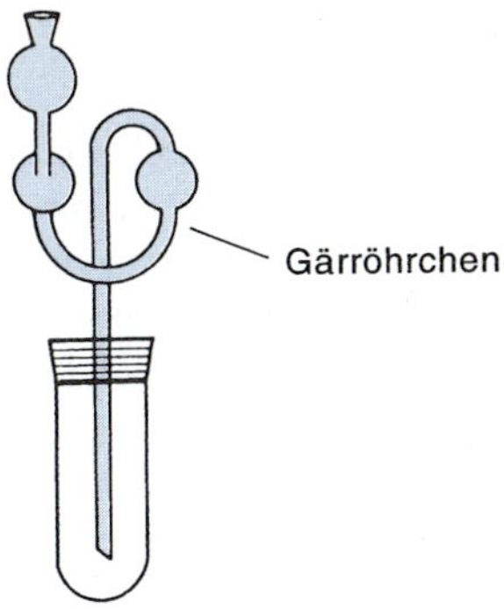

Abb. 3. Gärröhrchen

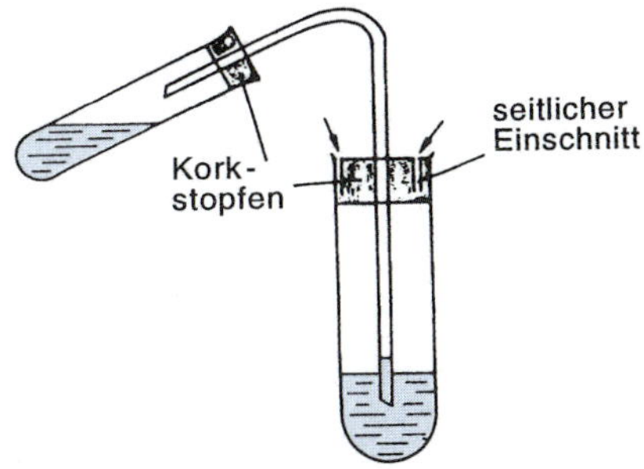

Abb. 4. CO_2-Nachweis-Apparat

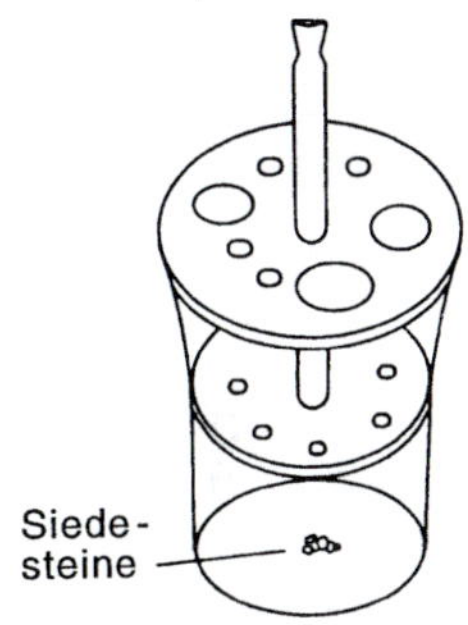

Abb. 5. Halbmikrowasserbad (400 ml Becherglas)

2 Vorproben

Zu den Vorproben gehören:

- Prüfen des pH-Wertes
- Prüfen des Verhaltens in der Flamme des Bunsenbrenners
- Zerlegung der Flammenfärbung mit dem Spektroskop (Spektralanalyse)
- Lötrohrprobe
- Herstellung der Borax- oder Phosphorsalzperle
- Hepar-Probe
- Hempel-Probe
- Prüfen der Löslichkeit in a) Wasser, b) verd. Salzsäure (verd. HCl),
- c) konz. Salzsäure (konz. HCl), d) verd. HNO_3,
- e) konz. HNO_3, f) Königswasser
- Aufschlussversuche mit einem unlöslichen Rückstand

2.1 Flammenfärbung und Spektralanalyse

Zur Anregung von Elektronen in den äußeren Schalen genügt z. B. bei den *Alkali-* und *Erdalkali*-Elementen – mit Ausnahme von Magnesium – bereits die Flamme eines Bunsenbrenners. Hierbei wird die Flamme mehr oder weniger charakteristisch gefärbt (Tabelle 5). Zerlegt man das ausgesandte Licht eines Elements mit einem Prisma (Gitter) in einem Spektralapparat (Spektroskop), erhält man ein *Linienspektrum* (Emissionsspektrum), das für das jeweilige Element charakteristisch ist und zur Identifizierung benutzt werden kann (s. Kap. VII.3).

Durchführung: Man benutzt einen Platindraht (Länge 6-8 cm, Ø = 0,3 cm), den man in einen Glasstab eingeschmolzen hat. Dieser Draht wird mit verd. Salzsäure angefeuchtet und im Oxidationsraum der Flamme des Bunsenbrenners solange geglüht, bis keine Flammenfärbung mehr auftritt. Zum Nachweis wird eine kleine Substanzprobe auf ein Uhrglas gebracht. Mit dem mit verd. Salzsäure befeuchteten Platindraht bringt man etwas von der Substanz in den äußeren Saum der entleuchteten Flamme und beobachtet die Flammenfärbung mit dem Spektroskop.

Tabelle 5. Flammenfärbung einiger Metalle (in Klammern: Färbung betrachtet durch Cobaltglas)

	Flammenfärbung	Charakteristische Linien / nm		Flammenfärbung	Charakteristische Linien / nm
Li	rot	670,8	Ca	ziegelrot	622,0 (rot)
				(hellgrün)	553,3 (grün)
Na	gelb	589,3	Sr	rot	Mehrere Linien
	(——)			(violett)	
K	violett	768,2 (rot)	Ba	grün	524,2, 513,7
	(karminrot)	404,4 (violett)		(blaugrün)	
Rb	violett	780 (rot)			
		421 (violett)			
Cs	blau	458			
B	grün		Cu	grün	
Ga	violett	417,2, 403,3	Pb	fahlblau	
In	violettblau	452,1	As	fahlblau	
Tl	grün	535,0	Sb	fahlblau	

Anmerkung: Die Verwendung der Salzsäure dient dazu, die leicht flüchtigen Chloride der Elemente herzustellen; darüber hinaus erleichtert sie die Substanzaufnahme mit dem Platindraht.

Hinweise:

1) Ist die Analysensubstanz flüssig, so dampft man zur Prüfung der Flammenfärbung einen kleinen Teil der Lösung ein.

2) Falls man die charakteristischen Linien eines Metalls nicht sieht, ist damit seine Anwesenheit noch nicht ausgeschlossen. Bei Ba-Verbindungen sind z. B. weniger als 15 $mg \cdot ml^{-1}$ spektralanalytisch nicht mehr sicher nachweisbar. Der chemische Nachweis gelingt dagegen noch einwandfrei.

3) Falls eines der Elemente in großem Überschuss vorhanden ist, kann es sein, dass die Linien der anderen Elemente, weil zu lichtschwach, leicht übersehen werden.

Natrium: Schon geringste Mengen ($7 \cdot 10^{-8}$ mg) erzeugen kurzzeitig die charakteristische Flammenfärbung. Nur eine länger andauernde Flammenfärbung ist analytisch brauchbar. Durch Ansetzen von Vergleichslösungen (z. B. 0,02 g NaCl in 400 ml Wasser) und die Beobachtung der Flamme mittels eines Cobaltglases kann man lernen, die Empfindlichkeit des spektralanalytischen Na-Nachweises richtig abzuschätzen.

Kalium: Bei Anwesenheit von Natrium wird die violette Farbe der Kaliumflamme verdeckt. In diesem Falle kann man die Flammenfarbe durch zwei aufeinandergelegte Cobalt-Gläser betrachten. Sie absorbieren das Na-Licht und lassen die Kaliumflamme *rot* durchscheinen.

2.2 Lötrohrprobe

Bei der Lötrohrprobe reduziert man Salze oder Metalloxide durch die reduzierenden Flammengase (C, CO, H_2, CH_4 usw.) der Bunsenflamme und durch die Holzkohle, auf der man die Reaktion durchführt. In Abhängigkeit vom Schmelzpunkt erhält man Metallkügelchen/Metallkörner (Pb, Sn) oder Metallflitter (Fe). Leicht schmelzbare Metalle verdampfen und schlagen sich an den kälteren Stellen der Holzkohle nieder. Falls sie leicht oxidierbar sind, entstehen auch die Metalloxide! Häufig beobachtet man charakteristische Färbungen. Cd z. B. liefert ein sogenanntes *Pfauenauge* („Farben dünner Plättchen"), das sich zum Nachweis eignet (Tabelle 6).

Tabelle 6. Lötrohrprobe

Keine Reduktion erfahren	Mg, Ca, Sr, Ba, Al, Cr, Mn, V
Metallkorn ohne Oxidbeschlag	Ag (weiß, duktil), Au (gelb, duktil), (Sn)(weiß, duktil)
Metallflitter ohne Oxidbeschlag	Cu (gelb), Fe (grau), Co (grau), Ni (grau)
Metallkorn mit Oxidbeschlag	(Sn) (weißer Beschlag), Pb (duktil, gelber Beschlag), Bi (spröde, gelber Beschlag), Sb (spröde, in der Kälte weißer Beschlag)
Oxidbeschlag	As (weiß), Zn (weiß), Cd (braun), Mo (Hitze: gelber Beschlag; Kälte: weißer Beschlag)

Durchführung:

Diese Vorprobe erfordert viel Übung! Man braucht

a) ein *Lötrohr* (ca. 20 cm langes, sich verjüngendes Messingrohr mit einem Mundstück aus Holz. Das Rohr ist ca. 2-3 cm vor dem spitzen Ende rechtwinklig abgebogen).

b) ein Stück *Holzkohle* (aus Pappel- oder Lindenholz), in das mit einem Spatel eine kleine halbrunde Vertiefung gegraben wird.

c) wasserfreies Na_2CO_3 oder $K_2C_2O_4$ als Flussmittel.

Man mischt eine Substanzprobe mit Na_2CO_3 (1 : 2), bringt die Mischung auf die Holzkohle und feuchtet sie mit 1 Tropfen Wasser an. Zur Erzeugung einer *reduzierenden* Flamme hält man die Spitze des Lötrohrs an den Saum der leuchtenden Brennerflamme und bläst vorsichtig und stetig (Atmung durch die Nase!), so dass die Flamme nicht entleuchtet wird. Die Spitze der heißen Stichflamme richtet man auf das Substanzgemisch.

Beachte: Zur Erzeugung einer *oxidierenden* Flamme (Oxid-Bildung) hält man die Spitze des Lötrohrs in die Mitte der leuchtenden Flamme ca. 2-3 cm über die Brenneröffnung.

Die Reaktion ist nach ca. 2 bis 3 Minuten beendet. Nach dem Erkalten löst man den Rückstand von der Kohle, reinigt ihn durch Kochen mit wenig Wasser von Resten der Na_2CO_3-Schmelze.

Mit einem Pistill prüft man auf Sprödigkeit und Duktilität und macht Lösungsversuche mit oxidierenden und nichtoxidierenden Säuren (wenige Tropfen!). Mit der Lösung macht man Reaktionen auf die vermuteten Metalle.

2.3 Borax- und Phosphorsalzperle

Durch Schmelzen von $Na_2B_4O_7 \cdot 10\ H_2O$ (Borax, Abb. 6) oder $NaNH_4HPO_4$ (Phosphorsalz) an einer Platindrahtöse oder an einem Magnesiastäbchen erzeugt man eine Perle und nimmt damit etwas Analysensubstanz auf.

Je nachdem, ob im reduzierenden oder oxidierenden Teil der Bunsenflamme erhitzt wird (Abb. 7), ist die Farbe der Perlen bei Anwesenheit bestimmter Metalle verschieden. Häufig zeigen die Perlen auch verschiedene Farben in der Hitze und im kalten Zustand (Tabelle 7).

Anmerkung: In der leuchtenden Flamme geht ein Teil der Kohlenwasserstoffe bei ungenügender Luftzufuhr in Kohlenstoff und Wasser über. Die kleinen festen Kohleteilchen bringen die Flamme zum Leuchten.

Den Perlenbildungen liegen Kondensationsreaktionen zugrunde, die durch folgende Beispielgleichungen beschrieben werden:

$$Na_2B_4O_7 \cdot 10\ H_2O \xrightarrow{\text{Hitze}} Na_2B_4O_7$$

$$n\ Na_2B_4O_7 \xrightarrow{\text{Hitze}} (NaBO_2)_n \quad (\text{ = Metaborate bzw. Polyborate})$$

$$3\ Na_2B_4O_7 + Cr_2O_3 \longrightarrow 6\ NaBO_2 + 2\ Cr(BO_2)_3$$

Boraxperle (smaragdgrün)

$$n\ NaNH_4HPO_4 \xrightarrow{\text{Hitze}} (NaPO_3)_n + n\ NH_3 + n\ H_2O$$

$n = 3, 4$ und ∞

$(NaPO_3)_n$ = Metaphosphate bzw. Polyphosphate

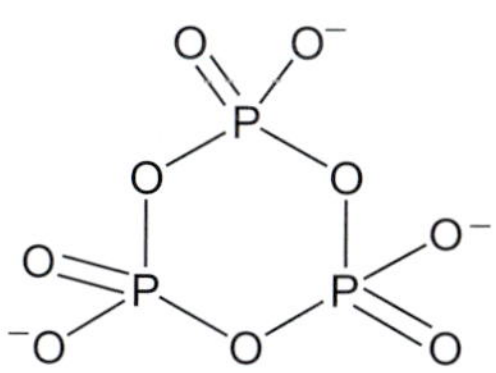

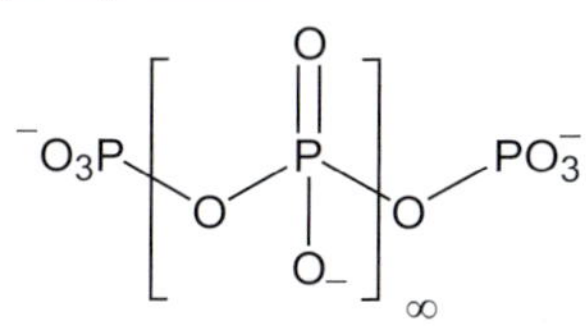

$$3\ NaPO_3 + Cr_2O_3 \longrightarrow Na_3PO_4 + 2\ CrPO_4$$

Phosphorsalzperle (smaragdgrün)

Die Auswertung der Vorproben hilft bei der Wahl des Aufschlussverfahrens bei unlöslichen Rückständen und bei der Festlegung des Analysenweges.

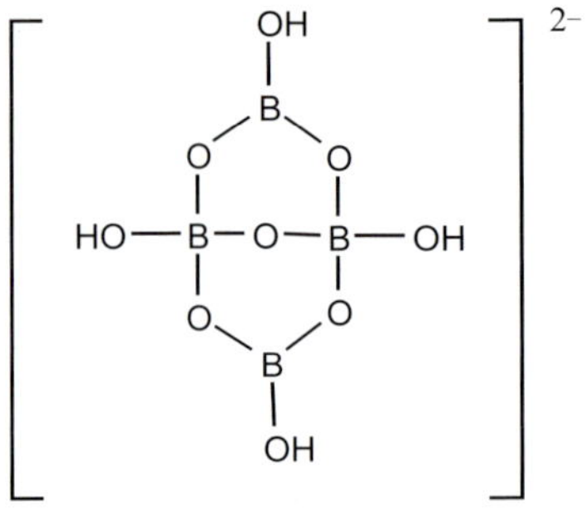

Abb. 6. Struktur von $[B_4O_5(OH)_4]^{2-}$ aus Borax

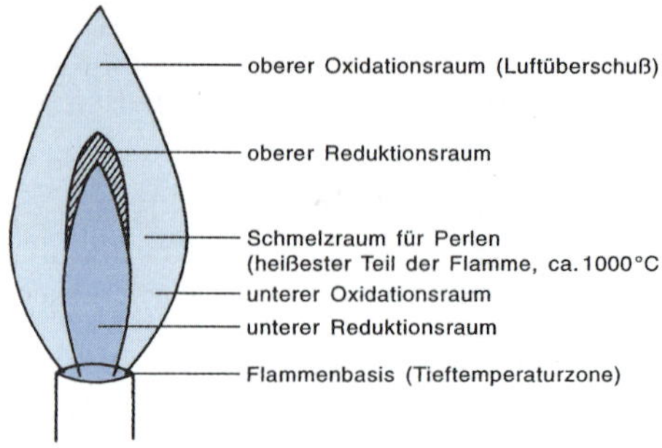

Abb. 7. Flamme des Bunsenbrenners

Tabelle 7. Farbe einiger Borax- bzw. Phosphorsalzperlen

Farbe	Oxidationsraum		Reduktionsraum	
gelb	heiß:	Ni, Fe, V, U		
rot	heiß:	Ni	kalt:	Cu (rot-braun)
grün	heiß:	Cr, Cu (grün-gelb)	heiß:	Cr, U, V
	kalt:	Cr	kalt:	Cr, U, V, Mo
blau	heiß:	Co	heiß:	Co
	kalt:	Co	kalt:	Co, W
violett	heiß:	Mn		
	kalt:	Mn		
braun	kalt:	Mn (stark gesättigt)	heiß:	Mo
		Ni (stark gesättigt)		

2.4 Hepar-Probe (s. S. 28) Hempel-Probe (s. S. 29)

2.5 Lösen der Analysensubstanz

a) Die Analysensubstanz liegt schon als *Lösung* vor: Lösungen, die nicht zu verdünnt sind, können direkt zum Nachweis verwendet werden. Sehr verdünnte Lösungen werden durch Eindampfen konzentriert.

b) Die Analysensubstanz ist *fest:* Die Substanzprobe wird gepulvert (pulverisiert). *Minerale* werden zuerst in einem Eisenmörser grob zerkleinert. Danach wird die Substanz in einem Porzellan- oder Achat-Mörser pulverisiert.

Vorprobe auf Cyanide: Man kocht eine Probe mit NaOH und $FeSO_4$, säuert mit verd. HCl an und fügt $FeCl_3$-Lösung hinzu: blauer Nd. von Berliner Blau.

Lösen von Metallen und Legierungen

Die meisten Metalle oder Legierungen gehen durch längeres Kochen mit verd. oder konz. HNO_3 in Lösung. Ein metallisch glänzender Rückstand kann enthalten: Au, Pt, B. Au und Pt sind in Königswasser löslich. B ist unlöslich in Königswasser und wässriger NaOH, jedoch löslich in geschmolzenem NaOH. Bleiben schwarze Flocken zurück, unlöslich in Königswasser und NaOH, und verbrennen sie unter Erglühen beim Erhitzen auf einem Platinblech, handelt es sich um elementaren Kohlenstoff. Ein weißer, pulvriger Rückstand kann enthalten: SnO_2, Sb_2O_3 (Freiberger Aufschluss s. S. 25).

Lösen von nichtmetallischen Stoffen

Von der fein gepulverten Analysensubstanz kocht man – falls erforderlich – jeweils kleine Substanzmengen in verschiedenen Reagenzgläsern nacheinander etwa 5 min. in: 1) Wasser, 2) verd. Salzsäure, 3) konz. Salzsäure, 4) verd. HNO_3, 5) konz. HNO_3, 6) Königswasser (konz. HNO_3 : konz. Salzsäure im Verhältnis 1 : 3). Meist wählt man das Lösemittel, in dem sich die Analysensubstanz ohne Rest löst. Bei der Wahl des Lösemittels richtet man sich häufig auch nach dem Ergebnis der Vorproben.

Hat man zum Lösen der Analysensubstanz nacheinander verschiedene Lösemittel benutzt, sollte man die Lösungen, falls möglich, vor den Trennungsgängen bzw. Nachweisreaktionen vereinigen.

2.6 Aufschlussmethoden für schwerlösliche Substanzen

Hat man die Löslichkeit einer Probe der Analysensubstanz nacheinander in Wasser, verd. Salzsäure, konz. Salzsäure, verd. HNO_3, konz. HNO_3 und schließlich Königswasser geprüft, und bleibt hierbei ein *unlöslicher Rückstand*, so stellt man eine größere Menge des unlöslichen Rückstands her. Hierzu kocht man die Analysensubstanz einige Minuten mit verd. Salzsäure und anschließend mit Königswasser, verdünnt mit Wasser, filtriert, wäscht den Rückstand mit heißem Wasser aus und trocknet ihn (im Trockenschrank). Das Aufschlussverfahren richtet sich nach der Natur des unlöslichen Rückstands bzw. nach dem Ergebnis der Vorproben: Flammenfärbung; Borax- bzw. Phosphorsalz-Perle; Hepar-Reaktion ($BaSO_4$, $SrSO_4$, $PbSO_4$); Wassertropfenprobe (SiO_2, Silicate); Ätz-, Wassertropfen- oder Kriechprobe (Fluoride).

Je nach der vorhandenen Substanzmenge können die Aufschlüsse (Schmelzen) in verschiedenen Gefäßen durchgeführt werden: in einem Tiegel, auf einem Tiegeldeckel oder bei Halbmikroanalysen in einer Platindrahtöse bzw. beim Freiberger Aufschluss mit einem Magnesiastäbchen. Das Verfahren zur Herstellung der Schmelze ist im letzteren Falle dem ähnlich, das bei der Herstellung der Borax- bzw. Phosphorsalzperle beschrieben wurde.

2.6.1 Soda-Pottasche-Aufschluss (basischer Aufschluss, Alkalicarbonat-Aufschluss)

Mit geschmolzener Soda-Pottasche werden die ***Erdalkalisulfate (weiß)*** $BaSO_4$, $SrSO_4$ und $CaSO_4$, falls viel Calcium vorhanden ist, sowie Silicate und Silberhalogenide aufgeschlossen. Die Erdalkali-Kationen erkennt man an ihrem Emissionsspektrum. Hierzu reduziert man die Erdalkalisulfate am Platindraht in der leuchtenden Flamme des Bunsenbrenners:

$$BaSO_4 + 4\,C \longrightarrow BaS + 4\,CO$$

Wird der Pt-Draht anschließend mit verdünnter Salzsäure angefeuchtet, entstehen die flüchtigen Erdalkalichloride, die spektroskopisch identifiziert werden können.

Zur Erkennung des SO_4^{2-} -Restes dient die Hepar-Probe, s. S. 28.

Der vollständige Aufschluss gelingt in einer Schmelze mit Alkalicarbonat, wobei die Sulfate in die (in Salzsäure) löslichen Carbonate übergeführt werden:

$$BaSO_4 + Na_2CO_3 \longrightarrow Na_2SO_4 + BaCO_3$$

Soda-Pottasche-Aufschluss für Erdalkalisulfate

Den trockenen Rückstand vermischt man in einem Tiegel aus Porzellan (Ni, Pt) mit etwa der 5-6-fachen Menge einer Mischung aus Na_2CO_3 und K_2CO_3 (1:1) und erhitzt ca. 10-20 min so hoch, dass eine klare Schmelze entsteht (ca. 1000-1100°C). Hierzu benutzt man einen gut brennenden Bunsenbrenner oder besser ein Gebläse. Den erkalteten Schmelzkuchen löst man in heißem Wasser, filtriert vom unlöslichen Rückstand ab und wäscht diesen solange mit heißem Wasser aus, bis sich im Waschwasser mit $BaCl_2$ kein SO_4^{2-} mehr nachweisen lässt. Der Rückstand besteht aus den Erdalkalicarbonaten. Er wird in verd. Salzsäure gelöst und wie im Kap. II. 6. 2 beschrieben untersucht.

Beachte: Ein Gemisch aus Na_2CO_3 und K_2CO_3 schmilzt tiefer als reines Na_2CO_3! Das gründliche Auswaschen ist nötig, damit im Rückstand kein Na_2SO_4 zurückbleibt; dies würde beim Lösen des Rückstandes in Salzsäure die Sulfate zurückbilden.

Bei Anwesenheit von Silberhalogeniden darf kein Pt-Tiegel verwendet werden!

Bleisulfat $PbSO_4$ (weiß): Der Aufschluss kann auf die gleiche Weise erfolgen, wie bei den Erdalkalisulfaten beschrieben; $PbSO_4$ löst sich jedoch auch in heißer NH_3-, NaOH-haltiger Tartrat-Lösung oder konz. Ammoniumacetat-Lösung.

Silicate (meist weiß): *Beispiele:* $KAlSi_3O_8$, Kieselsäure $(SiO_2)_x$. Da die meisten Silicate mit Wasser oder Salzsäure nur unvollständig zersetzt werden, bleiben sie wie $(SiO_2)_x$ als unlöslicher Rückstand zurück.

Ihre Anwesenheit erkennt man an der Bildung von SiF_4 bzw. $H_2[SiF_6]$ bei der Zugabe von KF und konz. H_2SO_4, s.u..

Silicate werden bei Anwesenheit von Alkalimetall-Ionen mit Flusssäure, bei Abwesenheit von solchen mit dem Soda-Pottasche-Aufschluss aufgeschlossen.

Aufschluss mit Soda-Pottasche für Silicate

Der Rückstand wird mit etwa der 10-fachen Menge Soda-Pottasche in einem Pt- oder Ni-Tiegel ca. 20 min auf ca. 1100°C erhitzt. Hierbei werden die Silicate und SiO_2 in lösl. Alkalisilicate übergeführt.

$$SiO_2 + Na_2CO_3 \longrightarrow Na_2SiO_3 + CO_2$$

$$M(II)SiO_3 + Na_2CO_3 \longrightarrow Na_2SiO_3 + M(II)CO_3$$

Nach dem Erkalten der Schmelze übergießt man den Tiegel mit dem Inhalt in einem Becherglas mit heißem Wasser. Den aufgeweichten Schmelzkuchen zersetzt man mit viel verd. Salzsäure, entfernt den Tiegel und dampft die Lösung und den Nd. in einer Porzellanschale zur Trockne ein. Anschließend wird die lösl. Kieselsäure durch Eindampfen mit konz. Salzsäure vollständig in unlösliche Kieselsäure $(SiO_2)_x$ übergeführt. Diese wird durch Abrauchen mit Flusssäure (Vorsicht, stark ätzend!) oder mit KF + konz. H_2SO_4 nachgewiesen, s. S. 35. Das Filtrat wird auf Kationen untersucht.

Zerlegung von Silicaten mit Flusssäure

Das Silicat wird in einem Sinterkorund- oder Platin-Tiegel mit Schwefelsäure ($H_2SO_4 : H_2O = 1:1$) und alkalifreier Flusssäure übergossen. Das Gemisch wird unter Umrühren mit einem Pt-Draht auf dem Wasserbad eingedampft, nochmals mit Flusssäure übergossen und erneut eingedampft. Wenn alles gelöst ist, wird im Luftbad und anschließend über freier Flamme erhitzt, um die überschüssige H_2SO_4 abzurauchen. Hierbei bilden sich die Sulfate der Kationen. Silicium ist als SiF_4 entwichen bzw. in lösliche H_2SiF_6 übergeführt. Die Sulfate werden in Wasser und etwas Salzsäure gelöst. Sind Erdalkalisulfate vorhanden, werden sie wie oben beschrieben aufgeschlossen.

2.6.2 Aufschlussverfahren für Oxide

Viele Oxide sind in Säuren schwerlöslich. Doch auch für diese finden sich geeignete Aufschlussverfahren (Tabelle 8). Die Art des Aufschlusses richtet sich nach dem Ergebnis der Vorproben.

Tabelle 8. Wichtige in Säuren schwerlösliche Oxide und geeignete Aufschlussverfahren

Oxid	Aufschlussverfahren
Al_2O_3, TiO_2, BeO, ZnO_2 (weiß)	Saurer Aufschluss
SnO_2 (weiß)	Freiberger Aufschluss
Fe_2O_3 (rotbraun)	Saurer Aufschluss
Cr_2O_3 (grün)	Oxidationsschmelze
NiO, Ni_2O_3, CoO, Co_2O_3 geglüht (braunschwarz)	Saurer Aufschluss
$FeCr_2O_4$ (Chromeisenstein, braunschwarz)	Oxidationsschmelze
WO_3 (weiß, gelb):	digerieren mit 2 M NaOH in der Wärme; dabei geht WO_3 als WO_4^{2-} in Lösung

Cr_2O_3, Fe_2O_3, Co_2O_3 und Ni_2O_3 erkennt man z. B. an der Färbung der Phosphorsalz- oder Boraxperle.

Beispiele:

Al_2O_3, Fe_2O_3

Zum Erfolg führt hier der Kaliumhydrogensulfat-Aufschluss (**Saurer Aufschluss**). Erhitzt man die Oxide mit geschmolzenem $KHSO_4$, so verliert dieses bei 250°C Wasser und geht in Kaliumdisulfat (Kaliumpyrosulfat) über:

$$2\,KHSO_4 \xrightarrow{250\,^\circ C} K_2S_2O_7 + H_2O$$

Bei starker Rotglut würde sich dieses weiter zersetzen nach der Gleichung:

$$K_2S_2O_7 \longrightarrow K_2SO_4 + SO_3$$

Das Oxid reagiert nun mit dem Kaliumdisulfat zu löslichem Sulfat:

$$Fe_2O_3 + 3\,K_2S_2O_7 \longrightarrow Fe_2(SO_4)_3 + 3\,K_2SO_4$$

Kaliumhydrogensulfat-Aufschluss für Al_2O_3 und Fe_2O_3 (Saurer Aufschluss)

Die Oxide werden mit der 5-6-fachen Menge $KHSO_4$ oder $K_2S_2O_7$ vermischt und in einem Porzellantiegel (Ni, Pt) vorsichtig mit kleiner Flamme bei möglichst tiefer Temperatur zum Schmelzen gebracht. Sobald der Schmelzfluss klar ist, lässt man abkühlen und löst den Schmelzkuchen in verd. H_2SO_4. Falls sich nicht alles gelöst hat, ist die Prozedur zu wiederholen.

Anmerkung: Al_2O_3 wird sauer nur unvollständig aufgeschlossen. Es kann aufgrund seines amphoteren Charakters auch mit dem Soda-Pottasche-Aufschluss gelöst werden:

$$Al_2O_3 + Na_2CO_3 \longrightarrow 2\,NaAlO_2 + CO_2 \qquad \text{(Ni- oder Pt-Tiegel)}$$

Cr_2O_3, $FeCr_2O_4$

Diese Substanzen können mit dem **oxidierenden Aufschluss (Oxidationsschmelze)** in lösliche Verbindungen übergeführt werden.

Oxidierender Aufschluss für Cr_2O_3 und $FeCr_2O_4$

Man vermischt die Substanz mit der etwa 10-fachen Menge eines Gemisches von gleichen Teilen Na_2CO_3 und KNO_3 (alternativ: Na_2O_2 oder $KClO_3$). Dieses Gemenge wird in einem Porzellantiegel ca. 20 min vorsichtig auf ca. 800°C erhitzt. Der erkaltete Schmelzkuchen wird in heißem Wasser gelöst. Von Ungelöstem wird abfiltriert. In dem gelb gefärbten Filtrat befindet sich CrO_4^{2-} sowie Silicat und Aluminat (aus dem Porzellantiegel).

$$Cr_2O_3 + 2\ Na_2CO_3 + 3\ KNO_3 \longrightarrow 2\ Na_2CrO_4 + 3\ KNO_2 + 2\ CO_2$$

SnO_2 (Zinnstein)

Für den Aufschluss von SnO_2 benutzt man vor allem folgende zwei Methoden, den **alkalischen** und den **Freiberger Aufschluss**.

Alkalischer Aufschluss für SnO_2

Das fein gepulverte SnO_2 wird im Porzellanmörser mit der 6-fachen Menge NaOH oder KOH verrieben. Die Mischung wird in einem Nickeltiegel (Silbertiegel) geschmolzen. Das gebildete Na_2SnO_3 ist löslich.

$$SnO_2 + 2\ NaOH \longrightarrow Na_2SnO_3 + H_2O$$

Der alkalische Aufschluss dient auch zum Lösen.

Freiberger Aufschluss für SnO_2

SnO_2 wird im Porzellanmörser mit der 6-fachen Menge eines Gemisches aus gleichen Teilen Schwefel und Na_2CO_3 (wasserfrei) verrieben. Die Mischung wird im bedeckten Porzellantiegel 20 min bei ca. 1000°C geschmolzen.

$$2\ SnO_2 + 2\ Na_2CO_3 + 9\ S \longrightarrow 2\ Na_2SnS_3 + 3\ SO_2 + 2\ CO_2$$

Beim Behandeln der Schmelze mit heißem Wasser geht das Natriumthiostannat in Lösung. Bei Zugabe von Salzsäure fällt SnS_2 aus.

Anmerkung: Dieser Aufschluss eignet sich für alle Elemente bzw. deren Verbindungen, die Thiosalze bilden, wie z. B. das schwerlösliche Sb_2O_4.

MgO (hochgeglüht)

lässt sich mit dem $KHSO_4$- oder Soda-Pottasche-Aufschluss in eine lösliche Verbindung überführen.

2.6.3 Aufschluss komplexer Cyanide

Komplexe Cyanide wie z. B. $Cu_2[Fe(CN)_6]$, die sich nicht mit Salzsäure zersetzen lassen, können durch Kochen mit NaOH oder mit der $KHSO_4$-Schmelze aufgeschlossen werden, um die entsprechenden Anionen und Kationen nachweisen zu können. Man kann sie auch durch Abrauchen mit konz. H_2SO_4 zerstören.

2.6.4 Fluoride

wie z. B. CaF_2 lassen sich durch Abrauchen mit konz. H_2SO_4 im Pb- oder Pt-Tiegel zerlegen.

2.6.5 Halogenide von Ag, Pb, Hg_2I_2 und HgI_2

lösen sich in konz. KCN-Lösung. Sie lassen sich auch mit Zink und verd. H_2SO_4 oder z. B. mit dem Soda-Pottasche-Aufschluss in einem Porzellantiegel aufschließen. Ag_2O ist in verd. HNO_3 in der Wärme löslich.

$$2\,AgBr + Zn \longrightarrow 2\,Ag + Zn^{2+} + 2\,Br^-$$

$$2\,AgBr + Na_2CO_3 \longrightarrow Ag_2O + 2\,NaBr + CO_2$$

2.7 Erkennen organischer Stoffe und komplexer Cyanide

Organische Stoffe und Cyanide erkennt man daran, dass sie sich beim Glühen unter Luftabschluss durch ausgeschiedenen Kohlenstoff schwarz färben. In den meisten Fällen riechen sie beim Erhitzen brenzlig.

Ausnahme: Essigsäure und – in der Regel – Oxalsäure.

Durchführung: Die feste Substanz bzw. die zur Trockne eingedampfte Substanz wird in einem Glühröhrchen geglüht. Um zu entscheiden, ob die Schwarzfärbung durch Kohlenstoff verursacht wird, mischt man die schwarze Masse mit etwa der gleichen Menge KNO_3 oder $KClO_3$ und glüht das Gemisch auf einem Platinblech; Kohlenstoff verbrennt unter Verglühen.

Nachweis komplexer Cyanid-Verbindungen

Man mischt eine Substanzprobe mit K_2CO_3 (1:1) und glüht das Gemisch in einem Glühröhrchen. Danach zieht man die erkaltete Schmelze mit Wasser aus und prüft im Filtrat auf CN^-.

$$K_4[Fe(CN)_6] + K_2CO_3 \longrightarrow 5\ KCN + KOCN + CO_2 + Fe$$

Zum Aufschluss komplexer Cyanide s. S. 26.

Entfernung organischer Stoffe

Entfernung von Oxalat bzw. Oxalsäure (sie fällen die Erdalkali-Metalle aus neutraler oder basischer Lösung)

a) *neben* PO_4^{3-}*:* $C_2O_4^{2-}$ muss vor dem PO_4^{3-}-Nachweis entfernt werden. Man kocht das Filtrat der H_2S-Gruppe, bis alles H_2S vertrieben ist. Von ausgefallenem Schwefel wird abfiltriert. Durch Kochen mit konz. Na_2CO_3-Lösung fällt man die Erdalkalimetalle als Carbonate aus. Der Nd. wird wie unter b) aufgearbeitet. Anstatt mit Na_2CO_3 zu kochen, kann man auch das Oxalat zerstören, indem man die salzsaure Lösung mit einigen Tropfen 30 %-igem H_2O_2 (phosphor- und schwefelsäurefrei) versetzt und kocht. $C_2O_4^{2-}$ wird dadurch zu CO_2 oxidiert.

b) *bei Abwesenheit anderer org. Substanzen und* PO_4^{3-}*:* Der Nd. der $(NH_4)_2S$-Gruppe wird etwa 5 min mit konz. Na_2CO_3-Lösung ausgekocht und filtriert ($Nd._1$, F_1). $Nd._1$ enthält alle Metalle der $(NH_4)_2S$-Gruppe als Sulfide oder Hydroxide und die Erdalkalimetalle als Carbonate. Er wird mit heißem Wasser ausgewaschen, in verd. Salzsäure gelöst, mit NH_3-Lösung und anschließend mit $(NH_4)_2S$ versetzt. Der entstandene $Nd._2$ enthält die Metalle der $(NH_4)_2S$-Gruppe. Das Filtrat F_2 enthält die Erdalkali-Ionen. F_1 und F_2 werden vereinigt.

Entfernung org. Substanzen mit Hydroxyl-Gruppen (außer Oxalat)

Beispiele: Weinsäure, Glycerin, Zucker

Diese Substanzen bilden mit Al, Cr, Fe u.a. stabile Komplexe.

Die Analysensubstanz wird in einer Porzellanschale zur Trockne eingedampft und anschließend in einem Porzellantiegel mit $(NH_4)_2S_2O_8$ und konz. H_2SO_4 versetzt. Um zu verhindern, dass die Sulfate in die Oxide übergehen, raucht man die H_2SO_4 bei möglichst tiefer Temperatur ab. Nach dem Abrauchen nimmt man den Rückstand mit konz. Salzsäure auf, kocht und filtriert den unlösl. Rückstand ab. Er enthält die Erdalkalisulfate (mit C verunreinigt). Zum Aufschluss s. S. 22. Das Filtrat ist frei von organischen Stoffen und kann zur Analyse verwendet werden.

3 Nachweis wichtiger Elementar-Substanzen

3.1 Schwefel

Prüfung auf elementaren, kristallinen Schwefel, der in CS_2 löslich ist.

Wird beim trockenen Erhitzen der Substanz im Reagenzglas ein gelbes oder braunes Sublimat beobachtet, empfiehlt sich die Prüfung der Analysensubstanz auf elementaren Schwefel.

Man digeriert die Analysensubstanz mit Schwefelkohlenstoff, filtriert durch ein trockenes Papierfilter und lässt das Filtrat eindunsten.

Ein gelber, kristalliner Rückstand spricht für die Anwesenheit von elementarem Schwefel.

Identifizierung

Schwefel verbrennt mit blauer Flamme zu SO_2, kann aber auch durch Oxidation in SO_4^{2-} übergeführt werden. Hierzu wird Schwefel z. B. mit elementarem Brom in wässriger Lösung erhitzt.

$$Br_2 + H_2O \rightleftharpoons HOBr + HBr$$

$$S_8 + 24\ HOBr + 8\ H_2O \longrightarrow 8\ H_2SO_4 + 24\ HBr$$

Über den Nachweis von SO_4^{2-} s. S. 50.

Elementarer Schwefel löst sich mit roter Farbe in *Piperidin.*

Hepar-Probe (Hepar-Reaktion)

Schwefel und *schwefelhaltige Substanzen* geben die Hepar-Reaktion. Hierbei wird der Schwefel zu S^{2-} reduziert und dieses mit elementarem Silber und dem Sauerstoff der Luft zu Ag_2S umgesetzt.

$$4\ Ag + 2\ S^{2-} + 2\ H_2O + O_2 \longrightarrow 2\ Ag_2S + 4\ OH^-$$

Durchführung: Man schmilzt an einer Platindrahtöse oder einem Magnesiastäbchen eine kleine Perle aus Na_2CO_3 an, bringt etwas schwefelhaltige Substanz daran und erhitzt kurz im Oxidationsraum der Bunsenflamme, um I^- u.a. zu beseitigen. Anschließend schmilzt man reduzierend in der Spitze der leuchtenden Bunsenflamme und drückt dann die Perle mit einem Pistill mit einem Tropfen Wasser auf ein blankes *Silberblech*. Die Bildung von *schwarzem Ag_2S* beweist die Anwesenheit von Schwefel in der Analysensubstanz.

Störung: Se, Te

Hempel-Probe (Hempel-Reaktion)

Auch die Hempel-Probe ist eine Vorprobe auf Schwefelverbindungen. Man mischt wenige Milligramm der zu prüfenden Substanz mit etwa der 5-fachen Menge Magnesium- oder Aluminiumpulver. Diese Mischung bringt man auf ein Stück Filterpapier (4 x 4 cm), rollt es zusammen, verschließt es auf der einen Seite durch Zusammenfalten und steckt es über einen etwas horizontal gehaltenen Magnesiastab. Mit diesem bringt man das Papier in die Flamme des Bunsenbrenners und hält es darin, bis die Reaktion beendet ist. Anschließend bricht man das Magnesiastäbchen ab und gibt es mit der Asche in ein kleines Reagenzglas. Auf Zugabe von verd. Salzsäure und Erwärmen tritt bei Anwesenheit von Schwefel H_2S-Geruch auf. Einen zusätzlichen Nachweis macht man mit Bleiacetatpapier s. S. 50. Mit einem Blindversuch prüft man die verwendeten Metallpulver auf evtl. Schwefelgehalt.

3.2 Kohlenstoff

Prüfung auf elementaren Kohlenstoff

Eine Probe des getrockneten Rückstands wird in einem Reagenzglas mit der doppelten Menge gepulverten CuO vermischt und über der Flamme eines Bunsenbrenners erhitzt. Kohlenstoff verbrennt dabei zu CO_2, das sich im unteren Teil des Reagenzglases sammelt.

Hält man einen Glasstab mit einem Tropfen *Barytwasser* ($Ba(OH)_2$-Lösung) in das Reagenzglas, zeigt eine weiße Trübung die Anwesenheit von CO_2 an, s. S. 54. Bei größeren Substanzmengen leitet man das Reaktionsgas in eine Lösung von $Ba(OH)_2$ ein.

Beachte: $BaCO_3$ löst sich in verdünnter Essigsäure unter Rückbildung von CO_2.

4 Schnelltests

Die in den nachfolgenden Kapiteln beschriebenen klassischen Analysenverfahren sind zwar universell einsetzbar, erfordern aber eine gewisse Erfahrung und Übung in der Ausführung und der Bewertung der Ergebnisse. Für viele Anwendungsgebiete ist es ausreichend, durch einfache Tests rasch und zuverlässig analytische Informationen zu bekommen. Schon lange verwendet wird z. B. das Universal Indikatorpapier („pH-Papier“) zur ungefähren Bestimmung des pH-Wertes einer Lösung statt der genaueren, aber aufwendigeren Messung mit einer Glaselektrode. Als spezifisches Reagenzpapier für Sulfid wird häufig Bleiacetat-Papier benutzt (Filterpapier mit Bleiacetat-Lösung getränkt), das sich bei Anwesenheit von Sulfid-Ionen durch Bildung von Bleisulfid schwarz verfärbt. Für zahlreiche weitere Ionen sind mittlerweile derartige Testpapiere erhältlich, von denen einige nicht nur einen qualitativen, sondern sogar einen halbquantitativen Nachweis der gesuchten Ionen ermöglichen.

Beispiele: Ca^{2+}, Al^{3+}, NH_4^+, K^+, As^{3+}, Cr^{3+}, Fe^{2+}, Cu^+/Cu^{2+}, Co^{2+}, Mn^{2+}, Ni^{2+}, Zn^{2+}, Sn^{2+}, CrO_4^{2-}, NO_3^-, SO_4^{2-}, SO_3^{2-}, O_2^{2-}.

Außer den Schnelltests für anorganische Ionen gibt es auch Teststreifen für biochemisch wichtige Indikatoren zur Erleichterung der Diagnose in der Medizin. Am bekanntesten sind die Teststreifen zur Früherkennung der Zuckerkrankheit (Diabetes mellitus).

Auch für die Messungen von Luftverunreinigungen z. B. am Arbeitsplatz oder in der Umwelt sind einfache Messverfahren entwickelt worden. Besonders bekannt sind die Prüfröhrchen mit Indikator (Abb. 8). Das abgebildete Röhrchen erlaubt die Messung von 0,1-1,2 bzw. 0,5-6 Vol.-% CO_2. Das zu prüfende Gasgemisch, z. B. Luft, wird mit einer Pumpe durch das Röhrchen geleitet. Das enthaltene CO_2 reagiert in der Anzeigeschicht mit dem Reagenz nach folgender Gleichung:

$$CO_2 + N_2H_4 \xrightarrow{\text{Ind.}} H_2N\text{-}NH\text{-}COOH$$

Ind.: *Redoxindikator Kristallviolett*

Es erfolgt in der Anzeigeschicht ein Farbumschlag nach blauviolett. Die Länge der verfärbten Schicht gibt über die aufgedruckte Strichskala direkt den Volumengehalt an CO_2 an (Standardabweichung 5-10 %). Nach einem ähnlichen Prinzip arbeitet auch das Alkohol-Teströhrchen der Polizei. Als Reagenz dient eine gelbe Cr(VI)-Verbindung, die durch den in der Ausatemluft enthaltenen Alkohol zu einer grünen Cr(III)-Verbindung reduziert wird.

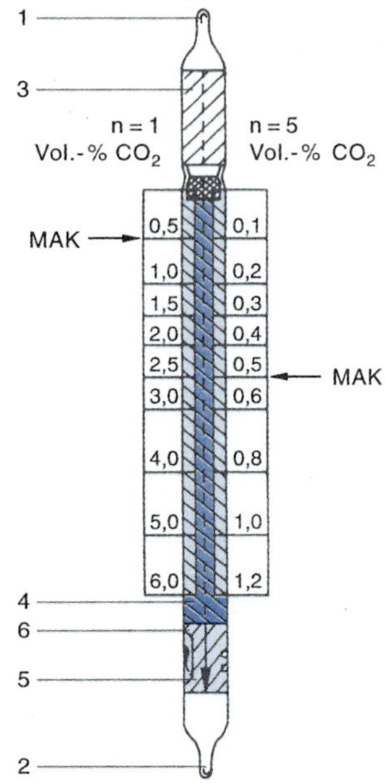

1,2 zugeschmolzene Spitzen

3 Schreibfläche

4 Anzeigeschicht (weiss mit Strichskalen, Zahlenwerte in Vol.-% CO_2

5 Pfeil (soll bei der Prüfung zur Pumpe weisen)

Abb. 8. Dräger-Röhrchen Kohlendioxid

5 Untersuchung von Anionen

5.1 Allgemeine Einführung

Meist prüft man zuerst mit Gruppenreagenzien auf die Anwesenheit bestimmter Anionengruppen. Entsprechend dem Ergebnis dieser Reaktionen führt man dann einen systematischen Trennungsgang durch und/oder benutzt die auf den folgenden Seiten angegebenen Nachweisreaktionen.

5.1.1 Anionen-Nachweis aus der Ursubstanz

Einige Anionen wie CO_3^{2-}, $CH_3CO_2^-$, BO_3^-, CN^-, NO_2^-, NO_3^- werden direkt aus der Ursubstanz durch Gasentwicklung, Esterbildung und dgl. nachgewiesen (*Ursubstanz* ist die unbehandelte Substanz) .

Vor dem Anionen-Nachweis müssen mit Ausnahme der Alkalimetalle und NH_4^+ alle Kationen entfernt werden. Man kann hierzu z. B. einen Ionenaustauscher benutzen (s. Kap. VIII.7). Üblicherweise macht man jedoch einen Soda-Auszug.

5.1.2 Soda-Auszug (S.A.)

Bei Substanzproben, die außer den Alkalimetallen und NH_4^+ weitere Kationen enthalten, führt man letztere durch Kochen mit Na_2CO_3 in schwerlösliche *Carbonate* oder *Hydroxide* über. Die interessierenden Anionen liegen dann im Filtrat (Zentrifugat), dem sog. Soda-Auszug (S.A.), gelöst als *Na-Salze* vor.

Durchführung: Man kocht einen Teil der Analysensubstanz mit 2 M Na_2CO_3-Lösung bzw. der dreifachen Menge Na_2CO_3 (krist.) in ca. 10 ml H_2O für 5-10 min.

In der „Halbmikroanalyse“ nimmt man etwa 0,1 g Substanz und kocht in einem Becherglas mit etwa 0,4 g Na_2CO_3 (krist.) und 2-3 ml H_2O unter Umrühren mit einem Glasstab. Beim Kochen wird das verdampfte Wasser tropfenweise ersetzt. Anschließend filtriert oder zentrifugiert man die Reaktionslösung.
Der Soda-Auszug kann gefärbt sein:

gelb – durch CrO_4^{2-}
blau – durch Cu-Komplexe
violett – durch MnO_4^-
rosa – durch Co-Komplexe
grün oder *violett* – durch Cr-Komplexe
schwärzlich – durch Silberverbindungen
gelb-grün – durch $[Fe(CN)_6]^{4-}$ oder $[Fe(CN)_6]^{3-}$

Im Allgemeinen wirkt sich die Farbe des Soda-Auszuges beim Anionennachweis nicht störend aus.

Der S.A. wird zweckmäßigerweise in *drei Teile* geteilt.

Einen *größeren Teil* neutralisiert man mit verd. HNO_3 und einen *kleineren Teil* (z. B. zur Prüfung auf NO_3^-) mit CH_3COOH. Der *dritte Teil* dient als Reserve.
Bei der Neutralisation gibt man zuerst einen Überschuss an Säure hinzu und kocht kurz auf, um CO_2 zu vertreiben.

Beachte: Beim Ansäuern mit Mineralsäuren (Salzsäure, HNO_3, H_2SO_4) können folgende Anionen in Form flüchtiger Zersetzungsprodukte entweichen: $\mathbf{SO_3^{2-}}$, $\mathbf{CN^-}$, $\mathbf{NO_2^-}$.

Nach dem Erkalten wird die Lösung mit NaOH-Lösung möglichst genau neutralisiert.

Tritt beim Neutralisieren mit Säure ein Niederschlag auf, wird er abfiltriert (abzentrifugiert), bevor man die Lösung weiter ansäuert. Besteht der Nd. aus amphoteren Oxidhydraten von V(V), Mo(VI), Al, Zn, Pb, Sn, so löst er sich mit zunehmender Säurekonzentration auf.

Oxidhydrate von Si, W(VI) sind unlöslich. Auch Sulfide und S können bei der Zersetzung von $S_2O_3^{2-}$ entstehen und sollten abgetrennt werden.

Komplexgebundene Kationen lassen sich oft nicht restlos entfernen. Falls sie beim Anionen-Nachweis stören, kann man in die neutrale Lösung H_2S einleiten und die Kationen als Sulfide ausfällen. Überschüssiges H_2S wird durch Kochen entfernt. In dem so erhaltenen Filtrat kann natürlich nicht mehr auf schwefelhaltige Anionen geprüft werden. Die Prüfung erfolgt dann in einem anderen Teil des S.A..

Beachte:

1) Sehr schwerlösliche Substanzen wie HgS, $Hg(CN)_2$ lassen sich mit Na_2CO_3 nicht umsetzen. In solchen Fällen muss man den Rückstand des S.A. auf Anionen untersuchen.

2) Auch der Nachweis der Halogenide kann bei Anwesenheit von Hg beeinträchtigt sein, weil sie teilweise im Rückstand festgehalten werden.

Entfernung von S^{2-}: Vor dem Ansäuern des S.A. fällt man S^{2-} als **CdS** mit *Cd-Acetat-Lösung* ($Lp_{CdS} = 10^{-27}\ mol^2 \cdot l^{-2}$)

5.2 Gruppen-Reaktionen

Beachte: Vor der Anwendung der Gruppenreagenzien prüft man zunächst auf NO_2^-, NO_3^-, ClO^-. Ist ClO^- vorhanden, muss es durch Schütteln mit Hg entfernt werden.

Als Gruppen-Reaktionen dienen *Fällungs-* und *Redox-Reaktionen.*

Gruppenreagenz Ag^+ (aus $AgNO_3$)

Ein Teil des S.A. wird mit verd. HNO_3 angesäuert, das CO_2 verkocht und tropfenweise mit $AgNO_3$-Lösung versetzt. Als Silbersalze können ausfallen:

weiß:	Cl^-, ClO^-, *BrO_3^- (aus konz. Lösung), *IO_3^-, *CN^-, *SCN^-, $[Fe(CN)_6]^{4-}$
gelb:	*Br^-, *I^-
braun:	*$[Fe(CN)_6]^{3-}$

Aus schwach saurer Lösung können auch ausfallen:

schwarz:	Ag_2S (aus S^{2-} und/oder $S_2O_3^{2-}$)	lösl. in konz. HNO_3
weiß:	*Ag_2SO_3 (aus konz. Lösung)	
rot:	*Ag_2CrO_4	

Behandelt (digeriert) man den ausgewaschenen Nd. mit konz. NH_3-Lösung, gehen die Silbersalze der mit * markierten Anionen in Lösung.

Der Rückstand aus AgI, $Ag_4[Fe(CN)_6]$ löst sich in verd. KCN-Lsg.. Ag_2S ist unlöslich.

Gruppenreagenz: Ca^{2+} (aus $CaCl_2$)

Ein Teil des S.A. wird mit verd. CH_3COOH angesäuert, das CO_2 verkocht und tropfenweise mit $CaCl_2$-Lösung versetzt. Als weiße Ca-Salze können fallen:

SO_3^{2-} (in der Hitze), MoO_4^{2-}, WO_4^{2-}, PO_4^{3-}, $P_2O_7^{4-}$, PO_3^-, VO_4^{3-}, $B_4O_7^{2-}$, $C_2O_4^{2-}$, $C_4H_4O_6^{2-}$, F^-, $[Fe(CN)_6]^{4-}$, SO_4^{2-} (aus konz. Lösung).

Gruppenreagenz: Zn^{2+} (aus $Zn(NO_3)_2$)

In schwach alkalischer Lösung fallen die Zink-Salze von S^{2-}, CN^-, $[Fe(CN)_6]^{4-}$, $[Fe(CN)_6]^{3-}$.

Gruppenreagenz Ba^{2+} (aus $Ba(NO_3)_2$, $BaCl_2$)

Ein Teil des S.A. wird tropfenweise mit $BaCl_2$-Lösung versetzt. Als weißer Nd. können ausfallen:

SO_4^{2-}, IO_3^-, $[SiF_6]^{2-}$	unlöslich in verd. CH_3COOH, HCl, HNO_3.
F^-, CrO_4^{2-}, SO_3^{2-}, $S_2O_3^{2-}$ (S-Ausscheidung)	unlöslich in verd.CH_3COOH, lösl. in verd. HCl, HNO_3.
PO_4^{3-}, AsO_4^{3-}, AsO_3^{3-},	
BO_2^-, SiO_3^{2-}, CO_3^{2-}	unlöslich in H_2O; lösl. in CH_3COOH

Oxidation mit $KMnO_4$ (0,02 M $KMnO_4$ + 1 M H_2SO_4)

Gibt man tropfenweise $KMnO_4$-Lösung in die schwefelsaure Probenlösung, so entfärbt sich das $KMnO_4$ bei Anwesenheit von:

SO_3^{2-}, $S_2O_3^{2-}$, AsO_3^{2-}, S^{2-}, SH^-, $C_2O_4^{2-}$, Br^-, I^-, CN^-, SCN^-, NO_2^-, H_2O_2 (Peroxide), $C_4H_4O_6$ (in der Wärme), $[Fe(CN)_6]^{4-}$.

Oxidation mit Iod-Stärke-Lösung

Die blaue Farbe der I_2-Stärke-Einschlußverbindung verschwindet bei Anwesenheit von: SO_3^{2-}, $S_2O_3^{2-}$, AsO_3^{3-}, S^{2-}, SH^-, CN^-, SCN^-, $Fe(CN)_6]^{4-}$, (N_2H_4, NH_2OH).

Reagenzlösung:

a) Eine Spatelspitze KI löst man in wenig Wasser und gibt einige Kristalle I_2 zu. Nach dem Auflösen versetzt man mit 0,1 g $NaHCO_3$.

b) Stärke-Lösung

Reduktion mit HI

Geeignete Oxidationsmittel setzen in saurer Lösung I_2 frei, das durch Tüpfeln mit Stärke-Lösung an der Blaufärbung erkannt werden kann. Man kann auf KI-Stärkepapier mit der mit verd. HCl angesäuerten Probenlösung tüpfeln.

Es reagieren: CrO_4^{2-}, $Cr_2O_7^{2-}$, $[Fe(CN)_6]^{3-}$, NO_2^-, ClO_3^-, BrO_3^-, IO_3^-, IO_4^-, MnO_4^-, AsO_4^{3-}, ClO^-, H_2O_2 (Peroxide).

Beachte: In stark saurer Lösung reagieren auch: Cu^{2+}, Fe^{3+}, NO_3^-.

5.3 Trennungsgänge

Für den Nachweis der wichtigsten Anionen gibt es in der Literatur mehrere ausführliche Trennungsgänge. Für spezielle Probleme lassen sich Trennungsgänge aus den angegebenen Gruppen- und Nachweis-Reaktionen zusammenstellen. Dies sei hier nicht weiter vertieft.

Für Halogenide und/oder Pseudohalogenide und für schwefelhaltige Anionen geben wir ein Trennungsschema auf S. 40, 53 wieder.

Literatur für einen Anionen-Trennungsgang: R. Belcher u. H. Weisz, Mikrochim. Acta *1956*, 1877; *1958,* 571.

5.4 Nachweisreaktionen (Identitätsreaktionen)

5.4.1 Liste der erfaßten Anionen

F^-, Cl^-, Br^-, I^-
Cl^-, Br^-, I^- nebeneinander
CN^-, SCN^-
Cl^-, Br^-, I^-, CN^-, SCN^- nebeneinander
ClO_3^-, ClO_4^-
BrO_3^-, IO_3^-
CrO_4^{2-}, MnO_4^-
AsO_4^{3-}, AsO_3^{2-}
PO_4^{3-}, PO_3^-, HPO_3^{2-}, $P_2O_7^{4-}$
SiO_2, Silicate, $[SiF_6]^{2-}$
NO_2^-, NO_3^-
NO_3^- neben NO_2^-
S^{2-}, $S_2O_3^{2-}$, SO_3^{2-}, SO_4^{2-}, $S_2O_8^{2-}$
CO_3^{2-}, $CH_3CO_2^-$, $C_2O_4^{2-}$, Tartrat, Citrat
$B_4O_7^{2-}$, H_3BO_3
$[Fe(CN)_6]^{3-}$, $[Fe(CN)_6]^{4-}$
H_2O_2

5.4.2 Einzelnachweise und Trennungsgänge

Fluorid (F^-)

Zum Aufschluss von schwerlöslichen Fluoriden s. S. 26.

Entfärben von $Fe(SCN)_3$-Lösung: Eine Lösung von blutrotem $Fe(SCN)_3$ wird durch Zusatz löslicher Fluoride ganz oder teilweise entfärbt. Dabei bildet sich das farblose Komplexion **$[FeF_6]^{3-}$.**

Entfärbung eines Alizarin-Zirkon-Farblackes: Man vermischt gleiche Volumina der beiden Teile des Reagenzes und bringt die Mischung z. B. auf ein Filterpapier. Fügt man einen Tropfen der fluoridhaltigen Proben-Lösung hinzu, schlägt die rot-violette Farbe in gelb um. Es bildet sich $[ZrF_6]^{2-}$ und **freier Farbstoff.**

Reagenz-Lösung: Teil 1) 0,05 g $Zr(NO_3)_4$ werden in 10 ml verd. Salzsäure gelöst und mit 50 ml Wasser verdünnt. Teil 2) 0,05 g alizarinsulfonsaures Natrium werden in 50 ml Wasser gelöst.

$$pD = 4{,}7 \quad EG = 1\ \mu g\ F^-$$

Störung: Größere Mengen SO_4^{2-}, $S_2O_3^{2-}$, PO_4^{3-}, AsO_4^{3-}, $C_2O_4^{2-}$, (Fluoroborate, Fluorosilicate)

„Ätzprobe" und „Kriechprobe" („Tropfenprobe"): Diese Probe ist für größere Fluoridmengen geeignet. Dabei setzt konz. H_2SO_4 aus Fluoriden **HF** in Freiheit. Gasblasen von HF kriechen langsam an der Glaswand zur Flüssigkeitsoberfläche empor. Die Glasoberfläche wird **angeätzt** (Bildung von SiF_4), so dass sie nicht mehr von der Schwefelsäure benetzt werden kann und diese wie Wasser an einer fettigen Fläche abläuft.

Störung: Bei Anwesenheit eines Überschusses von Kieselsäure und/oder Borsäure versagen die Proben, weil SiF_4 bzw. BF_3 entstehen, welche Glas nicht ätzen. Hier muss auf die nachstehende „Wassertropfenprobe" ausgewichen werden.

„Wassertropfenprobe" (Tetrafluorid-Bleitiegelprobe): Bei diesem für größere Fluoridmengen geeigneten Nachweis werden 10-20 mg der Analysensubstanz in

einem kleinen Bleitiegel mit etwa der dreifachen Menge an Kieselsäure vermischt und mit konz. H_2SO_4 zu einem Brei angerührt. Der Tiegel wird mit einem Bleideckel mit Bohrung verschlossen. Auf das Deckelloch legt man feuchtes schwarzes Filterpapier. Beim schwachen Erwärmen (50-60°C) im Wasserbad hydrolysiert das im Tiegel gebildete **SiF_4**, und die entstandene Metakieselsäure H_2SiO_3 (idealisiert) bzw. **SiO_2 • aq** scheidet sich auf dem Papier als **weiße Gallerte** ab.

$$4\ NaF + 2\ H_2SO_4 + SiO_2 \longrightarrow 2\ Na_2SO_4 + 2\ H_2O + SiF_4$$

$$3\ SiF_4 + 3\ H_2O \longrightarrow 2\ H_2SiF_6 + H_2SiO_3$$

Störung: Die Probe versagt, falls die Fluoride nicht durch H_2SO_4 zersetzt werden (z. B. Topas) oder bei Gegenwart von viel Borsäure. Diese bildet BF_3, das zu löslicher H_3BO_3 hydrolysiert. Im ersten Falle muss das Fluorid zuerst z. B. mit dem Soda-Pottasche-Aufschluss aufgeschlossen werden.

Entfernung von F^-

F^- stört den Analysengang z. B. durch Bildung von $[FeF_6]^{3-}$, $[TiF_6]^{3-}$ und Kieselsäure (aus SiF_4 und Wasser). Zur Entfernung als HF übergießt man die Analysensubstanz im (Platin-) oder Bleitiegel mit konz. H_2SO_4 und dampft die Lösung bei möglichst tiefer Temperatur bis zum Auftreten von SO_3-Dämpfen ein. Die Fluoride werden dabei in die Sulfate übergeführt.

Beachte: Bei stärkerem Erhitzen bilden sich Metalloxide!

Chlorid (Cl^-)

Die Chloride der meisten Metalle sind in Wasser leichtlöslich. Schwerlöslich sind $PbCl_2$, AgCl, Hg_2Cl_2. Durch Reduktion mit Zink/verd. H_2SO_4 werden auch diese Chloride gelöst.

Beispiel: $$2\ AgCl + Zn \xrightarrow{H_2SO_4} Ag + Zn^{2+} + 2\ Cl^-$$

Ag^+-Ionen (aus $AgNO_3$) aus HNO_3-saurer Lösung — weißer käsiger Nd. von **AgCl**, wird am Licht dunkel, schwerlösl. in Säuren, löslich in wässr. NH_3- und $(NH_4)_2CO_3$-Lösung als Diamminkomplex: $[Ag(NH_3)_2]^+$. Durch Säure wird der Komplex zerstört, und AgCl fällt wieder aus. $Lp_{AgCl} = 10^{-10}\ mol^2 \cdot l^{-2}$.

Störungen: andere Halogenide und Pseudohalogenide

CN^-: Ausfällen als $Zn(CN)_2$, oder Austreiben von HCN mit $NaHCO_3$-Lösung, s. S. 41.

SCN^-, $[Fe(CN)_6]^{4-}$, $[Fe(CN)_6]^{3-}$: Man erhitzt den schwefelsauren S.A. mit Na_2SO_3 und $CuSO_4$ zum Sieden. Der entstehende Nd. enthält CuSCN, $Cu_2[Fe(CN)_6]$ und $Cu_3[Fe(CN)_6]_2$. Das Filtrat wird zur Hälfte eingedampft und mit HNO_3 und $AgNO_3$ auf Cl^- geprüft.

Br^-,I^-: a) Der gründlich ausgewaschene Nd. von AgCl, AgBr und AgI wird in Wasser suspendiert und in der Kälte mit ca. 1 ml verd. $K_3[Fe(CN)_6]$-Lösung und einigen Tropfen etwa 3 %-iger wässr. NH_3-Lösung versetzt. Bei Anwesenheit von Cl^- bildet sich braunes $Ag_3[Fe(CN)_6]$.

b) Schüttelt man den Silberniederschlag der Halogenide mit konz. $(NH_4)_2CO_3$-Lösung, so geht nur AgCl in Lösung Das Filtrat kann man nun entweder mit HNO_3 ansäuern oder mit einer kleinen Menge KBr versetzen. Im ersten Fall wird der Komplex zerstört und AgCl fällt wieder aus. Im zweiten Fall fällt AgBr aus, weil die geringe Ag^+-Konzentration aus dem Gleichgewicht

$$[Ag(NH_3)_2]^+ \rightleftharpoons Ag^+ + 2\ NH_3$$

ausreicht, um das Löslichkeitsprodukt von AgBr zu überschreiten.

Br^-, CN^-, SCN^-. Man beseitigt diese störenden Ionen durch Oxidation mit konz. HNO_3 in der Hitze. Anschließend reduziert man AgCl mit 0,1 M NaOH und Formalin. Cl^- lässt sich im Filtrat nachweisen.

Bromid (Br^-)

Die Löslichkeit der Bromide entspricht derjenigen der Chloride; mit Ausnahme von AgBr, Hg_2Br_2 und $PbBr_2$ sind sie leichtlöslich.

Ag^+-Ionen (aus $AgNO_3$) aus HNO_3-saurer Lösung — schwach gelber, käsiger Nd. von **AgBr,** löslich unter Komplexbildung in KCN-, $Na_2S_2O_3$- und konz. NH_3-Lösung; unlöslich in HNO_3.

Beachte: AgBr verhält sich wie AgCl, nur ist es in wässriger NH_3-Lösung schwerer löslich als AgCl. In $(NH_4)_2CO_3$ ist AgBr praktisch unlöslich; Trennungsmöglichkeit!
$Lp_{AgBr} = 10^{-12,3}\ mol^2 \cdot l^{-2}$.

Die folgenden Nachweise für Bromid beruhen auf der leichteren Oxidierbarkeit im Vergleich zu Chlorid.

Chlorwasser — scheidet aus wässriger Lösung $\mathbf{Br_2}$ aus, das sich in Chloroform oder Tetrachlormethan mit brauner Farbe löst.

$$Cl_2 + 2\ Br^- \longrightarrow Br_2 + 2\ Cl^- \xrightarrow{+\ Cl_2} 2\ BrCl$$

Durch überschüssiges Chlorwasser wird Br_2 in weingelbes **BrCl** umgewandelt.

Durchführung: Die Probenlösung wird mit ca. 1 ml $CHCl_3$ (Chloroform) oder CCl_4 (Tetrachlormethan) versetzt. Man fügt tropfenweise *Chlorwasser* zu und schüttelt. Bei Anwesenheit von Br^- färbt sich die organische Phase braun.

Nachweis mit $K_2Cr_2O_7$ — Mischt man die Analysensubstanz mit festem $K_2Cr_2O_7$, übergießt mit konz. H_2SO_4 und erhitzt vorsichtig, entweichen $\mathbf{Br_2}$-Dämpfe:

$$K_2Cr_2O_7 + 6\ KBr + 7\ H_2SO_4 \longrightarrow 3\ Br_2 + 4\ K_2SO_4 + Cr_2(SO_4)_3 + 7\ H_2O$$

Beachte: Dieser Nachweis ist bei Anwesenheit von ClO_3^- und/oder ClO_4^- nicht zu empfehlen bzw. nur mit kleinsten Substanzmengen durchzuführen!

Nachweis mit Fluorescein — Man erhitzt die zu prüfende Lösung mit *$KMnO_4$ + H_2SO_4* im Reagenzglas und bedeckt seine Öffnung mit *Fluoresceinpapier.* Bei Anwesenheit von Br^- wird dieses zu Br_2 oxidiert, welches das gelbe Fluorescein zu **rosafarbenem Eosin** (Tetrabromfluorescein) bromiert.

Zur Darstellung des Fluoresceinpapiers tränkt man Filterpapier mit einer gesättigten Lösung von Fluorescein in 50 %-igem Ethanol und trocknet das Papier.

pD = 5 EG = 3 µg Br^-

Beachte: I^- stört nicht, weil es zu IO_3^- oxidiert wird.

Störung: S^{2-} (Entfernung: Kochen mit Essigsäure), $S_2O_3^{2-}$, CN^-, SCN^-

Zum Nachweis von Br^- neben Cl^- und/oder I^- s. S. 38.

Iodid (I^-)

Ag^+-Ionen (aus $AgNO_3$) — gelber käsiger Nd. von **AgI**, unlösl. in HNO_3 und NH_3-Lösung, leicht lösl. in KCN- und $Na_2S_2O_3$-Lösung. $Lp_{AgI} = 1{,}5 \cdot 10^{-16}\ mol^2l^{-2}$

$$AgI + 2\,CN^- \rightleftharpoons [Ag(CN)_2]^- + I^-$$

$$AgI + 2\,S_2O_3^{2-} \rightleftharpoons Ag(S_2O_3)_2]^{3-} + I^-$$

pD = 8,2

Konz. H_2SO_4 — in der Kälte Ausscheidung von **Iod:**

$$2\,KI + 2\,H_2SO_4 \longrightarrow I_2 + SO_2 + K_2SO_4 + 2\,H_2O$$

Chlorwasser — **Iodausscheidung:**

$$Cl_2 + 2\,I^- \longrightarrow I_2 + 2\,Cl^- \xrightarrow{+\,3\,Cl_2} 2\,ICl_3$$

Durch überschüssiges Chlor wird I_2 in verd. Lösung zu $\mathbf{HIO_3}$, in konzentrierter und stark saurer Lösung zu $\mathbf{ICl_3}$ oxidiert. Beide Substanzen sind farblos.

Störung: CN^- , es bildet sich farbloses ICN. *Abhilfe:* Ausfällen von CN^- als $Zn(CN)_2$ oder Austreiben von HCN mit $NaHCO_3$-Lösung

Durchführung: Zu der Probenlösung gibt man ca. 1 ml $CHCl_3$ (Chloroform) oder CCl_4 (Tetrachlormethan) und fügt tropfenweise Chlorwasser hinzu. Die organische Phase färbt sich zunächst rotviolett (I_2); bei weiterem Zusatz von Chlorwasser wird sie wieder farblos (IO_3^- und ICl_3).

Nach der Oxidation von I^- zu IO_3^- kann man das überschüssige Cl_2 durch Ameisensäure zerstören, KI-Lösung hinzufügen und das entstandene I_2 mit Stärkelösung nachweisen.

$$IO_3^- + 5\,I^- + 6\,H_3O^+ \longrightarrow 3\,I_2 + 9\,H_2O$$

Konz. HNO_3 — setzt $\mathbf{I_2}$ frei. Räuchert man einen essigsauren Tropfen der Probenlösung auf einem Filterpapier über konz. HNO_3, lässt sich das gebildete I_2 mit Stärke-Lösung nachweisen. Cl^-, Br^-, SCN^- stören nicht!

Halogenide nebeneinander: Cl^-, Br^-, I^-

Der S.A. wird mit HNO_3 angesäuert, mit $AgNO_3$ versetzt und erwärmt. Es fallen **AgI, AgBr** und **AgCl** aus.

Cl^- — Man schüttelt den Nd. mit $(NH_4)_2CO_3$-*Lösung* Nur **AgCl** geht komplex in Lösung. Rückstand: AgBr und AgI.

Über den Nachweis von Cl^-, s. S. 36.

Br^- — Der Rückstand wird mit konz. NH_3-*Lösung* behandelt. **AgBr** geht komplex in Lösung. Rückstand: AgI.

Über Nachweisreaktionen von Br^- und I^-, s. S. 37 bzw. S. 38.

Br^- neben I^- — Den Nachweis von Br^- und I^- nebeneinander kann man auch mit Chlorwasser durchführen, s. S. 37 bzw. S. 38.

I^- wird zuerst zu $\mathbf{I_2}$ oxidiert! Die violette Farbe des I_2 geht in die braune Farbe des gelösten $\mathbf{Br_2}$ über.

Beachte: Die schwerlöslichen Silberhalogenide AgCl, AgBr und AgI können durch Behandeln mit Zink und verd. H_2SO_4 in lösl. Verbindungen umgewandelt werden.

Cyanid (CN^-)

Außer AgCN gehen alle Cyanide in den S.A. Da sich mit vielen Schwermetallen sehr stabile, lösl. Komplexe bilden, muss aber auch in der Ursubstanz auf CN^- geprüft werden.

Alle Cyanide, auch die komplexen, werden durch konz. H_2SO_4 zerstört:

$$K_4[Fe(CN)_6] + 3\ H_2SO_4 \longrightarrow 2\ K_2SO_4 + FeSO_4 + 6\ HCN$$

$$6\ HCN + 3\ H_2SO_4 + 6\ H_2O \longrightarrow 3\ (NH_4)_2SO_4 + 6\ CO$$

Nachweis mit Ag^+ — weißer Nd. von **AgCN,** schwerlösl. in Säuren, lösl. in NH_3, $S_2O_3^{2-}$ und überschüssigem CN^-. Der Nachweis gelingt nur mit überschüssigen Ag^+-Ionen. $Lp_{AgCN} = 7 \cdot 10^{-15} mol^2 \cdot l^{-2}$.

Nachweis als SCN^- — Mit Schwefel von Polysulfiden $(NH_4)_2S_x$, („gelbes Schwefelammon") bildet sich mit CN^- beim Erwärmen **SCN^-**, das nach dem Ansäuern mit verd. Salzsäure mit Fe^{3+}-Ionen blutrotes, lösliches $Fe(SCN)_3$ gibt.

pD = 4,7 EG = 1 µg CN^-

Störung: SCN^- *Abhilfe:* CN^- kann vor der Umwandlung als $Zn(CN)_2$ abgetrennt werden.

Nachweis als Berliner Blau — In alkalischer Lösung bilden Fe^{2+}-Ionen mit überschüssigen *CN^--Ionen* **$[Fe(CN)_6]^{4-}$**-Ionen. Durch Zugabe von Fe^{3+} und Ansäuern entsteht **Berliner Blau**.

pD = 6,2 EG = 0,02 µg CN^-

Nachweis durch Komplexbildung — Mit einer $CuSO_4$-Lösung und H_2S stellt man auf einem Filterpapier einen schwarzen Fleck von **CuS** her. Bringt man auf den Fleck einen Tropfen der cyanidhaltigen Probenlösung, so wird dieser unter Bildung von **$[Cu(CN)_4]^{3-}$** entfärbt.

Auch die tiefblaue Lösung von $[Cu(NH_3)_4]^{2+}$ wird durch Zusatz von CN^--Ionen entfärbt unter Bildung von $\mathbf{[Cu(CN)_4]^{3-}}$.

$$2\,[Cu(NH_3)_4]^{2+} + 9\,CN^- + 2\,OH^- \longrightarrow 2\,[Cu(CN)_4]^{3-} + 8\,NH_3 + OCN^- + H_2O$$

Thiocyanat, Rhodanid (SCN^-)

Alle Thiocyanate außer mit den Kationen Ag^+, Cu^+, Hg^{2+}, Pb^{2+} sind in Wasser leicht löslich. Mit Ausnahme von AgSCN gehen die schwerlösl. Thiocyanate in den S. A. AgSCN bleibt im Rückstand.

Thiocyanate (Rhodanide) geben die Hepar-Reaktion.

Ag^+-Ionen (aus $AgNO_3$) — weißer Nd. von **AgSCN**, lösl. in konz. NH_3-Lösung als Amminkomplex, lösl. in neutraler SCN^--Lösung als $[Ag(SCN)_2]^-$; $Lp_{AgSCN} = 10^{-12}$ $mol^2 \cdot l^{-2}$.

Durch Glühen des Nd. im Porzellantiegel bis zur dunklen Rotglut lässt sich AgSCN in schwarzes $\mathbf{Ag_2S}$ überführen.

Beachte: AgBr und AgCl bleiben unverändert. Diese Methode bietet eine Möglichkeit zur Trennung von SCN^-, Cl^-, Br^-.

Fe^{3+}-Ionen — in schwach saurer Lösung blutrotes, in Ether lösl. $\mathbf{Fe(SCN)_3}$. Mit überschüssigen SCN^--Ionen entstehen die blutroten Komplexanionen $\mathbf{[Fe(SCN)_6]^{3-}}$ bzw. $\mathbf{[Fe(NCS)_6]^{3-}}$.

Durch überschüssige Fe^{3+}-Ionen werden Störungen durch F^-, PO_4^{3-} usw. vermieden. Eine Störung durch Cyanoferrate kann durch Fällen der Cyanoferrate aus schwach HNO_3-saurer Lösung mit Cd^{2+}-Ionen - vor der Zugabe der Fe^{3+}-Ionen - oder durch Ausethern von $Fe(SCN)_3$ verhindert werden.

pD = 5,8 EG = 0,05 µg SCN^-

Nachweis als blaues $\mathbf{Co(SCN)_2}$ bzw. $\mathbf{H_2[Co(SCN)_4]}$ s. S. 81.

Nachweis mit der Iod-Azid-Reaktion — SCN^- katalysiert die *Iod-Azid-Reaktion*, s. S. 50

Störung: S^{2-}, $S_2O_3^{2-}$ *Abhilfe:* Fällen dieser Ionen mit $HgCl_2$.

pD = 4,5 EG = 0,9 µg SCN^-

Halogenide und Pseudohalogenide nebeneinander: Cl^-, Br^-, I^-, CN^-, SCN^-

CN^- — wird aus neutraler Lösung mit überschüssigen *Zn^{2+}-Ionen* als $\mathbf{Zn(CN)_2}$ ausgefällt und identifiziert

CN^- kann auch nach Zugabe von Essigsäure, H_3BO_3, überschüssige $NaHCO_3$-Lösung oder durch Einleiten von CO_2 als **HCN** abdestilliert und in einer Vorlage mit HNO_3-saurer $AgNO_3$-Lösung als **AgCN** ausgefällt werden.

Störung: Diese Methode versagt bei komplexen Cyaniden und $Hg(CN)_2$, da diese in Wasser kaum dissoziieren.

Mit Zink + verd. H_2SO_4 — wird **HCN** aus allen Cyaniden freigesetzt. Stören kann dabei die Bildung flüchtiger Verbindungen wie H_2S.

Die *restlichen* Anionen werden mit $AgNO_3$ als **Silbersalze** ausgefällt. Der Niederschlag wird mit konz. NH_3-Lösung behandelt. Außer AgI gehen alle Silbersalze dabei komplex in Lösung.

Im *Rückstand* wird AgI durch Behandeln mit Zn + H_2SO_4 in gelöstes I^- übergeführt. Über den I^--Nachweis s. S. 38.

Das *Filtrat (Zentrifugat)* kann Cl^-, Br^-, SCN^- enthalten. Durch Ansäuern mit H_2SO_4 werden die Komplexe zerstört und die **Silbersalze** fallen wieder aus. Der Nd. wird in einem Tiegel langsam bis zur Rotglut erhitzt. *AgSCN* geht dabei in $\mathbf{Ag_2S}$ (schwarz) über. *AgCl* und *AgBr* bleiben unverändert.

Cl^-, Br^- — Durch Behandeln mit *$(NH_4)_2CO_3$-Lösung* geht nur AgCl komplex in Lösung. **AgBr** bleibt als Rückstand.

Die Silbersalze können auch durch Behandeln mit *Zink* und *verd. H_2SO_4* gelöst und dann nachgewiesen werden, s. S. 36.

SCN^- — kann in einer getrennten Substanzprobe als $\mathbf{Fe(SCN)_3}$ nachgewiesen und ausgeethert werden, s. S. 82.

Cl^-, CN^-, SCN^-, $[Fe(CN)_6]^{3-}$, $[Fe(CN)_6]^{4-}$

Cl^-: Ein Teil der Analysensubstanz bzw. des S.A. wird mit einem Überschuss von H_2SO_3 (aus Na_2SO_3 + HNO_3) und $CuSO_4$ versetzt: Nd. aus CuCN, CuSCN, $Cu_2[Fe(CN)_6]$. Filtrat: blaugefärbt, wird auf Cl^- geprüft.

CN^-: Man erhitzt die Substanz mit überschüssiger $NaHCO_3$-Lösung im CO_2-Nachweis-Apparat. Die Vorlage ist mit $AgNO_3$ + HNO_3 zu beschicken. Überdestilliertes HCN gibt einen weißen Nd. von AgCN.

SCN^-: Nachweis mit Fe^{3+} und Ausethern der blutroten Farbe. Versagt der Nachweis bei Anwesenheit von $[Fe(CN)_6]^{4-}$ kann man mit dem mit Salzsäure ausgewaschenen Cu-Nd. vom Cl^--Nachweis die Hepar-Probe machen.

$[Fe(CN)_6]^{3-}$ und $[Fe(CN)_6]^{4-}$ s. S. 57 und S. 83.

CN^-, Cl^- nebeneinander

CN^-: Man erwärmt die Substanz mit 30 %-igem (chloridfreiem) H_2O_2 bis zum Aufschäumen: $CN^- \rightarrow OCN^- \rightarrow NH_3 + HCO_3^-$. CN^- wird somit indirekt über NH_3 nachgewiesen s. S. 60.

Cl^- : Die Lösung wird mit konz. HNO_3 angesäuert, gekocht bis alles H_2O_2 zerstört ist und mit $AgNO_3$ auf Cl^- geprüft.

Hypochlorid (ClO^-)

Entfernen von ClO^-: Durch Schütteln mit Quecksilber kann ClO^- entfernt werden. Hg (in schwefelsaurer Lösung) — braunes **$(HgCl)_2O$**. (Cl_2 gibt unter den gleichen Bedingungen weißes Hg_2Cl_2, lösl. in verd. HCl).

Der Nachweis von Hypochlorid erfolgt durch seine Oxidationswirkung.

Entfärben von Indigo-Lösung — Eine mit $NaHCO_3$-Lösung neutralisierte ClO^--Lösung färbt eine blaue Lösung von **Indigo** gelb.

Für den Nachweis muss die Lösung neutral sein, da Indigo selbst in alkalischer Lösung gelb wird. Durch Ansäuern bildet sich der blaue Farbstoff zurück.

ClO_3^- stört nur in saurer Lösung.

Oxidation von I^- zu I_2 — ClO^- oxidiert in *saurer* oder *$NaHCO_3$-haltiger Lösung* I^- zu braunem **I_2**, das mit Stärkelösung als blaue Einschlussverbindung besser sichtbar gemacht werden kann.

Chlorat (ClO_3^-)

Reduktionsmittel reduzieren Chlorate zu **Cl^-**. In saurer Lösung: H_2SO_3, naszierender Wasserstoff, $FeSO_4$; in alkalischer Lösung: Zink oder Aluminium.

Beachte: Bei Anwesenheit von ClO_3^- entsteht mit konz. H_2SO_4 gelbes hochexplosives ClO_2!

Perchlorat (ClO_4^-)

K^+-Ionen (aus KCl) — weißer, kristalliner Nd. von **$KClO_4$**, wenig lösl. in kaltem Wasser, gut lösl. in heißem Wasser.

Nachweis durch Reduktion zu Cl^- — Frisch gefälltes *$Fe(OH)_2$* aus $FeSO_4$ bzw. $(NH_4)_2SO_4 \cdot FeSO_4 \cdot 6\ H_2O$ (Mohrsches Salz) und NaOH-Lösung reduziert ClO_4^- in neutraler bis schwach alkalischer Lösung bei längerem Kochen zu **Cl^-**. Im Filtrat wird wie üblich auf Cl^- geprüft.

In saurer Lösung Reduktion mit *Ti^{3+}-Ionen* (aus $Ti(SO_4)_2$ mit Eisenpulver).

Bromat (BrO_3^-)

Ag^+-Ionen (aus $AgNO_3$) — in konz. Lösung weißer bis schwachgelber Nd. von **$AgBrO_3$**, lösl. in Wasser (1:170), lösl. in NH_3-Lösung, unlösl. in verd. HNO_3.

$$pD = 2{,}2$$

Reduktionsmittel (naszierender Wasserstoff, HI, SO_2, H_2S) verursachen Ausscheidung von **Br_2**, das von überschüssigem Reduktionsmittel zu Br^- reduziert wird:

$$2\,BrO_3^- + 5\,SO_2 + 4\,H_2O \longrightarrow Br_2 + 5\,SO_4^{2-} + 8\,H^+$$

$$Br_2 + SO_2 + 2\,H_2O \longrightarrow 2\,HBr + H_2SO_4$$

$MnSO_4$ — reduziert *BrO_3^-* in schwefelsaurer Lösung zu **Br^-** und wird selbst zu **Mn^{3+}** (rosa) oxidiert. Das *Br^-* reagiert mit *BrO_3^-* zu **Br_2**, das seinerseits *Mn^{3+}* zu **MnO_2** (braune Flocken) weiteroxidiert.

pD = 4

Störung: Br_2

Iodat (IO_3^-)

Ag^+-Ionen (aus $AgNO_3$) — aus neutraler Lösung weißer, käsiger Nd. von **$AgIO_3$**, lösl. in Wasser ($1{:}5\cdot10^3$) , lösl. in NH_3- und $(NH_4)_2CO_3$-Lösung, ziemlich schwerlösl. in verd. HNO_3.

pD = 4,4

Ba^{2+}-Ionen (aus $BaCl_2$) — weißer Nd. von **$Ba(IO_3)_2$**, lösl. in Wasser (1:2000), lösl. in HNO_3.

pD = 3,7

Pyrogallol — wird von *IO_3^-* in saurer Lösung unter Braunfärbung zu **Purpurogallin** (Trihydroxy-benz-α-tropolon) oxidiert.

pD = 5,3

Reduktionsmittel (z. B. naszierender Wasserstoff aus Salzsäure + Zn, H_2SO_3, H_2S, HI) — **Iodausscheidung**.

Beachte: Überschüssiges Reduktionsmittel reduziert I_2 weiter zu I^-.

$$2\,HIO_3 + 5\,H_2SO_3 \longrightarrow I_2 + 5\,H_2SO_4 + H_2O$$

$$I_2 + H_2SO_3 + H_2O \longrightarrow 2\,HI + H_2SO_4$$

I_2 kann mit *Stärke*, *I^-* u.a. als **AgI** nachgewiesen werden.

Mit *H_3PO_2* (Unterphosphorige Säure) erfolgt die Reduktion von *IO_3^-* zu **I_2** bereits in der Kälte; dies ist ein Unterschied zu ClO_3^- und BrO_3^-!

Chromat (CrO_4^{2-}) und Dichromat ($Cr_2O_7^{2-}$)

Zwischen CrO_4^{2-} und $Cr_2O_7^{2-}$ besteht ein pH-abhängiges Gleichgewicht. Im Sauren kommt es zu einer Kondensationsreaktion, die in konz. H_2SO_4 bis zu rotem $(CrO_3)_x$ weitergeht.

$$2\,CrO_4^{2-} + 2\,H^+ \rightleftharpoons Cr_2O_7^{2-} + H_2O$$

gelb — rot

$$Cr_2O_7^{2-} + 2\,OH^- \rightleftharpoons 2\,CrO_4^{2-} + H_2O$$

rotorange — gelb

Ba^{2+}-Ionen (aus $BaCl_2$) — aus neutraler oder schwach essigsaurer Lösung gelber Nd. von **$BaCrO_4$**, unlösl. in Essigsäure, lösl. in starken Säuren;

$Lp_{BaCrO_4} = 10^{-10}$ mol^2 l^{-2}.

Ag^+-Ionen (aus $AgNO_3$) — braunroter bis dunkelroter kristalliner Nd. von **Ag_2CrO_4** bzw. **$Ag_2Cr_2O_7$**, lösl. in HNO_3, wässr. NH_3;

$Lp_{Ag_2CrO_4} = 1{,}8 \cdot 10^{-12}$ mol^3 l^{-3}.

Störung: Halogenid-Ionen

Reduktionsmittel (H_2S, H_2SO_3, Ethanol, HI) — in saurer Lösung grünes **Cr(III)-salz**:

$$K_2Cr_2O_7 + 3\,H_2SO_3 \longrightarrow Cr_2(SO_4)_3 + K_2SO_4 + 4\,H_2O$$

Chromperoxid-Bildung — s. S. 86.

Störung: Reduktionsmittel

Pb^{2+}-Ionen (aus $Pb(CH_3CO_2)_2$) — aus neutraler oder essigsaurer Lösung gelber, kristalliner Nd. von **$PbCrO_4$**, lösl. in HNO_3 (1:1) und starken Laugen; $Lp_{PbCrO_4} = 1{,}8 \cdot 10^{-14}$ mol^2 l^{-2}.

Störung: Halogenid-Ionen, SO_4^{2-}

Permanganat (MnO_4^-)

MnO_4^- färbt bei Abwesenheit reduzierender Substanzen den S.A. rotviolett.

Reaktionen auf MnO_4^- beruhen auf dessen starker Oxidationswirkung.

Reduktionsmittel —

a) In *saurer Lösung* in der Wärme Entfärbung unter Bildung von **Mn(II)-** Salzen.
   Reduktionsmittel: H_2S, H_2SO_3, HCl, KI, $H_2C_2O_4$, $FeSO_4$, H_2O_2.

b) In *alkalischer Lösung* Entfärbung unter Bildung von **MnO_2**.
   Reduktionsmittel: Na_2SO_3,HCOOH (Ameisensäure) und ihre Salze.

Phosphat (PO_4^{3-})

Magnesiamischung ($MgCl_2$, NH_4Cl und NH_3-Lösung bis zur deutlich basischen Reaktion zusammengeben) — aus neutraler Lösung bei ca. 60 °C weißer, kristalliner Nd. von **$MgNH_4PO_4 \cdot 6\,H_2O$**, löslich in Wasser ($1{:}5 \cdot 10^4$), lösl. in Säuren, unlösl. in NH_3-Lösung.

$$Mg^{2+} + NH_4^+ + PO_4^{3-} \xrightarrow{H_2O} MgNH_4PO_4 \cdot 6\,H_2O$$

pD = 5,7

Störung: AsO_4^{3-}

Ammoniummolybdat $(NH_4)_6Mo_7O_{24} \cdot 4\,H_2O$ — in HNO_3-saurer Lösung beim Erwärmen auf ca. 40°C gelber Nd. von $\mathbf{(NH_4)_3[P(Mo_3O_{10})_4] \cdot 6\,H_2O}$, lösl. in Phosphatlösung, Alkalilaugen und NH_3-Lösung

Störung: AsO_4^{3-}. *Abhilfe:* Vor der Prüfung auf PO_4^{3-} muss AsO_4^{3-} nach dem Ansäuern mit Salzsäure mit H_2S ausgefällt werden s .S. 105. Der überschüssige Schwefelwasserstoff wird durch Erhitzen vertrieben. SiO_3^{2-}, große Mengen Oxalsäure, $[Fe(CN)_6]^{4-}$

pD = 5

Analog dem Chromat-Dichromat-Gleichgewicht bilden sich die Oligomolybdate über Kondensationsreaktionen. Die Koordinationszahl des Molybdänatoms beträgt sechs. Im $[PMo_{12}O_{40}]^{3-}$ -Ion ist ein zentrales tetraedrisches PO_4^{3-} -Ion mit MoO_6-Oktaedern verknüpft, wobei letztere untereinander über gemeinsame Kanten und Ecken verbunden sind (Abb. 9). Solche (Hetero)-Polymolybdate und –wolframate kennt man inzwischen mit bis zu einigen Hundert Metallatomen. Anstelle der zentralen Phosphat-Gruppe können eine Reihe weiterer Oxoanionen eingebaut werden (z. B. Silicat, Arsenat).

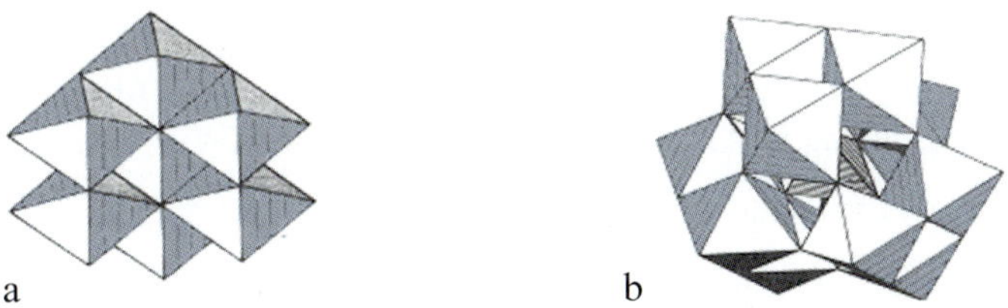

a b

Abb. 9a u. b. Struktur **a)** des $[Mo_7O_{24}]^{6-}$ und **b)** des $[PMo_{12}O_{40}]^{3-}$-Ions

Ag^+-Ionen (aus $AgNO_3$) — gelber Nd. von $\mathbf{Ag_3PO_4}$, lösl. in Säuren, NH_3-Lösung. Da bei der Umsetzung H_3O^+-Ionen entstehen, müssen diese durch Zugabe von Natriumacetat weggefangen werden.

Diphosphat $(P_2O_7^{4-})$ *Beispiel:* $Na_4P_2O_7$

Ag^+-Ionen (aus $AgNO_3$) — weißer Nd. von $\mathbf{Ag_4P_2O_7}$, lösl. in HNO_3 und NH_3-Lösung

Ba^{2+}-Ionen (aus $BaCl_2$) — in essigsaurer Lösung weißer Nd. von $\mathbf{Ba_2P_2O_7}$. Der Nd. löst sich – im Unterschied zu $Ba_3(PO_4)_2$ – in Mineralsäuren.

Polyphosphat (PO_3^-)$_x$ *Beispiel: ($NaPO_3$)$_x$, Natriumpolyphosphat*

Beim Kochen mit Wasser entsteht PO_4^{3-}

Ag^+-Ionen (aus $AgNO_3$) — weißer Nd. von **$Ag_x(PO_3^-)_x$**, lösl. in HNO_3, NH_3-Lösung und überschüssigem $(PO_3^-)_x$.

Eiweiß-Lösung — Eiweiß wird aus essigsaurer Lösung gefällt. Dies ist die einzige, allen Metaphosphaten gemeinsame und sie kennzeichnende Reaktion. Dadurch unterscheiden sie sich von Ortho- und Diphosphaten.

Zur Herstellung der Eiweisslösung verrührt man Albumin mit Wasser, versetzt mit 2 M CH_3COOH und filtriert die Lösung.

Phosphonat (HPO_3^{2-})   *Beispiel: Na_2HPO_3*

Ba^{2+}-Ionen (aus $BaCl_2$) — weißer Nd. von **$BaHPO_3$**, lösl. in Säuren.

Ag^+-Ionen (aus $AgNO_3$) — aus neutraler Lösung weißer Nd. von **Ag_2HPO_3**, lösl. in HNO_3 und NH_3-Lösung In konz. Lösung scheidet sich bereits in der Kälte, in verd. Lösung in der Wärme schwarzes Ag ab.

$$Ag_2HPO_3 + H_2O \longrightarrow 2\,Ag + H_3PO_4$$

Zn + HCl — **PH_3** (sehr giftig, riecht lauchartig)

Arsenat (AsO_4^{3-})

Ammoniummolybdat $(NH_4)_6Mo_7O_{24}$ • 4 H_2O — aus stark salpetersaurer Lösung bei längerem Kochen gelber, kristalliner Nd. von **$(NH_4)_3[As(Mo_3O_{10})_4] \cdot aq$**, lösl. unter Zersetzung in Alkalilaugen, unlösl. in Säuren.

Störung: PO_4^{3-}, SiO_3^{2-} pD = 5,3   EG = 0,2 µg As

Beachte: Der Nd. von $(NH_4)_3[As(Mo_3O_{10})_4] \cdot aq$ entsteht zum Unterschied von $(NH_4)_3[P(Mo_3O_{10})_4] \cdot 6\,H_2O$ erst nach längerem Kochen.

Magnesiamischung ($MgCl_2$, NH_4Cl und NH_3-Lösung bis zur deutlich basischen Reaktion zusammengeben) — aus der mit Ammoniak weitgehend neutralisierten Probenlösung fällt beim Erwärmen ein weißer, kristalliner Nd. von **$MgNH_4AsO_4 \cdot 6\,H_2O$**, lösl. in Wasser ($1:2{,}7 \cdot 10^3$).

$$H_3AsO_4 + MgCl_2 + 3\,NH_3 \longrightarrow NH_4MgAsO_4 \cdot 6\,H_2O + 2\,NH_4Cl$$

Störung: PO_4^{3-} pD = 4   EG = 0,3 µg As

Ag^+-Ionen (aus $AgNO_3$) — aus der mit NH_3 genau neutralisierten Lösung fällt schokoladenbrauner Nd. von **Ag_3AsO_4**, lösl. in Mineralsäuren und NH_3-Lösung.

Man säuert den S.A. mit HNO_3 an, setzt $AgNO_3$ zu, trennt von einem evtl. Nd. ab und überschichtet mit NH_3-Lösung Ein schokoladenbrauner Ring zeigt AsO_4^{3-} an.

Störung: Halogenid-Ionen, PO_4^{3-}

Arsenit (AsO_3^{3-})

Ag^+-Ionen (aus $AgNO_3$) — in neutraler Lösung gelblich-weißer Nd. von **Ag_3AsO_3**. Man säuert den S.A. mit HNO_3 an, setzt *$AgNO_3$* zu, trennt – falls nötig – einen Nd. ab und überschichtet mit NH_3. Ein eigelber Ring zeigt AsO_3^{3-} an.

Zum Unterschied: Ag_3AsO_4 ist schokoladenbraun.

Störung: PO_4^{3-} liefert einen gelben Nd. *Abhilfe:* PO_4^{3-} muss vor dem Nachweis entfernt werden s. S. 68.

AsO_3^{3-}-Ionen entfärben Iod-Lösung — (alkoholische I_2-Lösung oder Lösung von I_2 in wässriger KI-Lösung) Zur Neutralisation wird etwas festes $NaHCO_3$ zugesetzt.

$$AsO_3^{3-} + I_2 + 3\ H_2O \rightleftharpoons AsO_4^{3-} + 2\ I^- + 2\ H_3O^+$$

Hinweis: AsO_4^{3-}-Ionen scheiden aus einer angesäuerten I^--Lösung I_2 ab.

AsO_3^{3-} und AsO_4^{3-} nebeneinander

H_2S — aus schwach saurer Lösung gelber Nd. von **As_2S_3**.

H_2S — aus stark saurer Lösung gelber Nd. von **As_2S_5**.

SiO_2, Silicate, SiO_3^{2-}

„Wassertropfenprobe“ — Man vermischt die Analysensubstanz mit *CaF_2* und *H_2SO_4*. Das gebildete HF reagiert mit SiO_2 zu **SiF_4**, das zu **$SiO_2 \cdot aq$** hydrolysiert wird.

Durchführung s. S. 35.

Störung: Ein Überschuss an HF ist zu vermeiden, weil sich damit lösl. Hexafluorokieselsäure bildet: $SiF_4 + 2\ HF \rightleftharpoons H_2[SiF_6]$.

Borsäure: Entfernen als $B(OCH_3)_3$.

Natürlicher Quarz muss vor dem Nachweis mit Soda-Pottasche aufgeschlossen und durch Abrauchen mit konz. Salzsäure bzw. HNO_3 wieder in SiO_2 übergeführt werden.

Über den Aufschluss von SiO_2 und Silicaten s. S. 23.

Nachweis von SiO_3^{2-} mit Ammoniummolybdat

a) Lösliche Silicate geben mit $(NH_4)_6Mo_7O_{24} \cdot 4\ H_2O$ eine gelbe Lösung von **$H_4[Si(Mo_3O_{10})_4] \cdot x\ H_2O$**.

   Durchführung: Man säuert die Silicatlösung mit viel HNO_3 an und versetzt die klare Lösung mit viel Ammoniummolybdat-Lösung

   pD = 6,1 EG = 1 µg SiO_3^{2-}/ml

   Störung: PO_4^{3-}, AsO_4^{3-}, H_2O_2, F^- im Überschuss, $C_2O_4^{2-}$

Abhilfe: Man macht das lösliche Silicat durch Abrauchen mit konz. Salzsäure oder konz. HNO_3 unlöslich, trennt es ab und schließt es erneut auf. Der Aufschluss kann z. B. in einer Platindrahtöse erfolgen.

b) Bei der *Reduktion* der nach a) erhaltenen Heteropolysäure $H_4[Si(Mo_3O_{10})_4 \cdot aq$ mit 0,5 M *$SnCl_2$* in 3 M Salzsäure entsteht eine intensiv blaugefärbte siliciumhaltige Molybdänverbindung.

pD = 4

Abtrennung löslicher Silicate

Da lösliche Silicate den Kationentrennungsgang stören, müssen sie vorher entfernt werden.

1. Möglichkeit: Durch Abrauchen mit HF (aus CaF_2 und konz. H_2SO_4) verflüchtigt sich Silicium als SiF_4.

2. Möglichkeit: Man raucht die Analysensubstanz mehrmals mit konz. Salzsäure oder konz. HNO_3 bis zur Trockne ab. Hierzu wird die gelöste Kieselsäure in eine unlösliche, filtrierbare Form übergeführt.

Siliciumhexafluorid (SiF_6^{2-}) *Beispiel: H_2SiF_6*

K^+-Ionen (aus KCl) — weißer, gallertartiger Nd. von **$K_2[SiF_6]$**, lösl. in Wasser, unlösl. in 50 %-igem Alkohol.

Ba^{2+}-Ionen (aus $BaCl_2$) — weißer, kristalliner Nd. von **$Ba[SiF_6]$**.

Es besteht Verwechslungsgefahr mit $BaSO_4$. Beide unterscheiden sich in ihrer Reaktion gegen konz. H_2SO_4. Beim Erhitzen mit konz. H_2SO_4 zersetzt sich $Ba[SiF_6]$ unter Bildung von SiF_4 und HF. $BaSO_4$ löst sich nur in heißer konz. H_2SO_4 teilweise. $[SiF_6]^{2-}$ zersetzt sich auch beim Kochen mit Na_2CO_3 zu $Si(OH)_4$ und F^-.

Beachte: Auf $[SiF_6]^{2-}$ prüft man nur im wässr. Auszug der Ursubstanz bzw. der Lösung der Ursubstanz in einer Säure.

Nitrit (NO_2^-)

Nachweis durch Reduktion zu NH_3 — Mit Zink, Aluminium oder Devardascher Legierung (50 % Cu, 45 % Al, 5 % Zn) und NaOH wird NO_2^- zu NH_3 reduziert. (NH_3-Nachweis s. S. 60).

Störung: NO_3^-, CN^-, NH_4^+

Nachweis durch Oxidation von I^- zu Iod — KI wird in essigsaurer Lösung von NO_2^- zu I_2 oxidiert. I_2 kann z. B. mit Stärkelösung nachgewiesen werden.

$$2\,NO_2^- + 4\,H_3O^+ + 2\,e^- \longrightarrow 2\,NO + 6\,H_2O$$

$$2\,I^- \longrightarrow I_2 + 2\,e^-$$

$$2\,NO_2^- + 2\,I^- + 4\,H_3O^+ \longrightarrow 2\,NO + I_2 + 6\,H_2O$$

Störung: Oxidationsmittel, Br^-, I^-, S^{2-}, $S_2O_3^{2-}$, SCN^-, $[Fe(CN)_6]^{3-}$, $[Fe(CN)_6]^{4-}$

pD = 6,3 EG = 0,005 µg NO_2^- pro 0,01 ml

Nachweis mit „Lunges Reagenz" — Reagenzlösung: Teil a): 1 %-ige Lösung von *Sulfanilsäure* in 30 %-iger Essigsäure; Teil b): 0,3 %-ige Lösung von *α-Naphthylamin* in 30 %-iger Essigsäure. Die beiden Teile gibt man erst zum Nachweis von NO_2^- zusammen.

Reaktionsverlauf: In saurer Lösung wird Sulfanilsäure durch HNO_2 diazotiert und mit α-Naphthylamin zu einem roten Azofarbstoff gekuppelt.

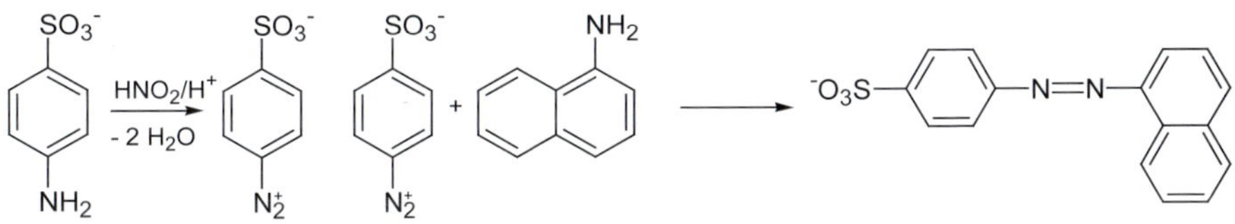

pD = 6,7 EG = 0,01 µg NO_2^-.

Störung: Br^-, I^-, ClO_3^-, IO_3^-, S^{2-}, SO_3^{2-}, $S_2O_3^{2-}$, SCN^-, CrO_4^{2-}, $[Fe(CN)_6]^{3-}$, $[Fe(CN)_6]^{4-}$

Abhilfe: Man neutralisiert den S.A. mit 5 M Essigsäure, macht mit 2 M Na_2CO_3-Lösung schwach alkalisch und versetzt diese Lösung mit einer gesättigten Ag_2SO_4-Lösung. Ist SO_3^{2-} oder CrO_4^{2-} anwesend, versetzt man die schwach alkalische Lösung mit einer $BaCl_2$-Lösung. Mit dem Filtrat führt man den obigen Nachweis durch.

Nitrat (NO_3^-)

Nachweis durch Reduktion zu NH_3 — Mit Zink, Aluminium oder Devardascher Legierung (s.o.) und NaOH wird NO_3^- zu NH_3 reduziert. NH_3-Nachweis s. S. 60.

Störung: NO_2^-, CN^-, NH_4^-

Nachweis nach Reduktion zu NO_2^- mit Lunges Reagenz — NO_3^- kann mit Zink und Salzsäure oder Eisessig zu NO_2^- reduziert und dann indirekt über das NO_2^--Ion nachgewiesen werden.

pD = 6,0 EG = 0,05 µg NO_3^-

Störung: NO_2^-

Abhilfe: Zerstörung von NO_2^- durch Kochen mit Harnstoff, Amidosulfonsäure oder NaN_3.

$$HO_3S\text{-}NH_2 + HNO_2 \longrightarrow N_2 + H_2O + H_2SO_4$$

„Ringprobe" — Versetzt man die Lösung der Analysensubstanz mit einer Lösung von *$FeSO_4$* oder *$(NH_4)_2(Fe(SO_4)_2 \cdot 6\,H_2O$ (Mohrsches Salz)* und unterschichtet

vorsichtig mit konz. H_2SO_4, so bildet sich an der Berührungsfläche je nach der NO_3^--Konzentration ein violetter bis braunschwarzer Ring von **$[Fe(H_2O)_5NO]SO_4$**.

NO_3^- wird zu NO reduziert, das mit überschüssigem $FeSO_4$ reagiert. Bei kleinen Substanzmengen kann man die Reaktion auch an einem mit konz. H_2SO_4 befeuchteten $FeSO_4$-Kristall durchführen.

$$NO_3^- + 3\,Fe^{2+} + 4\,H^+ \longrightarrow NO + 3\,Fe^{3+} + 2\,H_2O$$

$$NO + [Fe(H_2O)_5]^{2+} \longrightarrow [Fe(H_2O)_5NO]^{2+} + H_2O$$

Störung: Wie bei dem Nachweis mit Lunges Reagenz

pD = 4,2 EG = 2 µg HNO_2

NO_3^- neben NO_2^-

Der Nachweis beider Anionen gelingt z. B. mit „Lunges Reagenz". Um NO_3^- neben NO_2^- nachweisen zu können, muss NO_2^- zerstört werden, z. B. mit Amidosulfonsäure, s. oben.

Sulfid (S^{2-})

Alle Sulfide geben die Hepar-Reaktion und Hempel-Reaktion, s. S. 29, und die Iod-Azid-Reaktion.

Schwerlösliche Sulfide — Viele Sulfide entwickeln mit Salzsäure **H_2S**. Sulfide, die mit Salzsäure allein nicht reagieren, lassen sich mit Zink und halbkonz. Salzsäure zu **H_2S** umsetzen. Das freigesetzte **H_2S** kann mit $Pb(CH_3COO)_2$ oder $CuSO_4$ als **PbS** bzw. **CuS** nachgewiesen werden.
Iod-Azid-Reaktion — Eine reine Lösung von NaN_3 und I_2 ist beständig. Sulfidionen katalysieren die Zersetzung der Lösung. Die Iod-Lösung wird entfärbt und eine heftige **N_2-Entwicklung** tritt ein.

$$I_2 + S^{2-} \longrightarrow 2\,I^- + S$$

$$2\,N_3^- + S \longrightarrow 3\,N_2 + S^{2-}$$

Störung: SCN^-, $S_2O_3^{2-}$

Reagenzlösung: Sie besteht aus gleichen Teilen einer 0,2 M NaN_3-Lösung und einer 0,1 M $KI{\bullet}I_2$-Lösung

pD = 6,4 EG = 0,02 µg S^{2-}

Pb^{2+}-Ionen (aus $Pb(CH_3CO_2)_2$) *oder* *Ag^+-Ionen* (aus $AgNO_3$) — schwarzer, schwerlöslicher Nd. von **PbS** bzw. **Ag_2S**. Die Reaktion lässt sich auch auf einem Filterpapier durchführen, das bei positivem Nachweis braun bis schwarz gefärbt wird.

Nachweis als $[Fe(CN)_5NOS]^{4-}$ — Lösliche Sulfide geben mit $Na_2[Fe(CN)_5NO]\cdot 2\,H_2O$ (Dinatriumpentacyanonitrosylferrat(II), (Nitroprussid-Natrium) in wässriger, mit Na_2CO_3 alkalisch gemachter Lösung eine tief violette Färbung.

$$[Fe(CN)_5NO]^{2-} + S^{2-} \longrightarrow [Fe(CN)_5NOS]^{4-}$$

Störung: zu große OH^--Konzentration

$$pD = 4{,}7 \quad EG = 0{,}6\ \mu g\ S^{2-} \text{ pro } 0{,}03\ ml$$

Entfernung von S^{2-}

Da S^{2-}-Ionen einige Anionen-Nachweise stören, können sie vor dem Ansäuern des S.A. mit Cd-Acetat-Lösung als gelbes CdS ausgefällt werden.

$$Lp_{CdS} = 10^{-27} mol^2 \cdot l^{-2}$$

Beachte: Cd^{2+}-Ionen reagieren auch mit anderen Anionen, z. B. $[Fe(CN)_6]^{4-}$.

Thiosulfat ($S_2O_3^{2-}$)

BaS_2O_3, $Ag_2S_2O_3$ und PbS_2O_3 sind schwerlöslich. Das $S_2O_3^{2-}$-Ion *aller* Thiosulfate geht in den S.A..

Die Anwesenheit von $S_2O_3^{2-}$ lässt sich häufig schon daran erkennen, dass sich $S_2O_3^{2-}$ beim Ansäuern mit Salzsäure zersetzt. Die Lösung wird durch ausgeschiedenen Schwefel milchig trüb. Nebenbei bemerkt, ist die Zersetzung von Thiosulfat eine Möglichkeit, um die Schwefelmodifikation S_6 herzustellen.

$$S_2O_3^{2-} + 2\,H^+ \longrightarrow H_2S_2O_3 \longrightarrow 1/x\ S_x + SO_2 + H_2O$$

$$x = 6, 8$$

SO_2 kann am stechenden Geruch erkannt werden.

Ag^+-Ionen (aus $AgNO_3$) — mit *$S_2O_3^{2-}$-Ionen* zunächst ein weißer Nd. Dieser zersetzt sich unter allmählicher Schwarzfärbung („Sonnenuntergang“) unter Bildung von **Ag_2S**.

$$Ag_2S_2O_3 + H_2O \longrightarrow Ag_2S + H_2SO_4$$

Störung: S^{2-}; *Abhilfe:* Ausfällen von S^{2-} mit Cd^{2+}-Ionen [aus $Cd(CH_3CO_2)_2$] aus dem S.A. vor dem Ansäuern.

Nachweis mit der Iod-Azid-Reaktion — s. S. 50.

Störung: S^{2-}, SCN^-

Nachweis nach Überführung in SO_4^{2-} — $S_2O_3^{2-}$ kann durch Erhitzen mit Chlor- oder Bromwasser in SO_4^{2-} übergeführt und als solches identifiziert werden.

Störung: S^{2-}, SO_3^{2-}, SO_4^{2-}, SCN^-

Abhilfe: Vorherige Abtrennung von S^{2-} als CdS, von SO_4^{2-} als $SrSO_4$, von SO_3^{2-} als $SrSO_3$. SCN^- kann mit $Ni(NO_3)_2$ und Pyridin als $[Ni(Py)_4](SCN)_2$ gefällt werden.

Sulfit (SO_3^{2-})

$KMnO_4^-$-Ionen — SO_3^{2-}-Ionen entfärben $KMnO_4^-$-Lösung.

Ag^+-Ionen (aus $AgNO_3$) — (aus neutraler oder schwach saurer Lösung) weißer Nd. von **Ag_2SO_3**, schwerlösl. in Essigsäure, lösl. in NH_3-Lsg., HNO_3, SO_3^{2-}-Überschuss.

Ba^{2+} (aus $BaCl_2$), Pb^{2+} (aus $Pb(CH_3CO_2)_2$) und Sr^{2+} (aus $Sr(NO_3)_2$) — weißer Nd. von **$BaSO_3$, $PbSO_3$** bzw. **$SrSO_3$**. Die Niederschläge sind schwerlösl. in verd. Essigsäure, leichtlösl. in verd. HNO_3.

Nachweis nach Überführung in SO_4^{2-} — SO_3^{2-} wird in saurer Lösung durch *H_2O_2* zu SO_4^{2-} oxidiert, das z. B. als **$BaSO_4$** nachgewiesen werden kann.

Störung: SO_4^{2-}. *Abhilfe:* Man fällt SO_3^{2-} und SO_4^{2-} gemeinsam aus neutraler oder schwach ammoniakalischer Lösung als $BaSO_3$ und $BaSO_4$. Digeriert man den Nd. mit 2 M Salzsäure, geht *nur* $BaSO_3$ in Lösung. In dem angesäuerten Filtrat kann es mit H_2O_2 zu SO_4^{2-} oxidiert werden.

Nachweis durch Geruch — Durch Verreiben von fester Substanz mit *$KHSO_4$* oder durch Ansäuern mit *H_2SO_4* wird **SO_2** freigesetzt, das einen stechenden Geruch hat:

$$Na_2SO_3 + H_2SO_4 \longrightarrow Na_2SO_4 + H_2O + SO_2$$

Störung: Acetat

Nachweis als $Zn_2[Fe(CN)_5SO_3]$ — Eine neutrale SO_3^{2-}-Lösung bildet mit einem Gemisch von *$ZnSO_4$*, *$K_4[Fe(CN)_6]$* und *$Na_2[Fe(CN)_5NO] \cdot 2H_2O$* einen roten Nd. von **$Zn_2[Fe(CN)_5SO_3]$**.

Reagenzlösung: Kaltgesättigte $ZnSO_4$-Lösung + verd. $K_4[Fe(CN)_6]$-Lösung + einige Tropfen einer 1 %-igen $Na_2[Fe(CN)_5NO]$-Lösung (Dinatriumpentacyanonitrosylferrat(II) = Nitroprussid-Natrium).

Bemerkung: Die Zugabe von $K_4[Fe(CN)_6]$ führt zur Mitfällung von $Zn_2[Fe(CN)_6]$. Die Bildung des gefärbten Niederschlags wird so besser zu erkennen, der Nachweis empfindlicher.

Sulfat (SO_4^{2-})

Mit Ausnahme von $BaSO_4$, $SrSO_4$, $CaSO_4$, $PbSO_4$ und den basischen Sulfaten von Bi^{3+}, Cr^{3+}, Hg^{2+} sind alle Sulfate wasserlöslich. Die basischen Sulfate sind säurelöslich.

$PbSO_4$ und *$CaSO_4$* lösen sich beim Kochen in konz. Salzsäure. *$SrSO_4$* geht beim Kochen mit konz. Salzsäure merklich in Lösung. *$BaSO_4$* löst sich beim Kochen in konz. Salzsäure nur spurenweise.

Beim Kochen mit Na_2CO_3-Lösung gehen die meisten Sulfate in Lösung

Zum Aufschluss von Sulfaten s. S. 22.

SO_4^{2-}-Ionen zeigen die *Hepar-Reaktion*, s. S. 28.

Ba^{2+}-Ionen (aus $BaCl_2$) — fällen aus salzsaurer Lösung weißes, schwerlösl. **$BaSO_4$**. ($Lp_{BaSO_4} = 10^{-10}$ mol² l⁻²). Um *Konzentrationsniederschläge* zu vermeiden, fällt man aus nicht zu konzentrierter Lösung.

Pb^{2+}-Ionen (aus $Pb(CH_3CO_2)_2$) — weißer Nd. von **$PbSO_4$**, schwerlösl. in Wasser und Säuren.

Nachweis als $BaSO_4$-$KMnO_4$-Mischkristalle — Bei Anwesenheit von *$KMnO_4$* bildet sich ein rotvioletter **$BaSO_4$**-Nd., der **MnO_4^--Ionen** eingelagert enthält. Das eingelagerte MnO_4^- ist gegen Reduktionsmittel beständig.

pD = 4,3 EG = 2,5 µg SO_4^{2-}

Peroxodisulfat ($S_2O_8^{2-}$) *Beispiel: $(NH_4)_2S_2O_8$*

Mn^{2+} — wird in basischer und neutraler Lösung zu braunschwarzem **$MnO_2 \cdot aq$** oxidiert.

Mn^{2+} — wird in HNO_3-saurer Lösung bei Anwesenheit von *$AgNO_3$* (als Katalysator) zu violettem **MnO_4^-** oxidiert.

MnO_4^-, $Cr_2O_7^{2-}$ reagieren im Gegensatz zu H_2O_2 nicht.

$BaCl_2$ — kein Nd.. Beim Kochen zersetzt sich jedoch $S_2O_8^{2-}$ in SO_4^{2-} und O_2; jetzt entsteht ein weißer Nd. von **$BaSO_4$**.

Schwefelhaltige Ionen nebeneinander: S^{2-}, SO_3^{2-}, $S_2O_3^{2-}$, SO_4^{2-}

SO_4^{2-} Zur Prüfung auf SO_4^{2-} säuert man eine Probe des S.A. mit Salzsäure an und versetzt mit *$BaCl_2$-Lösung*. Ein Nd. von **$BaSO_4$** beweist die Anwesenheit von SO_4^{2-}.

S^{2-} Zum S.A. gibt man ammoniakalische *$Zn(NO_3)_2$-Lösung*. S^{2-} fällt als **ZnS** aus. Zur Identifizierung kann man den Nd. nach dem Auswaschen mit 1 Tropfen *$CuSO_4$-Lösung* versetzen. Schwarzfärbung beweist die Anwesenheit von **CuS**.

SO_3^{2-}, SO_4^{2-} Man neutralisiert das Filtrat der ZnS-Fällung mit verd. Essigsäure, fügt *$Sr(NO_3)_2$* hinzu und erwärmt auf dem Wasserbad. Der Nd. besteht aus **$SrSO_3$** und **$SrSO_4$** Im Filtrat befindet sich $S_2O_3^{2-}$.

Trennung von SO_3^{2-} und SO_4^{2-} Ansäuern des Nd. löst nur $SrSO_3$ auf. Rückstand: **$SrSO_4$**.

Identifizierung von SO_3^{2-}: Durch Zugabe von *I_2-Lösung* wird I_2 zu I^- reduziert und SO_3^{2-} zu SO_4^{2-} oxidiert. Es fällt ein weißer Nd. von **$SrSO_4$** aus.

$S_2O_3^{2-}$ Säuert man das Filtrat der $Sr(NO_3)_2$-Fällung an, deuten Schwefelausscheidung und **SO_2-Geruch** auf die Anwesenheit von S_2O_3 hin.

Fällt nach Zugabe von *$CuSO_4$-Lösung* und Erwärmen ein schwarzer Nd. von **CuS** aus, so beweist dies die Anwesenheit von $S_2O_3^{2-}$.

Carbonat (CO_3^{2-})

Zum Nachweis übergießt man feste Carbonate mit Säure, wobei CO_2 freigesetzt wird.

Um Störungen durch Sulfite und Thiosulfate (Bildung von $BaSO_3$) zu vermeiden, verwendet man zweckmäßigerweise Essigsäure und oxidiert die Lösung vorher mit H_2O_2.

$$CO_3^{2-} + 2\,H^+ \rightleftharpoons H_2CO_3 \rightleftharpoons CO_2 + H_2O$$

Bei Gegenwart von CN^- verrührt man die Lösung vor dem Säurezusatz mit einer gesättigten Lösung von $HgCl_2$.

Das freigesetzte CO_2 kann mit *Barytwasser*, $Ba(OH)_2$, als **$BaCO_3$** identifiziert werden.

Bei großen Mengen CO_2 kann man dieses in eine Barytlösung einleiten. Hierzu kann man vorteilhaft ein sog. Gärröhrchen benützen, in dem das Barytwasser vorgelegt wird. Dieses Gerät wird mit einem Gummistopfen auf das Reagenzglas aufgesetzt, das die angesäuerte Probenlösung enthält. Bei kleinen Substanzmengen kann man einen Tropfen Barytwasser über die Reaktionslösung halten bzw. die Mikrogaskammer benutzen.

Acetat ($CH_3CO_2^-$)

Acetate sind in Wasser löslich.

Die folgenden Nachweisreaktionen auf Acetat oder Essigsäure sind nicht sehr empfindlich.

Nachweis als Kakodyloxid — Beim Erhitzen eines Gemisches aus *Acetat*, *Na_2CO_3* und *As_2O_3* im Glühröhrchen bildet sich widerlich riechendes, sehr giftiges **Kakodyloxid $(CH_3)_2As–O–As(CH_3)_2$**.

Nachweis als Essigsäureethylester — Aus Essigsäure bildet sich mit *Ethanol* und konz. H_2SO_4 **Essigsäureethylester**, der an seinem obstartigen Geruch erkannt werden kann:

$$CH_3COOH + C_2H_5OH \rightleftharpoons CH_3COOC_2H_5 + H_2O$$

Durch die konz. H_2SO_4 wird das Wasser aus dem Gleichgewicht entfernt.

Nachweis als Eisenacetatokomplex — Eine Lösung von *Fe^{3+}-Ionen* wird in der Kälte tropfenweise mit *$(NH_4)_2CO_3$*- oder *Na_2CO_3-Lösung* annähernd neutralisiert. Mit überschüssigen $CH_3CO_2^-$-Ionen bildet sich der tiefrote basische Eisenkomplex **$[Fe_3(OH)_2(CH_3CO_2^-)_6]^+$ $CH_3CO_2^-$**. Durch Erhitzen des Komplexes entsteht Essigsäure und $Fe(OH)_3$.

Nachweis durch Freisetzen von Essigsäure — Verreibt man Acetat mit *$KHSO_4$* oder verd. H_2SO_4, wird **CH_3COOH** freigesetzt, die am Geruch erkannt werden kann.

Störung: SO_3^{2-}, $S_2O_3^{2-}$, NO_2^-, HCN, H_2S, HSCN

Abhilfe: a) Oxidation mit $KMnO_4$: SO_3^{2-}, $S_2O_3^{2-} \longrightarrow SO_4^{2-}$; $NO_2^- \longrightarrow NO_3^-$
b) Zusatz von Ag^+-Ionen: Es fällt Ag_2S, AgCN, AgSCN aus.

Oxalat ($C_2O_4^{2-}$)

Oxalsäure und Alkalioxalate sind in Wasser leichtlöslich. Von den Erdalkalioxalaten ist CaC_2O_4 in Wasser schwerlöslich.

Oxalat lässt sich im S.A. nachweisen.

Erhitzen mit konz. H_2SO_4 — zersetzt Oxalsäure und Oxalate.

$$H_2C_2O_4 \xrightarrow{H_2SO_4} CO + CO_2 + H_2O$$

Oxidation mit MnO_4^- zu CO_2 — *M*an säuert die Oxalat-Lösung mit verd. H_2SO_4 an und erhitzt. Versetzt man diese Lösung mit einer sehr verdünnten Lösung von *$KMnO_4$* oder lässt man einen kleinen $KMnO_4$-Kristall in die Lösung fallen, so wird die violette $KMnO_4$-Lösung unter Entwicklung von **CO_2** entfärbt

$$5\ C_2O_4^{2-} + 2\ MnO_4^- + 16\ H_3O^+ \longrightarrow 10\ CO_2 + 2\ Mn^{2+} + 24\ H_2O$$

CO_2 kann zusätzlich als $BaCO_3$ nachgewiesen werden, s.S. 54.

Beachte: Die Redoxreaktion wird durch Mn^{2+}-Ionen katalytisch beschleunigt.

Störung: andere Reduktionsmittel entfärben die $KMnO_4$-Lösung ebenso.

Abhilfe: $C_2O_4^{2-}$ wird zuerst als CaC_2O_4 ausgefällt und dann mit $KMnO_4$ zersetzt. Reduktionsmittel können häufig auch in schwach essigsaurer Lösung mit 0,1 M $KI \cdot I_2$-Lösung oxidiert werden.

Ca^{2+}-Ionen — weißer Nd. von **CaC_2O_4**, schwerlösl. in Wasser und verd. Essigsäure, lösl. in mäßig verd. Mineralsäuren.

Tartrat

Weinsäure, $C_4H_6O_6$, $NaHC_4H_4O_6$ sowie die neutralen Alkalisalze sind in Wasser leicht löslich. $KHC_4H_4O_6$ und $NH_4HC_4H_4O_6$ sind ziemlich schwerlöslich. Alle Tartrate gehen in den S.A.

Weinsäure und Tartrate bilden in alkalischer Lösung mit Kationen wie Al^{3+}, Cr^{3+}, Fe^{3+}, Pb^{2+}, Cu^{2+} *Chelatkomplexe.*

Nachweis durch trockenes Erhitzen (Brenzreaktion) — Beim trockenen Erhitzen von Weinsäure oder Tartraten erfolgt Verkohlung, wobei ein brenzlicher Geruch auftritt. Vorsicht bei Anwesenheit von NO_3^- oder ClO_3^-!

Störung: Organische Verbindungen, Schwermetallacetate

Erhitzen mit konz. H_2SO_4 — Erhitzt man eine Probe der Ursubstanz oder einen Teil des mit verd. H_2SO_4 angesäuerten und bis fast zur Trockne eingedampften S.A. mit konz. H_2SO_4, so färbt sich die Substanzprobe bei Anwesenheit von Tartrat ab ca. 50°C schwarz. Die Substanz **verkohlt** unter Bildung von CO und CO_2.

Störung: Starke Oxidationsmittel

Beachte: Bei Anwesenheit von ClO_3^- oder ClO_4^- sind diese sicherheitshalber vor dem Tartrat-Nachweis zu Cl^- zu reduzieren.

K^+-Ionen — aus essigsaurer Tartratlösung weißer, kristalliner Nd. von **$KHC_4H_4O_6$**.

Nachweis als Kupfertartratkomplex — Versetzt man die Lösung eines Tartrats mit einer *$CuSO_4$-Lösung* und macht mit *verd. NaOH-Lösung* alkalisch, so ist bei Anwesenheit von viel Tartrat das Filtrat durch einen **Kupfertartratkomplex** blau gefärbt.

Ist nur wenig Tartrat vorhanden, fällt man zuerst einen Nd. von $Cu(OH)_2$ aus ($CuSO_4$ + NaOH), filtriert ihn ab und wäscht mit Wasser gut aus. Nun digeriert man den Nd. mit der tartrathaltigen Lösung. Versetzt man das stark angesäuerte Filtrat mit *$K_4[Fe(CN)_6]$-Lösung*, lässt sich braunes **$Cu_2[Fe(CN)_6]$** erhalten.

Störung: NH_4^+, AsO_3^{3-}, (Citrate), überschüssiges CO_3^{2-}

Abhilfe: Man fällt zuerst mit $CaCl_2$-Lösung $CaC_4H_4O_6$ (schwerlösl. in verdünnter Essigsäure) und prüft anschließend auf Tartrat.

Citrat, Citronensäure

Citrate werden beim Versetzen mit *konz. H_2SO_4* bei 50°C kaum merklich zersetzt. Man beobachtet **Gelbfärbung** und Gasentwicklung (CO, CO_2) . Erst oberhalb 90°C erfolgt **Braunfärbung** und Entwicklung von SO_2.

$B_4O_7^{2-}$, H_3BO_3

Nachweis durch Flammenfärbung —
a) Vermischt man eine Substanzprobe mit etwas *CaF_2*, feuchtet mit konz. H_2SO_4 an und bringt die Substanz in den Saum der entleuchteten Bunsenflamme, färbt flüchtiges **BF_3** die Flamme grün.

b) Bringt man eine borhaltige Substanz an einem *Platindraht* oder *Magnesiastäbchen* in den Saum der entleuchteten Bunsenflamme, nachdem man die Substanzprobe mit konz. H_2SO_4 angefeuchtet hat, so färbt die freigesetzte **H_3BO_3** die Flamme grün.

Störung: Dieser Nachweis versagt bei manchen Borosilicaten.

Nachweis als Borsäuremethylester — Borsäure bildet mit *Methanol* und wenig konz. H_2SO_4 den **Borsäuremethylester**

$$H_3BO_3 + 3\ CH_3OH \rightleftharpoons B(OCH_3)_3 + 3\ H_2O$$

Die Schwefelsäure entzieht das Wasser und verschiebt das Gleichgewicht auf die rechte Seite. Der Borsäureester ist leicht flüchtig; angezündet verbrennt er mit grüner Flamme.

Alternativ kann das gebildete $B(OCH_3)_3$ in eine neutrale Lösung von $Mn(NO_3)_2$, $AgNO_3$ und KF eingeleitet werden. Hierbei hydrolysiert der Ester, und die freigesetzte Borsäure reagiert mit KF zu Tetrafluoroborat- und OH^--Ionen. Unter deren Einfluss vermögen nun die Silberionen Mn^{2+} zu oxidieren und es bildet sich ein schwarzer Niederschlag von **MnO_2** und **Ag**.

$$H_3BO_3 + 4\ F^- \longrightarrow [BF_4]^- + 3\ OH^-$$

$$Mn^{2+} + 2\ Ag^+ + 4\ OH^- \longrightarrow MnO_2 + 2\ Ag + 2\ H_2O$$

Borverbindungen, die in Säuren schwerlösl. sind, müssen zuvor durch Schmelzen mit Na_2CO_3 aufgeschlossen werden. Hier sind etwa borhaltige Minerale wie Turmaline zu nennen.

Störung: Ca-, (Tl-), Ba-Verbindungen können u.U. Bor vortäuschen.

pD = 6,7 EG = 0,2 µg B

Reagenzlösung: 2,4 g $Mn(NO_3)_2$ und 1,7 g $AgNO_3$ werden in 100 ml H_2O gelöst. Nach Zusatz von 1–2 Tropfen 0,1 M NaOH bildet sich ein dunkler Nd. (MnO_2 + Ag). Das klare Filtrat wird mit 3,5 g KF in 100 ml H_2O versetzt, aufgekocht und erneut abfiltriert. Das Filtrat ist die Reagenzlösung.

Beachte: Es genügen kleinste Substanzmengen z. B. 10 Tropfen CH_3OH und 3–5 Tropfen H_2SO_4. Bei Anwesenheit von ClO_3^- oder ClO_4^- auf jeden Fall größere Substanzmengen vermeiden.

Cyanoferrate $[Fe(CN)_6]^{3-}$ und $[Fe(CN)_6]^{4-}$

Beide Anionen werden normalerweise im S.A. nachgewiesen. Bei Anwesenheit von Schwermetallcyanoferraten befinden sich diese teilweise im Rückstand des S.A.. Den charakteristisch gefärbten Rückstand kocht man mit 5 M NaOH und prüft im Filtrat nach dem Ansäuern auf die Anionen.

$[Fe(CN)_6]^{4-}$

Fe^{3+}-Ionen (aus $FeCl_3$) — bilden mit *$[Fe(CN)_6]^{4-}$-Ionen* einen dunkelblauen Nd. von **„unlösl. Berliner Blau"** $Fe_4[Fe(CN)_6]_3 \cdot aq$ (identisch mit „unlösl. Turnbulls Blau"), s. S. 82.

Cu^{2+}-Ionen — fällen einen rotbraunen Nd. von **$Cu_2[Fe(CN)_6]$**, unlöslich in verd. Säuren, lösl. in NH_3-Lösung

Störung: $[Fe(CN)_6]^{3-}$ bildet einen grünen Nd. von $Cu_3[Fe(CN)_6]_2$

$[Fe(CN)_6]^{3-}$

Ag^+-Ionen — rotbraunes **$Ag_3[Fe(CN)_6]$**, lösl. in NH_3-Lösung

Fe^{2+}-Ionen — dunkelblauer Nd. von **„unlösl. Berliner Blau"**; s. S. 82.

Cu^{2+}-Ionen —grünes **$Cu_3[Fe(CN)_6]_2$**.

Entfernung der Cyanoferrate aus der Analysensubstanz

Es empfiehlt sich, die Anionen entweder im neutralisierten CO_2-freien S.A. mit 0,5 M Cd-Acetatlösung oder im schwach sauren S.A. mit Ag^+-Ionen ($AgNO_3/HNO_3$ oder Ag_2SO_4/H_2SO_4) zu fällen.

Wasserstoffperoxid (H_2O_2)

$KMnO_4$ — wird in saurer Lösung zu **Mn^{2+}** reduziert.

$K_2Cr_2O_7$ — in saurer Lösung vorübergehende **Blaufärbung**.

$Ti(SO_4)_2$ — **Orangefärbung** s. Ti-Nachweis S. 87. Empfindlichste Reaktion!

Reagenz: 1 g TiO_2 + 15 g $K_2S_2O_7$ werden in einem Quarztiegel geschmolzen. Die abgeschreckte Schmelze wird pulverisiert und in kaltem Wasser gelöst.

6 Untersuchung von Kationen

6.1 Allgemeine Einführung

6.1.1 Liste der erfassten Kationen

Lösliche Gruppe:	Li^+, Na^+, K^+, Mg^{2+}, NH_4^+
Ammoniumcarbonat-Gruppe:	Ca^{2+}, Sr^{2+}, Ba^{2+}
Urotropin-Gruppe:	Fe^{3+}, Al^{3+}, Cr^{3+}, Ti^{4+}, Be^{2+}, V^{5+}, W^{6+}, Th^{4+}, Zr^{4+}, $Ce^{3+/4+}$, UO^{2+}
Ammoniumsulfid-Gruppe:	Co^{2+}, Ni^{2+}, Fe^{2+}, Mn^{2+}, Zn^{2+}
Schwefelwasserstoff-Gruppe:	Ag^+, Hg^{2+}, Hg_2^{2+}, Pb^{2+}, Bi^{3+}, Cu^{2+}, Cd^{2+}, As^{3+}/As^{5+}, Sb^{3+}/Sb^{5+}, Sn^{2+}/Sn^{4+}, Tl^+/Tl^{3+}, Au^{3+}, Pd^{2+}, Pt^{4+}, Se^{4+}, Te^{4+}, Mo^{6+}

6.1.2 Gruppenreaktionen und Trennungsgänge

Kann eine Analysensubstanz mehrere Kationen enthalten, so ist man stets auf *Gruppenreaktionen* und *systematische Trennungsgänge* angewiesen. Es gibt nämlich kaum ein Reagenz, das es erlaubt, spezifisch nur ein Kation zu erkennen.

In der Literatur sind eine Vielzahl von Gruppen-Reaktionen und Trennungsgängen beschrieben. Wir haben uns in diesem Buch auf Reaktionen und Trennungsgänge beschränkt, mit denen seit mehreren Jahrzehnten erfolgreich gearbeitet wird.

Für das Kennenlernen und Einüben der einzelnen analytischen Gruppen ist ihre Reihenfolge unwesentlich. Auch mit der umgekehrten Reihenfolge, die dem Analysengang für eine Gesamtanalyse entspricht (Schema 2), haben wir über viele Jahre hinweg gute Erfahrungen gemacht.

Schema 2: Analysengang für eine Gesamtanalyse (Vollanalyse), die Kationen aller analytischen Gruppen enthalten kann

Analysengang für Kationen ↓

Schwefelwasserstoff-Gruppe
- Salzsäure-Gruppe
- Reduktions-Gruppe
- Kupfer-Gruppe
- Arsen-Gruppe

Das Filtrat (Zentrifugat) enthält die Kationen der Urotropin/Ammoniumsulfid-Gruppe.

Urotropin-Gruppe

Das Filtrat (Zentrifugat) enthält die Kationen der Ammoniumsulfid-Gruppe im engeren Sinne.

Ammoniumsulfid-Gruppe

Das Filtrat (Zentrifugat) enthält die Kationen der Ammoniumcarbonat-Gruppe.

Ammoniumcarbonat-Gruppe

Das Filtrat (Zentrifugat) enthält die Kationen der „Löslichen Gruppe".

„Lösliche Gruppe"

Die Vorbereitungen für die Untersuchungen der Kationen sind in Kap. II.2 beschrieben.

Bewährt hat sich in der Ausbildung die Reihenfolge: „Lösliche Gruppe“ — Ammoniumcarbonat-Gruppe — Urotropin/Ammoniumsulfid-Gruppe — Schwefelwasserstoff-Gruppe.

6.2 Lösliche Gruppe

Li^+, Na^+, K^+, Mg^{2+} und NH_4^+

Diese Ionen werden meist als „Lösliche Gruppe“ zusammengefaßt, weil es für sie kein gemeinsames Fällungsreagenz gibt. Enthält die Analysensubstanz außer den genannten Ionen noch andere Kationen, so werden diese mit geeigneten Gruppenreagenzien der Reihe nach ausgefällt, s. Trennungsschemata.

Die Lösung der Analysensubstanz kann dann zum Schluss nur noch Mg^{2+} und die Alkali-Ionen enthalten [= Filtrat (Zentrifugat) der Ammoniumcarbonat-Gruppe].

Da die Ammoniumsalze in ihrer Struktur, ihrer Löslichkeit und in manchen Fällungsreaktionen den Kaliumsalzen ähnlich sind, wird das NH_4^+-Ion dieser Gruppe hinzugezählt.

Als Vorprobe und zur Identifizierung von Li^+, Na^+ und K^+ eignet sich die Spektralanalyse.

Durchführung: Man befeuchtet eine Platindrahtöse oder die Spitze eines Magnesiastäbchens mit halbkonz. Salzsäure und bringt sie mit einer Probe der Ursubstanz in Berührung. Dabei soll etwas von der Substanz an dem Draht bzw. Stäbchen hängen bleiben und in flüchtiges Chlorid überführt werden. Die Substanzprobe wird jetzt in die heiße Zone der entleuchteten Bunsenflamme gehalten. Gleichzeitig betrachtet man die Flamme durch ein justiertes Spektroskop.

Blindproben mit einem zweiten (!) Draht sind meist sehr hilfreich.

Beachte: Der Platindraht muss nach dem Gebrauch solange ausgeglüht werden, bis kein positiver Nachweis mehr möglich ist. Erst jetzt steht er für einen neuen Versuch zur Verfügung.

6.2.1 Einzelnachweis der Ionen

Ammonium (NH_4^+)

Ammoniumsalze werden durch Basen wie NaOH oder $Ba(OH)_2$ zersetzt, wobei Ammoniak ausgetrieben und nachgewiesen wird.

$$NH_4Cl + NaOH \longrightarrow NaCl + NH_3 + H_2O$$

Meist kann man Ammoniak direkt aus der Ursubstanz nachweisen. In einigen Fällen ist es jedoch ratsam, Ammoniak, ähnlich dem CO_2-Nachweis, erst in der Vorlage zu identifizieren.

Bei Anwesenheit von SCN^- und CN^- fällt man diese mit $CuSO_4 + H_2SO_3$ und weist NH_4^+ im Filtrat nach. (Beide Substanzen hydrolysieren mit Basen zu NH_4^+!)

Der Nachweis von Ammoniak erfolgt durch *Geruch, mit Indikatorpapier oder mit „Neßlers Reagenz"*.

$$2\ K_2[HgI_4] + 3\ NaOH + NH_3 \longrightarrow [Hg_2N]I \cdot H_2O + 2\ H_2O + 4\ KI + 3\ NaI$$

Dieser außerordentlich empfindliche Nachweis ist auch zum Nachweis von NH_3 im Trinkwasser geeignet!

$K_2[HgI_4]$ („Neßlers Reagenz") — gelbbraune Lsg. bzw. orangerotes Sol, aus der sich langsam braune Flocken von **$[Hg_2N]I \cdot H_2O$** abscheiden. Ein mit Reagenzlsg. getränktes Filterpapier wird gelb gefärbt.

Reagenzlsg.: Teil a) 6,0 g $HgCl_2$ werden in 50 ml Wasser gelöst und mit 7,4 g KI in 50 ml Wasser versetzt. Der Nd. von HgI_2 wird gründlich ausgewaschen und mit 5,0 g KI in wenig Wasser in lösl. $K_2[HgI_4]$ ungewandelt. - Teil b) 20 g NaOH löst man in wenig Wasser. Die Teile a) und b) werden zusammengegeben und mit Wasser auf 100 ml Gesamtvolumen verdünnt. Die Reagenzlsg. muss in einer dunklen Flasche vor Lichteinwirkung geschützt werden.

pD = 7,3

> **$[Hg_2N]I \cdot H_2O$** ist das Iodid der sog. „Millon'schen Base" $[Hg_2N]OH$. Hier liegt eine Raumnetzstruktur mit tetraedrisch koordinierten Stickstoff- und linear zweifach koordinierten Quecksilber-Atomen vor. Man kann diese als ein Analogon zur Struktur der SiO_2-Modifikation Christobalit ansehen. Iodid und Wasser liegen auf Zwischengitterplätzen.

Lithium (Li^+)

Nachweis: Charakteristisch für Lithium sind die Spektrallinien bei 670,8 nm (rot) und 610,3 nm (gelb-orange).

Na_2HPO_4 und NaOH — beim Kochen weißer Nd. von **Li_3PO_4**, leicht lösl. in verd. Säuren. Ein Zusatz von Ethanol begünstigt die Fällung.

$$HPO_4^{2-} + 3\ Li^+ \longrightarrow Li_3PO_4 + H^+$$

pD = 5,3

Beachte: LiCl löst sich in Ethanol oder noch besser Pentanol. Dies bietet eine Trennmöglichkeit für LiCl, NaCl, KCl, $MgCl_2$.

Natrium (Na^+)

Spektralanalytischer Nachweis: Charakteristisch für Natrium ist die gelbe Spektrallinie bei 589,3 nm.

Bereits Spuren von Natrium verursachen eine starke Gelbfärbung der Bunsenflamme. Um wägbare Mengen von Natrium zu erkennen, muss die Flammenfärbung längere Zeit auftreten.

Magnesium-Uranylacetat — aus konz. Na^+-Lsg. fällt ein schwach gelber, glasklarer, kristalliner Nd..

$$NaCl + 3\ UO_2(CH_3COO)_2 + Mg(CH_3CO_2)_2 + CH_3COOH \longrightarrow$$

$$\mathbf{NaMg(UO_2)_3(CH_3CO_2)_9 \cdot 9\ H_2O} + HCl$$

Reagenzlsg.: Man löst unter Erwärmen 3 g $UO_2(CH_3CO_2)_2 \cdot 2\ H_2O$ und 10 g $Mg(CH_3CO_2)_2 \cdot 4\ H_2O$ in 50 ml Wasser und fügt 2 ml verd. Essigsäure und 50 ml Ethanol hinzu. Nach ca. 24 Std. wird von einer evtl. Trübung abfiltriert.

Durchführung: Der Nachweis wird zweckmäßigerweise auf einem Objektträger durchgeführt. Unter dem Mikroskop erkennt man schwachgelbe, glasklare Kristalle (Oktaeder, Dodekaeder). Die Probenlsg. soll neutral oder schwach essigsauer sein. Durch Reiben mit einem Glasstab lässt sich die Kristallisation beschleunigen.

Störung: PO_4^{3-} pD = 4,3 EG = 0,05 µg Na

Kalium (K^+)

Spektralanalytischer Nachweis: Charakteristisch ist die rote Doppellinie bei 766,5 und 769,9 nm (violette Linie bei 404,4 nm).

$Na[B(C_6H_5)_4]$ („Kalignost“, Natriumtetraphenylborat) — weißer Nd. aus neutraler oder essigsaurer Lsg. von **$K[B(C_6H_5)_4]$**, sehr schwer löslich.

Störung: NH_4^+, Rb^+, Cs^+

pD = 4,7 EG = 1 µg K

Reagenz: 2 %-ige wässr. Lsg.

ClO_4^--Ionen (aus $HClO_4$) — aus salzsaurer, kalter Lsg. weißer Nd. von **$KClO_4$**, gut lösl. in heißem Wasser. Durch Zugabe von Ethanol kann die Fällung vervollständigt und damit die Empfindlichkeit erhöht werden.

Störung: Rb^+, Cs^+

pD = 3,2 EG = 0,1 µg K

Magnesium (Mg^{2+})

Die Carbonate, Phosphate und Fluoride von Magnesium sind relativ schwerlöslich. Praktisch alle Mg-Nachweise werden durch andere Kationen gestört. Um Magnesium einwandfrei nachweisen zu können, ist daher ein außerordentlich sorgfältiges Arbeiten bei den vorangehenden Trennoperationen erforderlich.

$(NH_4)_2HPO_4$ — weißer, kristalliner Nd. von **$Mg(NH_4)PO_4 \cdot 6\ H_2O$**.

Durchführung: Zu der salzsauren Lsg. der Analysensubstanz bzw. zum Filtrat der Ammoniumcarbonatgruppe (s. S. 64) gibt man 0,5 M $(NH_4)_2HPO_4$-Lsg. und macht mit 5 M NH_3-Lsg. ammoniakalisch. Beim Erwärmen im Wasserbad fällt innerhalb weniger Minuten $Mg(NH_4)PO_4 \cdot 6\ H_2O$ quantitativ aus.

pD = 5,7 EG = 0,02 µg Mg

Fällung als $Mg(OH)_2$ und Anfärben mit org. Reagenzien

1. Fällen als $Mg(OH)_2$: Beim Versetzen einer Mg^{2+}-Lsg. mit überschüssiger NaOH-Lsg. — weißer, voluminöser Nd. von **$Mg(OH)_2$**, lösl. in Wasser (1:37 000), lösl. in Säuren.

$Lp_{Mg(OH)_2} = 10^{-12}\ mol^3\ l^{-3}$

Beachte: Größere Mengen von NH_4^+-Ionen verhindern eine quantitative Fällung, da sie OH^- wegfangen, und so das Löslichkeitsprodukt von $Mg(OH)_2$ u. U. nicht mehr überschritten werden kann.

In ammoniakalischer Lsg. bilden sich zudem lösl. Komplexe wie $[Mg(H_2O)_5NH_3]^{2+}$. Darin ist auch der Grund zu suchen, weshalb Mg^{2+} nicht bei der Ammoniumcarbonat-Fällung als $Mg(OH)_2$ abgetrennt wird.

2. Anfärben von $Mg(OH)_2$:

a) Reagenz: 5 %-ige ethanolische Lsg. von Diphenylcarbazid

Durchführung: Nach der Fällung von $Mg(OH)_2$ fügt man einige Tropfen Reagenzlsg. hinzu. Es bildet sich ein **rotvioletter Farblack**, der auch beim Auswaschen mit heißem Wasser erhalten bleibt. Ca^{2+}, Sr^{2+}, Ba^{2+} stören nicht!

b) Reagenz: 0,1 %-ige wässr. Lösung von Titangelb

Durchführung: Versetze die saure Probenlsg. mit wenig Reagenzlsg. und mache mit 0,2 M NaOH-Lsg. stark alkalisch. Es fällt ein **feuerroter, flockiger Nd**.

Beachte: Die Farbreaktion gelingt nicht auf einem Filterpapier. Die Anwesenheit von Ca^{2+}-Ionen erhöht die Farbintensität.

pD = 6,0 EG = 1,5 µg Mg

c) Reagenz: 0,01-0,02 %-ige ethanolische Lsg. von *Chinalizarin* (1,2,5,8-Tetrahydroxyanthrachinon).

Durchführung: Man versetzt die salzsaure Probenlsg. mit etwas Reagenzlsg. und macht mit 2 M NaOH-Lsg. stark alkalisch. Es bildet sich ein **kornblumenblauer Farblack** (blaue Lsg. oder blauer Nd.). Alkali- und Erdalkali-Ionen stören nicht!

pD = 5,3 EG = 0,25 µg Mg

d) Reagenz: 0,001 g *Magneson* (p-Nitro-benzoazo-α-naphthol) in 100 ml 2 M NaOH-Lsg.

Es entsteht ein **tiefblauer Farblack** (Lsg. oder Nd.). Die Reaktion gelingt nicht auf einem Filterpapier!

pD = 6,4 EG = 0,2 µg Mg

Trennung von NH_4^+, Li^+, Na^+, K^+, Mg^{2+}

NH_4^+ wird aus der Ursubstanz nachgewiesen. Enthält die Analysensubstanz viel NH_4^+, so wird z. B. die Ausfällung von $Mg(OH)_2$ gestört. Man erhitzt dann die

feste Substanz in einem Porzellantiegel solange, bis keine weißen Nebel mehr entstehen und sich kein NH_4^+ mehr nachweisen lässt (= Abrauchen).

Beachte: Die Substanz darf nicht zu hoch erhitzt werden, weil sich dann evtl. Kaliumverbindungen verflüchtigen.

Sind außer den interessierenden Ionen Kationen anderer Gruppen vorhanden, und hat man einen systematischen Trennungsgang durchgeführt, so befinden sich die Kationen der „Löslichen Gruppe" im Filtrat der $(NH_4)_2CO_3$-Gruppe, s. S. 64. Enthält die Analysensubstanz keine weiteren Kationen, benutzt man einen wässrigen Auszug.

Vorproben: Auf Li^+, Na^+ und K^+ wird spektralanalytisch geprüft.

*Bei Gegenwart von **Li**$^+$ trennt man Mg^{2+} mit HgO als **Mg(OH)**$_2$ ab.*

Durchführung: Man versetzt die Probenlsg. mit einer ausreichenden Menge an feinstpulverisiertem HgO, macht schwach ammoniakalisch und kocht die Mischung einige Minuten. Der Nd. besteht aus HgO und $Mg(OH)_2$.

Niederschlag: Der Niederschlag wird in einem Porzellantiegel im Abzug getrocknet und schwach geglüht: $Mg(OH)_2$ geht in MgO über, wird in verd. Salzsäure gelöst und identifiziert; überschüssiges HgO wird dabei zersetzt und abgedampft.

Filtrat (Zentrifugat): Das Filtrat wird eingedampft und zur Entfernung von Hg abgeraucht. Der Rückstand wird mit verd. Salzsäure gelöst und die Ionen von Li^+, Na^+ und K^+ nachgewiesen.

Bei Abwesenheit von Li^+ kann die vorgenannte Prozedur entfallen.

6.3 Ammoniumcarbonat-Gruppe [$(NH_4)_2CO_3$-Gruppe]

Ca^{2+}, Sr^{2+}, Ba^{2+}

Die Carbonate dieser Elemente sind schwer löslich. Die Ionen können daher mit Ammoniumcarbonat $(NH_4)_2CO_3$ als Gruppenreagenz ausgefällt werden.

Beachte: Bei Abwesenheit eines Überschusses an NH_4^+-Ionen fällt auch Mg^{2+} an dieser Stelle aus (als Carbonat, basisches Carbonat, Doppelsalz).

Trennung und Nachweis der Ionen

Die Lsg. der zu untersuchenden Substanz bzw. bei Anwesenheit anderer Kationen das Filtrat der Ammonsulfidgruppe (s. S. 70) versetzt man mit NH_4Cl (großen Überschuss vermeiden!) und darauf solange mit verd. NH_3-Lsg., bis die Lsg. deutlich danach riecht. Nun fällt man unter Erwärmen mit $(NH_4)_2CO_3$-Lösung.

Niederschlag (Rückstand): $CaCO_3$, $SrCO_3$, $BaCO_3$

Filtrat: Mg^{2+}, Li^+, Na^+, K^+

Über die Zusammensetzung des Niederschlags informiert man sich durch die *Spektralanalyse*.

Für die Trennung der Ionen empfehlen sich folgende Verfahren:

Chromat-Sulfat-Verfahren (siehe Schema 3)

- Man löst die Carbonate in wenig Essigsäure, fügt Natriumacetat hinzu, fällt in heißer Lsg. mit *$K_2Cr_2O_7$-Lsg.*, kocht etwa 5 min und lässt erkalten. Der gelbe Nd. besteht aus **$BaCrO_4$**.

- Das Filtrat (Zentrifugat) wird mit *Na_2CO_3-Lsg.* versetzt, gekocht und der Nd. von **$CaCO_3$** und **$SrCO_3$** abfiltriert.
- Man löst den Nd. in wenig verd. Salzsäure und gibt *$(NH_4)_2SO_4$-Lsg.* hinzu. Es fallt ein weißer Nd. von **$SrSO_4$** aus.

- Im Filtrat prüft man z. B. mit *$(NH_4)_2C_2O_4$-Lsg.* auf **Ca^{2+}**.

Schema 3: Chromat-Sulfat-Verfahren

	Ba^{2+}	Sr^{2+}	Ca^{2+}	Li^{+} Na^{+} K^{+} Mg^{2+}
+ $(NH_4)_2CO_3$/ NH_4Cl				
	$BaCO_3$	**$SrCO_3$**	**$CaCO_3$**	Filtrat für „Lösliche Gruppe“
+ CH_3COOH				
	Ba^{2+}	Sr^{2+}	Ca^{2+}	
+ CH_3CO_2Na + $K_2Cr_2O_7$	**$BaCrO_4$**	Sr^{2+}	Ca^{2+}	
				+ Na_2CO_3
		$SrCO_3$	**$CaCO_3$**	
				+ verd. HCl
		Sr^{2+}	Ca^{2+}	
				+ $(NH_4)_2SO_4$
		$SrSO_4$	Ca^{2+}	
				+ CH_3CO_2Na; + $(NH_4)_2C_2O_4$
			CaC_2O_4	

Nitrat-Chlorid-Verfahren (Ether-Alkohol-Verfahren; siehe Schema 4)

Der Carbonat-Nd. wird in *verd.* HNO_3 gelöst und die Lsg. zur Trockne eingedampft. Der Rückstand wird in wenig Wasser aufgenommen und eingedampft, bis die ersten Kristalle erscheinen.

- Nach dem Erkalten versetzt man mit einer Mischung von absolutiertem (getrocknetem) *Ethanol und Ether* (1:1). $Ba(NO_3)_2$ und $Sr(NO_3)_2$ bleiben als Rückstand.
- Im Filtrat befindet sich Ca^{2+}; Ca-Nachweis s.u.!
- Der Rückstand wird in einem Porzellantiegel geglüht; dabei werden die Nitrate in die Oxide übergeführt. Man löst sie in *verd. Salzsäure*, dampft die Lsg. bis zur Trockne ein, löst in wenig heißem Wasser, dampft wieder ein, bis die ersten Kristalle erscheinen und versetzt unter Rühren mit absolutiertem *Ethanol.*

Rückstand: $BaCl_2$, Ba^{2+}-Nachweis s.u.!

Filtrat: Sr^{2+} sowie Spuren von Ba^{2+}. Man dampft auf dem Wasserbad zur Trockne ein und prüft auf Ba^{2+}. Sind noch größere Mengen Bariumverbindungen zugegen, muss die Trennung wiederholt werden.

Der Rückstand besteht aus $SrCl_2$. Zum Sr-Nachweis s.u.!

Schema 4: Nitrat-Chlorid-Verfahren

	Ba^{2+}	Sr^{2+}	Ca^{2+}	Li^+ Na^+ K^+ Mg^{2+}
+ $(NH_4)_2CO_3$; + NH_4Cl	**$BaCO_3$**	**$SrCO_3$**	**$CaCO_3$**	Filtrat für „Lösliche Gruppe"
+ HNO_3; + Ethanol/Ether	**$Ba(NO_3)_2$**	**$Sr(NO_3)_2$**	Ca^{2+}	eindampfen;
Glühen; + verd. HCl	**$BaCl_2$**	**$SrCl_2$**	**$Ca(NO_3)_2$**	Spektralanalyse und/od. Nachweis als CaC_2O_4
+ Ethanol	**$BaCl_2$**	Sr^{2+}		
Spektralanalyse od. Nachweis als $BaSO_4$ od. $BaCrO_4$		**$SrCl_2$**	Eindampfen Spektralanalyse	

6.3.1 Einzelnachweise der Ionen

Calcium (Ca^{2+})

Spektralanalytischer Nachweis: Rechts von der Na-Spektrallinie liegt bei 553,3 nm eine breite grüne Linie und links von der Na-Linie eine breite rote Linie bei 622 nm, die für Calcium charakteristisch sind.

Anmerkung: Liegt $CaSO_4$ vor, muss dieses in der leuchtenden Flamme des Bunsenbrenners zum Sulfid reduziert werden. Durch Eintauchen in halbkonz. Salzsäure erhält man das flüchtige Chlorid, das sich für den spektralanalytischen Nachweis besonders gut eignet. Diese Prozedur ist auch mit $SrSO_4$ und $BaSO_4$ durchzuführen.

$C_2O_4^{2-}$-Ionen (aus $(NH_4)_2C_2O_4$) — aus ammoniakalischer oder schwach essigsaurer, mit Natriumacetat gepufferter Lsg. weißer kristalliner Nd. von **CaC_2O_4**, schwerlösl. in Essigsäure, lösl. in Wasser (1:170 000), lösl. in starken Säuren.

pD = 6,6 EG = 5 µg Ca

Gesättigte Lsg. von $K_4[Fe(CN_6]$ und NH_4Cl (im Überschuss) — aus schwach ammoniakalischer Lsg. in der Kälte weißer Nd. von **$Ca(NH_4)_2[Fe(CN)_6]$**, lösl. in Wasser (1:7000), lösl. in starken Säuren.

Ba^{2+} und Sr^{2+} stören nicht, Mg^{2+} stört.

pD – 6

Beachte: Trockenes $Ca(NO_3)_2$ und $CaCl_2$ lösen sich in einem Gemisch aus Ether und absolutiertem Ethanol (1:1) beim Erwärmen im Wasserbad.

Strontium (Sr^{2+})

Spektralanalytischer Nachweis: Mehrere rote Linien zwischen 650 und 600 nm, (blaue Linie bei 460,7 nm).

SO_4^{2-}-Ionen (aus $CaSO_4$, Na_2SO_4 oder H_2SO_4) — in der Hitze augenblicklich weißer, feinkristalliner Nd. von **$SrSO_4$**, lösl. in Wasser (1: $8{,}8 \cdot 10^3$), lösl. in heißer konz. Salzsäure.

pD = 4,7

CrO_4^{2-} (aus K_2CrO_4) — aus ammoniakalischer Lsg. gelber, kristalliner Nd. von **$SrCrO_4$**, lösl. in Wasser (1:840), leichtlösl. in schwachen Säuren.

pD = 3,1

Beachte: $SrCl_2$ löst sich in absolutiertem Ethanol (jedoch viel schwerer als $CaCl_2$).

Barium (Ba^{2+})

Spektralanalytischer Nachweis: Mehrere grüne Linien; besonders charakteristisch sind die Linien bei 524,2 und 513,9 nm.

SO_4^{2-}-Ionen (aus $CaSO_4$, $SrSO_4$, H_2SO_4, Na_2SO_4) — weißer Nd. von **$BaSO_4$**, lösl. in Wasser (1:4,5·10⁴), unlösl. in Säuren.

$$Lp_{BaSO_4} = 10^{-10}\ mol^2\ l^{-2}$$

Sehr empfindliche Reaktion!

Beachte: Bei gewöhnlicher Temperatur fällt $BaSO_4$ feinpulvrig aus. Einen gröberen, besser filtrierbaren Nd. erhält man beim Fällen aus siedender, etwas saurer Lsg., der man etwas Ammoniumacetat zusetzt.

pD = 6,3 EG = 0,05 – 0,5 µg Ba

K_2CrO_4 und $K_2Cr_2O_7$ — aus neutraler oder schwach essigsaurer Lsg. gelber Nd. von **$BaCrO_4$**, lösl. in Wasser (1:2,6 · 10^5), unlösl. in Essigsäure, lösl. in starken Säuren.

Bei der Reaktion mit $Cr_2O_7^{2-}$ entstehen H^+-Ionen. Da $BaCrO_4$ in starken Säuren lösl. ist, puffert man die Lösung durch Zugabe von Natriumacetat.

$$2\ Ba^{2+} + Cr_2O_7^{2-} + H_2O \rightleftharpoons 2\ BaCrO_4 + 2\ H^+$$

pD = 5,8 EG = 0,2 µg Ba

6.4 Ammoniumsulfid-Gruppe (($(NH_4)_2S$-Gruppe)

Co^{2+}, Ni^{2+}, Fe^{2+}/Fe^{3+}, Mn^{2+}, Al^{3+}, Cr^{3+}, Zn^{2+}, Ti^{4+}, Be^{2+}, V^{5+}, W^{6+}, Th^{4+}, Zr^{4+}, Ce^{3+}/Ce^{4+}, UO_2^{2+}

Vorbemerkungen

Diese Gruppe enthält alle Elemente, die in ammoniakalischer Lsg. schwerlösliche *Sulfide* oder *Hydroxide* bilden.

Ammoniumsulfid fällt die Kationen aller Metalle mit Ausnahme der Erdalkali- und Alkalimetalle. Es fällt auch jene Kationen als Sulfide, die sich aus saurer Lsg. nicht mit H_2S ausfällen lassen: CoS/Co_2S_3, NiS/Ni_2S_3, FeS/Fe_2S_3 (alle schwarz), ZnS (weiß), MnS (rosa), UO_2S (braun).

Einige Sulfide sind im Überschuss von Ammoniumsulfid als **Thio**-Verbindungen löslich und fallen daher bei Anwendung eines Überschusses nicht aus, wie z. B. As_2S_3/As_2S_5, Sb_2S_3/Sb_2S_5, SnS_2 oder die Sulfide von Mo, W, V, Pt, Au u.a.

Neutrales Ammoniumsulfid $(NH_4)_2S$ reagiert stark basisch, da es in wässr. Lsg. nahezu vollständig in NH_3 und NH_4HS zerfällt (beachte die Säure- bzw. Basestärke von NH_4^+ und S^{2-}).

Die *S^{2-}-Ionen-Konzentration* ist in der Lösung sehr gering, aber natürlich wesentlich größer als in einer sauren Lsg. von H_2S.

$$(NH_4HS \rightleftharpoons H_2S + NH_3;\ H_2S \rightleftharpoons HS^- + H^+;\ HS^- \rightleftharpoons S^{2-} + H^+)$$

Ammoniumsulfid liefert in wässr. Lsg. auch *OH^--Ionen*. Demzufolge fällt es eine Reihe von Metallen als Hydroxide, wie z. B. $Cr(OH)_3$, $Al(OH)_3$, $Fe(OH)_3$, $Be(OH)_2$, $Th(OH)_4$, $Ti(OH)_4$, $Zr(OH)_4$, $Ce(OH)_3/Ce(OH)_4$. Einige dieser Niederschläge besitzen nicht die angegebene Ideal-Formel, sondern müssen als Oxid-Hydrate formuliert werden, wie z. B. $TiO_2 \cdot aq$ oder $Al(OH)_3 \cdot aq$.

Reagenz: 10 %-iges H_2S-Wasser wird mit NH_3 gesättigt. Es bildet sich NH_4HS.

Das saure Salz wird durch Zugabe der stöchiometrischen Menge NH_3 neutralisiert.

Abtrennung von Phosphat

Verzichtet man auf eine vorhergehende Hydrolysentrennung mit Urotropin (s. S. 73, Schema S. 75), so fallen bei Anwesenheit von PO_4^{3-} zusammen mit den Elementen der $(NH_4)_2S$-Gruppe auch die Erdalkali-Metalle als Phosphate aus. Um dies zu vermeiden, muss Phosphat *vor* der $(NH_4)_2S$-Fällung abgetrennt werden.

Phosphat kann auf folgende Weise entfernt werden:

1) durch überschüssiges $FeCl_3$ als $FePO_4$ (weißlich).

2) durch Zr^{4+} (aus $ZrOCl_2$) als säurebeständiges $Zr_3(PO_4)_4$.

3) als säurebeständiger Komplex z. B. $(NH_4)_3[P(Mo_3O_{10})_4] \cdot 6\ H_2O$ s. S. 44.

4) mit Ionenaustauscher.

Beschrieben werden hier die Verfahren 1) und 2).

1) Fällung als $FePO_4$

Unmittelbar nach der Fällung der H_2S-Gruppe (s. S. 91) ist auf die Anwesenheit von Phosphat zu prüfen.

Das Filtrat (Zentrifugat) der H_2S-Fällung wird zur Entfernung von H_2S aufgekocht und mit ca. 3 Tropfen konz. HNO_3 versetzt. Jetzt prüft man zuerst in einem kleinen Teil der Lsg. auf Fe^{3+} s. hierzu S. 82.

Die Lsg. wird tropfenweise mit verd. NH_3-Lsg. versetzt, bis eine Trübung auftritt. Sie wird mit verd. Essigsäure gerade wieder aufgelöst. Man puffert mit gesättigter Ammoniumacetat-Lsg. und gibt tropfenweise solange $FeCl_3$-Lsg. zu, bis die überstehende Lsg. schwach rotbraun gefärbt ist. Man verdünnt mit Wasser auf etwa das doppelte Volumen und erhitzt zum Sieden.

Der abgetrennte rotbraune Nd. besteht aus $FePO_4$ und basischem Fe(III)-acetat.

Beachte: Enthält die Analysensubstanz Cr^{3+}, so befindet sich dieses als $CrPO_4$ ebenfalls im Nd. Zum Cr-Nachweis kocht man einen Teil des Nd. mit NaOH und H_2O_2 auf und prüft auf CrO_4^{2-}, vgl. S. 86.

2) Fällung als $Zr_3(PO_4)_4$

Das Filtrat (Zentrifugat) der H_2S-Fällung wird zur Entfernung von H_2S aufgekocht. In die siedende Lsg. tropft man überschüssige 0,05 M $ZrOCl_2$-Lsg. (für 10 mg PO_4^{3-} etwa 3 ml).

Nach dem Abtrennen des Nd. als $Zr_3(PO_4)_4$ und $ZrH_2(PO_4)_2$ wird erneut Reagenzlsg. zugefügt, aufgekocht und nach ca. 5 min. ein evtl. Nd. abgetrennt.

6.4.1 Durchführung des $(NH_4)_2S$-Trennungsgangs *ohne* seltenere Elemente

(Schemen S. 75 und 76)

Die Lsg. der Analysensubstanz bzw. das Filtrat der H_2S-Fällung versetzt man mit etwas festem *NH_4Cl*, um Mg^{2+} in Lsg. zu halten, gibt *NH_3-Lsg.* hinzu, bis ein deutlicher Geruch nach NH_3 auftritt und versetzt diese Lsg. bei etwa 40°C mit einem kleinen Überschuss an *farblosem Ammoniumsulfid.* Um zu prüfen, ob die Lsg. tatsächlich Ammoniumsulfid im Überschuss enthält, bringt man einen Tropfen der Lsg. und einen Tropfen $Pb(CH_3CO_2)_2$-Lsg. nebeneinander auf ein Filterpapier. Ist genügend Ammoniumsulfid vorhanden bildet sich an der Berührungszone der beiden Tropfen schwarzes **PbS**.

Die Lsg. wird erwärmt und der Nd. heiß abfiltriert (abzentrifugiert).

Der Nd. kann enthalten: CoS/Co_2S_3 NiS/Ni_2S_3, FeS/Fe_2S_3, MnS, $Al(OH)_3$, $Cr(OH)_3$, ZnS.

Beachte: Das Filtrat (Zentrifugat) muss hellgelb gefärbt sein. Hat es eine gelbbraune Farbe, so deutet dies auf kolloides NiS hin. Durch Kochen mit Ammoniumacetat und Papierschnitzeln lässt sich NiS ausflocken. Ist das Filtrat rotviolett, kann $[Cr(NH_3)(H_2O)_5]^{3+}$ darin enthalten sein. Dieses Komplexkation wird durch Kochen zerstört. Die Niederschläge werden abfiltriert und mit dem Nd. der Hauptfällung vereinigt.

*Das Filtrat (Zentrifugat) der Ammoniumsulfid-Fällung enthält die Elemente der **„Ammoniumcarbonat-Gruppe“** und die der **„Löslichen Gruppe“**.*

Beachte: Die Trennung ist nur dann einigermaßen vollständig, wenn sehr sorgfältig gearbeitet wird und frische Reagenzien verwendet werden. Carbonathaltige NH_3-Lsg. fällt die Erdalkali-Elemente als Carbonate, und eine alte Ammoniumsulfidlsg. kann SO_4^{2-}-Ionen enthalten, so dass u.U. $BaSO_4$ und $SrSO_4$ in dem Sulfid-Nd. enthalten sind.

Aufarbeitung des Sulfid-Niederschlags

Den Sulfid-Nd. wäscht man mit warmem, schwach ammoniakalischem und Ammoniumsulfid-haltigem Wasser und rührt ihn in einer Porzellanschale mit kalter *0,5 M Salzsäure* bis zum Ende der H_2S-Entwicklung.

Der mit verd. Salzsäure gründlich gewaschene *Rückstand kann enthalten:* $\mathbf{NiS/Ni_2S_3}$ und $\mathbf{CoS/Co_2S_3}$.

In der Lsg. können sein: Fe^{2+}, Mn^{2+}, Al^{3+}, Zn^{2+}, Cr^{3+} und u.U. Spuren von Ni^{2+}.

Aufarbeitung des Rückstandes: Man löst den Rückstand in verd. Essigsäure unter Zugabe einiger Tropfen 30 %-igen *H_2O_2*. Nach dem Eindampfen der vom ausgefallenen Schwefel befreiten Lsg. wird darin auf Ni^{2+} und Co^{2+} geprüft.

Behandlung der Lösung (Filtrat, Zentrifugat): Man kocht die Lsg. zur Entfernung von H_2S auf, versetzt sie mit einigen Tropfen *konz. HNO_3*, um Fe^{2+} zu Fe^{3+} zu oxidieren, entfernt den größten Teil der Säure durch Eindampfen und neutralisiert die Lsg. nahezu durch Zugabe von festem *Na_2CO_3*. Man erreicht diesen Punkt, indem man solange Na_2CO_3 hinzugibt, bis sich der gebildete Nd. gerade noch auflöst.

Die so vorbereitete Lsg. gießt man unter Rühren und Erwärmen in eine Porzellanschale, die eine Mischung von frisch hergestellter 20 %-iger *NaOH-Lsg.* und 3 %-igem H_2O_2 (1:1) enthält (oder 0,4 g Na_2O_2 in 5 ml verd. NaOH) und erhitzt die stark alkalische Lsg. bis zum beginnenden Sieden (Alkalischer Sturz).

Der Nd. kann enthalten: **$Fe(OH)_3 \cdot aq$** (rotbraun), **$MnO(OH)_2$** (braunschwarz).

In Lsg. können sein: $[Al(OH)_4]^-$, $[Zn(OH)_3]^-$ (beide farblos), CrO_4^{2-} (gelb).

Aufarbeitung des Nd.: Der Nd. wird mit warmer NaOH-Lsg. und warmem Wasser gut ausgewaschen und dann in verd. Salzsäure gelöst. Bei Anwesenheit von Mangan entwickelt sich Cl_2. Man kocht bis zum Ende der Chlorentwicklung und prüft auf Fe^{3+} und Mn^{2+}.

Aufarbeitung der Lösung (Filtrat, Zentrifugat): Das stark alkalische Filtrat wird gekocht, bis das überschüssige H_2O_2 zerstört ist. Nun neutralisiert man zuerst mit konz. *Salzsäure* und schließlich mit verd. Salzsäure, macht mit wässr. NH_3-Lsg. schwach ammoniakalisch und gibt NH_4Cl hinzu (0,2 g auf 10 ml Lsg.), kocht 2-3 min und filtriert (zentrifugiert) **$Al(OH)_3$** ab. Zum Nachweis von Al^{3+} s. S. 85. Bei kleiner Niederschlagsmenge ist eine Blindprobe unerläßlich.

Filtrat (Zentrifugat): Es kann CrO_4^{2-} (gelb) und Zn^{2+} enthalten. CrO_4^{2-} kann man mit $BaCl_2$ als **$BaCrO_4$** ausfällen; im Filtrat (Zentrifugat) wird auf Zink geprüft. Zum Nachweis von CrO_4^{2-} bzw. Zn^{2+} s. S. 86 bzw. 86.

Anmerkung: Die gemeinsame Fällung aller Elemente der Ammoniumsulfidgruppe mit $(NH_4)_2S$ und NH_3 hat Nachteile, *wenn* sehr viele Elemente zugegen sind, *wenn* geringe Mengen einiger Elemente neben einem großen Überschuss anderer nachzuweisen sind, *wenn* zusätzlich seltenere Elemente vorhanden sind und *wenn* PO_4^{3-} anwesend ist. Im letzteren Falle muss vor der Fällung PO_4^{3-} entfernt werden, weil sonst auch die Erdalkalimetalle unter den Fällungsbedingungen als Phosphate ausfallen.

In all diesen Fällen empfiehlt es sich, *vor* der Ammoniumsulfid-Fällung die sog. *Hydrolysentrennung* durchzuführen.

Beachte: Hinweise auf die Zusammensetzung der Analysensubstanz geben die Färbung der Phosphorsalz- bzw. Boraxperle u.a. Vorproben s. unten!

6.4.2 Durchführung des $(NH_4)_2S$-Trennungsgangs *mit* selteneren Elementen

Bei Anwesenheit der selteneren Elemente sollte auf jeden Fall die „Hydrolysentrennung“ vor der Ammoniumsulfid-Fällung vorgenommen werden. Damit werden folgende seltenere Elemente erfaßt: Ti, Be, V, W, Th, Zr, Ce und U.

Im Anschluss an die Hydrolysentrennung verfährt man analog zu Abschnitt 6.3.3.1. Die Hydrolysentrennung macht auch die Abtrennung von PO_4^{3-} überflüssig.

6.4.3 Hydrolysentrennung (Urotropin-Gruppe)

Für die gesonderte Hydrolysentrennung empfiehlt sich die Verwendung von *Hexamethylentetramin* (Urotropin, Abb. 10), einem Kondensationsprodukt von Formaldehyd und Ammoniak. Beim Erhitzen in Wasser zerfällt diese Substanz wieder in die Ausgangsstoffe. Die Reaktionsgeschwindigkeit nimmt mit steigender Temperatur zu.

$$(CH_2)_6N_4 + 6\ H_2O \rightleftharpoons 6\ HCHO + 4\ NH_3$$

In saurer Lsg. wird das Gleichgewicht nach rechts verschoben, weil NH_3 abreagiert:

$$NH_3 + H^+ \rightleftharpoons NH_4^+$$

Mit Wasser reagiert NH_3 nach der Gleichung:

$$NH_3 + H_2O \rightleftharpoons NH_4^+ + OH^-.$$

Vorteile von Urotropin

- Durch die Rückreaktion zu Urotropin bleibt die NH_3-Konzentration stets klein.
- Bei Gegenwart von NH_4Cl stellt sich ein pH-Wert zwischen 5 und 6 ein; in diesem Bereich fallen bei Anwesenheit von PO_4^{3-} noch keine Erdalkaliphosphate, es fallen jedoch wunschgemäß die Phosphate der dreiwertigen Kationen, z. B. $FePO_4$.
- Die Fällung erfolgt aus homogener Lsg.; es bildet sich daher ein grobkörniger, gut filtrierbarer Nd.
- Die reduzierende Wirkung von CH_2O verhindert die Oxidation von z. B. Mn(II) zu Mn(IV).
- Mit Urotropin fallen die höherwertigen Kationen Fe^{3+}, Al^{3+}, Cr^{3+}, Ti^{4+}, Be^{2+}, V^{5+}, W^{6+}, Th^{4+}, Zr^{4+}, Ce^{3+}/Ce^{4+} als Hydroxide aus. UO_2^{2+} fällt als $(NH_4)_2U_2O_7$. Teilweise fällt auch $MnO(OH)_2$.

Im Filtrat (Zentrifugat) befinden sich die Elemente der „Ammoniumsulfid-Gruppe im engeren Sinne“ (Mangangruppe): Co^{2+}, Ni^{2+}, Mn^{2+}, Zn^{2+}, (neben den Alkali- und Erdalkalielementen).

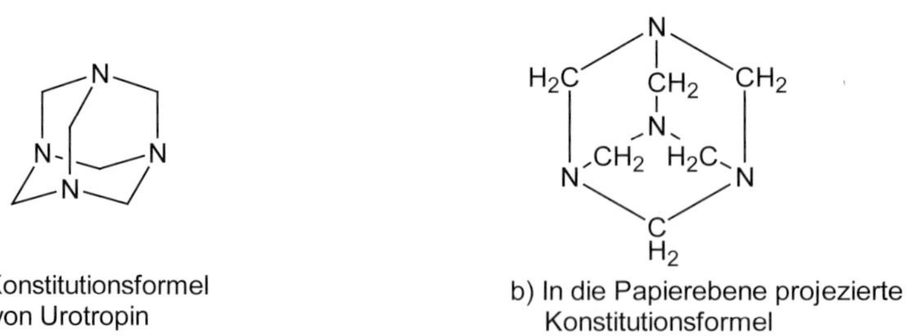

a) Konstitutionsformel von Urotropin

b) In die Papierebene projezierte Konstitutionsformel

Abb. 10 a u. b. Hexamethylentetramin (Urotropin)

*Durchführung der Hydrolysentrennung **ohne** seltenere Elemente* (Schema S. 75)

a) Man versetzt die HCl- bzw. H_2SO_4-saure Lsg. der Analysensubstanz unter Rühren solange mit *$(NH_4)_2CO_3$-Lsg.*, bis sich der bildende Nd. gerade nicht mehr auflöst.

   Enthält die Lsg. CrO_4^{2-} oder MnO_4^-, so ist sie gelb oder violett gefärbt. Man versetzt sie in diesem Fall mit Ethanol, verdampft das überschüssige Ethanol und hat damit Mn(VII) zu Mn(II) und Cr(VI) zu Cr(III) reduziert.

   - Man löst den Nd. mit einigen Tropfen verd. *Salzsäure*, fügt *NH_4Cl* hinzu und kocht auf.

b) Verwendet man das Filtrat der H_2S-Fällung, so wird dieses zunächst durch Aufkochen von H_2S befreit, dann zur Oxidation von Fe^{2+} zu Fe^{3+} mit einigen Tropfen konz. *HNO_3* versetzt und erneut gekocht. Anschließend verfährt man wie oben.

   – *Zur siedenden Lsg. lässt man eine 10 %-ige wässr. Lsg. von Urotropin zutropfen und kocht einige Minuten. Der pH-Wert der Lsg. muss zwischen 5 und 6 liegen.*

   – *Es bildet sich ein Nd.*, der **$Fe(OH)_3 \cdot aq$** (rotbraun), **$Al(OH)_3 \cdot aq$** (weiß), **$Cr(OH)_3$** (hellgrün), **$FePO_4$** (weißlich) enthalten kann.

   - *Die Lsg. kann enthalten:* Co^{2+}, Ni^{2+}, Mn^{2+}, Zn^{2+}, Erdalkali- und Alkali-Elemente.

Aufarbeitung des Nd.: Der abgetrennte Nd. wird mehrmals mit heißem Wasser ausgewaschen und unter Erwärmen in verd. Salzsäure gelöst. Zum Nachweis von Fe^{3+}, Al^{3+}, Cr^{3+} s. S. 82, 85, 86.

Weiterverarbeitung des Filtrats (Zentrifugats): Das Filtrat der Hydrolysentrennung wird – falls nötig – eingeengt, schwach ammoniakalisch gemacht und in der Hitze mit einem geringen Überschuss an Ammoniumsulfid versetzt.

Der Nd. kann enthalten: **CoS/Co_2S_3, NiS/Ni_2S_3, MnS, ZnS.**

Der Analysengang ist von hier ab analog zu dem auf S. 70 beschriebenen Trennungsgang der Ammoniumsulfid-Gruppe.

*Hydrolysentrennung **mit** selteneren Elementen* (Schema S. 79)

Erfaßte Metalle: Al, Cr, Fe, Ti, Be, V, W, Th, Zr, Ce, U (Ni, Co, Zn, Mn).

Bei Anwesenheit der selteneren Elemente empfiehlt es sich, die Hydrolysentrennung *vor* der Ammoniumsulfid-Fällung vorzunehmen.

Vorbereitung der Probenlösung

a) Man versetzt die salz- bzw. schwefelsaure Lösung der Analysensubstanz unter Rühren solange mit *$(NH_4)_2CO_3$-Lsg.*, bis sich ein entstehender Nd. gerade nicht mehr auflöst.

   Ist die Lösung gelb oder violett gefärbt bzw. zeigt sie eine Mischfarbe, versetzt man sie zur Reduktion von CrO_4^{2-} und/oder MnO_4^- mit Ethanol und verdampft das überschüssige Ethanol auf dem Wasserbad.

   Den **Nd.** löst man in einigen Tropfen verd. *Salzsäure*, versetzt die Lösung zur Oxidation von Fe^{2+} zu Fe^{3+} mit einigen Tropfen konz. *HNO_3* und kocht kurz auf. Anschließend fügt man *NH_4Cl* hinzu und kocht erneut.

b) Verwendet man das Filtrat (Zentrifugat) der H_2S-Fällung, wird dieses zunächst durch Aufkochen von H_2S befreit. Anschließend verfährt man wie unter a) beschrieben.

Beachte: Vor der Fällung mit Urotropin muss auf Fe^{3+} geprüft werden. s. hierzu S. 82. Wird nämlich die Anwesenheit von PO_4^{3-}, WO_4^{2-} oder VO_3^- vermutet, versetzt man die Probenlösung vor der Fällung mit Urotropin mit einer angemessenen Menge $FeCl_3$.

Durchführung der Hydrolysentrennung:

Zur siedenden Probenlsg. lässt man eine 10 %-ige wässr. Lsg. von Urotropin zutropfen und kocht einige Minuten. Der pH-Wert muss dabei zwischen 5 und 6 liegen.

Es bildet sich ein Nd., der folgende Zusammensetzung haben kann: **$Fe_2(WO_4)_3$, $Al(OH)_3$, $Be(OH)_2$, $FeVO_4$, $Cr(OH)_3$, $(NH_4)_2U_2O_7$, $Zr(OH)_4$, $Ti(OH)_4$, ($Fe(OH)_3$, $FePO_4$), $Ce(OH)_3$, $Th(OH)_4$**

Be^{2+} und Ce^{3+} werden u.U. nicht vollständig gefällt. Man kocht deshalb das Filtrat mit einigen Tropfen konz. NH_3-Lsg. Der Nd. wird der Urotropin-Fällung hinzugefügt.

Das *Filtrat* (*Zentrifugat*) kann Co, Ni, Zn, Mn (s. S. 73), Kationen der Ammoniumcarbonat-Gruppe (s. S. 64) sowie Kationen der „Löslichen Gruppe" (s. S. 59) enthalten und wird zum Nachweis dieser Gruppen benutzt.

Aufarbeitung des Nd. der Urotropin-Fällung

Der abgetrennte Nd. wird mehrmals mit heißem Wasser ausgewaschen und unter Erwärmen in verd. *Salzsäure* gelöst. Die erkaltete Lsg. wird mehrmals mit Ether ausgeschüttelt.

1) Die etherische Phase enthält **$FeCl_3$** und wird verworfen.

2) Die wässr. Phase enthält alle übrigen Kationen sowie noch Spuren Fe. Sie wird auf dem Wasserbad weitgehend eingedampft. Man neutralisiert die Lsg. und lasst sie in eine Mischung von 30 %-iger *NaOH*- und 3 %-iger *H_2O_2-Lsg.* einfließen.

Schema 5: Hydrolysentrennung der Eisengruppe *ohne* seltenere Elemente

+ Urotropin	Al^{3+}	Cr^{3+}	Fe^{3+}	Co^{2+}	Ni^{2+}	Mn^{2+}	Zn^{2+}
pH = 5-6							
	$Al(OH)_3$	**$Cr(OH)_3$**	**$Fe(OH)_3$**	Filtrat für $(NH_4)_2S$-Fällung			
verd. HCl							
	Al^{3+}	Cr^{3+}	Fe^{3+}				
+ NaOH							
+ H_2O_2							
	$[Al(OH)_4]^-$	CrO_4^{2-}	**$Fe(OH)_3$**				
+ NH_4Cl				+ verd. HCl			
	$Al(OH)_3$	CrO_4^{2-}	Fe^{3+}				
			$Fe(SCN)_3$	+ KSCN			
	Morinnachweis s. unten	Nachweis als $BaCrO_4$ oder als CrO_5					

Schema 6: Wasserstoffperoxidtrennung der $NH_4)_2S$-Gruppe *ohne* seltenere Elemente

+ NH_4Cl	Co^{2+}	Ni^{2+}	Fe^{2+} / Fe^{3+}	Mn^{2+}	Al^{3+}	Cr^{3+}	Zn^{2+}	
+ NH_3								
+ $(NH_4)_2S$								
	CoS / Co_2S_3	**NiS / Ni_2S_3**	**FeS / Fe_2S_3**	**MnS**	**$Al(OH)_3$**	**$Cr(OH)_3$**	**ZnS**	
+ verd. HCl								
	CoS / Co_2S_3	**NiS / Ni_2S_3**	Fe^{2+}	Mn^{2+}	Al^{3+}	Cr^{3+}	Zn^{2+}	+ einige Tropfen HNO_3
+ verd. CH_3COOH + 30% H_2O_2	Co^{2+}	Ni^{2+}	**$Fe(OH)_3$**	**$MnO(OH)_2$**	$[Al(OH)_4^-$	CrO_4^{2-}	$[Zn(OH)_3]^-$	+ 20%ige NaOH + 3%iges H_2O_2
		+ verd. HCl + KSCN	Fe^{3+}	Mn^{2+}	**$Al(OH)_3$**	CrO_4^{2-}	$[Zn(OH)_3]^-$	+ NH_4Cl
Nachweis als $Co(SCN)_2$	Nachweis als Ni-Diacetyl-dioxim		**$Fe(SCN)_3$**	+ *PbO_2* + *HNO_3* **MnO_4^-**		**$BaCrO_4$**	$[Zn(OH)_3]^-$	+ CH_3COOH +$BaCl_2$
					Nachweis mit Morin			
							Nachweis mit $K_3[Fe(CN)_6]$ + Diethylanilin	

- *Der Nd. der $NaOH/H_2O_2$-Fällung* kann enthalten: **$ZrO_2 \cdot aq$, $TiO_2 \cdot aq$, $Fe(OH)_3$, $Th(OH)_4$, $Ce(OH)_4$**, etwas **$Be(OH)_2$**. Man löst den Nd. in wenig 1 M *Salzsäure* und fällt in der Kälte tropfenweise mit 1 M *Oxalsäure-Lsg.*, wobei ein Überschuss zu vermeiden ist.

- *Der Nd. der Oxalat-Fällung kann enthalten*: **$Ce_2(C_2O_4)_3$, $Th(C_2O_4)_2$, $Zr(C_2O_4)_2$**. Zur Aufarbeitung des Nd. s. Abschnitt: Oxalatfällung der „Seltenen Erden" S. 78.

- *Das Filtrat (Zentrifugat) der Oxalat-Fällung kann enthalten:* **Fe^{3+}, TiO^{2+}**. Es wird eingeengt. Zur Komplexierung von Fe^{3+} werden einige Tropfen 60-85 %-iger *H_3PO_4* zugegeben. In H_2SO_4-saurer Lsg. bildet sich mit 3 %-igem *H_2O_2* organgerotes **$Ti(O_2)^{2+}$** s. S. 87.

- *Das Filtrat der $NaOH/H_2O_2$-Fällung* wird mit *Salzsäure* angesäuert. Als Reduktionsmittel wird festes *$Na_2S_2O_4$* (Natriumdithionit) zugesetzt, mit *NaOH* stark alkalisch gemacht und kurz aufgekocht. Der Nd. wird heiß abgetrennt und mit heißem alkalischem *Na_2SO_3-haltigem Wasser* ausgewaschen.

- *Der Nd. der $Na_2S_2O_4$/NaOH Trennung kann enthalten:* **$V(OH)_3$, $Cr(OH)_3$, $U(OH)_4$**. Man löst ihn in einem Gemisch von verd. *Salzsäure* und verd. *HNO_3*, engt die Lsg. stark ein, fügt 2 M *Salzsäure* und festes *KSCN* hinzu. Durch mehrmaliges Ausethern bringt man **$UO_2(SCN)_2$** in die etherische Phase. Man kann den Ether auf dem Wasserbad abdampfen, den Rückstand glühen, mit HNO_3 aufnehmen und z. B. mit $K_4[Fe(CN)_6]$ auf UO_2^+ prüfen s. S. 90.

Die wässr. Phase wird mit *NaOH-Lsg.* alkalisch gemacht. **$Cr(OH)_3$** fällt als grüner Nd. aus. Er lässt sich z. B. in schwefelsaurer Lsg. mit $K_2S_2O_8$ zu **CrO_4^{2-}** aufoxidieren. Nachweis s. S. 43. Zum Nachweis von VO_3^- im Filtrat s. S. 88.

Das Filtrat der $Na_2S_2O_4$/NaOH-Trennung wird mit wenig verd. *$FeCl_3$-Lsg.* versetzt, um verbliebenes **Ti** mit *FeS_2* bzw. *$Fe(OH)_3$* auszufällen.

Das Filtrat wird in der Siedehitze mit gesättigter *$BaCl_2$-Lsg.* versetzt. Es fallen **$Ba_3(PO_4)_2$, $BaWO_4$ ($BaSO_4$)**. Zum Nachweis von PO_4^{3-} s. S. 44. Zum Nachweis von WO_4^{2-} s. S. 88.

Das Filtrat dieser Fällung kann enthalten: **$Al(OH)_4^-$, $Be(OH)_4^{2-}$**.

Zum Nachweis von Al^{3+} s. S. 85. Zum Nachweis von Be^{2+} s. S. 87.

Anmerkung: Der Nd. der $NaOH/H_2O_2$-Fällung kann auch folgendermaßen aufgetrennt werden: Man löst ihn in heißer konz. Salzsäure (20 Vol.-% konz. Salzsäure in der Lsg.!), fällt in der Hitze mit 0,5 M Na_2HPO_4-Lsg. weißes $Zr_3(PO_4)_2$ und kocht die Mischung kurz auf. Das Filtrat wird auf etwa ein Drittel eingeengt und in kaltem Zustand in eine Mischung von konz. NH_3- und 3 %-iger H_2O_2-Lsg. eingegossen. Es kann sich bilden: **$Ti(O_2)^{2+}$** (orange), **$Ti(OH)_4$** (weiß), **$Fe(OH)_3$** (braun), **$Th(OH)_4$** (weiß), **$Ce(OH)_4$** (gelb). Zum Nachweis von Th und Ce s. S. 89.

Das Filtrat wird eingeengt und zur Komplexierung von Fe^{3+} mit einigen Tropfen 60-85 %-iger H_3PO_4 versetzt. In schwefelsaurer Lsg. beobachtet man bei Anwesenheit von Ti, evtl. nach erneuter Zugabe von 3 %-igem H_2O_2, die orange-rote Farbe von **$Ti(O_2)^{2+}$**.

Oxalat-Fällung der „Seltenen Erden“

Zr, Th und Seltenerdmetalle wie Ce kann man aus dem Filtrat (Zentrifugat) der H_2S-Gruppe gesondert abscheiden.

Durchführung: Durch Kochen vertreibt man das H_2S. Zur schwach salzsauren Probe gibt man tropfenweise 0,5 M *Oxalsäure-Lsg.*, wobei ein Überschuss zu vermeiden ist.

Der Nd. kann enthalten: **$Zr(C_2O_4)_2$**, **$Th(C_2O_4)_2$**, **$Ce_2(C_2O_4)_3$**.

Das Filtrat (Zentrifugat) enthält die restlichen Ionen des Filtrats (Zentrifugats) der H_2S-Gruppe.

Der Nd. wird gewaschen und einige Zeit mit einer *Oxalsäure-Lsg.* digeriert. $Zr(C_2O_4)_2$ geht als $[Zr(C_2O_4)_4]^{4-}$ in Lsg. Mit *HNO_3* wird der Komplex zerstört und Zr kann dann in der Lsg. nachgewiesen werden, s. S. 89.

Der Rückstand wird in der Kälte mit konz. *$(NH_4)_2C_2O_4$-Lsg.* behandelt.

Jetzt geht $Th(C_2O_4)_2$ als $[Th(C_2O_4)_4]^{4-}$ in Lösung. Im Gegensatz zu dem Zr-Komplex wird $[Th(C_2O_4)_4]^{4-}$ durch konz. Salzsäure zersetzt, und **$Th(C_2O_4)_2$** fällt wieder aus.

Der Rückstand besteht jetzt nur noch aus **$Ce_2(C_2O_4)_3$**. Man löst ihn in verd. *HNO_3* und gibt tropfenweise 30 %-iges *H_2O_2* hinzu. Eine braunrote Färbung zeigt Ce an; s. auch S. 89. Mit *NH_3-Lsg.* kann in der Wärme braunes **Ce(IV)-peroxidhydrat** ausfallen. Bei längerem Erhitzen bildet sich gelbes **$Ce(OH)_4$**.

Schema 7: Hydrolysentrennung mit Urotropin bei *Anwesenheit seltener* Elemente

Teil 1

a) CrO_4^{2-}, MnO_4^- werden mit Ethanol reduziert; b) Fe^{2+} wird mit konz. HNO_3 zu Fe^{3+} oxidiert; c) auf Fe^{2+} wird geprüft, s. S.82; d) bei Anwesenheit von PO_4^{3-}, WO_4^{2-}, VO_3^- wird die Lösung mit $FeCl_3$ versetzt. Fe ist daher im Trennungsschema eingeklammert.

Weiterverarbeitung des Filtrats (Zentrifugats) der H_2S-Fällung, das ausser den Erdalkali- und Alkali-Elementen folgende Ionen enthalten kann: „**Mangangruppe**“ (Ni^{2+}, Co^{2+}, Zn^{2+}, Mn^{2+}) sowie

+ Urotropin pH = 5-6	*PO_4^{3-}*	*WO_4^{2-}*	*Al^{3+}*	*Be^{2+}*	*VO_3^-*	*Cr^{3+}*	*UO_2^+*	*Zr^{4+}*	*Ti^{4+}*	*Ce^{3+}*	*Th^{4+}*	*(Fe^{3+})*
	PO_4^{3-}	**$Fe_2(WO_4)_3$** rotbraun	**$Al(OH)_3$** weiss	**$Be(OH)_2$** weiss	**$FeVO_4$** rotbraun	**$Cr(OH)_3$** grün	**$(NH_4)U_2O_7$** gelb	**$Zr(OH)_4$** weiss	**$Ti(OH)_4$** weiss	**$Ce(OH)_3$** weiss	**$Th(OH)_4$** weiss	**($FePO_4$,** weisslich **$FeOH_3$)** braun
	Das Filtrat enthält die Alkali-, Erdalkali-Elemente und die „Mangangruppe“ Ni, Co, Zn, Mn											
+ verd. HCl ausethern	1) etherische Phase: **$FeCl_3$**											
	2) wässrige Phase:											
+ 30%NaOH + 3%H_2O_2	PO_4^{3-}	WO_4^{2-}	Al^{3+}	Be^{2+}	VO_3^-	Cr^{3+}	UO_2^+	Zr^{4+}	Ti^{4+}	Ce^{3+}	Th^{4+}	(Fe^{3+}, Spuren)
Ansäuern mit HCl	PO_4^{3-}	WO_4^{2-}	$[Al(OH)_4]^-$	$[Be(OH)_4]^{2-}$	VO_3^-	CrO_4^{2-}	$[UO_2(O_2)_3]^{4-}$	**$ZrO_2·aq$**	**$TiO_2·aq$**	**$Ce(OH)_4$**	**$Th(OH)_4$**	**($Fe(OH)_3$)**
+ $Na_2S_2O_4$ + NaOH	PO_4^{3-}	WO_4^{2-}	$[Al(OH)_4]^-$	$[Be(OH)_4]^{2-}$	**$V(OH)_3$**	**$Cr(OH)_3$**	**$U(OH)_4$**				s. Schema Teil 3	
+ $BaCl_2$	**$Ba_3(PO_4)_2$**	**$BaWO_4$**	$[Al(OH)_4]^-$	$[Be(OH)_4]^{2-}$		s. Schema Teil 2						
	Nachweis S. 44	Nachweis S. 88	Nachweis S. 85	Nachweis S. 94								

Schema 7 (Fortsetzung)

Teil 2

$V(OH)_3$	**$Cr(OH)_3$**	**$U(OH)_4$**	+ halbkonz HCl + verd HNO_3
(2)		(1)	einengen + 2 M HCl, + KSCN (fest) ausethern

(1) etherische Phase: $UO_2(SCN)_2$ (gelb)
eindampfen, glühen,+ HNO_3 + $K_4[Fe(CN)_6]$ ⟶ $K_2UO_2[Fe(CN)_6]$ rotbraun

(2) wässrige Phase: VO_3^-, Cr_3^{3+}
+ NaOH ⟶ $Cr(OH)_3$ (grün), VO_3^-
VO_3^--Nachweis s. S. 88
$Cr(OH)_3 + H_2SO_4 + K_2S_2O_8$ ⟶ CrO_4^{2-} (gelb), Nachweis s. S. 43

Teil 3

lösen in konz. HCl in der Hitze	**$ZrO_2 \cdot aq$**	**$TiO_2 \cdot aq$**	**$Th(OH)_4$**	**$Ce(OH)_4$**	**wenig $Fe(OH)_3$**
	Zr^{4+}	Ti^{4+}	Th^{4+}	Ce^{4+}	wenig Fe^{3+} stört nicht wesentlich
+ 0,5 M Na_2HPO_4 in der Hitze	**$Zr_3(PO_4)_4$**	Ti^{4+}	Th^{4+}	Ce^{4+}	einengen auf 1/3; in der Kälte + konz. NH_3; + 3% H_2O_2
		TiO^{2+}	**$Th(OH)_4$** (weiß)	**$Ce(OH)_4$** (gelb)	
einengen + verd. H_2SO_4 + 60-85% H_3PO_4 + 3% H_2O_2		TiO_2^{2+} (orange)	**$Th(C_2O_4)_2$**	**$Ce_2(C_2O_4)_3$**	schwach HCl-sauer machen; + 0,5 M Oxalsäure.
			$[Th(C_2O_4)_4]^{4-}$	**$Ce_2(C_2O_4)_3$**	+ konz. $(NH_4)_2C_2O_4$
		+ konz. HCl	**$Th(C_2O_4)_2$**	(braunrote Färbung)	+ verd. HNO_3 + 30% H_2O_2
				(brauner Nd).	+ NH_3, Hitze
				$Ce(OH)_4$ (gelb)	kochen

6.4.4 Einzelnachweis der Ionen

Cobalt (Co^{2+}) *Beispiel*: $CoSO_4$

Vorprobe: Die Phosphorsalz- und Boraxperle ist in der Reduktions- und Oxidationsflamme in der Hitze und Kälte blau.

Nachweis als $Co[Hg(SCN)_4]$ — Eine Lösung von $HgCl_2$ und NH_4SCN fällt aus neutraler oder essigsaurer Lsg. einen tiefblauen Nd. von **$Co[Hg(SCN)_4]$**. Die Prismen oder sternförmig verwachsenen Nadeln werden durch wässr. NH_3-Lsg. entfärbt.

Reagenz: 6 g $HgCl_2$ und 6,5 g NH_4SCN werden in 10 ml H_2O gelöst.

Störung: Fe^{3+} pD = 5,3 EG = 0,1 µg Co

Nachweis als $Co(SCN)_2$ bzw. $H_2[Co(SCN)_4]$ — Die neutrale oder essigsaure Lsg. der Analysensubstanz wird mit einer Lsg. von *KSCN* oder *NH_4SCN* versetzt. In neutraler Lsg. bildet sich blaues **$Co(SCN)_2$**, in saurer Lsg. die ebenfalls blaue Säure **$H_2[Co(SCN)_4]$**. Gibt man etwas Ether (und einige Tropfen Pentanol) hinzu und schüttelt, geht die blaue Farbe in die organische Phase.

Störung: Fe^{3+}. *Abhilfe:* Komplexieren mit NaF als $[FeF_6]^{3-}$

pD = 5 EG = 0,3 µg Co

Rubeanwasserstoff (Dithiooxamid) — In ammoniakalischer Lsg. braunes **Co-Rubeanat** (Chelatkomplex).

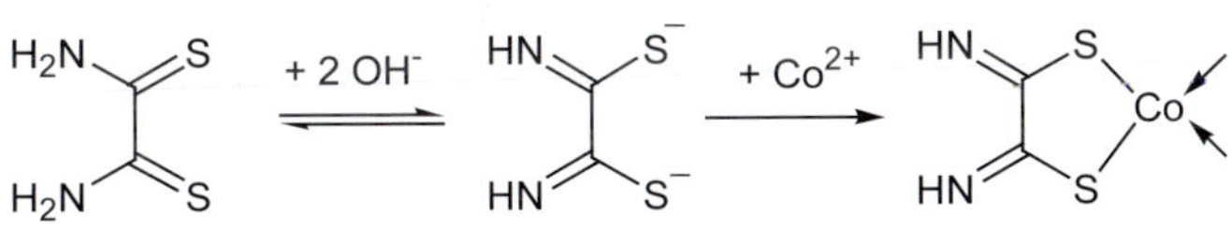

mögliche Konstitution

Durchführung als Tüpfelreaktion: Man bringt einen Tropfen Probenlsg. auf ein Stück Filterpapier, räuchert mit NH_3, indem man das Papier über eine offene Flasche mit konz. NH_3-Lsg. hält und tüpfelt seitlich mit einer 1 %-igen ethanolischen Lsg. von *Rubeanwasserstoff*. Es bildet sich ein brauner Ring (Fleck).

pD = 6 EG = 0,03 µg Co

Mit *$(NH_4)_2S$* fällt aus einer ammoniakalischen Co^{2+}-Lsg. unter Luftausschluss **CoS**, lösl. in kalter verd. Salzsäure. Mit überschüssigem $(NH_4)_2S$ bildet sich zunächst säurelösliches Co(OH)S; es oxidiert sich durch den Sauerstoff der Luft zu **Co_2S_3**. Dieses Sulfid ist schwerlöslich in Essigsäure und verd. Salzsäure. Es löst sich in Essigsäure/H_2O_2, in konz. HNO_3 und Königswasser.

Nickel (Ni^{2+}) *Beispiel: $NiSO_4$*

Vorprobe: Die Phosphorsalz- und Borax-Perle ist in der Oxidationsflamme in der Hitze gelb-rubinrot, in der Kälte braunrot. Bei gleichzeitiger Anwesenheit von Co wird die Farbe von Ni durch diejenige von Co überdeckt.

Rubeanwasserstoff (Dithiooxamid) — **blauer** bis **violetter Fleck** auf einem Filterpapier. Co^{2+} stört nicht, da die Komplexe auf dem Papier eine unterschiedliche Wanderungsgeschwindigkeit haben.

Einzelheiten s. Co^{2+}

Diacetyldioxim — in neutraler, essigsaurer oder ammoniakalischer Lsg. bei viel Ni^{2+} in der Kälte, bei wenig Ni^{2+} erst nach dem Aufkochen ein **roter**, flockiger, schwerlösl. **Nd.** Diese Reaktion ist auch zur quantitativen Ni-Bestimmung geeignet, Einzelheiten s. KapV.3).

Reagenz: Gesättigte Lsg. von Diacetyldioxim in 96 %-igem Ethanol.

Störung: Fe^{2+}. *Abhilfe:* Oxidation mit H_2O_2 zu Fe^{3+}; überschüssiges H_2O_2 muss anschließend verkocht werden. Fe^{3+} kann mit Tartrat komplexiert werden.

Starke Oxidationsmittel wie H_2O_2 oder Nitrate verhindern die Fällung. Co^{2+} gibt in ammoniakalischer Lsg. eine braunrote Färbung. Bei Gegenwart von viel Co^{2+} versetzt man die Lsg. mit konz. NH_3-Lsg. bis zur klaren Lösung und dann mit H_2O_2. Hierbei wird Ni^{2+} in $[Ni(NH_3)_6]^{2+}$ und Co^{2+} in $[Co(NH_3)_6]^{3+}$ übergeführt. Man kocht zur Zerstörung des überschüssigen H_2O_2 und verfährt wie oben.

pD = 5,9 EG = 0,16 – 2 μg Ni

Eisen(III) (Fe^{3+}) *Beispiel: $FeCl_3$*

CH_3COONa (im Überschuss) — in einer mit *$(NH_4)_2CO_3$* oder *Na_2CO_3* neutralisierten Lsg. tiefrote Farbe durch das komplexe, basische Eisenacetat $\mathbf{[Fe_3(OH)_2(CH_3COO)_6]^+CH_3CO_2^-}$. Beim Erhitzen zersetzt sich der Komplex unter Bildung von $Fe(OH)_3$ und Essigsäure.

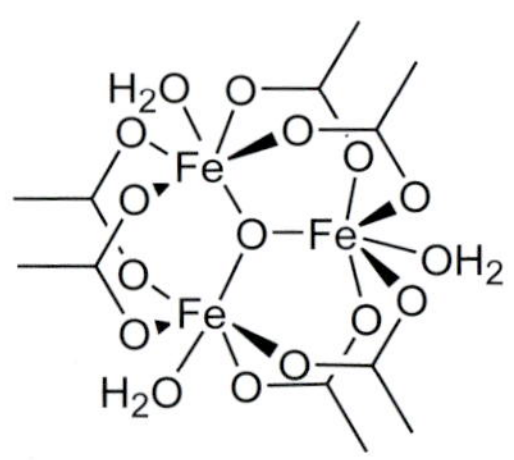

SCN^--Ionen (aus NH_4SCN) — aus schwach salzsaurer Lsg. blutrote Färbung durch Bildung von $\mathbf{Fe(SCN)_3}$. Mit überschüssigem SCN^- entsteht $\mathbf{[Fe(SCN)_6]^{3-}}$ bzw. $\mathbf{[Fe(NCS)_6]^{3-}}$. (Diese Umlagerung ist IR-spektroskopisch nachgewiesen). Auch die im Gleichgewicht vorhandenen Komplexionen $\mathbf{[Fe(SCN)_x(H_2O)_{6-x}]^{(3-x)+}}$ sind intensiv rot gefärbt. $\mathbf{Fe(SCN)_3}$ lässt sich ausethern, so kann eine Steigerung der Nachweisempfindlichkeit erreicht werden.

Störung: Co^{2+}, Hg^{2+}, NO_2^-, F^-, PO_4^{3-}, AsO_4^{3-}, zuviel Mineralsäure, sowie Komplexbildner wie Oxalat, Tartrat

pD = 6,2 EG = 0,25 µg Fe

$K_4[Fe(CN)_6]$ — tiefblaue Lsg. von **„lösl. Berliner Blau" $K[Fe^{III}Fe^{II}(CN)_6]$** bzw. mit überschüssigen Fe^{3+}-Ionen ein tiefdunkelblauer Nd. von **„unlösl. Berliner Blau" $Fe_4[Fe(CN)_6]_3 \cdot aq$.** Dieser ist schwerlösl. in Säuren, wird aber durch Laugen zersetzt. Der Nachweis ist auch als Tüpfelreaktion ausführbar.

Eisen(II) (Fe^{2+}) *Beispiel: $FeSO_4$, $(NH_4)_2Fe(SO_4)_2 \cdot 6\ H_2O$ (Mohrsches Salz)*

Fe^{2+}-Ionen sind nur in saurem Milieu stabil, im alkalischen erfolgt Oxidation zu Fe^{3+}.

Bei Abwesenheit von Fe^{3+} oxidiert man Fe^{2+} zu Fe^{3+} und weist dieses nach. Die Oxidation gelingt in alkalischer Lsg. z. B. mit NO_3^-, in saurer Lsg. mit HNO_3 oder H_2O_2.

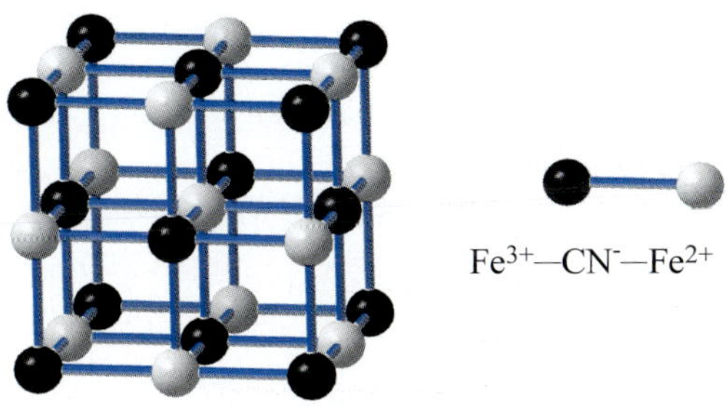

Abb. 11. Struktur komplexer Cyanide des Eisens

Die Strukturen der $[FeFe(CN)_6]$- (und anderer $[MM'(CN)_6]$-) Verbindungen (siehe Abb. 11) leiten sich idealerweise von einem einfachen Würfelgitter ab, in dem die Metallionen die Würfelecken besetzen und die Cyanid-Ionen auf den Würfelkanten liegen. Die Metallionen sind somit sechsfach, oktaedrisch koordiniert. Im Falle von Fe^{2+} und Fe^{3+} sind die Cyanid-Ionen so angeordnet, dass das „weichere" C-Ende zu den Fe^{2+}-Ionen, das „härtere" N-Ende zu den „härteren" Fe^{3+}-Ionen weist. Dies ist im Einklang mit dem *Konzept der harten und weichen Säuren* (HSAB-Konzept) nach Pearson und Schwarzenbach. In den Würfelmitten können weitere Ionen oder Moleküle sitzen (z. B. K^+, H_2O).

Fe^{2+} neben Fe^{3+}

Fe^{2+}-Ionen geben mit *Diacetyldioxim* in ammoniakalischer Lsg. eine intensiv **rote Lsg.** Fe^{3+} kann durch Zugabe von Weinsäure komplexiert werden.

pD = 5,5

Störung: Ni, Co, Cu

$K_3[Fe(CN)_6]$ — dunkelblaue Lösung von **„lösl. Turnbulls Blau"** (≡ „lösl. Berliner Blau") **$K[Fe^{III}Fe^{II}(CN)_6]$**. Mit überschüssigen Fe^{3+}-Ionen entsteht **„unlösl. Turnbulls-Blau" = „Berliner Blau"** .

α,α'-Dipyridyl — Fe^{2+}-Ionen bilden in mineralsaurer Lsg. mit *α,α'-Dipyridyl* einen **tiefroten**, löslichen **Komplex**. *Reagenz:* 2 %-ige salzsaure Lsg. von α,α'-Dipyridyl.

pD = 7,0

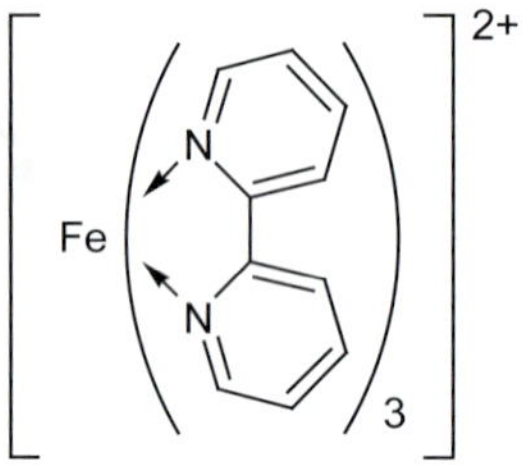

Mangan (Mn^{2+}) *Beispiel: $MnSO_4$*

Vorprobe: Die Phosphorsalz- und Boraxperle ist in der Oxidationsflamme violett gefärbt.

Nachweis durch Oxidation zu MnO_4^- — Durch Oxidation mit *PbO_2* in konz. *HNO_3* oder *H_2SO_4* entsteht beim Erhitzen **MnO_4^-**. Die intensive Violettfärbung lässt sich nach dem Absitzen des Nd. und evtl. nach dem Verdünnen erkennen.

Störung: Cl^-, Br^-, I^-, H_2O_2 und Substanzen, die MnO_4^- reduzieren können. Mit einer Blindprobe ist auf den Mn-Gehalt des PbO_2 zu prüfen.

Abhilfe: Die Halogenide kann man entfernen, wenn man mit $AgNO_3$ versetzt, aufkocht und den Nachweis mit dem Filtrat bzw. Zentrifugat durchführt.

pD = 5,3

Störung: Zahlreiche oxidierende Stoffe. Fe stört nicht!

Nachweis durch Oxidationsschmelze — Man verreibt die Mn-haltige Substanz mit der 3- bis 6-fachen Menge einer Mischung aus *Na_2CO_3* und *KNO_3* (1:1) und erhitzt das Gemisch auf einer Magnesiarinne solange auf Rotglut, bis die Gasentwicklung beendet ist. Die erkaltete Schmelze ist **grün (MnO_4^{2-})** oder **blaugrün (MnO_4^{2-} + MnO_4^{3-}** (blau)). Gibt man einen Tropfen *Eisessig* hinzu, schlägt die grüne Farbe in die **violette Farbe** des **MnO_4^-** um; nach einiger Zeit scheiden sich dunkle Flocken von **$MnO_2 \cdot aq$** ab (= Disproportionierung).

Aluminium (Al^{3+}) *Beispiel: $AlCl_3$*

Thénards Blau — Bildung des blauen **$CoAl_2O_4$**, vom Spinelltyp, aus den Oxiden beim Glühen. Der getrocknete Nd. wird auf einer Magnesiarinne mit 1 Tr. einer sehr verdünnten $Co(NO_3)_2$-Lsg. versetzt und in der oxidierenden Flamme geglüht.

$$Co(NO_3)_2 + Al_2O_3 \longrightarrow \underset{\text{blau, Spinelltyp}}{CoAl_2O_4} + 2NO_2 + 0.5\ H_2O$$

Morin (3,5,7,2',4'-Pentahydroxyflavon, gelber Pflanzenfarbstoff) — in kalter essigsaurer Lsg. **grüne Fluoreszenz**, verschwindet beim Ansäuern mit Salzsäure.

Eine Blindprobe ist ratsam.

Reagenz: gesättigte Lsg. von Morin in Methanol.

Störung: Zn^{2+}, Fe, Tartrat, F^-, PO_4^{3-}, AsO_4^{3-}

pD = 5,5 EG = 0,2 µg Al

Kryolithprobe — Man fällt durch Zusatz von *NH_3-Lsg.* **$Al(OH)_3$** aus und übergießt den gut ausgewaschenen Nd. mit einer konz. *NaF-Lsg.* Das Filtrat reagiert alkalisch (Prüfung z. B. mit Phenolphthalein)

$$Al(OH)_3 + 6\ F^- \longrightarrow [AlF_6]^{3-} + 3\ OH^-$$

Störung: Fe^{3+}, Ti^{4+}

Alizarin S (Na-Salz der Dihydroxyanthrachinonsulfonsäure) — fällt aus alkalischer $[Al(OH)_4]^-$-Lsg. einen **roten Nd. (Farblack)**, der bei Zusatz von Eisessig nicht entfärbt wird.

Reagenz: 1 %-ige wässr. Lösung von Alizarin S

Störung: Fe, Co, Cu, Cr

pD = 5 EG = 0,5 µg Al

Aluminon (Ammoniumsalz der Aurintricarbonsäure) — mit essigsaurer Aluminiumsalz-Lsg. schwerlösl. **roter Farblack**, der oft erst nach einiger Zeit in roten Flocken ausfällt. Er ist unlösl. in einer 10 %-igen Lsg. von $(NH_4)_2CO_3$ in verd. Ammoniak-Lsg., mit der man den Nd. bis zur schwach alkalischen Reaktion versetzt.

Reagenz: 0,2 %-ige wässr. Lsg. von Aluminon

Störung: Be^{2+}, Fe^{3+}, SiO_3^{2-}, größere Mengen PO_4^{3-}. Reduzierende Substanzen wie H_2S zerstören den Farbstoff.

pD = 5 EG = 0,16 µg Al

OH^--Ionen — bei tropfenweiser Zugabe zunächst weißer Nd. von **$Al(OH)_3$**, lösl. in Säuren und im Überschuss von OH^--Ionen. Trennmöglichkeit für Al und Fe. Durch Zugabe von *NH_4Cl* fällt **$Al(OH)_3$** (besonders in der Hitze) wieder aus.

Chrom (Cr^{3+}) *Beispiel: $CrCl_3$*

Vorprobe: Die Phosphorsalz- und Boraxperlen sind in der oxidierenden und reduzierenden Flamme smaragdgrün.

Nachweis durch Oxidation zu CrO_4^{2-} — Man schmilzt ein feinpulvriges Gemisch von Cr(III)-Salz und der etwa 2-fachen Menge von *Na_2CO_3* (wasserfrei) und *KNO_3*, z. B. auf einer Magnesiarinne. Der erkaltete Schmelzkuchen ist durch **Na_2CrO_4** gelb gefärbt. Beim Ansäuern schlägt die Farbe in orange um, Bildung von **$Cr_2O_7^{2-}$**.

Oxidation von Cr(III) zu Cr(VI) und Nachweis als CrO_5 — Die Oxidation zu CrO_4^{2-} gelingt in alkalischer Lsg., z. B. mit *Na_2O_2* oder *H_2O_2*. Cr(VI) bildet mit H_2O_2 in HNO_3- oder H_2SO_4-saurer Lsg. in der Kälte ein dunkelblaues **Chromperoxid CrO_5**, das mit Ether aus der wässr. Phase ausgeschüttelt werden kann. Das Sauerstoffatom eines Ethermoleküls besetzt die sechste Koordinationsstelle.

Sehr empfindl. und spezifische Nachweisreaktion.

pD = 5,5 EG = 50 µg Cr

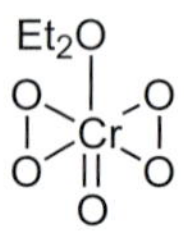

$CrO_5 \cdot Et_2O$

Zink (Zn^{2+}) *Beispiel: $ZnSO_4$*

H_2S — fällt aus neutraler, alkalischer, ammoniakalischer oder essigsaurer mit Natriumacetat gepufferter Lsg. einen weißen Nd. von **ZnS**.

Nachweis mit $K_3[Fe(CN)_6]$ und Diethylanilin — Reagenzlsg.: Teil a) Lsg. von 0,25 g *Diethylanilin* in 100 ml *H_2SO_4* (1:1 mit H_2O) oder 50 %-iger *H_3PO_4*.

Teil b) kaltgesättigte Lsg. von *$K_3[Fe(CN)_6]$*.

Durchführung: Zum Nachweis mischt man die Teile a) und b) im Verhältnis 1:1 und gibt die zinkhaltige Lsg. hinzu. Nach einigen Minuten tritt ein **roter Nd.** auf. Es entsteht eine *Adsorptionsverbindung* aus einem organ. Farbstoff und **$Zn_2[Fe(CN)_6]$**.

Störung: Ionen, die mit $K_3[Fe(CN)_6]$ und $K_4[Fe(CN)_6]$ Niederschläge geben. Mn^{2+} gibt einen braunen Nd.

Falls man die Störungen berücksichtigt, kann man den Nachweis auch mit einem schwefelsauren Auszug der Ursubstanz durchführen.

Titan (Ti^{4+}) *Beispiel: $(TiO)SO_4$*

Ti(III)-Salze sind unbeständig und in wässr. Lsg. violett gefärbt. Ti(IV)-Salze sind in saurer Lsg. beständig und farblos.

Vorprobe: Perlreaktion: In der Oxidationsflamme: heiß – gelb, kalt – farblos.

In der Reduktionsflamme: heiß – gelb, kalt – violett.

H_2O_2 — in schwefelsaurer Lsg. orangerote Färbung:

$$TiO^{2+} + H_2O_2 \xrightarrow{H^+} Ti(O_2)^{2+} \text{ (Peroxititanyl-Ion)}$$

Durchführung: Eine Spatelspitze der Analysensubstanz oder auch des Rückstands wird mit konz. H_2SO_4 ca. 20-30 min abgeraucht. Man gibt die konz. Lsg. in verd. H_2SO_4 oder verdünnt mit Wasser und setzt einige Tropfen 3 %-iges H_2O_2 hinzu.

Störung: F^- (Bildung von $[TiF_6]^{2-}$), VO_4^{3-}, farbige Ionen wie CrO_4^{2-}, MnO_4^-, Ce^{4+}, MoO_4^{2-}, Au, Pt, Fe^{3+}, UO_2^{2+}, Essigsäure. Fe^{3+} wird mit H_3PO_4 maskiert.

Bei Abwesenheit von Ionen wie VO_4^{3-}, UO_2^{2+}, MoO_4^{2-}, Au usw. muss die orangerote Färbung durch Zugabe von F^--Ionen verschwinden ($[TiF_6]^{2-}$-Bildung).

pD = 5 EG = 2 µg

Beryllium (Be^{2+}) *Beispiel: $BeCl_2$, $Be(NO_3)_2$*

Nachweis mit Morin — Be^{2+} gibt in mit *KOH* alkalisch gemachter Lsg. einen **gelbgrün fluoreszierenden Farblack**, der beim Ansäuern mit Eisessig verschwindet. Im UV-Licht lässt sich die Fluoreszenz besonders gut beobachten. Blindprobe!

pD = 5,4 EG = 0,2 µg Be

Beachte: Al^{3+} gibt in neutraler oder besser essigsaurer Lsg. eine ähnliche Fluoreszenz.

Der Nachweis ist für Be^{2+} *spezifisch*, wenn man der Reaktionslsg. etwas *Komplexon III* (Dinatriumsalz der Ethylendiamintetraessigsäure) zusetzt.

Durchführung: Man versetzt einige Tropfen der neutralen oder schwach sauren Probenlsg. mit 3-4 Tropfen Komplexon III und 2-3 Tropfen Reagenzlsg.

Der abgetrennte Nd. wird mit Komplexon III, Wasser und dann mit Aceton gewaschen. Bei Anwesenheit von Be^{2+} lässt sich im UV-Licht eine gelb-grüne Fluoreszenz beobachten.

Reagenz: gesättigte Lsg. von Komplexon III in 1 M NH_3-Lsg., 1 %-ige Lsg. von Morin in Methanol.

Störung: CrO_4^{2-} wird vor dem Nachweis mit Ethanol reduziert.

pD = 5

Chinalizarin — in 2 M *NaOH-Lsg.* **kornblumenblaue Farbe** oder gefärbter Nd.

Reagenz: 1 %-ige Lsg. von Chinalizarin in Ethanol, das etwa 6 % Ethylendiamin enthält.

Störung: Mg^{2+}. *Abhilfe:* Die Farbe der Mg-Verbindung wird durch einige Tropfen Br_2-Wasser zerstört, während die Farbe der Be-Verbindung unter diesen Bedingungen nur abgeschwächt wird.

Th, Ce, Ti, Fe, Cr, Cu, Co, Ni können mit CN^- maskiert werden.

pD = 5 EG = 0,15 μg Be

Vanadium (V^{5+}) *Beispiel: Na_3VO_4*

Vorprobe: Perlreaktion: In der Oxidationsflamme: heiß – orangegelb; kalt – gelblich.

In der Reduktionsflamme: heiß – grünlich; kalt – grün.

S^{2-} (aus H_2S oder $(NH_4)_2S$) — in neutraler oder ammoniak. Lsg. Bildung brauner – rotvioletter, lösl. **Thiovanadate** VS_4^{3-}. Besonders deutlich ist die Reaktion beim Sättigen der ammoniak. Lsg. mit H_2S.

Störung: Mo durch rotbraunes Thiomolybdat

Ansäuern der Lsg. — Nd. von braunem $\mathbf{V_2S_5}$. Durch gleichzeitige Reduktion durch freiwerdenden H_2S entsteht $\mathbf{VO^{2+}}$, das den Nd. blau einfärbt (Anwesenheit von Cl^- behindert die Reduktion.).

Nachweis als Peroxovanadium(V) — V(V) liegt in saurer Lsg. als VO_2^+ und VO^{3+} vor. VO^{3+} reagiert mit wenig *H_2O_2* in 15-20 %-iger *HNO_3* bzw. *H_2SO_4* zu rötlich-braunem $\mathbf{V(O_2)^{3+}}$. Überschüssiges *H_2O_2* führt zu der schwach gelb gefärbten **Peroxovanadiumsäure** $H_3[VO_2(O_2)_2]$.

Störung: Ti muss vorher abgetrennt bzw. mit NaF komplexiert werden. Cr stört in stark saurer Lsg. nicht.

Wolfram (W^{6+}) *Beispiel: Na_2WO_4, $WO_3 \cdot aq$*

Nachweis als Wolframblau — Gibt man zur Probenlsg. *Zn* (granuliert) oder *$SnCl_2$* und konz. *Salzsäure*, so entsteht nach einiger Zeit eine tiefblaue Färbung bzw. ein Nd. von **Wolframblau** (vgl. Molybdänblau).

Störung: PO_4^{3-}, organische Säureanionen wegen Komplexbildung. Meist ist jedoch die blaue Farbe auch bei Anwesenheit dieser Ionen gut zu erkennen.

EG = 4 μg

Nachweis als $[W(SCN)_6]^{3-}$ — Gibt man einen Tropfen der Probenlsg. zusammen mit einem Tropfen *KSCN-Lsg.* (10 %-ig) auf ein Filterpapier, feuchtet mit verd. *Salzsäure* an und tüpfelt mit *$SnCl_2$* (5 %-ig), entsteht bei Anwesenheit von W ein **blauer Fleck**.

Fe^{3+} wird durch $SnCl_2$ reduziert. Mo stört nicht, da die Rotfärbung durch $[Mo(SCN)_6]^{3-}$ beim Nachtüpfeln mit konz. Salzsäure verschwindet. VO_3^{3-} gibt nach einiger Zeit eine Blaufärbung (VO^{2+}-Ionen).

pD = 4,1 EG = 4 μg W

Thorium ($\boldsymbol{Th^{4+}}$)　　*Beispiel:* $Th(NO_3)_4$

OH^-, NH_3*-Lsg.*, $(NH_4)_2S$, *Urotropin* — weißer Nd. von $\mathbf{Th(OH)_4}$, lösl. in Säuren, unlösl. im Überschuss des Fällungsmittels (Unterschied zu Be und Al!). Ammoniumsalze begünstigen die Fällung.

Störung: Weinsäure

KIO_3 — in stark HNO_3-saurer Lsg. langsam weißer Nd. von $\mathbf{4\ Th(IO_3)_4 \cdot KIO_3 \cdot 18\ H_2O}$. Unter diesen Bedingungen eignet sich die Reaktion zur Abtrennung von Th von den „Seltenen Erden".

Reagenz: 15 g KIO_3 in 50 ml konz. HNO_3 + 30 ml H_2O.

Störung: Zr, Ti, Sn, Ag, Hg_2^{2+}, Bi, Fe, WO_4^{2-}. F^- verhindert den Nachweis.

pD = 3,8

$C_2O_4^{2-}$ *(aus* $(NH_4)_2C_2O_4$*)* — in neutraler oder schwach saurer Lsg. weißer krist. Nd. von $\mathbf{Th(C_2O_4)_2 \cdot 6\ H_2O}$. Er löst sich in heißer überschüssiger Reagenzlsg. zu $(NH_4)_4Th(C_2O_4)_4$. Beim Kochen in NH_3-Lsg. geht der Nd. in Lsg. und fällt beim Ansäuern wieder aus (Unterschied zu Zr!).

pD = 4

Zirconium ($\boldsymbol{Zr^{4+}}$)　　*Beispiel:* $Zr(NO_3)_4$, $ZrO(NO_3)_2$

Na_2HPO_4 — aus stark salzsaurer Lsg. weißer, flockiger Nd. von $\mathbf{Zr_3(PO_4)_4}$ (im Idealfall!).

OH^- — weißer gallertartiger Nd. von $\mathbf{ZrO_2 \cdot aq}$, ($Zr(OH)_4$), unlöslich im Überschuss, lösl. in $(NH_4)_2CO_3$-Lösung.

Störung: Weinsäure wegen Komplexbildung.

Alizarin S — in stark salzsaurer Lsg. **roter** bis **violetter Farblack**.

Störung: Al gibt einen ähnlichen Farblack. Er ist aber im Gegensatz zu dem Zr-haltigen bei pH < 2 unbeständig. F^-, SO_4^{2-}

pD = 5

Curcumapapier — in saurer Lsg. **orangerote** bis **braune Färbung**.

Reagenz: ethanol. Auszug der Curkumawurzel

Störung: B, Mo, Ti

Cer(III) ($\boldsymbol{Ce^{3+}}$)　　*Beispiel:* $Ce(NO_3)_3$

SO_4^{2-} — weißer Nd. von $\mathbf{Ce_2(SO_4)_3}$.

CO_3^{2-} — weißer, zuerst schleimiger, dann krist. Nd. von $\mathbf{Ce_2(CO_3)_3}$; unlösl. im Überschuss, oxidiert sich an der Luft zu $\mathbf{Ce_2(OH)_2(CO_3)_3}$.

OH^- — weißer, schleimiger Nd. von $\mathbf{Ce(OH)_3}$, oxidiert sich an der Luft zu gelbem $\mathbf{Ce(OH)_4}$.

H_2O_2 + NH_3-Lsg. — gelber-rotbrauner Nd. von **Cer(IV)-peroxidhydraten**. Er geht beim Erwärmen in gelbes **$Ce(OH)_4$** über.

pD = 5,2 EG = 0,35 µg

Cer(IV) (Ce^{4+}) *Beispiel: $Ce(SO_4)_2$*

OH^- — gelber, amorpher Nd. von **$Ce(OH)_4$**.

pD = 5,4

H_2O_2 + NH_3-Lsg. — gelb-rotbrauner Nd. von **Cer(IV)-peroxidhydraten.** Entfärbung durch Reduktionsmittel. Beim Kochen bildet sich gelbes **$Ce(OH)_4$**.

Störung: Fe^{3+}. *Abhilfe:* Komplexierung mit Tartrat

pD = 5,2 EG = 0,35 µg

Uran (U^{6+}) *Beispiel: $UO_2(NO_3)_2$*

Vorprobe: Perlreaktion: In der Oxidationsflamme – gelb,
In der Reduktionsflamme – grün.

NaOH, KOH, NH_3 oder Urotropin — gelber, amorpher Nd. von **$Na_2U_2O_7$**, lösl. in Säuren und $(NH_4)_2CO_3$-Lösung.

Störung: Weinsäure wegen Komplexbildung

$K_4[Fe(CN)_6]$ — in essigsaurer Lsg. braune Lsg. bzw. brauner Nd. von **$K_2(UO_2)[Fe(CN)_6]$**. Mit *NaOH* entsteht hieraus gelbes **$Na_2U_2O_7$**. Unterschied zu Cu^{2+}! Der Nachweis kann auf einem Filterpapier durchgeführt werden.

Störung: Fe^{3+}, Cu^{2+}. *Abhilfe:* Fe^{3+} wird in essigsaurer Lsg. mit KI reduziert und das I_2 mit $Na_2S_2O_3$ entfernt. Man wartet ca. 1 min und setzt dann das Reagenz zu. Cu^{2+} s. oben.

pD = 4,7 EG = 0,55 µg UO^{2+}

KSCN im Überschuss (1 g KSCN in 3 ml Wasser) — in salzsaurer Lsg. orangegelbes **$UO_2(SCN)_2$**. Die Substanz lässt sich mit Ether ausschütteln. Trennmöglichkeit von Cr und V!

Reduktionsmittel (Mg, Zn, $Na_2S_2O_4$) — in H_2SO_4-Lsg. Reduktion von U(VI) zu **U(IV).** Durch Zugabe von NH_3-Lsg. oder Alkalihydroxid fällt braunes $U(OH)_4$ aus. Es oxidiert sich an der Luft wieder zu U(VI).

6.5 Schwefelwasserstoff-Gruppe (H_2S-Gruppe)

Zu dieser Gruppe gehören die Metalle, deren Kationen aus saurer Lsg. durch *H_2S* ausgefällt werden.

Sie lassen sich in folgende Untergruppen gliedern:

1) *Salzsäuregruppe:* Die Elemente dieser Gruppe bilden schwerlösl. Chloride. Ihre Kationen werden daher nicht nur durch H_2S, sondern auch durch Salzsäure ausgefällt: **AgCl, Hg_2Cl_2, $PbCl_2$, TlCl; Pb^{2+}** wird nicht quantitativ als **$PbCl_2$** abgeschieden. Es kann daher auch im Filtrat (Zentrifugat) des Chloridniederschlags mit H_2S als **PbS** ausgefällt werden. Bei 20°C lösen sich etwa 1 g $PbCl_2$ in 100 ml Wasser. Tl^+ kann nur dann an dieser Stelle als **TlCl** ausfallen, wenn die Analysensubstanz beim Lösen nicht oxidiert wurde.

2) *Reduktionsgruppe:* Die Elemente dieser Gruppe gehören zu den selteneren Elementen. Sie lassen sich aus dem Filtrat (Zentrifugat) der Salzsäure-Gruppe durch Reduktion mit *Hydraziniumchlorid* zum Metall reduzieren. Wir berücksichtigen hier die Elemente: **Au, Pd, Pt, Se, Te**.

3) *Kupfergruppe:* Kupfer ist ein typischer Vertreter einer Gruppe von Elementen, die als Sulfide in saurer Lsg. gefällt werden, und die sich *weder* in $(NH_4)_2S_x$, *noch* in Alkalilaugen lösen: **Hg^{2+}, Pb^{2+}, Bi^{3+}, Cu^{2+}, Cd^{2+}, Tl^+.**

4) *Arsengruppe:* Sie enthält Arsen als typischen Vertreter. Die Sulfide dieser Elemente werden durch *Ammoniumpolysulfid* $(NH_4)_2S_x$ und *Alkalilaugen* aufgelöst: **As, Sb, Sn, Mo, (Au, Pt, Se, Te), Ge**.

   Mo kann man bereits daran erkennen, dass sich beim Einleiten von H_2S die Lsg. zuerst blau, dann braun färbt.

   Bei Anwesenheit von Mo muss man mehrmals H_2S einleiten, um eine vollständige Abtrennung als **MoO_3** zu erreichen.

Bei der Abtrennung der Elemente der Schwefelwasserstoff-Gruppe aus der Analysensubstanz verfährt man folgendermaßen:

- Zuerst fällt man die Elemente der Salzsäuregruppe aus HNO_3-saurer Lsg. mit Salzsäure als Chloride, filtriert (zentrifugiert) den Nd. ab, trennt ihn in seine Komponenten und weist diese einzeln nach.
- Bei Anwesenheit der Elemente der Reduktionsgruppe werden sie reduktiv abgeschieden s. S. 95.
- In das salzsaure Filtrat (Zentrifugat) der Salzsäure-Gruppe bzw. der Reduktionsgruppe leitet man H_2S ein.
- Anstelle von gasförmigem H_2S kann man hier vorteilhaft Thioacetamid als H_2S-Quelle einsetzen, s. Kap. V. 2.
- Der Sulfidniederschlag wird abfiltriert (abzentrifugiert) und unter Erwärmen mit $(NH_4)_2S_x$ behandelt. Die Elemente der Arsengruppe gehen als Thiosalze in Lsg. Als Rückstand bleibt die Kupfergruppe.
- Das Filtrat (Zentrifugat) der H_2S-Fällung enthält die restlichen Kationen der Analysensubstanz.

6.5.1 Salzsäure-Gruppe (HCl-Gruppe) : Ag^+, Hg_2^{2+}, Pb^{2+}, (Tl^+)

Man versetzt die *wässr.* oder *HNO_3*-saure Lsg. der Analysensubstanz (Ursubstanz) tropfenweise mit verd. *Salzsäure*, bis kein Nd. mehr ausfällt. Der Nd. wird aufgearbeitet, wie in dem nachfolgenden Trennungsschema (Schema 8) angegeben.

Entsteht kein Nd., so ist es ungünstig, die Analysensubstanz in HNO_3 zu lösen, da die Säure vor der anschließenden Fällung mit H_2S wieder weitgehend abgedampft werden muss, damit nicht zu viel elementarer Schwefel ausfällt. In diesem Falle versuche man, die Substanz gleich in Salzsäure zu lösen.

Bildet sich bei einer nur in konz. HNO_3 lösl. Analysensubstanz bei der Zugabe von verd. Salzsäure ein weißer Nd., so kann er auch aus BiOCl und/oder SbOCl bestehen. Beide Substanzen lösen sich in einem Gemisch konz. Salzsäure : Wasser = 1:1.

Will man vermeiden, dass Tl mit dieser Gruppe als TlCl abgeschieden wird, kann man vor Beginn der Kationen-Trennung die Analysensubstanz mit Königswasser behandeln. Tl^+ und Hg_2^{2+} werden dadurch zu Tl^{3+} und Hg^{2+} oxidiert und gehen in die H_2S-Gruppe.

Anmerkung: Enthält die Analysensubstanz W, dann bildet sich beim Lösen in Säure schwerlösl. $WO_3 \cdot aq$. Dieses findet sich dann im unlösl. Rückstand. Bei Anwesenheit von PO_4^{3-}, AsO_4^{3-}, SiO_3^{2-}geht W teilweise in Lsg. und gelangt so in die Salzsäure- und schließlich die Urotropin-Gruppe.

Um W quantitativ in schwerl. WO_3 überzuführen, kann man die Analysensubstanz vor Beginn des Trennungsgangs mit konz. HNO_3 abrauchen. Zum Aufschluss s. S. 23.

Beachte: As und Hg können sich hierbei verflüchtigen.

Schema 8: Trennungsgang der Salzsäure-Gruppe

	Ag^+	*Hg_2^{2+}*	*Pb^{2+}*	*(Tl^+)*	
+ verd. HCl					
	AgCl (weiß)	**Hg_2Cl_2** (weiß)	**$PbCl_2$** (weiß)	**TlCl** (weiß)	
+ heißes H_2O					
	AgCl	**Hg_2Cl_2**	Pb^{2+}	Tl^+	
+ konz. HNO_3				+ K_2CrO_4 oder verd. H_2SO_4	
	AgCl	Hg^{2+}	**$PbCrO_4$** oder **$PbSO_4$**		
+ konz. NH_3			+ $SnCl_2$		
	$[Ag(NH_3)_2]^+$	**(Hg_2Cl_2 + Hg)**			

6.5.2 Einzelnachweise der Ionen

Silber (Ag^+)

Cl^--Ionen — aus HNO_3-saurer Lsg. weißer, käsiger Nd. von **AgCl**, lösl. unter Komplexbildung in NH_3-, CN^--, $S_2O_3^{2-}$-, $(NH_4)_2CO_3$-Lsg.

Beachte: AgCl sowie die Silberkomplexe lassen sich mit S^{2-}-Ionen z. B. aus $(NH_4)_2S_x$ in schwarzes Ag_2S überführen.

$$pD = 5{,}8$$

K_2CrO_4 — aus neutraler Lsg. rotbrauner Nd. von **Ag_2CrO_4**, lösl. in Säuren, wässr. NH_3-Lsg.

$$pD = 4{,}5$$

Dithizon — in neutraler Lsg. **violetter Nd**.

Reduktionsmittel (wie Zn, Fe, Cu, Fe^{2+}, NH_2OH, N_2H_4, H_2CO) — **metallisches Silber**.

Durchführung am Beispiel der Reduktion mit wässr. Formaldehyd-Lsg. (Formalin): Man versetzt einige Tropfen der Ag^+-Salzlsg. mit wenig NH_3-Lsg und mit etwas Formalin. Beim Erwärmen scheidet sich ein Silberspiegel ab.

$$2\,Ag^+ + HCHO + 3\,H_2O \longrightarrow 2\,Ag + HCOOH + 2\,H_3O^+$$

Die gleiche Wirkung erzielt man beim Erhitzen mit Natriumtartrat in ammoniakalischer Lsg.

Beachte: Die Reduktion mit N_2H_4 oder NH_2OH gelingt nur in alkalischer oder essigsaurer Lsg.

Quecksilber(I) (Hg_2^{2+})

Die Chemie des *ein*wertigen Quecksilbers ist dadurch gekennzeichnet, dass in Verbindungen nur die –Hg–Hg– (= Hg_2^{2+})-Gruppierung existiert, und dass das Hg_2^{2+}-Ion leicht eine Disproportionierung erleidet:

$$Hg_2^{2+} \longrightarrow Hg + Hg^{2+}$$

Vorproben auf Quecksilber

a) Erhitzt man eine Mischung der Hg-haltigen Substanz mit *Na_2CO_3* und *KCN* im Glühröhrchen, kann man an den kälteren Teilen des Röhrchens mit der Lupe kleine Quecksilbertröpfchen erkennen. Bei der Reaktion bildet sich zuerst $Hg(CN)_2$, das in metallisches Quecksilber und Dicyan $(CN)_2$ zerfällt (**Abzug!**).

b) Reibt man eine kleine Menge der Hg-haltigen Substanz auf einem mit HNO_3 gereinigten Kupferblech, so scheidet sich (auch bei Gegenwart von CN^-) metallisches Quecksilber ab.

$$2\,Cu + Hg_2^{2+} \longrightarrow 2\,Cu^+ + 2\,Hg$$

Cl^--Ionen — aus HNO_3-saurer Lsg. weißer Nd. von **Hg_2Cl_2** (Kalomel), lösl. in konz. HNO_3, Königswasser. Mit *Ammoniak* färbt sich der Nd. schwarz; er enthält **Hg** und **$Hg(NH_2)Cl$** (Quecksilber(II)-amidchlorid, „unschmelzbares Präzipitat" (weiß)). Die Schwarzfärbung kommt durch das fein verteilte Quecksilber zustande.

pD = 4

H_2S — in saurer Lsg. schwarzer Nd. von **HgS + Hg**, schwerlösl. in Salzsäure, lösl. in Königswasser.

K_2CrO_4 — in der Kälte rotbrauner amorpher Nd. Beim Kochen bilden sich gelbrote Kristalle von **Hg_2CrO_4**. Mit NaOH-Lsg. werden sie schwarz.

$SnCl_2$-Lsg. — grauer Nd., unlösl. in verd. Säuren:

$$Sn^{2+} + Hg_2{}^{2+} \longrightarrow Sn^{4+} + 2\ Hg$$

Blei(II) (Pb^{2+})

H_2S — aus neutraler oder schwach saurer Lsg. schwarzer Nd. von **PbS**, lösl. in HNO_3. Bei Anwesenheit von Cl^--Ionen kann zuerst rotes **Pb_2SCl_2** ausfallen; es geht in PbS über.

Dithizon — **rote Komplexverbindung**.

Durchführung: Man versetzt einen Tropfen der Probenlsg. mit etwas verd. KCN- und etwas Tartrat-Lsg. (um Ag^+, Hg^{2+}, Cu^{2+}, SbO^+, Ni^{2+}, Zn^{2+} zu komplexieren) und vermischt einige Tropfen dieser Lsg. mit Dithizon. Es erfolgt ein Farbumschlag von grün nach rot.

Reagenz: 0,01%-ige Lsg. von Dithizon in $CHCl_3$.

Störung: Bi, Sn pD = 6

K_2CrO_4 — in essigsaurer oder ammoniakalischer Lsg. gelber kristalliner Nd. von **$PbCrO_4$**, lösl. in NaOH, HNO_3, Tartratlsg., unlösl. in Essigsäure, wässr. NH_3-Lsg.

Störung: Ag^+ u.a.. Im Gegensatz zu Ag_2CrO_4 ist $PbCrO_4$ in Ammoniak unlöslich.

Als mikrochemischer Nachweis: pD = 5,3 EG = 0,24 µg Pb

Verd. H_2SO_4 — weißer Nd. von **$PbSO_4$**, etwas lösl. in verd. HNO_3, lösl. in konz. HNO_3. Um eine quantitative Fällung zu erreichen, dampft man die Lsg. soweit ein, bis weiße Nebel von SO_3 entstehen.

pD = 4,8

Thallium

Vorprobe: Thallium-Verbindungen färben die Bunsenflamme smaragdgrün. Intensiv-grüne Linie bei 535 nm.

Thallium(I) (Tl^+) *Beispiel: $TlNO_3$*

KI — in HNO_3-saurer Lsg. gelber Nd. von **TlI**; unlösl. in $Na_2S_2O_3$ (Gegensatz zu AgI), unlösl. in H_2SO_4 (Gegensatz zu $PbSO_4$). Beim Kochen scheidet sich I_2 ab.

Durchführung: Auf eine Tüpfelplatte oder auf ein Filterpapier gibt man einen Tropfen der schwach HNO_3-sauren Probenlsg., fügt 1 Tropfen KI-Lsg. und 3 Tropfen 1 M $Na_2S_2O_3$-Lsg. hinzu. Ein gelber Nd. bzw. ein gelber Fleck zeigt Tl an. Metalle wie Pb, Ag, Pt, Cu, Fe, As, Sb stören nicht.

pD = 4,7

Thallium(III) (Tl^{3+})

NaOH — brauner Nd. von **$Tl(OH)_3$**, lösl. in Säuren.

KI — I_2-Ausscheidung und Bildung von gelbem **$TlI \cdot I_2$**, kann mit $Na_2S_2O_3$ entfernt werden.

6.5.3 Reduktionsgruppe: Au^{3+}, Pd^{2+}, Pt^{4+}, Se^{4+}, Te^{4+}

Kann die Analysensubstanz diese Ionen enthalten, führt man zweckmäßigerweise im Anschluss an die Salzsäure-Gruppe eine sog. *reduktive Trennung* durch (Schema 9).

Durchführung: Das Filtrat (Zentrifugat) der Salzsäure-Gruppe wird stark eingeengt (nicht bis zur Trockne, weil sich Selen verflüchtigt!) und mit konz. Salzsäure versetzt, so dass die Lsg. ca. *ein*molar an Salzsäure ist. Durch Zugabe von überschüssigem festem *Hydraziniumchlorid* ($N_2H_5^+Cl^-$) in der Wärme können folgende Elemente ausfallen: **Au, Pd, Pt, Se, Te.**

Bei Anwesenheit von Tl^+ fällt auch **$Tl_2[PtCl_6]$** aus. In diesem Fall löst man den Nd. der Hydraziniumchlorid-Fällung in einem Gemisch aus *Salzsäure* und (30%-igem) *H_2O_2*, versetzt mit 2 M *NaOH-Lsg.* **$Tl(OH)_3$** fällt als Nd. aus. Man löst in verd. Salzsäure und fügt die Lsg. dem Filtrat (Zentrifugat) der Reduktionsgruppe hinzu. Das Filtrat (Zentrifugat) der $Tl(OH)_3$-Fällung wird angesäuert, stark eingeengt und mit Wasser aufgenommen. Mit der Weiterverarbeitung fährt man bei *) im Schema fort.

Das Filtrat (Zentrifugat) der Hydrazinium-Chlorid-Fällung wird zur H_2S-Gruppenfällung benutzt.

Beachte: Pt fällt nur an dieser Stelle, wenn andere reduzierbare Elemente anwesend sind. Fehlen diese, wird es in der H_2S-Gruppe (Kupfer-Gruppe und Arsen-Gruppe) abgeschieden.

Aufarbeitung des Nd.: Der Nd. wird abgetrennt und ausgewaschen. Man löst ihn in ca. 3 cm^3 konz. *Salzsäure* und 30%-igem *H_2O_2* (1:1). Wird eine klare Lösung erhalten, wird diese stark (nicht bis zur Trockne!) eingeengt und mit Wasser aufgenommen. Die Lsg. kann enthalten $[AuCl_4]^-$, $[PdCl_4]^{2-}$,$[PtCl_6]^{2-}$, SeO_3^{2-}, TeO_3^{2-}. Die Trennung ist nach Schema 9 durchzuführen.

Schema 9: Trennungsgang der Reduktionsgruppe

Filtrat (Zentrifugat) der HCl-Gruppe stark einengen und auf einen Säuregehalt von ca. 1 M HCl bringen

	Au^{3+}	Pd^{2+}	Pt^{4+}	Se^{4+}	Te^{4+}	H_2S-, $(NH_4)_2S$-, $(NH_4)_2CO_3$-, Lösl.-Gruppe
+ $N_2H_5^+Cl^-$						
	Au (braun)	**Pd** (schwarz)	**Pt** (schwarz)	**Se** (rot)	**Te** (schwarz)	Filtrat wird für die H_2S-Gruppenfällung benutzt.
+ 30 % H_2O_2 + konz. HCl (1:1)	$AuCl_4^-$	$PdCl_4^{2-}$	$PtCl_6^{2-}$	SeO_3^{2-}	TeO_3^{2-}	
* + Oxalsäure (erwärmen)	**Au**	$PdCl_4^{2-}$	$PtCl_6^{2-}$	SeO_3^{2-}	TeO_3^{2-}	
						+ Diacetyldioxim (1%-ige ethanolische Lsg.), kalt
		gelber Pd-Komplex	$PtCl_6^{2-}$	SeO_3^{2-}	TeO_3^{2-}	Lösung neutralisieren, dann
						+ konz. KCl-Lsg.
		mit gelber Farbe lösl. in NaOH-Lsg.	**$K_2[PtCl_6]$**	SeO_3^{2-}	TeO_3^{2-}	
						Filtrat eindampfen, + rauch. HCl, SO_2 in der Hitze einleiten
				Se (rot)	TeO_3^{2-}	
			+ konz. H_2SO_4	grüne Farbe	**Te** (schwarz)	Eindampfen, + H_2O, SO_2 einleiten
					Rote Farbe	+ konz. H_2SO_4

6.5.4 Einzelnachweise der Ionen

Gold (Au^{3+}) *Beispiel: $H[AuCl_4]$-Lsg. (Au in Königswasser)*

H_2S — schwarzer oder brauner Nd., unlösl. in konz. Säuren, lösl. in Königswasser.

Beim Fällen a) in der Kälte: $\mathbf{Au_2S}$ (schwarz) + S_8, b) in der Hitze **Au** (braun) + S_8. Au_2S und Au sind unlösl. in farblosem $(NH_4)_2S$, aber lösl. in Alkalipolysulfid-Lsg., z. B. als AuS_2^-. Aus diesen Lsgn. fällt beim Ansäuern braunes Au_2S aus.

Reduktionsmittel (Zn, $SnCl_2$, $C_2O_4^{2-}$, SO_3^{2-}, Fe^{2+}) — erzeugen **metall. Au**, das oft kolloidal gelöst bleibt. Reduziert man z. B. mit $SnCl_2$ in sehr verd. schwach saurer Lsg., ist die kolloidale Lsg. purpurrot bis braun und sehr beständig (**Cassiusscher Goldpurpur**).

Pt^{4+} neben Au^{3+} und Pd^{2+}

Man bringt auf ein Filterpapier 1 Tropfen gesättigter *$TlNO_3$-Lsg.*, fügt 1 Tropfen Reagenzlsg. hinzu, tüpfelt mit 1 Tropfen *$TlNO_3$-Lsg.* nach. Man wäscht mit einigen Tropfen verd. NH_3-Lsg. Bei Anwesenheit von Pt^{4+} entsteht beim Tüpfeln mit *$SnCl_2$-Lsg.* ein gelb-orangefarbener Fleck von **Pt**.

Palladium (Pd^{2+}) *Beispiel: H_2PdCl_4, Na_2PdCl_4*

Diacetyldioxim — aus neutraler oder essigsaurer Lsg. in der Kälte gelber Nd. von **Palladiumdiacetyldioxim**. Der Komplex ist schwerl. in Wasser, wenig lösl. in kaltem Ethanol und Essigsäure. In der Hitze lässt er sich darin umkristallisieren. Der Komplex löst sich in NH_3- und verd. Alkalihydroxid-Lsg. Bei Säurezusatz fällt er wieder aus.

Reagenz: 1%-ige ethanolische Lsg. von Diacetyldioxim.

H_2S — aus neutraler oder saurer Lsg. schwarzer Nd. von **PdS**.

$Hg(CN)_2$ — weißer Nd. von $\mathbf{Pd(CN)_2}$. Tüpfelt man nach dem Auswaschen mit Wasser mit $SnCl_2$-Lsg., bildet sich ein gelborangefarbener Fleck auf einem Filterpapier.

(Au^{3+}, Pt^{4+} geben unter diesen Bedingungen Cyano-Komplexe.)

$$pD = 4{,}7$$

Platin (Pt^{4+}) *Beispiel: $H_2PtCl_6 \cdot 6\ H_2O$*

H_2S — dunkelbrauner Nd. von $\mathbf{PtS_2}$, unlösl. in konz. Säuren und farblosem $(NH_4)_2S$, lösl. in Königswasser und Alkalipolysulfiden. Beim Ansäuern fällt der Nd. wieder aus.

Reduktionsmittel (Ameisensäure, Zn + Salzsäure) — metall. Platin.

NH_4Cl, KCl (konz. Lsg.) — in schwach saurer Lsg. gelber, kristall. Nd. von **$K_2[PtCl_6]$**.

Selen *Beispiel: Se, K_2SeO_3*

Vorprobe: Flammenfärbung: Selen-Verbindungen verbrennen mit fahlblauer Flamme zu SeO_2 (fest). Man nimmt dabei einen Geruch nach faulem Rettich wahr (H_2Se).

Nachweis von elementarem Selen

Elementares Se löst sich in *konz. H_2SO_4* oder *Oleum* nach kurzem Erhitzen mit grüner Farbe zu **Se_8^{2+}**. Setzt man der H_2SO_4 wenig *$K_2S_2O_8$* zu, gelingt die Reaktion schon bei tiefer Temperatur. Beim Verdünnen mit Wasser scheidet sich Se_8 wieder aus. Bei längerem Kochen verschwindet die grüne Farbe unter Bildung von SO_2 und H_2SeO_3.

Störung: Te gibt unter den gleichen Bedingungen eine rote Farbe.

Selenit (SeO_3^{2-}) *Beispiel: (K_2SeO_3, H_2SeO_3)*

H_2S — in saurer Lsg. in der Kälte zitronengelber Nd. von **Se**. Der Nd. löst sich leicht in $(NH_4)_2S$ und fällt beim Ansäuern wieder aus.

Reduktionsmittel ($SnCl_2$, Fe, Zn, $FeSO_4$) — aus H_2SO_4-saurer Lsg. **roter Nd.**, der beim Erhitzen schwarz wird.

$FeSO_4$ — aus stark salzsaurer Lsg. quantitative Abscheidung von **rotem Se**. TeO_3^{2-} wird nicht reduziert. Unterscheidungsmöglichkeit für SeO_3^{2-} und TeO_3^{2-}.

KI — in saurer Lsg. roter Nd. von **Se**. Das entstandene I_2 kann mit $Na_2S_2O_3$ reduziert werden.

Nachweis als Tüpfelreaktion: 1 Tropfen gesättigte KI-Lsg. + 1 Tropfen konz. Salzsäure werden auf einem Filterpapier mit 1 Tropfen der mit konz. Salzsäure gekochten Probenlsg. zusammengebracht. Anschließend wird mit 5%-iger $Na_2S_2O_3$-Lsg. nachgetüpfelt. Bei Anwesenheit von Se bleibt ein braunroter Fleck zurück. Te stört nur in sehr großen Mengen.

pD = 4,4 EG = 1 µg Se

Selenat (SeO_4^{2-}) *Beispiel: (H_2SeO_4)*

Kochen mit konz. Salzsäure — H_2SeO_4 wird zu H_2SeO_3 reduziert. Nachweis s. o.

Tellur *Beispiel: Te, K_2TeO_3*

Vorprobe: Flammenfärbung: In der Reduktionsflamme fahlblau.
In der Oxidationsflamme grün.
Es entsteht kein Geruch.

Elementares Te

Elementares, schwarzes Te löst sich in konz. *H_2SO_4* oder *Oleum* nach kurzem Erhitzen mit roter Farbe **(Te_4^{2+})**. Bei Wasserzugabe fällt Te wieder aus.

Tellurat (TeO_4^{2-}) *Beispiel: (K_2TeO_4)*

H_2S und andere Reduktionsmittel — reduzieren zu **TeO_3^{2-}.**

Tellurit (TeO_3^{2-})

Reduktionsmittel (H_2S, $SnCl_2$, SO_2, Zn, aber nicht $FeSO_4$!) — reduzieren TeO_3^{2-} in salzsaurer Lsg. zu einem braunen in der Hitze schwarzen Nd. von **Te**. Der Nd. löst sich in $(NH_4)_2S$. Beim Ansäuern fällt er wieder aus. In konz. H_2SO_4 löst er sich mit roter Farbe.

Unterscheidung von Se und Te

Der H_2S-Nd. wird mit $(NH_4)_2S_x$ digeriert. Einige Tropfen des Filtrats werden mit Na_2SO_3 versetzt und bis fast zur Trockne eingedampft. Der Rückstand wird mit wenig Wasser aufgenommen. Eine graue Suspension oder ein schwarzer Nd. zeigt Te an. Der ausgewaschene Nd. muss sich in konz. H_2SO_4 mit roter Farbe lösen.

Se stört nicht!

pD = 5 EG = 0,5 µg Te

6.5.5 Kupfergruppe: Hg^{2+}, Pb^{2+}, Bi^{3+}, Cu^{2+}, Cd^{2+}

Zur Fällung der Elemente der Kupfer- und Arsengruppe mit H_2S stellt man eine salzsaure Lsg. der Analysensubstanz her, die etwa 2 bis 3 $mol \cdot l^{-1}$ HCl enthält, oder man verwendet hierzu das Filtrat der Salzsäuregruppe, das auf den gewünschten Säuregehalt gebracht wird.

In diese Lösung leitet man in der Hitze ca. 20 min lang H_2S ein. Man verdünnt dann die Lösung, bis sie etwa *1 mol HCl* enthält, leitet wiederum H_2S ein, verdünnt erneut und prüft, ob mit H_2S noch ein Nd. ausfällt.

Sobald sich die Lösung beim Verdünnen zu trüben beginnt, verdünnt man nicht weiter, um das Ausfallen basischer Salze zu vermeiden. Die Niederschläge werden gesammelt und mit H_2S-Wasser gründlich ausgewaschen (siehe Schema 10).

Schema 10: H_2S-Trennungsgang bei Anwesenheit von Tl

- das Filtrat (Zentrifugat) der HCl-Gruppe (2 M HCl) mit H_2O_2 versetzen
- mit HI reduzieren
- H_2S einleiten, mit H_2O verdünnen, H_2S einleiten

Der Niederschlag kann enthalten:

digerieren mit $(NH_4)_2S_x$	**HgS**	**PbS**	**$TlI \cdot I_2$**	**Bi_2S_3**	**CuS**	**CdS**	"Arsengruppe"
+ HNO_3, + H_2O (1:2)	**HgS**	**PbS**	**$TlI \cdot I_2$**	**Bi_2S_3**	**CuS**	**CdS**	AsS_4^{3-} SbS_4^{3-} SnS_3^{2-}
mäßig erwärmen	**HgS**	Pb^{2+}	Tl^+	Bi^{3+}	Cu^{2+}	Cd^{2+}	+ H_2SO_4 (abrauchen) mit wenig H_2O aufnehmen
		$PbSO_4$	Tl^+	Bi^{3+}	Cu^{2+}	Cd^{2+}	+ konz. HCl, + $NaClO_3$, + 5 M NaOH
			$Tl(OH)_3$	**$Bi(OH)_3$**	**$Cu(OH)_2$**	**$Cd(OH)_2$**	+ 2,5 M H_2SO_4, + KBr
			TlBr (gelb)	Bi^{3+}	Cu^{2+}	Cd^{2+}	Trennung nach Schema 11

Schema 11: Trennungsgang der Kupfergruppe

	Hg^{2+}	Pb^{2+}	Bi^{3+}	Cu^{2+}	Cd^{2+}	
+ H_2S						
	HgS	**PbS**	**Bi_2S_3**	**CuS**	**CdS**	
+ 20% HNO_3						
	HgS	Pb^{2+}	Bi^{3+}	Cu^{2+}	Cd^{2+}	
						+ H_2SO_4
		$PbSO_4$	Bi^{3+}	Cu^{2+}	Cd^{2+}	
						+ Ammoniak
			$Bi(OH)SO_4$	$[Cu(NH_3)_4]^{2+}$	$[Cd(NH_3)_4]^{2+}$	
						+ CN^-
				$[Cu(CN)_4]^{3-}$	$[Cd(CN)_4]^{2-}$	
						+ H_2S
				$[Cu(CN)_4]^{3-}$	**CdS**	

Das Filtrat (Zentrifugat) kann die Elemente der Ammoniumsulfid-Gruppe, der Ammoniumcarbonat-Gruppe und der „Löslichen Gruppe" enthalten.

Der Niederschlag kann die Elemente der Kupfer- und Arsen-Gruppe enthalten.

Anmerkung: Wurde die Analysensubstanz in HNO_3 gelöst, wie z. B. zur Fällung der Elemente der Salzsäuregruppe, wird die Lösung weitgehend eingeengt (nicht bis zur Trockne! Hg^{2+} verflüchtigt sich) und der Rückstand mit Salzsäure aufgenommen.

Bei gleichzeitiger Anwesenheit von Sn(IV) und Hg^{2+} fällt besonders aus schwach saurer Lösung in der Kälte und bei Überschuss an Sn(IV) gelbbraunes $SnHgS_3$ aus, das As_2S_3/As_2S_5 vortäuschen kann. Die Substanz ist löslich in $(NH_4)_2S$; durch Kochen in stark salzsaurer Lösung wird sie in wenigen Minuten in die normalen Sulfide umgewandelt.

Enthält die Lösung *Oxidationsmittel* wie HNO_3, Fe^{3+}, CrO_4^{2-}, MnO_4^-, wird H_2S zu elementarem Schwefel oxidiert. In größeren Mengen kann der Schwefel den weiteren Trennungsgang behindern. Durch *Vorproben* mit kleinen Substanzmengen versucht man, Auskunft über das Substanzgemisch zu erhalten und sucht dementsprechend ein Reduktionsmittel. Bei Abwesenheit von Pb, Ca, Sr und Ba kann man z. B. mit SO_2 vor der H_2S-Fällung reduzieren.

Enthält die Lösung kein Oxidationsmittel und leitet man H_2S unter Kochen in ein offenes Gefäß ein, muss man vorher zur Oxidation von As(III) zu As(V) einige Tropfen konz. HNO_3 hinzufügen, weil $AsCl_3$ sonst gasförmig entweicht.

Aufarbeitung des Nd.: Man rührt (digeriert) den mit H_2S-Wasser gut ausgewaschenen Nd. unter Erwärmen etwa 10 min mit *Ammoniumpolysulfid* $(NH_4)_2S_x$, um die Elemente der Arsengruppe herauszulösen. Aufarbeitung des Filtrats s. S. 105. *Der Rückstand kann die Elemente der Kupfergruppe in Form ihrer Sulfide enthalten:* **HgS, PbS, CuS** (alle schwarz), $\mathbf{Bi_2S_3}$ (braunschwarz), **CdS** (gelb).

Anmerkung: $(NH_4)_2S_x$ („gelbes Schwefelammon") enthält Polysulfide wie $(NH_4)_2S_5$, $(NH_4)_2S_7$, $(NH_4)_2S_9$. Man erhält es durch Auflösen von Schwefel in $(NH_4)_2S$. Es entsteht auch mit der Zeit aus farblosem $(NH_4)_2S$, weil dieses wie auch H_2S teilweise durch den Luftsauerstoff zu Schwefel oxidiert wird.

Aufarbeitung des Rückstands: Man wäscht den Rückstand mit heißem Wasser aus, wobei man dem Waschwasser etwas H_2S-Wasser oder NH_4Cl-Lsg. zusetzt, um zu verhindern, dass die Sulfide kolloidal in Lsg. gehen. Dann versetzt man ihn mit einem Gemisch aus *1 Teil konz.* HNO_3 *und 2 Teilen Wasser* und erwärmt mäßig, um eine allzu große Schwefelausscheidung zu vermeiden.

Der Rückstand kann jetzt bestehen aus: **HgS** (schwarz), $\mathbf{S_8}$, etwas $\mathbf{PbSO_4}$ (SO_4^{2-} kann durch Oxidation von S^{2-} mit HNO_3 entstehen). Man löst ihn in Königswasser, dampft die Lsg. bis fast zur Trockne ein, nimmt den Rückstand mit wenig Wasser auf und prüft auf Hg^{2+}, s. unten!

Beachte: Wurde der H_2S-Nd. ungenügend ausgewaschen, können an dieser Stelle auch die Erdalkalimetalle als Sulfate ausfallen.

Das Filtrat (Zentrifugat) kann enthalten: $\mathbf{Pb^{2+}}$, $\mathbf{Bi^{3+}}$, $\mathbf{Cu^{2+}}$, $\mathbf{Cd^{2+}}$. Man versetzt es mit konz. H_2SO_4 und raucht in einer Porzellanschale ab, bis weiße Nebel entstehen. Nach dem Erkalten verdünnt man mit Wasser auf etwa das doppelte Volumen und filtriert (zentrifugiert) $PbSO_4$ ab. Zum Pb-Nachweis s. unten!

Beachte: Hat man zuviel Wasser zugegeben, d.h. ist die Lösung zu wenig sauer, kann auch $Bi(OH)SO_4$ (weiß) ausfallen.

Das Filtrat (Zentrifugat) der $PbSO_4$*-Fällung kann enthalten:* $\mathbf{Bi^{3+}}$, $\mathbf{Cu^{2+}}$, $\mathbf{Cd^{2+}}$. Man versetzt es mit *Ammoniak* bis zur basischen Reaktion. Fällt ein weißer Nd. von $\mathbf{Bi(OH)SO_4}$ aus, wird er abfiltriert (abzentrifugiert), mit NH_3-haltigem Wasser ausgewaschen und z. B. mit $[Sn(OH)_3]^-$ geprüft. Schwarzfärbung zeigt **Bi** an.

Anmerkung: Enthält die Analysensubstanz Sn(II), bleibt oft SnS im Sulfidniederschlag der Kupfergruppe zurück. In diesem Falle kann der Nd. von $Bi(OH)SO_4$ auch $Sn(OH)_2$ enthalten, das jedoch im Gegensatz zu $Bi(OH)SO_4$ in NaOH-Lsg. lösl. ist.

Wurde der H_2S-Nd. nicht genügend ausgewaschen, können an dieser Stelle auch $Al(OH)_3$ und $Fe(OH)_3$ ausfallen.

Das Filtrat (Zentrifugat) der $Bi(OH)SO_4$*-Fällung kann enthalten:* $\mathbf{Cu^{2+}}$, $\mathbf{Cd^{2+}}$. Enthält das Filtrat Cu^{2+}, ist es tiefdunkelblau gefärbt durch $[Cu(NH_3)_4]^{2+}$. Zur Trennung von Cu und Cd gibt man *KCN* im Überschuss zu. Es bilden sich $[Cu(CN)_4]^{3-}$ und $[Cd(CN)_4]^{2-}$. Leitet man in diese Lsg. H_2S ein, bleibt der Kupfer(I)-Komplex erhalten, während der Cd-Komplex so instabil ist, dass CdS (gelb) ausfällt.

6.5.6 Einzelnachweise der Ionen

Quecksilber (II) (Hg^{2+})

Vorproben s. Hg_2^{2+} S. 93.

Nachweis als $Cu_2[HgI_4]$ — Versetzt man eine saure Hg^{2+}-Lsg. mit *CuI* und *KI*, bildet sich rotes **$Cu_2[HgI_4]$**.

Durchführung als Tüpfelreaktion auf einem Filterpapier: Man gibt einen Tropfen $CuSO_4$-Lsg. und einen Tropfen Reagenzlsg. auf ein Filterpapier und tüpfelt mit der HCl- oder HNO_3-sauren Probenlsg. Es entsteht eine orange-rote Färbung.

Reagenz: 5 g KI + 20 g $Na_2SO_3 \cdot 7\ H_2O$ in 100 ml H_2O

pD = 6 EG = 0,003 μg Hg

Nachweis durch Reduktionsmittel — *$SnCl_2$-Lsg.* gibt bei tropfenweiser Zugabe weißes **Hg_2Cl_2** (Kalomel). Überschüssiges $SnCl_2$ reduziert weiter zu **Hg** (grau). Über die Reaktion von Hg_2Cl_2 mit Ammoniak s. S. 93.

Blei (Pb^{2+}) s. S. 94

Bismut (Bi^{3+})

Bi(III)-Salze hydrolysieren leicht. In Abhängigkeit von der Verdünnung und der Temperatur bilden sich verschiedene Verbindungen: z. B.

$$Bi(NO_3)_3 \xrightarrow{H_2O} Bi(OH)(NO_3)_2,\ BiO(NO_3),\ BiO(OH)$$

KI — aus schwach H_2SO_4- oder HNO_3-saurer Lsg. schwarzer Nd. von **BiI_3**, lösl. im Überschuss von KI unter Bildung des orangegelben, lösl. Komplexes **$[BiI_4]^-$**.

Störung: Oxidationsmittel wie Fe^{3+}, Cu^{2+}, die I_2-Ausscheidung verursachen.

8-Oxychinolin — Setzt man der so erhaltenen $[BiI_4]^-$-Lsg. einige Tropfen einer 2%-igen Lsg. von *8-Oxychinolin in 1 M H_2SO_4* zu, entsteht ein orangeroter Nd. von **Oxiniumtetraiodobismutat(III)**.

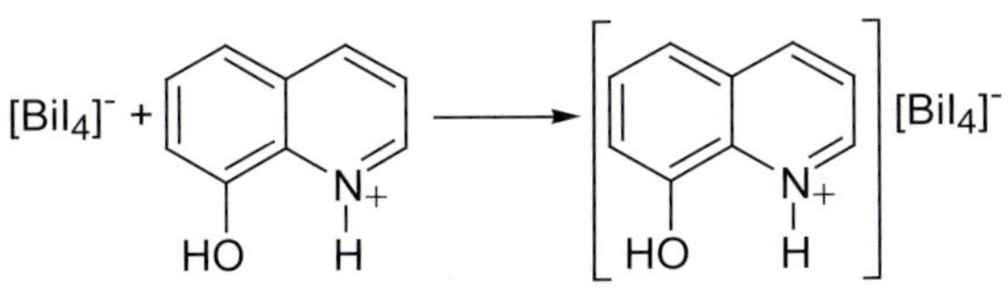

H_2S — aus nicht zu saurer Lsg. fällt **Bi_2S_3**.

Bismuthiol (Thiadiazoldithiol) — aus neutraler oder essigsaurer Lsg. **orangefarbener Nd**.

Reagenz: 1%-ige Lsg. von Bismutiol in Ether

Störung: Die anderen Metalle der Gruppe geben weiße bis hellgelbe Niederschläge.

Nachweis mit Diacetyldioxim — Man versetzt die Bi-haltige Lsg. mit etwas NaCl (falls sie $Bi(NO_3)_3$ oder $Bi_2(SO_4)_3$ enthält), fügt in der Hitze einige Tropfen einer 1%-igen ethanolischen Lsg. von *Diacetyldioxim* hinzu und macht mit NH_3-Lsg. stark alkalisch. Es bildet sich ein gelber, voluminöser Nd. eines **Bismutdiacetyldioxim-Komplexes**. Aufgrund der oben angesprochenen leichten Hydrolyse von Bismut(III)-Verbindungen ist dieser aber strukturell verschieden von Nickeldiacetyldioxim, S. 82.

Störung: As, Sb, Sn, Ni, Co, Fe(II), Mn, größere Mengen Cu, Cd, Weinsäure

pD = 4,8

Nachweis durch Reduktion — Alkalische *Stannit-Lsg.* (Stannat(II)-Lsg.) $[Sn(OH)_3]^-$ reduziert Bi^{3+} in der Kälte zu schwarzem **Metallpulver**, wenn man die neutrale Probenlsg. in die Reagenzlsg. fließen lässt.

Reagenz: 5 g $SnCl_2$ und 5 ml konz. Salzsäure werden in 90 ml H_2O gelöst und mit dem gleichen Volumen 25%-iger NaOH-Lsg. versetzt.

Störung: Edelmetalle wie Cu, Hg. *Abhilfe:* Reduktion mit Hydraziniumchlorid. Cu(I) wird durch CN^- als $[Cu(CN)_4]^{3-}$-Anion vor weiterer Reduktion geschützt. Hg kann durch vorsichtiges Erhitzen verflüchtigt werden.

pD = 5,7 EG = 1 µg Bi

Kupfer (Cu^{2+})

H_2S — aus mäßig saurer Lsg. schwarzer Nd. von **CuS**, unlösl. in verd. Salzsäure und H_2SO_4, lösl. in heißer verd. HNO_3, in starken Säuren und in KCN.

NaOH — hellblauer Nd. von **$Cu(OH)_2$**, geht beim Erhitzen in schwarzes **CuO** über.

$Cu(OH)_2$ gibt mit *Tartrat* (und anderen org. Verbindungen mit mehreren Hydroxylgruppen) einen tiefblauen lösl. **Chelatkomplex** (mit Tartrat = *Fehlingsche Lösung*). *Fehlingsche Lsg.* reagiert mit Reduktionsmitteln wie Hydrazin oder Traubenzucker beim Erwärmen zunächst zu wasserhaltigem, gelbem Cu_2O, das sich in ziegelrotes **Cu_2O** umwandelt.

Ammoniak — im Überschuss tiefblaues Komplex-Kation **$[Cu(NH_3)_4]^{2+}$**. Genauer betrachtet liegt allerdings in Lösung ein Gleichgewicht der verschiedenen $[Cu(NH_3)_x(H_2O)_{4-x}]^{2+}$-Kationen vor.

$K_4[Fe(CN)_6]$ — aus schwach saurer oder neutraler Lsg. rotbrauner Nd. von **$K_2[Cu(Fe(CN)_6]\cdot H_2O$**, schwerlösl. in verd. Säuren, lösl. in NH_3-Lsg. mit blauvioletter Farbe.

Störung: Fe^{3+} pD = 6

Reduktion zu elementarem Kupfer — Taucht man einen blanken *Eisennagel* in eine Cu-haltige Lsg., so scheidet sich auf dem Eisen **elementares Kupfer** ab. Eisen geht als Fe^{2+} in Lsg. und kann z. B. mit $K_3[Fe(CN)_6]$ als „Turnbulls Blau“ nachgewiesen werden.

Rubeanwasserstoff — aus neutraler oder schwach essigsaurer oder ammoniakalischer, weinsäurehaltiger Lsg. **dunkelgrüner bis schwarzer Komplex**. Als Tüpfelreaktion auf einem Filterpapier geeignet.

Störung: Ni^{2+}, Co^{2+} pD = 5,4 EG = 0,06 µg Cu

Nachweis von Cu-Spuren — Man versetzt 1 cm^3 einer stark verd. $FeCl_3$-Lsg. mit etwas *KSCN* oder *NH_4SCN* und dann mit 0,1 M *$S_2O_3^{2-}$-Lsg.*, schüttelt und gießt einen Teil der Lsg. in die Probenlsg.. Während sich die kupferfreie Lsg. erst nach etwa 1 min entfärbt, verursachen Spuren von Kupfer eine **momentane Entfärbung**. Kupfer katalysiert die Reduktion von Fe^{3+} zu Fe^{2+}:

$$Fe^{3+} + 2\ S_2O_3^{2-} \rightleftharpoons [Fe(S_2O_3)_2]^-$$

$$Fe^{3+} + [Fe(S_2O_3)_2]^- \longrightarrow 2\ Fe^{2+} + S_4O_6^{2-}$$

pD = 6,2

Cadmium (Cd^{2+})

H_2S — aus schwach mineralsaurer Lsg. gelber bis gelbbrauner Nd. von **CdS**, lösl. in halbkonz. Säuren.

CdS fällt auch aus cyanidhaltiger Lsg., da der $[Cd(CN)_4]^{2-}$-Komplex nicht sehr stabil ist, d. h. die Konzentration des Cadmium-Aquokomplexes im Gleichgewicht groß genug ist, dass das Löslichkeitsprodukt von CdS überschritten wird. Dies ist eine Trennmöglichkeit von Cu!

Nachweis mit Diphenylcarbazid — Man bringt einen Tropfen cyanidhaltiger Lsg. auf ein Filterpapier, das mit einer 1%-igen ethanolischen Lsg. von *Diphenylcarbazid* getränkt und anschließend getrocknet wurde. Wird das so präparierte Papier über einer Flasche mit konz. *NH_3-Lsg.* „geräuchert", tritt nach wenigen Minuten ein **blauvioletter Fleck** auf.

Störung: Cu^{2+}, Pb^{2+}, Hg^{2+}

6.5.7 Arsengruppe *ohne* seltenere Elemente: As^{3+}/As^{5+}, Sb^{3+}/Sb^{5+}, Sn^{2+}/Sn^{4+}

Die Sulfide dieser Kationen lösen sich beim Behandeln mit NaOH-Lsg. oder Ammoniumpolysulfid-Lsg. $(NH_4)_2S_x$ („gelbes Schwefelammon").

Um die Elemente dieser Gruppe von denen der Kupfergruppe abzutrennen, rührt man sie unter schwachem Erwärmen ca. 10 min mit *$(NH_4)_2S_x$-Lsg* (Trennung siehe Schema 12).

As_2S_3/As_2S_5 und **Sb_2S_3/Sb_2S_5** lösen sich leicht als **AsS_4^{3-}** und **SbS_4^{3-}**. SnS ist schwer löslich und löst sich nur in stark schwefelhaltigem überschüssigem $(NH_4)_2S_x$. Es wird hierbei zu Sn(IV) oxidiert und geht als **SnS_3^{2-}** in Lsg.

Rückstand: Elemente der Kupfergruppe, s. S. 99.

Filtrat (Zentrifugat): **AsS_4^{3-}, SbS_4^{3-}, SnS_3^{2-}**.

Schema 12: Trennungsgang der Arsengruppe *ohne* seltenere Elemente

+ $(NH_4)_2S_x$	**As_2S_3 / As_2S_5**	**Sb_2S_3 / Sb_2S_5**	**SnS / SnS_2**	**Kupfergruppe**
	AsS_4^{3-}	SbS_4^{3-}	SnS_3^{2-}	„Kupfergruppe"
+ verd. HCl				
	As_2S_5	Sb_2S_5	SnS_2	
+ konz. HCl				
	As_2S_5	Sb^{5+}	Sn^{4+}	
+ NH_3 + H_2O_2				+ Zn
	AsO_4^{3-}	Sb	Sn	
Nachweis s.u.				+ 20%-ige HCl
		Sb	Sn^{2+}	
	+ konz. HCl/ + konz. HNO_3			+ $HgCl_2$
		SbO_4^{3-}	Hg_2Cl_2 + Hg	
	+ H_2S		+ Sn^{4+}	
		Sb_2S_5		

Aufarbeitung des Filtrats: Man säuert mit verd. *Salzsäure* an und erhitzt zum Sieden, wobei die Sulfide erneut ausfallen.

Der Nd. kann enthalten: **As_2S_5 (eigelb), Sb_2S_5 (orangerot), SnS_2 (gelb), Schwefel (weiß)**. Ist die Farbe des Nd. dunkel, kann auch etwas CuS enthalten sein, weil sich dieses etwas in $(NH_4)_2S_x$ löst; es stört jedoch den weiteren Trennungsgang nicht. Bei Anwesenheit von Sn(II) kann an dieser Stelle auch **As_4S_4** (gelb-rot) ausfallen. Diese Substanz ist jedoch in $(NH_4)_2CO_3$-Lsg. lösl. und somit leicht abzutrennen.

Der Sulfidniederschlag wird mit 5 ml konz. Salzsäure etwa 3 min gekocht und dann die Lösung auf etwa das doppelte Volumen verdünnt.

Der Rückstand kann bestehen aus: **As_2S_5** und **Schwefel**.

Das Filtrat (Zentrifugat) kann enthalten: **Sb^{5+}, Sn^{4+}**.

Bearbeitung des Rückstands: Man übergießt den Rückstand in einer Porzellanschale mit etwas konz. *HNO_3* oder ammoniakalischer *H_2O_2-Lsg.*, dampft bis fast zur Trockne ein, nimmt mit wenig Wasser auf und prüft auf **AsO_4^{3-}**, s. S. 46.

Bearbeitung des Filtrats (Zentrifugats): Um Sb von Sn zu trennen, gibt es mehrere Möglichkeiten:

a) Man gibt zu der salzsauren Lsg. *$(NH_4)_2C_2O_4$-Lsg.*, erhitzt zum Sieden und leitet H_2S ein. Nach wenigen Minuten fällt **Sb_2S_3** aus. Das Löslichkeitsprodukt von SnS_2 wird nicht überschritten. Zum Antimon-Nachweis s. unten!

   Im Filtrat (Zentrifugat) kann auf **Sn^{4+}** geprüft werden.

   Beachte: Die Oxalatmenge muss möglichst genau dosiert werden. Bei ungenügender Menge kann SnS_2 ausfallen, bei zu großem Überschuss kann Sb^{3+} in Lsg. bleiben.

b) Man engt die Lsg. zur Vertreibung der überschüssigen Säure ein und bringt einen blanken *Eisennagel* in die Lösung. Es bildet sich ein schwarzer Überzug von **Sb** auf dem Nagel.

Sb-Nachweis: Man kann den Überzug in *Königswasser* lösen, die Lsg. bis zur Trockne eindampfen, mit *Salzsäure* aufnehmen und *H_2S* einleiten. Es fällt **Sb_2S_3**.

Sn-Nachweis: Man versetzt die Lösung mit *Ferrum reductum* (im Überschuss) und erwärmt vorsichtig (weil $SnCl_4$ flüchtig ist). Sn(IV) wird zu Sn(II) reduziert. Man filtriert von überschüssigem Fe und von Sb ab und weist im Filtrat **Sn^{2+}** nach, s. unten!

6.5.8 Arsengruppe *mit* selteneren Elementen: *As, Sb, Sn, Mo, Se, Te, (Ge)*

Die Sulfide dieser Kationen lösen sich beim Behandeln mit NaOH-Lsg. und vor allem mit Ammoniumpolysulfid-Lsg. $(NH_4)_2S_x$ („gelbes Schwefelammon").

Um die Elemente dieser Gruppe von denen der „Kupfergruppe" abzutrennen, rührt man den Sulfid-Nd. unter mäßigem Erwärmen ca. 10 min mit *$(NH_4)_2S_x$* Lsg (Trennung s. Schema 13).

Rückstand: Elemente der „Kupfergruppe" s. S. 99.

Filtrat (Zentrifugat): **SbS_4^{3-}, AsS_4^{3-}, SnS_3^{2-}, MoS_4^{2-}, $Se_xS_y^{2-}$, $Te_xS_y^{2-}$, (GeS_3^{2-})**.

- *Aufarbeitung des Filtrats:* Man säuert mit verd. *H_2SO_4* bis zur schwach sauren Reaktion an.
  Der Nd. kann enthalten: **Sb_2S_5** (orangerot), **As_2S_5** (eigelb), **SnS_2** (gelb), **Schwefel** (weiß), **MoS_3** (braun-schwarz), **Se** (rot), **Te** (schwarz). Es kann auch etwas CuS (schwarz) enthalten sein, weil sich dieses in $(NH_4)_2S_x$ in geringem Maße löst. Es beeinträchtigt jedoch den weiteren Trennungsgang nicht.
  Das Filtrat (Zentrifugat) kann enthalten: **GeS_3^{2-}**. Durch starkes Ansäuern mit konz. *Salzsäure* fällt weißes **GeS_2** aus.
  Aufarbeitung des Nd.: Der Sulfidniederschlag wird mit 5 ml konz. *Salzsäure* etwa 3 min gekocht und dann die Lösung auf etwa das doppelte Volumen verdünnt.
  Der Rückstand kann bestehen aus: **As_2S_5, MoS_3, Se, Te**.
  Das Filtrat (Zentrifugat) kann enthalten: **Sb^{3+}, Sn^{4+}**. Zur Weiterbehandlung s. S. 106.
- *Aufarbeitung des Rückstands:* Man digeriert ihn mit konz. *$(NH_4)_2CO_3$-Lsg.* Hierbei geht As_2S_5 als AsS_4^{3-}, AsO_3S^{3-} usw. in Lösung.

Zu dem Filtrat (Zentrifugat) gibt man konz. *Salzsäure* bis zur stark sauren Reaktion, fällt mit *H_2S* gelbes **As_2S_5** aus und behandelt dieses wie auf S. 106 angegeben.

Der Rückstand kann enthalten: **MoS_3, Se, Te**. Man löst ihn in *Königswasser*, raucht die HNO_3 ab und nimmt in verd *Salzsäure* auf.

Die Lsg. kann enthalten: **MoO_2^{2+}, SeO_3^{2-} und TeO_3^{2-}**. Zum Nachweis s. S. 113, 98, 99.

Man kann den Rückstand auch in konz. *Salzsäure* mit *Zn* reduzieren. Bei Anwesenheit von Mo entsteht zunächst **Molybdänblau**, dann **Mo^{4+}** und **Mo^{3+}** (braun). **Se** und **Te** fallen aus, werden abgetrennt und nebeneinander nachgewiesen. s. hierzu S. 98.

6.5.9 Arsengruppe mit *Mo, Pt, Au, Se, Te*

Falls die „Reduktionsgruppe" nicht vor der H_2S-Gruppe abgetrennt wird, findet man die angeführten selteneren Elemente in der „Arsengruppe".

- Man versetzt die Lsg. der Thio-Verbindungen mit verd. *Salzsäure* und fällt so die Sulfide wieder aus.
- Der Sulfid-Nd. wird mit H_2S-haltigem Wasser ausgewaschen und in ca. 1 ml *Königswasser* unter schwachem Erwärmen gelöst.
- Die überschüssige Säure wird abgedampft (nicht bis zur Trockne!) und der Vorgang unter Zugabe von *Salzsäure* mehrmals wiederholt.

Pt — Der Rückstand wird mit verd. Salzsäure aufgenommen. Bei Zugabe von konz. *NH_4Cl-Lsg.* (1 ml) fällt ein gelber Nd. von **$(NH_4)_2PtCl_6$**.

Au — Das Filtrat (Zentrifugat) der Pt-Fällung wird mit 1 Tropfen *$FeSO_4$-Lsg.* versetzt. Eine zuerst rote, dann braune Farbe zeigt **kolloidal gelöstes Au** an. Viel Au flockt als braunes Pulver aus.

As, Sb, Mo, Se, Te — Man säuert das Filtrat (Zentrifugat) der Au-Fällung mit *Salzsäure* an und leitet *H_2S* ein. Es fallen: **Sb_2S_5, As_2S_5, SnS_2, MoS_3, Se, Te**.

Sb, Sn — Der Nd. wird mit konz. *Salzsäure* erwärmt. In Lsg. gehen nur Sb und Sn. Zum Nachweis s. S. 111 und 112.

As, Se, Te — Der Rückstand wird mit konz. *HNO_3* abgeraucht. Im Filtrat (Zentrifugat) befinden sich: **AsO_4^{3-}, SeO_3^{2-}, TeO_3^{2-}**.

Mo — Der Rückstand enthält MoO_3. Das weiße Pulver wird in wenig Wasser aufgenommen und in *NaOH-Lsg.* gelöst. Nachweis S. 113.

Schema 13: Trennungsgang der Arsengruppe *mit selteneren* Elementen

a) Oxidieren der 2 M HCl-sauren Lsg. der Analysensubstanz mit H_2O_2, reduzieren mit 1 M HI-Lsg., einleiten von H_2S, verdünnen, erneutes Einleiten von H_2S oder

b) Den Nd. der H_2S-Fällung (Schema 10) benutzen.

+ $(NH_4)_2S_x$	*„Kupfergruppe"*	*Sb_2S_3 orange*	*SnS_2 gelb*	*MoS_3 braun*	*Se rot*	*Te schwarz*	*As_2S_3 gelb*	*(GeS_2) weiss*	
	Kupfergruppe im Rückstand	SbS_4^{3-}	SnS_3^{2-}	MoS_4^{2-}	$Se_xS_y^{2-}$	$Te_xS_y^{2-}$	AsS_4^{3-}	(GeS_3^{2-})	
	+ verd. H_2SO_4	**Sb_2S_5**	**SnS_2**	**MoS_3**	**Se**	**Te**	**As_2S_5**	(GeS_3^{2-})	
	+ konz. HCl	Sb^{5+}	Sn^{4+}	**MoS_3**	**Se**	**Te**	**As_2S_5**	**GeS_2 + S weiss**	+ konz HCl
	Konz. $(NH_4)_2CO_3$ digerieren			**MoS_3**	**Se**	**Te**	AsS_4^{3-}, AsO_3S^{3-}		
	Lösen in Königswasser HNO_3 abrauchen, + verd. HCl			MoO_2^{2+}	SeO_3^{2-}	TeO_3^{2-}	**As_2S_5**	+ HCl, + H_2S	
	+ konz. HCl; + Zn			**Molybdänblau, Mo^{3+}**	**Se**	**Te**		Weiterbeh. s. S. 106	

Darstellung von HI-Lsg.: $H_2S + I_2 \xrightarrow{H_2O} 2\,HI + S$

6.5.10 Einzelnachweis der Ionen

Arsen

Vorproben:

Nachweis als Kakodyloxid — Man verreibt die Analysensubstanz mit Na_2CO_3 (wasserfrei) und der etwa 10-fachen Menge *Natriumacetat* und erhitzt das Gemisch im *Glühröhrchen* (unter dem Abzug). Das entstehende **giftige Kakodyloxid** hat einen widerlichen Geruch:

$$4\ CH_3CO_2Na + As_2O_3 \longrightarrow (CH_3)_2As\text{-}O\text{-}As(CH_3)_2 + 2\ CO_2 + 2\ Na_2CO_3$$

Reinsche Probe — Ein *Kupferblech*, das in eine mit Salzsäure angesäuerte Lsg. einer Arsenverbindung eintaucht, färbt sich grau. Es bildet sich $\mathbf{Cu_5As_2}$ (Kupferarsenid). In stark verdünnter Lsg. beobachtet man die Reaktion erst beim Erwärmen.

Bettendorfsche Probe — As(III) und As(V) werden durch Sn(II) zu **As** reduziert. Man versetzt die As-haltige Analysensubstanz mit dem doppelten Volumen konz. *Salzsäure* und dann mit konz. *$SnCl_2$-Lsg.* Beim Erwärmen tritt ein brauner Nd. auf (Unterschied zu Sb!). Sehr kleine As-Mengen lassen sich mit Ether oder Pentanol ausschütteln. As reichert sich dabei an der Phasengrenze an.

pD = 4,7 EG = 1 µg As

Marshsche Probe — Man erhitzt die As-haltige Substanz mit *Zink* (gekörnt) und verd. H_2SO_4 (und etwas $CuSO_4$) oder wenig konz. *Salzsäure* in einem Reagenzglas, das mit einem durchbohrten Korkstopfen verschlossen ist, in dessen Öffnung ein zur Spitze ausgezogenes Glasrohr steckt. Hierbei bildet sich $\mathbf{AsH_3}$ (giftig!), das in der Hitze in die Elemente zerfällt. Zündet man die Reaktionsgase an, brennen sie mit fahlblauer Flamme. Richtet man die Flamme auf eine kalte, glasierte Porzellanfläche, scheidet sich **elementares Arsen** als schwarzer Belag ab. Er löst sich in NaOCl- oder ammoniakalischer H_2O_2-Lsg. (Unterschied zu Sb!).

Beachte: Lasse vor dem Anzünden der Reaktionsgase erst den Luftsauerstoff aus dem Reagenzglas entweichen (Knallgasgemisch!).

Arsen(III) (As^{3+})

H_2S — aus stark salzsaurer Lsg. (Salzsäure:Wasser = 1:1) gelber Nd. von $\mathbf{As_2S_3}$, unlösl. in Salzsäure, lösl. in HNO_3, NaOH-, $(NH_4)_2S$-, $(NH_4)_2S_x$-, NH_3-, $(NH_4)_2CO_3$-Lsg.

Mit *$(NH_4)_2S$* entsteht $\mathbf{AsS_3^{3-}}$, mit *$(NH_4)_2S_x$* entsteht $\mathbf{AsS_4^{3-}}$.

$$As_2S_3 + 3\ S^{2-} + 2\ S \longrightarrow 2\ AsS_4^{3-}$$

Mit *Säuren* fällt $\mathbf{As_2S_3}$ bzw. $\mathbf{As_2S_5}$ wieder aus.

Alkalische Lsgn. — (Alkalihydroxid-, NH_3- u. $(NH_4)_2CO_3$-Lsg.) lösen As_2S_3 unter Bildung von **Thiooxyarseniten**.

$$As_2S_3 + 6\ OH^- \longrightarrow AsO_2S^{3-} + AsOS_2^{3-} + 3\ H_2O$$

$AgNO_3$ — aus neutraler Lsg. gelbes **Ag_3AsO_3**, lösl. in Mineralsäuren und NH_3-Lösung.

Oxidationsmittel — (wie I_2, HNO_3, alkalische H_2O_2-Lsg.) oxidieren zu **AsO_4^{3-}**.

Arsenat (AsO_4^{3-})

H_2S — aus stark salzsaurer Lsg. **gelber Nd.**, unlösl. in Salzsäure, lösl. in HNO_3, NaOH-, NH_3-, $(NH_4)_2S$-, $(NH_4)_2S_x$-Lsg. Der Nd. besteht aus **As_2S_3, As_2S_5** und **S**.

Mit *$(NH_4)_2S$* und *$(NH_4)_2S_x$* bilden sich **Thioarsenate**.

$$As_2S_5 + 3\ (NH_4)_2S \longrightarrow 2\ (NH_4)_3AsS_4$$

Mit *OH^--Ionen* — entstehen **Thiooxyarsenate**.

$$As_2S_5 + 10\ OH^- \longrightarrow AsO_3S^{3-} + AsO_2S_2^{3-} + 5\ H_2O$$

Mit *Säuren* fällt aus diesen Lösungen **As_2S_5** aus.

$AgNO_3$ — aus neutraler Lsg. schokoladenbrauner Nd. von **Ag_3AsO_4**, lösl. in Mineralsäuren und wässr. NH_3-Lsg. s. S. 46.

Ammoniummolybdat-Lsg ($(NH_4)_6Mo_7O_{24}\cdot 4\ H_2O$) — in stark HNO_3-saurer Lsg. beim Kochen gelber kristalliner Nd. von **$(NH_4)_3[As(Mo_3O_{10})_4]\cdot x\ H_2O$**, wird durch NaOH zersetzt; beachte S. 46.

Störung: PO_4^{2-}, SiO_3^{2-} pD = 5,3 EG = 0,2 µg As

Magnesiamischung — weißer Nd. von **$MgNH_4AsO_4\cdot 6\ H_2O$**, lösl. in Säuren, unlösl. in wässr. NH_3-Lsg. Zur Durchführung s. S. 46.

Antimon

Vorprobe: Marshsche Probe, s. As-Nachweis. *Der schwarze Sb-Nd. ist schwerlösl. in NaOCl- und ammoniakalischer H_2O_2-Lsg.* (Unterschied zu As).

Nachweis durch Reduktion zum Metall — Sb(III) und Sb(V) lassen sich in nicht zu saurer Lsg. auf einem blanken *Eisennagel* als schwarzer Überzug von **Sb** abscheiden (Unterschied zu Sn). Löst man den Überzug in *Königswasser*, dampft die Lösung zur Trockne ein, nimmt mit verd. *Salzsäure* auf und leitet *H_2S*-Gas ein, so fällt orangerotes **Sb_2S_3** aus.

Antimon(III) (Sb^{3+})

H_2S — aus mäßig saurer Lsg. orangeroter Nd. von **Sb_2S_3**, lösl. in starken Säuren, Alkalilaugen, $(NH_4)_2S$, $(NH_4)_2S_x$, unlösl. in NH_3- und $(NH_4)_2CO_3$-Lsg. (Unterschied zu As_2S_3!).

Bei langem Kochen bildet sich schwarzes, kristallines **Sb_2S_3**. *Na_2S* oder *$(NH_4)_2S$* löst zu Thioantimonit **SbS_2^-**.

Mit *Alkalilauge* bilden sich Thioantimonit und Thiooxyantimonit **$SbOS^-$**. Mit *Säuren* fällt aus diesen Lösungen wieder **Sb_2S_3** aus.

Oxidation mit $NaNO_2$ in alkal. Lsg. führt Sb(III) in Sb(V) über. Man säuert die Lsg. an und kocht auf, um die Stickoxide zu entfernen. Man kann überschüssiges $NaNO_2$ z. B. auch durch Zugabe von Harnstoff zerstören.

Nach der Oxidation ist ein Nachweis mit **Rhodamin B** möglich s. unten.

Antimon(V) (Sb^{5+})

H_2S — aus mäßig saurer Lsg. orangeroter Nd. von **Sb_2S_5**, lösl. in starken Säuren, Laugen und Sulfid-Lsgn., unlösl. in NH_3- und $(NH_4)_2CO_3$-Lsg.

Mit *$(NH_4)_2S$* bildet sich Thioantimonat **SbS_4^{3-}**, mit *Laugen* Thioantimonat und Thiooxyantimonat **$SbO_2S_2^{3-}$**. Aus beiden Lsgn. fällt bei *Säurezusatz* wieder **Sb_2S_5** aus.

Rhodamin B — **rotviolette Färbung**. Man versetzt auf einer Tüpfelplatte einige Tropfen der Sb(V)-Salzlsg. mit etwas Reagenzlsg. und starker *Salzsäure*. Die ursprünglich hellrote, fluoreszierende Farbe des Rhodamin B schlägt in violett um. Blindprobe!

Reagenz: 2 g KCl + 50 mg Rhodamin B werden in 100 ml 2 M Salzsäure gelöst.

Störung: Hg^{2+}, Bi, W, Mo geben die gleiche Farbe.

pD = 4

Zinn

Vorprobe: Leuchtprobe: Die Sn-haltige Substanz wird in ein Becherglas oder einen Porzellantiegel gegeben, mit *Zink* (gekörnt) und halbkonzentrierter *Salzsäure* versetzt. Taucht man in diese Mischung ein mit kaltem Wasser halbgefülltes Reagenzglas und hält dieses anschließend in den Reduktionsraum der Bunsenflamme, entsteht an der benetzten Glaswand eine **blaue Fluoreszenz** (die von $SnCl_2$ herrühren soll). Man kann das Reagenzglas auch durch ein Magnesiastäbchen ersetzen.

Störung: überschüssiges As pD = 6,2 EG = 0,03 µg Sn

Zinn(II) (Sn^{2+})

$HgCl_2$ — weißer Nd. von **Hg_2Cl_2**, bei überschüssigem Sn^{2+} schwarzer Nd.

H_2S — langsam brauner Nd. von **SnS**, lösl. in konz. Salzsäure, in $(NH_4)_2S_x$ unter Oxidation zu Sn(IV), unlösl. in farblosem $(NH_4)_2S$.

$FeCl_3$ + $K_3[Fe(CN)_6]$ — dunkelblauer Nd. von **„Turnbulls Blau"**. Fe(III) wird durch Sn(II) zu Fe(II) reduziert.

$Bi(NO_3)_3$ + NaOH — schwarzer Nd. von **Bi**. Bi(III) wird durch Sn(II) zu Bi reduziert.

Zinn(IV) (Sn^{4+})

H_2S — gelber Nd. von **SnS_2**, lösl. in starker Salzsäure, $(NH_4)_2S$, Alkalisulfiden.

Störung: $C_2O_4^{2-}$; es bildet sich $[Sn(C_2O_4)_4]^{4-}$.

Au^{3+}, Pt^{4+}, Se^{4+}, Te^{4+} *s. Reduktionsgruppe S. 95*

Molybdän (Mo^{6+}) *Beispiel: $(NH_4)_2MoO_4$*

Vorprobe - Perlreaktion:

In der Oxidationsflamme:	heiß – gelb-gelbgrün;	
	kalt – farblos.	
In der Reduktionsflamme:	heiß – gelb-braun;	
	kalt – grün.	

Nachweis als Molybdänblau — Man raucht eine kleine Menge der Substanz in offener Porzellanschale mit einigen Tropfen konz. *H_2SO_4* bis fast zur Trockne ab. Nach dem Erkalten tritt **intensive Blaufärbung** auf. Es erfolgt teilweise Reduktion zu Mo(V). **Molybdänblau** enthält Mo in den Oxidationsstufen V und VI. Die Reduktion geht weiter zu Mo(IV) (grün) und Mo(III) (braun). Sehr empfindliche Reaktion!

Nachweis als $[Mo(SCN)_6]^{3-}$ — Gibt man 1 Tropfen der Probenlsg. zusammen mit 1 Tropfen *KSCN-Lsg.* (10%) auf ein Filterpapier, feuchtet mit verd. *Salzsäure* an und tüpfelt mit *$SnCl_2$* (5%), so entsteht mit Mo ein hellroter Fleck von **$[Mo(SCN)_6]^{3-}$**. Mit konz. Salzsäure oder H_2O_2 verschwindet die rote Farbe. $K_3[Mo(SCN)_6]$ ist in Ether löslich.

Störung: PO_4^{3-}, $C_2O_4^{2-}$, Weinsäure, Hg^{2+}, NO_2^-. W bildet unter den gleichen Bedingungen einen blauen Fleck. Der rote Fleck von Mo ist dann um den blauen Fleck von W gelegt. Fe^{3+} stört nicht, da bei Zusatz von $SnCl_2$ die rote Farbe von $Fe(SCN)_3$ verschwindet.

$$pD = 6{,}2 \quad EG = 0{,}1\ \mu g\ Mo$$

$K_4[Fe(CN)_6]$ — in mineralsaurer Lsg. rotbrauner Nd. von **$Mo_2[Fe(CN)_6]_3$**.

Störung: **UO_2^{2+}**. *Abhilfe:* $(UO_2)_2[Fe(CN)_6]$ wird durch Zusatz von NaOH in gelbes $Na_2U_2O_7$ überführt.

Cu^{2+}. *Abhilfe:* Das rotbraune $Cu_2[Fe(CN)_6]$ löst sich in NH_3-Lsg. mit blauer Farbe unter Bildung von $[Cu(NH_3)_4]^{2+}$.

III. Qualitative Analyse organischer Verbindungen

Bei organischen Verbindungen kann man im Allgemeinen davon ausgehen, dass sie außer C und H meist noch bestimmte Heteroelemente wie O, N, S und Halogene enthalten. Weitere Elemente wie Metalle bei metallorganischen Verbindungen oder P und Si können hinzukommen.

Wichtige Hinweise auf die Zusammensetzung einer Substanz liefern spektroskopische Daten, so dass in vielen Fällen bereits eine qualitative Elementaranalyse genügt. Einfache quantitative Bestimmungsmethoden werden gerne benutzt, wenn vollständige Elementaranalysen für die weitere Bearbeitung eines Problems zunächst entbehrlich sind. Weit verbreitet, schnell und einfach durchführbar ist das Aufschlussverfahren nach *Wurzschmitt*, bei dem die Analysensubstanz völlig zerstört wird. Die Elemente liegen danach als Ionen vor und können mit den bekannten Methoden quantitativ bestimmt werden.

1 Nachweis der Elemente in organischen Verbindungen

Kohlenstoff

Eine einfache Vorprobe ist die Glühprobe: Auf einem sauberen Platindeckel oder Spatel wird eine Substanzprobe mit kleiner Bunsenflamme verbrannt oder verkohlt.

Nicht erfasst werden Substanzen, die sich leicht verflüchtigen oder nicht brennen, wie z. B. CCl_4.

Sicherer ist der Nachweis von Kohlenstoff, wenn man die zu prüfende Substanz mit dem mehrfachen Volumen ausgeglühten, feinen *Kupferoxids* mischt und in einem Reagenzglas stark erhitzt.

Das durch Oxidation entstehende $\mathbf{CO_2}$ kann durch Einleiten in Kalk- oder Barytwasser an der entstehenden Trübung ($BaCO_3$) erkannt werden (s. Carbonatnachweis S. 54).

$$C_{organisch} + O_2 \longrightarrow CO_2 \quad ; \quad CO_2 + Ba(OH)_2 \longrightarrow BaCO_3 + H_2O$$

Wasserstoff

Enthält eine Verbindung Wasserstoff, so wird dieser bei der Prüfung auf Kohlenstoff zu $\mathbf{H_2O}$ oxidiert. Die Bildung von Wassertröpfchen in dem oberen, kalten Teil des Reagenzglases zeigt daher Wasserstoff an.

Wasser kann z. B. nach *Karl Fischer*, durch Reaktion mit Calciumcarbid (Bildung von Acetylen), mit Magnesiumnitrid (Bildung von NH_3) oder mit einer Grignard-Verbindung wie CH_3MgI (Bildung von CH_4) nachgewiesen werden.

$$H_{organisch} \xrightarrow{+\ O_2} H_2O$$

Sauerstoff

Einen Hinweis auf Sauerstoff gibt sehr oft die Prüfung auf sauerstoffhaltige funktionelle Gruppen.

Falls die organische Substanz ausreichend Sauerstoff enthält, kann man sie im *Wasserstoffstrom* in Gegenwart einer Platindrahtspirale erhitzen und das entstehende $\mathbf{CO_2}$ mit Barytwasser nachweisen. Auch ein Feuchtigkeitsbelag am Rande des Verbrennungsrohres weist auf Sauerstoff hin.

Eine weitere Bestimmungsmethode besteht z. B. darin, die mit Kohle vermischte Probe im Stickstoffstrom auf 1000 °C zu erhitzen. Die gasförmigen Zersetzungsprodukte werden über Kohle geleitet, wobei der anwesende Sauerstoff in **CO** überführt wird, das z. B. mit I_2O_5 nachgewiesen werden kann (auch für quantitative Bestimmungen geeignet).

$$n\ O_{organisch} + C_n \longrightarrow n\ CO \quad ; \quad I_2O_5 + 5\ CO \longrightarrow 5\ CO_2 + I_2$$

Stickstoff, Schwefel, Halogen

Aufschluss nach Lassaigne

Beachte: CCl_4, $CHCl_3$, u.ä. Polyhalogenverbindungen sowie Nitromethan und einige Nitroverbindungen reagieren unter Explosion mit Na!

Zum Nachweis von Stickstoff, Schwefel und Halogen wird die Substanz nach *Lassaigne* mit *Natrium* reduktiv aufgeschlossen (Schutzbrille!):

Eine kleine Spatelspitze oder 2 Tropfen der zu prüfenden Substanz werden mit einem sehr kleinen Stückchen frisch geschnittenem Natrium in einem trockenen Reagenzglas vorsichtig erhitzt. Es tritt eine heftige Reaktion ein. Die Schmelze wird noch 2-3 min auf Rotglut erwärmt. Dann bringt man das heiße Reagenzglas in ein kleines Becherglas (Abzug!), das 10 ml *Wasser* enthält. Dabei zerspringt das Reagenzglas und noch nicht umgesetztes Natrium reagiert heftig mit Wasser. Anschließend wird filtriert oder zentrifugiert und das Filtrat (Zentrifugat) geteilt.

$$(C, H, N, O, S, Hal)_{org} \xrightarrow{+\ Na} NaCN,\ Na_2S,\ NaSCN,\ NaHal$$

Zum Nachweis von S und Hal ist auch der Aufschluss nach *Wurzschmitt* geeignet.

Stickstoff

Stickstoff wird bei der Probe nach *Lassaigne* in **Natriumcyanid** übergeführt, das man mit *$FeSO_4$*- (besser Mohrsches Salz $Fe(NH_4)_2(SO_4)_2 \cdot 6\ H_2O$)und *$FeCl_3$-Lsg.* weiter umsetzt. Dabei bildet sich bei Gegenwart größerer Mengen Stickstoff ein Niederschlag von unlösl. **Berliner Blau**. Bei Gegenwart sehr geringer Stickstoffmengen ist der blaue Niederschlag als solcher nicht sofort sichtbar, er gibt sich zunächst nur durch eine grüne Färbung der Lösung zu erkennen. Lässt man die Probe dann einige Zeit stehen, so sammelt sich der blaue Niederschlag am Boden an. Bei Abwesenheit von Stickstoff erhält man eine gelbe Lösung.

$$N + C + Na \longrightarrow NaCN \qquad 6\ CN^- + Fe^{2+} \longrightarrow [Fe(CN)_6]^{4-}$$

$$Fe^{3+} + [Fe(CN)_6]^{4-} \longrightarrow \text{Berliner Blau}$$

Durchführung: 3 ml Filtrat werden mit einem Körnchen $Fe(NH_4)_2(SO_4)_2 \cdot 6\ H_2O$ versetzt, 3 Tropfen $FeCl_3$-Lsg. zugegeben, kurz zum Sieden erhitzt und mit 2 M Salzsäure angesäuert. Es bildet sich Berliner Blau (s. S. 83).

Schwefel

Schwefel wird bei dem Aufschluss nach *Lassaigne* in **Na_2S** übergeführt, woraus das Sulfid-Ion wie üblich nachgewiesen werden kann, z. B. mit Bleiacetat als **PbS** (schwarz) s. S. 50.

Durchführung: 3 ml Filtrat werden mit Eisessig angesäuert. Fügt man einige Tropfen Bleiacetat-Lsg. hinzu, bildet sich bei Anwesenheit von Schwefel Bleisulfid.

Ist nur wenig Schwefel in der Probe vorhanden, versetzt man das Filtrat mit einer Lsg. von *$Na_2[Fe(CN)_5NO] \cdot 2\ H_2O$*. Eine **Violettfärbung** zeigt die Anwesenheit von Schwefel an (s. S. 50).

Auf Schwefel kann man auch prüfen, indem man die organische Substanz mit einem Gemenge von gleichen Teilen *Na_2CO_3* (wasserfrei) und *KNO_3* mischt und glüht. Nach dem Auflösen der Schmelze in Wasser säuert man mit verd. Salzsäure an und weist das durch Oxidation gebildete **SO_4^{2-}** mit $BaCl_2$ nach s. S. 52.

Stickstoff und Schwefel nebeneinander

Enthält die Analysenprobe sowohl Stickstoff als auch Schwefel, dann entsteht beim Aufschluss nach *Lassaigne* **Natriumthiocyanat**, **NaSCN**, das mit *$FeCl_3$* nachgewiesen werden kann (Rotfärbung).

Sollte die Bildung von NaSCN beim Stickstoff-Nachweis in schwefelreichen Verbindungen stören, wiederholt man den Aufschluss mit der doppelten Menge Natrium und verwendet mehr $FeSO_4$.

Halogene

Die Halogenide können in der Aufschlusslösung nach *Lassaigne* nachgewiesen werden. Man säuert 5 ml davon mit konz. HNO_3 an und verkocht anschließend die bei Anwesenheit von Stickstoff entstandene **Blausäure**.

Alternative: 3 ml Filtrat werden mit wenigen Tropfen einer 5%-igen $Ni(NO_3)_2$*-Lsg.* versetzt, gut durchgeschüttelt und die Niederschläge (NiS, $Ni(CN)_2$ u.a.) abfiltriert. Danach wird mit verd. HNO_3 angesäuert.

Mit $AgNO_3$*-Lsg.* werden dann $\mathbf{Cl^-}$, $\mathbf{Br^-}$ und $\mathbf{I^-}$ ausgefällt und wie üblich getrennt nachgewiesen (s. S. 38). $\mathbf{F^-}$ wird mit der Ätzprobe oder als Alizarinlack nachgewiesen (s. S. 35).

Weitere Halogennachweise

a) Beilsteinprobe (Cl, Br, I)

Ein Stück *Kupferdraht* wird solange geglüht, bis die entleuchtete Flamme des Bunsenbrenners nicht mehr gefärbt erscheint. Einige Tropfen (bzw. eine Spatelspitze) der zu prüfenden Substanz werden auf ein kleines Uhrglas gebracht. Man bringt etwas Substanz an den Draht und hält ihn in die Flamme. Bei Anwesenheit von Halogen wird diese deutlich **grün** gefärbt:

$$2\ \text{Hal} + \text{Cu} \longrightarrow \text{CuHal}_2$$

b) Oxidation der Analysensubstanz

Die Analysenprobe wird mit *CaO* geglüht oder mit KNO_3 erhitzt, bis eine farblose Schmelze entstanden ist. Der Glührückstand bzw. die kalte Schmelze werden mit verdünnter HNO_3 aufgenommen. Anschließend wird mit $AgNO_3$*-Lsg.* auf Cl^-, Br^-, I^- geprüft.

Phosphor

Handelt es sich bei der Analysensubstanz um ein Derivat der Phosphorsäure, so wird man zunächst versuchen, dieses zu *hydrolysieren*. Das entstehende $\mathbf{PO_4^{3-}}$ kann z. B. mit Ammoniummolybdat nachgewiesen werden (s. S. 44). Ist die Phosphor-organische Verbindung nicht oder nur teilweise hydrolysierbar, muss sie vorher aufgeschlossen werden (z. B. mit Na_2CO_3/KNO_3, HNO_3 oder nach Wurzschmitt). Das entstehende $\mathbf{PO_4^{3-}}$ wird wie oben nachgewiesen.

$$P_{organisch} + Na_2O_2 \longrightarrow Na_3PO_4$$

Aufschluss nach Wurzschmitt

Bei diesem Verfahren wird die Analysensubstanz durch eine oxidierende Schmelze zerstört. Hierzu bringt man die Probe in einen Nickeltiegel mit Schraubverschluss (Parr- oder Wurzschmitt-Bombe) und bedeckt sie mit etwas Na_2CO_3.

Danach gibt man Na_2O_2 und 5-6 Tropfen *Ethylenglykol* hinzu, verschließt die Bombe sofort und zündet die Mischung in einer geeigneten Vorrichtung (Zündpunkt 56 °C). Die Substanzprobe wird dabei vollständig oxidiert. Die erkaltete Schmelze wird in Wasser gelöst. In der wässrigen Aufschlusslösung können bestimmt werden: Cl^-, Br^-, F^-, SO_4^{2-}, IO_3^-, die meisten Metalle, sowie S, Se, P, As, B und Si. (S, P, As usw. liegen natürlich in oxidierter Form vor, d.h. als Sulfat, Phosphat, Arsenat etc.)

Arsen und Antimon

Arsennachweis: Die Substanz wird in der Wurzschmittbombe zu $\mathbf{AsO_4^{3-}}$ oxidiert. Nachweis s. S. 46

Antimonnachweis: Aufschluss mit der Wurzschmittbombe. Es bildet sich $\mathbf{SbO_4^{3-}}$. Nachweis s. S. 112.

Zur Identifizierung dient die *Marshsche Probe* (s. S. 110).

2 Ausgewählte Nachweis- und Identitätsreaktionen für funktionelle Gruppen

Der chemische Nachweis funktioneller Gruppen ist mit einem erheblich geringeren apparativen Aufwand verbunden als die Anwendung spektroskopischer Methoden. Hauptproblem ist die Wahl der richtigen Analysenmethode aufgrund der analytischen Fragestellung. Hierzu liegt eine Fülle von analytischen Arbeiten vor, die noch wenig systematisch aufgearbeitet wurde. Die Entscheidung über das Ergebnis der Nachweisreaktion ist jedoch einfach: Die gesuchte funktionelle Gruppe ist entweder vorhanden oder sie fehlt.

Demgegenüber bereitet die Interpretation der Spektren bei der Spektroskopie häufig Schwierigkeiten. Ein besonderer Vorteil dieser Methoden ist allerdings, dass weitgehend alle funktionellen Gruppen, soweit erfassbar, bei *einer* (experimentell einfachen) Bestimmung erkannt werden können. Dies gilt besonders für solche Gruppen, deren Anwesenheit in der Analysensubstanz nicht vermutet worden war.

In den folgenden Zusammenstellungen sind Arbeitsanleitungen nur für einfache Nachweise angegeben. In den restlichen Fällen handelt es sich meist um Reaktionen der präparativen organischen Chemie, wobei für die Analyse prinzipiell die gleichen Arbeitsvorschriften zugrunde gelegt werden können.

Beachte: Bei organischen Verbindungen können die angegebenen Nachweise nicht so spezifisch sein wie bei der anorganischen Analyse. Auf die Angabe von Störungen wurde generell verzichtet; die Durchführung von Vergleichstests ist unerlässlich.

2.1 Alkene

Doppelbindungen können durch *Additionsreaktionen* nachgewiesen werden. *Beachte:* Test a) und b) sollten stets kombiniert werden.

a) Addition von Halogenen

Man verwendet meist *Brom* als 5 %-ige Lösung in $CHCl_3$. Die Addition ist erkennbar an der **Entfärbung der Bromlösung.** Sie ist allerdings manchmal unvollständig und verläuft nicht störungsfrei; Substitutionen treten häufig als Nebenreaktionen auf.

Durchführung: Man tropft die Bromlösung langsam in eine Lösung von 50 mg oder 2 Tropfen der Analysensubstanz in CCl_4. Schnelle Entfärbung ohne Gasentwicklung deutet auf ein Alken hin.

b) Hydroxylierung mit $KMnO_4$ (Baeyersche Probe)

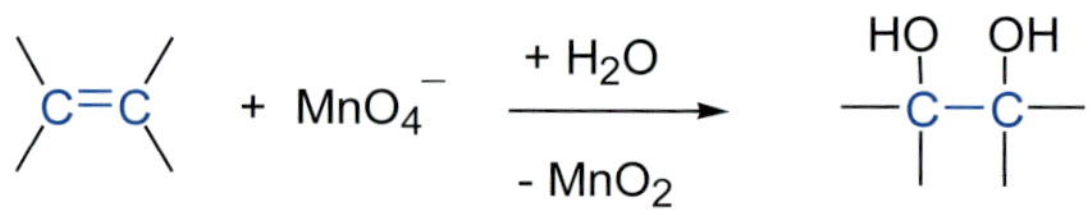

Die Reaktion erfolgt nach Zugabe von 2 %-iger *$KMnO_4$*-Lösung zu der in Aceton gelösten Substanzprobe. Es entstehen **Glykole** unter **Entfärbung** der Reaktionslösung. Die Reaktion muss durch die Bromaddition ergänzt werden, da leicht oxidierbare Substanzen wie Aldehyde ebenfalls positiv reagieren.

Durchführung: Man versetzt 50 mg oder 2 Tropfen der Analysensubstanz, gelöst in 2 ml Aceton (mit 5 % Wassergehalt), langsam mit der $KMnO_4$-Lsg. Der Test ist positiv, wenn mehr als 2 Tropfen Reagenzlösung entfärbt werden.

c) Epoxidierung

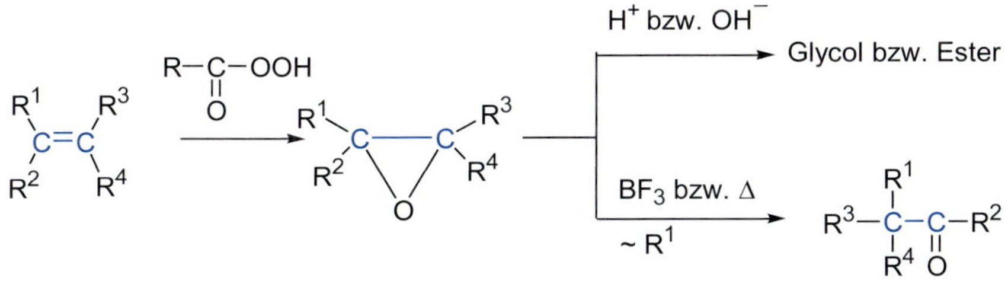

Bei der Reaktion mit *Persäuren* bilden sich **Oxirane** (Epoxide), die z. B. in Ketone bzw. Aldehyde umgelagert werden können (Charakterisierung s. S. 132).

Die Hydrolyse führt zum Glykol bzw. seinen Estern.

d) Hydrierung

Durch die Anlagerung von *Wasserstoff* können Alkene in **Alkane** überführt werden. C=C-Doppelbindungen können dadurch quantitativ bestimmt werden.

2.2 Alkine

Alkine können ebenfalls quantitativ durch **Hydrierung** bestimmt werden. Ebenso wie Olefine addieren sie **Brom** und zeigen eine **positive *Baeyer*-Probe.**

Alkine der Form R-C≡C-H mit entständiger Acetylengruppe haben ein acides H-Atom. Sie bilden explosive Silber- und Kupfersalze, wobei die freigewordenen Protonen durch Titration quantitativ bestimmt werden können:

$$R{-}C{\equiv}CH + Ag^+ \longrightarrow R{-}C{\equiv}C^-Ag^+\downarrow + H^+$$

Qualitativer Nachweis: Die Analysensubstanz wird in Wasser oder Methanol gelöst und mit Acetatpuffer abgepuffert.

Gibt man eine verd. $AgNO_3$-Lsg. (in Wasser oder Methanol) hinzu, muss ein weißer Niederschlag entstehen.

2.3 Aromaten

Aromaten werden u.a. durch *Substitutionsreaktionen* in geeignete Derivate überführt. Sie werden z. B. durch Sulfonierung, Nitrierung oder durch Adduktbildung charakterisiert.

Qualitativer Nachweis: Man versetzt die Probe mit einer Reagenzlsg. aus 10 ml konz. H_2SO_4 und 5 Tropfen konz. *Formaldehydlsg.* Es entsteht eine **intensive Färbung** (gelb, rot, blau, grün). Anthrachinon, Benzoesäure, Salicylsäure und wenige andere reagieren nicht. Bei Zuckern u.ä. ist zu prüfen, ob nicht schon mit H_2SO_4 allein eine Färbung entsteht.

a) Sulfonierung und Sulfochlorierung

Beim Erwärmen mit 10%-igem *Oleum* bilden sich **Sulfonsäuren**, die als Alkalisalze aus der Probenlösung abgetrennt werden können.

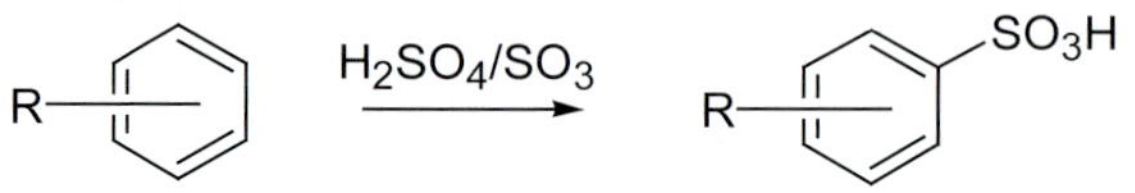

Bei der Umsetzung mit *Chlorsulfonsäure* entstehen **Sulfonsäurechloride**, aus denen sich mit Ammoniak schwerlösliche **Sulfonamide** bilden:

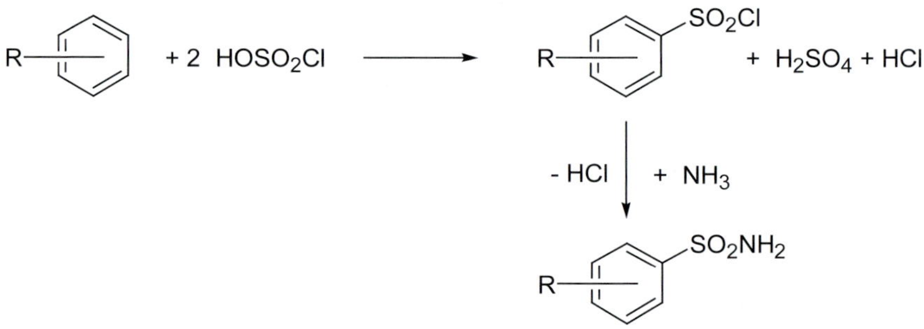

b) Nitrierung

Durch Umsetzung mit *Nitriersäure* werden gefärbte **Nitroaromaten** gebildet. Die Nitrogruppe kann mit *Zn/NH_4Cl* zur **Hydroxylamingruppe** reduziert werden, die mit *Tollens-Reagenz* ($Ag^+/NH_4^+OH^-$) **Silber** abscheidet.

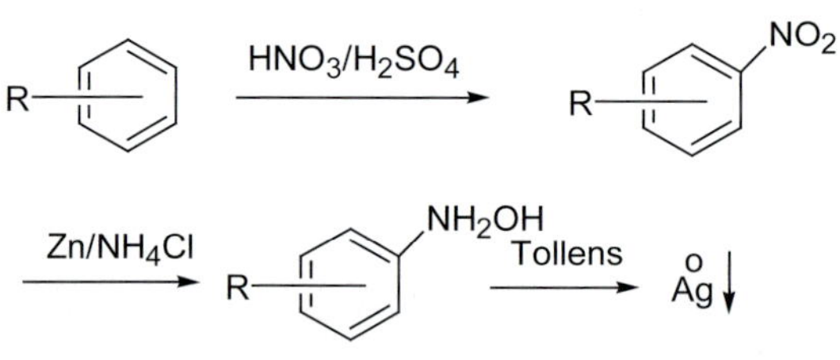

Durchführung: Zu 100 mg der Probensubstanz werden unter Schütteln langsam 3,5 mol Nitriersäure (1,5 ml konz. HNO_3 und 2 ml konz. H_2SO_4) gegeben. Man erwärmt ca. 5 min auf 50°C und gießt dann auf 10 g Eis. Das erhaltene Produkt wird abgetrennt, in 10 ml 50% Ethanol gelöst und 0,5 g NH_4Cl sowie 0,5 g Zn-Staub werden zugegeben. Nach Schütteln wird 2 min zum Sieden erhitzt. Nach dem Abfiltrieren wird Tollens-Reagenz zum Filtrat gegeben. Bei Abscheidung von Silber ist der Test positiv.

c) Adduktbildung

Aromatische Kohlenwasserstoffe (auch anellierte Ringsysteme) können mit Verbindungen wie Trinitrobenzol, Pikrinsäure etc. kristalline Addukte bilden, die über den Schmelzpunkt identifiziert werden können.

2.4 Halogenalkane (Alkylhalogenide)

Die Anwesenheit von Halogenen in einer Probe kann zunächst z. B. mit der *Beilsteinprobe* oder dem Aufschluss mit *CaO* (s. S. 118) nachgewiesen werden.

Die Art und Festigkeit der Bindung des Halogenatoms an den organischen Rest kann wie folgt bestimmt werden:

Zu 2 Tropfen einer wässrigen oder alkoholischen Lsg. der Probe gibt man 2 ml einer 2%-igen ethanolischen *$AgNO_3$-Lösung*. Beobachtet man innerhalb von 5 min bei Raumtemperatur keine Reaktion, so erwärmt man die Lösung.

Ergebnis:

Fällung bei Raumtemperatur	Säurehalogenide, organische Salze von Halogenwasserstoffsäuren (bes. mit Aminen), Alkyliodide, tert. Alkylchloride, aliphatische 1,2-Dibromide, Allylhalogenide u.a.
Fällung beim Erhitzen	Primäre und sekundäre Alkylhalogenide, aktivierte Arylhalogenide.
Keine Reaktion beim Erwärmen	Arylhalogenide, Vinylhalogenide, CCl_4 u.a.

Eine allgemein anwendbare Identifizierung bietet die Derivatisierung als **Alkylthiuroniumpikrat.** Dazu stellt man aus dem Halogenid mit Thioharnstoff ein S-Alkylisothiuroniumhalogenid her, das mit Pikrinsäure ein schwer lösliches S-Alkylisothiuroniumpikrat gibt.

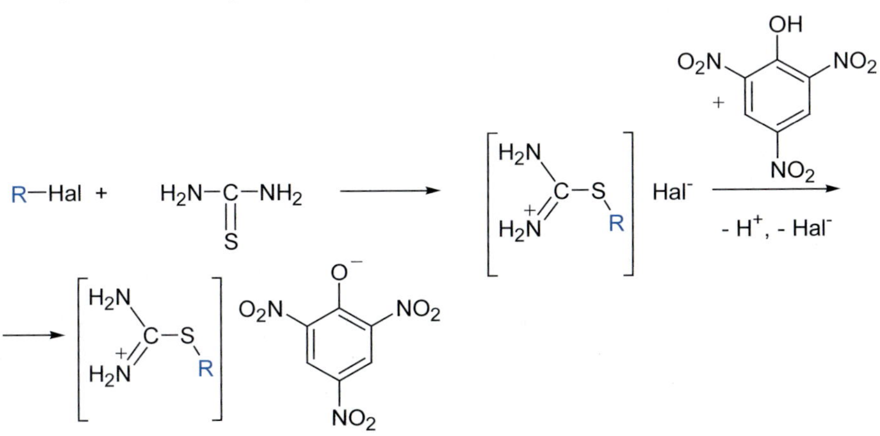

2.5 Alkohole

Zur Prüfung auf eine Hydroxylgruppe versetzt man die Analysenlsg. mit einer Lsg. von *Diammoniumhexanitratocerat* $(NH_4)_2[Ce(NO_3)_6]$ in verd. *HNO_3* (1 g in 2,5 ml 2 N HNO_3).

Durchführung:

wasserlösl. Substanzen: 0,5 ml der Reagenzlösung werden mit 3 ml dest. Wasser verdünnt. Ca. 5 Tropfen der Substanz oder ihrer konzentrierten wässrigen Lsg. werden zugegeben.

wasserunlösliche Substanzen: 0,5 ml der Reagenzlösung werden mit 3 ml Dioxan verdünnt und, falls erforderlich, tropfenweise mit Wasser vermischt, bis eine klare Lösung vorliegt. Danach werden 5 Tropfen der Substanz oder ihrer konzentrierten Lösung in Dioxan zugegeben.

Ergebnis: **Alkohole** färben die Lösung **rot, Phenole** geben in wässr. Lsg. einen **braunen** Niederschlag, in Dioxan eine dunkelrote bis braune Färbung.

Unterscheidung nach Substitutionsgrad: Primäre, sekundäre und tertiäre Alkohole werden mit *Lukas-Reagenz* unterschieden. Es handelt sich hierbei um eine Lösung von wasserfreiem *$ZnCl_2$* in konz. *Salzsäure* (0,5 mol $ZnCl_2$ in 0,5 mol konz. HCl). Der Nachweis nutzt die unterschiedliche Substitutionsgeschwindigkeit der OH-Gruppen durch Cl^--Ionen aus:

$$HCl + ROH \xrightarrow{ZnCl_2} R{-}Cl + H_2O$$

Durchführung: Zu 1 ml der Analysensubstanz werden rasch 6 ml Lukas-Reagenz zugegeben. Danach wird die Mischung geschüttelt, stehen gelassen und beobachtet.

- **Primäre Alkohole** bis zu 5 C-Atomen werden zu einer klaren Lösung gelöst.
- **Sekundäre Alkohole** trüben die Lösung nach ca. 5-10 min.
- Aus **tertiären Alkoholen** bildet sich sofort das Alkylchlorid, das sich als eigene Phase aus der salzsauren Lösung abscheidet.

Charakterisierung: Alkohole werden am besten mit Säurechloriden in feste Ester überführt, die anhand des Schmelzpunktes identifiziert werden können.

Feste Derivate von prim., sek., und tert. Alkoholen bilden sich durch Veresterung mit *3,5-Dinitrobenzoylchlorid.*

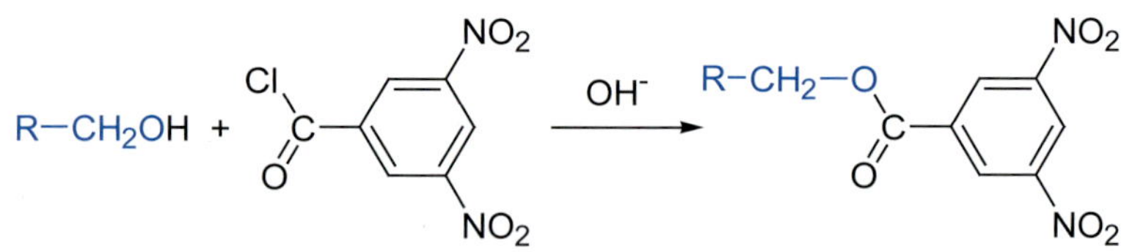

Schwerflüchtige Alkohole lassen sich besser mit *4-Nitrobenzoylchlorid* verestern.

Für *prim.* und *sek.* Alkohole können auch die **Urethane** (Carbaminsäureester) herangezogen werden, die durch Umsetzung der Alkohole mit *Isocyanaten* entstehen.

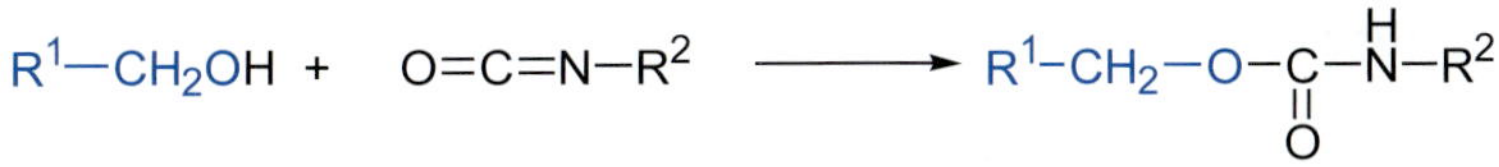

R^2 = Phenyl oder α-Naphthyl

Primäre und *sekundäre* Alkohole (nicht aber tertiäre) reagieren mit *Phthalsäureanhydrid* zu den **Halbestern** (sauren Estern) der **Phthalsäure**, die häufig gut kristallisieren.

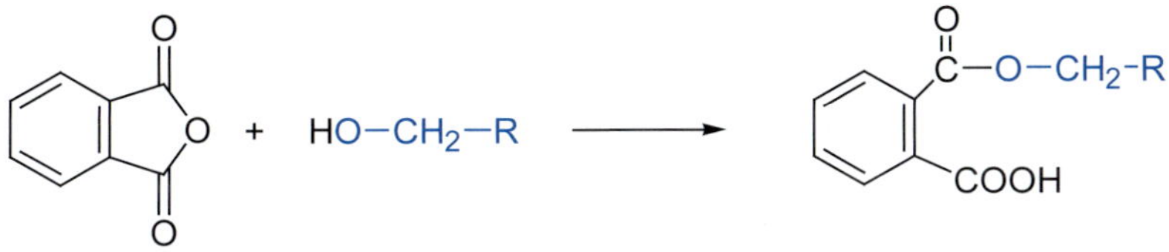

Durch Umsetzung der Hydrogenphthalate racemischer sekundärer Alkohole mit optisch aktiven Basen (z. B. Brucin) entstehen Diastereomere, die leicht getrennt werden können. Verseifung liefert anschließend die optisch aktiven Alkohole.

Polyhydroxyverbindungen, z. B. Zucker, werden meist als Benzoate (nach *Schotten-Baumann)* oder Acetate charakterisiert. Die Acylierung mit *Acetylchlorid* oder *Acetanhydrid* dient auch zur quantitativen Bestimmung von Hydroxylgruppen:

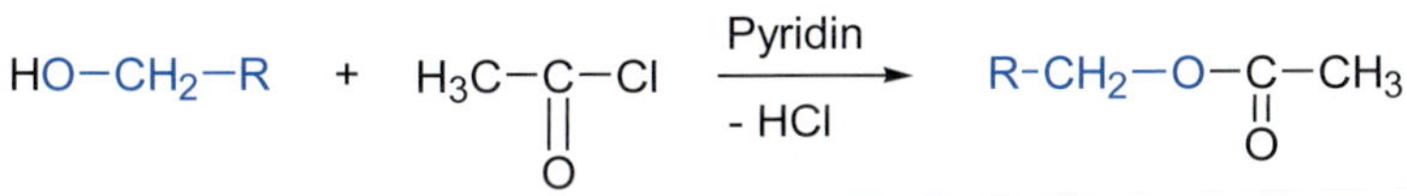

Polyalkohole mit 1,2-Dihydroxygruppen können quantitativ durch Oxidation mit Periodsäure (*Malaprade*-Reaktion) oder *Bleitetraacetat (Criegee*-Reaktion) bestimmt werden. Die oxidative Glykolspaltung liefert **Ketone** und **Aldehyde**, die entsprechend charakterisiert werden können. Vgl. S. 132.

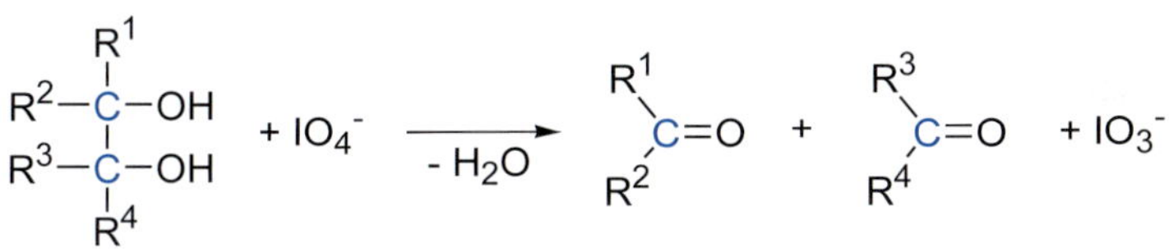

Qualitativer Nachweis: 25 ml einer 2% KIO_4-Lsg. werden mit 2 ml 10% $AgNO_3$-Lsg. und 2 ml konz. HNO_3 versetzt. Nach Stehenlassen wird die klare Reagenzlösung dekantiert. Die Analysensubstanz wird in Wasser oder Dioxan gelöst und mit Reagenzlösung versetzt. Ein Niederschlag von $AgIO_3$ zeigt einen positiven Test an (evt. ist Erwärmen erforderlich). Reduktionsmittel – nicht aber Aldehyde – stören!

2.6 Enole

Eine Keto-Enol-Tautomerie (Prototropie) lässt sich durch folgende Gleichung beschreiben:

Keto-Form Enol-Form

Enole geben daher sowohl Reaktionen wie sie für Carbonylverbindungen typisch sind (s. S. 132), als auch solche, mit denen Olefine oder acide Hydroxylgruppen charakterisiert werden.

Nachweis der Doppelbindung: z. B. durch Entfärben von Brom- und $KMnO_4$-Lsg. s. S. 120.

Nachweis der Hydroxylgruppe:

Farbreaktion mit einer $FeCl_3$-Lsg.: Die Analysensubstanz wird in Wasser oder in 50% Ethanol gelöst (1 Tropfen Substanz in 5 ml Lösemittel), 1-2 Tropfen einer 1%-igen wässr. $FeCl_3$-Lsg. werden zugegeben. Bei aliphatischen Enolen tritt eine rote bis blaue Färbung auf.

Charakterisierung: Die Hydroxylgruppe kann z. B. mit *Acetanhydrid* verestert werden (Bildung eines Enolacetats) oder mit *Diazomethan* in einen Enolether überführt werden.

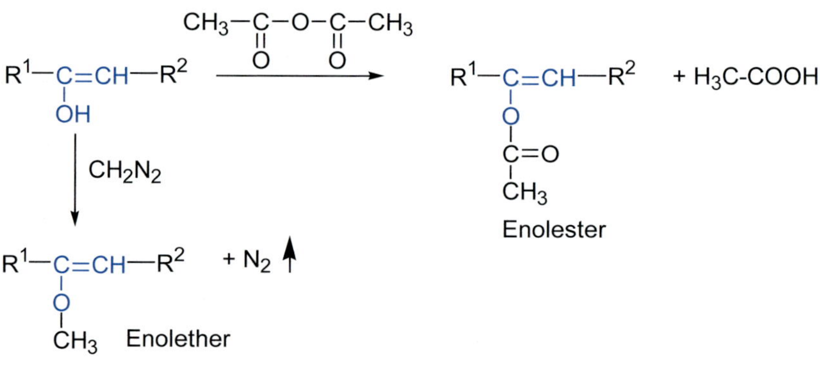

2.7 Phenole

Charakteristisch für Phenole ist ihre Farbreaktion mit einer 1%-igen *$FeCl_3$-Lösung.*

Durchführung: wie bei den Enolen (s. S. 126).

Bei positiver Reaktion wird eine **blaue** bis **violette**, manchmal auch **grünblaue** Färbung der Reaktionslösung (Fe-Komplex) beobachtet. Hinweise auf Phenole gibt auch die Reaktion mit *Diammoniumhexanitratocerat* (s. S. 124).

Phenole lassen sich mit *Diazoniumsalzen* in einer Kupplungsreaktion zu **Azofarbstoffen** umsetzen.

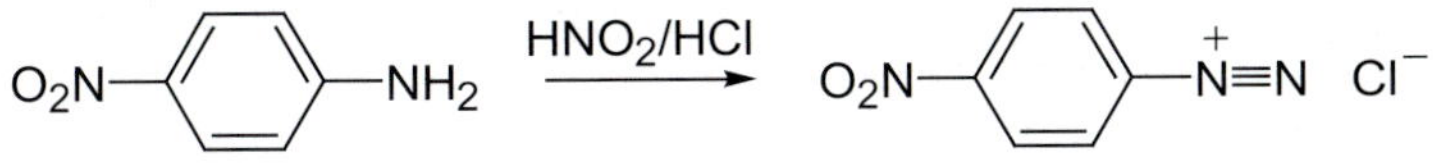

p-Amino-nitro-benzol
p-Nitroanilin

p-Nitrobenzoldiazonium-chlorid

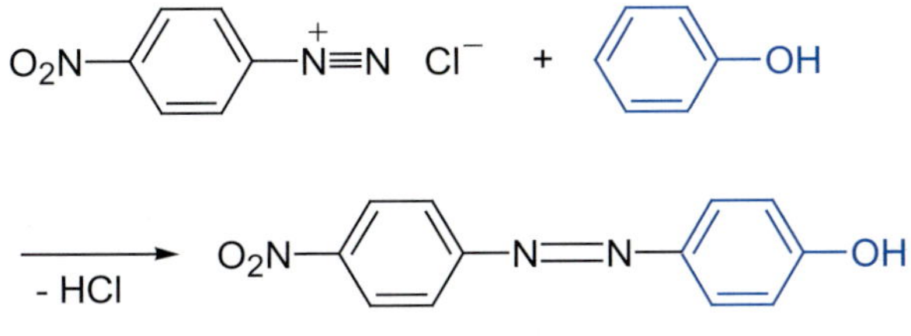

substituiertes Azobenzol

Durchführung: Reagenz ist eine 0,5% Lösung von 4-Nitrobenzoldiazoniumchlorid in 0,5 M Salzsäure, das auch direkt aus 4-Nitroanilin und $NaNO_2$ hergestellt werden kann. Die Analysensubstanz wird in Wasser oder verd. Ethanol gelöst und mit 1/10 ihres Volumens mit der Reagenzlsg. und der gleichen Menge einer 5 % Sodalösung versetzt. Es entsteht gelbe bis rote Farbstoffe.

Ein **Indophenolfarbstoff** entsteht beim *Phenolnachweis nach Liebermann:*

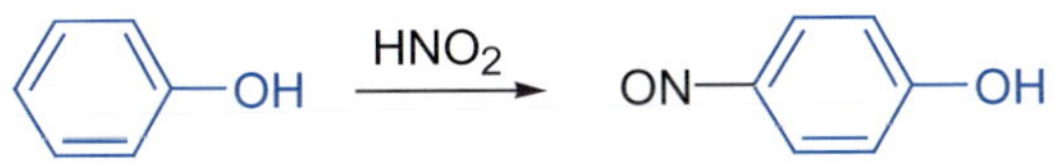

Phenol

Nitrosophenol

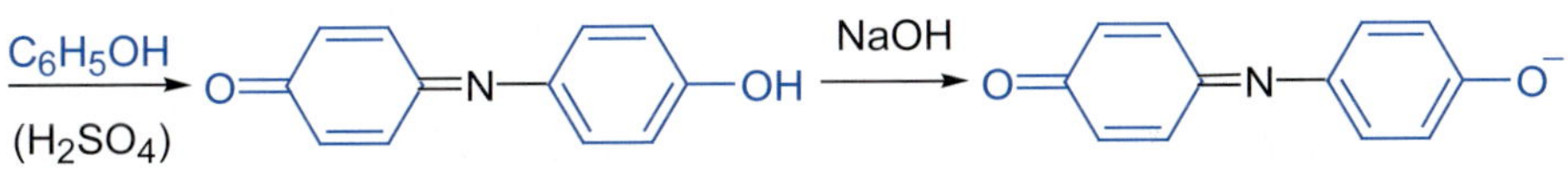

(rot)

(blau)

Durchführung: 1 Tropfen der etherischen Analysenlösung wird zur Trockne eingedampft und mit 1 Tropfen nitrithaltiger H_2SO_4 (konz. H_2SO_4 mit 1 % $NaNO_2$) versetzt. Man rührt um und lässt ca. 5 min. stehen. Phenole geben meist eine rote Färbung, die bei Zugabe von verd. Natronlauge blau wird.

Aromatische m-Dihydroxyverbindungen (z. B. Resorcin) kondensieren mit *Phthalsäureanhydrid* zu **Fluoresceinen.**

Identifizierung: Phenole können ebenso wie Alkohole charakterisiert werden als **Ester** (z. B. mit Säurechloriden) oder **Urethane** (mit Isocyanaten). Weitere Möglichkeiten: Bromierung zu gut kristallisierenden **Bromphenolen** und Derivatisierung mit *Chloressigsäure* (Bildung von **Aryloxyessigsäuren):**

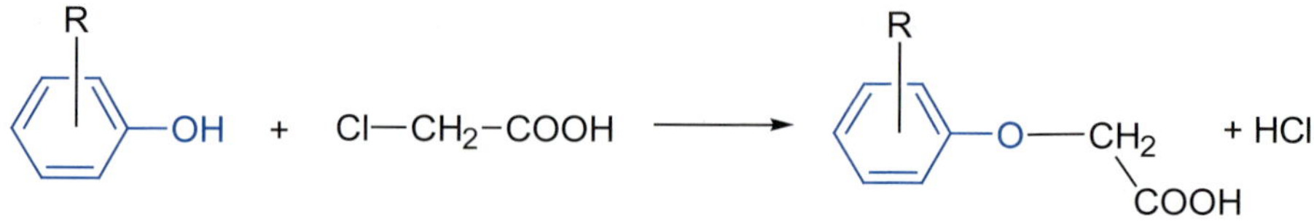

2.8 Ether

Ether sind in der Regel chemisch sehr inert. Lediglich spezielle Ether können auf einfache Weise nachgewiesen werden. Dazu gehören *Acetale* (bzw. *Ketale*) und *Vinylether*, die man nach der Hydrolyse als **Oxime** charakterisiert (Reaktion der Carbonylgruppe).

Alkylether, Arylalkylether und *cyclische Ether* (auch Oxirane) werden meist über ihre Spaltprodukte identifiziert. Hierzu dient konzentrierte *Iodwasserstoffsäure*.

a) $$-\overset{|}{\underset{|}{C}}-O-CH_3 + HI \longrightarrow -\overset{|}{\underset{|}{C}}-OH + CH_3I$$

(quantitative Bestimmung von Methoxygruppen nach *Zeisel*)

b) $$-\overset{|}{\underset{|}{C}}-O-\overset{|}{\underset{|}{C}}- + 2\,HI \longrightarrow 2\ -\overset{|}{\underset{|}{C}}-I + H_2O$$

Ein Überschuss von HI führt zur Bildung von 2 mol Alkyliodid.

Arylalkylether

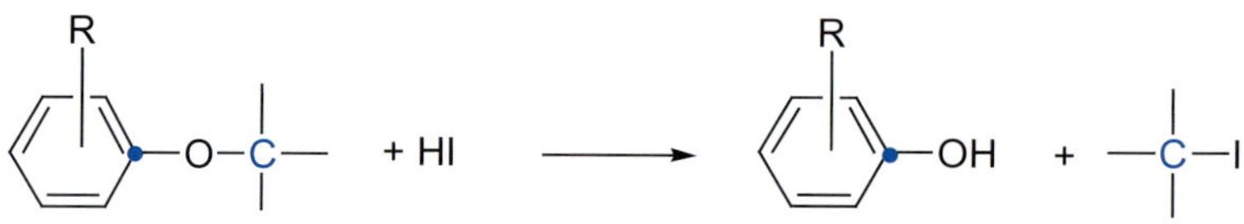

Bei der Spaltung erhält man ein **Phenol** und ein **Alkyliodid**.

Diarylether werden nicht gespalten, sondern durch elektrophile Substitution am Aromaten charakterisiert.

2.9 Peroxide

Aktive Sauerstoffgruppen oxidieren *Iodid* zu **Iod,** das wie üblich titriert werden kann:

$$R^1-O-O-R^2 + 2\,HI \longrightarrow R^1-OH + R^2-OH + I_2$$

Peroxide (z. B. in Ethern) können dadurch nachgewiesen werden, dass man sie mit essigsaurer *KI-Lösung* oder schwefelsaurer *$Ti(SO_4)_2$-Lösung* schüttelt. **Gelbfärbung** zeigt Peroxide an (s. Ti-Nachweis S. 87).

$$R^1\text{—O—O—}R^2 + 2\,H_2O \xrightarrow{H^+} R^1\text{—OH} + R^2\text{—OH} + H_2O_2$$

$$Ti(SO_4)_2 + H_2O_2 \longrightarrow [TiO_2\cdot aq]^{2+}\ \text{gelb}$$

2.10 Amine

Amine bilden mit Säuren Salze, so dass man aufgrund ihrer Löslichkeit und ihres Stickstoffgehaltes bei der Vorprobe bereits gewisse Hinweise erhält. Im einzelnen ist dann zu unterscheiden zwischen primären, sekundären und tertiären aliphatischen bzw. aromatischen Aminen, die durch verschiedene Reaktionen getrennt und identifiziert werden können.

Primäre Amine

Eine gute Vorprobe für primäre Amine ist die *Isonitrilreaktion.*

Durchführung: 50 mg oder 2 Tropfen der Analysensubstanz werden in 1 ml Ethanol gelöst. Man gibt 2 ml verd. Natronlauge und 5 Tropfen $CHCl_3$ zu und erhitzt kurz.

Es bildet sich ein unangenehm riechendes, giftiges **Isonitril**. Die Reaktion verläuft über die Addition eines Carbens an das Amin:

$$R\text{—}NH_2 + CHCl_3 \xrightarrow{NaOH} R\text{—}\overset{+}{N}\equiv C|^{-}$$

Isonitril

Primäre Amine können auch durch eine Farbreaktion mit *1,2-Naphthochinon-4-sulfonsäure* nachgewiesen werden, wobei farbige **Chinonimine** gebildet werden:

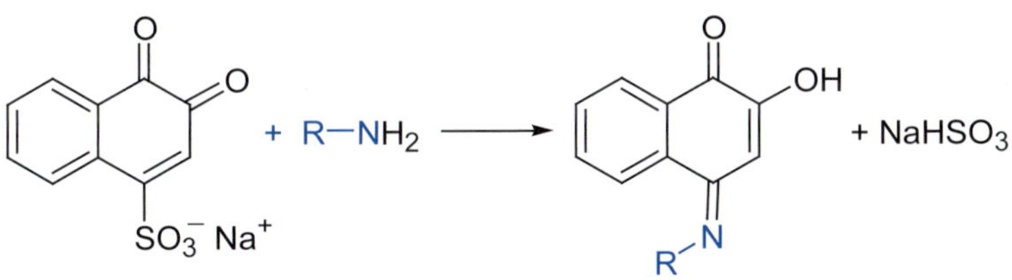

Primäre und sekundäre Amine

Primäre und sekundäre Amine sind acylierbar, z. B. mit *Acetylchlorid* oder *Benzoylchlorid,* wobei **Carbonsäureamide** entstehen. Tertiäre Amine reagieren nicht.

Diese Reaktionen dienen häufig zur Charakterisierung.

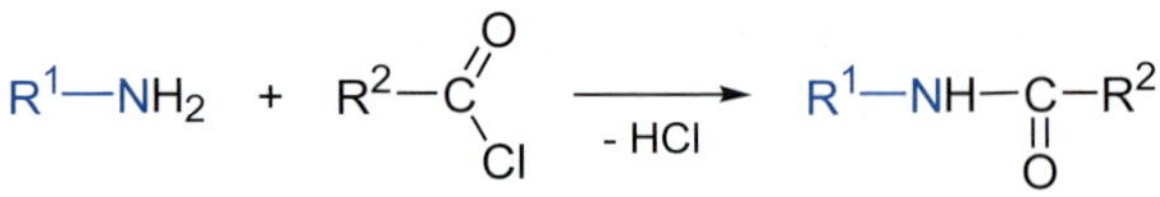

R^2 z. B. CH_3, C_6H_5

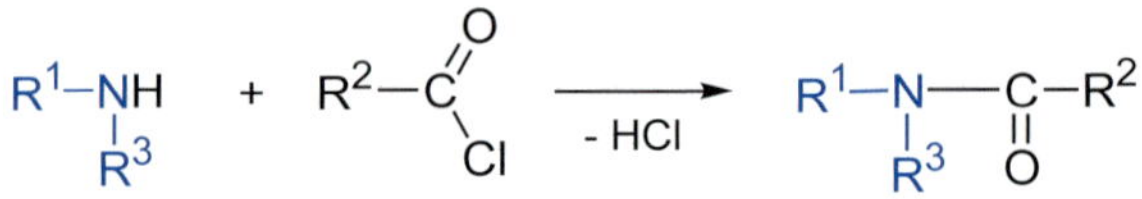

Qualitativer Nachweis: Zu 0,5 ml Amin oder seiner konz. Lösung in Toluol tropft man langsam Acetylchlorid. Heftige Reaktion unter Erwärmung weist auf prim. und sekundäre Amine hin.

Die Reaktion mit *2,4-Dinitrohalogenbenzolen* liefert die entsprechenden **Nitroaniline** (nucleophile Substitution am Aromaten!):

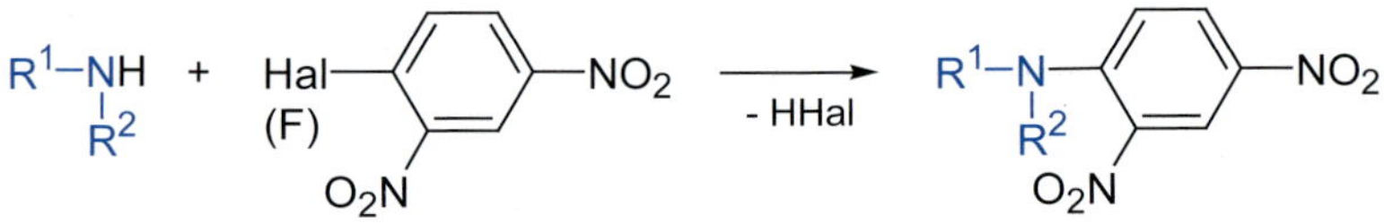

(Sangers Reagenz)

Hal = F, Cl

R^2 = H, Alkyl, Aryl

Auf dieser Art von Reaktion beruht die klassische Methode zur Proteinsequenzierung (N-Terminus Bestimmung) mit ***Sangers Reagenz***.

Eine einfache Methode ist die Umsetzung der Ammoniumsalze mit dem Alkalisalz eines Disulfimids, wobei gut kristallisierende Salze entstehen, z. B. mit *4,4'-Dichlordiphenylsulfimid.*

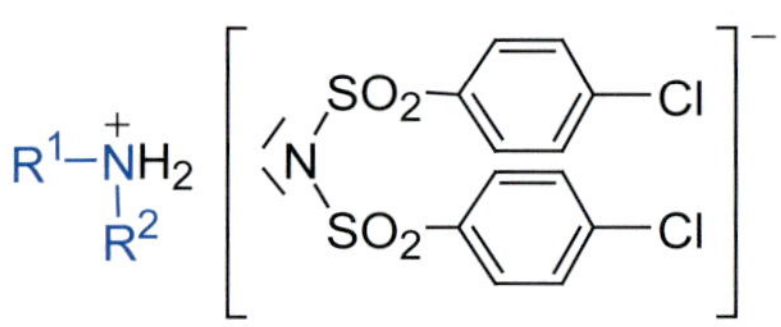

Tertiäre Amine

Tertiäre Amine werden durch *Quarternisierung* charakterisiert, z. B. als Iodide, Tosylate oder Pikrate:

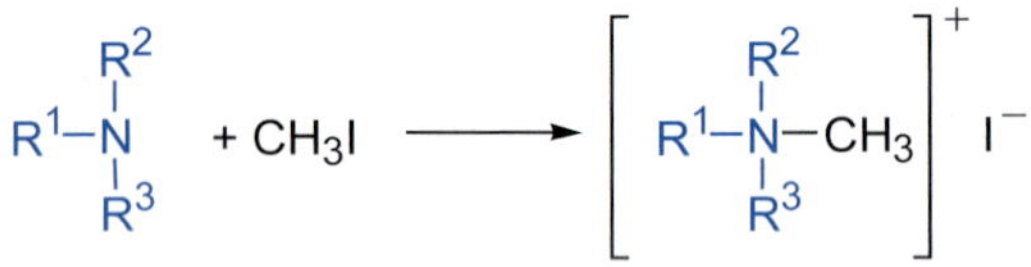

quartäres Ammoniumiodid

Trennung primärer, sekundärer und tertiärer Amine

a) Hinsberg-Trennung: Das Amingemisch wird mit *Toluolsulfonylchlorid* in alkalischer Lsg. behandelt.

Tertiäre Amine bleiben unter den Bedingungen der Analyse in Lsg. und können mit verd. Salzsäure als Hydrochlorid entfernt werden.

Sekundäre Amine bilden Monosulfonamide, die in alkalischer Lösung unlöslich sind und ausfallen:

$$R^1{-}NH(R^2) + C_6H_5SO_2Cl \xrightarrow[-\,HCl]{} C_6H_5{-}SO_2{-}NR^1R^2 \downarrow$$

Aus *primären* Aminen entstehen Monosulfonamide und z.T. Disulfonamide. Letztere werden mit Natriumethylat gespalten und damit in das Monosulfonamid überführt. Die nun vorliegenden Monosulfonamide der primären Amine bleiben als Na-Salze zunächst in der alkalischen Lösung (NH-acide Verbindung, aktiviert durch elektronenziehende SO_2-Gruppe!). Beim Ansäuern der Lsg. mit verd. Salzsäure fallen sie aus:

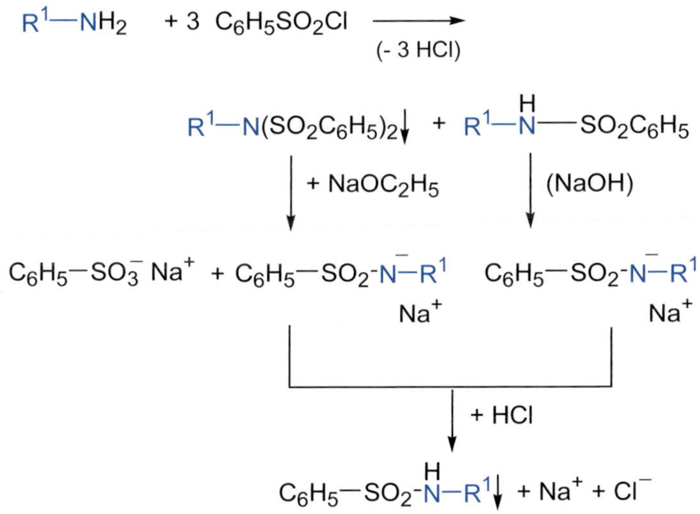

b) Trennung und Unterscheidung von aliphatischen und aromatischen Aminen
Amine verhalten sich je nach ihrem Substitutionsmuster unterschiedlich gegenüber salpetriger Säure *HNO_2*.

Primäre aliphatische Amine bilden instabile **Diazoniumsalze**, die weiter zerfallen. Der entstandene Stickstoff kann gasvolumetrisch bestimmt werden (*Bestimmung nach van Slyke*, auch für Aminosäuren brauchbar):

$$R^1{-}NH_2 + HONO \xrightarrow{(HX)} [R^1{-}N{\equiv}N]^+X^- \xrightarrow{H_2O} N_2\uparrow (+\ \text{Alkohol} + \text{Alken})$$

Primäre aromatische Amine bilden Diazoniumsalze, die z. B. nach Kupplungsreaktionen mit 2-Naphthol farbige **Azoverbindungen** bilden:

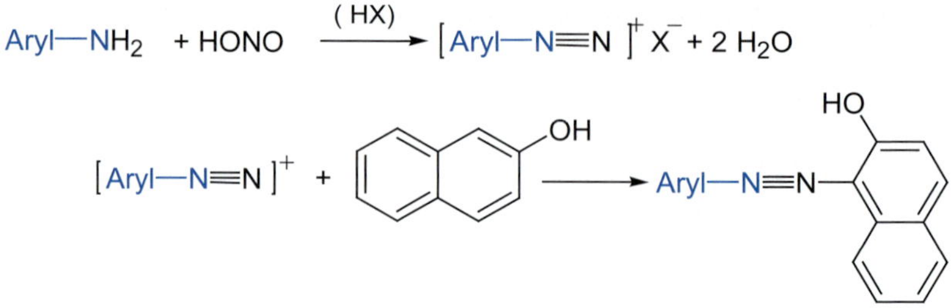

Sekundäre aliphatische und aromatische Amine bilden **Nitrosamine:**

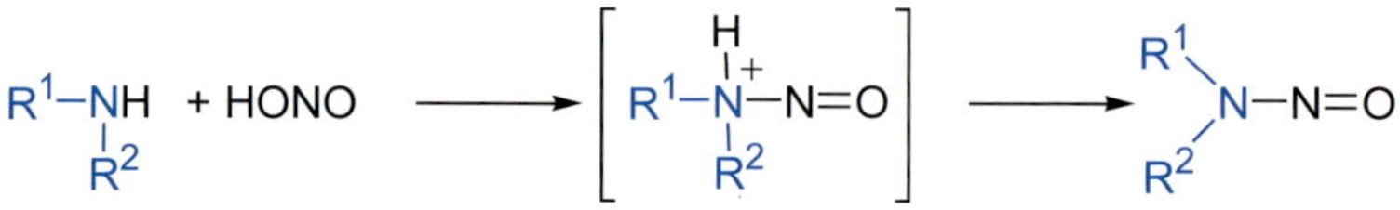

Tertiäre aliphatische und aromatische Amine reagieren unter den bei der Analyse angewandten Bedingungen nicht.

2.11 Aldehyde und Ketone

Zum Nachweis der Carbonylgruppe können die zahlreichen bekannten *Kondensationsreaktionen* mit Verbindungen des Typs R-NH_2 herangezogen werden.

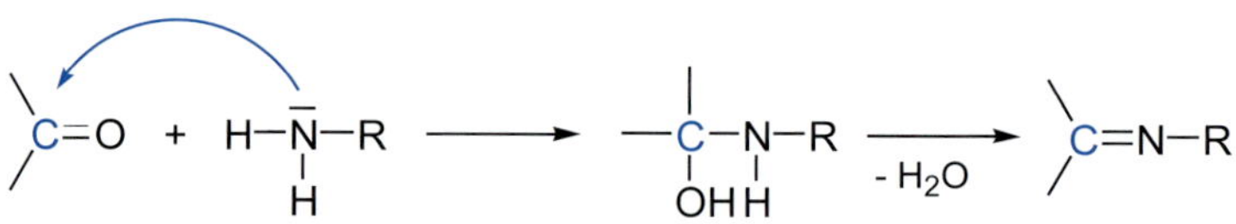

Wichtige Reagenzien und ihre Derivate:

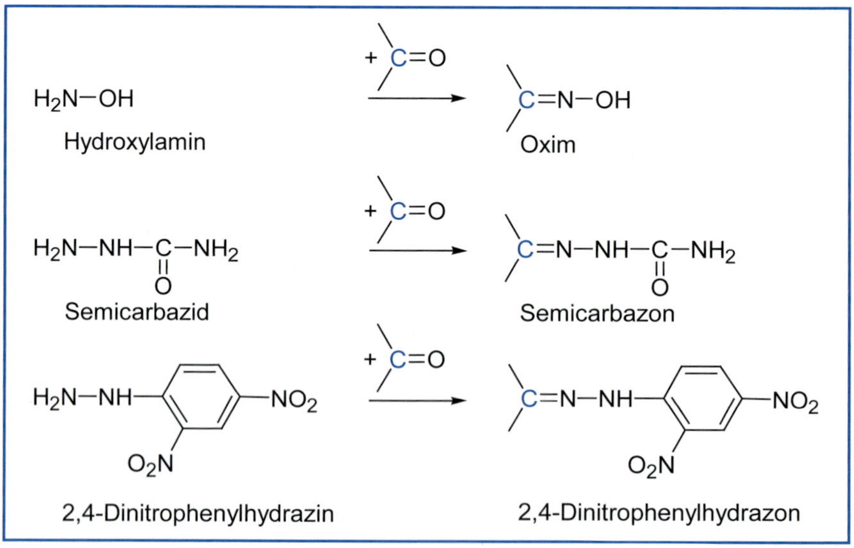

Aldehyde können von Ketonen durch ihre leichte Oxidierbarkeit unterschieden werden. Hierzu dienen die *„Fehlingsche Lösung", „Tollens-Reagenz"* oder, als sehr empfindliche Probe, die Umsetzung mit *fuchsinschwefliger Säure („Schiffsches Reagenz")* deren Lösung sich mit Aldehyden **violett** färbt.

Im Reagenz liegt vorwiegend Fuchsinleukosulfonsäure als **I** vor, aus der durch Reaktion mit dem Aldehyd und Hydrogensulfit hauptsächlich ein **Triphenylmethanfarbstoff II** gebildet wird.

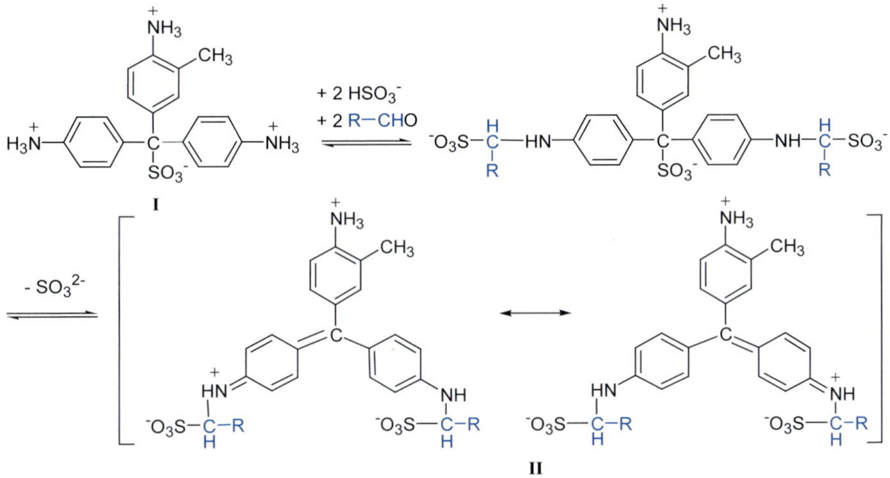

Durchführung: Zu 2 Tropfen oder 50 mg Substanz werden 2 ml Schiffsches Reagenz gegeben und gut geschüttelt. Wasserunlösliche Verbindungen werden in Ethanol (1 ml) gelöst. Eine Blindprobe ist ratsam.

Die Reaktion mit Dimedon (5,5-Dimethylcyclohexan-1,3-dion) ist bei Einhaltung der vorgeschriebenen Bedingungen *für Aldehyde spezifisch.* Man erhält ein gut kristallisierendes Kondensationsprodukt, das mit verd. Säure in ein ebenfalls gut kristallisierendes **Oxo-xanthen-Derivat** überführt werden kann:

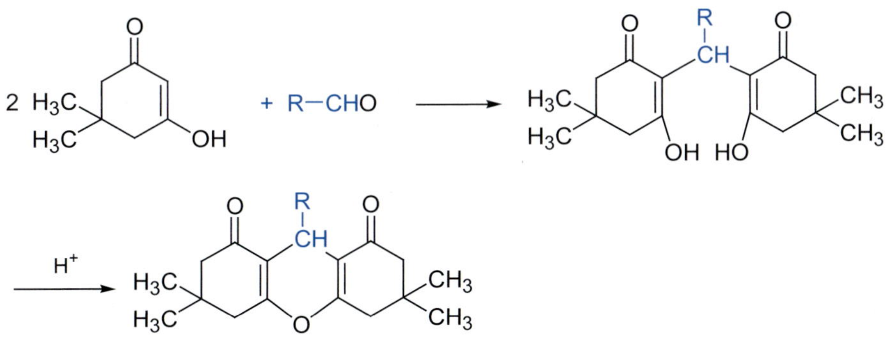

Mehrfachfunktionelle Gruppen mit einer Carbonylgruppe

Kohlenhydrate wie Ketosen und Aldosen werden u.a. charakterisiert als **p-Nitrophenyl-hydrazone** und **Osazone**.

Osazone entstehen durch Umsetzung von Aldosen und Ketosen mit *Phenylhydrazin.*

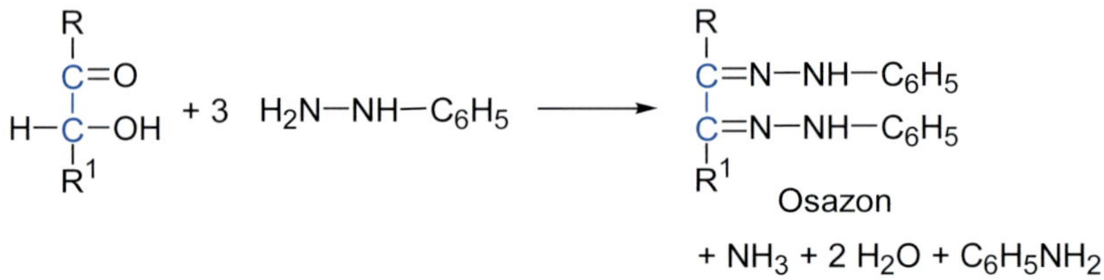

α-Hydroxyketone, die das Strukturelement 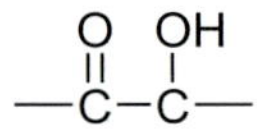 enthalten, werden durch *Triphenyltetrazoliumchlorid* zur **1,2-Dicarbonylverbindung** oxidiert:

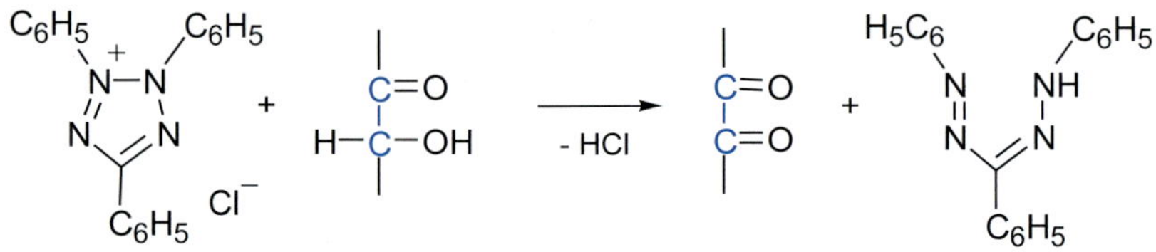

farblos Triphenylformazan (rot)

1,2-Diketone bilden mit *Hydroxylamin* **Bisoxime**, die mit Ni(II)-Ionen rote **Chelatkomplexe** geben (s. S. 187).

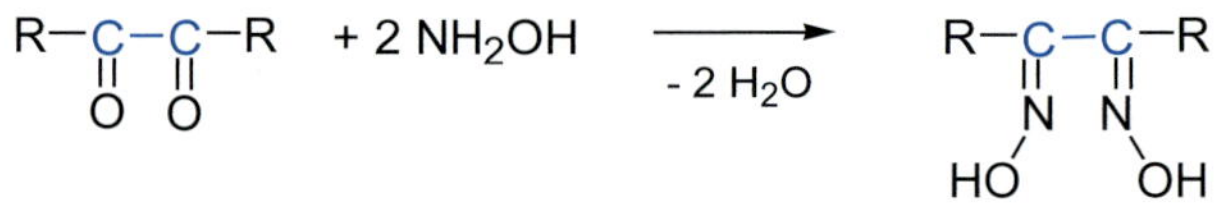

Auch *1,3-Diketone* bilden z. B. mit Cu^{2+}-Ionen schwerlösliche **Chelatkomplexe**, da sie zur Enolisierung neigen:

2.12 Carbonsäuren und Derivate

Carbonsäuren reagieren ebenso wie Sulfonsäuren sauer und setzen aus verdünnter *Na_2CO_3-Lsg.* $\mathbf{CO_2}$ frei. Sie lösen sich in wässriger Alkalihydroxid-Lsg.

Charakterisiert werden sie am besten über ihre Derivate, indem man sie z. B. mit *Thionylchlorid* ($SOCl_2$) in die entsprechenden **Säurechloride** überführt, aus denen unmittelbar (Rohprodukte verwendbar) die **Amide** (z. B. mit NH_3) oder **Anilide** (z. B. mit $C_6H_5NH_2$) hergestellt werden können.

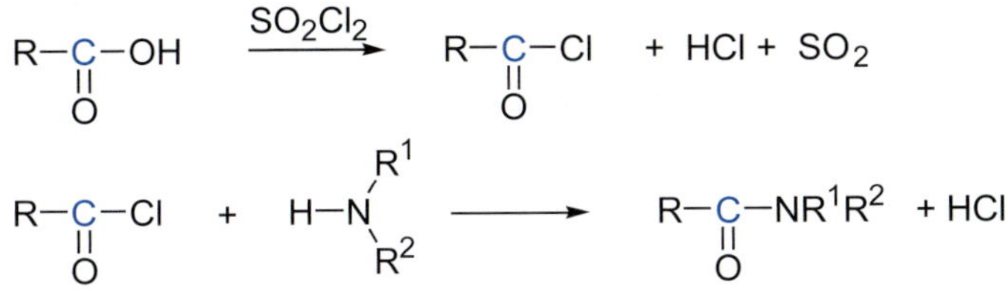

Zur Identifizierung können ferner **Ester** verwendet werden. Hierzu dienen die Reaktionen von *p-Nitrobenzylchlorid* oder *p-Bromphenacylbromid* mit den Alkalisalzen der Säuren:

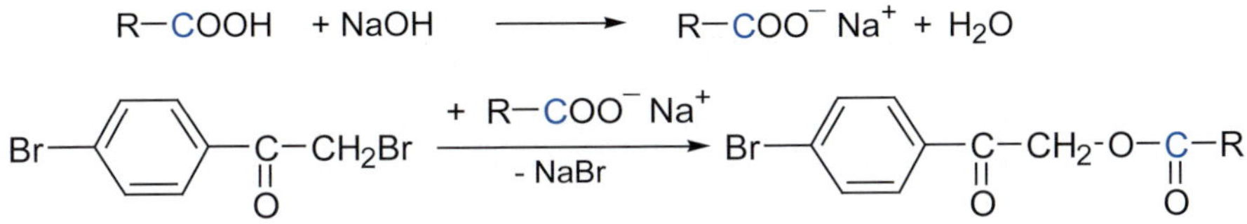

Carbonsäurederivate

Carbonsäure-Derivate, wie Ester, Amide, Anhydride usw. werden oft hydrolysiert und die Spaltprodukte einzeln nachgewiesen.

Carbonsäureanhydride und *–halogenide* reagieren mit Anilin zu festen **Aniliden** und können auch so identifiziert werden (vgl. Charakterisierung der Carbonsäuren).

Durchführung: 3 Tropfen der Analysensubstanz (oder 100 mg in 1 ml heißem Toluol gelöst) werden mit 5 Tropfen Anilin umgesetzt. Es wird abgekühlt und das Anilid durch Reiben mit einem Glasstab zur Kristallisation gebracht.

Carbonsäureamide sind meist alkalisch gut verseifbar. Die entstandene Carbonsäure kann aus der Reaktionslösung als **p-Bromphenacylester** nachgewiesen werden.

Nitrile können alkalisch – oder noch besser – sauer vollständig hydrolysiert werden. Die entstandene Carbonsäure wird als **p-Bromacylester** nachgewiesen. Alternativ ist die Reduktion, z. B. mit Natrium in Alkohol (Bouveault-Blanc-Reduktion) möglich, die zu **Aminen** führt. Diese lassen sich unmittelbar in **Phenylthioharnstoffe** überführt.

Carbonsäureester liefern bei der Hydrolyse die entsprechenden **Carbonsäuren** und **Alkohole**, die getrennt identifiziert werden.

Alternativen sind die *Umesterung* und die *Aminolyse*: Setzt man einen Ester mit *Benzylamin* um, so erhält man die Säure als **Benzylamid**-Derivat. Die Alkoholkomponente wird identifiziert, indem der Ester in einem zweiten Reaktionsansatz mit *3,5-Dinitrobenzoesäure* zur Reaktion gebracht wird, wobei der **Dinitrobenzoesäureester** des Alkohols entsteht. Ester höherer Alkohole müssen evtl.

zuvor durch Kochen mit Methanol in die Methylester überführt werden. In diesem Fall kann die erhaltene Reaktionslösung direkt der Aminolyse unterworfen werden.

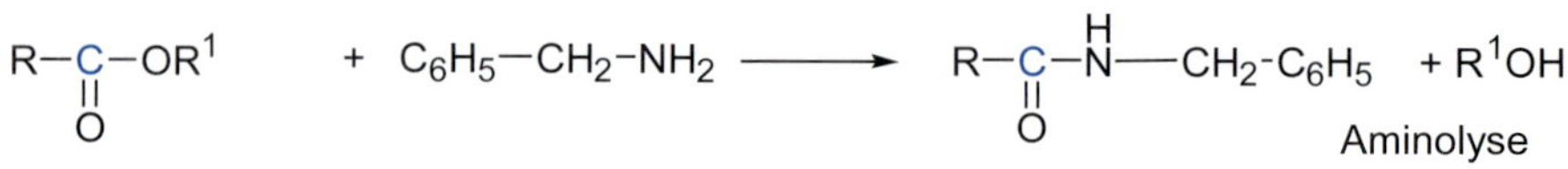

Aminolyse

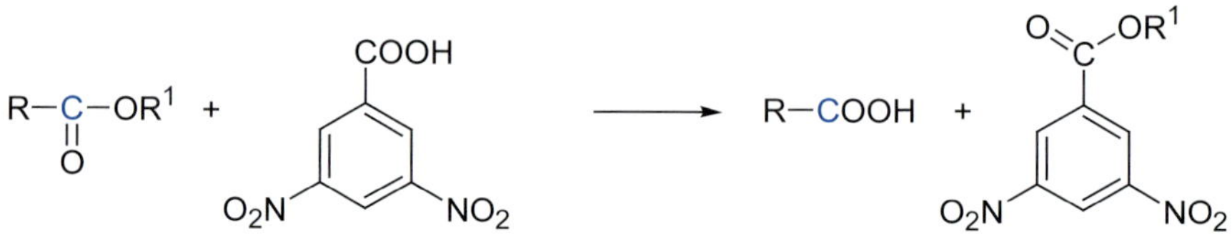

Umesterung

Nachweis von Carbonsäuren und ihrer Derivate mit Hydroxylamin

Freie Carbonsäuren und ihre Salze werden mit $SOCl_2$ in die **Säurechloride** überführt. Carbonsäureester werden mit Kalilauge hydrolysiert und noch in der Reaktionslsg. mit Hydroxylammoniumchlorid versetzt. *Säurechloride* und *Säureanhydride* können zum Nachweis direkt verwendet werden.

Bei den Nachweisreaktionen entstehen **Hydroxamsäuren,** die mit Fe^{3+}-Ionen rot bis violett gefärbte Komplexe bilden (Beispiel s. unten).

Durchführung:

a) *Carbonsäureanhydride und -chloride*

Diese Verbindungsklassen sind so reaktionsfähig, dass man zur Unterscheidung von den anderen Derivaten alle Reagenzien gemeinsam zugibt. Zu diesem Zweck wird eine 0,5% ethanolische $FeCl_3$-Lsg. mit wenig Salzsäure angesäuert und warm mit $H_2NOH{\cdot}HCl$ gesättigt. 1 Tropfen einer etherischen Lösung der Analysensubstanz wird mit 1-2 Tropfen des Reagenzes versetzt und langsam zur Trockne eingedampft. Nach Zugabe von etwas Wasser erhält man eine rote Lösung.

b) *Carbonsäureester*

1 Tropfen einer etherischen Analysenlösung versetzt man mit 1 Tropfen gesättigter ethanolischer Kalilauge und 1 Tropfen gesättigter ethanolischer $H_3NOH^+Cl^-$ -Lsg.. Die Mischung wird einige Minuten zum Sieden erhitzt und nach dem Abkühlen mit 0,5 M Salzsäure angesäuert. Nach Zugabe von 1 Tropfen einer 5% $FeCl_3$-Lsg. erhält man eine rote Lösung.

c) *Carbonsäuren und ihre Salze*

1 Tropfen (oder 50 mg) der Analysensubstanz wird mit 5 Tropfen $SOCl_2$ versetzt und fast bis zur Trockne eingedampft. Danach werden 2 Tropfen einer ges. ethanol. $H_3NOH^+Cl^-$ -Lsg. zugesetzt und tropfenweise mit ethanol. Kalilauge alkalisch gemacht. Nach kurzem Erwärmen wird nach dem Abkühlen mit 0,5 M Salzsäure angesäuert und 1 Tropfen 5% $FeCl_3$-Lsg. zugegeben. Man erhält dunkelrote bis violette Farblösungen.

Beispiel:

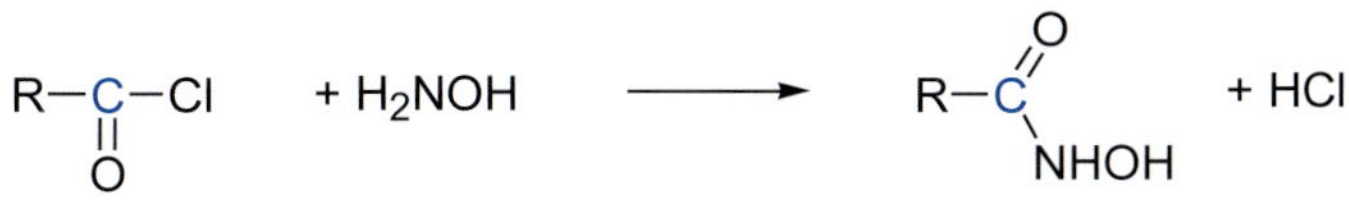

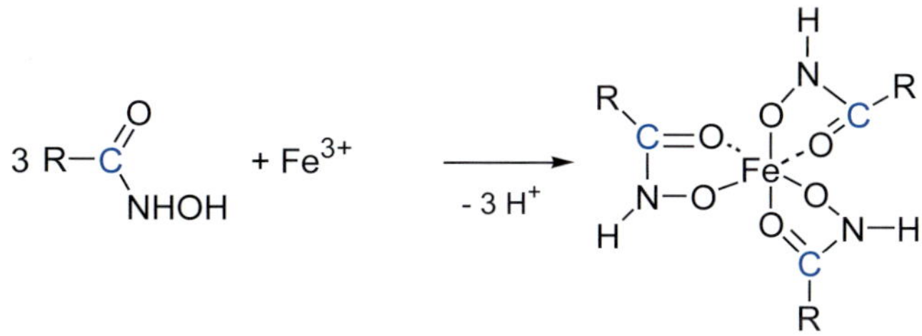

2.13 Aminosäuren

Derivate zur Identifizierung erhält man am besten durch Acylierung der Aminogruppe, z. B. mit *3,5-Dinitrobenzoylchlorid.* Eine weitere Möglichkeit bietet die Reaktion mit *2,4-Dinitrofluorbenzol* (*Sangers Reagenz,* s. S. 130)

Die Addition an *Phenylisothiocyanat* wird zur Sequenzanalyse von Proteinen nach *Edman* verwendet. Das entstehende Hydrolyseprodukt cyclisiert zu einem **Phenylthiohydantoin**.

Charakteristisch, wenngleich nicht spezifisch, ist die *Ninhydrin-Reaktion. Ninhydrin* (Triketohydrindenhydrat) dehydriert die Aminosäure zu einer **Iminosäure** und wird selbst zu einem sekundären Alkohol reduziert. Die Iminosäure zerfällt in den nächst niederen Aldehyd, CO_2 und NH_3. Letzteres kondensiert mit weiterem *Ninhydrin* zu einem **blauvioletten Farbstoff**.

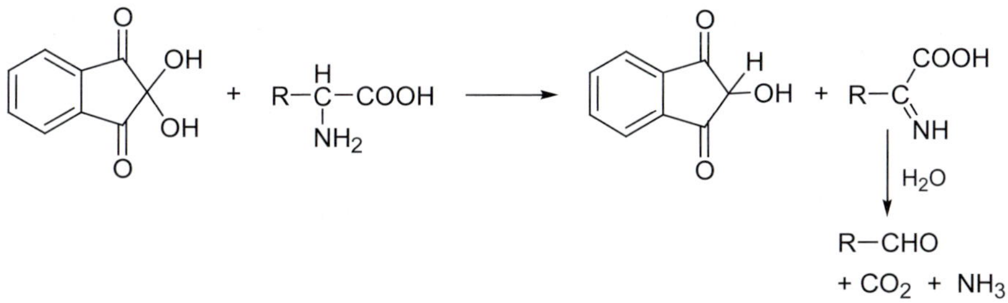

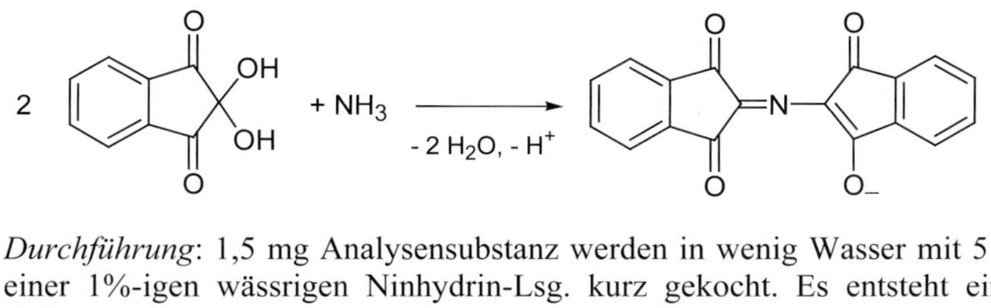

Durchführung: 1,5 mg Analysensubstanz werden in wenig Wasser mit 5 Tropfen einer 1%-igen wässrigen Ninhydrin-Lsg. kurz gekocht. Es entsteht eine blauviolette Lösung.

Die Ninhydrin-Reaktion eignet sich auch zum Nachweis von Aminosäuren bei chromatographischen Trennungen.

Eine weitere Nachweismöglichkeit bietet die *van Slyke-Reaktion* (s. S. 131).

2.14 Sulfonsäuren und Derivate

Sulfonsäuren werden ähnlich wie Carbonsäuren identifiziert. Nach Überführung in das Säurechlorid mit $SOCl_2$ oder PCl_5 können sie durch Aminolyse mit NH_3 oder $C_6H_5NH_2$ als **Sulfonamide** charakterisiert werden.

$$\text{R–SO}_2\text{OH} \xrightarrow{\text{PCl}_5} \text{R–SO}_2\text{Cl} \xrightarrow{\text{H}_2\text{N–R}'} \text{R–SO}_2\text{–NHR}'$$

Alternativ werden sie als Salze identifiziert, und zwar durch Fällen mit *S-Benzylisothioharnstoffchlorid* als **S-Benzylisothioharnstoffsulfonate** (diese Reaktion ist für Carbonsäuren weniger zu empfehlen).

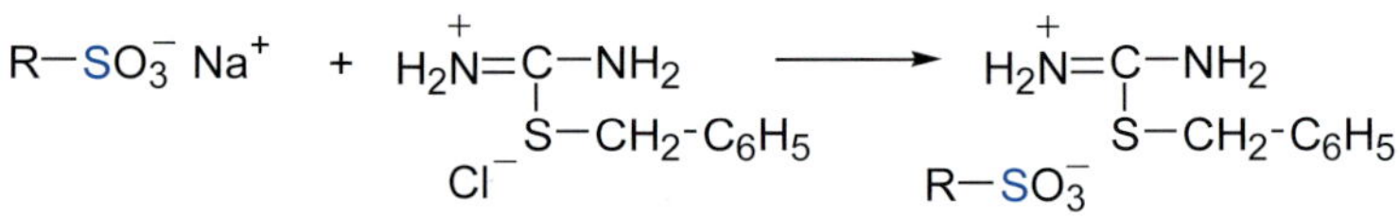

Durchführung: 1 g des Sulfonats werden in Wasser gelöst und im Eis/Wasser-Bad zu einer Lösung von 1 g Reagenz in Wasser zugegeben. Die erhaltene kristalline Fällung wird aus 50% Ethanol umkristallisiert.

Sulfonsäurechloride werden am einfachsten als **Amide** oder **Anilide** identifiziert.

Sulfonsäureamide werden sauer hydrolysiert und die Hydrolyseprodukte getrennt identifiziert. *Primäre* Sulfonsäureamide können ferner mit *Xanthydrol* (9-Hydroxyxanthen) zu **N-Xanthylsulfonamiden** umgesetzt werden.

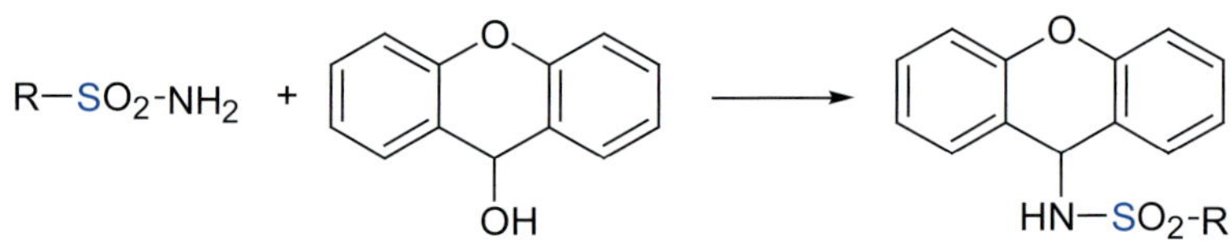

Primäre und *sekundäre Sulfonamide* lassen sich auch am Stickstoffatom alkylieren.

$$\text{R}^1\text{–SO}_2\text{-NHR}^2 + \text{R}^3\text{–Hal} \xrightarrow{\text{OH}^-} \text{R}^1\text{–SO}_2\text{-NR}^2\text{R}^3 + \text{HHal}$$

IV. Grundlagen der quantitativen Analyse

1 Analytische Geräte

1.1 Waagen

Das wichtigste Gerät des Analytikers ist die Waage, denn zu Beginn jeder quantitativen Analyse erfolgt eine Substanzeinwaage. Von ihrer Präzision hängt entscheidend die Genauigkeit der Analysenergebnisse ab.

Waagetypen

a) Balkenwaage (Hebelwaage)

Bei diesen Waagen ist die Wägung unabhängig vom jeweiligen Standort, da die zu bestimmende Masse mit einer bekannten Masse aus einem Gewichtssatz direkt verglichen wird.

Die wohl bekannteste Waage ist die *zweiarmige Hebelwaage* mit drei Schneiden und zwei Schalen (Abb. 12).

Der starre Waagebalken liegt mit seiner Mittelschneide auf einem Lager (Pfanne) aus Stahl oder Achat. Er trägt an seinem Ende je eine Waagschale, die ähnlich aufgehängt ist. Dadurch werden Reibungsverluste möglichst klein gehalten. Der Schwerpunkt der Waage muss unterhalb des Drehpunktes liegen, denn nur dann ist ein stabiles Gleichgewicht erreichbar. Dies ist jedoch notwendig, weil die Wägung einen Massenvergleich auf der Grundlage eines Gleichgewichtszustandes darstellt. Hierbei gelten die Hebelgesetze. Da in der Praxis der Gleichgewichtszustand bei unbelasteter Waage nur angenähert erreicht werden kann, müssen die herstellungsbedingten Toleranzen durch Justiergewichte ausgeglichen werden.

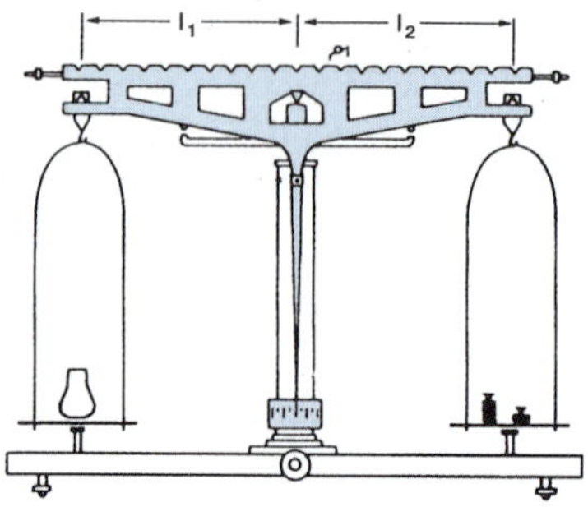

Abb. 12. Zweiarmige Hebelwaage (gleicharmig)

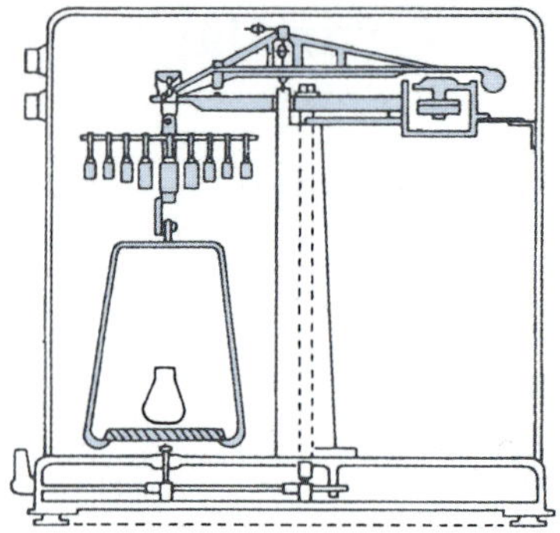

Abb. 13. Einschalige, ungleicharmige Hebelwaage

Eine weitere Waage, die durchaus noch gebräuchlich ist, ist die *einschalige, ungleicharmige Hebelwaage* (Abb. 13). Diese Waage wurde entwickelt, um die Zahl der technisch bedingten Wägefehler zu verringern. Sie besitzt nur noch zwei Schneiden, da eine Waagschale durch eine fest angebrachte Gegenmasse am Waagebalken ersetzt wurde. Bei der Messung werden von der immer mit der Höchstlast belasteten Waage die dem Wägegut entsprechenden Massen als „Schaltgewichte" entfernt, bis der Gleichgewichtszustand erreicht ist. Die Wägung findet also immer bei der gleichen Belastung und damit bei gleicher Empfindlichkeit statt. Moderne Waagen haben zur Schonung der Schneiden oft noch eine Vorwägeeinrichtung, mit der das Wägegut grob abgewogen werden kann. Das Ergebnis der Wägung wird häufig auch digital angezeigt.

Beide Waagetypen müssen nach Gebrauch arretiert werden, um die Schneiden zu schonen. In der Regel befindet sich die Waage in einem Gehäuse mit Schiebetüren (zur Verhinderung von Luftströmung), dessen Horizontaleinstellung mit Hilfe einer Libelle kontrolliert werden kann.

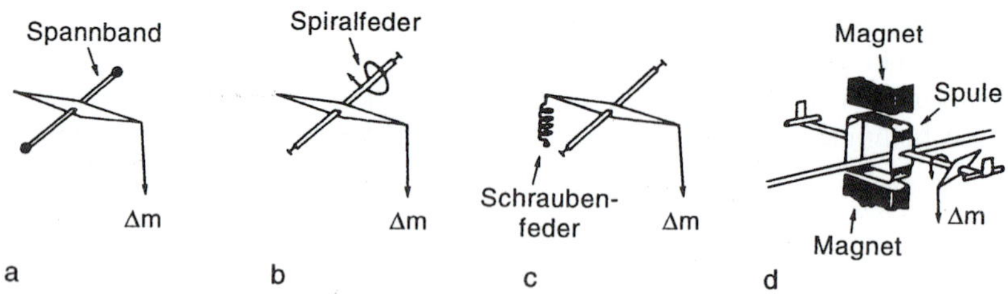

Abb. 14 a-d. Prinzip der Waagen mit elastischen und elektromagnetischen Messgliedern. **a**) Spannband; **b**) und **c**) Federwaagen; **d**) Elektrowaage

b) Waagen mit elastischem Messglied und elektromagnetische Waagen

Diese Waagen sind ortsabhängig, da bei ihnen Gewichte (= Masse · Erdbeschleunigung) kompensiert werden. Sie dienen zur schnellen Wägung im Labor, z. B. als oberschalige Federwaage, oder zur Mikrowägung, z. B. als Elektrowaage, wobei die Messwerte mit Rechenanlagen weiterverarbeitet werden können (Abb. 14).

Bei der „*Torsionswaage*" wird das die Last ausgleichende Gegenmoment durch die Verdrillung z. B. eines Spannbandes erzeugt.

Bei der „*Elektrowaage*" befindet sich eine mit dem Waagebalken verbundene Spule im Luftspalt eines Magnetsystems. Die Auslenkung wird entweder über eine Photozelle registriert oder über induzierte Wechselspannungen mit einem Digitalvoltmeter gemessen. Die einzelnen Hersteller bieten für die elektrische Gewichtskompensation verschiedene Spulensysteme an.

Wichtige Begriffe der Wägetechnik:

Die *Empfindlichkeit E* gibt diejenige Mehrbelastung m einer Waage an, bei der diese noch mit einem bestimmten Ausschlag Δ reagiert.

Hierzu bestimmt man das Verhältnis des Zeigerausschlags zur Masse der Überbelastung, die ihn hervorruft:

$$E = \frac{\Delta}{m} \quad \frac{\text{Skalenteile}}{\text{mg}}$$

Δ = Größe des Ausschlags; m = Masse der Überbelastung

Die Empfindlichkeit hängt u.a. ab von der Länge und Masse des Waagebalkens, der Belastung der Waage, vom Abstand Schwerpunkt – Drehpunkt etc.

Genauigkeit heißt die Übereinstimmung der Anzeige einer Waage mit dem tatsächlichen Gewicht des Wägegutes. Sie hängt ab vom relativen Wägefehler des Gerätes und den Messfehlern des Benutzers.

Relativer Wägefehler wird das Verhältnis von Fehlergrenzen zu Höchstlast genannt. Er dient als Gütekennzeichen von Waagen und ist durch die Konstruktion gegeben. Beispiel für die Berechnung der Fehlergrenze (entspricht dem Vertrauensbereich in der Statistik s. S. 162). Eine Mikrowaage mit der Höchstlast 20 g und einem relativen Fehler von $\pm 5 \cdot 10^{-8}$ hat eine Fehlergrenze von $\pm 20 \cdot 5 \cdot 10^{-8}$ g = $\pm 10^{-6}$ g = ± 0,001 mg.

Reproduzierbarkeit (Streuung, entspricht der Standardabweichung in der Statistik, s. S. 161) ist die mittlere Abweichung der Wägeergebnisse jeder Einzelwägung vom Durchschnitt.

Wägebereich heißt der Bereich, innerhalb dessen die Messwerte von der Waage angezeigt werden. Er ist nicht mit der Höchstlast identisch, da bei dieser noch der Tarierbereich (für Leergut) zu berücksichtigen ist.

Einteilung der Waagen nach ihrer Verwendung

Typ	relat. Wägefehler	bei einer Höchstlast
Feinwaagen	$\pm 10^{-8}$ bis $\pm 5 \cdot 10^{-6}$	von 1 g bis 1 kg
Präzisionswaagen	$\pm 10^{-5}$ bis $\pm 10^{-3}$	von 1 g bis 10 kg
techn. Waagen	$\pm 10^{-4}$ bis $\pm 10^{-3}$	von 100 g bis 5000 kg

Einsatzbereich der Analysenwaagen (Skt = Skalenteile)

Typ	Fehlergrenze	Wägebereich	Empfindlichkeit
Mikrowaage	± 0,001 mg	bis 20 g	Skt/mg ≈ 200
Halbmikrowaage	± 0,01 mg	bis 100 g	Skt/mg ≈ 20
Analysenwaage	± 0,05 mg	bis 200 g	Skt/mg ≈ 10

Messfehler werden meist durch den Benutzer verursacht. Die wichtigsten sind: Temperatur des Wägeraumes oder des Wägegutes schwankt, Erschütterungen der Waagen, Abnutzung der Schneiden wegen vergessener Arretierung, ungeeigneter Gewichtssatz, wechselnder Feuchtegrad des Wägegutes, Fehler beim Wägeverfahren, Gewichtsverhältnis Probengefäß: Probe größer als 200:1, etc.

1.2 Volumenmessgeräte für Flüssigkeiten

Für maßanalytische Bestimmungen müssen Geräte verwendet werden, die eine einwandfreie Volumenmessung gestatten.

Messkolben sind Standkolben für einen definierten Rauminhalt (Abb. 15). Sie sind für eine bestimmte Temperatur geeicht. Genaue Messungen müssen daher bei dieser Temperatur vorgenommen werden. Bei *farblosen* Flüssigkeiten werden die Messkolben soweit gefüllt, bis der tiefste Punkt des Meniskus der Flüssigkeit die Eichmarke berührt. Bei *farbigen*, undurchsichtigen Lösungen nimmt man den oberen Teil des Meniskus als Bezugsebene. Eine Berücksichtigung des parallaktischen Fehlers ist bei größeren Flüssigkeitsmengen unnötig.

Messzylinder s. Abb. 16.

Pipetten (Abb. 17) heißen röhrenförmige, in eine Spitze auslaufende Volumenmessgeräte für Flüssigkeiten. Man unterscheidet zwischen *Voll*pipetten und *Mess*pipetten.

Vollpipetten haben im mittleren Teil eine zylindrische Erweiterung; am oberen Teil des Rohres begrenzt eine Eichmarke das Volumen. Man erhält diese Pipetten für 1, 2, 5, 10, 20, 50, 100 und 200 ml, vgl. Abb. 17a.

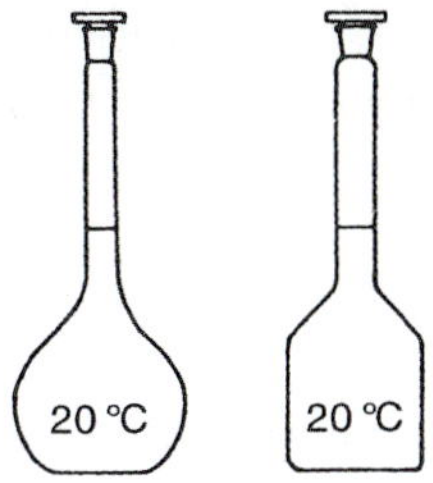

Abb. 15. Messkolben

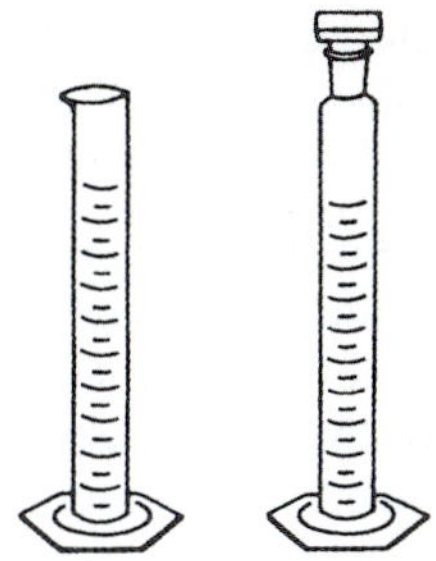

Abb. 16. Messzylinder

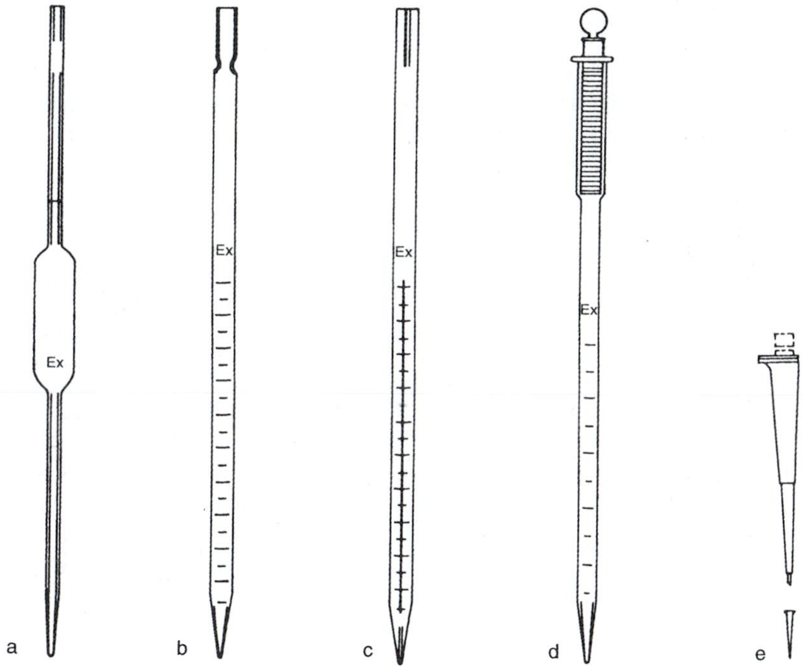

Abb. 17a – e. Pipetten. **a**) Vollpipette; **b**) Messpipette; **c**) Messpipette mit Schellbachstreifen, s. unter Büretten; **d**) Messpipette als Kolbenhubpipette; **e**) Mikroliterpipette. Ex symbolisiert Auslaufpipette

Messpipetten besitzen eine Graduierung. Durch Anlegen eines leichten Unterdrucks saugt man die abzumessende Flüssigkeit in die Pipette, bis die Flüssigkeit kurz über der Eichmarke steht.

Durch kurzes Belüften lässt man dann soviel auslaufen, bis der Meniskus der Flüssigkeit mit der Eichmarke übereinstimmt. Beim Auslaufenlassen der Flüssigkeit sollte man die Pipettenspitze an die Gefäßwand halten.

Zum Hochsaugen der Flüssigkeit in der Pipette kann man im einfachsten Falle ein Gummibällchen benutzen. Für aggressive Flüssigkeiten gibt es auch Pipetten mit angeschmolzenem Schliffzylinder, in dem sich ein eingeschliffener, beweglicher Kolben befindet. Außer dieser einfachen Anordnung sind zahlreiche Präzisionspipetten im Handel, die selbst im Mikroliterbereich ein schnelles und genaues Pipettieren gestatten.

Beachte: Alle Pipetten sind für eine bestimmte Temperatur geeicht, die jeweils aufgedruckt oder eingraviert ist.

Die einfachen Modelle sind sog. *Auslauf*pipetten, d.h. sie sind so konstruiert, dass das abgemessene Volumen auch tatsächlich ausläuft. Sie dürfen daher nicht ausgeblasen werden.

Büretten (Abb. 18) sind Messpipetten mit einem regelbaren Auslauf. Einfache Ausführungen besitzen einen Quetschhahn, bessere Ausführungen haben einen Hahn mit einem Küken aus Glas oder Teflon. Die Verwendung von Teflon macht das Fetten des Kükens überflüssig.

Die *normalen* Büretten haben eine bei 20°C auf 0,1 ml geeichte Skaleneinteilung. *Mikro*büretten sind in 0,01 ml unterteilt. Die Büretten werden gefüllt, bis der Meniskus der Flüssigkeit die Marke 0 ml erreicht hat. Besonders problemlos ist das Füllen bei den sog. *Zulauf*büretten, da sich hier der Nullpunkt automatisch einstellt.

Nach dem Auslauf der benötigten Flüssigkeitsmenge kann man das verbrauchte Volumen direkt ablesen. Um den sog. *Nachlauffehler* möglichst klein zu halten, wartet man mit dem Ablesen ca. 30 s. Bei einfachen Büretten ist das genaue Einstellen des Nullpunktes und das Ablesen des verbrauchten Volumens umständlich. Man verwendet daher heute fast ausschließlich Büretten mit dem sog. *Schellbachstreifen* (Abb. 19). Dies ist ein blauer Längsstreifen auf einem mattierten Hintergrund. Durch die Reflexion der beiden Meniskusflächen entsteht eine Einschnürung des blauen Streifens, wenn sich die Augen des Beobachters in der Höhe der Flüssigkeitsoberfläche befinden. Der Schellbachstreifen erlaubt ein genaues Ablesen.

Beachte: Bei gefärbten, undurchsichtigen Flüssigkeiten nimmt man den oberen Rand des Meniskus als Bezugsebene. Hierbei muss man sehr genau den *parallaktischen Fehler* berücksichtigen.

Vielfach werden heutzutage vollautomatische Titriersysteme eingesetzt. Der Titrationsverlauf wird dabei über Elektroden verfolgt (s. Kap. VI).

Reinigung der Volumenmessgeräte

Reinigen lassen sie sich mit handelsüblichen Reinigungsmitteln. Weitere Reinigungsmittel sind KOH (fest) + H_2O_2 oder $NaNO_3$ (fest) + heiße konz. H_2SO_4 (Schutzbrille und Schutzhandschuhe benutzen!)

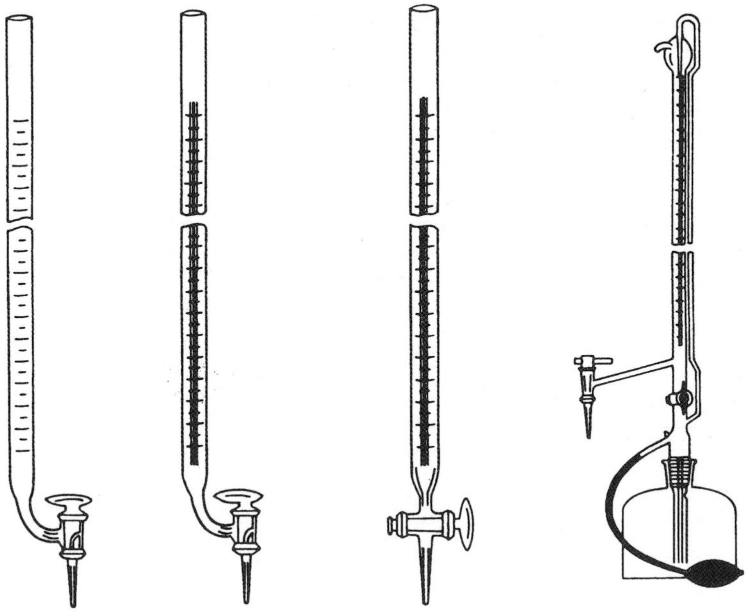

a b c d

Abb. 18 a-d. Büretten. **a**) ohne Schellbachstreifen; **b**) und **c**) mit Schellbachstreifen; **d**) Zulaufbürette

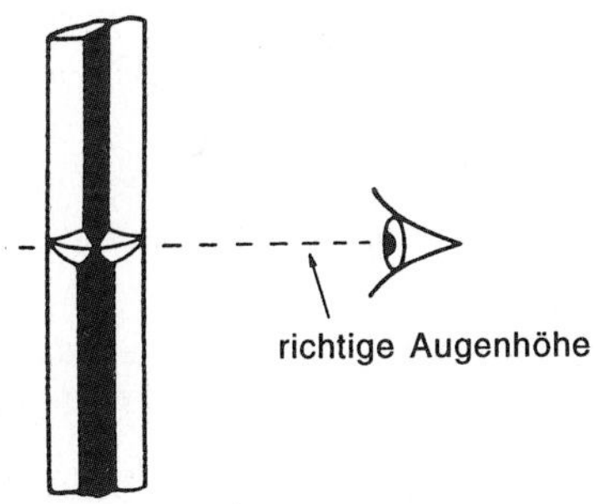

Abb. 19. Wirkungsweise des Schellbachstreifens

2 Konzentrationsmaße

2.1 Konzentrationsangaben des SI-Systems

Die Konzentration eines Stoffes wird vielfach durch eckige Klammern symbolisiert: [X]. Stattdessen sollte man aber besser c(X) verwenden.

Für die Konzentrationen von Lösungen sind verschiedene Angaben gebräuchlich:

Die **Stoffmenge n(X)** des Stoffes X ist der Quotient aus der *Masse m* einer Stoffportion und der *molaren Masse von X*:

$$n(X) = \frac{m}{M(X)} \qquad \text{SI-Einheit: mol}$$

Die **Stoffmengenkonzentration** (Konzentration) eines Stoffes X c(X) in einer Lösung ist der Quotient aus einer *Stoffmenge n(X)* und dem *Volumen V* der Lösung:

$$c(X) = \frac{n(X)}{V} \qquad \text{SI-Einheit: mol·m}^{-3}$$

c(X) wird in der Regel in $\mathbf{mol \cdot l^{-1}}$ angegeben.

Hinweis: Die Messgröße „Liter" für das Volumen zählt nicht zu den SI-Einheiten, sondern ist eine nichtkohärente, abgeleitete Einheit. Sie ist nach dem Einheitengesetz weiterhin zugelassen und definiert nach: „Ein Liter ist exakt gleich einem Kubikdezimeter (1 l = 1 dm^3)".

Die Stoffmengenkonzentration bezogen auf *1 Liter Lösung* wird **Molarität** genannt und mit **M** abgekürzt.

Beispiele: Eine 1 M KCl-Lsg. enthält 1 mol KCl in 1 Liter Lösung.

Eine 0,2 M Lsg. von $BaCl_2$ enthält 0,2 mol = 41,6 g $BaCl_2$ in 1 Liter. Die Ba^{2+}-Ionenkonzentration ist 0,2 molar. Die Konzentration der Chlorid-Ionen ist 0,4 molar, weil die Lösung 2·0,2 mol Cl^--Ionen im Liter enthält.

Zum Unterschied von der Stoffmengenkonzentration bezogen auf 1 Liter Lösung (Molarität) ist die **Molalität** einer Lösung die Anzahl Mole des gelösten Stoffes pro 1000 g Lösemittel oder der Quotient aus der *Stoffmenge n(X)* und der *Masse m* des Lösemittels(Lm):

$$b(X) = \frac{n(X)}{m(Lm)} \qquad \text{SI-Einheit: mol·kg}^{-1} \text{ (Lösemittel)}$$

Die Molalität ist eine temperaturunabhängige Größe.

Die **Äquivalentstoffmenge n_{eq}** (früher = Molzahl) eines Stoffes X ist der Quotient aus der *Masse* einer Stoffportion und der *molaren Masse* des Äquivalents:

$$n_{eq} = \frac{m}{M[(1/z)X]} \qquad \text{SI-Einheit: mol}$$

Anmerkung: z ist die *Äquivalentzahl.* Sie ergibt sich aus einer Äquivalenzbeziehung (z. B. einer definierten chem. Reaktion). Bei Ionen entspricht sie der Ionenladung.

Beachte: Zwischen der Stoffmenge n(X) und der Äquivalentstoffmenge n_{eq} besteht der Zusammenhang:

$$n_{eq} = n(X) \cdot z$$

Die **Äquivalentkonzentration c_{eq}** eines Stoffes X ist der Quotient aus der *Äquivalentstoffmenge n_{eq}* und dem *Volumen V* der Lösung:

$$c_{eq} = \frac{n_{eq}}{V} \qquad \text{SI-Einheit: mol·m}^{-3}$$

c_{eq} wird in der Regel in **mol·l^{-1}** angegeben.

Hinweis: Die Äquivalentkonzentration c_{eq} eines Stoffes X bezogen auf *1 Liter Lösung* wurde früher **Normalität** genannt und mit **n** bzw. später mit **N** abgekürzt.

Beachte: Zwischen der Stoffmengenkonzentration c(X) und der Äquivalentkonzentration c_{eq} besteht der Zusammenhang:

$$c_{eq} = c(X) \cdot z$$

Mit dem Mol als Stoffmengeneinheit ergibt sich daher:

Die Äquivalentkonzentration c_{eq} = 1 mol·l^{-1}

- einer *Säure* (nach Brønsted) ist diejenige Säuremenge, die 1 mol Protonen abgeben kann,
- einer *Base* (nach Brønsted) ist diejenige Basenmenge, die 1 mol Protonen aufnehmen kann,
- eines *Oxidationsmittels* ist diejenige Substanzmenge, die 1 mol Elektronen aufnehmen kann,
- eines *Reduktionsmittels* ist diejenige Substanzmenge, die 1 mol Elektronen abgeben kann.

Beispiele:

Wie viel Gramm HCl enthält ein Liter einer HCl-Lösung mit

$c_{eq} = 1\ mol \cdot l^{-1}$?

Gesucht: m in Gramm

$$c_{eq} = \frac{m}{M[(1/z)\,HCl\,] \cdot V} \quad \text{bzw.} \quad m = c_{eq} \cdot M\,[(1/z)\,HCl\,] \cdot V$$

Gegeben: $c_{eq} = 1\ mol \cdot l^{-1}$; $V = 1$; $z = 1$; $M(HCl) = 36{,}5\ g$

Ergebnis: $m = 1 \cdot 36{,}5\ g \cdot 1 = 36{,}5\ g$

Ein Liter einer HCl-Lösung mit der Äquivalentkonzentration 1 $mol \cdot l^{-1}$ enthält 36,5 g HCl.

Wie viel Gramm H_2SO_4 enthält ein Liter einer H_2SO_4-Lösung mit $c_{eq} = 1\ mol \cdot l^{-1}$?

Gesucht: m in Gramm

Formel:

$$c_{eq} = \frac{m}{M[(1/z)\,H_2SO_4\,] \cdot V} \quad \text{bzw.} \quad m = c_{eq} \cdot M\,[(1/z)\,H_2SO_4\,] \cdot V$$

Gegeben: $c_{eq} = 1\ mol \cdot l^{-1}$; $V = 1$; $z = 2$; $M(H_2SO_4) = 98\ g$

Ergebnis: $m = 1 \cdot 49\ g \cdot 1 = 49\ g$

Ein Liter einer H_2SO_4-Lösung mit der Äquivalentkonzentration 1 $mol \cdot l^{-1}$ enthält 49 g H_2SO_4.

Wie groß ist die Äquivalentkonzentration einer 0,5 molaren Schwefelsäure in bezug auf eine Neutralisation?

Gleichung:

$c_{eq} = z \cdot c$; $c = 0{,}5\ mol\ l^{-1}$; $z = 2$

$c_{eq} = 2 \cdot c_{eq} = 2 \cdot 0{,}5 = 1\ mol\ l^{-1}$

Die Lösung ist **ein**normal.

Eine NaOH-Lösung enthält 80 g NaOH pro Liter. Wie groß ist die Äquivalentmenge n_{eq}? Wie groß ist die Äquivalentkonzentration c_{eq}?

Gleichungen:

$$n_{eq} = z \cdot \frac{m}{M}; \qquad m = 80\ g; \quad M = 40\ g \cdot mol^{-1}; \quad z = 1$$

$$n_{eq} = 1 \cdot \frac{80\ g}{40\ g \cdot mol^{-1}} = 2\ mol; \quad c_{eq} = \frac{2\ mol}{1\ l} = 2\ mol \cdot l^{-1}$$

Es liegt eine 2 M NaOH-Lösung vor.

Wie groß ist die Äquivalentmenge von 63,2 g $KMnO_4$ bei Redoxreaktionen im alkalischen bzw. im sauren Medium (es werden jeweils 3 bzw. 5 Elektronen aufgenommen)?

$$n_{eq} = z \cdot n = z \cdot \frac{m}{M}; \qquad M = 158\ g \cdot mol^{-1}$$

Im sauren Medium gilt:

$$n_{eq} = 5 \cdot \frac{63{,}2}{158} = 2\ mol$$

Löst man 63,2 g $KMnO_4$ in Wasser zu 1 Liter Lösung, so erhält man eine Lösung mit der Äquivalentkonzentration $c_{eq} = 2\ mol \cdot l^{1}$ für Reaktionen in saurem Medium.

Im alkalischen Medium gilt:

$$n_{eq} = 3 \cdot \frac{63{,}2}{158} = 1{,}2\ mol$$

Die gleiche Lösung hat bei Reaktionen im alkalischen Bereich nur noch die Äquivalentkonzentration $c_{eq} = 1{,}2\ mol \cdot l^{-1}$.

Ein Hersteller verkauft 0,02 molare $KMnO_4$-Lösungen. Welches ist der chemische Wirkungswert bei Titrationen?

Gleichungen:

$$c_{eq} = z \cdot c; \quad c = 0{,}02\ mol{\cdot}l^{-1}$$

Im sauren Medium mit z = 5 gilt:

$$c_{eq} = 5 \cdot 0{,}02 = 0{,}1\ mol{\cdot}l^{-1}$$

Im alkalischen Medium mit z = 3 gilt

$$c_{eq} = 3 \cdot 0{,}02 = 0{,}06\ mol{\cdot}l^{-1}$$

Im sauren Medium entspricht eine 0,02 M $KMnO_4$-Lösung also einer $KMnO_4$-Lösung mit $c_{eq} = 0{,}1\ mol{\cdot}l^{-1}$, im alkalischen Medium einer $KMnO_4$-Lösung mit $c_{eq} = 0{,}06\ mol{\cdot}l^{-1}$.

Wie groß ist die Äquivalentmenge von 63,2 g $KMnO_4$ in bezug auf Kalium (K^+)?

$$n_{eq} = 1 \cdot \frac{63{,}2}{158} = 0{,}4\ mol$$

Beim Auflösen zu 1 Liter Lösung ist $c_{eq} = 0{,}4\ mol{\cdot}l^{-1}$ in Bezug auf Kalium.

Wie viel Gramm $KMnO_4$ werden für 1 Liter einer Lösung mit $c_{eq} = 2\ mol{\cdot}l^{-1}$ benötigt? (Oxidationswirkung im sauren Medium)

$$c_{eq} = \frac{n_{eq}}{V}; \quad c_{eq} = 2\ mol \cdot l^{-1}; \quad V = 1\ l \qquad (1)$$

$$n_{eq} = z \cdot \frac{m}{M}; \quad z = 5; m = ?; \quad M = 158\ g{\cdot}mol^{-1} \qquad (2)$$

Einsetzen von (2) in (1) gibt:

$$m = \frac{c_{eq} \cdot V \cdot M}{z} = \frac{2 \cdot 1 \cdot 158}{5} = 63{,}2\ g$$

Man braucht m = 63,2 g $KMnO_4$.

a) Für die Redoxtitration von Fe^{2+}-Ionen mit $KMnO_4$-Lösung in saurer Lösung ($Fe^{2+} \longrightarrow Fe^{3+} + e^-$) gilt:

$$n_{eq}\,(\text{Oxidationsmittel}) = n_{eq}\,(\text{Reduktionsmittel})$$

$$\text{hier: } n_{eq}\,(MnO_4^-) = n_{eq}(Fe^{2+}) \qquad (1)$$

Es sollen 303,8 g $FeSO_4$ oxidiert werden. Wie viel g $KMnO_4$ werden hierzu benötigt?

Für $FeSO_4$ gilt:

$$n_{eq}(FeSO_4) = z \cdot \frac{m}{M}; \; z = 1; \; M = 151{,}9\, g \cdot mol^{-1}; \; m = 303{,}8 g$$

$$n_{eq}(FeSO_4) = 1 \cdot \frac{303{,}8}{151{,}9} = 2 mol$$

Für $KMnO_4$ gilt:

$$n_{eq}(KMnO_4) = z \cdot \frac{m}{M}; \; z = 5; \; M = 158\ g \cdot mol^{-1}; \; m = ?$$

$$n_{eq}(KMnO_4) = 5 \cdot \frac{m}{158}$$

Eingesetzt in (1) ergibt sich:

$$2 = 5 \cdot \frac{m}{158} \quad \text{oder} \quad m = \frac{316}{5} = 63.2 g\, KMnO_4$$

b) Wie viel Liter einer $KMnO_4$-Lösung mit $c_{eq} = 1\ mol \cdot l^{-1}$ werden für die Titration in Aufgabe a) benötigt?

63,2 g $KMnO_4$ entsprechen bei dieser Titration einer Äquivalentmenge von

$$n_{eq} = 5 \cdot \frac{63{,}2}{158} = 2 mol.$$

Gleichungen:

$$c_{eq} = \frac{n_{eq}}{V}; \quad c_{eq} = 1\ mol \cdot l^{-1}; \; n_{eq} = 2\ mol; \qquad V = \frac{2 mol}{1 mol \cdot l^{-1}} = 2\ l$$

Ergebnis: Es werden 2 Liter Titratorlösung gebraucht.

Zusammenfassende Gleichung für die Aufgabe b):

$$c_{eq} = \frac{z \cdot m}{V \cdot M}; \qquad V = \frac{z \cdot m}{c_{eq} \cdot M} = \frac{5 \cdot 63{,}2}{1 \cdot 158} = 2\ l$$

Für eine Neutralisationsreaktion gilt die Beziehung:

$$n_{eq}\,(\text{Säure}) = n_{eq}\,(\text{Base})$$

Für die Neutralisation von H_2SO_4 mit NaOH gilt demnach:

$$n_{eq}\,(\text{Schwefelsäure}) = n_{eq}\,(\text{Natronlauge})$$

a) Es sollen 49 g H_2SO_4 titriert werden. Wie viel g NaOH werden hierzu benötigt?

Für H_2SO_4 gilt:

$$n_{eq}\,(H_2SO_4) = z \cdot \frac{m}{M};\ z = 2;\ M = 98\ \text{g mol}^{-1};\ m = 49\ \text{g}$$

$$n_{eq}\,(H_2SO_4) = 2 \cdot \frac{49}{98} = 1\ \text{mol}$$

Für NaOH gilt:

$$n_{eq}\,(\text{NaOH}) = z \cdot \frac{m}{M};\ z = 1;\ M = 40\ \text{g mol}^{-1};\ m = ?\ \text{g}$$

$$n_{eq}\,(H_2SO_4) = 1 \cdot \frac{m}{40}$$

$$1 = 1 \cdot \frac{m}{40};\ m = 40\ \text{g}$$

Ergebnis: Es werden 40 g NaOH benötigt.

b) Wie viel Liter einer NaOH-Lösung mit $c_{eq} = 2\ \text{mol·l}^{-1}$ werden für die Titration von 49 g H_2SO_4 benötigt?

Gleichung: $c_{eq} = \frac{n_{eq}}{V} = \frac{z \cdot m}{V \cdot M};\ z = 2;\ m = 49\ \text{g};\ M = 98\ \text{g·mol}^{-1};$

$$c_{eq} = 2\ \text{mol·l}^{-1};\qquad V = ?$$

$$2\ \text{mol} \cdot \text{l}^{-1} = \frac{2 \cdot 49\ \text{g}}{V \cdot 98\ \text{l} \cdot \text{g} \cdot \text{mol}^{-1}};$$

$$V = \frac{2 \cdot 49}{2 \cdot 98} \cdot 1 = 0{,}5\ \text{l} = 500\ \text{ml}$$

Ergebnis: Es werden 500 ml einer NaOH-Lsg. mit $c_{eq} = 2\ \text{mol·l}^{-1}$ benötigt.

Der **Massenanteil w** eines Stoffes X in einer Mischung ist der Quotient aus der *Masse m(X)* und der *Masse der Mischung*:

$$w(X) = \frac{m(X)}{m}$$

Die Angabe des Massenanteils erfolgt durch die Größengleichung; z. B. w(NaOH) = 0,32 oder in *Worten*: Der Massenanteil an NaOH beträgt 0,32 oder 32%.

Beispiele:

4,0 g NaCl werden in 40 g Wasser gelöst. Wie groß ist der Massenanteil?

Antwort: Die Masse der Lösung ist 40 + 4 = 44 g. Der Massenanteil an NaCl beträgt 4:44 = 0,09 oder 9%.

Wie viel g Substanz sind in 15 g einer Lösung mit dem Massenanteil 0,08 enthalten?

Antwort: 8/100 = x/15; x = 1,2 g

15 g einer Lösung mit dem Massenanteil 0,08 enthalten 1,2 g gelöste Substanz.

Beachte: Der Massenanteil wurde früher auch **Massenbruch** genannt. Man sprach aber meist von **Massenprozent** oder **Gewichtsprozent (Gew.-%)**.

Der **Volumenanteil x** eines Stoffes X in einer Mischung aus den Stoffen X und Y ist der Quotient aus dem *Volumen V(X)* und der *Summe der Volumina V(X) und V(Y)* vor dem Mischvorgang.

$$x(X) = \frac{V(X)}{V(X) + V(Y)}$$

Bei mehr Komponenten gelten entsprechende Gleichungen.

Die Angabe des Volumenanteils erfolgt meist durch die Größengleichung, z. B. (H_2) = 0,25 oder *in Worten*: Der Volumenanteil an H_2 beträgt 0,25 bzw. 25%.

Beachte: Der Volumenanteil wurde früher auch **Volumenbruch** genannt. Man sprach aber meist von einem Gehalt in **Volumen-Prozent (Vol.-%)**.

Der **Stoffmengenanteil x** eines Stoffes X in einer Mischung aus den Stoffen X und Y ist der Quotient aus seiner *Stoffmenge n(X)* und der *Summe der Stoffmengen n(X) und n(Y)*.

$$x(X) = \frac{n(X)}{n(X) + n(Y)}$$

Bei mehr Komponenten gelten entsprechende Gleichungen.

Die Summe aller Stoffmengenanteile einer Mischung ist 1.

Die Angaben des Stoffmengenanteils x erfolgt meist durch die Größengleichung, z. B. x(X) = 0,5 oder *in Worten*: Der Stoffmengenanteil an X beträgt 0,5.

Beachte: Der Stoffmengenanteil wurde früher **Molenbruch** genannt. Man sprach aber meist von **Atom-%** bzw. **Mol-%**.

Beispiele:

Wie viel g NaCl und Wasser werden zur Herstellung von 5 Liter einer 10%-igen NaCl-Lösung benötigt?

Antwort: Zur Umrechnung des Volumens in die Masse muss die spez. Masse der NaCl-Lösung bekannt sein. Sie beträgt 1,071 $g \cdot cm^{-3}$. Demnach wiegen 5 Liter 5 · 1071 = 5355 g. 100 g Lösung enthalten 10 g, d.h. 5355 g enthalten 535,5 g NaCl.

Man benötigt also 535,5 g Kochsalz und 4819,5 g Wasser.

Wie viel Milliliter einer unverdünnten Flüssigkeit sind zur Herstellung von 3 l einer 5%-igen Lösung notwendig? *(Volumenanteil)*

Antwort: Für 100 ml einer 5%-igen Lösung werden 5 ml benötigt, d.h. für 3000 ml insgesamt 5 · 30 = 150 ml.

Wie viel ml Wasser muss man zu 100 ml 90%-igem Alkohol geben, um 70%-igen Alkohol zu erhalten? *(Volumenanteil)*

Antwort: 100 ml 90%-iger Alkohol enthalten 90 ml Alkohol. Daraus können 100 · 90/70 = 128,6 ml 70%-iger Alkohol hergestellt werden, indem man 28,6 ml Wasser zugibt. (Die Alkoholmenge ist in beiden Lösungen gleich, die Konzentrationsverhältnisse sind verschieden.)

Wie viel ml 70%-igen Alkohol und wie viel ml Wasser muss man mischen, um 1 Liter 45%-igen Alkohol zu bekommen? *(Volumenanteil)*

Antwort: Wir erhalten aus 100 ml 70%-igem insgesamt 155,55 ml 45%-igen Alkohol. Da wir 1000 ml herstellen wollen, benötigen wir

1000 · 100/155,55 = 643 ml 70%-igen Alkohol und 1000 – 643 = 357 ml Wasser (ohne Berücksichtigung der Volumenkontraktion).

2.2 Berechnung der Stoffmengen bei chemischen Umsetzungen (stöchiometrische Rechnungen)

Als *Beispiel* betrachten wir die Umsetzung von Wasserstoff und Chlor zu Chlorwasserstoff nach der Gleichung:

$$H_2 + Cl_2 \longrightarrow 2\,HCl \qquad \Delta H = -185\ kJ$$

Die Gleichung beschreibt die Reaktion nicht nur qualitativ, dass aus einem Molekül Wasserstoff und einem Molekül Chlor zwei Moleküle Chlorwasserstoff entstehen, sondern sie sagt auch:

1 mol = 2,016 g Wasserstoff = 22,414 l Wasserstoff (0°C, 1 bar)

und 1 mol = 70,906 g = 22,414 l Chlor geben unter Wärmeentwicklung von 185 kJ bei 0°C

2 mol = 72,922 g = 44,828 l Chlorwasserstoff.

Weitere Beispiele:

Wasserstoff (H_2) und Sauerstoff (O_2) setzen sich zu Wasser (H_2O) um nach der Gleichung:

$$2\ H_2 + O_2 \longrightarrow 2\ H_2O + \text{Energie}$$

Frage: Wie groß ist die theoretische Ausbeute an Wasser, wenn man 3 g Wasserstoff bei einem beliebig großen Sauerstoffangebot zu Wasser umsetzt?

Lösung: Wir setzen anstelle der Elementsymbole die Atom- bzw. Molekülmassen in die Gleichung ein:

$$2\cdot 2 + 2\cdot 16 = 2\cdot 18 \quad \text{oder} \quad 4\ g + 32\ g = 36\ g,$$

d.h. 4 g Wasserstoff setzen sich mit 32 g Sauerstoff zu 36 g Wasser um.

Die Wassermenge x, die sich bei der Reaktion von 3 g Wasserstoff bildet, ergibt sich zu $x = (36\cdot 3)/4 = 27$ g Wasser. Die Ausbeute an Wasser beträgt also 27 g.

Wie viel g Zink müssen in Salzsäure gelöst werden, um 10 g Wasserstoff zu erhalten?

Reaktionsgleichung: $Zn + 2\ HCl \longrightarrow ZnCl_2 + H_2$

65,38 2,02

Für 2,02 g H_2 braucht man 65,38 g Zn.

Für 10 g H_2 braucht man x g Zn.

$$x = \frac{10 \cdot 65{,}38}{2} = 326{,}9\text{g Zn}$$

Wie viel g Chlor werden benötigt, um aus $SbCl_3$ 50 g $SbCl_5$ herzu stellen?

Reaktionsgleichung: $SbCl_3 + Cl_2 \longrightarrow SbCl_5$

70,9 299

70,9 g Chlor braucht man zur Darstellung von 299 g $SbCl_5$. Für 1 g $SbCl_5$ braucht man 70,9/299 g und für 50 g demnach

$$\frac{70{,}9 \cdot 50}{299} = 11{,}85 \text{ g Chlor.}$$

Beachte: Ganz allgemein kann man stöchiometrische Rechnungen dadurch vereinfachen, dass man den Stoffumsatz auf *1 Mol* bezieht. Als Beispiel sei die Zersetzung von Quecksilberoxid betrachtet. Das Experiment zeigt:

$$2\ HgO \longrightarrow 2\ Hg + O_2$$

Schreibt man diese Gleichung für 1 mol HgO, ergibt sich:

$$HgO \longrightarrow Hg + 1/2\ O_2$$

Setzen wir die Atommassen ein, so folgt: Aus 200,59 + 16 = 216,59 g HgO entstehen beim Erhitzen 200,59 g Hg und 16 g Sauerstoff.

Man rechnet also meist mit der einfachsten Formel. Obwohl man z. B. weiß, dass elementarer Schwefel als S_8-Molekül vorliegt, schreibt man für die Verbrennung von Schwefel mit Sauerstoff zu Schwefeldioxid anstelle von

$$S_8 + 8\ O_2 \longrightarrow 8\ SO_2 \qquad \text{vereinfacht:} \qquad S + O_2 \longrightarrow SO_2$$

Berechnung der Summenformel

Bei der Analyse einer Substanz ist es üblich, die Zusammensetzung nicht in g, sondern als Massengehalt der Elemente anzugeben.

Beispiel: Wasser, H_2O, besteht zu 2·100/18 = 11,11 % aus Wasserstoff und zu 16·100/18 = 88,88 % aus Sauerstoff.

Aus diesen Prozentwerten errechnet man die *Bruttozusammensetzung (Summenformel, empirische Formel)* für die betreffende Substanz.

Beispiel:

Gesucht ist die einfachste Formel einer Verbindung, die aus 50,05 % Schwefel und 49,95 % Sauerstoff besteht.

Dividiert man die Massengehalte durch die Atommassen der betreffenden Elemente, erhält man die Atomverhältnisse der unbekannten Verbindung. Diese werden nach dem Gesetz der multiplen Proportionen in ganze Zahlen umgewandelt:

$$\frac{50{,}05}{32{,}06} : \frac{49{,}95}{15{,}99} = 1{,}56 : 3{,}12 = 1 : 2$$

Die einfachste Formel ist SO_2. Weitere mögliche Summenformeln sind $(SO_2)_2$, $(SO_2)_3$, ..., $(SO_2)_x$. Zur Ermittlung der richtigen Summenformel muss die Molmasse bestimmt werden (vgl. Massenspektrometrie Kap. VII.3.7).

2.3 Aktivität

Das Massenwirkungsgesetz gilt streng nur für ideale Verhältnisse wie verdünnte Lösungen (Konzentration < 0,1 $mol \cdot l^{-1}$). Die formale Schreibweise des Massenwirkungsgesetzes kann aber auch für reale Verhältnisse, speziell für konzentrierte Lösungen, beibehalten werden, wenn man anstelle der Konzentrationen die wirksamen Konzentrationen, die sog. Aktivitäten der Komponenten einsetzt. Dies ist notwendig für Lösungen mit Konzentrationen größer als etwa 0,1 $mol \cdot l^{-1}$. In diesen Lösungen beeinflussen sich die Teilchen einer Komponente gegenseitig und verlieren dadurch an Reaktionsvermögen. Auch andere in Lösung vorhandene Substanzen oder Substanzteilchen vermindern das Reaktionsvermögen, falls sie mit der betrachteten Substanz in Wechselwirkung treten können. Die dann noch vorhandene *wirksame Konzentration* heißt *Aktivität* a. Sie unterscheidet sich von der Konzentration durch den *Aktivitätskoeffizienten* f, der die Wechselwirkungen in der Lösung berücksichtigt:

Aktivität (a) = Aktivitätskoeffizient (f) · Konzentration (c)

$$\mathbf{a = f \cdot c}$$

Der Aktivitätskoeffizient f ist stets ≤ 1. Der Aktivitätskoeffizient korrigiert die Konzentration c einer Substanz um einen experimentell zu ermittelnden Wert (z. B. durch Anwendung des *Raoultschen Gesetzes*).

Formuliert man für die Reaktion $AB \rightleftharpoons A + B$ das MWG, so muss man beim Vorliegen großer Konzentrationen die Aktivitäten einsetzen:

$$\frac{c_A \cdot c_B}{c_{AB}} = K_c \qquad \text{geht über in} \qquad \frac{a_A \cdot a_B}{a_{AB}} = \frac{f_A \cdot c_A \cdot f_B \cdot c_B}{f_{AB} \cdot c_{AB}} = K_a$$

K_a heißt *Aktivitätskonstante* und stellt die thermodynamische Gleichgewichtskonstante dar.

Ionenstärke

Hat eine beliebige Elektrolytlösung die Konzentration c, und sind u_1 und u_2 die Ladungen der Ionen des Elektrolyten, z_1 und z_2 die Anzahl der Ionen, in die der Elektrolyt zerfällt, so ergibt sich die ionale *Gesamtkonzentration* zu:

$$\Gamma = c\left(z_1 u_1^2 + z_2 u_2^2\right)$$

Sind mehrere Elektrolyte in einer Lösung vorhanden, so muss für jede Ionenart die Teilkonzentration eingesetzt werden, und man erhält:

$$\Gamma = c_1 z_1 u_1^2 + c_2 z_2 u_2^2 + c_3 z_3 u_3^2 + \ldots \quad \text{oder} \quad \Gamma = \sum c_i z_i u_i^2$$

$\sum z_i u_i^2$ ist für einen Elektrolyten eine konstante Größe, für die oft auch w gesetzt wird (Tabelle 9). Damit ergibt sich die ionale Konzentration zu:

$$\Gamma = c \cdot w$$

Anmerkung: Um die messbare Ionenkonzentration zu erhalten, muss diese Konzentration mit dem („wahren") Dissoziationsgrad α multipliziert werden.

$$\Gamma_\alpha = \alpha \cdot c \cdot w$$ In echten Elektrolyten ist $\alpha = 1$.

Um einen Vergleich einzelner Elektrolyte zu ermöglichen, führten *G. N. Lewis* und *R. Randall* die *Ionenstärke* I ein.

I ist die halbe Summe der Produkte aus den Ionenkonzentrationen und den Quadraten der Ionenladungen (Tabelle 10).

$$I = \frac{1}{2}\sum c_i u_i^2 \quad \text{oder} \quad I = \frac{1}{2}\alpha \cdot c \cdot w = \frac{\Gamma_\alpha}{2}$$

Mit diesen Zahlen sind die molaren Konzentrationen der Salze zu multiplizieren, wenn man die Ionenstärke der Lösung berechnen will.

Tabelle 9. Werte für w einiger Elektrolyte

w = 2	6	8	12	20
KCl	$BaCl_2$	$HgSO_4$	$AlCl_3$	$K_4[Fe(CN)_6]$
$NaNO_3$	Na_2CO_3	$CuSO_4$	Na_3PO_4	

Tabelle 10. Ionenstärken I molarer Salzlösungen

Salztypus	I
1,1 (NaCl)	1/2 (1 + 1) = 1
1,2 ($CaCl_2$)	1/2 (4 + 2) = 3
2,2 ($MgSO_4$)	1/2 (4 + 4) = 4
1,4 ($K_4[Fe(CN)_6]$)	1/2 (16 + 4) = 10

Beispiele:

Bei 1,1-wertigen Elektrolyten ist I gleich der Konzentration:

0,01 M **NaOH**: $I = 1/2\,(0{,}01 \cdot 1^2 + 0{,}01 \cdot 1^2) = 0{,}01$

In allen übrigen Fällen ergibt sich ein größerer Wert:

0,02 M $\mathbf{Na_2SO_4}$: $I = 1/2\,(0{,}02 \cdot 2 \cdot 1^2 + 0{,}02 \cdot 2^2) = 0{,}06$

2 M $\mathbf{CuSO_4}$ (vollständige Dissoziation vorausgesetzt):

$\Gamma = c_1 \cdot z_1 \cdot u_1^2 + c_2 \cdot z_2 \cdot u_2^2$ $(z_1 = 1;\ z_2 = 1;\ u_1 = 2;\ u_2 = 2)$

$\Gamma = 2 \cdot 1 \cdot 4 + 2 \cdot 1 \cdot 4 = 16$

oder mit w:

$\Gamma = c \cdot w = 16$

Aufgabe

Wie groß ist die Ionenstärke einer Lösung aus 0,5 M Na_2SO_4 und 0,02 M NaCl bei völliger Dissoziation der Salze?

Lösung: w für $Na_2SO_4 = 6$; w für NaCl = 2

$\Gamma = c_1 \cdot w_1 + c_2 \cdot w_2 = 6 \cdot 0{,}5 + 2 \cdot 0{,}02 = 3{,}04$

$I = \Gamma/2 = 1{,}52$

Beispiel:

$c(K_4[Fe(CN)_6]) = 0{,}02\ \text{mol l}^{-1}$

Ionenstärke der Lösung: $0{,}02\ M \cdot I = 0{,}02 \cdot 10 = 0{,}20$

Ionenaktivität

Für Kationen und Anionen sind Einzelmessungen der Aktivitätskoeffizienten f_+ und f_- in konzentrierter Lösung unmöglich. Man verwendet daher einen *mittleren Aktivitätskoeffizienten* $f_\pm$. Für einen starken Elektrolyten der Zusammensetzung A_mB_n gilt:

$$f_\pm = \sqrt[m+n]{f_+^m \cdot f_-^n}$$

Für den Zahlenwert von $f_\pm$ sind die Ladung der Ionen und ihr Radius wichtig. Bei höherer Ladung und in konzentrierter Lösung sinkt er stark ab; s.Tabelle 11.

Tabelle 11. Mittlerer Aktivitätskoeffizient bei 25°C und verschiedenen Molalitäten

Elektrolyt		Molalität			
	0,001	0,01	0,1	1,00	$mol \cdot kg^{-1}$ (H_2O)
HCl	0,966	0,904	0,796	0,809	
NaCl	0,965	0,905	0,778	0,657	
KCl	0,961	0,903	0,770	0,604	
$CuSO_4$	0,735	0,408	0,150	0,043	
$ZnSO_4$	0,705	0,390	0,150	0,043	

Für Elektrolyte gleicher Ionenstärke $I \leq 10^{-2}$ und gleicher Ionenladung ist der mittlere Aktivitätskoeffizient $f_{\pm}$ gleich groß, und es gilt:

$$\lg f_{\pm} = -A \cdot \sqrt{I}$$

Die Konstante A hängt von der Ionenladung u_+ und u_- ab. Wird diese Abhängigkeit mitberücksichtigt, ergibt sich nach *Debye* und *Hückel:*

$$\lg f_{\pm} = -A' \cdot u_+ \cdot u_- \cdot \sqrt{I}$$

A' hat für wässrige Lösungen bei 25°C den Wert 0,51.

Anmerkung: Für verdünnte Lösungen erhält man den *individuellen Aktivitätskoeffizienten* f mit der Formel:

$$\lg f = -A' \cdot u_i^2 \cdot \sqrt{I}$$

3 Statistische Auswertung von Analysendaten

Fehler können nach ihrer Auswirkung auf den Messwert grundsätzlich eingeteilt werden in *zufällige* und *systematische* Fehler. Letztere liefern immer ein zu großes oder zu kleines Messergebnis, z. B. wegen Unzulänglichkeiten im Untersuchungsverfahren, bei den Messgeräten u.a.; sie ändern sich jeweils mit der Messmethode. Zufällige Fehler streuen unregelmäßig um einen mittleren Wert und können mit den Methoden der mathematischen Statistik behandelt werden.

Auch dann, wenn alle systematischen Fehler ausgeschaltet sind, sind alle Analysenergebnisse grundsätzlich mit einem Fehler behaftet, durch den sich das *Messergebnis* x vom *wahren Wert* μ unterscheidet, weil stets nur eine begrenzte Anzahl von Messungen vorliegt (Stichprobe).

Als *relativen Fehler* bezeichnet man den Quotienten (μ-x)/x; sein Wert mit 100 multipliziert ergibt den *prozentualen Fehler.*

In der Regel wird man, z. B. aus einer Reihe von n Wägungen, mehrere Messwerte $x_i = x_1, x_2, ..., x_n$ erhalten. Der *wahrscheinlichste Wert* für die gesuchte Masse, d.h. die beste Annäherung an den wahren Wert μ, ist dann derjenige Wert, für den die Abweichungen der Einzelmessungen am kleinsten werden.

Am besten erfüllt diese Forderung das *arithmetische Mittel*, d.h. der *Mittelwert* $\overline{x}$ der Messwerte x_i:

$$\overline{x} = \frac{1}{n}\left(x_1 + x_2 + x_3 + ... + x_n\right) = \frac{1}{n}\sum_{i=n}^{n} x_i \qquad n = \text{Anzahl der Messwerte}$$

Da die Messwerte x_1 um den Mittelwert $\overline{x}$ streuen, ist die Messung nur innerhalb bestimmter Grenzen reproduzierbar.

Der wahre Wert μ ist meist nicht bekannt, folglich ist auch die *wahre Streuung* σ im Allgemeinen unbekannt. Der *wahrscheinlichste Wert s für die wahre Streuung* σ kann jedoch mit Hilfe der Gleichungen

$$s = \sqrt{\frac{\sum_{i=1}^{n}\left(x_i - \overline{x}\right)^2}{n-1}} = \sqrt{\frac{\sum_{i=1}^{n} x_i^2 - \frac{1}{n}\left(\sum_{i=1}^{n} x_i\right)^2}{n-1}}$$

geschätzt werden, wobei s als *Standardabweichung* bezeichnet wird (manchmal auch mittlerer Fehler der Einzelmessung genannt).

Die Standardabweichung des Mittelwertes (= mittlerer Fehler des Mittelwertes) F_x wird ermittelt nach:

$$F_x = \sqrt{\frac{\sum_{i=1}^{n}\left(x_i - \overline{x}\right)^2}{n \cdot (n-1)}}$$

Man benutzt oft zur Darstellung des Ergebnisses E_x einer Messung die Form $E_x = \overline{x} \pm F_x$ *und meint damit $\overline{x}$ mit einem mittleren Fehler von $\pm F_x$.*

Beispiel: Bei 25 Kohlenstoff-Bestimmungen wurden die in Tabelle 12 angegebenen Kohlenstoffwerte erhalten. Der Mittelwert beträgt $\overline{x}$ = 55,34 %, die Standardabweichungen sind s = 0,19 % und F_x = 0,038 %. Der wahre Wert μ (theoretischer Kohlenstoffgehalt) beträgt μ = 55,29 %.

Tabelle 12. Liste der Kohlenstoffwerte in % bei der Verbrennungsanalyse von N–(4–Methylbenzolsulfonyl)–N'–cyclopentylharnstoff

Analyse Nr.	C-Gehalt %	Analyse Nr.	C-Gehalt %	Analyse Nr.	C-Gehalt %
1	55,62	10	55,23	19	55,37
2	55,20	11	55,61	20	55,45
3	55,13	12	55,73	21	55,19
4	55,41	13	55,08	22	55,32
5	55,54	14	55,49	23	55,28
6	55,34	15	55,01	24	55,21
7	55,44	16	55,57	25	55,34
8	55,17	17	55,27		
9	55,37	18	55,02		

Für das Arbeiten mit wahrscheinlichen Werten, also den Näherungs- oder Schätzwerten $\overline{x}$ und s (und analog mit den wahren Werten μ und σ) kann man zusätzlich einen *Vertrauensbereich* angeben, innerhalb dessen die genannten Werte ein gewisses Maß an Zuverlässigkeit haben.

Hierzu bedient man sich meist der *Fehlerverteilung nach Gauß* (die eine Normalverteilung der Werte voraussetzt). Die Abweichungen einer zufällig verteilten Größe von ihrem Mittelwert μ werden dabei allgemein durch ein Verteilungsgesetz charakterisiert:

$$y = \frac{1}{\sigma \cdot \sqrt{2\pi}} \cdot e^{-\frac{(x-\mu)^2}{2\sigma^2}}$$ y = Häufigkeitsdichte; σ = Streuung; σ^2 = Varianz

Die graphische Darstellung dieses Zusammenhangs ergibt eine *Glockenkurve* (Abb. 20). Die Funktion ist symmetrisch um μ. Ihre Form ist abhängig von der Größe von σ (Abb. 20b).

Beachte: Für $x \to \pm\infty$ gilt $y \to 0$; Für $x = \mu$ ergibt sich ein Maximum. Die Wendepunkte der Kurve liegen bei $x-\mu = \pm\sigma$, d.h. $x = \mu \pm \sigma$.

Die Werte von σ können also direkt aus der Kurve entnommen werden: Es sind die Abszissen der Wendepunkte. y bezeichnet man auch als die *Häufigkeitsdichte* (Wahrscheinlichkeitsdichte) des zugeordneten Wertes x.

Die Wahrscheinlichkeit (statistische Sicherheit), dass ein mit einem Fehler behafteter Messpunkt innerhalb des Bereiches $\mu - z \cdot \sigma$ bis $\mu + z \cdot \sigma$ zu finden ist, ist durch das Integral der obigen Funktion gegeben. Das betreffende Intervall heißt *Vertrauensbereich*, das Integral *Gauss'sches Fehlerintegral*; es ist in den bekannten Handbüchern tabelliert.

Beispiel: Aus den in Tabelle 13 angegebenen Werten kann man z. B. entnehmen:

Für z = 2 liegt im Bereich $\mu \pm 2\sigma$ der wahre Wert μ mit einer Wahrscheinlichkeit von 95,4 % (Abb. 20). Das bedeutet: von 1000 Messungen liegen im Durchschnitt 954 innerhalb der angegebenen Grenzen (in ▤) und 46 außerhalb (in ▨). Die Irrtumswahrscheinlichkeit $\bar{s}$ beträgt also 4,6 % (d.h. auf jede Kurvenhälfte entfallen 2,3 %).

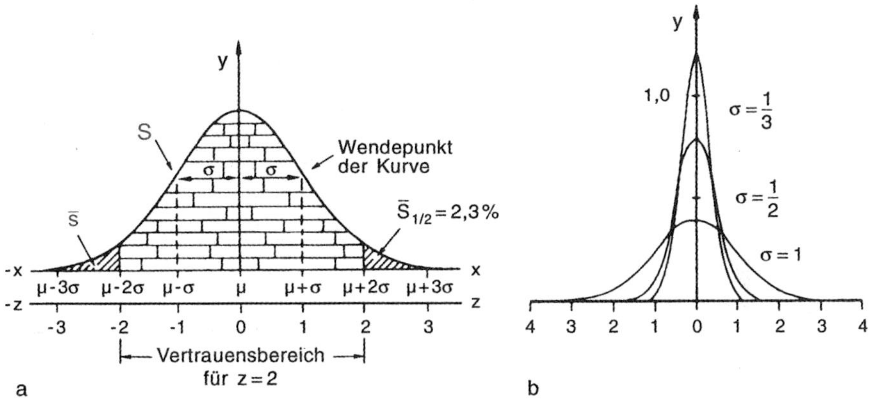

Abb. 20. a) Normalverteilung: $\bar{s}$ = Irrtumswahrscheinlichkeit ▨ ; z = Vertrauensbereich (beachte die Symmetrie der Kurve); Stat. Sicherheit S ▤ von 95,4 %.
b) Gauss'sche Fehlerkurven für $\sigma = 1$; $\sigma = 1/2$; $\sigma = 1/3$

Tabelle 13. Fehlerverteilung

Vertrauensbereich für z	Statist. Sicherheit S	Irrtumswahrscheinlichkeit $\bar{s}$
0,67	50,0 %	50,0 %
1,00	68,3 %	31,7 %
1,96	95,0 %	5,0 %
2,00	95,4 %	4,6 %
2,58	99,0 %	1,0 %
3,00	99,7 %	0,3 %

V. Klassische quantitative Analyse

Gegenstand der quantitativen Analyse ist die quantitative Erfassung der Bestandteile einer „Analysensubstanz".

Die Art der Bestandteile, ihre Konzentrationen, Anforderungen an die Genauigkeit der Bestimmung, apparativer Aufwand u.a. waren der Grund für die Ausarbeitung verschiedener quantitativer Analysenverfahren wie Gravimetrie, Maßanalyse usw.

Dieses Kapitel ist den sog. „*klassischen*" Analysenverfahren gewidmet.

1 Grundlagen der Gravimetrie

Die *Gravimetrie* benutzt zur quantitativen Bestimmung die Massenbestimmung der Reaktionsprodukte von Fällungsreaktionen. Hierbei wird der zu bestimmende Bestandteil der Analysensubstanz in eine *schwerlösliche Verbindung* übergeführt.

Bei den gravimetrisch brauchbaren Fällungsreaktionen handelt es sich vorwiegend um Ionenkombinationen der Art:

$$m\,A^{n+} + n\,B^{n-} \rightleftharpoons A_mB_n$$

An gravimetrisch brauchbare Reaktionen werden folgende Bedingungen gestellt:

- Gültigkeit der stöchiometrischen Gesetze
- Streng definierte Zusammensetzung des Niederschlags (*Fällungsform*) bzw. Umwandlung in eine geeignete *Wägeform*
- Bildung eines schwerlöslichen Niederschlags
- Schnelle und vollständige Abtrennung des Niederschlags von der Lösungsphase
- Die Wägeform soll für den interessierenden Bestandteil einen möglichst kleinen gravimetrischen Faktor besitzen, s.Kap V.1.5.
- Der Niederschlag muss für den interessierenden Bestandteil der Analysensubstanz unter den gewählten Bedingungen spezifisch sein.

Anwendungsbereich

Gravimetrische Bestimmungen liegen im mg-Bereich. Sie eignen sich für mittlere und hohe Probengehalte. Ein- und Auswaage sollen dabei nicht wesentlich größer als etwa 200 mg sein.

Vorteile

Gravimetrische Bestimmungen benötigen einen geringen apparativen Aufwand, außerdem entfällt die Eichung von Geräten. Ihre Ergebnisse lassen sich mit hoher Präzision erhalten.

Nachteile

Gravimetrische Bestimmungen brauchen relativ viel Zeit und eignen sich daher nicht für Serienanalysen. Sie sind auch nicht automatisierbar.

Fehlergrenzen:

Der normale Fehler beträgt ± 0,1 %. In besonderen Fällen wird eine Fehlergrenze von ± 0,01 % erreicht.

Ursachen für systematische Fehler sind:

Verwendung unreiner Reagenzien, Verspritzen von Lösung durch unvorsichtiges Hantieren, ungeeignetes Filtermaterial, Nichtbeachtung der Löslichkeitsbeeinflussung, Verwendung von zu viel oder zu wenig Waschflüssigkeit oder auch Wägefehler bei der Ein- und Auswaage.

1.1 Gravimetrische Grundoperationen

Die gravimetrischen Grundoperationen bestehen i.a. im *Lösen* der Analysensubstanz, *Fällen* eines Niederschlags, *Abtrennen* des Niederschlags von der flüssigen Phase durch Filtrieren, *Auswaschen* des Niederschlags, *Trocknen* und/oder *Glühen* bis zur Gewichtskonstanz und *Auswiegen* der Wägeform des Niederschlags.

Lösen

Nur in wenigen Fällen sind die Analysensubstanzen in Wasser leicht löslich. Die Möglichkeiten, eine Substanz für die Durchführung einer quantitativen Analyse in Lösung zu bringen, sind im Prinzip die gleichen, wie sie bei der Durchführung qualitativer Analysen in Kap. II.2.5 und II.2.6 beschrieben wurden.

Die Analysensubstanz wird zerkleinert und pulverisiert. Hierbei ist auf eine gute Durchmischung zu achten.

In einem *Wägegläschen* wird eine genaue Einwaage (durch Differenzwägung) gemacht. Die Substanzmassen liegen zwischen 100 mg und 1 g.

Die eingewogene Substanz wird restlos in ein geeignetes *Becherglas* überführt. Sie muss vollständig aufgelöst werden. Das geeignete Lösemittel wird in Parallelversuchen herausgefunden.

Gelöst wird meist in der Wärme (Sandbad). Um einen Substanzverlust durch Verspritzen zu vermeiden, und um eine Verunreinigung der Probe weitgehend auszuschließen, bedeckt man das Becherglas mit einem *Uhrglas*. Erhitzt man die Lösung zum Sieden, muss ein Siedeverzug vermieden werden. Man kann dazu einen *Glasstab* in die Lösung eintauchen.

Sind Teile der Analysensubstanz unlöslich, wird mit der gesamten Analysensubstanz ein *Aufschluss* durchgeführt. Tabelle 14 enthält eine Auswahl.

Die erkaltete Schmelze muss vollständig aus dem Tiegel entfernt werden.

Abb. 21 zeigt hierzu eine einfache Vorrichtung. Manchmal ist es sinnvoll, die flüssige Schmelze durch Drehen mit der Tiegelzange auf die Tiegelwand zu verteilen. Der heiße Tiegel wird dann vorsichtig in ein Becherglas mit kaltem Wasser getaucht (abgeschreckt). Dadurch springt die Schmelze meist von der Wandung mehr oder weniger vollständig ab.

Tabelle 14. Aufschlussmethoden für quantitative Analysen

Substanz	Aufschluss		Durchführung
Silicate	**Na_2CO_3 + K_2CO_3** (1 : 1) 5-6fache Menge	Soda-Pottasche-Aufschluss (basischer Aufschluss)	20 min schmelzen (Rotglut), Ni-, Pt-Tiegel, 1000°C
	$CaCO_3$ + NH_4Cl (3 : 1) 5-6fache Menge	Aufschluss nach Smith	30 min schmelzen; >1100°C (dunkle Rotglut), Pt-Fingertiegel
$BaSO_4$ $SrSO_4$ $CaSO_4$	**Na_2CO_3 + K_2CO_3** (1 : 1) 5-6fache Menge	Soda-Pottasche-Aufschluss	20 min schmelzen (Rotglut), Pt-Tiegel, 1000°C
Oxide wie Al_2O_3, TiO_2	**$KHSO_4$** 5-6fache Menge	saurer Aufschluss	30 min schmelzen, Pt-Tiegel, mögl. tiefe Temperatur
SnO_2	**Na_2CO_3 + S** (1: 1) 5-6fache Menge	Freiberger Aufschluss	30 min schmelzen, Porzellantiegel, 1000°C
Silberhalogenide	**Zn + verd. H_2SO_4**		30 min im Becherglas erhitzen
Fluoride	abrauchen mit **konz. H_2SO_4**		Pt-Tiegel
Cyanide	*für Kationen:* abrauchen mit **konz. H_2SO_4**		
(komplexe Cyanide)	*für Anionen:* kochen mit **Na_2CO_3**		
Sulfide	**Na_2CO_3 + KNO_3** (3 : 2)	oxidierender Aufschluss	20 min schmelzen, Ni-, Porzellan-Tiegel, 600-700°C

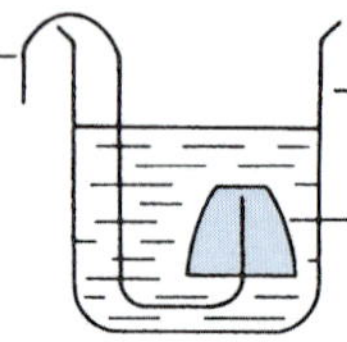

Abb. 21. Vorrichtung zum Auflösen von Schmelzkuchen

Abb. 22. Anordnung zur Filtration mit Papierfilter

Fällen

Über die Vorgänge beim Fällen eines Niederschlags wird in Kap. V.1.4 berichtet.

Beachte: Um Verunreinigungen von außen zu vermeiden, muss das Gefäß, das den gefällten Niederschlag enthält, abgedeckt werden (z. B. mit einem Uhrglas).

Trennen - Filtrieren

Die Abtrennung des interessierenden Niederschlags von der flüssigen Phase (Mutterlauge) geschieht in der Gravimetrie in der Regel durch Filtrieren, seltener durch Zentrifugieren. Man verwendet zum Filtrieren Filterpapiere mit geringem und bekanntem Aschengehalt. Sie sind in verschiedenen Porengrößen erhältlich. Grobkristalline Niederschläge werden mit weitporigem, 'weichem' Papier, feinkristalline Niederschläge mit engporigem, 'hartem' Papier abfiltriert.

Vorbereitung zur Filtration

Das eingelegte Papierfilter (Rundfilter) wird mit Wasser angefeuchtet und so eingelegt, dass es glatt an der Wandung des Trichters anliegt; es darf keine Luft angesaugt werden. Der Rand des eingelegten Papierfilters soll ca. 1 cm unterhalb des Trichterrandes liegen (Abb. 22). Um die Saugwirkung der Flüssigkeitssäule im überlangen Trichterhals zu verstärken, soll der Hals die Wand des Becherglases berühren. Die Flüssigkeitssäule muss frei abfließen können.

Beachte: Vor dem Ende der Filtration soll der Nd. nicht trocken laufen.

Überführen einer Lösung oder Suspension in den Filter

Zur sicheren Überführung lenkt man den Flüssigkeitsstrahl an einem Glasstab entlang aus dem Becherglas in das Filter. Niederschlagsreste werden sorgfältig ausgespült, festhaftende Reste mit einem Gummiwischer abgelöst. Das Ausgießen der Flüssigkeit lässt sich vereinfachen, wenn man unter die Nase des Becherglases etwas Fett bringt.

Um die Filtriergeschwindigkeit zu erhöhen, lässt man den Nd. erst absitzen und gießt zuerst die Hauptmenge der überstehenden Flüssigkeit auf das Filter (dekantieren).

Lösen von Niederschlägen aus Papierfiltern

Löst man einen Nd. aus einem Papierfilter, so muss gründlich nachgewaschen werden, da manche Substanzen stark festgehalten werden. Anstelle des Papierfilters kann man oft einen Glasfiltertiegel (bis ca. 450°C) oder einen Porzellanfiltertiegel benutzen. Tabelle 15 enthält eine Zusammenstellung von verschiedenen Filterarten.

Anmerkung: Auf einigen Glasfiltertiegeln findet man noch die Bezeichnungen G 0, G 1, G 2 usw. von „Geräteglas 20" und D 0, D 1, D 2 von „Duranglas 50".

Mit dem Glas- und Porzellanfiltertiegel wird die Filtration im Wasserstrahlvakuum durchgeführt. Abb. 23 zeigt eine geeignete Anordnung.

Tabelle 15. Zusammenstellung von Filterarten

Art des Filters		Porenweite in µm	Verwendung
Papierfilter	weich	1,5 –5	gelartiger Nd.
Papierfilter	mittel	1,5 –5	
Papierfilter	hart	1,5 –5	feinster Nd.
Glasfiltertiegel	0	230	grobkörniger Nd.
Glasfiltertiegel	1	110	grobkörniger Nd.
Glasfiltertiegel	2	50	feinkörniger Nd.
Glasfiltertiegel	3	30	feinkörniger Nd.
Glasfiltertiegel	4	8	feiner Nd.
Glasfiltertiegel	5	3,4	feinster Nd.
Porzellanfiltertiegel	A3	≈ 8-10 (Grobfilter)	feiner Nd.
Porzellanfiltertiegel	A2	≈ 7-8 (Mittelfilter)	feiner Nd.
Porzellanfiltertiegel	A1	≈ 6 (Feinfilter)	feinster Nd.
(Ultrafilter)		0,05 – 0,1	

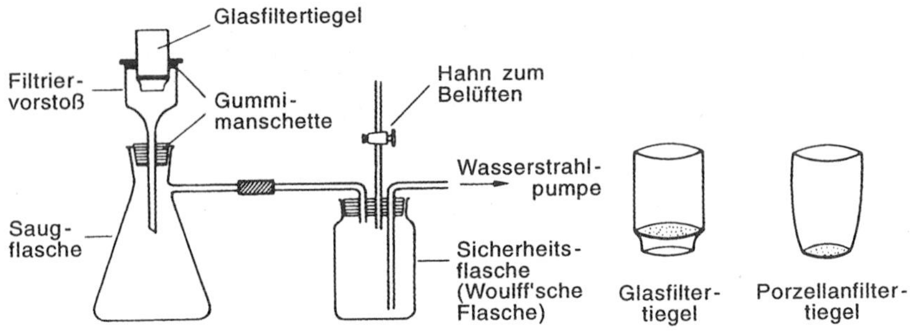

Abb. 23. Anordnung zur Filtration mit Vakuum

Auswaschen

Das Auswaschen des Niederschlags zur Entfernung der Mutterlauge muss mit großer Sorgfalt erfolgen.

Um ein Auflösen des Niederschlags zu verhindern, werden der Waschflüssigkeit oft besondere Zusätze zugegeben, die dann bei der Nachbehandlung, z. B. beim Trocknen oder Glühen, entfernt werden können.

Auch gleichionige (niederschlagseigene) Zusätze im Waschwasser können in vielen Fällen die Lösungstendenz eines Niederschlags beim Auswaschen vermindern, s. hierzu Kap. V.1.2.

Die Waschflüssigkeit wird nicht auf einmal, sondern in mehreren Portionen zugegeben; dies verbessert die Waschwirkung beträchtlich.

In vielen Fällen ist es unerlässlich, nach jedem Waschvorgang das Filtrat qualitativ auf Inhaltsstoffe zu prüfen, um den Waschprozess im richtigen Zeitpunkt abbrechen zu können. Da man in den meisten Fällen Wasser als Lösemittel und als Waschflüssigkeit verwendet, kann man dieses gelegentlich durch Nachwaschen mit Ethanol oder Aceton verdrängen. Dies führt dann zu einer beträchtlichen Verkürzung der Trockenzeit.

Trocknen, Veraschen, Glühen

Bei manchen Bestimmungen genügt es, den mit einem Glasfiltertiegel abgetrennten Niederschlag durch Trocknen in seine Wägeform überzuführen.

Die Trocknung kann z. B. im Vakuum, im Exsikkator mit geeigneten Trockenmitteln (Tabelle 16) oder bei Substanzen, die nicht wärmeempfindlich sind, in einem Trockenschrank oberhalb 100°C erfolgen.

Tabelle 16. Trockenmittel für die Trocknung im Exsikkator

Substanz	Wassergehalt in mg pro Liter Luft nach dem Trocknen bei 25°C
$CaCl_2$ (gekörnt)	0,14 – 0,25
CaO	0,2
NaOH (geschmolzen)	0,16
MgO	0,008
$CaSO_4$ (wasserfrei)	0,005
konz. H_2SO_4	0,003 – 0,3
Silicagel	$\approx$ 0,001
P_4O_{10}	$<$ 0,000025

In sehr vielen Fällen muss der Niederschlag in einem Platin- oder Porzellantiegel geglüht werden, um in die Wägeform überführt zu werden. Die Höhe der Temperatur und die Dauer des Glühvorganges bis zur *Gewichtskonstanz* hängen von der Substanz ab. Einzelheiten müssen der jeweiligen Arbeitsvorschrift entnommen werden.

Veraschen

Wird bei der Filtration ein Papierfilter verwendet, wie z. B. bei der Filtration eines sehr feinkristallinen Niederschlags wie $BaSO_4$, so muss das Papier vor dem Glühen verascht werden. Man kann dies getrennt von der Hauptmenge des Niederschlags durchführen (z. B. über einem Porzellantiegel an einem Platindraht). Im Allgemeinen bringt man jedoch das Filterpapier mit Inhalt in einen Porzellantiegel, trocknet Papier und Inhalt sorgfältig, um ein Verspritzen der Substanz zu vermeiden, und erhitzt den Tiegel in einem sog. Muffelofen langsam auf höhere Temperaturen. Ab einer bestimmten Temperatur verbrennt das Papier zu Asche. Anschließend wird der Tiegel mit einem Deckel verschlossen und entsprechend der Vorschrift geglüht.

Anmerkung: Der Porzellantiegel kann auch mit einem Bunsenbrenner oder Gebläse geglüht werden.

1.2 Löslichkeit

In der Gravimetrie versucht man den interessierenden Bestandteil einer Analysensubstanz in einen schwerlöslichen Niederschlag überzuführen. Die Löslichkeit von Niederschlägen und ihre Beeinflussung ist daher für die Durchführung gravimetrischer Bestimmungen von großer Bedeutung. Die Löslichkeit eines Niederschlags begrenzt nämlich die kleinste noch bestimmbare Substanzmenge.

Löslichkeit nennt man die maximale Menge eines Stoffes, die ein Lösemittel bei einer bestimmten Temperatur aufnehmen kann. Die Löslichkeit entspricht der *Höchst-* oder *Sättigungskonzentration.*

Die Angabe der Löslichkeit kann erfolgen in

a) $mol \cdot l^{-1}$ *Lösung* (Molarität oder molare Löslichkeit);

b) mol/1000 g *Lösemittel* (Molalität);

c) Massenanteil (Gewichtsprozent); man gibt an, wie viel g lösemittelfreie Substanz in *100 g Lösung* enthalten sind.

   zu c): Ist die Löslichkeit L eines Salzes bei 20°C z. B. 30 g in 100 g Lösung, errechnet sich die Stoffmenge x, die in 100 g Lösemittel gelöst ist, zu:

$$x = \frac{100 \cdot L}{100 - L} = 42{,}85\,g$$

Beachte: Die Löslichkeit einer Substanz wird immer auf die gesättigte Lösung über einem Bodenkörper bezogen.

Eine Einteilung von Substanzen entsprechend ihrer Löslichkeit zeigt Tabelle 17.

Tabelle 17. Einteilung von Substanzen nach ihrer Löslichkeit (aus dem Europäischen Arzneibuch EuAB)

Bezeichnung	Ungefähre Anzahl Volumenteile Lösemittel für 1 Massenteil Substanz			
sehr leicht löslich	weniger als	1 Teil		
leicht löslich	von	1 Teil	bis	10 Teile
löslich	über	10 Teile	bis	30 Teile
wenig löslich	über	30 Teile	bis	100 Teile
schwer löslich	über	100 Teile	bis	1 000 Teile
sehr schwer löslich	über	1 000 Teile	bis	10 000 Teile
praktisch unlöslich	mehr als	10 000 Teile		

Einfluss der Temperatur auf die Löslichkeit

Für die Abhängigkeit der Löslichkeit L von der Temperatur gilt:

$$\frac{d \ln L}{dT} = \frac{\Delta H_L}{R \cdot T^2}$$

R = allgemeine Gaskonstante; T = absolute Temperatur; ΔH_L = Lösungsenthalpie.

Da die *Auflösung eines Salzes* exotherm oder endotherm sein kann, nimmt entsprechend dem Vorzeichen von ΔH_L die Löslichkeit mit steigender Temperatur zu oder ab.

Tabelle 18 zeigt die Löslichkeit einiger Substanzen in Abhängigkeit von der Temperatur.

Die graphische Darstellung der Löslichkeit in Abhängigkeit von der Temperatur sind die sog. *Löslichkeitskurven,* s. Abb. 24.

Tabelle 18. Löslichkeit einiger Salze in Abhängigkeit von der Temperatur in g/100 g Lösung

Verbindung	0°C	20°C	30°C	40°C	100°C
NaCl	26,28	26,39	26,51	26,68	28,15
Na_2SO_4	4,50	16,10	28,80	32,50	29,90
Na_2CO_3	6,60	17,80	29,00	33,20	31,10
$MgSO_4$	20,50	26,20	29,00	31,30	40,60
KNO_3	11,60	24,10	31,50	46,20	71,10
$AgNO_3$	53,50	68,30	73,80	77,00	90,10
AgCl		$1{,}5 \cdot 10^{-4}$			$2{,}2 \cdot 10^{-3}$
AgBr		$1{,}3 \cdot 10^{-5}$			$3{,}7 \cdot 10^{-4}$
$Ca(OH)_2$		$1{,}2 \cdot 10^{-1}$			$6{,}0 \cdot 10^{-2}$
$Mg(OH)_2$		$8{,}5 \cdot 10^{-4}$			$4{,}0 \cdot 10^{-3}$
$CaSO_4$		$2{,}0 \cdot 10^{-1}$			$6{,}5 \cdot 10^{-2}$
$SrSO_4$		$1{,}2 \cdot 10^{-2}$			$1{,}8 \cdot 10^{-2}$
$BaSO_4$		$2{,}4 \cdot 10^{-4}$			$3{,}9 \cdot 10^{-4}$
$PbSO_4$		$4{,}4 \cdot 10^{-3}$			$6{,}0 \cdot 10^{-3}$

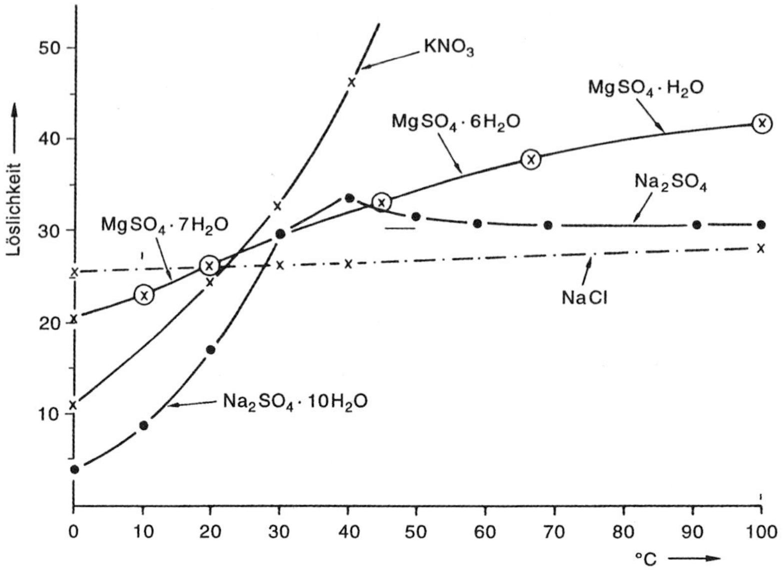

Abb. 24. Temperaturabhängigkeit der Löslichkeit einiger Salze. L = g/100 g Lösung

Anmerkung: Ca-Citrat ist ausnahmsweise in kaltem Wasser leicht löslich, aber in heißem schwer löslich.

Erläuterung der Löslichkeitskurven

Änderungen in der Kristallform und im Kristallwassergehalt lassen sich manchmal am Kurvenverlauf gut erkennen.

$$Na_2SO_4 \cdot 10\,H_2O \xrightarrow{>32°C} Na_2SO_4$$

$MgSO_4$ hat drei Umwandlungspunkte:

$$MgSO_4 \cdot 12\,H_2O \xrightarrow{>1.8°C} MgSO_4 \cdot 7\,H_2O \xrightarrow{>48°C}$$

$$MgSO_4 \cdot 6\,H_2O \xrightarrow{>70°C} MgSO_4 \cdot H_2O$$

In der Gravimetrie sind nur schwerlösliche Elektrolyte und Komplexe von Interesse. Über die Bildung von Komplexen s. Kap. V.1.3.

Um Fragen nach der Fällungsmöglichkeit und der Löslichkeit eines schwerlöslichen Elektrolyten beantworten zu können, muss man das Löslichkeitsprodukt kennen.

Löslichkeitsprodukt (Ableitung)

Als Beispiel betrachten wir die Fällung und Auflösung von AgCl. Für sie gilt:

$$Ag^+ + Cl^- \rightleftharpoons AgCl$$

Interessiert man sich für die Dissoziation von AgCl, schreibt man zweckmäßigerweise die Reaktionsgleichung für die Dissoziation auf:

$$AgCl \rightleftharpoons Ag^+ + Cl^-$$

Da AgCl ein schwerlösliches Salz ist, liegt das Gleichgewicht auf der linken Seite.

Wendet man auf die Dissoziation das Massenwirkungsgesetz an, dann ergibt sich:

$$\frac{a_{Ag^+} \cdot a_{Cl^-}}{a_{AgCl}} = K_a \quad \text{oder} \quad a_{Ag^+} \cdot a_{Cl^-} = a_{AgCl} \cdot K_a = Lp_{AgCl}$$

a_{AgCl} ist die Aktivität von gelöstem AgCl (nicht vom Bodenkörper).

Allgemein gilt für die Gleichung:

$$AB \rightleftharpoons A + B$$

$$Lp_{AB} = a_{A^+} \cdot a_{B^-} \quad \text{oder} \quad Lp_{AB} = c_{A^+} \cdot c_{B^-} \cdot f_{A^+} \cdot f_{B^-}$$

(mit $a = f \cdot c$)

In einer *gesättigten* Lösung (mit Bodenkörper) ist a_{AgCl} konstant, weil zwischen dem gelösten AgCl und dem festen AgCl des Bodenkörpers ein dynamisches, heterogenes Gleichgewicht besteht. Man kann daher für das Produkt $a_{AgCl} \cdot K_a$ die neue Konstante Lp_{AgCl} schreiben. Die neue Konstante ist gleich dem „Ionenprodukt" von Ag^+ und Cl^-; sie heißt *Löslichkeitsprodukt.*

Für eine gesättigte Lösung von AgCl gilt:

$$a_{Ag^+} \cdot a_{Cl^-} = Lp_{AgCl} = 1{,}1 \cdot 10^{-10}\,mol^2 \cdot l^{-2} \quad (\text{bei } 20\,°C)$$

und $a_{Ag^+} = a_{Cl^-} \approx 10^{-5}\,mol \cdot l^{-1}$

Wird das Löslichkeitsprodukt überschritten, d.h.:

$$a_{Ag^+} \cdot a_{Cl^-} > 10^{-10}\,mol^2 \cdot l^{-2}$$

fällt solange AgCl aus, bis die Gleichung wieder stimmt. Umgekehrt kann man formulieren:

Ein Niederschlag kann ausfallen, wenn das Löslichkeitsprodukt überschritten wird.

Erhöht man nur *eine* Ionenkonzentration, so kann man bei genügendem Überschuss das Gegenion quantitativ aus der Lösung ausfällen.

Ist z. B. beim Fällen von Ag^+ mit Cl^- $a_{Cl^-} = 10^{-1}\,mol \cdot l^{-1}$, so ergibt sich:

$$a_{Ag^+} = \frac{10^{-10}}{10^{-1}} = 10^{-9}\,mol \cdot l^{-1}$$

Die Fällung von Ag^+ ist damit *quantitativ*!

Beachte: Mit einem geringen Überschuss an Fällungsmittel erzielt man in den meisten Fällen die besten Ergebnisse. Ein großer Überschuss an gleichionigem Zusatz (niederschlagseigene Ionen) führt häufig zu unerwünschten Folgereaktionen, wie z. B. Komplexbildung.

Beispiel: AgCl ist in überschüssiger Salzsäure als $[AgCl_2]^-$ merklich löslich.

Das Löslichkeitsprodukt Lp eines schwerlösl. Elektrolyten $A_m B_n$ ist definiert als das Produkt seiner Ionen-Aktivitäten in gesättigter Lösung:

$$A_mB_n \rightleftharpoons m\,A^+ + n\,B^-$$

$$Lp = (a_{A^+})^m \cdot (a_{B^-})^n \qquad \text{Einheit: } (mol \cdot l^{-1})^{m+n}$$

a_{A^+} und a_{B^-} : Ionenaktivitäten in $mol \cdot l^{-1}$

- Das Löslichkeitsprodukt gilt für alle schwerlöslichen Elektrolyte (Tabelle 19).
- Starke Elektrolyte gehorchen zwar nicht dem Massenwirkungsgesetz; für eine qualitative Deutung lässt sich das MWG jedoch mit genügender Genauigkeit anwenden.
- Der Einfachheit wegen wird anstatt mit Aktivitäten häufig mit den Konzentrationen gerechnet.

Tabelle 19. Löslichkeitsprodukte von schwerlöslichen Salzen bei 20°C
$Lp = (a_A+)^m \cdot (a_B-)^n$ in $(mol \cdot l^{-1})^{m+n}$; a_{A^+}, a_{B^-} = Ionenaktivität

Substanz	Lp	Substanz	Lp	Substanz	Lp	Substanz	Lp
AgCl	$1{,}1 \cdot 10^{-10}$	$BaCrO_4$	$2{,}4 \cdot 10^{-10}$	$Mg(OH)_2$	$1{,}2 \cdot 10^{-11}$	ZnS	$4{,}5 \cdot 10^{-24}$
AgBr	$4{,}8 \cdot 10^{-13}$	$PbCrO_4$	$1{,}8 \cdot 10^{-14}$	$Al(OH)_3$	$1{,}4 \cdot 10^{-19}$	CdS	$8 \cdot 10^{-27}$
AgI	$1{,}5 \cdot 10^{-16}$	$PbSO_4$	$2 \cdot 10^{-8}$	$Fe(OH)_3$	$4{,}7 \cdot 10^{-38}$	PbS	$4 \cdot 10^{-28}$
AgCN	$4 \cdot 10^{-12}$	$BaSO_4$	$1{,}1 \cdot 10^{-10}$			Ag_2S	$1{,}6 \cdot 10^{-49}$
Hg_2Cl_2	$2 \cdot 10^{-18}$					HgS	$3 \cdot 10^{-53}$
$PbCl_2$	$1{,}7 \cdot 10^{-5}$						

Fällungsgrad

Der Fällungsgrad α ist ein Maß für das Ausmaß der Fällung. Sind C_a die Anfangskonzentration des zu bestimmenden Ions im Volumen V_a und C_e die Endkonzentration im Volumen V_e, so gilt:

$$\alpha = 1 - \frac{C_e \cdot V_e}{C_a \cdot V_a}$$

dabei ist $\frac{C_e \cdot V_e}{C_a \cdot V_a}$ der noch gelöste Anteil des Ions.

Für gravimetrische Bestimmungen soll der Fällungsgrad 0,999 ≙ 99,9 % erreichen.

Löslichkeit eines Elektrolyten

Die Löslichkeit L eines Elektrolyten ist durch die Größe seines Löslichkeitsproduktes gegeben.

> *Beispiel*: AgCl
>
> $Lp_{AgCl} = 10^{-10}\ mol^2 \cdot l^{-2}$
>
> Da aus AgCl beim Lösen (Dissoziieren) gleichviel Ag^+-Ionen und Cl^--Ionen entstehen, ist bei Verwendung der Konzentrationen:
>
> $c(Ag^+) = c(Cl^-) = 10^{-5}\ mol \cdot l^{-1}$
>
> Die Löslichkeit von AgCl ist
>
> $L_{AgCl} = c(Ag^+) = 10^{-5}\ mol \cdot l^{-1} = 1{,}43\ mg \cdot l^{-1}$ AgCl.

Für die größenordnungsmäßige Berechnung der *molaren Löslichkeit* c eines Elektrolyten A_mB_n eignet sich folgende allgemeine Beziehung:

> $$c_{A_mB_n} = \sqrt[m+n]{\frac{Lp_{A_mB_n}}{m^m \cdot n^n}} \quad \text{und genauer} \quad c_{A_mB_n} = \sqrt[m+n]{\frac{Lp_{A_mB_n}}{m^m \cdot n^n \cdot f_A^m \cdot f_B^n}}$$
>
> $c_{A_mB_n}$ = molare Löslichkeit der Substanz A_mB_n in $mol \cdot l^{-1}$.

> *Beispiele:*
>
> – AgCl: $Lp_{AgCl} = 10^{-10}\ mol^2 \cdot l^{-2}$
>
> $c_{AgCl} = 10^{-5}\ mol \cdot l^{-1}$
>
> – $Mg(OH)_2$: $Lp_{Mg(OH)_2} = a_{Mg^{2+}} \cdot (a_{OH^-})^2 = 10^{-12}\ mol^3 \cdot l^{-3}$
>
> $c_{Mg(OH)_2} = 10^{-4,2}\ mol \cdot l^{-1} = 6{,}3 \cdot 10^{-5}\ mol \cdot l^{-1}$

Löslichkeitsbeeinflussung durch Zusatz von Ionen

In reinem Wasser gilt: Die Löslichkeit eines Elektrolyten wächst mit zunehmender Ionenstärke; s. hierzu Kap. IV.2.3.

In realen Lösungen treten jedoch Löslichkeitsbeeinflussungen auf.

➢ ***Löslichkeitsbeeinflussung durch einen Zusatz von gleichen Ionen:***

Um den Einfluss deutlich zu machen, betrachten wir die Fällung von AgCl aus $AgNO_3$ mit NaCl.

Mit $Lp_{AB} = a_{A^+} \cdot a_{B^-}$ und C für die Konzentration von NaCl in der Lösung berechnet sich die Löslichkeit L von AgCl beim Zusatz von NaCl nach der Formel:

$$L_{AgCl} = -\frac{C}{2} + \sqrt{\frac{c^2}{4} + Lp_{AgCl}}$$

Für C= 0 ergibt sich damit: $L_{AgCl} = \sqrt{Lp_{AgCl}}$

Für C » Lp wird $L_{AgCl} = 0$, Dieser Grenzwert wird jedoch nicht erreicht, weil *kein* Salz absolut unlöslich ist.

Mit steigender Ionenkonzentration machen sich interionische Wechselwirkungen bemerkbar und diese erhöhen wieder die Löslichkeit (Komplexbildung).

➢ ***Löslichkeitsbeeinflussung durch einen Zusatz von Fremdionen:***

Fremdionen beeinflussen durch interionische Wechselwirkungen den *Aktivitätskoeffizienten* der interessierenden Ionen. Nach einer von *Debye* und *Hückel* angegebenen Formel gilt für die Abhängigkeit des Aktivitätskoeffizienten f_a von der Ionenstärke I und damit von der Konzentration an Fremdionen:

$$\lg f_a = -A \cdot n_i^2 \cdot \sqrt{I}$$

n_i = Wertigkeit der betreffenden Ionen, A = Konstante, I = Ionenstärke.

Bei starken Elektrolyten gilt für die Löslichkeit L:

$$L \cdot f_a = \sqrt{Lp} \quad \text{oder} \quad L = \frac{\sqrt{Lp}}{f_a}$$

Da L_P für eine bestimmte Temperatur konstant ist, wächst die Löslichkeit, wenn der Wert des Aktivitätskoeffizienten kleiner wird.

Beachte: Ist kein Reaktionspartner an einer anderen Gleichgewichtsreaktion beteiligt, so gilt: *Die Löslichkeit eines Elektrolyten wird durch den Zusatz gleicher Ionen verringert und durch den Zusatz von Fremdionen erhöht.*

1.3 Komplexbildung

Viele Metalle reagieren mit Lewis-Basen wie H_2O, NH_3, OH^-, CN^-, Halogeniden oder Chelat-Liganden unter Bildung von Komplexverbindungen.

Bei der *komplexometrischen Titration* (Kap. V.11) wird die Komplexbildung zur maßanalytischen Bestimmung von Kationen benutzt. In der *Gravimetrie* kann die Komplexbildung in einigen Fällen auch eine Trennung von Kationen ermöglichen, wenn diese verschieden stabile Komplexe bilden. Ein Beispiel ist die Trennung von Cu/Cd mit H_2S. Aus einer cyanidhaltigen Lösung fällt nur gelbes CdS; der Kupfercyanidkomplex wird unter diesen Bedingungen nicht zerstört („maskiertes" Kupfer).

In vielen Fällen kann sich eine Komplexbildung auch nachteilig für eine quantitative Fällung auswirken. Ein Beispiel ist die Bildung von $[AgCl_2]^-$ aus AgCl in salzsaurer Lösung.

Komplexbildungsreaktionen sind *Gleichgewichtsreaktionen*. Fügt man z. B. zu festem AgCl eine wässrige NH_3-Lsg., so geht AgCl in Lösung, weil sich ein wasserlöslicher Diammin-Komplex bildet: $AgCl + 2\,NH_3 \rightleftharpoons [Ag(NH_3)_2]^+ + Cl^-$

Die Anwendung des Massenwirkungsgesetzes auf die Komplexbildung liefert:

$$\frac{c([Ag(NH_3)_2]^+)}{c(AgCl)c^2(NH_3)} = \beta = 10^8 \qquad \lg\beta = 8 \qquad p\beta = -\lg\beta = -8$$

β ist die sog. Bruttostabilitätskonstante, s. S. 180.

Die Bildung bzw. Dissoziation von Komplexen erfolgt in mehreren Schritten (stufenweise).
Beispiel: $[Cr(H_2O)_6]^{3+}$; $[Cr(H_2O)_5Cl]^{2+}$; $[Cr(H_2O)_4Cl_2]^+$.

Die Gleichgewichtskonstante für die Komplexbildung nennt man Stabilitätskonstante. Sie gibt die Lage des Komplexbildungsgleichgewichts aus den Aqua-Komplexen an (der Übersichtlichkeit halber werden H_2O und die Ladungen in den Gleichungen weggelassen). Ihr reziproker Wert ist die Dissoziationskonstante oder Komplexzerfallskonstante.

Individuelle Stabilitätskonstanten K_i beziehen sich auf eine Stufe der Komplexbildung, also den Austausch nur eines Liganden. Sie sind folgendermaßen definiert:

$$M + X \rightleftharpoons MX \qquad K_1 = \frac{c(MX)}{c(M)\cdot c(X)}$$

$$MX + X \rightleftharpoons MX_2 \qquad K_2 = \frac{c(MX_2)}{c(MX)\cdot c(X)}$$

$$MX_{n-1} + X \rightleftharpoons MX_n \qquad K_n = \frac{c(MX_n)}{c(MX_{n-1})\cdot c(X)}$$

Die Bruttostabilitätskonstanten β_i sind wie folgt definiert:

$$M + 2X \rightleftharpoons MX_2 \qquad \beta_2 = \frac{c(MX_2)}{c(M)\cdot c^2(X)} = K_1 \cdot K_2$$

$$M + nX \rightleftharpoons MX_n \qquad \beta_n = \frac{c(MX_n)}{c(M)\cdot c^n(X)}$$

$$\beta_n = K_1 \cdot K_2 \cdot \cdots K\, K_n$$

Ein *großer* Wert für K bzw. β bedeutet, dass das Gleichgewicht auf der rechten Seite der Reaktionsgleichung liegt, dass also der Komplex *stabil* ist.

Tabelle 20 enthält die Komplexstabilitätskonstanten für einige Beispiele. Die Stabilitätskonstanten einiger Chelatkomplexen sind in Kap. V.11.2 angegeben.

Auswirkung unterschiedlicher Komplexstabilität

Gibt man zu einem Komplex ein Molekül oder Ion hinzu, das imstande ist, mit dem Zentralteilchen einen stärkeren Komplex zu bilden, so werden die ursprünglichen Liganden aus dem Komplex herausgedrängt:

$$\underset{\text{hellblau}}{[Cu(H_2O)_4]^{2+}} + 4\ NH_3 \rightleftharpoons \underset{\text{tiefblau}}{[Cu(NH_3]_4^{2+}} + 4\ H_2O$$

Für den Amminkomplex ist $\beta \approx 10^{13}$ bzw. $\lg \beta \approx 13$.

Das $[Cu(NH_3)_4]^{2+}$-Kation ist also stabiler als das $[Cu(H_2O)_4]^{2+}$-Kation. Genauer betrachtet tragen beide Kationen noch zwei weitere Aquo-Liganden, so dass beide Komplexe verzerrt oktaedrisch gebaut sind.

Tabelle 20. Stabilitätskonstanten einiger Komplexe (20°C)

Verbindung	$\lg \beta_n$	Verbindung	$\lg \beta_n$
$[Ag(NH_3)_2]^+$	8	$[Al(OH)_4]^-$	30
$[Ag(S_2O_3)_2]^{3-}$	13	$[Co(CN)_6]^{4-}$	19
$[Cu(NH_3)_4]^{2+}$	≈13	$[AlF_6]^{3-}$	20
$[CuCl_4]^{2-}$	6	$[Fe(CN)_6]^{3-}$	31
$[Zn(CN)_4]^{2-}$	17	$[Co(NH_3)_6]$	35
$[HgI_4]^{2-}$	30		

1.4 Betrachtungen zur Niederschlagsbildung

Auf S. 175 haben wir gesehen, dass ein schwerlöslicher Elektrolyt erst dann aus einer Lösung ausfallen kann, wenn sein Löslichkeitsprodukt erreicht ist. Meist tritt aber auch dann noch kein Niederschlag auf; es entsteht vielmehr ein *metastabiler* Zustand, in dem die Lösung mehr gelösten Stoff enthält, als zur Sättigung erforderlich ist. Man spricht dann von einer *Übersättigung* der Lösung.

Die Bildung der (neuen) festen Phase aus der Lösung ist also gehemmt. Um dies zu vermeiden, hat man für die Durchführung von Fällungsreaktionen entsprechende Arbeitsvorschriften erarbeitet. Zweckmäßigerweise unterscheidet man beim Fällungsvorgang (Niederschlagsbildung) folgende formale Teilschritte:

Keimbildung

Bei einer bestimmten Übersättigung bilden sich in einer Lösung sog. *Keime,* (kleine Teilchen der festen Phase). Die Keimbildung kann homogen (spontan) oder heterogen erfolgen.

Bei der *homogenen* Keimbildung treten gelöste Ionen oder Moleküle zu größeren Aggregaten zusammen. Die Zahl der Keime hängt stark von der Konzentration der Ionen oder Moleküle in der Lösung ab.

Aus konzentrierten Lösungen fallen feinteiligere Niederschläge aus als aus verdünnten Lösungen.

Die *heterogene* Keimbildung geht von kleinen Fremdstoffteilchen (Fremdkeimen) aus, an die sich Ionen oder Moleküle z. B. durch Adsorption anlagern, bis ein Keim entstanden ist.

Viele Fremdkeime verursachen oft einen feinkörnigen Niederschlag. Die Fremdkeime können Staubteilchen sein. Man kann sie künstlich in die Lösung einbringen in Form von kleinen Kriställchen derselben Substanz oder auch von Fremdsubstanzen. Diesen Vorgang nennt man *„Impfen"*.

Die Fremdkeime können auch z. B. durch Kratzen mit einem Glasstab an der Gefäßwand aus dem Glasstab oder dem Gefäß erzeugt werden. Die Niederschlagsbildung lässt sich auch durch Erschüttern der Lösung, z. B. mit Ultraschall, einleiten.

Kristallwachstum

Das Kristallwachstum ist eine sehr komplexe Erscheinung. Einflussgrößen sind u.a. Diffusionseffekte, Struktureigenschaften, Fremdionen.

Günstig für eine Vergrößerung der Kristallkeime und damit für die Bildung größerer Kristalle ist oft ein längerfristiges Erwärmen oder Stehenlassen der Lösung an einem warmen Ort. Eine solche „Vergröberung" des Niederschlags gelingt manchmal auch durch kurzes Aufkochen.

Reinheit und Filtrierbarkeit eines Niederschlags hängen wesentlich von der Größe der Kristalle ab.

Alterung

Alle Vorgänge, bei denen Veränderungen der chemischen und/oder physikalischen Eigenschaften eines Niederschlags mit der Zeit eintreten, nennt man Alterung des Niederschlags. Manchmal ändert sich dabei die Hydration und es treten Kondensationen ein. Auch Erscheinungen, die man als Reifung und Rekristallisation bezeichnet, sind Alterungsvorgänge.

Reifung

Die kleinen Kristalle eines Niederschlags enthalten im Allgemeinen viele Fehlstellen und Kristallfehler und befinden sich nicht im thermodynamischen Gleichgewicht mit der Lösung. Sie haben auch eine größere Freie Enthalpie der Oberfläche als große Kristalle.

Die Kristalle sind um so kleiner und um so stärker gestört, je höher die Übersättigung der Lösung ist. Bei abnehmender Übersättigung gehen kleine Kristalle in Lösung und große wachsen weiter. Dieser Vorgang, den man *Ostwald*-Reifung nennt, verursacht ebenfalls eine Vergröberung des Niederschlags.

Rekristallisation heißt die Erscheinung, dass nach Beendigung des Kristallwachstums ein Stoffaustausch zwischen dem Kristall und der darüberstehenden Lösung stattfindet. Zahl und Größe der Kristalle bleiben dabei meist unverändert. Bei der Rekristallisation gehen bestimmte Teile der Kristalle in Lösung und scheiden sich an anderen, energetisch günstigeren Stellen wieder ab; dabei werden Kristallfehler beseitigt. Meist erfolgt auf diese Weise auch eine gewisse „Selbstreinigung“ der Kristalle.

Alterungsprozesse lassen sich u.a. durch Temperaturerhöhung und/oder Stehenlassen des Niederschlags über längere Zeit an einem warmen Ort beschleunigen. Sie bringen häufig auch eine Verbesserung des Niederschlags.

Mitfällung

Von Mitfällung spricht man, wenn bei Fällungsreaktionen Fremdionen oder Lösemittelmoleküle (= Mikrokomponente) den gefällten Niederschlag verunreinigen. Verursacht wird die Mitfällung durch *Mischkristallbildung*, *Adsorption* oder *Einschluss* (Okklusion).

Eine Mischkristallbildung wird begünstigt, wenn Hauptbestandteil und Mikrokomponente ähnliche Ionenradien und gleiche Ladungen haben.

Beim Einschluss kann die Mikrokomponente zuerst an die Hauptkomponente adsorbiert sein oder mit ihr chemisch reagieren. Beim anschließenden Kristallwachstum wird sie dann von der Hauptkomponente umhüllt.

Nachfällung

Scheidet sich aus einem Stoffgemisch nach der Fällung des interessierenden Stoffes beim Stehenlassen in der Mutterlauge ein weiterer Nd. ab, so spricht man von Nachfällung.

Beispiel: MgC_2O_4 wird durch CaC_2O_4 nachgefällt.

1.5 Berechnung der Analysenwerte

Die Berechnung gravimetrischer Analysen beruht auf der rechnerischen Auswertung der Reaktionsgleichung, die der jeweiligen Fällung zugrunde liegt.

In vielen Fällen ist die Form, in der ein Ion gefällt wird *(Fällungsform)*, verschieden von der Form, in der es zur Auswaage gebracht wird *(Wägeform)*.

Beispiel: Al^{3+} wird als wasserhaltiges $Al(OH)_3$ gefällt (Fällungsform) und anschließend durch Glühen bis zur Gewichtskonstanz in Al_2O_3 (Wägeform) übergeführt.

Beispiel für die Berechnung von Analysenwerten

Gesucht wird der Schwefelgehalt einer Schwefelverbindung.

Der Schwefel in der Verbindung wird zu SO_4^{2-} oxidiert und als $BaSO_4$ quantitativ gefällt und ausgewogen.

Einwaage: 0,240 g Analysensubstanz

Auswaage: 0,130 g $BaSO_4$ (Molmasse M: 233,42)

In der Auswaage von 0,130 g $BaSO_4$ ist der gesamte Schwefel (M: 32) der Analysensubstanz enthalten. Die Masse m_S des S in der Auswaage beträgt folglich

$$m_S = 0{,}13 \cdot \frac{32}{233{,}42} = x\,g$$

Bezogen auf die Einwaage von 0,24 g Analysensubstanz ist dies ein Massengehalt von

$$\frac{100 \cdot x}{0{,}24} = \frac{100 \cdot 0.13}{0{,}24} \cdot \frac{32}{233{,}42} = 7{,}4\%S$$

d.h. die eingewogene Substanz enthält 7,4% Schwefel.

Vereinfachung der Rechnung mit Auswerteformel:

Der Faktor für die Umrechnung von $BaSO_4$ auf S, der *analytische* oder *gravimetrische Faktor F*, ist, wie aus der Gleichung ersichtlich, der Wert des Massenverhältnisses:

$$F = \frac{m(S)}{m(BaSO_4)} = \frac{32}{233{,}42} = 0{,}1373$$

Er gibt an, dass 1 g $BaSO_4$ genau 0,1373 g S enthält.

Obige Rechnung vereinfacht sich damit zu

$$m_s = F \cdot m_{BaSO_4} = 0{,}1373 \cdot 0{,}13 = 0{,}0178\,g$$

Für die Ermittlung des Massengehaltes gilt

$$\%S = \frac{100 \cdot \text{Auswaage}}{\text{Einwaage}} \cdot F = \frac{100 \cdot 0{,}13}{0{,}24} \cdot 0{,}1373 = 7{,}4\%$$

Die Faktoren F sind häufig wie folgt tabelliert oder angegeben z. B. als $F_{Fe} = 0{,}3622$:

gesucht	gefunden	Faktor F
S	$BaSO_4$	0,1373
Fe	Fe_2O_3	0,6995

Hinweis: Beachte bei der Berechnung des Faktors die stöchiometrischen Verhältnisse. Im Fall des Fe enthält Fe_2O_3 2 Atome Fe, d.h.

$$F_{Fe} = \frac{m(Fe)}{m(Fe_2O_3)} = \frac{2 \cdot M(Fe)}{M(Fe_2O_3)} = 0{,}6995$$

Empirischer Faktor

Ist die Zusammensetzung eines Niederschlags unbekannt, unter den Fällungsbedingungen aber konstant, so kann man durch eine Reihe von Testanalysen einen sog. empirischen Faktor $F_{emp.}$ bestimmen.

Fehler

Bei einer gravimetrischen Bestimmung ist der *relative Fehler* proportional dem Faktor, proportional dem absoluten Fehler bei der Einwaage und umgekehrt proportional dem absoluten Fehler bei der Auswaage.

Daraus folgt, dass ein kleiner gravimetrischer Faktor den relativen Fehler verringert.

Über Wägefehler s. S. Kap. IV.1.1.

2 Gravimetrische Analysen mit anorganischen Fällungsreagenzien

Die genauen Arbeitsvorschriften finden sich z. B. im „Lehr- und Übungsbuch der Anorganisch-Analytischen Chemie“, Bd. III von G.O. Müller (s. Literaturverzeichnis).

$BaCl_2$ fällt $\mathbf{SO_4^{2-}}$-Ionen aus HCl-saurer Lösung in der Siedehitze als $\mathbf{BaSO_4}$:

$$Ba^{2+} + SO_4^{2-} \rightleftharpoons BaSO_4$$

Molmasse: 233,43; $F_{SO_4^{2-}} = 0{,}4115$. Fällungsform = Wägeform.

$BaCl_2$ fällt auch $\mathbf{CrO_4^{2-}}$-Ionen aus essigsaurer, mit Acetat gepufferter Lösung als $\mathbf{BaCrO_4}$:

$$Ba^{2+} + CrO_4^{2-} \rightleftharpoons BaCrO_4 \qquad F_{CrO_4^{2-}} = 0{,}4579; \; F_{Cr} = 0{,}2053$$

Beachte: Diese Fällung gelingt nur bei Abwesenheit von SO_4^{2-}!

$AgNO_3$ dient zur Bestimmung von $\mathbf{Cl^-}$, $\mathbf{Br^-}$, $\mathbf{I^-}$, $\mathbf{CN^-}$, $\mathbf{SCN^-}$ als **AgCl, AgBr** usw. Die Fällungsform ist stets die Wägeform. Schwermetalle stören die Fällung. Durch Lichteinwirkung entsteht elementares Silber.

Verd. H_2SO_4 fällt $\mathbf{Ba^{2+}}$-Ionen als $\mathbf{BaSO_4}$ und $\mathbf{Pb^{2+}}$-Ionen als $\mathbf{PbSO_4}$.

$$BaCl_2 + H_2SO_4 \rightleftharpoons BaSO_4 + 2\,HCl$$

Die Lösung der Analysensubstanz lässt man in der Siedehitze zu der Schwefelsäure langsam zulaufen.

$$Pb(NO_3)_2 + H_2SO_4 \rightleftharpoons PbSO_4 + 2\,HNO_3$$

Bei dieser Fällung muss die sehr umfangreiche Arbeitsvorschrift eingehalten werden.

Beachte: Fe^{3+}, NO_3^-, ClO_3^- werden mitgefällt; freie HCl und HNO_3 lösen den Niederschlag.

Na_2HPO_4 bzw. *$(NH_4)_2HPO_4$* wird zur Bestimmung von $\mathbf{Mg^{2+}}$ und $\mathbf{Mn^{2+}}$ verwendet. Unter den Reaktionsbedingungen entsteht aus dem Natriumsalz das entsprechende Ammoniumsalz.
(1) Zur Bestimmung von Mn^{2+} wird die schwach salzsaure Lösung der Analysensubstanz mit NH_4Cl, Na_2HPO_4 und Ammoniak versetzt. Der Niederschlag wird geglüht, wobei $\mathbf{Mn_2P_2O_7}$ entsteht:

$$MnSO_4 + (NH_4)_2HPO_4 + NH_3 + H_2O \longrightarrow Mn(NH_4)PO_4 \text{ u.a.}$$

$$2\,Mn(NH_4)PO_4 \xrightarrow{\Delta} Mn_2P_2O_7 \text{ (Wägeform)} \qquad F_{Mn} = 0{,}3871.$$

(2) Die Bestimmung von Mg^{2+} ähnelt in ihrer Durchführung derjenigen von Mn^{2+}. Die Wägeform ist $\mathbf{Mg_2P_2O_7}$; $F_{Mg} = 0{,}2185$.

Beachte: Alle Kationen, mit Ausnahme der Alkali-Ionen, stören die Bestimmungen durch Phosphatbildung.

Ammoniumsulfid kann zur Fällung von $\mathbf{Mn^{2+}}$, $\mathbf{Ni^{2+}}$, $\mathbf{Co^{2+}}$, $\mathbf{Zn^{2+}}$ benutzt werden. Die Kationen werden als Sulfide gefällt und können danach in die Wägeform übergeführt werden.

Im Falle von $\mathbf{Mn^{2+}}$ ist **MnS** auch die Wägeform; $F_{Mn} = 0{,}6314$.

Schwefelwasserstoff: Mit H_2S lassen sich in saurer Lösung viele Metallionen als **Sulfide** fällen; s. hierzu auch Kap. II.6.5 Häufig wird ein Metallion als Sulfid gefällt und anschließend in eine günstigere Wägeform übergeführt.

Beispiele:

$$Ni^{2+} + S^{2-} \longrightarrow NiS \text{ (Fällungsform)}$$

NiS kann in Königswasser gelöst und als **Diacetyldioxim-Komplex** gefällt und ausgewogen werden. $\mathbf{Cu^{2+}}$ kann als **CuS** gefällt und durch Glühen in **CuO** als Wägeform übergeführt werden.

Für die Bestimmung von **Antimon** eignet sich $\mathbf{Sb_2S_3}$ auch als Wägeform. Antimon(V)-sulfid geht beim Glühen ebenfalls in Sb_3S_3 über.

Die Fällung mit H_2S eignet sich wegen der unterschiedlichen Löslichkeitsprodukte vieler Metallsulfide und der pH-Abhängigkeit der S^{2-}-Konzentration in vielen Fällen auch für Trennprobleme.

Nachteilig bei der Fällung mit H_2S sind die Erscheinungen, die als Mitfällung und Nachfällung bezeichnet werden.

Thioacetamid, CH_3CSNH_2 eignet sich anstelle von gasförmigem H_2S zur Sulfidfällung in saurer Lösung. Bei seiner Verwendung entfällt die Geruchsbelästigung, und die Niederschläge sind meist körniger und deshalb besser filtrierbar als bei der Fällung mit gasförmigem H_2S. Dies ist ein Beispiel für die *Fällung eines Niederschlags aus homogener Lösung* (s. Schema 14). Hierbei wird das Fällungsreagenz (hier: S^{2-}) langsam aus einer Quelle in der Fällungslösung erzeugt.

3 Gravimetrische Analysen mit organischen Fällungsreagenzien

Für gravimetrische Analysen eignet sich auch eine Vielzahl von organischen Fällungsreagenzien. Häufig sind sie spezifischer und empfindlicher als die „klassischen“ Reagenzien. Es ist ein besonderer Vorteil dieser Reagenzien, dass die gebildeten Verbindungen wegen der großen Molmasse der Fällungsmittel meist einen sehr günstigen gravimetrischen Faktor für das gesuchte Kation haben.

Tabelle 21 zeigt eine Auswahl an organischen Fällungsreagenzien (nach G.O. Müller).

Schema 14: *Beispiele* für Reagenzien zur Fällung aus homogener Lösung

Fällungsmittel S^{2-} (z. B. für Sb, Mo, Cu, Cd)

Thioacetamid:

$$CH_3{-}C({=}S){-}NH_2 + 2\,H_2O \xrightarrow{H^+} H_3C\text{-}COO^- + NH_4^+ + H_2S$$

Thioharnstoff:

$$NH_2{-}C({=}S){-}NH_2 + H_2O \xrightarrow{H^+} NH_2{-}C({=}O){-}NH_2 + H_2S$$

Fällungsmittel OH^- (z. B. für Al, Ga, Bi, Fe)

Harnstoff:

$$NH_2{-}C({=}O){-}NH_2 \xrightarrow{3\,H_2O} CO_2 + 2\,NH_4^+ + 2\,OH^-$$

Urotropin:

$$(CH_2)N_4 + 10\,H_2O \longrightarrow 6\,CH_2{=}O + 4\,NH_4^+ + 4\,OH^-$$

Fällungsmittel CrO_4^{2-} (z. B. für Pb)

Cr^{3+}/BrO_3^- :

$$2\,Cr^{3+} + BrO_3^- + 5\,H_2O \longrightarrow 2\,CrO_4^{2-} + Br^- + 10\,H^+$$

Spezielle Beispiele für Fällungsreaktionen

Diacetyldioxim (Dimethylglyoxim) bildet mit Ni^{2+}-Ionen einen schwerlöslichen Komplex:

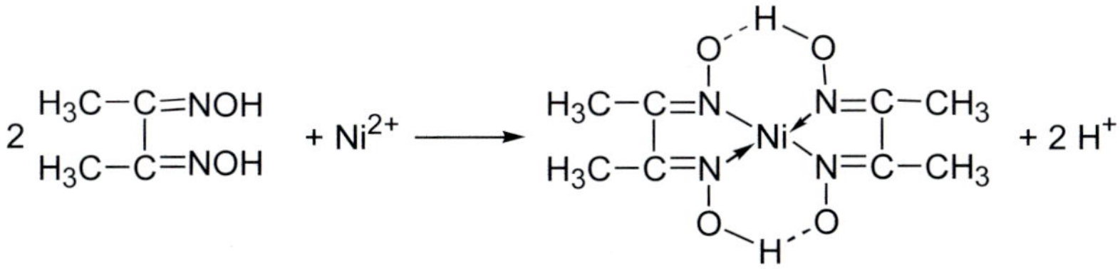

$Ni(C_4H_7O_2N_2)_2$ = Wägeform

F_{Ni} = 0,2032

Die Fällung erfolgt in der Siedehitze aus einer ammonialkalischen oder essigsauren Lösung mit einer 1%-igen alkoholischen Lösung von Diacetyldioxim.

Mit diesem Reagens gelingt auch die Trennung Ni^{2+} von Fe^{3+}, Mn^{2+}, Zn^{2+}, Co^{2+}, Cr^{3+}. Pd^{2+}-Ionen geben in salzsaurer Lösung einen gelben Niederschlag.

Tabelle 21. Organische Fällungsreagenzien

Verbindung	Struktur	Molekülmasse	Bestimmbare Elemente
α-Nitroso-β-naphthol	$C_{10}H_7O_2N$ 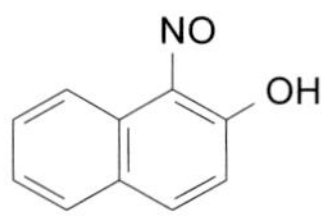	173,06	Pd, Co
α-Nitro-β-naphthol	$C_{10}H_7O_3N$ 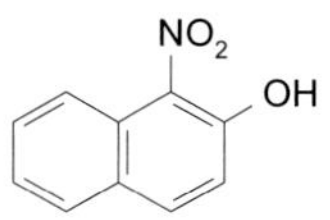	189,06	Co
Benzoinoxim (Cupron)	$C_{14}H_{13}O_2N$ 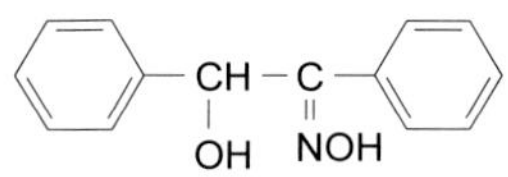	227,1	Cu
Salicyloxim	$C_7H_7O_2N$ 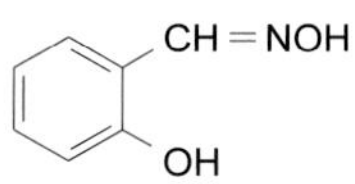	137,06	Pb, Cu
Cupferron	$C_6H_9O_2N_3$ 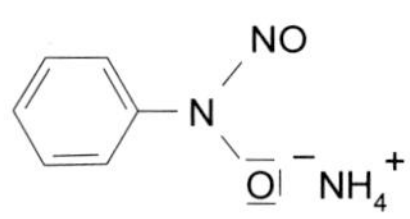	155,16	Bi, Cu, Th, Fe, Ti, Zn, Ga, Nb
8-Hydroxychinolin (Oxin)	C_9H_7ON 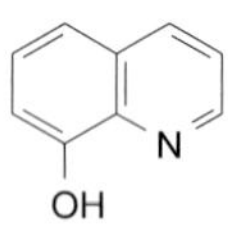	145,05	Pb, Tl, Bi, Cu, Sn, Pd, Mo, Ce, Zr, Th, Fe, Mn, Co, Ni, Ti, U, Al, Be, Zn, In, Ga, W, Mg

Tabelle 21. (Fortsetzung)

Verbindung	Struktur	Molekülmasse	Bestimmbare Elemente
Thionalid	$C_{12}H_{11}ONS$ 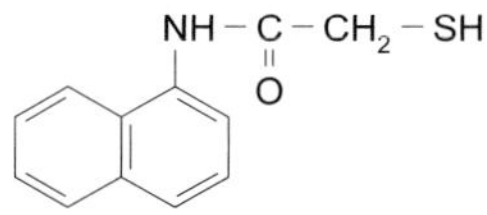	217,27	Ag, Bi, Cu, Hg, Sn, As, Sb
Dithizon	$C_{13}H_{12}N_4S$ 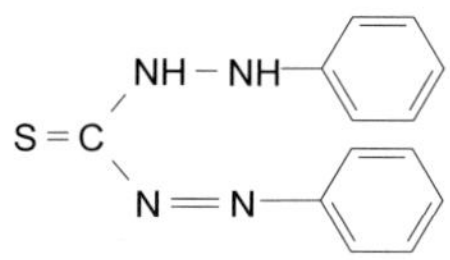	256,32	Pb
Mercaptobenzthiazol	$C_7H_5NS_2$ 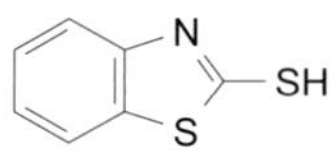	167,2	Pb, Bi, Cu, Cd, Au
Anthranilsäure	$C_7H_7O_2N$ 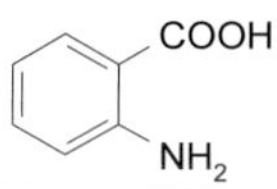	137,06	Cd, Zn
Chinaldinsäure	$C_{10}H_7O_2N$ 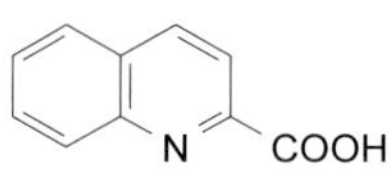	173	Cu, Cd, U, Zn
Pyridinkomplex	$[M^{II}Py_2](SCN)_2$		Hg, Cu, Cd, Co,Ni, Zn
Pyrogallol	$C_6H_6O_3$ 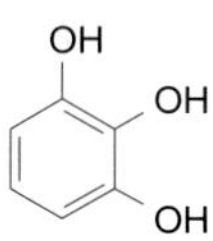	126,5	Bi, As, Sb
EDTA, s. Kap. V.11.2	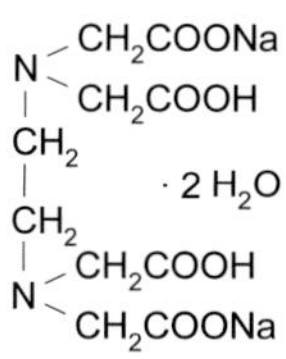	372,25	Mg, Ca, Ba, Ni, Co, Cd, Mn, Zn, Wasserhärte

8-Hydroxychinolin (Oxin) und einige seiner Derivate eignen sich zur quantitativen Bestimmung von zahlreichen Kationen, s. Tabelle 21. Es bilden sich z. B. mit M^{2+}-Ionen folgende Komplexe:

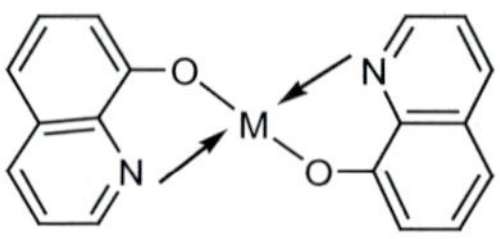

Alle Komplexe enthalten Kristallwasser, mit Ausnahme derjenigen, die Al, Ga, Bi, Tl und Pb als Zentralion besitzen.

Beachte: Bei der Fällung muss der in der Arbeitsvorschrift angegebene pH-Wert genau eingehalten werden.

Natriumtetraphenylborat (Kalignost) bildet im pH-Bereich von 4 bis 5 mit K^+, NH_4^+, Rb^+, Cs^+ schwerlösliche farblose Niederschläge, in denen Na^+ gegen das jeweils interessierende Kation ausgetauscht ist. Die Fällungsform ist gleichzeitig Wägeform:

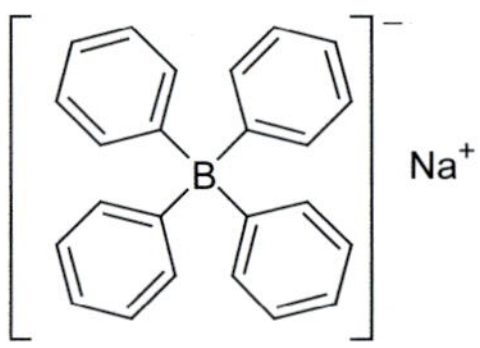

Für die *Elektrogravimetrie* als eine besondere Art der Fällung durch elektrochemische Reduktion von Metallionen zu Metallen s. Kap. VI.2.

4 Grundlagen der Maßanalyse

Bei der *Maßanalyse* (Titrimetrie, volumetrische oder titrimetrische Analyse) ermittelt man die Masse des zu bestimmenden Stoffes (= *Titrans, Probe*) durch eine Volumenmessung. Man misst nämlich die Lösungsmenge eines geeigneten Reaktionspartners (= *Titrator, Titrant*), die bis zur vollständigen Gleichgewichtseinstellung einer eindeutig ablaufenden Reaktion verbraucht wird.

Der Vorgang heißt *Titration,* die Operation *Titrieren.*

Das Ende der Titration ist am sog. *Äquivalenzpunkt* erreicht.

Äquivalenzpunkt („stöchiometrischer Punkt", theoretischer Endpunkt) heißt derjenige Punkt bei einer Titration, an dem sich äquivalente Mengen von Titrant und Probe miteinander umgesetzt haben.

Der Äquivalenzpunkt muss entweder direkt sichtbar sein oder auf irgendeine Weise eindeutig angezeigt (indiziert) werden können.

Oft gibt man anstelle des Äquivalenzpunktes den sog. *Endpunkt* der Titration an. Der Endpunkt soll dabei möglichst mit dem Äquivalenzpunkt zusammenfallen.

Endpunkt einer Titration heißt derjenige Punkt, bei dem sich eine bestimmte ausgewählte Eigenschaft der Lösung (z. B. Farbe, pH-Wert usw.) deutlich ändert.

Die Einteilung der Maßanalytischen Verfahren richtet sich nach den Reaktionstypen: Säure-Base-Titration, Redox-Titration, Fällungs-Titration, komplexometrische Titration.

Beachte: Für maßanalytische Bestimmungen eignen sich nur Reaktionen, die sehr schnell, praktisch vollständig und ohne Nebenreaktionen ablaufen.

Verwendungsbereich der Maßanalyse

Für maßanalytische Verfahren bieten sich viele Einsatzmöglichkeiten. Sie eignen sich besonders zur Bestimmung mittlerer und hoher Gehalte.

Ihr Vorteil ist der häufig geringe apparative Aufwand, die schnelle Arbeitsweise und ihre Eignung zur Automatisierung.

Titrationskurven

Werden Änderungen bestimmter Eigenschaften des Systems Probe/Titrant als Funktion des Umsetzungsgrades (= Titrationsgrades) in ein kartesisches Koordinatenkreuz eingetragen, erhält man *Titrationskurven.* Sie können über den gesamten Reaktionsverlauf während der Titration Auskunft geben.

Der *Titrationsgrad* τ ist definiert als der Quotient aus der Gesamtkonzentration des Titranten und der Gesamtkonzentration der Probe:

$$\tau = \frac{c_{Titrant}}{c_{Probe}} \qquad c = \text{Gesamtkonzentration}$$

Fehlermöglichkeiten bei Maßanalysen

Bei der Maßanalyse können eine ganze Reihe *systematischer* Fehler auftreten:

- Eichfehler der Volumen-Messgeräte,
- Temperaturfehler bei Abweichungen von der Eichtemperatur,
- Ablesefehler (Ursache: Parallaxe, gefärbte Lösung),
- Ablauffehler (zu kurze Auslaufzeit aus der Bürette).Vor der Endablesung soll man ca. 1 Minute warten, damit die Lösung in der Bürette von der Wand vollständig abfließen kann.
- Benetzungsfehler bei viskosen Lösungen oder fettiger Bürettenwand,
- Tropfenfehler.

Anmerkung: Da ein Tropfen aus einer Bürette ca. 0,03 ml entspricht, wird meist gegen Ende der Titration mehr Titrant zugegeben, als bis zum Erreichen des Äquivalenzpunktes erforderlich ist. Dieser *Tropfenfehler* ist daher fast unvermeidlich.

Beachte: Um den Fehler bei Titrationen klein zu halten, soll das Volumen der Probe klein, ihre Konzentration groß und dem Titranten angepaßt sein. Die Konzentration der Probe wird zweckmäßigerweise so gewählt, dass 20-30 ml von dem Titranten verbraucht werden.

4.1 Maßlösungen, Urtitersubstanzen

Für maßanalytische Bestimmungen verwendet man Reagenzlösungen, die eine bestimmte Konzentration haben. Diese Lösungen heißen *Maßlösungen.*

Molare Lösungen enthalten 1 mol Substanz im Liter Lösung. SI-Einheit: $mol \cdot l^{-1}$.

Äquivalentlösungen (Normallösungen)

Zum Begriff Äquivalentkonzentration („Normalität") und Äquivalentmenge, s. Kap. IV.2.1.

Eine Lösung eines Reagenzes mit $c_{eq} = 1\ mol \cdot l^{-1}$ (= *ein*normale Lösung *(1 N Lösung))* enthält 1 Äquivalent des Reagenzes in einem Liter Lösung. SI-Einheit: $mol \cdot l^{-1}$.

Im Allgemeinen verwendet man einfache Werte für die Äquivalentkonzentration („*Standard-Konzentrationswerte*") wie c_{eq} = 0,01; 0,1; 0,2; 1; 2; ... $mol \cdot l^{-1}$, (= 0,01 N (= N/100); 0,1 N (= N/10); 0,2 N (= N/5); ... Lösungen).

Vorteil der Äquivalentlösungen

Äquivalentlösungen haben einen ganz bestimmten Gehalt bzw. Konzentration und damit einen genau bekannten *Wirkungswert (= Titer).*

Für Äquivalentlösungen gilt bei einfachen Reaktionen wie Neutralisationen:

Gleiche Volumina von Lösungen gleicher Äquivalentkonzentration enthalten äquivalente Stoffmengen.

Herstellung von Äquivalentlösungen auf ***direktem*** *Weg*

Zur direkten Herstellung der Äquivalentlösung eines bestimmten Reagenzes wird die Äquivalentmenge oder ein dezimaler Bruchteil davon genau abgewogen, in einen Messkolben gebracht und mit Wasser gelöst. Bei 20°C (Eichtemperatur des Messkolbens) wird mit Wasser bis zur Eichmarke aufgefüllt und die Lösung anschließend gut durchmischt. Es ist zweckmäßig, die Einwaage so zu wählen, dass man möglichst einfache Rechenwerte bekommt, z. B. eine c_{eq} = 0,1; 0,2 oder 0,01 $mol \cdot l^{-1}$ Lösung (früher: 0,1 N; 0,2 N; 0,01 N).

Die direkte Herstellung ist nur möglich, wenn folgende Voraussetzungen erfüllt sind:

- Das Reagenz muss absolut rein sein, d.h. seine Zusammensetzung muss seiner Formel entsprechen.
- Das Einwiegen muss mit großer Genauigkeit erfolgen können. Die Substanz muss sein: nichtflüchtig, nicht hygroskopisch, sauerstoffunempfindlich, und sie darf kein CO_2 aus der Luft aufnehmen.
- Der Titer der Lösung muss über einen angemessen langen Zeitraum konstant bleiben (*Titerkonstanz*).

Beispiele für geeignete Reagenzien sind: NaCl, $AgNO_3$, Na_2CO_3 (krist.), $Na_2C_2O_4$, $K_2Cr_2O_7$, $KBrO_3$.

Herstellung von Äquivalentlösungen auf ***indirektem*** *Wege*

Wenn das Reagenz die vorstehend genannten Voraussetzungen nicht erfüllt, ist es notwendig, genaue Äquivalentlösungen auf indirektem Weg herzustellen.

In diesem Falle macht man eine Substanzeinwaage (man versuche, wie bei der direkten Herstellung einfache Rechenwerte zu bekommen) und füllt wie beschrieben ihre Lösung auf das Volumen des Messkolbens auf. Man bestimmt nun den Titer durch eine Titration eines genau abgemessenen Teils der Lösung, entweder

a) mit einer genau bekannten Äquivalentlösung oder

b) mit der Lösung einer sog. *Urtitersubstanz.*

Diesen Vorgang nennt man *Einstellen der Lösung* oder *Titerstellung.*

Urtitersubstanzen sind absolut reine und beständige Verbindungen, die sich ohne Schwierigkeiten genau einwiegen lassen.

Beispiele für Urtitersubstanzen:

- NaCl für $AgNO_3$-Lösungen
- Na_2CO_3 (krist.) für Säuren wie Salzsäure und H_2SO_4
- $KHCO_3$ für Säuren
- As_4O_6 (Tetraarsenhexoxid) für Lösungen von I_2, KIO_3, Ce(IV), $KBrO_3$
- $Na_2C_2O_4$ und $H_2C_2O_4 \cdot 2\ H_2O$ für $KMnO_4$-Lösungen
- $KBrO_3$
- I_2 für $Na_2S_2O_3$-Lösungen
- $K_2Cr_2O_7$ für $Na_2S_2O_3$-Lösungen
- Zn (metallisch) für EDTA-Lösungen
- Kaliumhydrogenphthalat für $HClO_4$-Lösungen in Eisessig

Titerstellung

Zur Erleichterung der Berechnung bei der Auswertung versucht man, einfache Dezimalwerte für die Äquivalentkonzentration („Standard-Konzentrationswerte") wie $c_{eq} = 0{,}01;\ 0{,}1;\ 1,\ 2\ ...\ mol \cdot l^{-1}$ zu erhalten. Bei der Herstellung von Äquivalentlösungen auf direktem Weg lässt sich das sehr einfach durch eine entsprechende Einwaage erreichen. Wählt man den indirekten Weg, wird man in der Regel keine ganzzahligen Konzentrationen erhalten, also z. B. 0,09987 oder 0,1013 statt 0,1 $mol \cdot l^{-1}$. Auch bei unbeständigen Lösungen wie z. B. $KMnO_4$-Lösungen erhält man zwangsläufig keine ganzzahligen Konzentrationswerte.

Bei nicht ganzzahligen Konzentrationswerten wird die Abweichung von ganzzahligen Konzentrationswerten durch einen *Korrekturfaktor* (*Normalfaktor*, *Normierfaktor*) f berücksichtigt.

$$f = \frac{c_{eq}(i)}{c^*_{eq}(i)}$$

$c_{eq}(i)$ ist die tatsächliche Äquivalentkonzentration des Stoffes i, die experimentell durch Titration bestimmt wurde.

$c^*_{eq}(i)$ ist hier der angestrebte dezimale Standard-Konzentrationswert des Stoffes i, der in die Auswerteformel eingeht.

Im obigen Beispiel mit $c_{eq}(i) = 0{,}1013\ mol \cdot l^{-1}$ ist:

$$f = \frac{c_{eq}(i)}{c^*_{eq}(i)} = \frac{0{,}1013}{0{,}1} = 1{,}013$$

Man spricht dann von einer Lösung mit $c_{eq} = 0{,}1\ mol \cdot l^{-1}$ mit dem Faktor f = 1,013.

Bei *Einzelbestimmungen* ist der Faktor entbehrlich. Man rechnet hier besser mit der tatsächlichen Äquivalentkonzentration:

$$c_{eq} = 0{,}1013\ mol \cdot l^{-1} \text{ anstatt mit } c_{eq} = 0{,}1\ mol \cdot l^{-1} \cdot 1{,}013.$$

Bei *Reihenbestimmungen* ist es zweckmäßig, zur Vermeidung von Rechenfehlern eine *Auswerteformel* zu verwenden. Diese arbeitet mit ganzzahligen Standard-Konzentrationswerten und dem Korrekturfaktor.

Alternativ kann man auch die Konzentration der Maßlösung durch Verdünnen auf dezimale Werte bringen, um die Auswertung zu erleichtern.

Hinweis: Über die Analyse ist ein Protokoll zu führen.

Beispiel: Einwaage: x g, in 100 ml aufgelöst,
davon 20 ml entnommen: (x/100/20)
Verbrauch: y ml c_{eq} = 0,1 Lösung (f = 0,xx)

Rechenbeispiel für die Titerstellung mit einer Urtiter-Substanz

Bestimmt werden soll der Normierfaktor f einer ungefähr $c_{eq} \approx 0{,}1\ mol \cdot l^{-1}$ H_2SO_4-Lösung.
Man wiegt eine bestimmte Menge Na_2CO_3 (wasserfrei) genau ab, löst sie in destilliertem Wasser, gibt einen geeigneten Indikator hinzu und titriert mit der zu bestimmenden H_2SO_4-Lsg. bis zum Farbumschlag.

Beispiel:

Vorlage: 0,240 g Na_2CO_3 (M: 106 g/mol) in ca. 400 ml H_2O

Indikator: Methylorange

Verbrauch an Titrant: 42,3 ml

Für die Neutralisations-Reaktion gilt:

$$n_{eq}(H_2SO_4)_t = n_{eq}(Na_2CO_3)_v$$

t steht für Titrant, v für Vorlage (Probe)

Mit den Gleichungen aus Kap. IV.2.1 erhält man:

$$c_{eq}(t) \cdot V_t = z_v \frac{m_v}{M_v}$$

$$c_{eq}(t) \cdot 0{,}0423 l = 2 \cdot \frac{0{,}242\ g}{106\ g \cdot mol^{-1}}$$

$$c_{eq}(t) = \frac{2 \cdot 0{,}242}{106 \cdot 0{,}0423} \frac{mol}{l} = 0{,}107\ mol \cdot l^{-1}$$

Für den gesuchten Normierfaktor ergibt sich:

$$f = \frac{c_{eq}}{c^*_{eq}} = \frac{0{,}1079}{0{,}1} = 1{,}079$$

Bei dem Titranten handelt es sich somit um eine Lösung mit c_{eq} = $0{,}1\ mol \cdot l^{-1}$ (bisher 0,1 N) mit dem Faktor f = 1,079.

4.2 Berechnung der Analysen

Die rechnerische Auswertung von Maßanalysen ist bei der Verwendung von Äquivalentlösungen sehr einfach. Aus dem Verbrauch an Lösung kann man unmittelbar die äquivalente Menge der zu bestimmenden Substanz berechnen.

Ausführliche Berechnung bei Einzelbestimmungen

Im Äquivalenzpunkt sind äquivalente Mengen beider Reaktionspartner umgesetzt worden.

Es gilt:

$$n_{eq}(\text{Probe}) = n_{eq}(\text{Titrant}) \qquad \text{oder} \qquad z_v \cdot \frac{m_v}{M_v} = c_{eq}(t) \cdot V_t$$

v kennzeichnet die Vorlage (Probe), t den Titrant

Daraus folgt:

$$m_v(\text{mg}) = \frac{1}{z_v} \cdot c_{eq}(t) \cdot V_t \cdot M_v \qquad \frac{\text{mol} \cdot \text{ml} \cdot \text{mg}}{\text{ml} \cdot \text{mmol}}$$

Die *Masse* m_v des gesuchten Stoffes ergibt sich in mg, wenn der Verbrauch V_t an Titrant in ml gemessen, die Äquivalentkonzentration $c_{eq}(t)$ des Titranten in $\text{mmol} \cdot \text{ml}^{-1}$ (statt in $\text{mol} \cdot \text{l}^{-1}$) und die Molmasse M_v des gesuchten Stoffes in $\text{mg} \cdot \text{mmol}^{-1}$ (statt in $\text{g} \cdot \text{mol}^{-1}$) angegeben wird.

Beachte: z_v ist die *Äquivalentzahl* für den zu titrierenden Stoff in der Vorlage. Sie ist für verschiedene Titranten gleich, sofern sie die gleiche Wirkung ausüben. Wenn z. B. alle Titranten Cr(III) zu Cr(VI) oxidieren, ist z stets 3.

Ist die Einwaage der Analysensubstanz bekannt, lässt sich auch der *Massengehalt* an dem gesuchten Stoff angeben:

$$\% = \frac{m_v \cdot 100}{\text{Einwaage}} \quad \frac{\text{mg}}{\text{mg}}$$

Vereinfachte Berechnung bei Reihenanalysen und Einzelbestimmungen

Die Auswertung einer Titration bei Reihenanalysen und häufig wiederkehrenden Analysen wird durch den bereits erwähnten Normierfaktor f und das *maßanalytische Äquivalent* k erleichtert.

k ist ein stöchiometrischer Umrechnungsfaktor für die Maßanalyse (analog zu dem gravimetrischen Faktor s. S. 180).

Für die Bestimmung von Eisen findet man z. B. in den Handbüchern folgende Angaben:

1 ml $KMnO_4$-Lsg. mit $c_{eq} = 0{,}1\ mol \cdot l^{-1}$ $\hat{=}$ 5,585 mg Fe
oder k = 5,585 mg/ml

1 ml $K_2Cr_2O_7$-Lsg. mit $c_{eq} = 0{,}1\ mol \cdot l^{-1}$ $\hat{=}$ 5,585 mg Fe
oder k = 5,585 mg/ml

1 ml $Na_2S_2O_3$-Lsg. mit $c_{eq} = 0{,}1\ mol \cdot l^{-1}$ $\hat{=}$ 5,585 mg Fe
oder k = 5,585 mg/ml

1 ml Komplexon III mit $c_{eq} = 0{,}1\ mol \cdot l^{-1}$ $\hat{=}$ 5,585 mg Fe
oder k = 5,585 mg/ml

Die Berechnung von m_v bei bekanntem Umrechnungsfaktor k und bekanntem Normierfaktor f erfolgt dann nach

$$m_v = V_t \cdot f \cdot k$$

Voraussetzung ist natürlich, dass der Titrant den k entsprechenden Standard-Konzentrationswert (hier $c_{eq} = 0{,}1\ mol \cdot l^{-1}$) hat. Bei Angabe des Verbrauchs V_t an Titrant in ml erhält man die Masse m_v des gesuchten Stoffes in mg.

Ermittlung des maßanalytischen Umrechnungsfaktors k

Der Umrechnungsfaktor k lässt sich leicht mit der vorstehend abgeleiteten Gleichung finden:

$$m_v = \frac{1}{z_v} \cdot c_{eq}(t) \cdot V_t \cdot M_v$$

Im Falle der Eisenbestimmung ($Fe^{2+} - e^- \longrightarrow Fe^{3+}$) gilt für eine 0,1 c_{eq} Lösung:

$$z_v = 1,\ c_{eq}(t) = 0{,}1\ mmol \cdot ml^{-1},\ \ V_t = 1\ ml,\ \ M_v = 55{,}85\ mg \cdot mol^{-1}$$

$$m_v = \frac{1}{1} \cdot 0{,}1 \cdot 1 \cdot 55{,}85 = 5{,}585\ mg$$

Für eine Maßlösung mit $c_{eq} = 0{,}1$ ist demzufolge k = 5,585 mg/ml. k ist für alle Titranten gleich groß, wenn sie den gleichen Standard-Konzentrationswert (hier $c_{eq} = 0{,}1$) haben und die gleiche Wirkung (hier z = 1) ausüben. Bei den obigen Oxidationsmitteln bedeutet das die Oxidation Fe(II) $\longrightarrow$ Fe(III), im Falle des Komplexon III die Bildung eines 1:1-Komplexes.

4.3 Indikatoren

Indikatoren sind Stoffe, die durch eine Farbänderung den Endpunkt einer Titration anzeigen. Derartige Farbindikatoren lassen sich bei verschiedenen maßanalytischen Methoden einsetzen, so z. B. bei der Komplexometrie, der Acidimetrie und der Oxidimetrie.

Anmerkung: Der Farbumschlag des Indikators lässt sich besser erkennen, wenn man mehrere Proben hintereinander titriert. Bei der ersten Probe wird der Endpunkt angenähert bestimmt. Die zweite Titration erlaubt dann die genaue Bestimmung.

Säure-Base-Indikatoren

Säure-Base-Indikatoren sind organische Farbstoffe, die durch Protonierung bzw. Deprotonierung eine Farbänderung erfahren. Sie verhalten sich wie schwache Brønsted-Säuren bzw. -Basen.

Die Säure-Base-Indikatoren gehören verschiedenen chemischen Gruppen an. Die bekanntesten sind:

a) **Azofarbstoffe**

Beispiel: Methylorange

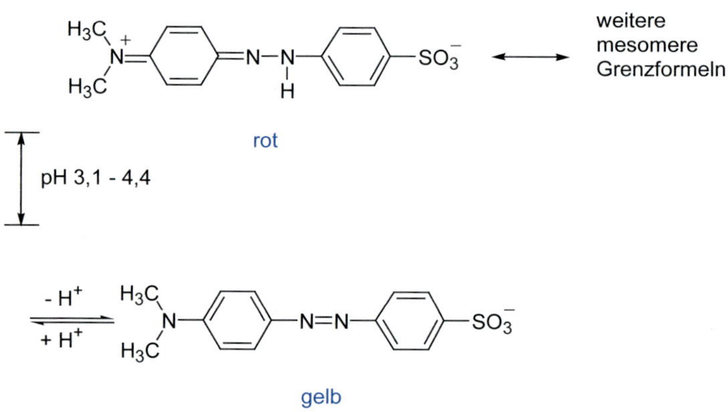

Hierzu gehören weiterhin: Alizaringelb, Dimethylgelb, Metanilgelb, Methylrot, Sudan III.

b) **Sulfonphthaleine**

Beispiel: Phenolrot

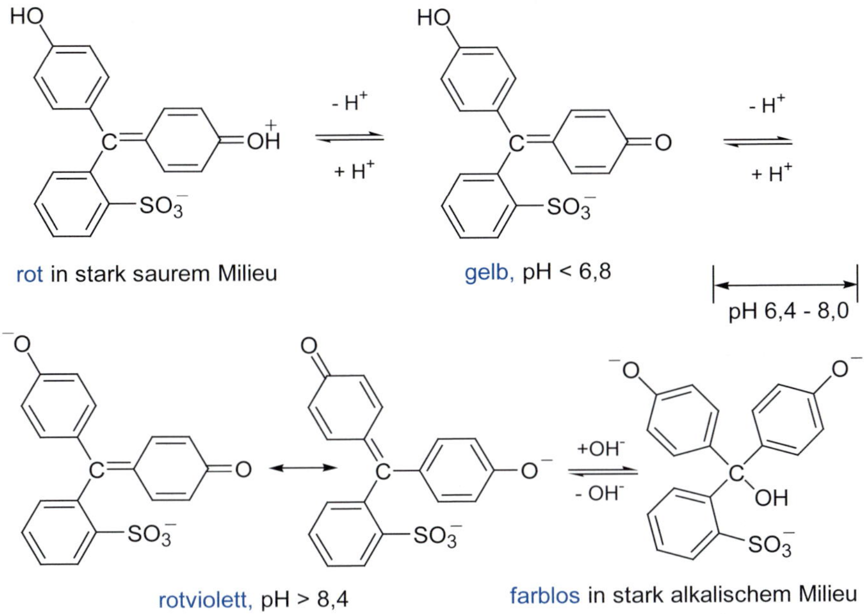

Hierzu gehören weiterhin: Bromkresolgrün, Bromkresolpurpur, Bromphenolblau, Bromthymolblau, Kresolrot, Naphtholbenzein, Phenolrot, Thymolblau.

c) **Phthaleine**

Beispiel: Phenolphthalein

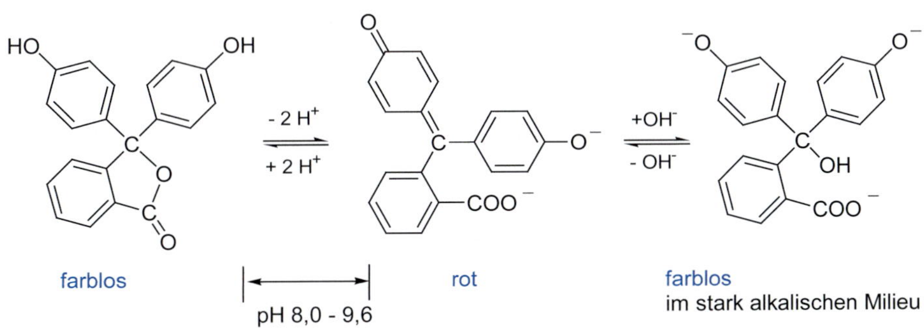

Hierzu gehört weiterhin: Thymolphthalein.

Redoxindikatoren

Redoxindikatoren sind organische Farbstoffe, die durch Oxidation bzw. Reduktion ihre Farbe verändern. Sie sind nur dann bei Redoxtitrationen nicht erforderlich, wenn die an der Hauptreaktion beteiligten Stoffe selbst Farbänderungen bewirken (Manganometrie) bzw. gefärbte Anlagerungsverbindungen bilden (Iodometrie).

Beispiele: Ferroin

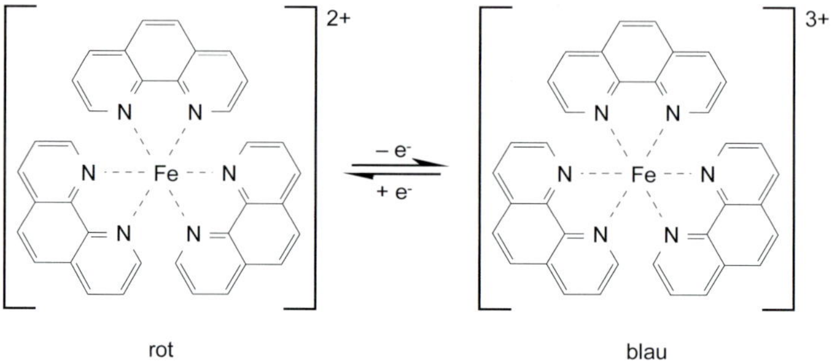

Diphenylbenzidinsulfonat

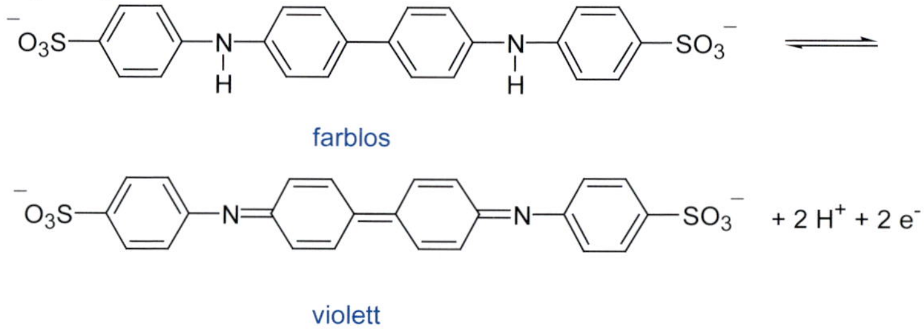

Metall-Indikatoren

Metall-Indikatoren sind organische Farbstoffe, die mit Metallionen Chelatkomplexe bilden und dabei eine Farbänderung erfahren. Sie werden zur Endpunktanzeige bei komplexometrischen Titrationen eingesetzt.

Beispiel: Eriochromschwarz T

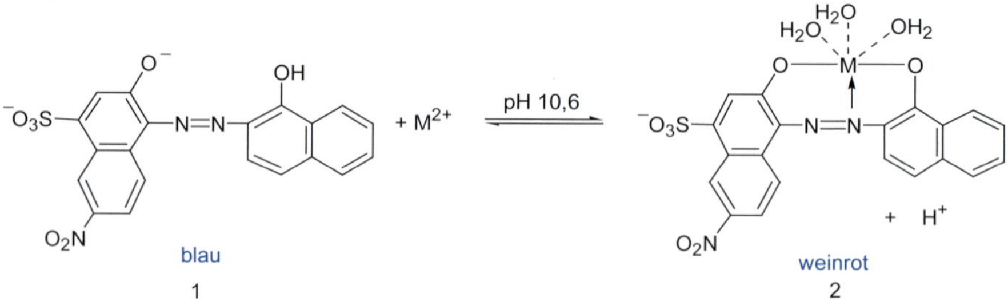

Dieser Indikator wird unter Zusatz von Methylorange als Eriochromschwarz-T-Mischindikator eingesetzt, da der Farbumschlag dieser Mischung besser sichtbar ist. Form 1 wird mit Methylorange grün, Form 2 wird rot.

Weitere Metallindikatoren sind: Calcon, Calcein, Methylthymolblau und Xylenylorange.

Einfarbige und zweifarbige Indikatoren

Unter den oben aufgeführten Indikatoren kann man unabhängig von ihrem Einsatzgebiet zwei Gruppen unterscheiden:

- Einfarbige Indikatoren (z. B. Phenolphthalein) sind nur in einer der möglichen Formen gefärbt, in der anderen Form farblos.
- Zweifarbige Indikatoren liegen in beiden Formen gefärbt, jedoch in verschiedenen Farben vor.

Umschlagsintervall

Zur genauen Betrachtung des Indikatorumschlages von zweifarbigen Säure-Base-Indikatoren bedienen wir uns des Massenwirkungsgesetzes.

Wenn wir HInd für die Indikatorsäure und Ind^- für die korrespondierende Base schreiben, gilt:

$$HInd + H_2O \rightleftharpoons H_3O^+ + Ind^-$$

hieraus folgt nach dem MWG:

$$K_{S_{HInd}} = \frac{c(H_3O^+) \cdot c(Ind^-)}{c(HInd)}$$

$c(H_2O)$ kann als konstant angesehen werden und ist in K_S enthalten (s. Kap. V. 5.2).

Umgeformt ergibt sich:

$$c(H_3O^+) = K_{S_{HInd}} \cdot \frac{c(HInd)}{c(Ind^-)}$$

und logarithmiert:

$$pH = pK_{S_{HInd}} + \lg \frac{c(Ind^-)}{c(HInd)}$$

Es werden die Konzentrationen verwendet. Der Einfluss des Aktivitätskoeffizienten kann hier vernachlässigt werden, da Indikatoren nur in kleinen Konzentrationen eingesetzt werden.

Aus diesen Gleichungen ersieht man, dass pH = $pK_{S_{HInd}}$ wird, wenn $c(Ind^-)$ = c(HInd) ist (da lg 1 = 0).

Der Indikatorumschlag muss also beim pH ≈ $pK_{S_{HInd}}$ erfolgen!

Die Erfahrung zeigt aber, dass bei zweifarbigen Indikatoren der Indikatorumschlag ein pH-Intervall umfaßt. Das ergibt sich aus der Tatsache, dass eine Farbänderung für das Auge schon dann sichtbar wird, wenn das Verhältnis $HInd/Ind^-$ = 1/10 ist und erst dann beendet ist, wenn $HInd/Ind^-$ = 10/1 beträgt. Für das Umschlagsintervall ergibt sich also eine Breite von 2 pH-Einheiten.

$$pH = pK_{S_{HInd}} \pm 1$$

da lg 1/10 = –1 und lg 10 = 1 ist.

Abb. 25 und Tabelle 22 geben gibt die Umschlagsintervalle einiger wichtiger Säure-Base-Indikatoren an.

Völlig analog lässt sich das Umschlagsintervall von zweifarbigen **Metall-Indikatoren** herleiten. Das Dissoziationsgleichgewicht lautet hier:

$$IndM^{n+} \rightleftharpoons M^{n+} + Ind.$$

Aus dem MWG ergibt sich dann analog:

$$pM^{n+} = pK_{Ind} + \lg\frac{c(Ind)}{c(IndM^{n+})}$$

$$pM^{n+} = -\lg c(M^{n+}) \quad (= \text{Metallexponent})$$

K_{Ind} = Dissoziationskonstante des Metall-Indikator-Komplexes.

Danach liegt der Umschlagspunkt bei pM ≈ pK_{Ind}, das Umschlagsintervall liegt zwischen pM = pK_{Ind} – 1 und pM = pK_{Ind} + 1. Statt zwei pH-Einheiten umfaßt das Intervall hier also zwei pM-Einheiten.

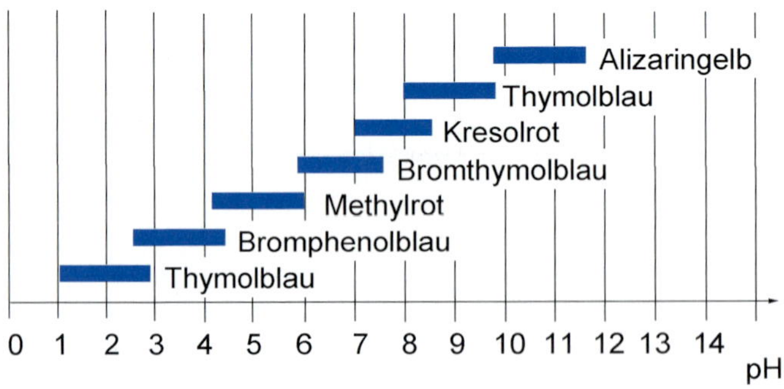

Abb. 25. Umschlagsintervalle von Indikatoren

Tabelle 22. Umschlagsintervalle von Säure-Base-Indikatoren

Indikator	Umschlags-intervall	Farbumschlag sauer	Farbumschlag alkalisch	Bereitung
Dimethylgelb	2,9 – 4,0	rot	gelb	0,1 % in Wasser
Bromphenolblau	3,0 – 4,6	gelb	blau	0,04 % in Ethanol
Methylorange	3,1 – 4,6	rot	gelb	0,1 % in Wasser
Methylrot	4,2 – 6,3	rot	gelb	0,2 % in 60 % Ethanol
Phenolphthalein	8,2 –10,0	farblos	rot	0,1 % in 70 % Ethanol
Thymolphthalein	9,3 –10,6	farblos	blau	0,1 % in 90 % Ethanol
Tashiro	4,0 – 6,0	rotviolett	grün	80 ml 0,05 % Methylrot + 40 ml 0,1 % Methylenblau

Auch bei **zweifarbigen Redoxindikatoren** lässt sich eine analoge Beziehung herstellen. Aus der Nernstschen Gleichung ergibt sich:

$$E = E^{\circ} + \frac{0{,}059}{n} \lg \frac{c(Ox)}{c(Red)}$$

E = Potential, E° = Normalpotential des Indikators, n = Anzahl der beim Redoxvorgang verschobenen Elektronen, Ox = oxidierte Form des Indikators, Red = reduzierte Form des Indikators.

Für das Potential beim Umschlagspunkt gilt also $E \approx E^{\circ}$; das Umschlagsintervall liegt zwischen $E = E^{\circ} - \frac{0{,}059}{n}$ und $E = E^{\circ} + \frac{0{,}059}{n}$.

Aus diesen Betrachtungen wird sichtbar, dass alle **zwei**farbigen Indikatoren ein jeweils spezifisches Umschlagsintervall haben, dessen Lage nicht konzentrationsabhängig ist. Entscheidend für die Lage des Intervalls ist je nach Indikatortyp die Dissoziationskonstante bzw. das Normalpotential des Indikators. Hierin liegt ein großer Vorzug der zweifarbigen Indikatoren.

Bei **ein**farbigen Indikatoren ist dagegen der Umschlagspunkt von der Konzentration des Indikators abhängig.

Beispiel: Phenolphthalein.

Titrieren wir eine Säure mit einer Base gegen Phenolphthalein, so ist der Umschlagspunkt dann erreicht, wenn eine bestimmte, für das Auge gerade sichtbare Konzentration von rotgefärbten Phenolphthalein-Molekülen vorliegt. Erhöhen wir jetzt die Indikatorkonzentration in einer zweiten Titration auf die 10-fache Menge, so ist nur eine zehnfach kleinere prozentuale Umsetzung des Indikators zum gefärbten Molekül erforderlich, um die gleiche absolute Anzahl an gefärbten Teilchen und damit eine sichtbare Farbänderung zu erhalten. Das bedeutet, dass sich der Umschlags-pH um eine Einheit erniedrigt. Wenn $c(Ind^-)$ um eine Zehnerpotenz kleiner wird, so wird der Logarithmus des Quotienten um den Betrag 1 größer, d.h. der pH fällt um eine Einheit.

Indikatorbedingte Fehler

Ein durch den Indikator bedingter Fehler tritt dann auf, wenn der Farbumschlag des Indikators nicht mit dem eigentlichen Äquivalenzpunkt der Titration zusammenfällt. Dieser Fehler ist um so größer, je mehr der $pK_{S_{HInd}}$ bzw. E°-Wert des Indikators vom pH, pM bzw. E-Wert am Äquivalenzpunkt abweicht. Oft mangelt es an geeigneten Indikatoren, um diesen Fehler möglichst gering zu halten.

Eine weitere Fehlerquelle liegt in der Konkurrenzreaktion des Indikators mit dem Titranten. Der Indikator verbraucht am Ende der Titration einen Teil des Titranten, um die farbverändernde Reaktion einzugehen. Dieser Fehler lässt sich durch den Einsatz kleiner Indikatorkonzentrationen sehr gering halten.

Ein indikatorbedingter Fehler kann auch durch die Konzentrationsabhängigkeit des Umschlagspunktes bei einfarbigen Indikatoren entstehen (s.o.). *Zweifarbige Indikatoren sind daher vorzuziehen.*

5 Säure-Base-Titrationen (Neutralisationstitrationen, Acidimetrie/Alkalimetrie)

5.1 Theorie der Säuren und Basen

Die Vorstellungen über die Natur der Säuren und Basen haben sich im Laufe der Zeit zu leistungsfähigen Theorien entwickelt.

Säure-Base-Theorie von Brønsted

Säuren sind – nach *Brønsted* (1923) – *Protonendonatoren* (Protonenspender). Das sind Stoffe oder Teilchen, die H^+-Ionen abgeben können, wobei ein Anion A^- (= Base) zurückbleibt.

Beispiele: Salzsäure, HNO_3, H_2SO_4, CH_3COOH, H_2S

Außer diesen *Neutralsäuren* gibt es auch Kation-Säuren und Anion-Säuren, s.u.

Beachte: Diese Theorie ist nicht auf Wasser als Lösemittel beschränkt (s. Kap. V.7).

Basen sind *Protonenakzeptoren.* Das sind Stoffe oder Teilchen, die H^+ Ionen aufnehmen können.

Beispiele:

$$\mathbf{NH_3} + H^+ \rightleftharpoons NH_4^+ \quad Na^+\mathbf{OH^-} + HCl \rightleftharpoons H_2O + Na^+ + Cl^-$$

Kation-Basen und Anion-Basen s.u.

Salze sind Stoffe, die in festem Zustand aus Ionen aufgebaut sind.

Beispiele: NaCl, NH_4Cl

Eine Säure kann ihr Proton nur dann abgeben, d.h. als Säure reagieren, wenn das Proton von einer Base aufgenommen wird. Für eine Base liegen die Verhältnisse umgekehrt. Die saure oder basische Wirkung einer Substanz ist also eine Funktion des jeweiligen Reaktionspartners, denn *Säure-Base-Reaktionen sind Protonenübertragungsreaktionen (Protolysen)*. Säuren und Basen nennt man daher auch *Protolyte.*

Protonenaufnahme bzw. -abgabe sind reversibel, d.h. bei einer Säure-Base-Reaktion stellt sich ein Gleichgewicht ein. Es heißt Säure-Base-Gleichgewicht oder *Protolysegleichgewicht:* $HA + B \rightleftharpoons BH^+ + A^-$, mit den *Säuren*: HA und BH^+ und den *Basen*: B und A^-. Bei der Rückreaktion wirkt A^- als Base und BH^+ als Säure. Man bezeichnet A^- als die zu HA *korrespondierende (konjugierte)* Base. HA ist die zu A^- *korrespondierende (konjugierte)* Säure. HA und A^- nennt man ein *korrespondierendes (konjugiertes)* **Säure-Base-Paar**.

Für ein Säure-Base-Paar gilt: Je leichter eine Säure (Base) ihr Proton abgibt (aufnimmt), d.h. je stärker sie ist, um so schwächer ist ihre korrespondierende Base (Säure).

Die Lage des Protolysegleichgewichts wird durch die Stärke der beiden Basen (Säuren) bestimmt. Ist B stärker als A^-, so liegt das Gleichgewicht auf der rechten Seite der Gleichung.

Beispiel:

$$HCl \rightleftharpoons H^+ + Cl^-$$

$$NH_3 + H^+ \rightleftharpoons NH_4^+$$

$$HCl + NH_3 \rightleftharpoons NH_4^+ + Cl^-$$

allgemein: Säure 1 + Base 2 $\rightleftharpoons$ Säure 2 + Base 1

Die konjugierten Säure-Base-Paare sind:

HCl/Cl^- bzw. (Säure 1/Base 1) und NH_3/NH_4^+ bzw. (Base 2/Säure 2)

Kation-Säuren

Kation-Säuren entstehen durch Protolysereaktionen beim Lösen bestimmter Salze in Wasser. Beispiele für Kation-Säuren sind das NH_4^+-Ion und hydratisierte, mehrfach geladene Metallkationen:

$$NH_4^+ + H_2O + Cl^- \rightleftharpoons H_3O^+ + NH_3 + Cl^- \qquad pK_{S_{NH_4^+}} = 9{,}21$$

$$[Fe(H_2O)_6]^{3+} + H_2O + 3\,Cl^- \rightleftharpoons H_3O^+ + [Fe(OH)(H_2O)_5]^{2+} + 3\,Cl^-$$
$$pK_{S_{[Fe(H_2O)_6]^{3+}}} = 2{,}2$$

$$[Al(H_2O)_6]^{3+} + H_2O + 3\,Cl^- \rightleftharpoons H_3O^+ + Al(OH)(H_2O)_5]^{2+} + 3\,Cl^-$$

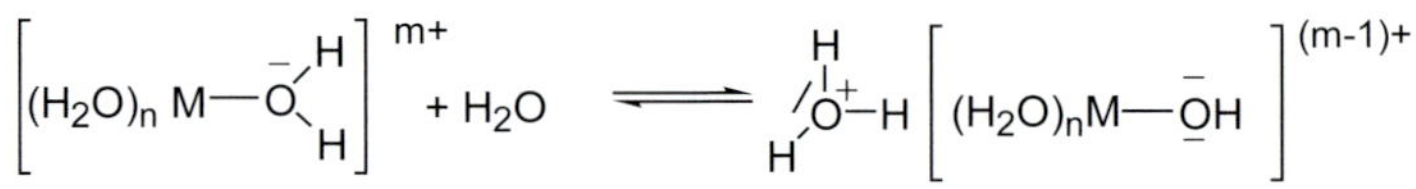

In allen Fällen handelt es sich um Kationen von Salzen, deren Anionen schwächere Basen als Wasser sind, z. B. Cl^-, SO_4^{2-}. Die Lösungen von hydratisierten Kationen reagieren um so stärker sauer, je kleiner der Radius und je höher die Ladung, d.h. je größer die Ladungsdichte des Metallions ist.

Kation-Basen

Betrachtet man die Reaktion von $[Fe(OH)(H_2O)_5]^{2+}$ oder $[Al(OH)(H_2O)_5]^{2+}$ mit Wasser, so verhalten sich die Kationen wie eine Base. Man nennt sie daher auch Kation-Basen. Es sind also Kationen, die Protonen aufnehmen. Ein Beispiel ist auch das $N_2H_5^+$-Kation, das sowohl als Kation-Base als auch als Kation-Säure wirken kann.

$$N_2H_5^+ + H_2O \rightleftharpoons N_2H_6^{2+} + OH^-$$

$$N_2H_5^+ + H_2O \rightleftharpoons N_2H_4 + H_3O^+$$

$N_2H_6^{2+}$ ist eine Kationsäure!

Anion-Säuren

Anion-Säuren sind protonenabgebende Anionen wie z. B. HSO_4^- und $H_2PO_4^-$:

$$HSO_4^- + H_2O \rightleftharpoons H_3O^+ + SO_4^{2-}$$

$$H_2PO_4^- \rightleftharpoons H_3O^+ + HPO_4^{2-}$$

Anion-Basen

Es gibt auch Salze, deren Anionen infolge einer Protolysereaktion mit Wasser H^+-Ionen aufnehmen. Es sind sog. Anion-Basen. Die stärkste stabile Anion-Base in Wasser ist OH^-. Weitere *Beispiele:*

$$ClO_4^- + H_2O \rightleftharpoons HClO_4 + OH^- \qquad pK_{b_{ClO_4^-}} = 23{,}0$$

$$SO_4^{2-} + H_2O \rightleftharpoons HSO_4^- + OH^- \qquad pK_{b_{SO_4^{2-}}} = 12{,}08$$

$$CH_3COO^- + H_2O \rightleftharpoons CH_3COOH + OH^- \qquad pK_{b_{CH_3CO_2^-}} = 9{,}25$$

$$CO_3^{2-} + H_2O \rightleftharpoons HCO_3^- + OH^- \qquad pK_{b_{CO_3^{2-}}} = 3{,}6$$

$$S^{2-} + H_2O \rightleftharpoons HS^- + OH^- \qquad pK_{b_{S^{2-}}} = 1{,}1$$

Ampholyte

Ampholyt heißt eine Substanz, die sowohl Protonen abgeben als auch aufnehmen kann. Welche Funktion ein Ampholyt ausübt, hängt vom Reaktionspartner ab.

Beispiele: Wasser (H_2O), Aminosäuren (H_2N–R–COOH) und Protolyseprodukte mehrwertiger Säuren wie HCO_3^-, $H_2PO_4^-$, HSO_4^- usw.

Reaktionsmöglichkeiten eines Ampholyten mit H_2O als Reaktionspartner:

$$\text{Ampholyt} + H_2O \rightleftharpoons b + H_3O^+ \qquad \text{Reaktion als Säure}$$

$$\text{Ampholyt} + H_2O \rightleftharpoons s + OH^- \qquad \text{Reaktion als Base}$$

$$\text{Ampholyt} + \text{Ampholyt} \rightleftharpoons s + b \qquad \text{Autoprotolyse}$$

(s bzw. b sind Symbole für die konjugierte Säure bzw. Base; s = Amph.H^+; b = Amph.$^-$)

5.2 Aciditäts- und Basizitätskonstante (Säure- und Basekonstante)

Betrachten wir die *Reaktion einer Säure HA mit H_2O* und wenden darauf das Massenwirkungsgesetz an, ergibt sich

$$HA + H_2O \rightleftharpoons H_3O^+ + A^- \qquad \frac{c(H_3O^+)\cdot c(A^-)}{c(HA)\cdot c(H_2O)} = K$$

Solange mit verdünnten Lösungen der Säure gearbeitet wird, kann man $c(H_2O)$ als konstant annehmen und in die Gleichgewichtskonstante K einbeziehen, die dann einen anderen Wert erhält:

$$\frac{c(H_3O^+)\cdot c(A^-)}{c(HA)} = K \cdot c(H_2O) = K_s$$

(Manchmal auch K_a, a von acid)

Für die *Reaktion der Base B mit H_2O* ergeben sich analoge Beziehungen:

$$B + H_2O \rightleftharpoons BH^+ + OH^- \qquad \frac{c(BH^+)\cdot c(OH^-)}{c(B)\cdot c(H_2O)} = K'$$

$$\frac{c(BH^+)\cdot c(OH^-)}{c(B)} = K' \cdot c(H_2O) = \mathbf{K_b}$$

Die Konstanten K_s bzw. K_b heißen Säure- bzw. Basekonstante. Sie sind ein Maß für die Stärke einer Säure bzw. Base. Die Stärke der Säure bzw. Base ist somit bezogen auf die Stärke von Wasser als Einheitsbase bzw. –säure. Oft findet man anstelle von K_s auch K_a (von *acid*). Symbolisiert man den negativen dekadischen Logarithmus allgemein mit einem kleinen p, erhält man die häufig benutzten pK_s- bzw. pK_b-Werte:

$$\mathbf{pK_s} = -\lg K_s \qquad \text{und} \qquad \mathbf{pK_b} = -\lg K_b$$

In Wasser gilt zwischen den pK_s- und pK_b-Werten *korrespondierender* Säure-Base-Paare die Beziehung (vgl. Kap. V.5.3):

$$\mathbf{pK_s + pK_b = 14}$$

Tabelle 23 enthält ausgewählte Beispiele für starke und schwache Säure-Base-Paare. Daraus geht hervor:

Starke Säuren haben pK_s-Werte < 1, und **starke Basen** haben pK_b-Werte < 0, d.h. pK_s-Werte > 14.

In wässrigen Lösungen starker Säuren und Basen reagiert die Säure oder Base praktisch vollständig mit dem Wasser, d.h. $c(H_3O^+)$ bzw. $c(OH^-)$ ist gleich der Gesamtkonzentration der Säure bzw. Base.

Bei schwachen Säuren und Basen kommt es nur zu unvollständigen Protolysen. Es stellt sich ein Gleichgewicht ein, in dem alle beteiligten Teilchen in messbaren Konzentrationen vorhanden sind.

Mehrwertige (mehrprotonige, mehrbasige) **Säuren** sind Beispiele für mehrstufig dissoziierende Elektrolyte. Sie können ihre Protonen *schrittweise* abgeben (übertragen). Für *jede* einzelne Protolysereaktion gibt es eine Säurekonstante K_s und einen entsprechenden pK_{S_i}-Wert. Der K_{S_i}-Wert der gesamten Protolysereaktion ist gleich dem *Produkt* der K_{S_i}-Werte der einzelnen Schritte, und der pK_{S_i}-Wert ist die *Summe* der einzelnen pK_{S_i}-Werte.

Tabelle 23. Starke und schwache Säure-Base-Paare

pK_s	Säure		← korrespondierende		→	Base	pK_b
–9		$HClO_4$	Perchlorsäure	ClO_4^-	Perchloration		23
–3	sehr starke Säure	H_2SO_4	Schwefelsäure	HSO_4^-	Hydrogen-sulfation	sehr schwache Base	17
–1,76	↓	H_3O^+	Oxoniumion*)	H_2O	Wasser*)	↓	15,76
1,92		H_2SO_3	Schweflige Säure	HSO_3^-	Hydrogen-sulfition		12,08
1,92		HSO_4^-	Hydrogen-sulfation	SO_4^{2-}	Sulfation		12,08
1,96		H_3PO_4	Orthophos-phorsäure	$H_2PO_4^-$	Dihydrogen-phosphation		12,04
4,76		HAc	Essigsäure	Ac^-	Acetation		9,25
6,52		H_2CO_3	Kohlensäure	HCO_3^-	Hydrogen-carbonation		7,48
7		HSO_3^-	Hydrogen-sulfition	SO_3^{2-}	Sulfition		7
9,25		NH_4^+	Ammoniumion	NH_3	Ammoniak		4,75
10,4		HCO_3^-	Hydrogen-carbonation	CO_3^{2-}	Carbonation		3,6
15,76	sehr schwache Säure	H_2O	Wasser*)	OH^-	Hydroxidion*)	sehr starke Base	–1,76
24		OH^-	Hydroxidion	O^{2-}	Oxidion		–10

*) Mit $c(H_2O) = 55{,}4\ mol \cdot l^{-1}$. Bei der Ableitung von K_w über die Aktivitäten ist $pK_s(H_2O) = 14$ und $pK_s(H_3O^+) = 0$.

Beispiel: Phosphorsäure

$$H_3PO_4 + H_2O \rightleftharpoons H_3O^+ + H_2PO_4^-$$

$$K_{S_1} = \frac{c(H_3O^+) \cdot c(H_2PO_4^-)}{c(H_3PO_4)} = 1{,}1 \cdot 10^{-2} \quad pK_{S_1} = 1{,}96$$

$$H_2PO_4^- + H_2O \rightleftharpoons H_3O^+ + HPO_4^{2-}$$

$$K_{S_2} = \frac{c(H_3O^+) \cdot c(HPO_4^{2-})}{c(H_2PO_4^-)} = 6{,}1 \cdot 10^{-8} \quad pK_{S_2} = 7{,}21$$

$HPO_4^{2-} + H_2O \rightleftharpoons H_3O^+ + PO_4^{3-}$

$$K_{S_3} = \frac{c(H_3O^+) \cdot c(PO_4^{3-})}{c(HPO_4^{2-})} = 4{,}7 \cdot 10^{-13} \quad pK_{S_i} = 12{,}32$$

Bei einer Lösung von H_3PO_4 spielt die dritte Protolysereaktion praktisch keine Rolle. Im Falle einer Lösung von Na_2HPO_4 ist auch pK_{S_3} maßgebend.

Protolysegrad α

Für die Protolysereaktion:

$HA + H_2O \rightleftharpoons H_3O^+ + A^-$ gilt:

$$\alpha = \frac{\text{Konzentration protolysierter HA – Moleküle}}{\text{Konzentration der HA – Moleküle vor der Protolyse}}$$

mit c = Gesamtkonzentration HA und c(HA), $c(H_3O^+)$, $c(A^-)$, den Konzentrationen von HA, H_3O^+, A^- im Gleichgewicht ergibt sich:

$$\alpha = \frac{c - c(HA)}{c} = \frac{c(H_3O^+)}{c} = \frac{c(A^-)}{c}$$

Man gibt α entweder in Bruchteilen von 1 (z. B. 0,5) oder in Prozenten (z. B. 50%) an.

Das *Ostwaldsche Verdünnungsgesetz* lautet für die Protolyse:

$$\frac{\alpha^2 \cdot c}{1-\alpha} = K_s$$

Für *starke* Säuren ist $\alpha \approx 1$ (bzw. 100%).

Für *schwache* Säuren ist $\alpha \ll 1$ und die Gleichung vereinfacht sich zu:

$$\alpha = \sqrt{\frac{K_s}{c}}$$

Daraus ergibt sich:

Der Protolysegrad einer schwachen Säure wächst mit abnehmender Konzentration c, d.h. zunehmender Verdünnung.

Beispiel: 0,1 M CH_3COOH: $\alpha = 0{,}013$; 0,001 M CH_3COOH: $\alpha = 0{,}125$.

5.3 Ionenprodukt des Wassers

Wasser, *H_2O*, ein Ampholyt, ist in ganz geringem Maße dissoziiert:

$H_2O \rightleftharpoons H^+ + OH^-$

H^+-Ionen (Protonen) sind wegen ihrer hohen Ladung im Verhältnis zur Größe in wässriger Lösung nicht existenzfähig. Sie liegen solvatisiert vor: H_3O^+, $H_5O_2^+$, $H_7O_3^+$, $H_9O_4^+ = H_3O^+ \cdot 3H_2O$ usw. Der Einfachheit halber verwendet man nur das erste Ion *H_3O^+ (= Hydronium-Ion)*.

Man formuliert die Dissoziation von Wasser meist als *Autoprotolyse*:

$$H_2O + H_2O \rightleftharpoons H_3O^+ + OH^- \qquad \text{(Autoprotolyse des Wassers)}$$

Das Massenwirkungsgesetz lautet für diese Reaktion:

$$\frac{c(H_3O^+) \cdot c(OH^-)}{c^2(H_2O)} = K \quad \text{oder} \quad c(H_3O^+) \cdot c(OH^-) = K \cdot c^2(H_2O) = \mathbf{K_W}$$

$$K_{(293\,K)} = 3{,}26 \cdot 10^{-18}$$

Da die Eigendissoziation des Wassers außerordentlich gering ist, kann die Konzentration des undissoziierten Wassers als nahezu konstant angenommen und gleich der Ausgangskonzentration $c(H_2O) = 55{,}4\ mol \cdot l^{-1}$ gesetzt werden. 1 Liter H_2O wiegt bei 20°C 998,203 g. Dividiert man durch $18{,}01\ g \cdot mol^{-1}$, ergeben sich für $c(H_2O) = 55{,}4\ mol \cdot l^{-1}$. Mit diesem Zahlenwert für $c(H_2O)$ ergibt sich:

$$c(H_3O^+) \cdot c(OH^-) = 3{,}26 \cdot 10^{-18} \cdot 55{,}4^2\ mol^2 \cdot l^{-2} = 1 \cdot 10^{-14}\ mol^2 \cdot l^{-2} = \mathbf{K_W}$$

Die Konstante K_W bezeichnet man als das *Ionenprodukt des Wassers* (Autoprotolysekonstante).

Für $c(H_3O^+)$ und $c(OH^-)$ gilt:

$$c(H_3O^+) = c(OH^-) = \sqrt{10^{-14}\ mol^2 \cdot l^{-2}} = 10^{-7}\ mol \cdot l^{-1}$$

Anmerkungen: Der Zahlenwert von K_W ist abhängig von der Temperatur. Für genaue Rechnungen muss man statt der Konzentrationen die Aktivitäten verwenden.

Mit p als Symbol für den negativen dekadischen Logarithmus erhält man pK_W anstelle von K_W und damit handlichere Werte:

$$pK_W = -\lg K_W$$

$$pK_W = 14 \quad \text{(bei 22°C)}$$

Die Abhängigkeit des Ionenproduktes des Wassers von der Temperatur zeigt Tabelle 24. Wie für eine endotherme Reaktion erwartet, nimmt die Dissoziation mit steigender Temperatur zu.

Zwischen dem Ionenprodukt des Wassers (K_W) und der Säure- und Basekonstante eines Stoffes in Wasser besteht die Beziehung:

$$K_s \cdot K_b = K_W \quad \text{bzw.} \quad pK_s + pK_b = pK_W$$

Tabelle 24. Zahlenwerte von K_w und pK_w in Abhängigkeit von der Temperatur

Temperatur [°C]	K_w	pK_w
0	$0{,}13 \cdot 10^{-14}$	14,89
10	$0{,}36 \cdot 10^{-14}$	14,45
20	$0{,}86 \cdot 10^{-14}$	14,07
22	$1{,}00 \cdot 10^{-14}$	14,00
25	$1{,}27 \cdot 10^{-14}$	13,90
30	$1{,}89 \cdot 10^{-14}$	13,73
50	$5{,}60 \cdot 10^{-14}$	13,25
100	$74{,}00 \cdot 10^{-14}$	12,13

In Worten heißt dies: Das *Produkt* aus der Säurekonstante und der Basekonstante eines konjugierten Säure-Base-Paares ist gleich dem Ionenprodukt des Wassers, bzw. die Summe von pK_s und pK_b eines konjugierten Säure-Base-Paares ist gleich pK_W.

5.4 pH-Wert

Auf S. 210 hatten wir bei der Autoprotolyse des Wassers gesehen, dass in Wasser die Konzentration der H_3O^+-Ionen gleich der Konzentration der OH^--Ionen ist:

$$c(H_3O^+) = c(OH^-) = 10^{-7}\ mol \cdot l^{-1}$$

Wasser reagiert also bei Zimmertemperatur **neutral**, d.h. weder sauer noch basisch.

Man kann auch allgemein sagen: *Eine wässrige Lösung reagiert dann neutral, wenn in ihr die Wasserstoffionenkonzentration $c(H_3O^+)$ den Wert 10^{-7} $mol \cdot l^{-1}$ hat.*

Für den negativen dekadischen Logarithmus der Wasserstoffionenkonzentration hat man aus praktischen Gründen das Symbol **pH** (von potentia hydrogenii) eingeführt. Den zugehörigen Zahlenwert bezeichnet man als den **pH-Wert** oder als das pH einer Lösung:

$$pH = -\lg c(H_3O^+)$$

Beachte: Korrekt formuliert ist der pH-Wert der mit –1 multiplizierte Wert des dekadischen Logarithmus der Aktivität der Wasserstoff-Ionen:

$$pH = -\lg a_{H_3O^+}$$

In der Praxis rechnet man jedoch meist mit der Wasserstoffionenkonzentration $c(H_3O^+)$. Wir schließen uns in diesem Buch dem allgemeinen Brauch an.

Tabelle 25. pH- und pOH-Werte von Säuren und Basen (Auswahl)

pH		pOH
0	starke Säure, z. B. 1 M HCl, $c(H_3O^+) = 10^0 = 1$, $c(OH^-) = 10^{-14}$	14
1	starke Säure, z. B. 0,1 M HCl, $c(H_3O^+) = 10^{-1}$, $c(OH^-) = 10^{-13}$	13
2	starke Säure, z. B. 0,01 M HCl, $c(H_3O^+) = 10^{-2}$, $c(OH^-) = 10^{-12}$	12
•		•
•		•
•		•
7	Neutralpunkt, reines Wasser, $c(H_3O^+) = c(OH^-) = 10^{-7}\ mol \cdot l^{-1}$	7
•		•
•		•
•		•
12	starke Base, z. B. 0,01 M NaOH, $c(OH^-) = 10^{-2}$, $c(H_3O^+) = 10^{-12}$	2
13	starke Base, z. B. 0,1 M NaOH, $c(OH^-) = 10^{-1}$, $c(H_3O^+) = 10^{-13}$	1
14	starke Base, z. B. 1 M NaOH, $c(OH^-) = 10^0$, $c(H_3O^+) = 10^{-14}$	0

Eine *neutrale* Lösung hat den pH-Wert 7 (bei 22°C) (Tabelle 25).

In *sauren* Lösungen überwiegen die H_3O^+-Ionen und es gilt:

$c(H_3O^+) > 10^{-7}\ mol \cdot l^{-1}$ oder $pH < 7$

In *alkalischen* (basischen) Lösungen überwiegen die OH^--Ionen. Hier ist:

$c(H_3O^+) < 10^{-7}\ mol \cdot l^{-1}$ oder $pH > 7$

Schreibt man für die Konzentration der OH^--Ionen ihren negativen dekadischen Logarithmus: $pOH = -\lg c(OH^-)$, kann man das Ionenprodukt von Wasser als Summe von pH und pOH schreiben.

$$pH + pOH = pK_W$$

Mit dieser Gleichung kann man über die OH^--Konzentration basischer Lösungen auch ihren pH-Wert errechnen. Tabelliert ist meist nur der pH-Wert.

5.4.1 Berechnung von pH-Werten

pH-Wert von starken Säuren

Eine starke Säure reagiert praktisch vollständig mit H_2O, d.h. das Gleichgewicht der Protolysereaktion liegt vollständig auf der rechten Seite:

$$HA + H_2O \rightleftharpoons A^- + H_3O^+$$

Lässt man die Autoprotolyse von H_2O unberücksichtigt, weil sie hier nicht ins Gewicht fällt, kann man sagen:

$c(H_3O^+)$ ist gleich der Gesamtkonzentration C der Säure.

In Formeln:

$$c(H_3O^+) = C$$

Der pH-Wert einer starken Säure ist gleich dem negativen dekadischen Logarithmus der Konzentration der Säure:

$$\mathbf{pH = -lg\ C}$$

Beispiel: Gegeben: 0,01 M wässrige HCl-Lösung; gesucht: pH-Wert.

$$c(H_3O^+) = 0{,}01 = 10^{-2}\ mol \cdot l^{-1} \qquad pH = 2$$

pH-Wert von Lösungen mehrerer starker Säuren

In diesen Lösungen protolysieren die einzelnen Säuren praktisch unabhängig voneinander. C muss daher durch $\sum C$ ersetzt werden. Dies gilt auch für den Fall, dass eine mehrprotonige starke Säure in allen Stufen gleichstark protolysiert.

pH-Wert von starken Basen

Für den pOH-Wert von starken Basen gilt aus analogen Gründen wie für den pH-Wert von starken Säuren:

$$c(OH^-) = C \text{ und } \mathbf{pOH = -lg\ C}$$

wobei C die Gesamtkonzentration der starken Base ist. Der pH-Wert errechnet sich (bei 22°C) über die Gleichung pH = 14 – pOH.

Beispiel: Gegeben: 0,1 M NaOH; gesucht pH-Wert.

$$c(OH^-) = 0{,}1 = 10^{-1}\ mol \cdot l^{-1} \qquad pOH = 1;\ c(OH^-) \cdot c(H_3O^+) = 10^{-14}$$

$$c(H_3O^+) = 10^{-13}\ mol \cdot l^{-1} \qquad pH = 13$$

Anmerkung: Sind in einer Lösung mehrere starke Basen enthalten, wird C durch $\sum C$ ersetzt.

pH-Wert einer schwachen Säure

Schwache Säuren sind nur wenig protolysiert. Das Gleichgewicht der Protolysereaktion liegt auf der linken Seite:

$$HA + H_2O \rightleftharpoons H_3O^+ + A^-$$

Aus Säure und H_2O entstehen gleichviele H_3O^+- und A^--Ionen, d.h. $c(A^-) = c(H_3O^+) = x$. Die Konzentration der undissoziierten Säure $c = c(HA)$ ist gleich der Anfangskonzentration der Säure C minus x; denn wenn x H_3O^+-Ionen gebildet werden, werden x Säuremoleküle verbraucht. Bei schwachen Säuren ist x gegenüber C vernachlässigbar, und man darf $c \approx c(HA) \approx C$ setzen. Hiermit ergibt sich bei der Anwendung des Massenwirkungsgesetzes auf die Protolysereaktion:

$$K_s = \frac{c(H_3O^+)\cdot c(A^-)}{c(HA)} = \frac{c^2(H_3O^+)}{c(HA)} = \frac{c^2(H_3O^+)}{C-x} \approx \frac{c^2(H_3O^+)}{C}$$

$$K_s \cdot C = c^2(H_3O^+) \qquad c(H_3O^+) = \sqrt{K_s \cdot C}$$

Logarithmieren und multiplizieren mit –1 ergibt:

$$pK_s - \lg C = 2 \cdot pH$$

und daraus erhält man:

$$\mathbf{pH = \frac{pK_s - \lg C}{2}}$$

oder

$$pH = 1/2\ pK_s - 1/2 \lg C = 7 - 1/2\ pK_b - 1/2 \lg C$$

Beispiel: Gegeben: 0,1 M HCN-Lösung. $pK_{s_{HCN}} = 9{,}4$. Gesucht: pH-Wert.

Lösung: $C = 0{,}1 = 10^{-1}\ mol \cdot l^{-1} \qquad pH = \frac{9{,}4+1}{2} = 5{,}2$

Beachte: Bei *sehr verdünnten schwachen* Säuren ist die Protolyse so groß ($\alpha \geq 0{,}62$), dass diese Säuren wie starke Säuren behandelt werden können.
Für sie gilt:

$$pH = -\lg C$$

Analoges gilt für *sehr verdünnte schwache Basen.*

pH-Wert einer schwachen Base

Die Berechnung des pOH-Wertes einer schwachen Base erfolgt analog zur Berechnung des pH-Wertes einer schwachen Säure. C ist jetzt die Anfangskonzentration der Base B.

$$B + H_2O \rightleftharpoons BH^+ + OH^-$$

Zur Berechnung des pH-Wertes in der Lösung einer Base verwendet man die Basekonstante K_b:

$$\frac{c(BH^+)\cdot c(OH^-)}{c(B)} = K_b \qquad K_b \cdot c(B) = c^2(OH^-) \qquad (\text{mit } c(OH^-) = c(BH^+))$$

Durch Logarithmieren, Multiplikation mit -1 und Substitution von c(B) durch C ergibt sich daraus:

$$pK_b - \lg C = 2 \cdot pOH$$

oder

$$\mathbf{pOH = \frac{pK_b - lg\ C}{2}}$$

Den pH-Wert der Lösung der Base enthält man durch die Beziehung:

$$pH + pOH = pK_W \quad (= 14 \text{ für } 22°C)$$

$$\mathbf{pH = 14 - \frac{pK_b - lg\ C}{2}}$$

oder

$$pH = 7 + 1/2\ pK_s + 1/2 \lg C$$

Beispiel: Gegeben: 0,1 M Na_2CO_3-Lösung; gesucht: pH-Wert.

Lösung: Na_2CO_3 enthält das basische CO_3^{2-}-Ion, das mit H_2O reagiert:

$$CO_3^{2-} + H_2O \rightleftharpoons HCO_3^- + OH^-$$

Das HCO_3^--Ion ist die zu CO_3^{2-} konjugierte Säure mit $pK_s = 10{,}4$.

Aus $pK_s + pK_b = 14$ folgt: $pK_b = 3{,}6$. Damit wird

$$pOH = \frac{3{,}6 - \lg 0{,}1}{2} = \frac{3{,}6 - (-1)}{2} = 2{,}3$$

und

$$pH = 14 - 2{,}3 = 11{,}7$$

pH-Wert mehrprotoniger Säuren

Mehrprotonige Säuren können – entsprechend der Anzahl an abdissoziierbaren Protonen – mehrere Protolysereaktionen eingehen. Sie verhalten sich demnach wie eine Mischung von verschiedenen Säuren. Bei genügend großem Unterschied der K_s- bzw. pK_s-Werte der einzelnen Protolysereaktionen kann man jede Reaktion für sich betrachten. In vielen Fällen ist nur die erste Protolyse von Bedeutung. In diesem Fall bestimmt diese Reaktion den pH-Wert der Lösung. Die Berechnung des pH-Wertes erfolgt entsprechend der jeweiligen Säurestärke nach einer der für Säuren angegebenen Formeln.

pH-Wert eines Ampholyten

Auf S. 207 hatten wir gesehen, dass in der wässrigen Lösung eines Ampholyten drei Protolysereaktionen ablaufen:

1. Ampholyt + $H_2O \rightleftharpoons$ s + OH^-

$$\frac{c(s)\cdot c(OH^-)}{c(\text{Amphol.})} = K_b \qquad K_b = K_W/K_{s_1} \quad (\text{aus: } K_b\cdot K_s = K_W)$$

2. Ampholyt + $H_2O \rightleftharpoons$ b + H_3O^+

$$\frac{c(b)\cdot c(H_3O^+)}{c(\text{Amphol.})} = K_s \qquad K_s = K_{s_2}$$

3. Ampholyt + Ampholyt $\rightleftharpoons$ s + b (Autoprotolyse).

Nach Gleichung (1) und (2) lässt sich ein Ampholyt auch als Zwischenprodukt bei der Protolyse einer zwei- oder mehrprotonigen Säure s auffassen. Die Protolyse erfolgt dabei in der Reihenfolge: Säure (s) $\rightarrow$ Ampholyt $\rightarrow$ Base (b). Entsprechend erfolgt die Kennzeichnung der K_s-Werte in der rechten Spalte: K_{s1} ist also die Säurekonstante der Reaktion: s + $OH^- \rightleftharpoons$ Ampholyt + H_2O.

Dividiert man K_s (Protolysereaktion (2)) durch K_b (Protolysereaktion (1)) und berücksichtigt, dass $c(H_3O^+)\cdot c(OH^-) = K_W$ ist, ergibt sich:

$$\mathbf{c(H_3O^+) = \sqrt{\frac{K_s}{K_b}\cdot K_W\,\frac{c(s)}{c(b)}}} \qquad pH = -\lg c(H_3O^+)$$

Eine Vereinfachung dieser Gleichung ist möglich, wenn $c(H_3O^+)$ und $c(OH^-)$ klein sind im Verhältnis zu c(s) und c(b). Dies ist der Fall, wenn die Gesamtkonzentration des Ampholyten groß ist. Es überwiegt nun Reaktion (3); damit wird c(s) = c(b), und man erhält für diesen Sonderfall (*Isoelektrischer Punkt*):

$$c(H_3O^+) = \sqrt{\frac{K_s}{K_b}\cdot K_W}$$

Werden K_s durch K_{s2} und K_b durch K_W/K_{s1} ersetzt, wird daraus

$$c(H_3O^+) = \sqrt{K_{s1}\cdot K_{s2}}$$

und

pH = 1/2 ($pK_{s1} + pK_{s2}$) für c(s) = c(b) (≡ Isoelektrischer Punkt).

5.4.2 Isoelektrischer Punkt (I.P.)

Besonders wichtig ist die Kenntnis des I.P. bei Aminosäuren. Wir wählen daher diese Verbindungsklasse als Beispiel.

Aminosäuren $H_2N–R–COOH$ besitzen aufgrund ihrer Struktur sowohl basische als auch saure Eigenschaften. Es ist daher eine intramolekulare Neutralisation möglich, die zu einem sog. *Zwitterion* führt:

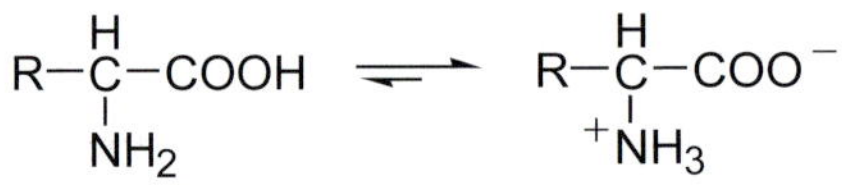

In wässriger Lösung ist die $-NH_3^+$-Gruppe die „Säuregruppe" einer Aminosäure. Der pK_s-Wert ist ein Maß für die Säurestärke dieser Gruppe.

Der pK_b-Wert einer Aminosäure bezieht sich auf die basische Wirkung der Carboxylat-Gruppe.

Für eine bestimmte Verbindung sind die Säure- und Basestärken der Ammonium- und Carboxylat-Gruppen nicht genau gleich, da diese von der Struktur abhängen. Es gibt jedoch in Abhängigkeit vom pH-Wert einen Punkt, bei dem die intramolekulare Neutralisation vollständig ist. Dieser wird als *isoelektrischer Punkt I.P.* bezeichnet. Er ist dadurch gekennzeichnet, dass im elektrischen Feld bei der Elektrolyse keine Ionenwanderung mehr stattfindet und die Löslichkeit der Aminosäuren ein Minimum erreicht. Daher ist es wichtig, bei gegebenen pK_s-Werten den isoelektrischen Punkt I.P. berechnen zu können. Die Formel hierfür lautet – wie oben abgeleitet wurde:

$$\text{I.P.} = 1/2\,(pK_{s1} + pK_{s2})$$

pK_{s_1} = pK_s-Wert der Carboxylgruppe -COOH, pK_{s_2} = pK_s-Wert der protonierten Aminogruppe $-NH_3^+$. Manchmal findet man für K_s auch K_a (von acid).

5.4.3 Messung von pH-Werten

Eine genaue Bestimmung des pH-Wertes ist potentiometrisch mit der Glaselektrode möglich, s. Kap. VI.1.

Weniger genau ist die Verwendung von Farbindikatoren (pH-Indikatoren); s. hierzu Kap. V.4.3.

5.5 Säure-Base-Reaktionen

Die Umsetzung einer Säure mit einer Base nennt man allgemein *Neutralisationsreaktion.* Hierbei hebt die Säure die Basenwirkung bzw. die Base die Säurenwirkung mehr oder weniger vollständig auf.

Lässt man z. B. äquivalente Mengen wässriger Lösungen von starken Säuren und Basen miteinander reagieren, so ist das erhaltene Gemisch weder sauer noch basisch, sondern neutral. Es hat den pH-Wert 7. Handelt es sich nicht um starke Säuren und starke Basen, so kann die Mischung einen pH-Wert ≠ 7 aufweisen, s. Kap. V.5.6.

Allgemeine Formulierung einer Neutralisationsreaktion:

$$\text{Säure + Base} \longrightarrow \text{Salz + Wasser + Wärme}$$

Beispiel: HCl + NaOH

$$H_3O^+ + Cl^- + Na^+ + OH^- \longrightarrow Na^+ + Cl^- + 2\,H_2O \qquad \Delta H = -57{,}3\ kJ\cdot mol^{-1}$$

Die Metall-Kationen und die Säurerest-Anionen bleiben wie in diesem Fall meist gelöst und bilden erst beim Eindampfen der Lösung Salze.

Das Beispiel zeigt deutlich:

Die Neutralisationsreaktion ist eine Protolyse, d.h. eine Übertragung eines Protons von der Säure H_3O^+ auf die Base OH^-.

$$H_3O^+ + OH^- \longrightarrow 2\,H_2O \qquad \Delta H = -57{,}3\ kJ\cdot mol^{-1}$$

Dies erklärt, weshalb die Reaktionsenthalpie von Neutralisationsreaktionen starker Säuren mit starken Basen unabhängig von der Art der Säuren oder Basen mit etwa $-57\ kJ\cdot mol^{-1}$ annähernd gleich ist.

Ermittelt man die Konzentration von Säuren durch langsame, portionsweise Zugabe von genau eingestellten Laugen, dann spricht man von *acidimetrischer Titration.* Die maßanalytische Bestimmung von Laugen mit eingestellten Säuren heißt entsprechend *alkalimetrische Titration.* Meist nennt man beide Verfahren einfach *Neutralisationstitrationen.*

Über Äquivalenzpunkt und Neutralpunkt s. Kap. V.6.1.

5.6 Protolyse („Hydrolyse") von Salzen

Der Ausdruck Hydrolyse sollte streng genommen ausschließlich für die Reaktion einer kovalenten Bindung mit Wasser benutzt werden.

Im folgenden verwenden wir daher den Ausdruck Protolyse auch für die Reaktion von Salzen mit Wasser.

Protolysereaktionen beim Lösen von Salzen in Wasser

Der pH-Wert von Salzlösungen richtet sich nach dem Protolysegrad. Salze aus einer *starken Säure* und einer *starken Base* wie NaCl reagieren in Wasser **neutral**. Die hydratisierten Na^+-Ionen sind so schwache Protonendonatoren, dass sie gegenüber Wasser nicht sauer reagieren. Die Cl^--Anionen sind andererseits so schwach basisch, dass sie aus dem Lösemittel keine Protonen aufnehmen können.

Saure Reaktion zeigt die Lösung eines Salzes aus einer *starken* Säure und einer *schwachen* Base wie z. B. $NH_4^+Cl^-$ (s. hierzu unter Kation-Säuren S. 206):

$$pH = \frac{pK_s - \lg C_{Salz}}{2}$$

Basische Reaktion zeigt die Lösung eines Salzes aus einer *schwachen* Säure und einer *starken* Base wie z. B. $CH_3COO^-Na^+$ (s. hierzu unter Anion-Basen, S. 207):

$$pH = pK_W - pOH \qquad pOH = \frac{pK_b - \lg C_{Salz}}{2}$$

Bei der Protolyse von Salzen *schwacher* Säuren und *schwacher* Basen hängt der pH-Wert der Lösung davon ab, welcher Protolysegrad überwiegt.

$K_s > K_b$: Reaktion: sauer

$K_s < K_b$: Reaktion: basisch

Kommt noch die *Autoprotolyse* zwischen Anion und Kation mit der Konstanten K_{auto} hinzu, werden die Verhältnisse noch komplizierter.

Beispiel:

$$CH_3CO_2^- + NH_4^+ \rightleftharpoons NH_3 + CH_3COOH$$

mit

$$K_{auto} = \frac{K_s \cdot K_b}{K_W}$$

Ist $K_{auto} \gg K_s$, K_b gilt näherungsweise

$$c(H_3O^+) = \sqrt{K_W \frac{K_s}{K_b}}$$

5.7 Puffer

pH-Abhängigkeit von Säure- und Base-Gleichgewichten

Protonenübertragungen in wässrigen Lösungen verändern den pH-Wert. Dieser wiederum beeinflusst die Konzentrationen konjugierter Säure/Base-Paare.

Die *Henderson-Hasselbalch-Gleichung* gibt diesen Sachverhalt wieder. Man erhält sie auf folgende Weise:

$$HA + H_2O \rightleftharpoons H_3O^+ + A^-$$

Schreiben wir für diese Protolysereaktion der Säure HA das MWG:

$$K_s = \frac{c(H_3O^+) \cdot c(A^-)}{c(HA)} \qquad \text{mit } K_s = K\, c(H_2O)$$

dividieren durch K_s und $c(H_3O^+)$ und logarithmieren anschließend, ergibt sich:

$$-\lg c(H_3O^+) = -\lg K_s + \lg \frac{c(A^-)}{c(HA)}$$

oder

$$pH = pK_s + \lg \frac{c(A^-)}{c(HA)} \quad \text{bzw.} \quad pH = pK_s - \lg \frac{c(HA)}{c(A^-)}$$

Henderson-Hasselbalch-Gleichung

oder

$$\mathbf{pH = pK_s + \lg \frac{c(Salz)}{c(Säure)}}$$

(Dabei ist $c(A^-)$ = c(Salz) = c(Base) und c(HA) = c(Säure) = c(korrespondierende Säure))

Berechnet man mit dieser Gleichung für bestimmte Werte die prozentualen Verhältnisse an Säure und korrespondierender Base (HA/A^-) und stellt diese graphisch dar, entstehen Kurven, die als *Pufferungskurven* bezeichnet werden (Abb. 26, Abb. 28). Abb. 26 zeigt die Kurve für CH_3COOH/CH_3COO^-. Die Kurve gibt die Grenze des Existenzbereichs von Säure und korrespondierender Base an: Bis pH = 3 existiert nur CH_3COOH; bei pH = 5 liegen 63,5 %, bei pH = 6 liegen 95 % CH_3COO^- vor; ab pH = 8 existiert nur CH_3COO^-.

Abb. 27 gibt die Verhältnisse für das System NH_4^+/NH_3 wieder. Bei pH = 6 existiert nur NH_4^+, ab pH = 12 nur NH_3. Will man die NH_4^+-Ionen quantitativ in NH_3 überführen, muss man durch Zusatz einer starken Base den pH-Wert auf 12 erhöhen. Da NH_3 unter diesen Umständen flüchtig ist, *„treibt die stärkere Base die schwächere aus“*. Ein analoges Beispiel für eine Säure ist das System H_2CO_3/HCO_3^- (Abb. 28).

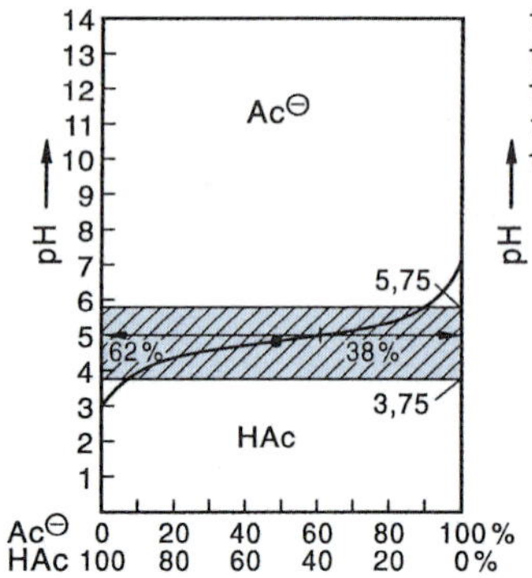

Abb. 26. HAc:
pH = pK_s = 4,75,
Pufferbereich =

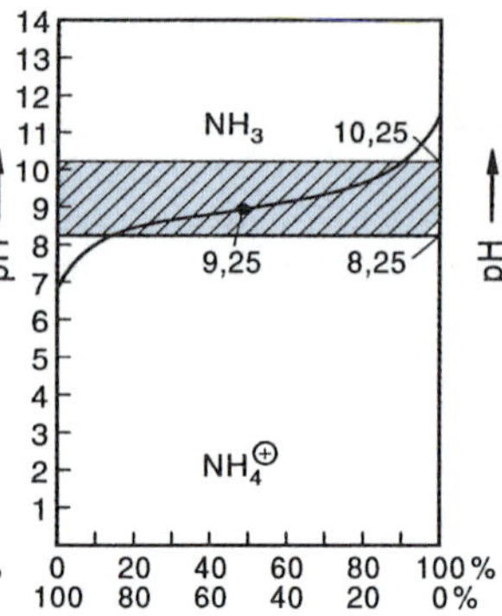

Abb. 27. NH_4^+:
pH = pK_s = 9,25

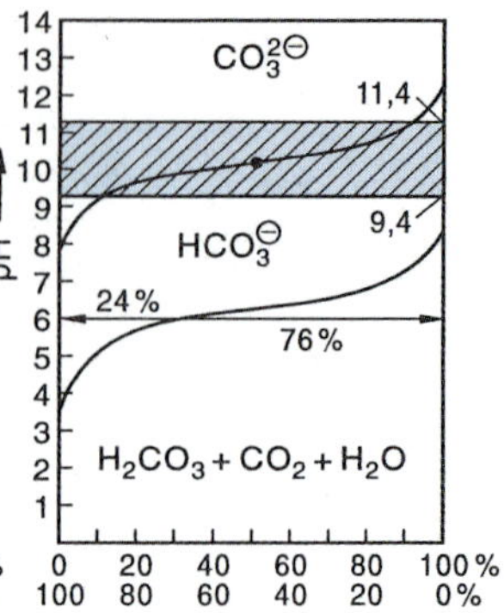

Abb. 28. HCO_3^-:
pH = pKs = 10,40

Bedeutung der Henderson-Hasselbalch-Gleichung:

- Bei bekanntem pH-Wert kann man das Konzentrationsverhältnis von Säure und konjugierter Base berechnen.
- Bei pH = pK_s ist lg c(A^-)/c(HA) = lg 1 = 0, d.h. c(A^-) = c(HA).
- Ist c(A^-) = c(HA), so ist der pH-Wert gleich dem pK_s-Wert der Säure. Dieser pH-Wert stellt den Wendepunkt der Pufferungskurven in Abb. 26, Abb. 28 dar!
- Bei kleinen Konzentrationsänderungen ist der pH-Wert von der Verdünnung unabhängig.
- Die Gleichung gibt auch Auskunft darüber, wie sich der pH-Wert ändert, wenn man zu Lösungen, die eine schwache Säure (geringe Protolyse) und ihr Salz (konjugierte Base) oder eine schwache Base und ihr Salz (konjugierte Säure) enthalten, eine Säure oder Base zugibt.

Enthält die Lösung eine Säure und ihre korrespondierende Base bzw. eine Base und ihre korrespondierende Säure in etwa gleichen Konzentrationen, so bleibt der pH-Wert bei Zugabe von Säure bzw. Base in einem bestimmten Bereich, dem *Pufferbereich* des Systems, nahezu konstant (Abb. 26, Abb. 28).

Lösungen mit diesen Eigenschaften heißen *Pufferlösungen, Puffersysteme* oder *Puffer.*

Eine Pufferlösung besteht aus einer schwachen Brønsted-Säure (Base) und möglichst vollständig dissoziiertem Neutralsalz (z. B. Alkalisalz) der korrespondierenden Base (korrespondierenden Säure). Sie vermag je nach der Stärke der gewählten Säure bzw. Base die Lösung in einem ganz bestimmten Bereich (Pufferbereich) gegen Säure- bzw. Basezusatz zu **puffern**.

Ein günstiger Pufferungsbereich erstreckt sich über je eine pH-Einheit auf beiden Seiten des pK_s-Wertes der zugrundeliegenden schwachen Säure:

$$\Delta pH = pK_s \pm 1$$

Pufferkapazität (Pufferwert)

Die Kapazität eines Puffers ist die Größe seiner Pufferwirkung. Allgemein bezieht man die Pufferwirkung auf den Zusatz von starker Base und definiert:

Die Pufferwirkung oder Pufferkapazitat β ist proportional dem Differentialquotienten aus der Änderung der Konzentration der Base und der Änderung des pH-Wertes: dc(B)/dpH.

dc(B) ist die Menge zugesetzter Basen in $mol \cdot l^{-1}$ Probenlösung.

β ist immer positiv, denn Basezusatz führt zu einer Erhöhung des pH-Wertes; Säurezusatz entspricht dem Verschwinden von Base, d.h. dc(B) wird negativ; da aber auch der pH-Wert kleiner wird, ist dpH negativ, und der Differentialquotient bekommt das positive Vorzeichen.

Trägt man β als Funktion vom pH auf, erhält man eine Kurve. Im ersten Wendepunkt bei pH = pK_s hat β ein Maximum, im zweiten Wendepunkt, im Äquivalenzpunkt, ein Minimum (Abb. 29).

Über die Berechnung von β s. Lehrbücher der Physikalischen Chemie.

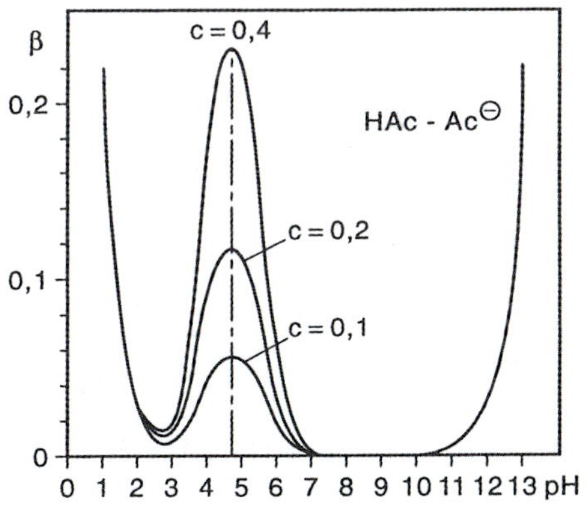

Abb. 29. Pufferkapazität bei äquimolaren Essigsäure-Acetat-Gemischen von verschiedener Gesamtmolarität c

Eine Pufferlösung hat die Pufferkapazität 1, wenn sich bei Zusatz von 1 mol H_3O^+-Ionen bzw. OH^--Ionen zu einem Liter Pufferlösung der pH-Wert um eine Einheit ändert.

Eine maximale Pufferwirkung erhält man für ein molares Verhältnis von Säure zu Salz von 1:1. In diesem Fall ist c(HA) = c(A^-) und pH = pK_s.

Beispiele für Puffersysteme:

Pufferlösungen besitzen in der physiologischen Chemie besondere Bedeutung, denn viele Körperflüssigkeiten, z. B. Blut (pH = 7,39 ± 0,05), sind gepuffert. Physiologische Puffersysteme sind z. B. der Bicarbonatpuffer und der Phosphatpuffer.

Bicarbonatpuffer *(Kohlensäure-Hydrogencarbonatpuffer):*

$$H_2CO_3 \rightleftharpoons HCO_3^- + H^+$$

H_2CO_3 ist praktisch vollständig in CO_2 und H_2O zerfallen:

$$H_2CO_3 \rightleftharpoons CO_2 + H_2O$$

Die Kohlensäure wird jedoch je nach Verbrauch aus den Produkten wieder nachgebildet.

Bei der Formulierung der Henderson-Hasselbalch-Gleichung für den Bicarbonatpuffer muss man daher die CO_2-Konzentration im Blut mitberücksichtigen:

$$pH = pK'_{s_{H_2CO_3}} + \lg \frac{c(HCO_3^-)}{c(H_2CO_3 + CO_2)}$$

mit $$K'_{s_{H_2CO_3}} = \frac{c(H_3O^+) \cdot c(HCO_3^-)}{c(H_2CO_3 + CO_2)}$$

K'_s ist die scheinbare Protolysekonstante der H_2CO_3, die den Zerfall in $H_2O + CO_2$ berücksichtigt.

Phosphatpuffer: Mischung aus $H_2PO_4^-$ (primäres Phosphat) und HPO_4^{2-} (sekundäres Phosphat):

$$H_2PO_4^- + H_2O \rightleftharpoons HPO_4^{2-} + H_3O^+$$

$$pH = pK_{s_{H_2PO_4^-}} + \lg \frac{c(HPO_4^{2-})}{c(H_2PO_4^-)}$$

Acetatpuffer: *($CH_3COOH/CH_3CO_2^-$-Gemisch; Essigsäure/Acetat-Gemisch):*

a) *Säurezusatz:* Gibt man zu dieser Lösung etwas verdünnte HCl, so reagiert das H_3O^+-Ion der vollständig protolysierten HCl mit dem Acetatanion und bildet undissoziierte Essigsäure. Das Acetatanion fängt also die Protonen der zugesetzten Säure ab, wodurch der pH-Wert der Lösung konstant bleibt:

$$H_3O^+ + CH_3COO^- \rightleftharpoons CH_3COOH + H_2O$$

b) *Basenzusatz:* Gibt man zu der Pufferlösung wenig verdünnte Natriumhydroxid-Lösung NaOH, reagieren die OH^--Ionen mit H^+-Ionen der Essigsäure zu H_2O:

$$CH_3COOH + Na^+ + OH^- \rightleftharpoons CH_3COO^- + Na^+ + H_2O$$

Da CH_3COOH als schwache Säure wenig protolysiert ist, ändert auch der Verbrauch an Essigsäure durch die Neutralisation den pH-Wert nicht merklich. Die zugesetzte Base wird von dem Puffersystem „abgepuffert“.

Zahlenbeispiel für die Berechnung des pH-Wertes eines Puffers

Gegeben:

Lösung 1: 1 l Pufferlösung aus 0,1 M Essigsäure CH_3COOH ($pK_s = 4{,}76$) und 0,1M Natriumacetat-Lösung ($CH_3COO^-Na^+$).

Eine solche Lösung kann man herstellen, indem man z. B. x ml 0,1 M Essigsäure mit x/2 ml 0,1 M NaOH versetzt. Die Essigsäure ist dann zur Hälfte in Natriumacetat übergeführt

Der pH-Wert des Puffers berechnet sich zu:

$$pH = pK_S + \lg\frac{c(CH_3COO^-)}{c(CH_3COOH)} = 4{,}76 + \lg\frac{0{,}1}{0{,}1} = 4{,}76$$

Gegeben:

Lösung 2: 1 ml einer 1 M Natriumhydroxid-Lsg.

Gesucht: pH-Wert der Mischung aus Lösung 1 und Lösung 2.

Lösung 2 enthält 0,001 mol NaOH. Diese neutralisieren die äquivalente Menge, also 0,001 mol CH_3COOH. Hierdurch sinkt $c(CH_3COOH)$ in Lösung 1 von $0{,}1\ mol \cdot l^{-1}$ auf $0{,}099\ mol \cdot l^{-1}$ und $c(CH_3COO^-)$ in Lösung 1 steigt von $0{,}1\ mol \cdot l^{-1}$ auf $0{,}101\ mol \cdot l^{-1}$.

Der pH-Wert der Lösung berechnet sich zu:

$$pH = pK_S + \lg\frac{0{,}101}{0{,}099} = 4{,}76 + \lg 1{,}02 = 4{,}76 + 0{,}0086 = 4{,}7686 \approx 4{,}77$$

6 Titrationen von Säuren und Basen in wässrigen Lösungen

6.1 Titrationskurven

Kurven von Neutralisationstitrationen erhält man, wenn auf der einen Achse eines Koordinantenkreuzes das Volumen des Titranten oder die Differenz von Säure- und Basekonzentration und auf der anderen Achse der zugehörige pH-Wert aufgetragen werden.

Titration einer starken Säure mit einer starken Base und umgekehrt

Berechnung der Titrationskurve

In der wässrigen Lösung eines Gemisches einer starken Säure HA mit der Gesamtkonzentration C_{HA} und einer Base B mit der Gesamtkonzentration C_B lassen sich folgende Reaktionsschritte unterscheiden:

$$HA \rightleftharpoons A^- + H^+$$

$$B + H^+ \rightleftharpoons BH^+$$

$$H_2O \rightleftharpoons OH^- + H^+$$

$$H_2O + H^+ \rightleftharpoons H_3O^+$$

Bei diesen Reaktionen muss die Summe *aller* gebildeten Basen gleich sein der Summe *aller* gebildeten Säuren.

Es gilt also:

$$c(A^-) + c(OH^-) = c(BH^+) + c(H_3O^+)$$

Mit $c(A^-) = C_{HA}$ und $c(BH^+) = C_B$ (weil starke Säuren und Basen vollständig protolysieren), folgt:

$$c(H_3O^+) = C_{HA} - C_B + C_{OH^-}$$

Setzt man $c(OH^-) = K_W/c(H_3O^+)$, erhält man schließlich:

$$c(H_3O^+) = \frac{C_{HA} - C_B}{2} + \sqrt{\frac{(C_{HA} - C_B)^2}{4} + K_W}$$

Beachte: $pH = -\lg c(H_3O^+)$

Mit dieser Formel lässt sich eine exakte Berechnung des gesamten Kurvenverlaufs durchführen.

Ausgezeichnete Punkte

Ist in der Lösung die Konzentration der Säure gleich der Konzentration der Base, d.h. $C_{HA} = C_B$, dann ist der sog. Äquivalenzpunkt erreicht. In diesem Falle ist die der Probe äquivalente Menge Titrant in der Lösung enthalten. Der Titrationsgrad ist 1 (≡ 100%-ige Neutralisation).

Der **Äquivalenzpunkt** ist der **Wende**punkt der Titrationskurve (Abb. 30) beim Titrationsgrad 1.

Bei der Titration einer starken Säure (Base) mit einer starken Base (Säure) erfolgt innerhalb eines schmalen Konzentrationsbereichs auf beiden Seiten des Äquivalenzpunktes eine *sprunghafte* Änderung des pH-Wertes.

Die Größe des pH-Sprunges (≡ Steilheit der Kurve) ist abhängig von der Konzentration der Protolyte, s. Abb. 31 und von der Temperatur, s. S. 212. Mit steigender Temperatur wird der pH-Sprung kleiner (≡ Temperaturabhängigkeit von K_W).

Setzen wir $C_{HA} = C_B$ in die Formel für die Berechnung des pH-Wertes ein, erhalten wir einen pH-Wert von 7:

$$c(H_3O^+) = \sqrt{K_W} \quad \text{und} \quad pH = 7 \text{ (für 22°C)}$$

Der Punkt auf der Kurve für den pH = 7 ist, heißt Neutralpunkt, weil die Lösung gleich viele H_3O^+- und OH^--Ionen enthält und daher „neutral" ist.

Neutralpunkt heißt derjenige Punkt, an dem der pH-Wert = 7 ist.

Beachte: Bei der Titration einer starken Säure mit einer starken Base fallen Äquivalenzpunkt und Neutralpunkt zusammen.

Anmerkung: Bei geringen Abweichungen vom Neutralpunkt kann man die Titrationskurve mit folgenden einfachen Näherungsformeln berechnen:

$$c(H_3O^+) = C_{HA} - C_B \qquad pH = -\lg c(H_3O^+)$$

und

$$c(OH^-) = C_B - C_{HA} \qquad pOH = -\lg c(OH^-) \qquad pH = 14 - pOH$$

Graphische Darstellung von Titrationen

Trägt man während einer Titration die gemessenen oder die berechneten pH-Werte der Lösung gegen den Titrationsgrad bzw. gegen das Volumen (in ml) des zugesetzten Titranten auf, erhält man eine Titrationskurve.

In der Praxis bestimmt man meist den Säuregehalt (Basengehalt) einer Lösung durch Zugabe einer Base (Säure) genau bekannten Gehalts, indem man die Basenmenge misst, die bis zum Äquivalenzpunkt verbraucht wird, und die Titration durch Messung des jeweiligen pH-Wertes der Lösung verfolgt. Trägt man die so erhaltenen Wertepaare in ein Achsenkreuz ein und verbindet die Messpunkte miteinander, erhält man die experimentell ermittelten Titrationskurven. Über die Messung des pH-Wertes s. Kap. VI.1.

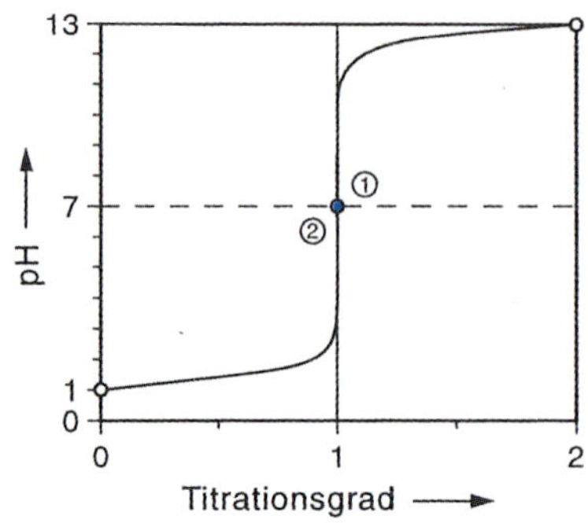

Abb. 30. Titration von sehr starken Säuren mit sehr starken Basen bei Raumtemperatur; 1 = Äquivalenzpunkt; 2 = Neutralpunkt (pH = 7)

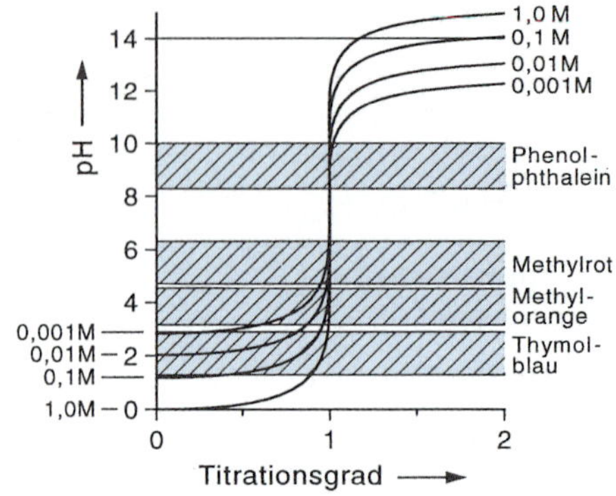

Abb. 31. Titrationskurve von sehr starken Protolyten verschiedener Konzentration; schraffiert sind die Umschlagsgebiete von vier pH-Indikatoren

Beispiel: 0,1 M HCl-Lsg. wird vorgelegt und mit 0,1 M NaOH-Lsg. übertitriert. Die pH-Wert-Änderung wird potentiometrisch verfolgt, s. Kap. VI.1.4.

Beachte: Die gezeichnete Kurve in Abb. 30 ist idealisiert. In der Praxis fallen Äquivalenzpunkt und Neutralpunkt oft nicht genau zusammen, weil die Lösung nicht ganz CO_2-frei ist.

Titration einer schwachen Säure mit einer starken Base

Berechnung der Titrationskurve

Titriert man eine schwache Säure mit einer starken Base, so entsteht außer Wasser ein gelöstes Salz, in unserem Beispiel $CH_3CO_2^- Na^+$ (Abb. 32):

$$CH_3COOH + NaOH \rightleftharpoons CH_3CO_2^-Na^+ + H_2O$$

Die Lösung einer schwachen Säure und ihres Salzes haben wir auf S. 222 als Puffersystem kennengelernt. Für die Berechnung des pH-Wertes einer solchen Lösung gilt die Henderson-Hasselbalch-Gleichung:

$$pH = pK_s + \lg\frac{c(\text{Salz})}{c(\text{Säure})} \quad \text{mit} \quad \frac{c(\text{Salz})}{c(\text{Säure})} = \frac{c(A^-)}{c(HA)} = \frac{c(\text{Base})}{c(\text{korrespond. Säure})}$$

oder

$$pH = pK_s + \lg\frac{c_b}{c_s} \quad \text{oder} \quad pH = pK_s - \lg c_s + \lg c_b$$

(c_b = Konzentration der zugesetzten Base; c_s = Konzentration der undissoziierten Säure = Ausgangskonzentration der Säure minus c_b).

Ausgezeichnete Punkte

Ist in der Lösung die Konzentration des gebildeten Salzes (im Beispiel $CH_3CO_2^-$ Na^+) gleich der Konzentration der undissoziierten Säure (CH_3COOH): $c_b = c_s$, so ist gerade die Hälfte der Säure neutralisiert. Für diesen *Halbneutralisationspunkt* ist: $pH = pK_s$.

Der pH-Wert des *Äquivalenzpunktes* ergibt sich mit folgender Gleichung:

$$pH = 14 - 1/2\, pK_b + 1/2 \lg c_b$$

oder

$$pH = 7 + 1/2\, pK_s + 1/2 \lg c_b.$$

c_b ist die Menge der Base, die bis zum Erreichen des Äquivalenzpunktes hinzugefügt werden muss; sie ist damit gleich der Ausgangskonzentration der vorgelegten Säure.

Der Äquivalenzpunkt liegt im alkalischen Gebiet (pH > 7), weil bei der Protolyse des Salzes aus einer schwachen Säure und einer starken Base OH^--Ionen entstehen. Die Gleichung, mit der wir den pH Wert am Äquivalenzpunkt berechnen können, ist also diejenige, die für schwache Basen abgeleitet wurde.

Graphische Darstellung der Titration s. Abb. 32.

Titration einer schwachen Base mit einer starken Säure

Berechnung der Titrationskurve

Für diesen Fall gelten die gleichen Überlegungen wie für die Titration einer schwachen Säure mit einer starken Base. Der pH-Wert in der Lösung berechnet sich – unter Berücksichtigung von $pK_s = pK_W - pK_b$ – nach folgender Gleichung:

$$pH = pK_W - pK_b - \lg c_s + \lg c_b \qquad pK_W = 14$$

(c_s ist die Menge der zugesetzten Säure, c_b ist die Anfangskonzentration der Base minus c_s)

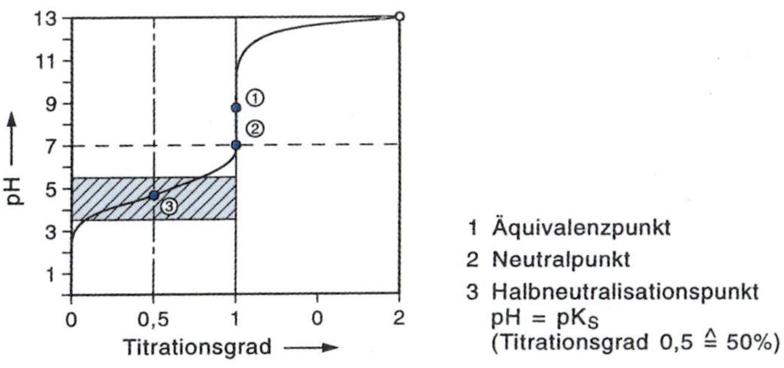

Abb. 32. pH-Diagramm zur Titration einer 0,1 M Lösung von CH_3COOH mit einer sehr starken Base bei Raumtemperatur (idealisierte Kurve). Der Pufferbereich ($pK_s \pm 1$) ist schraffiert.

Ausgezeichnete Punkte

Neutralpunkt: bei pH = 7 für Titrationen bei Raumtemperatur. Halbneutralisationspunkt bei pH = pK_s.

Äquivalenzpunkt: Die Protolyse des bei der Titration gebildeten Salzes aus einer schwachen Base und einer starken Säure führt zur Bildung von Protonen. Die Lösung reagiert daher am Äquivalenzpunkt sauer. Der Äquivalenzpunkt liegt im sauren Bereich (pH < 7; s. Abb. 33).

Der pH-Wert des Äquivalenzpunktes berechnet sich nach der Gleichung für schwache Säuren von S. 214.

$$pH = 7 - 1/2\ pK_b - 1/2\ \lg c_s$$

c_s ist die Menge der zugefügten Säure. Sie entspricht der Anfangskonzentration der vorgelegten Base. Konzentrationsmaß: $mol \cdot l^{-1}$.

Graphische Darstellung s. Abb. 33.

Titrationen schwacher Basen (Säuren) mit schwachen Säuren(Basen)

Diese Titrationen sind im Allgemeinen ungeeignet, weil die Titrationskurven im Äquivalenzpunkt stark geneigt sind, wodurch die Bestimmung des Äquivalenzpunktes ungenau wird.

Titration mehrwertiger Basen und Säuren mit unterschiedlichen pK_s bzw. pK_b-Werten

Die Berechnung der Titrationskurven ist wesentlich komplizierter als in den vorangehenden Fällen, weil in der Lösung ungleich viel mehr Protolysegleichgewichte vorliegen.

Einen besseren Einblick in die Konzentrationsverhältnisse schwacher Protolyte erlaubt die doppelt logarithmische Darstellung der Titrationskurven *(= Hägg-Diagramme, s.Kap. V.6.2)*.

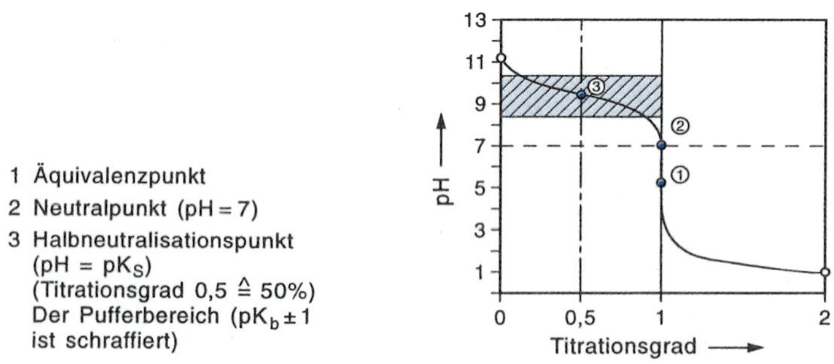

Abb. 33. pH-Diagramm zur Titration einer 0,1 M Lösung von NH_3 mit einer sehr starken Säure bei Raumtemperatur (idealisierte Kurve)

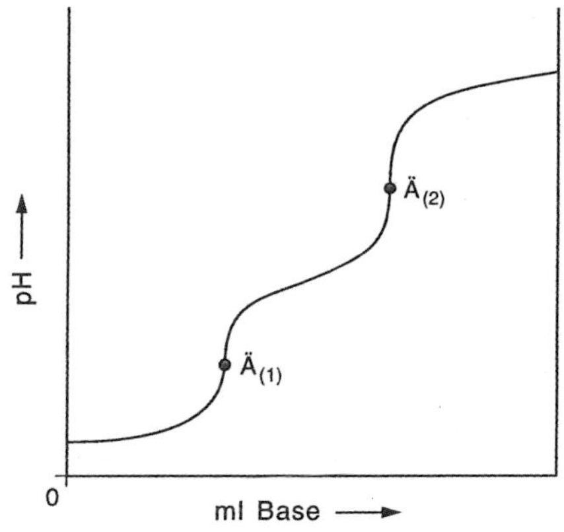

Abb. 34. Titrationskurve einer zweiprotonigen Säure mit einer starken Base. $Ä_{(1)}$ ist der Äquivalenzpunkt der stärkeren Säure

Graphische Darstellung

Ein Beispiel für Titrationskurven mehrprotoniger Säuren zeigt die Abb. 34. Für jede einzelne Protolysereaktion erhält man eine Titrationskurve, die sich zu einer Gesamtkurve zusammensetzen.

Beachte: Die Säuren (Basen) werden in der Reihenfolge abnehmender Säurestärke (Basestärke) neutralisiert.

Der pH-Wert für den 1. Äquivalenzpunkt einer zweiprotonigen Säure H_2b berechnet sich nach folgender Gleichung, also als der eines Ampholyten:

$$pH_{Ä_{(1)}} = 1/2\ pK_{s_1} + 1/2\ pK_{s_2}$$

pK_{s_1} und pK_{s_2} sind die Säureexponenten der ersten und zweiten Protolysereaktion. *Beispiel:* H_2CO_3, S. 237.

Titration einer schwachen und einer starken Säure mit einer starken Base

Titration einer schwachen und einer starken Base mit einer starken Säure

Auf beide Fälle lassen sich die Verhältnisse bei mehrwertigen Basen und Säuren übertragen.

6.2 Hägg-Diagramme

Bei schwachen Protolyten ist die Konzentration der verschiedenen Gleichgewichtsformen stark pH-abhängig und häufig ist nur eine der Formen für eine analytische Reaktion maßgebend. Wichtige Beispiele sind die Fällung von Sulfiden oder die Komplexbildung mit EDTA. Hier müssen die deprotonierten Formen S^{2-} bzw. das Tetraanion von EDTA in ausreichender Konzentration vorhanden sein.

Hägg hat zur graphischen Darstellung der Konzentrationsverhältnisse in Abhängigkeit vom pH-Wert ein doppelt logarithmisches Diagramm vorgeschlagen. Dies sei am Beispiel einer einbasigen, schwachen Säure erläutert (Abb. 35).

$$HA + H_2O \rightleftharpoons A^- + H_3O^+ \quad K_s = \frac{c(A^-) \cdot c(H_3O^+)}{c(HA)}$$

Unter Berücksichtigung der Massenbilanz $c(A^-) + c(HA) = c°$ erhalten wir:

$$c(HA) = \frac{c° \cdot c(H_3O^+)}{K_s + c(H_3O^+)} \quad \text{und} \quad c(A^-) = \frac{K_s \cdot c°}{c(H_3O)^+ + K_s}$$

Nach Logarithmieren:

$\lg c(HA) = \lg c° - \lg(1+10^{pH-pK_s})$ Säurelinie

$\lg c(A^-) = \lg c° - \lg(1+10^{pK_s-pH})$ Baselinie

Wir unterscheiden drei Fälle:

1. $pH > pK_s$, damit $10^{pK_s-pH} << 1$ und $10^{pH-pK_s} >> 1$

   $\lg c(HA) = \lg c° + pK_s$ pH: Geradengleichung mit Steigung –1

   $\lg c(A^-) = \lg c°$

2. $pH = pK_s$

   $\lg c(HA) = \lg c(A^-) = \lg c° - \lg 2$

3. $pH < pK_s$

   $\lg c(HA) = \lg c°$

   $\lg c(A^-) = \lg c° - pK_s + pH$

Somit ergeben sich für c(HA) und $c(A^-)$ zwei Äste (Abb. 35.). Die Baselinie etwa steigt mit zunehmendem pH-Wert parallel zur OH^--Konzentration an und nähert sich asymptotisch der Ausgangskonzentration, wenn pH-Werte größer als der pK_s-Wert vorliegen.

In Abb. 36 ist das Hägg-Diagramm für Phosphorsäure als Beispiel für eine mehrbasige Säure wiedergegeben.

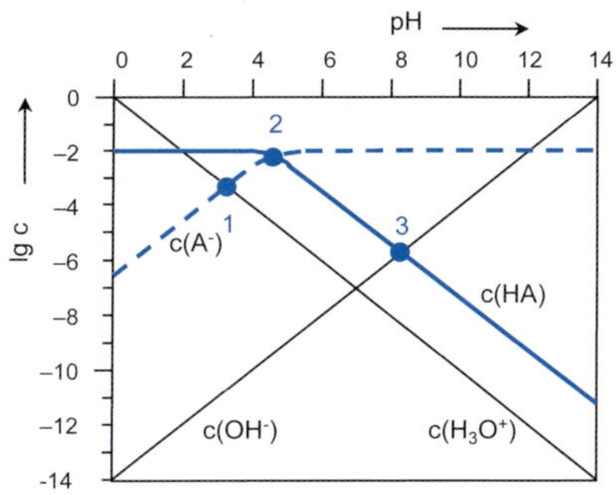

Abb. 35. Hägg-Diagramm für eine einbasige schwache Säure (hier: Essigsäure, $pK_s = 4{,}76$, $c° = 0{,}01$ mol l^{-1})

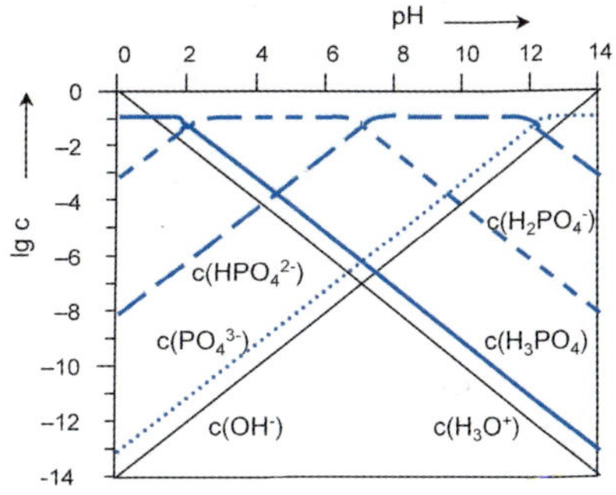

Abb. 36. Hägg-Diagramm für H_3PO_4 ($c° = 0{,}1$ mol l^{-1})

Ausgezeichnete Punkte: (1) $c(H_3O^+) = c(A^-)$: pH-Wert der Säurelösung; (2) $c(HA) = c(A^-)$: Pufferpunkt, $pH = pK_s$; (3) $c(HA) = c(OH^-)$: pH-Wert einer A^--Lösung (Äquivalenzpunkt bei Titration)

6.3 Endpunkte der Titrationen

Endpunkt einer Titration heißt der Punkt, bei dem sich eine ausgewählte Eigenschaft der Lösung deutlich ändert. Eine genaue Titration verlangt, dass Endpunkt und Äquivalenzpunkt möglichst eng beieinander liegen.

Die Endpunktbestimmung bei einer Neutralisationsreaktion ist mit einem geeigneten Farbindikator oder elektrochemisch möglich.

Kolorimetrische Endpunktbestimmung

Für die Auswahl eines geeigneten Farbindikators muss man den Verlauf der Titrationskurve besonders in der Gegend um den Äquivalenzpunkt kennen.

Für die Titration *starker* Säuren (Basen) mit *starken* Basen (Säuren) eignen sich Indikatoren mit einem Umschlagsgebiet zwischen demjenigen von *Phenolphthalein* und *Methylorange*, vgl. Abb. 31.

Für die Titration einer *schwachen* Base mit einer *starken* Säure kann man *Methylrot* verwenden.

Für die Titration einer *schwachen* Säure mit einer *starken* Base empfiehlt sich *Phenolphthalein*.

Elektrochemische Endpunktbestimmung

Die elektrochemische Indikation des Äquivalenzpunktes ist wesentlich genauer als die kolorimetrische. Sie ist auch in trüben, gefärbten und sehr verdünnten Lösungen möglich. Über die einzelnen Methoden s. Kap. VI.

Beachte: Je steiler der Kurvenverlauf und je größer die Änderung des pH-Wertes im Äquivalenzpunkt ist, um so genauer wird das erhaltene Analysenergebnis sein.

6.4 Titrationsmöglichkeiten

(Abschätzung anhand vorgegebener pK-Werte)

Titration von Säuren

Mit zunehmenden pK_s-Werten wird die sprunghafte Änderung des pH-Wertes im Äquivalenzpunkt kleiner.

Ab $pK_s = 9$ ist die genaue Indikation des Äquivalenzpunktes unmöglich, s. hierzu Abb. 37.

Anstelle der Säuren mit $pK_s > 7$ kann man die konjugierten Basen titrieren.

Titration von Basen

Ab etwa $pK_b > 7$ ist kein auswertbarer pH-Sprung vorhanden. Anstelle der Basen mit $pK_b > 7$ kann man die konjugierte Säuren titrieren.

Allgemeine Bemerkungen: Der Wendepunkt einer Titrationskurve, der dem Äquivalenzpunkt entspricht, weicht um so mehr vom Neutralpunkt (pH = 7) ab, je schwächer die Säure oder Base ist. Bei der Titration schwacher Säuren liegt er im alkalischen, bei der Titration schwacher Basen im sauren Gebiet. Der Sprung im Äquivalenzpunkt, d.h. die größte Änderung des pH-Wertes bei geringster Zugabe von Reagenzlösung, ist um so kleiner, je schwächer die Säure bzw. Base ist.

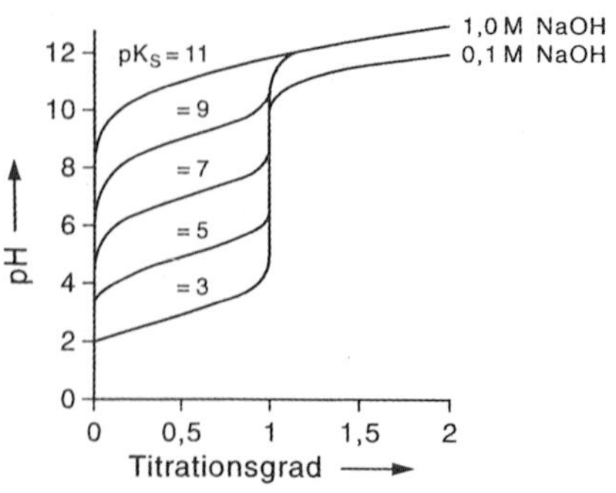

Abb. 37. Titrationskurven von Säuren mit verschiedenen pK_s-Werten

Die Größe des pH-Sprunges nimmt mit steigender Temperatur ab; die Steilheit der Titrationskurve nimmt mit abnehmender Konzentration ab. Durch Verändern des Protolysecharakters durch geeignete Zusätze lässt sich der Titrationsbereich für Säuren und Basen erweitern. Kap. V.6.5. bringt hierfür zahlreiche Beispiele wie die Titration von H_3BO_3 oder auch von NH_4^+.

6.5 Anwendungsbeispiele

6.5.1 Titration starker Säuren

1 ml 0,1 M NaOH ($c_{eq} = 0{,}1\ mol{\cdot}l^{-1}$) $\hat{=}$ 3,6465 mg HCl

$\hat{=}$ 4,8033 mg H_2SO_4

$\hat{=}$ 6,3016 mg HNO_3

Starke Säuren werden meist mit Natronlauge titriert. Aufgrund des großen pH-Sprungs hat die Wahl des Indikators keinen großen Einfluss auf die Lage des Titrationsendpunktes. Für *Salzsäure*, H_2SO_4 und HNO_3 kann man Methylorange oder Methylrot als Indikator verwenden. Ihre Umschlagsintervalle liegen im schwach sauren Bereich. Für Toluolsulfonsäure und für Trichloressigsäure kann man Phenolphthalein nehmen. Es wird im schwach alkalischen Bereich farbig.

Beispiel: Gehaltsbestimmung einer konz. H_2SO_4-Lösung

1,1954 g einer konz. H_2SO_4-Lösung werden in einen Messkolben pipettiert und genau bis zur Eichmarke für 250 ml aufgefüllt. Mit einer Pipette werden genau 25 ml (aliquoter Teil) von der Lösung in einen Erlenmeyerkolben eingefüllt. Diese Lösung wird auf ca. 150 ml verdünnt; (beachte: n_{eq} des aliquoten Teils bleibt dabei gleich!)

Titriert wird mit einer 0,1 M NaOH-Lsg. mit f = 1,015, d.i. ein Titrant mit $c_{eq} = 0{,}1015\ mol{\cdot}l^{-1}$.

Verbrauch: 23,15 ml

Berechnung des Gehalts:

a) $$m_v = \frac{1}{z_v} \cdot c_{eq}(t) \cdot V_t \cdot M_v = 1/2 \cdot 0{,}1015 \cdot 23{,}15 \cdot 98 = 115{,}13\ mg$$

m_v bezieht sich auf den aliquoten Teil von 25 ml. Im Messkolben mit 250 ml Inhalt sind: $115{,}13 \cdot \frac{250}{25} = 1151{,}3$ mg enthalten.

Der Gehalt der konz. H_2SO_4-Lösung ist somit:

$$\frac{1151{,}3 \cdot 100}{1195{,}4} = 96{,}2\%\ H_2SO_4$$

b) Berechnung mit Titer f und Umrechnungsfaktor k:

$f = 1{,}015$; $k = 4{,}9\ mg \cdot ml^{-1}$ für 0,1 M NaOH

$m_v = k \cdot f \cdot V_t = 4{,}9 \cdot 1{,}015 \cdot 23{,}15 = 115{,}13$ mg für den aliquoten Teil.

Phosphorsäure

1 ml 0,1 M NaOH ($c_{eq} = 0{,}1\ mol \cdot l^{-1}$) $\hat{=}$ 9,8 mg H_3PO_4 (eine Stufe → NaH_2PO_4)

$\hat{=}$ 4,9 mg H_3PO_4 (zwei Stufen)

Phosphorsäure kann als dreibasige Säure in mehreren Schritten ihre Protonen abgeben, s. S. 209.

Die dazugehörigen pK_s-Werte sind: $pK_{s_1} = 1{,}96$, $pK_{s_2} = 7{,}21$, $pK_{s_3} = 12{,}32$.

In der ersten Protolysereaktion ist Phosphorsäure also eine starke, in der zweiten eine schwache Säure. Das dritte Proton ist unter normalen Titrationsbedingungen nicht zu erfassen. Titriert man H_3PO_4 mit Natronlauge, so erhält man 2 Äquivalenzpunkte. Der pH-Wert des 1. Äquivalenzpunktes entspricht dem pH-Wert einer NaH_2PO_4-Lösung, der sich aus der Gleichung

$pH = 1/2\,(pK_{s_1} + pK_{s_2})$ berechnen lässt, s. S. 217.

Die entsprechenden Werte eingesetzt ergibt:

$$pH_{(1)} = 1/2\,(1{,}96 + 7{,}21) = 4{,}40$$

Zur Indikation erweisen sich hier also Methylrot oder Methylorange als sinnvoll, die in diesem Bereich ihr Umschlagsintervall haben. Für den pH-Wert beim 2. Äquivalenzpunkt gilt dementsprechend:

$$pH_{(2)} = 1/2\,(pK_{s_2} + pK_{s_3})$$

$$pH_{(2)} = 1/2\,(7{,}21 + 12{,}32) = 9{,}76$$

Hierfür ist z. B. Thymolphthalein ein geeigneter Indikator. Für den zweiten Äquivalenzpunkt lässt sich auch Phenolphthalein einsetzen, das schon bei pH 8,2 bei der angewandten Konzentration eine sichtbare Rosafärbung hervorruft. Der Farbumschlag erfolgt hier also zu früh, deshalb setzt man Natriumchlorid zu. Dadurch wird die Ionenstärke der Probenlösung so stark erhöht, dass die Protolyse von HPO_4^{2-} zurückgedrängt und der pH-Wert erniedrigt wird.

Anmerkung: Zur Stufe des tertiären Phosphats kann man gelangen, wenn man die neutralisierte Lösung von $H_2PO_4^-$ mit 40%-iger $CaCl_2$-Lösung versetzt, zum Sieden erhitzt und dann auf 14°C abkühlt:

$$2\ H_2PO_4^- + 3\ Ca^{2+} \longrightarrow Ca_3(PO_4)_2 + 4\ H^+$$

Die Protonen können mit NaOH gegen Phenolphthalein bei 14°C titriert werden. Genauigkeit ca. 98%.

6.5.2 Titration schwacher Säuren

Prinzipiell gilt dabei, dass der Äquivalenzpunkt bei der Titration mit starken Laugen im schwach alkalischen Gebiet liegt (s. S.. 228 und 222) und dementsprechend der Indikator zu wählen ist.

Organische Säuren

Die Acidität vieler organischer Säuren reicht aus, um im wässrigen Milieu mit ausreichender Genauigkeit titriert zu werden. Das Problem liegt in der oft schlechten Löslichkeit der Säure im wässrigen Milieu.

Zu den schwachen organischen Säuren gehören die meisten Carbonsäuren wie z. B. Essigsäure und Salicylsäure, die gegen Phenolphthalein mit NaOH-Lsg. titriert werden können. Zur Verbesserung der Löslichkeit der Salicylsäure verwendet man 70%-iges Ethanol als Lösemittel.

1 ml 0,1 M NaOH ($c_{eq} = 0,1\ mol \cdot l^{-1}$) $\hat{=}$ 5,9046 mg $CH_3CO_2^-$

$\hat{=}$ 6,0054 mg CH_3COOH

Kohlensäure

Die beiden pK_s-Werte der Kohlensäure sind $pK_{s1} = 6,52$ und $pK_{s2} = 10,4$. Titriert man also mit NaOH, wird nur das erste Proton erfaßt. Der pH-Wert am Äquivalenzpunkt ist dann:

$$pH = 1/2\,(pK_{s_1} + pK_{s_2}) = 1/2\,(6,52 + 10,4) = 8,46$$

Phenolphthalein ist also ein geeigneter Indikator. Nach der ersten Titration bis zur Rosafärbung gibt man in einem zweiten Ansatz die gesamte Menge NaOH auf einmal zu, um ein Entweichen von CO_2 zu verhindern.

Tritt jetzt noch eine Entfärbung des Indikators ein, kann weitere NaOH bis zur bleibenden Rosafärbung zugegeben werden. Die Genauigkeit der zweiten Titration ist also größer als die der ersten, die nur den Zweck hat, die für die zweite Titration erforderliche Menge NaOH zu ermitteln.

Auch als zweiprotonige Säure kann H_2CO_3 titriert werden, wenn das entstehende Carbonat aus der Lösung entfernt und damit das Gleichgewicht verschoben wird. Dies geschieht durch einen Zusatz von Barytwasser:

$$Ba(OH)_2 + H_2CO_3 \longrightarrow BaCO_3 + 2\ H_2O$$

Borsäure

1 ml 0,1 M NaOH ($c_{eq} = 0,1\ mol \cdot l^{-1}$) $\hat{=}$ 6,184 mg H_3BO_3

$\hat{=}$ 3,482 mg B_2O_3

1 ml 0,1 M HCl ($c_{eq} = 0,1\ mol \cdot l^{-1}$) $\hat{=}$ 7,764 mg $B_4O_7^{2-}$

Die Säurekonstante der Protolysereaktion liegt bei etwa $K_s \approx 10^{-10}$. Eine direkte Titration ist also aufgrund der geringen Säurestärke schwer möglich. Durch Zusatz von vicinalen Alkoholen – wie z. B. Mannit oder Sorbit – bildet sich ein Ester. Anschließend erfolgt eine Säure-/Base-Reaktion nach Lewis, bei der eine Brønsted-Säure entsteht, die sich wie eine mittelstarke Säure ($K_s = 1{,}91 \cdot 10^{-5}$) verhält:

$$B(OH)_3 + 2\,H_2O \rightleftharpoons H_3O^+ + [B(OH)_4]^-$$

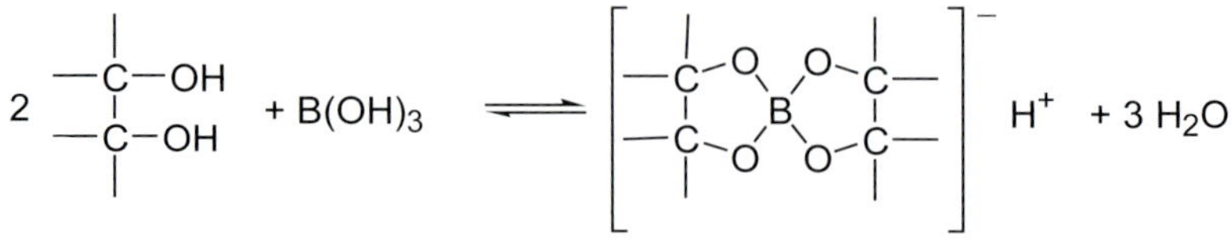

Diese einprotonige Säure lässt sich mit NaOH gegen Phenolphthalein titrieren. Auf die gleiche Weise kann auch Borax acidimetrisch titriert werden (s. S. 243).

Kationsäuren

Salze schwacher ungeladener Basen bilden Kationsäuren (HB^+), die acidimetrisch titriert werden können. Hierbei wird durch den Zusatz einer starken Base wie z. B. NaOH die schwächere Base B freigesetzt, d.h. aus ihrem Salz verdrängt:

$$BH^+ + OH^- \longrightarrow B + H_2O$$

Deshalb spricht man bei diesem Verfahren auch von *Verdrängungstitration*. Kationsäuren sind z. B. Ammoniumsalze und Alkaloidsalze.

Ammoniumsalze

NH_4Cl wird als Kationsäure mit NaOH gegen Phenolphthalein titriert. Die Acidität des NH_4^+-Ions ist allerdings so gering ($pK_s = 9{,}38$), dass eine direkte Titration nicht mit genügend großer Genauigkeit durchführbar ist. Durch Zusatz von überschüssigem Formaldehyd bildet sich Hexamethylentetramin (Urotropin) und somit aus jedem Mol NH_4^+ ein Mol H_3O^+ (s. Reaktionsgleichung), das mit NaOH gegen Phenolphthalein erfaßt wird:

$$4\,NH_4^+ + 6\,CH_2O \longrightarrow (CH_2)_6N_4 + 4\,H_3O^+ + H_2O$$

Dieses Verfahren wird als „Formoltitration“ bezeichnet.

Anionsäuren

Saure Salze (Hydrogensalze) von mehrprotonigen Säuren können als Säuren titriert werden, wenn die noch vorhandenen Protonen eine ausreichende Acidität aufweisen. Ein Beispiel hierfür ist das Dihydrogenphosphatanion:

$$H_2PO_4^- \rightleftharpoons HPO_4^{2-} + H^+$$

Die Acidität des $H_2PO_4^-$-Ions reicht für eine acidimetrische Titration aus. Näheres hierzu s. S. 236.

6.5.3 Titration starker Basen

Sowohl Alkalihydroxide als auch quartäre Ammoniumhydroxide gehören zu den starken Basen. Auch hier ist wie bei der Titration starker Säuren der pH-Sprung sehr groß, so dass ein breites Spektrum geeigneter Indikatoren zur Verfügung steht.

Natriumhydroxid

a) *ohne Carbonatgehalt*

1 ml 0,1 M HCl ($c_{eq} = 0{,}1\ mol \cdot l^{-1}$) $\hat{=}$ 4,000 mg NaOH

1 ml 0,1 M HCl ($c_{eq} = 0{,}1\ mol \cdot l^{-1}$) $\hat{=}$ 5,611 mg KOH

b) Alkalihydroxide enthalten, bedingt durch ihre Reaktion mit dem Kohlendioxid der Luft, *Carbonat als Verunreinigung*. Durch ein Titrationsverfahren in zwei Stufen lässt sich die freie OH^--Konzentration ermitteln.

Man titriert zunächst mit Salzsäure gegen Phenolphthalein. Hierbei laufen zwei Reaktionen ab:

1. $OH^- + H_3O^+ \longrightarrow 2\ H_2O$
2. $CO_3^{2-} + H_3O^+ \longrightarrow HCO_3^- + H_2O$

Anschließend wird mit Salzsäure gegen Methylorange-Mischindikator das HCO_3^- zu Kohlendioxid und Wasser umgesetzt:

$$HCO_3^- + H_3O^+ \longrightarrow 2\ H_2O + CO_2$$

Diese 2. Titration dient zur Berechnung des Carbonat-Gehalts, wobei für 1 mol des ursprünglichen Carbonats 1 mol Protonen verbraucht werden. Zur Berechnung der OH^--Konzentration ist der Verbrauch der 1. Titration abzüglich des Verbrauchs der 2. Titration zugrundezulegen, da ja beim 1. Titrationsschritt ein Teil der Protonen für die Bildung des HCO_3^- verbraucht wird.

Man kann auch schon vor der 1. Titration Bariumhydroxid zusetzen. Es bildet sich eine Fällung von Bariumcarbonat:

$$Ba(OH)_2 + CO_3^{2-} \longrightarrow BaCO_3 + 2\ OH^-$$

Nach der 1. Titration gegen Phenolphthalein bildet sich also kein HCO_3^-, da die Fällung an der Reaktion nicht teilnimmt. Die 2. Titration erfolgt gegen Bromphenolblau und erfaßt die Bariumcarbonat-Fällung, die in schwach saurer Lösung zu Kohlendioxid und Wasser reagiert:

$$BaCO_3 + 2\ H_3O^+ \longrightarrow CO_2 + 3\ H_2O + Ba^{2+}$$

Hier werden also 2 mol Protonen für 1 mol Carbonat verbraucht.

Beispiel: Gehaltsbestimmung einer KOH-Lösung

2,1521 g KOH-Lsg. werden in einen Messkolben pipettiert und genau bis zur Eichmarke für 500 ml aufgefüllt. Mit einer Pipette werden genau 50 ml (aliquoter Teil) von der Lösung in einen Erlenmeyer-Kolben eingefüllt. Diese Lösung wird auf ca. 150 ml verdünnt. Titriert wird mit 0,1 M HCl-Lösung mit f= 1,000, das ist ein Titrant mit $c_{eq} = 0{,}1000\ mol{\cdot}l^{-1}$. Verbrauch: 19,23 ml.

Berechnung des Gehalts:

a) $$m_v = \frac{1}{z_v} \cdot c_{eq}(t) \cdot V_t \cdot M_v = 1 \cdot 0{,}1 \cdot 19{,}23 \cdot 56{,}11 = 107{,}9\ mg$$

(für den aliquoten Teil).

Bezogen auf den Messkolben sind $107{,}9 \cdot \frac{500}{50} = 1079$ mg enthalten.

Der Gehalt der KOH-Lösung ist somit $\frac{1079 \cdot 100}{2152{,}1} = 50{,}14\ \%$ KOH.

b) Berechnung mit Normierfaktor f und Umrechnungsfaktor k:

$f = 1{,}000$, $k = 5{,}61\ mg{\cdot}ml^{-1}$ für 0,1 M HCl

$m_v = k \cdot f \cdot V_t = 5{,}61 \cdot 1{,}0 \cdot 19{,}23\ mg = 107{,}9$ mg für den aliquoten Teil.

6.5.4 Titration schwacher Basen

Titriert man eine schwache Base mit einer starken Säure, so liegt der Äquivalenzpunkt im schwach sauren Bereich. Der Indikator ist dementsprechend zu wählen.

Ammoniak

Man kann Ammoniaklösungen mit Salzsäure direkt gegen Methylrot-Mischindikator titrieren.

Indirekte Titration: Abweichend von diesem Verfahren kann man zuerst einen Überschuss an 0,1 M Salzsäure zur Probe zugeben und anschließend mit 0,1 M NaOH-Lsg. gegen Methylrot-Mischindikator oder Phenolphtalein zurücktitrieren. Der Vorteil dieses Verfahrens gegenüber der direkten Titration liegt darin, dass ein Entweichen des flüchtigen Ammoniaks während der Titration durch die Umsetzung zu NH_4Cl verhindert wird.

Da der Fehler durch Verdunstung nur bei konzentrierter NH_3-Lsg. von Belang ist, kann man für die verdünnten NH_3-Lösungen auch das direkte Verfahren anwenden.

Stickstoff-Bestimmung nach Kjeldahl

(für Ammoniumsalze, Salpetersäure, Nitrate, Nitrite, organische Substanzen)

1 ml HCl oder H_2SO_4 ($c_{eq} = 0{,}1\ mol \cdot l^{-1}$) $\hat{=}$ 1,4008 mg N

$\hat{=}$ 1,7032 mg NH_3

$\hat{=}$ 1,8040 mg NH_4^+

$\hat{=}$ 6,2008 mg NO_3^-

Um den Stickstoffgehalt zu bestimmen, führt man den Stickstoff in NH_3 bzw. NH_4^+ über und treibt ihn in der abgebildeten Apparatur (Abb. 38) mit überschüssiger verd. (2 M) NaOH-Lsg. als gasförmiges NH_3 aus. Man absorbiert das NH_3-Gas in einer Vorlage, die mit überschüssiger, genau abgemessener 0,1 M HCl-Lösung beschickt ist. Anschließend titriert man die überschüssige Säure mit 0,1 M NaOH-Lsg. gegen Phenolphthalein zurück. Der Indikator wird bereits zu Beginn der Destillation zugegeben. Damit wird sichergestellt, dass in der Vorlage stets ein Säureüberschuss vorhanden ist.

Beachte: Liegt der Stickstoff nicht als NH_4^+ vor, muss er darin umgewandelt werden.

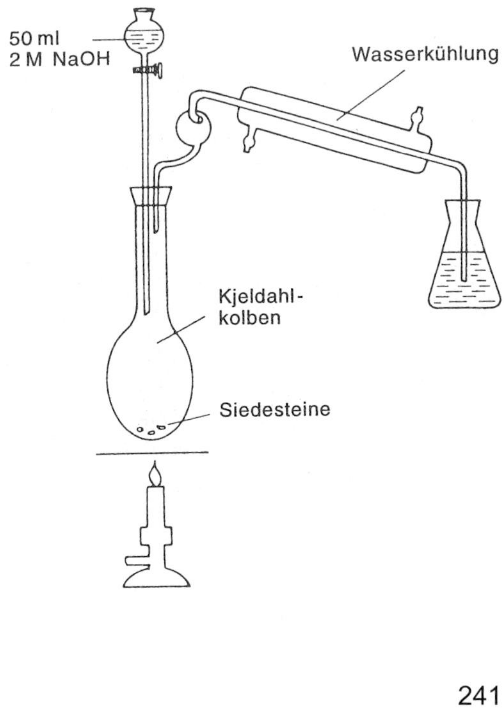

Abb. 38. Kjeldahl-Apparatur

HNO_3, NO_3^-

a) *saurer Aufschluss:* Die Probenlösung wird im Kjeldahlkolben mit ca. 5 g „ferrum reductum" und 10 ml H_2SO_4 (1:2) versetzt. Im offenen Kolben wird ca. 20 min zum Sieden erhitzt (Sandbad).

Nach dem Abkühlen wird mit 100 ml Wasser verdünnt, und der Kolben an die Apparatur angeschlossen.

b) *alkalischer Aufschluss:* Die Probenlsg. wird im Kjeldahl-Kolben auf ca. 100 ml gebracht, mit 2 g „Devardascher Legierung" (50% Cu, 45% Al, 5% Zn) versetzt und an die Apparatur angeschlossen. Durch den Tropftrichter werden 50 ml 2 M NaOH-Lsg. zugegeben. Nachdem man ca. 1 Stunde schwach erhitzt hat, beginnt man mit der Destillation.

Organische Stickstoffverbindungen
(Amino-, Nitro-, Cyanoverbindungen)

Die Substanz löst man im Kjeldahl-Kolben unter Erwärmen in ca. 15 ml Phenolschwefelsäure (20 g P_4O_{10} in 50 ml konz. H_2SO_4 + 4 g Phenol in wenig konz. H_2SO_4, mit konz. H_2SO_4 auf ein Volumen von ca. 100 ml bringen). Der abgekühlten Lsg. werden 1-2 g $Na_2S_2O_3$ zugesetzt. Anschließend gibt man 10 ml konz. H_2SO_4 zu und als Katalysator einen Tropfen Hg. Man erhitzt ca. 2-3 Stunden bis fast zum Sieden. Wenn die Lsg. klar ist, wird der Kolben an die Apparatur angeschlossen. Durch den Tropftrichter werden ca. 100 ml Wasser und dann ca. 80 ml 6 M NaOH langsam zugefügt und destilliert.

Alkaloide

Die Alkaloide liegen zum größten Teil als Salze vor, wie z. B. als Nitrate, Sulfate oder Hydrochloride. Diese können entweder als Kationsäuren mittels der Zweiphasentitration oder Verdrängungstitration bestimmt werden (s. S. 238), oder ihre Anionen werden im wasserfreien Medium als Base (s. Kap. V.7.) titriert.

Alkaloide wie Chinin können aber auch, wenn sie frei vorliegen, als schwache Basen in wässriger Lösung titriert werden. Die wichtigsten Indikatoren sind Methylrot bei stärker basischen und Dimethylgelb bzw. Methylorange bei schwächer basischen Alkaloiden.

Da die freien Alkaloidbasen oft schlecht wasserlöslich sind, ist ein Zusatz von Ethanol erforderlich. Zu beachten ist, dass sich durch diesen Zusatz die Dielektrizitätskonstante des Lösemittels verkleinert und deshalb die Basekonstanten der schwachen Basen erniedrigt werden.

Anionbasen

Anionen können durch Säuren protoniert werden und stellen deshalb Brønstedbasen dar. Hierzu gehören z. B. die Anionen, die häufig in Alkaloidsalzen zu finden sind. Diese werden im wasserfreien Medium mit Perchlorsäure in Eisessig titriert (Kap. V.7.) Anionbasen, die im wässrigen Milieu titriert werden, sind Carbonat, Hydrogencarbonat und Borax.

Carbonat

1 ml 0,1 M HCl ($c_{eq} = 0{,}1\ mol \cdot l^{-1}$) $\hat{=}$ 3,0006 mg CO_3^{2-}

$\hat{=}$ 2,2006 mg CO_2

Carbonat ist eine zweiwertige Base, die im schwach sauren Milieu zu Kohlendioxid und Wasser protoniert wird. Vorteilhaft benutzt man Salzsäure und titriert gegen Methylorange bzw. gegen Methylorange-Mischindikator.

Bei unlöslichen Carbonaten gibt man zuerst einen Überschuss an 0,1 M Säure zu, verkocht das CO_2 und titriert die Säure mit NaOH ($c_{eq} = 0{,}1\ mol \cdot l^{-1}$) zurück.

Titrationsbeispiel: Wieviel Na_2CO_3 enthalten 500 ml einer unbekannten Sodalösung?

Analog dem Beispiel S. 240 entnimmt man 25 ml und titriert mit einer Schwefelsäurelösung gegen Methylorange als Indikator. Verbrauch: 1,057 ml einer Schwefelsäure mit $c_{eq} = 0{,}1079\ mol \cdot l^{-1}$. Verdünnung: 500:25 = 40

$$m_v = 1/2 \cdot 0{,}1079 \cdot 1{,}057 \cdot 106 \cdot 40\ mg = 241{,}9\ mg$$

Borax

1 ml 0,1 M HCl ($c_{eq} = 0{,}1\ mol \cdot l^{-1}$) $\hat{=}$ 7,764 mg $B_4O_7^{2-}$

Das Tetraborat-Anion, das in seiner kristallinen Struktur folgender Formel entspricht, kann als zweiwertige Anionbase mit Salzsäure gegen Methylrot titriert werden. Hierbei entstehen 4 mol Borsäure. Man kann auch das gleiche Verfahren wie zur Bestimmung der Borsäure anwenden (s. dort), da Borax leicht zu Borsäure hydrolysiert.

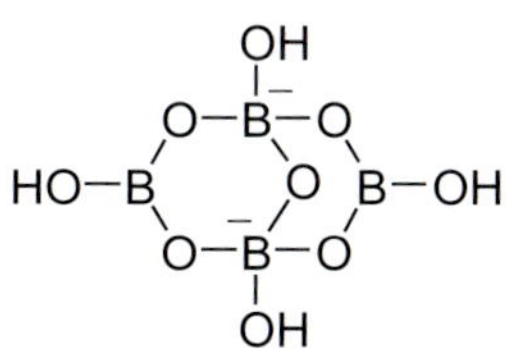

6.5.5 Simultantitrationen

Alkalihydroxide neben Carbonat, S. 239. Phosphatgemische, S. 236.

6.5.6 Bestimmung von Carbonsäurederivaten

Ester (Beispiel Acetylsalicylsäure):

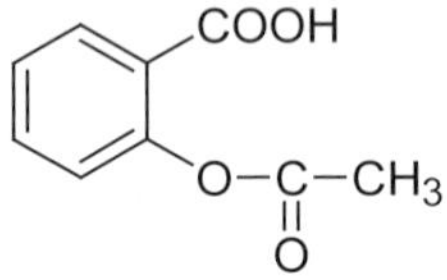

Wie aus der Formel ersichtlich ist, enthält Acetylsalicylsäure sowohl eine Estergruppe als auch eine freie Carboxylgruppe. Da die Estergruppe bei Lagerung durch Luftfeuchtigkeit partiell hydrolysiert werden kann, enthält die Substanz geringe Mengen freier Salicylsäure. Zur Ermittlung der Konzentration freier Salicylsäure ist eine getrennte Titration beider funktioneller Gruppen erforderlich.

Zuerst wird die in Ethanol gelöste Probe mit NaOH gegen Phenolphthalein titriert. Acetylsalicylsäure ist eine mittelstarke Säure ($K_s = 3{,}27 \cdot 10^{-4}$), deren Äquivalenzpunkt im schwach alkalischen Gebiet liegt. Bei diesem ersten Titrationsschritt wird nur die freie Carboxylgruppe erfaßt.

Durch Zusatz einer bestimmten überschüssigen Menge eingestellter NaOH-Lsg. zur neutralisierten Probe und durch 15-minütiges Kochen unter Rückfluss, erzielt man eine vollständige Hydrolyse der Esterfunktion. Das überschüssige NaOH kann dann mit Salzsäure titriert werden. Der Laugenverbrauch der zweiten Titration ist der Menge reiner Acetylsalicylsäure äquivalent. Der Verbrauch der ersten Bestimmung erfaßt alle freien Carboxylgruppen, also auch die der evtl. vorhandenen freien Salicylsäure. Aus der Differenz beider Titrationen kann man somit den Grad der Verunreinigung der Substanz ersehen.

7 Titrationen von Säuren und Basen in nichtwässrigen Lösungen

7.1 Physikalisch-chemische Grundlagen

Die in Kap. V.5.1 besprochene Säure-Base-Theorie von *Brønsted* lässt sich zwanglos auf Neutralisationsreaktionen in nichtwässrigen Systemen anwenden. Die Neutralisation verläuft auch in diesem Fall als Protonenaustauschreaktion (Protolyse) unter Bildung neuer Säuren und Basen.

Man beachte aber beim Vergleich mit dem Lösemittel Wasser, dass der pH-Wert nur für Wasser definiert ist. Die Angabe eines pH-Wertes z. B. in einem organischen Lösemittel wie Acetonitril ist lediglich eine rein formale Übertragung dieses

Ausdrucks. pH-Wert-Messungen in verschiedenen Lösemittelsystemen können daher i.a. nicht miteinander kombiniert oder korreliert werden.

Bei speziellen Reaktionen ist die Säure-Base-Theorie nach *Lewis* von Vorteil, da sie das Verhalten von Säuren und Basen in protonenfreien Systemen erklärt: **Säure = Elektronenpaaracceptor, Base = Elektronenpaardonator.**

Bedeutung der Dielektrizitätskonstante

Beim Auflösen einer ionischen Verbindung hängt es von der Dielektrizitätskonstante des Lösemittels ab, in welchem Ausmaß die elektrostatische Wechselwirkung zwischen den entgegengesetzt geladenen Ionen vermindert wird. Lösemittel mit niedriger Dielektrizitätskonstante haben dabei den Nachteil, dass sie die Neigung von Ionen begünstigen, sich zu solvatisierten Ionenpaaren zu assoziieren. So findet man z. B. bei der Titration von Carbonsäuren in Lösemitteln mit sehr niedrigen Dielektrizitätskonstanten bei der potentiometrischen Endpunktbestimmung zwei Potentialsprünge, die mit der Neigung der Carbonsäuren zur Dimerisierung erklärt werden.

Wie bereits erwähnt, können Säuren und Basen verschieden geladen sein (Kap. V.5.1). Demzufolge wirkt sich ein Wechsel des Lösemittels ($\hat{=}$ Wechsel des Dielektrikums) verschieden aus.

Bei der Protolyse von Säuren können folgende Fälle unterschieden werden:

1. $NH_4^+ + H_2O \rightleftharpoons NH_3 + H_3O^+$
2. $CH_3COOH + H_2O \rightleftharpoons CH_3COO^- + H_3O^+$
3. $HSO_4^- + H_2O \rightleftharpoons SO_4^{2-} + H_3O^+$

$$\text{Säure}_1 + \text{Base}_2 \rightleftharpoons \text{Base}_1 + \text{Säure}_2$$

Im Fall 1 sind die Reaktionspartner neutral oder positiv geladen. Es findet keine Coulombsche Wechselwirkung statt. Die Protolyse wird in erster Linie von der Basizität des Lösemittels, weniger von der Dielektrizitätskonstante bestimmt.

Im Fall 2 wird die Dissoziation der Essigsäure u.a. aufgrund der Coulombschen Anziehungskräfte vermindert. Die Acidität nimmt zu (bzw. ab), wenn wir ein Lösemittel mit hoher (bzw. niedriger) Dielektrizitätskonstante verwenden. Dementsprechend nimmt die Coulombsche Wechselwirkung ab (bzw. zu).

Im Fall 3 gilt das gleiche wie bei 2, jedoch in stärkerem Maße, da SO_4^{2-} zwei negative Ladungen trägt.

Praktische Auswirkungen sollen am Beispiel der Bernsteinsäure $HOOC\text{–}(CH_2)_2\text{–}COOH$ gezeigt werden: Die beiden Carboxylgruppen können in Wasser ($\varepsilon = 81$) nur gemeinsam titriert werden, in Isopropanol jedoch nacheinander.

Grund: Isopropanol begünstigt die Entstehung von stabilen Ionenpaaren. Bei der Titration in Isopropanol liegt am Halbneutralisationspunkt z. B. ein saures Salz vor wie $M^+\ {}^-OOC\text{–}(CH_2)_2\text{–}COOH$, das ausreichend stabil ist, um titriert zu werden. Das H-Atom der Carboxylgruppe in diesem Salz ist weniger acid als in dem ungeladenen Säuremolekül $HOOC\text{–}(CH_2)_2\text{–}COOH$.

In Wasser wird dagegen die Bildung und Trennung von Ionen begünstigt Die Dissoziation des gebildeten Salzes *und* der Säure wird dadurch so erleichtert, dass die Unterschiede in der Acidität titrimetrisch nicht mehr erfaßt werden können.

Die Stärke von Säuren und Basen

Eine Säure kann nur als Säure wirken, wenn ein Protonenacceptor vorhanden ist. Als solcher kann z. B. das Lösemittel LH fungieren. Dann gilt für die Protolyse einer

$$\textit{Säure:}\ AH + LH \rightleftharpoons A^- + LH_2^+ \qquad (1)$$

$$\textit{Base:}\ B + LH \rightleftharpoons BH^+ + L^- \qquad (2)$$

LH_2^+ ist das solvatisierte Proton. Die entsprechende Protolysekonstante lässt sich, wie auf S. 210 beschrieben, über das Massenwirkungsgesetz ableiten. Dies gilt vor allem für protische Lösemittel (Kap. V.7.2) mit *relativ hoher* Dielektrizitätskonstante wie Wasser, Ethanol etc. In nichtwässrigen Lösemitteln mit kleiner Dielektrizitätskonstante liegen demgegenüber selbst starke Elektrolyte als Ionenpaare vor. Das bedeutet: In unpolaren Lösemitteln können auch *starke* Säuren bzw. Basen nur *schwach* dissoziiert vorliegen.

In diesen Fällen ist es daher erforderlich, zwischen der zuerst erfolgenden Ionisation einer Substanz und ihrer nachfolgenden Dissoziation im Lösemittel zu unterscheiden.

Basen

Betrachten wir z. B. die Lösung einer Base B in wasserfreier Essigsäure (Eisessig) CH_3COOH (abgekürzt AcOH):

$$\underset{\text{I}}{AcOH + B \rightleftharpoons AcOH{\cdot}B} \rightleftharpoons \underset{\text{II}}{AcO{\cdots}H{\cdots}B} \rightleftharpoons \underset{\text{III}}{AcO^-{\cdot}HB^+} \rightleftharpoons \underset{\text{IV}}{AcO^- + BH^+}$$

Zunächst entsteht ein lockeres Addukt I. Danach bildet sich eine H-Brückenbindung II aus, die zu der Ionisation eines AcOH-Moleküls und des Basenmoleküls unter Bildung eines Ionenpaares führt (III, Protolyse).

Dieses Ionenpaar ist zunächst noch von einer Solvat-Hülle aus Essigsäuremolekülen umgeben. Die vollständige Dissoziation IV erfolgt dadurch, dass sich Solvensmoleküle zwischen die Ionen schieben, so dass schließlich selbständige, solvatisierte Ionen (Protolyseprodukte) vorliegen.

Die *Gesamtaciditätskonstante* (Säurekonstante) K_s bzw. *Gesamtbasizitätskonstante* (Basekonstante) K_b setzt sich daher aus einer Ionisationskonstante der Säure $K_{I(S)}$ bzw. Base $K_{I(B)}$ und der Dissoziationskonstante K_D des Ionenpaares zusammen:

$$K_s = \frac{K_{I(S)} \cdot K_D}{1 + K_{I(S)}} \qquad K_b = \frac{K_{I(B)} \cdot K_D}{1 + K_{I(B)}}$$

Für das vorstehende Beispiel gilt:

a) Ionisationskonstante

$$K_{I(B)} = \frac{c(BH^+CH_3COO^-)}{c(B)}$$

Gleichgewicht: $AcOH + B \rightleftharpoons AcO^- \cdot HB^+$.

c(AcOH) wird als Lösemittel in K_I einbezogen.

b) Dissoziationskonstante

$$K_{D(B)} = \frac{c(BH^+) \cdot c(CH_3COO^-)}{c(BH^+CH_3COO^-)} \quad \text{Gleichgewicht III} \rightleftharpoons \text{IV}$$

c) Gesamtbasizitätskonstante

$$K_b = \frac{c(BH^+) \cdot c(CH_3COO^-)}{c(B) + c(BH^+CH_3COO^-)}$$

Säuren

Ein Beispiel für eine Säure ist das Titrationsmittel $HClO_4$ in Eisessig:

$$HClO_4 + CH_3COOH \rightleftharpoons CH_3COOH_2^+ \cdot ClO_4^- \rightleftharpoons CH_3COOH_2^+ + ClO_4^-$$

a) Ionisationskonstante

$$K_{I(HClO_4)} = \frac{c(CH_3COOH_2^+ \cdot ClO_4^-)}{c(HClO_4)}$$

$c(CH_3COOH)$ wird als Lösemittel in K_I einbezogen.

b) Dissoziationskonstante

$$K_{D(HClO_4)} = \frac{c(CH_3COOH_2^+) \cdot c(ClO_4^-)}{c(CH_3COOH_2^+ \cdot ClO_4^-)}$$

c) Gesamtaciditätskonstante

$$K_S = \frac{c(CH_3COOH_2^+) \cdot c(ClO_4^-)}{c(HClO_4) + c(CH_3COOH_2^+ \cdot ClO_4^-)}$$

7.2 Lösemittel und ihre Einflüsse

Einteilung von nichtwässrigen Lösemitteln

Auf der Grundlage der Säure-Base-Theorie von Brønsted können nichtwässrige Lösemittel in folgende Gruppen eingeteilt werden:

a) ***Aprotische*** Lösemittel sind inert und enthalten kein abspaltbares Proton. *Unpolare* aprotische Lösemittel haben eine kleine Dielektrizitätskonstante.

Beispiele: Benzol (C_6H_6), Chloroform ($CHCl_3$), Dichlormethan (CH_2Cl_2).

Polare aprotische Lösemittel sind z. B. Acetonitril (CH_3CN), Dimethylsulfoxid $(CH_3)_2SO$, Dimethylformamid $(CH_3)_2NCHO$.

b) ***Protogene*** Lösemittel sind saure Substanzen, die leicht Protonen abgeben und so ionisiert sind. Sie haben i.a. eine große Dielektrizitätskonstante, und ihr Ionenprodukt ist größer als dasjenige von Wasser.

Beispiele: Essigsäure

$$2\,CH_3COOH \rightleftharpoons CH_3CO_2H_2^+ + CH_3CO_2^-$$

Ameisensäure

$$2\,HCOOH \rightleftharpoons HCO_2H_2^+ + HCO_2^-$$

c) ***Protophile*** Lösemittel sind basische Substanzen, die leicht Protonen aufnehmen und dabei ionisiert werden. Sie haben i.a. eine große Dielektrizitätskonstante, und ihr Ionenprodukt ist kleiner als dasjenige von Wasser.

Beispiele: Ethylendiamin

$$H_2N–CH_2–CH_2–NH_2 + H^+ \rightleftharpoons H_3N^+–CH_2–CH_2–NH_2$$

Ammoniak (fl.)

$$NH_3 + NH_3 \rightleftharpoons NH_4^+ + NH_2^-$$

d) ***Amphiprote*** (amphiprotische) Lösemittel sind Substanzen, die teilweise in Kationen und Anionen dissoziieren. Sie haben meist eine große Dielektrizitätskonstante. Das Ionenprodukt der freien Ionen ist in der Regel kleiner als dasjenige von Wasser. Amphiprotische Lösemittel sind amphoter und können sowohl Protonen aufnehmen als auch abgeben.

Beispiel: Lösungsmittel vom Typ b) und c): Alkohole

$$ROH + ROH \rightleftharpoons ROH_2^+ + RO^-$$

Die Lösemittel b), c) und d) bilden die Gruppe der protischen Lösemittel. Sie zeigen eine merkliche Eigendissoziation in Protonen und Lösemittelanionen.

Eine *andere* Einteilung faßt die verwendeten Lösemittel in zwei Gruppen zusammen. Der Bezugspunkt ist Wasser, das als neutral betrachtet wird. Danach unterscheidet man:

a) ***Aprotische*** (inerte) Lösemittel. Sie besitzen eine kaum messbare Eigendissoziation. Dazu gehören *saure* Lösemittel wie Nitromethan, Nitroethan und *neutrale* wie Aceton, Benzol, Dioxan, Chloroform, Acetonitril oder *basische* wie Dimethylformamid, Pyridin, Dimethylsulfoxid.

b) ***Amphiprotische*** Lösemittel. Sie weisen eine merkliche Eigendissoziation auf.

   Sauer sind Essigsäure, Ameisensäure, Trifluoressigsäure, Phenol.
   Neutral sind Wasser, Methanol, Ethanol, Ethylenglykol.
   Basisch sind Butylamin, Ethylendiamin, flüssiges Ammoniak.

Die Eignung eines Lösemittels zur Durchführung einer Titration kann abgeschätzt werden aus dem Wert seiner Dielektrizitätskonstante und den nachfolgend besprochenen Eigenschaften.

Nivellierung und Differenzierung

Bei der Protolyse treten besondere Verhältnisse ein, wenn die Gleichgewichtsreaktion stark auf die Seite der ionisierten Produkte verschoben ist. Es sind dann nämlich an die Stelle der eigentlichen starken Säure HA bzw. Base B weitgehend das *Lyonium-Kation* LH_2^+ bzw. das *Lyat-Anion* L^- des Lösemittels LH getreten. Diese stellen aber die stärksten Säuren und Basen dar, die in dem jeweiligen Lösemittel überhaupt auftreten können.

So sind z. B. verdünnte wässrige Lösungen von $HClO_4$, H_2SO_4 oder HCl in etwa gleich stark, da sich praktisch quantitativ Hydronium-Ionen bilden. In einem wässrigen Gemisch dieser starken Säuren sind die jedoch tatsächlich vorhandenen Unterschiede in der Säurestärke nicht mehr messbar: Sie sind ausgeglichen oder *nivelliert.*

Zur Bestimmung des Unterschieds in der Säurestärke darf man daher nicht Wasser ($\varepsilon = 81$) benutzen, sondern man muss ein Lösemittel mit einer niedrigeren Dielektrizitätskonstanten und einer höheren Acidität wählen, wie z. B. Essigsäure ($\varepsilon = 6$). Hierin sind die Unterschiede der einzelnen Säurestärken wieder messbar: Sie sind *differenziert*.

Der differenzierende Effekt kann verschiedene zusammenhängende Ursachen haben. Von Bedeutung sind spezielle Wechselwirkungen zwischen Lösemitteln und gelöstem Stoff, Acidität bzw. Basizität des Lösemittels sowie die Dielektrizitätskonstante.

Diese Effekte lassen sich auch rechnerisch erfassen: Die Protolysekonstante der Säure HA_1 sei 10^4, die der Säure HA_2 sei 10^2. Berechnet man die Hydroniumkonzentration einer jeweils 0,1 M wässrigen Lösung, so erhält man:

$c(H_3O^+)$ von HA_1 = 0,099 999 $mol \cdot l^{-1}$

$c(H_3O^+)$ von HA_2 = 0,099 9 $mol \cdot l^{-1}$

Dies bedeutet, dass beide Säuren praktisch gleich stark sind. Verwendet man ein Lösemittel L mit einer Basizität, die z. B. 10^6 mal kleiner ist, dann betragen die Protolysekonstanten von HA_1 jetzt 10^{-2} und von HA_2 10^{-4}. Daraus ergibt sich:

c(HL) von HA_1 = 0,027 $mol \cdot l^{-1}$

c(HL) von HA_2 = 0,0037 $mol \cdot l^{-1}$

Homokonjugation – Heterokonjugation

In protischen Lösemitteln werden die Anionen infolge Ionen-Dipol-Wechselwirkung und H-Brückenbindung solvatisiert. Kationen werden i.a. weniger stark solvatisiert. In polaren aprotischen Lösemitteln gilt umgekehrt:

Die Anionen werden weniger stark solvatisiert, weil keine Wasserstoff-Brücken ausgebildet werden können.

Bildet ein Anion A^- Assoziate mit seiner konjugierten Säure HA, spricht man von *Homokonjugation*. Reagiert A^- mit einem anderen Donator HR (HR ≠ HA), nennt man dies *Heterokonjugation*:

$$A^- + n\,HA \rightleftharpoons A(HA)_n^-$$

$$A^- + HR \rightleftharpoons (AHR)^- \text{ und } \quad A^- + 2\,HR \rightleftharpoons A(HR)_2^-$$

In beiden Fällen handelt es sich um eine Assoziation über Wasserstoffbrücken.

Durch diese Reaktionen wird A^- in solchen Lösemitteln stabilisiert, die keine Wasserstoffbrücken ausbilden können und eine kleine Dielektrizitätskonstante haben.

Protolyse

Außer dem Nivellierungseffekt können auch unerwünschte Protolysereaktionen die Verwendung von protischen Lösemitteln LH einschränken:

$$A^- + LH \rightleftharpoons AH + L^-$$

$$BH^+ + LH \rightleftharpoons LH_2^+ + B$$

Dabei reagiert das Lösemittel mit dem bei der Neutralisation gebildeten Salz. Wenn die Gleichgewichte nicht mehr auf der linken Seite liegen, ist es nicht möglich, einen scharfen Endpunkt bei der Titration zu erhalten.

Beispiel: Titration von Phenol in Wasser oder Ethanol, von aromatischen Aminen in Wasser oder Dimethylformamid.

Aprotische Lösemittel gehen i.a. keine Protolyse ein. Sie haben aber andere Nachteile: schlechte Lösungseigenschaften für Salze, starkes Zurückdrängen der Dissoziation, geringe Leitfähigkeit der Lösung. Letzteres ist z. B. ungünstig für die Potentiometrie.

Zusammenfassung

Die Lösemittel für Säure-Base-Titrationen müssen unter Verwendung der einschlägigen Monographien, Handbücher, Arbeitsvorschriften etc. für jedes Problem ausgewählt werden. Für die dabei zu beachteten allgemeinen Gesichtspunkte s. Tabelle 26.

Tabelle 26. Wirkung der Lösemittel auf den gelösten Stoff

Inerte Lösemittel	**Saure oder basische Lösemittel**
Zur Ionisation fähige Verbindungen dissoziieren in inerten Lösemitteln nicht. Die Säure- oder Basestärke bleibt erhalten, es tritt jedoch kein Nivellierungseffekt auf; die Stärke schwacher Säuren oder Basen wird nicht gesteigert	In sauren oder basischen Lösemitteln tritt Ionisation des gelösten Stoffes und (in geringem Maße) auch Dissoziation auf. Er bildet mit dem Lösemittel ein Assoziat; demzufolge ändert sich der saure oder basische Charakter (er wird meist gesteigert und nivelliert).
Es bilden sich keine Lösemittelkationen und -anionen; das Lösemittel nimmt am Neutralisationsprozeß nicht teil.	Das Lösemittel fördert die Beweglichkeit des Protons durch Bildung von Lösemittelanionen oder -kationen, d.h. es nimmt am Neutralisationsprozeß teil. Die Reaktionsprodukte sind ein Salz und das Lösemittelmolekül.
Die Nucleophilie der titrierten oder titrierenden Base muss stärker sein als diejenige der dem Säure-Titriermittel oder der titrierten Säure entsprechenden Base.	Das Lösemittel muss eine schwächere Säure oder Base sein als die titrierte Säure oder Base.
In manchen Fällen muss mit besonderen Indikatoren gearbeitet werden.	Viele der üblichen Indikatoren und Elektroden können zur Endpunktbestimmung verwendet werden.
Potentiometrische Titrationen können in unpolaren Lösemitteln nur unter Zugabe von Leitsalzen durchgeführt werden.	

7.3 Titration schwacher Basen

Zur Titration wasserunlöslicher schwacher Basen werden meist saure, protonenspendende Lösemittel verwendet (Tabelle 27).

Für die Auswahl eines Lösemittels gelten allgemein folgende Gesichtspunkte:

1. Das Lösemittel darf weder mit der zu bestimmenden Substanz noch mit der Maßlösung reagieren (außer Solvatation etc.).
2. Die zu bestimmende Substanz muss in dem Lösemittel löslich sein (Mindestkonzentration 0,01 c_{eq}).
3. Der Äquivalenzpunkt sollte potentiometrisch oder mittels Indikator bestimmbar sein.
4. Das Lösemittel muss leicht zu reinigen sein.

Beispiel für die Titration von Basen in Eisessig mit Perchlorsäure

Eisessig war das erste organische Lösemittel, das bei der Bestimmung schwacher Basen eingesetzt wurde. Es wird auch heute noch wegen seiner guten Lösungseigenschaften häufig verwendet.

a) *Starke und mittelstarke Basen*

$$C_6H_5NH_2 + CH_3COOH \rightleftharpoons C_6H_5NH_3^+ + CH_3COO^-$$

Die Reaktion mit dem Lösemittel erhöht indirekt die Basestärke. Bei Basengemischen hebt die nivellierende Wirkung des Eisessigs die Basizitätsunterschiede weitgehend auf. Titriert wird das gebildete Acetat mit Acetoniumperchlorat in Eisessig:

$$CH_3COO^- + C_6H_5NH_3^+ + CH_3COOH_2^+ClO_4^- \rightleftharpoons$$

$$C_6H_5NH_3^+ClO_4^- + 2\ CH_3COOH$$

Tabelle 27. Geeignete Lösemittel für die Bestimmung von Basen

Inerte Lösemittel (in der Reihenfolge der wachsenden Dielektrizitätskonstanten):

n-Hexan, Cyclohexan, Dioxan, Tetrachlorkohlenstoff, Benzol, Chloroform, Chlorbenzol, Methylisobutylketon, Methylethylketon, Aceton, Acetonitril

Saure oder amphiprotische Lösemittel (in der Reihenfolge der abnehmenden Acidität):

Ameisensäure, Essigsäure, Propionsäure, Nitromethan, Nitrobenzol, Ethylenglykol, Propylenglykol, 2-Ethoxyethanol (Cellosolve), Isopropanol

Bemerkung: Bei der Titration von Basen wird das 1,4-Dioxan als inertes Lösemittel betrachtet.

b) Schwache Basen

Schwache Basen bilden nur in untergeordnetem Maße Acetatsalze. Bei der Titration entstehen unmittelbar die Perchlorate:

$$RNH_2\cdots CH_3COOH + CH_3COOH_2^+ClO_4^- \rightleftharpoons RNH_3^+ClO_4^- + 2\,CH_3COOH$$

Titrationen in Acetanhydrid

Sehr schwache Basen werden häufig in Acetanhydrid bestimmt. Man muss dabei beachten, dass Acetanhydrid ein gutes Acetylierungsmittel z. B. für Amine wie Anilin ist.

Berücksichtigt man die Eigendissoziation des Acetanhydrids gemäß:

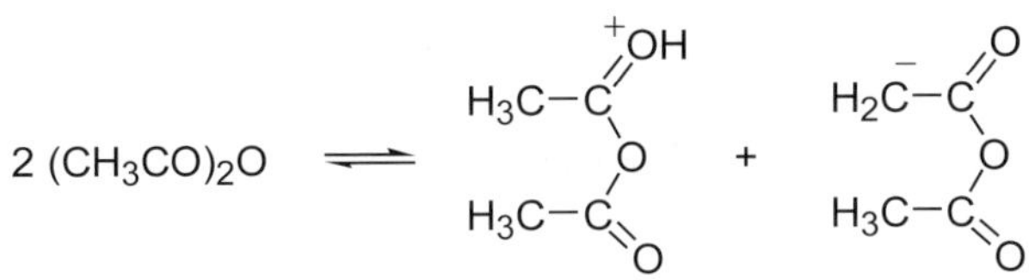

dann ergibt sich für die Reaktion einer Base B mit Acetanhydrid:

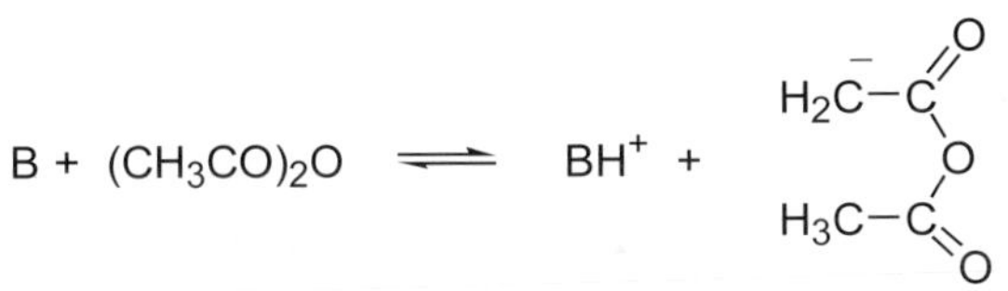

und für die Neutralisation bei der Titration mit Perchlorsäure in Eisessig:

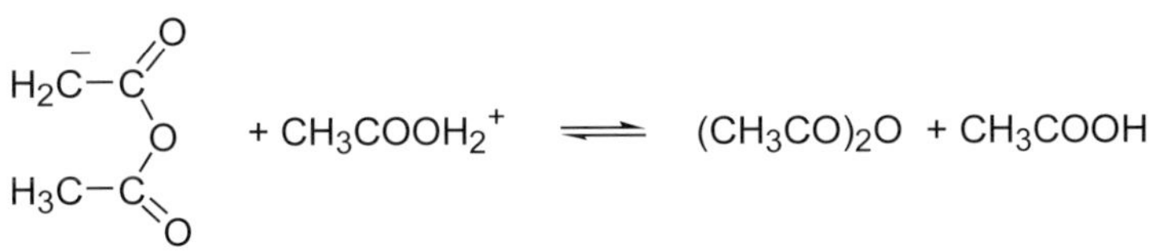

Titrationen in Lösemittelgemischen, die Benzol enthalten

Manchmal ist es erforderlich, Lösemittelgemische bei einer Titration zu verwenden. Gründe hierfür sind z. B. geringe Löslichkeit der Analysensubstanz, Niederschlagsbildung während der Titration. Manchmal sollen auch solvatisierende Eigenschaften des einen mit den inerten bzw. differenzierenden Eigenschaften des anderen Lösemittels gekoppelt werden.

Benzol hat keine nivellierenden Eigenschaften und wird daher u.a. in Mischungen mit Eisessig oder Acetanhydrid verwendet. Allerdings muss man berücksichtigen, dass sich wegen seiner niedrigen Dielektrizitätskonstante und seiner schlechten Solvatationseigenschaften leicht Assoziate bilden, die bei der Potentiometrie stören können.

Äquivalentlösungen (Normallösungen)

Wegen ihrer hohen Säurestärke wird meist Perchlorsäure in Eisessig oder Dioxan verwendet, daneben benutzt man noch Sulfonsäuren wie Methan- und p-Toluolsulfonsäure.

Titerstellung

Als Standardsubstanz dienen u.a. Kaliumhydrogenphthalat $KHC_8H_4O_4$, das sehr rein erhältlich ist und zur Bestimmung in heißem Eisessig gelöst werden muss, Tris-hydroxymethyl-aminomethan $(HOCH_2)_3CNH_2$ und Diphenylguanidin $(C_6H_5NH)_2C{=}NH$.

Endpunktanzeige

Der Endpunkt der Titration kann i.a. mit den bekannten Methoden bestimmt werden. Auch bei Verwendung von Indikatoren ist es üblich, mit Hilfe einer potentiometrischen Messung den pK-Wert zu bestimmen, um einen geeigneten Indikator auswählen zu können.

Das wichtigste Verfahren ist wohl die Potentiometrie mit der Glaselektrode. Ihr Anwendungsbereich hängt bei sehr kleinen pK-Werten stark von der Leistungsfähigkeit des Anzeigegerätes ab.

Weniger häufig benutzt werden Konduktometrie, Amperometrie u.a.

Falls ausgearbeitete Vorschriften vorliegen, ist eine Endpunktbestimmung mit Indikatoren (visuell, photometrisch bzw. kolorimetrisch) eine recht einfache Methode. Häufig verwendet werden für Basenbestimmungen: Kristallviolett, Malachitgrün, Neutralrot, Dibenzalaceton, Chinaldinrot und Eosin.

Anwendungsbeispiele

Viele schwache Basen werden mit Perchlorsäure in Eisessig titriert. Es handelt sich entweder um organische Substanzen mit basischem Stickstoff, wie Coffein, Nicotinsäureamid, Codein, Aminophenazon oder um organische bzw. anorganische Anionen, wie Saccharin-Na, NO_3^- in Pilocarpinnitrat, SO_4^{2-} in Atropinsulfat. Cl^--Ionen, die in vielen Alkaloidsalzen vorhanden sind (Morphin·HCl, Chinin·HCl, Cocain·HCl), können auch in Eisessig wegen zu schwacher Basizität nicht scharf titriert werden. Hier hilft ein Zusatz von überschüssigem Quecksilberacetat zur Probenlösung: Es bildet sich undissoziiertes Quecksilberdichlorid und eine äquivalente Menge an freiem Acetat, das anschließend titriert wird:

$$2\,Cl^- + Hg(CH_3COO)_2 \rightleftharpoons HgCl_2 + 2\,CH_3COO^-$$

7.4 Titration schwacher Säuren

Hierfür verwendet man protonenaufnehmende basische Lösemittel (s. Tabelle 28).

Titration in n-Butylamin

Butylamin ist CO_2-empfindlich, es muss daher mit N_2-Gas als Schutzgas gearbeitet werden. Butylamin ist eine stärkere Base als Dimethylformamid (s.u.) und daher für noch schwächere Säuren als dieses brauchbar. Es nivelliert Säuren, die stärker als Carbonsäuren sind:

$$C_6H_5OH + C_4H_9NH_2 \rightleftharpoons C_6H_5O^- + C_4H_9NH_3^+$$

Titriert wird das Anion mit Tetrabutylammoniumhydroxid ($R = C_4H_9$):

$$C_4H_9NH_3^+ + C_6H_5O^- + R_4N^+OH^- \rightleftharpoons C_4H_9NH_2 + H_2O + C_6H_5O^-R_4N^+$$

Titration in Dimethylformamid (DMF)

DMF ist ein sehr gutes Lösemittel für Säuretitrationen. Nachteilig ist seine Reaktionsfähigkeit vor allem bei der Bestimmung starker Säuren. Titrationsmittel, die Alkohole enthalten, können das Ergebnis verschlechtern (unscharfer Umschlag).

Das DMF-Molekül kann an zwei unterschiedlichen Stellen ein Säureproton aufnehmen.

NMR-Untersuchungen haben gezeigt, dass von den möglichen Strukturen Struktur I bevorzugt wird:

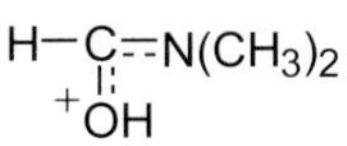

und

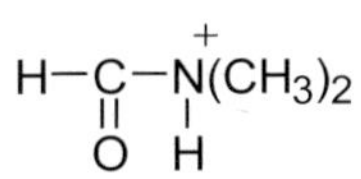

I II

Tabelle 28. Geeignete Lösemittel für die Bestimmung von Säuren (und Säureanalogen)

Inerte Lösemittel (in der Reihenfolge wachsender Dielektrizitätskonstanten):
Benzol, Toluol, Chlorbenzol, Methylisobutylketon, Methylethylketon, Aceton, Acetonitril.
Basische oder amphiprotische Lösemittel (in der Reihenfolge abnehmender Basizität):
Ethylendiamin, n-Butylamin, Pyridin, N,N-Dimethylformamid, 1,4-Dioxan, Ethylether, t-Butanol, Isopropanol, n-Propanol, n-Butanol, Ethanol, Methanol, 2-Methoxyethanol (Methylcellosolve), Propylenglykol.

Äquivalentlösungen (Normallösungen)

Bekannte basische Titriermittel sind Alkalihydroxide wie KOH (fest) in wasserfreiem Methanol oder Ethanol und Alkalimetallalkoholate, z. B. $NaOCH_3$ in Methanol/Benzol.

Meist verwendet man jedoch das käufliche Tetrabutylammoniumhydroxid. Man vermeidet dadurch störende Niederschläge von Alkalisalzen und den sog. Alkalifehler der Glaselektrode (s. Kap. VI.1.4).

Titerstellung

Die Äquivalentlösungen der Basen werden in der Regel gegen Benzoesäure eingestellt.

Indikatoren

Wichtige Indikatoren für die Bestimmung von Säuren sind: Thymolblau, Azoviolett (p-Nitrophenylazoresorcin), Phenolphthalein (vor allem für DMF), o-Nitranilin und p-Oxyazobenzol.

8 Grundlagen der Oxidations- und Reduktionsanalysen

8.1 Oxidation und Reduktion

Definition und Diskussion der Begriffe

Reduktion heißt jeder Vorgang, bei dem ein Teilchen (Atom, Ion, Molekül) Elektronen aufnimmt. Hierbei wird die Oxidationszahl des reduzierten Teilchens kleiner.

Reduktion bedeutet also Elektronenaufnahme.

Beispiel:

$$\overset{0}{Cl_2} + 2e^- \rightleftharpoons 2\,\overset{-1}{Cl^-}$$

Allgemein:

$$Ox_1 + n \cdot e^- \rightleftharpoons Red_1$$

Oxidation heißt jeder Vorgang, bei dem einem Teilchen (Atom, Ion, Molekül) Elektronen entzogen werden. Hierbei wird die Oxidationszahl des oxidierten Teilchens größer.

Oxidation bedeutet Elektronenabgabe.

Beispiel:

$$\overset{0}{Na} \rightleftharpoons \overset{+1}{Na^+} + e^-$$

Allgemein:

$$Red_2 \rightleftharpoons Ox_2 + n \cdot e^-$$

Ein Teilchen kann nur dann Elektronen aufnehmen (abgeben), wenn diese von anderen Teilchen abgegeben (aufgenommen) werden. Reduktion und Oxidation sind also stets miteinander gekoppelt.

Zwei miteinander kombinierte Redoxpaare nennt man ein *Redoxsystem*.

$Ox_1 + n \cdot e^- \rightleftharpoons Red_1$ konjugiertes *Redoxpaar* Ox_1/Red_1

$Red_2 \rightleftharpoons Ox_2 + n \cdot e^-$ konjugiertes *Redoxpaar* Red_2/Ox_2

$Ox_1 + Red_2 \rightleftharpoons Ox_2 + Red_1$ *Redoxsystem*

$$Cl_2 + 2\,Na \rightleftharpoons 2\,Na^+ + 2\,Cl^-$$

Reaktionen, die unter Reduktion und Oxidation irgendwelcher Teilchen verlaufen, nennt man *Redoxreaktionen* (Redoxvorgänge). Ihre Reaktionsgleichungen heißen Redoxgleichungen.

Allgemein kann man formulieren: *Redoxvorgang = Elektronenverschiebung.*

8.2 Redoxreaktionen

Aufstellung von Redoxgleichungen; Gesetz der Elektroneutralität

Die formelmäßige Wiedergabe von Redoxvorgängen wird erleichtert, wenn man zuerst für die Teilreaktionen (Halbreaktionen, Redoxpaare) formale Teilgleichungen schreibt. Die Gleichung für den gesamten Redoxvorgang erhält man dann durch Addition der Teilgleichungen. Da Reduktion und Oxidation stets miteinander gekoppelt sind, gilt:

Die Summe der Ladungen (auch der Oxidationszahlen) und die Summe der Elemente muss auf beiden Seiten einer Redoxgleichung gleich sein!

Ist dies nicht unmittelbar der Fall, muss durch Wahl geeigneter Koeffizienten (Faktoren) der Ausgleich hergestellt werden.

Vielfach werden Redoxgleichungen ohne die Begleit-Ionen vereinfacht angegeben = *Ionengleichungen.*

Beispiele für Redoxpaare: Na/Na^+; $2\,Cl^-/Cl_2$; Mn^{2+}/Mn^{7+}; Fe^{2+}/Fe^{3+}.

Beispiele für Redoxgleichungen:

Verbrennen von Natrium in Chlorgasatmosphäre

$$1)\quad \overset{0}{Na} \longrightarrow \overset{+1}{Na^+} + e^- \qquad |\cdot 2$$

$$2)\quad \overset{0}{Cl_2} + 2e^- \longrightarrow 2\,\overset{-1}{Cl^-}$$

$$1) + 2)\quad 2\,\overset{0}{Na} + Cl_2 \longrightarrow 2\,\overset{+1}{Na}\,\overset{-1}{Cl}$$

Verbrennen von Wasserstoff mit Sauerstoff

$$1)\quad \overset{0}{H_2} \longrightarrow 2\,\overset{+1}{H^+} + 2e^- \quad |\cdot 2$$

$$2)\quad \overset{0}{O_2} + 4e^- \longrightarrow 2\,\overset{-2}{O^{2-}}$$

$$1) + 2)\quad 2\,\overset{0}{H_2} + \overset{0}{O_2} \longrightarrow 2\,\overset{+1}{H_2}\overset{-2}{O}$$

Reaktion von Permanganat-MnO_4^-- und Fe^{2+}-Ionen in saurer Lösung

$$1)\quad \overset{+7}{Mn}O_4^- + 8\,H_3O^+ + 5\,e^- \longrightarrow \overset{+2}{Mn^{2+}} + 12\,H_2O$$

$$2)\quad \overset{+2}{Fe^{2+}} \longrightarrow \overset{+3}{Fe^{3+}} + 1\,e^- \qquad |\cdot 5$$

$$1) + 2)\quad \overset{+7}{Mn}O_4^- + 8\,H_3O^+ + 5\,\overset{+2}{Fe^{2+}} \longrightarrow 5\,\overset{+3}{Fe^{3+}} + \overset{+2}{Mn^{2+}} + 12\,H_2O$$

Bei der Reduktion von MnO_4^- zu Mn^{2+} werden 4 Sauerstoffatome in Form von Wasser frei, wozu man 8 H_3O^+-Ionen braucht. Deshalb stehen auf der rechten Seite der Gleichung 12 H_2O-Moleküle.

Ein Redoxvorgang lässt sich allgemein formulieren:

$$\text{Oxidierte Form + Elektronen (Oxidationsmittel)} \underset{\text{Oxidation}}{\overset{\text{Reduktion}}{\rightleftharpoons}} \text{Reduzierte Form (Reduktionsmittel)}$$

8.3 Redoxpotentiale (Standardpotentiale und Normalpotentiale)

Lässt man den Elektronenaustausch einer Redoxreaktion so ablaufen, dass man die Redoxpaare (Teil- oder Halbreaktionen) räumlich voneinander trennt, sie jedoch elektrisch und elektrolytisch leitend miteinander verbindet, ändert sich am eigentlichen Reaktionsvorgang nichts.

Ein Redoxpaar bildet zusammen mit einer „Elektrode" (Elektronenleiter), z. B. einem Platinblech zur Leitung der Elektronen, eine sog. *Halbzelle* (Halbkette). Die Kombination zweier Halbzellen nennt man eine *Zelle*, *Kette*, *galvanische Zelle*, *galvanisches Element* oder *Volta-Element*.

Bei Redoxpaaren Metall/Metall-Ion kann das betreffende Metall als Elektrode dienen (Metallelektrode).

Ein Beispiel für eine aus Halbzellen aufgebaute Zelle ist das *Daniell*-Element (Abb. 39).

Die Reaktionsgleichungen für den Redoxvorgang im *Daniell*-Element sind:

Anodenvorgang:	$Zn \rightleftharpoons Zn^{2+} + 2\,e^-$	$Zn(f)/Zn^{2+}$
Kathodenvorgang:	$Cu^{2+} + 2\,e^- \rightleftharpoons Cu$	$Cu^{2+}/Cu(f)$
Redoxvorgang:	$Cu^{2+} + Zn \rightleftharpoons Zn^{2+} + Cu$	$Zn(f)/Zn^{2+}//Cu^{2+}/Cu(f)$
		Kurzschreibweise (f = fest)

Die Schrägstriche symbolisieren die Phasengrenzen; doppelte Schrägstriche trennen die Halbzellen.

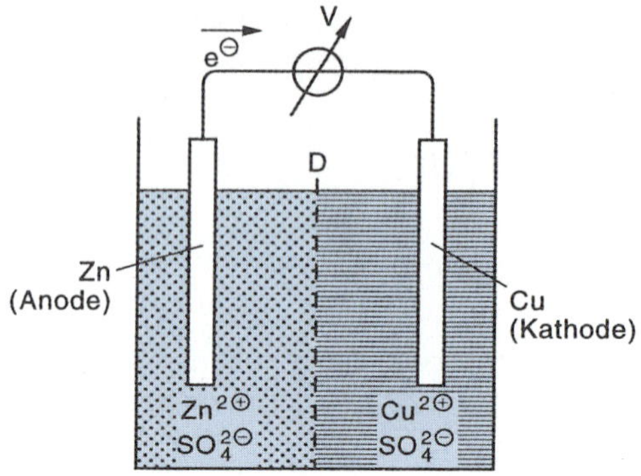

D = Diaphragma
V = Voltmeter
$\overrightarrow{e^{\ominus}}$ = Richtung der Elektronenwanderung

Als Kathode wird diejenige Elektrode bezeichnet, an der Elektronen in die Elektrolytlösung eintreten. An der Kathode erfolgt die Reduktion. An der Anode verlassen die Elektronen die Elektrolytlösung. An der Anode erfolgt die Oxidation.

Abb. 39. Daniell-Element

In der Versuchsanordnung erfolgt der Austausch der Elektronen über die Metallelektroden Zn bzw. Cu, die leitend miteinander verbunden sind. Die elektrolytische Leitung wird durch das Diaphragma D hergestellt. D ist eine semipermeable Wand und verhindert eine Durchmischung der Lösungen von Anoden- und Kathodenraum. Anstelle eines Diaphragmas wird oft eine Salzbrücke („Stromschlüssel") benutzt. Ein Durchmischen von Anolyt und Katholyt (also der Lösungen im Anoden- bzw. Kathodenraum) muss verhindert werden, damit der Elektronenübergang zwischen der Zn- und Cu-Elektrode über die leitende Verbindung erfolgt.

Bei einem „Eintopfverfahren" scheidet sich Kupfer direkt an der Zinkelektrode ab.

Schaltet man nun zwischen die Elektroden in Abb. 39 ein Voltmeter, so registriert es eine Spannung (Potentialdifferenz) zwischen den beiden Halbzellen. Die stromlos gemessene Potentialdifferenz einer galvanischen Zelle wird *Elektromotorische Kraft (EMK, ΔE)* genannt. Sie ist die *maximale* Spannung der Zelle. Die Existenz einer Potentialdifferenz in Abb. 39 zeigt: Ein Redoxpaar hat unter genau fixierten Bedingungen ein ganz bestimmtes elektrisches Potential, das *Redoxpotential E.*

Die Redoxpotentiale von Halbzellen sind die Potentiale, die sich zwischen den Komponenten eines Redoxpaares ausbilden, z. B. zwischen einem Metall und der Lösung seiner Ionen. Sie sind einzeln nicht messbar, d.h. es können nur *Potentialdifferenzen* bestimmt werden.

Messung von Redoxpotentialen

Kombiniert man eine Halbzelle mit einer geeigneten (standardisierten) Halbzelle, so kann man das Einzelpotential der Halbzelle in bezug auf das Einzelpotential (Redoxpotential) dieser Bezugs-Halbzelle (Bezugselektrode) in einem *relativen* Zahlenmaß bestimmen.

Als standardisierte Bezugselektrode hat man die *Normalwasserstoffelektrode (NWE)* Abb. 40 gewählt und ihr willkürlich das *Potential Null* zugeordnet.

Die Normalwasserstoffelektrode ist eine Halbzelle. Sie besteht aus einer Elektrode aus Platin (mit elektrolytisch abgeschiedenem, fein verteiltem Platin [= Platinmoor] überzogen), die bei 25°C von Wasserstoffgas unter einem konstanten Druck von 1,013 bar umspült wird. Diese Elektrode taucht in die wässrige Lösung einer Säure mit $a_{H_3O^+} = 1$ ein; dies ist z. B. eine 2 M HCl-Lösung.

Die Normalwasserstoffelektrode ist eine Wasserstoffelektrode (s. S. 264), für die Normalbedingungen eingehalten werden.

Anmerkungen: **Standardbedingungen** sind gegeben, wenn alle Reaktionsteilnehmer die Aktivität 1 haben. Gase haben dann die Aktivität 1, wenn sie unter einem Druck von 1,013 bar stehen. Für reine Feststoffe und reine Flüssigkeiten ist die Aktivität gleich 1.

Standardpotential heißt ein Potential, das unter Standardbedingungen gemessen wurde.

Normalbedingungen sind gegeben, wenn zu den Standardbedingungen als weitere Bedingung die Temperatur von 25°C hinzukommt.

Werden die Potentialdifferenzmessungen mit der Normalwasserstoffelektrode unter Normalbedingungen durchgeführt, so erhält man die **Normalpotentiale E°** der betreffenden Redoxpaare. Es sind die EMK-Werte von Zellen, die aus einem Redoxpaar und der Normalwasserstoffelektrode bestehen und unter Normalbedingungen gemessen werden. Das Potential der Normalwasserstoffelektrode wird dabei Null gesetzt.

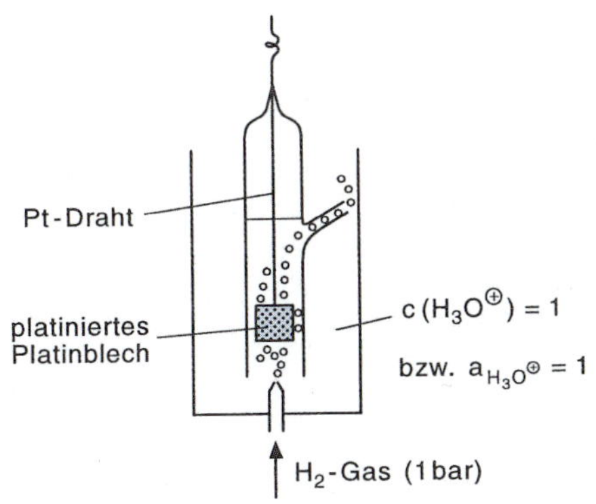

Elektrodenvorgang:

$$H_2 \rightleftharpoons 2\,H^{\oplus} + 2\,e^{\ominus}$$

$$2\,H^{\oplus} + 2\,H_2O \rightleftharpoons 2\,H_3O^{\oplus}$$

Abb. 40. Normalwasserstoffelektrode

*Redoxpaare, die Elektronen abgeben, wenn sie mit der Normalwasserstoffelektrode kombiniert werden, erhalten ein **negatives** Normalpotential zugeordnet. Sie wirken gegenüber dem Redoxpaar H_2/H_3O^+ reduzierend.*

*Redoxpaare, deren oxidierte Form (Oxidationsmittel) stärker oxidierend wirkt als das H_3O^+-Ion, bekommen ein **positives** Normalpotential.*

Ordnet man die Redoxpaare nach steigendem Normalpotential, erhält man die *elektrochemische Spannungsreihe* (Redoxreihe) in Tabelle 29. Edle Metalle haben ein positives Normalpotential, unedle ein negatives. Angegeben wird üblicherweise das Potential in Reduktionsrichtung.

K Ca Na Mg Al	Mn Zn Cr Fe Cd Co Ni Sn Pb	**H_2** Cu Ag Hg	Au Pt
Leichtmetalle (unedel)	Schwermetalle (unedel)	Halbedelmetalle	Edelmetalle
E° < 0		0	> 0 [V]

Nernstsche Gleichung

Liegen die Reaktionspartner einer Zelle nicht unter Normalbedingungen vor, kann man mit einer von *W. Nernst* 1889 entwickelten Gleichung sowohl das Potential eines Redoxpaares (Halbzelle) als auch die EMK einer Zelle (Redoxsystem) berechnen.

a) Redoxpaar: Für die Berechnung des Potentials E eines Redoxpaares ($Ox + n{\cdot}e^- \rightleftharpoons Red$) lautet die Nernstsche Gleichung:

$$E = E° + \frac{R \cdot T}{n \cdot F} \ln \frac{a_{Ox}}{a_{Red}} \quad \text{oder} \quad E = E° + \frac{R \cdot T}{n \cdot F} \ln \frac{c(Ox)}{c(Red)}$$

oder

$$E = E° + \frac{R \cdot T \cdot 2{,}303}{n \cdot F} \lg \frac{c(Ox)}{c(Red)} \qquad (\text{mit } \ln x = 2{,}303 \cdot \lg x)$$

$$E = E° + \frac{0{,}059}{n} \lg \frac{c(Ox)}{c(Red)}$$

mit T = 298,15 K(= 25°C); R = 8,314 J/grad·mol; F = 96487 $A{\cdot}s{\cdot}mol^{-1}$.

E° = Normalpotential des Redoxpaares aus Tabelle 29; R = Gaskonstante; T = absolute Temperatur; F = Faraday-Konstante; n = Anzahl der bei dem Redoxvorgang verschobenen Elektronen).

a_{Ox} bzw. a_{Red} sind die Aktivitäten, c(Ox) bzw. c(Red) die Konzentrationen der oxidierten Form (Oxidationsmittel) bzw. reduzierten Form (Reduktionsmittel) des Redoxpaares. Die stöchiometrischen Koeffizienten treten als Exponenten der Aktivitäten bzw. Konzentrationen auf.

Tabelle 29. Redoxreihe („Spannungsreihe“) (Ausschnitt)

				E°
Li^+	$+ e^-$	$\rightleftharpoons$	Li	-3,03
K^+	$+ e^-$	$\rightleftharpoons$	K	-2,92
Ca^{2+}	$+ 2 e^-$	$\rightleftharpoons$	Ca	-2,76
Na^+	$+ e^-$	$\rightleftharpoons$	Na	-2,71
Mg^{2+}	$+ 2 e^-$	$\rightleftharpoons$	Mg	-2,40
Zn^{2+}	$+ 2 e^-$	$\rightleftharpoons$	Zn	-0,76
S	$+ 2 e^-$	$\rightleftharpoons$	S^{2-}	-0,51
Fe^{2+}	$+ 2 e^-$	$\rightleftharpoons$	Fe	-0,44
$2\ H_3O^+$	$+ 2 e^-$	$\rightleftharpoons$	$2\ H_2O + H_2$	0,00
Cu^{2+}	$+ e^-$	$\rightleftharpoons$	Cu^+	+0,17
Cu^{2+}	$+ 2 e^-$	$\rightleftharpoons$	Cu	+0,35
O_2	$+ 2\ H_2O + 4 e^-$	$\rightleftharpoons$	$4\ OH^-$	+0,40*)
I_2	$+ 2 e^-$	$\rightleftharpoons$	$2\ I^-$	+0,58
Fe^{3+}	$+ e^-$	$\rightleftharpoons$	Fe^{2+}	+0,75
CrO_4^{2-}	$+ 8\ H_3O^+ + 3 e^-$	$\rightleftharpoons$	$12\ H_2O + Cr^{3+}$	+1,30
Cl_2	$+ 2 e^-$	$\rightleftharpoons$	$2Cl^-$	+1,36
MnO_4^-	$+ 8\ H_3O^+ + 5 e^-$	$\rightleftharpoons$	$12\ H_2O + Mn^{2+}$	+1,50
O_3	$+ 2\ H_3O^+ + 2 e^-$	$\rightleftharpoons$	$3\ H_2O + O_2$	+2,07
F_2	$+2 e^-$	$\rightleftharpoons$	$2\ F^-$	+3,06**)
Ox (oxidierte Form)	**+ n e^-**	$\rightleftharpoons$	**Red** (reduzierte Form)	**Normalpotential**

Oxidierende Wirkung nimmt zu ↓

Reduzierende Wirkung nimmt ab ↓

*) Das Normalpotential bezieht sich auf Lösungen vom pH 14 ($c(OH^-) = 1$). Bei pH 7 beträgt das Potential +0,82 V.

**) in saurer Lösung, +2,87 V in basischer Lösung

Anmerkung: Der Einfachheit wegen wird anstelle der Aktivität oft die Konzentration angegeben. Hierbei muss man jedoch beachten, dass der Aktivitätskoeffizient von der Ionenstärke der Lösung und somit von der Ionenladung abhängt und selbst in verdünnten Lösungen einen von 1 verschiedenen Wert hat.

Beispiele:

Gesucht wird das Potential E des Redoxpaares Mn^{2+}/MnO_4^- in Abhängigkeit von den Konzentrationen.

Aus Tabelle 29 entnimmt man E° = +1,5 V. Die vollständige Teilreaktion für den Redoxvorgang in der Halbzelle ist:

$$MnO_4^- + 8\,H_3O^+ + 5\,e^- \rightleftharpoons Mn^{2+} + 12\,H_2O$$

Die Nernstsche Gleichung wäre zunächst zu schreiben als

$$E = 1{,}5 + \frac{0{,}059}{5} \lg \frac{c(MnO_4^-) \cdot c^8(H_3O^+)}{c(Mn^{2+}) \cdot c^{12}(H_2O)}$$

Die Aktivität des Lösemittels in einer verdünnten Lösung ist annähernd gleich 1, mit $c^{12}(H_2O) = 1$ erhält man:

$$E = 1{,}5 + \frac{0{,}059}{5} \lg \frac{c(MnO_4^-) \cdot c^8(H_3O^+)}{c(Mn^{2+})}$$

Man sieht, dass das Redoxpotential in diesem Beispiel stark pH-abhängig ist.

pH-abhängig sind auch die Potentiale der Redoxpaare H_2/H_3O^+ (Wasserstoffelektrode) und O_2/OH^- (Sauerstoffelektrode). Über die Potentialänderung in Abhängigkeit vom pH-Wert gibt wieder die Nernstsche Gleichung Auskunft.

Redoxpaar H_2/H_3O^+ (Wasserstoffelektrode)

Der Aufbau der Wasserstoffelektrode ist in Abb. 40 beschrieben. Im Gegensatz zur Normalwasserstoffelektrode sind jedoch die Temperatur, die Wasserstoffionenaktivität und der Druck des H_2-Gases (p_{H_2}) frei wählbar.

Für das Potential des Redoxpaares lautet die Nernstsche Gleichung:

$$E \;=\; E^{\circ}_{H_2/H_3O^+} + \frac{R \cdot T}{2 \cdot F} \ln \frac{a_{H^+}}{\sqrt{p_{H_2}}} \;=\; E^{\circ} + \frac{R \cdot T}{2 \cdot F} \ln \frac{a^2_{H^+}}{p_{H_2}}$$

Da das Potential der Wasserstoffelektrode pH-abhängig ist, könnte diese Elektrode im Prinzip für die Messung von pH-Werten verwendet werden.

Beachte: Die Wasserstoffelektrode wird durch geringste Sauerstoffspuren vergiftet. Sie kann nicht eingesetzt werden in Lösungen, die starke Oxidations- oder Reduktionsmittel, leicht reduzierbare organische Verbindungen oder Ionen von Metallen enthalten, die ein positiveres Redoxpotential als Wasserstoff besitzen.

Redoxpaar O_2/OH^- (Sauerstoffelektrode)

Die Sauerstoffelektrode besteht – analog zur Wasserstoffelektrode – aus einem platinierten Platinblech, das von Sauerstoffgas mit einem bestimmten Druck umspült wird und in eine Lösung mit OH^--Ionen eintaucht. Die potentialbestimmende Reaktion ist: $1/2\ O_2 + H_2O + 2\ e^- \rightleftharpoons 2\ OH^-$. Bei Verwendung der Gleichung $K_W = a_{H^+} \cdot a_{OH^-}$ (Ionenprodukt des Wassers) kann man a_{OH^-} durch a_{H^+} ausdrücken. Für das Potential des Redoxpaares ergibt sich damit:

$$E = E^{o}_{O_2/OH^-} + \frac{R \cdot T}{2 \cdot F} \ln a^2_{H^+} \sqrt{p_{O_2}}$$

p_{O_2} ist der Druck des Sauerstoffs.

Anmerkung: Aufgrund von Überspannungseffekten ist das Potential der Sauerstoffelektrode schlecht reproduzierbar.

Unter **Überspannung** (≡ irreversible Polarisation) η versteht man i.a. die Differenz zwischen dem Potential V_e einer Elektrode bei Stromfluss und dem berechneten Redoxpotential (Gleichgewichtspotential) V_0: $\eta = V_e - V_0$. Die Größe von η hängt ab: von der Art und Konzentration des Elektrolyten, der Art und Oberflächenbeschaffenheit des Elektrodenmaterials, der Stromdichte (Stromstärke/ Elektrodenoberfläche), vom Druck, der Temperatur und von der verwendeten Messmethode.

Besonders große Werte für η beobachtet man bei der Abscheidung von Gasen und bei der kathodischen Metallabscheidung.

b) Redoxsystem: $Ox_2 + Red_1 \rightleftharpoons Ox_1 + Red_2$.

Für die EMK (ΔE) eines Redoxsystems ergibt sich aus der Nernstschen Gleichung:

$$\Delta E = E^o_2 + \frac{R \cdot T \cdot 2{,}303}{n \cdot F} \lg \frac{c(Ox_2)}{c(Red_2)} - E^o_1 - \frac{R \cdot T \cdot 2{,}303}{n \cdot F} \lg \frac{c(Ox_1)}{c(Red_1)}$$

oder

$$\Delta E = E^o_2 - E^o_1 + \frac{R \cdot T \cdot 2{,}303}{n \cdot F} \lg \frac{c(Ox_2) \cdot c(Red_1)}{c(Red_2) \cdot c(Ox_1)}$$

E^o_2 bzw. E^o_1 sind die Normalpotentiale der Redoxpaare Ox_2/Red_2 bzw. Ox_1/Red_1.

Beispiel: Wie groß ist die EMK der Zelle (Redoxsystem) Ni/Ni^{2+} (0,01 M)// Cl^- (0,2 M)/Cl_2 (1 bar)/Pt?

Lösung:

In die Redoxreaktion geht die Elektrizitätsmenge 2·F ein:

$$Ni + Cl_2 \longrightarrow Ni^{2+} + 2\,Cl^-$$

n hat deshalb den Wert 2. Die EMK der Zelle unter Normalbedingungen beträgt:

$$\Delta E = E^\circ_{(Cl^-/Cl_2)} - E^\circ_{(Ni/Ni^{2+})} = +1{,}36 - (-0{,}25) = +1{,}61\ V$$

Daraus folgt:

$$\Delta E = E^\circ + \frac{0{,}059}{2}\lg\frac{c(Cl_2)\cdot c(Ni)}{c(Ni^{2+})\cdot c^2(Cl^-)} = +1{,}61 + \frac{0{,}059}{2}\lg\frac{1\cdot 1}{0{,}01\cdot 0{,}2^2}$$

$$= 1{,}61 + 0{,}10 = 1{,}71\ V$$

Hinsichtlich $c(Cl_2)$ und c(Ni) beachte die Normierungsbedingung S. 261.

8.4 Elektroden

8.4.1 Bezugselektroden

In der Praxis benutzt man anstelle der Normalwasserstoffelektrode andere, für die Praxis einfachere Bezugselektroden, deren Potential auf die Normalwasserstoffelektrode bezogen ist. Besonders bewährt haben sich *Elektroden 2. Art.*

Das sind Anordnungen, in denen die Konzentration der potentialbestimmenden Ionen durch die Anwesenheit einer schwerlöslichen, gleichionigen Verbindung festgelegt ist. Durch geeignete Wahl der Elektrodenkomponenten erhält man genau definierte, sehr konstante und gut reproduzierbare Elektrodenpotentiale.

Beispiele sind die Kalomel-, Silber/Silberchlorid- und die Quecksilbersulfat-Elektrode.

Kalomelelektrode

Abb. 41 zeigt eine einfache, für den Dauergebrauch geeignete Anordnung.

Der potentialbestimmende Vorgang ist: $Hg_2^{2+} + 2\,e^- \rightleftharpoons 2\,Hg$. Für das Potential dieser Elektrode gilt:

$$E = E^\circ_{Hg/Hg_2^{2+}} + \frac{R\cdot T}{2F}\ln a_{Hg_2^{2+}}$$

Da die Lösung an Hg_2Cl_2 gesättigt ist, ist $a_{Hg_2^{2+}}$ gemäß dem Löslichkeitsprodukt ($Lp_{Hg_2Cl_2} = a_{Hg_2^{2+}} \cdot a^2_{Cl^-}$) von $a^2_{Cl^-} = 2 \cdot 10^{-18} mol^3 l^{-3}$ abhängig, und es gilt daher:

$$a_{Hg_2^{2+}} = \frac{Lp_{Hg_2Cl_2}}{a^2 Cl^-} \quad \text{und somit}$$

$$E = E^o + \frac{R \cdot T}{2F} \ln Lp_{Hg_2Cl_2} - \frac{R \cdot T}{2F} \ln a^2_{Cl^-}$$

oder

$$E = E^{o'} - \frac{R \cdot T}{2F} \ln a^2_{Cl^-} \quad \text{mit} \quad E^{o'} = E^o + \frac{R \cdot T}{2F} \ln Lp_{Hg_2Cl_2}$$

In der Praxis finden folgende Kalomelelektroden Verwendung:

0,1 NKE (mit 0,1 M KCl-Lsg.) E = 0,334 V

NKE (mit 1 M KCl-Lsg.) E = 0,281 V (Normalkalomelelektrode)

GKE (gesättigt an KCl) E = 0,241 V (gesättigte Kalomelelektrode, auch eng. SCE)

(Die Potentialwerte sind gegen die Normalwasserstoffelektrode bei 25°C gemessen).

Die GKE ist die in wässriger Lösung am meisten benutzte Bezugselektrode, weil sie leicht herzustellen ist und ein gut reproduzierbares Potential besitzt.

Ein Nachteil der Kalomelelektrode ist ihre starke Temperaturabhängigkeit (wegen der unterschiedlichen Löslichkeit von KCl). Bei der NKE beträgt die Potentialänderung ca. 1 mV pro °C.

Beachte: In nichtwässrigen Lösungen ist die Kalomelelektrode nur beschränkt einsatzfähig.

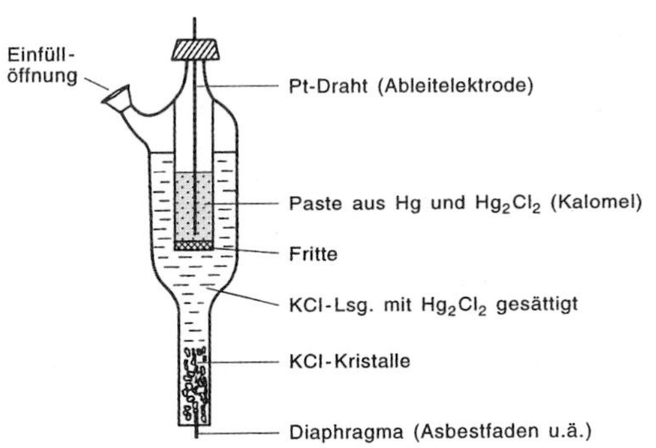

Abb. 41. Prinzipieller Aufbau einer Kalomelelektrode (GKE)

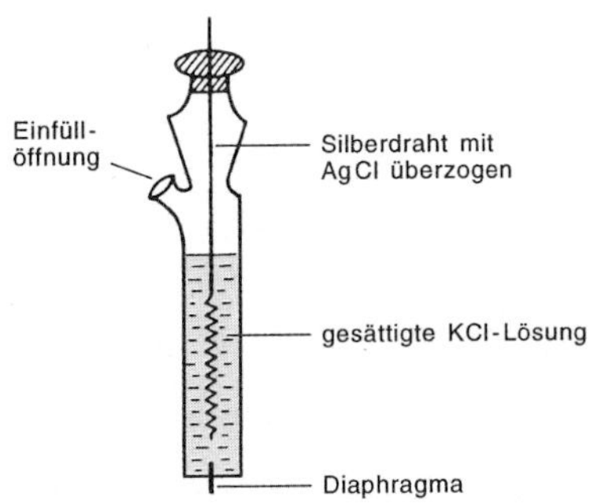

Abb. 42. Prinzipieller Aufbau einer Silber-Silberchlorid-Elektrode

Silber-Silberchlorid-Elektrode

Die potentialbestimmende Reaktion dieser Elektrode (Abb. 42) ist:

$$Ag^{+} + e^{-} \rightleftharpoons Ag$$

Für das Potential gilt:

$$E = E^{o}_{Ag/Ag^{+}} + \frac{R \cdot T}{F} \ln a_{Ag^{+}} \qquad E^{o}_{Ag/Ag^{+}} = +0{,}81 \text{ V}$$

Die Aktivität der Ag^{+}-Ionen $a_{Ag^{+}}$ wird über das Löslichkeitsprodukt von AgCl durch die Aktivität der Cl^{-}-Ionen bestimmt. Damit ergibt sich $E^{o}_{Ag/AgCl} = 0{,}222$ V ($Lp_{AgCl} = 1.1 \cdot 10^{-10} \text{mol}^{2}\text{l}^{-2}$) ($a_{Cl} = 1$). Das Potential der Silber/Silberchlorid-Elektrode in einer gesättigten KCl-Lösung (25°C) ist + 0,197 V.

Anwendungsbereich: Die Ag/AgCl-Elektrode ist bis 130°C einsetzbar. S^{2-}-haltige Lösungen vergiften die Elektrode durch Bildung von Ag_2S.

Quecksilbersulfat-Elektrode

Im Aufbau gleicht sie der Kalomelelektrode, wenn man Hg_2Cl_2 durch Hg_2SO_4 und KCl durch 0,05 M H_2SO_4, 0,5 M H_2SO_4 oder gesättigte K_2SO_4-Lsg. ersetzt. Für das Potential der Elektrode gilt:

$$E = E^{o}_{Hg/Hg_2^{2+}} + \frac{R \cdot T}{2F} \ln a_{SO_4^{2-}} \qquad E^{o}_{Hg/Hg_2^{2+}} = +0{,}641 \text{ V}$$

für 25°C und 0,5 M H_2SO_4-Lsg. ist E = +0,682 V; für die gesättigte K_2SO_4-Lsg. findet man bei 25°C E = +0,650 V.

8.4.2 Messelektroden (Indikatorelektroden)

Messelektroden heißen Anordnungen, die sich zur Messung von Potentialdifferenzen (= Spannungen) und Spannungsänderungen eignen. Sie müssen dem jeweiligen Problem angepaßt werden. Hierfür ist eine Reihe von Elektrodenarten geeignet. Im Folgenden sind einige Beispiele aufgeführt.

Metallelektroden bestehen aus einem Metall, das in die Lösung seiner Ionen eintaucht. *Beispiel:* Ag-Draht in einer Lösung von Ag^{+}-Ionen.
Redoxelektroden sind Messelektroden, bei denen die Elektrode als Medium für den Elektronenaustausch dient. Sie nimmt ein Potential an, das in Vorzeichen und Größe durch die Redoxreaktionen in der Umgebung der Elektrode verursacht wird. Taucht z. B. ein Platinblech in eine wässrige Lösung mit Fe^{2+}- und Fe^{3+}-Ionen, so ist das Platinblech an dem Redoxvorgang $Fe^{2+} \rightleftharpoons Fe^{3+} + e^{-}$ unbeteiligt.

Chinhydronelektrode

Ein Platinblech taucht in eine wässrige Lösung von Chinhydron (Additionsverbindung aus Chinon und Hydrochinon im Molverhältnis 1:1).

Für die Reaktion

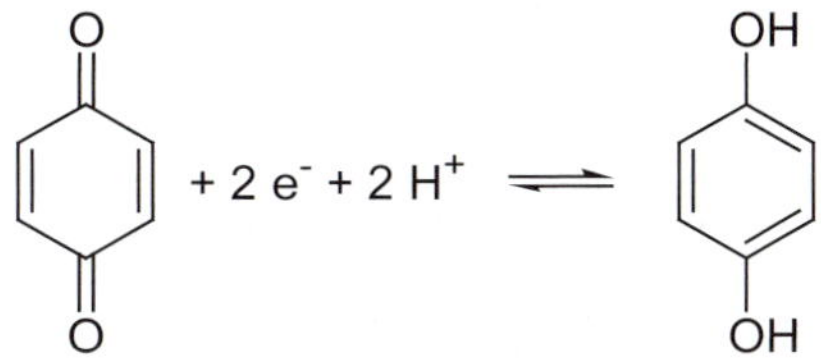

ergibt sich an dem Platinblech ein gut reproduzierbares Potential von:

$$E = E^{o} + \frac{R \cdot T}{2F} \lg \frac{a_{Chinon} \cdot a^{2}_{H^{+}}}{a_{Hydrochinon}}$$

Da man $a_{Chinon} = a_{Hydrochinon}$ setzen kann, ist E nur noch pH-abhängig.

Die Chinhydron-Elektrode eignet sich daher als Indikatorelektrode in der pH-Messtechnik.

Wasserstoff-Elektrode, s. S. 264
Glaselektrode, s. S. 324.

Polarisierbare und unpolarisierbare Elektroden

Polarisierbare Elektroden sind Elektroden, die bei Stromdurchgang Veränderungen erfahren, die zur Ausbildung eines galvanischen Elements führen. Die EMK dieses Elements ist der angelegten Spannung (Klemmenspannung, Polarisierspannung) entgegengerichtet und vermindert mehr oder weniger stark den Stromfluss durch die Elektrode. Die Erscheinung heißt *Polarisation.*

Meist unterscheidet man zwischen *reversibler Polarisation* (chemische Polarisation und Konzentrationspolarisation) und *irreversibler Polarisation* (s. Überspannung).

Die chemische Polarisation oder Abscheidungspolarisation entsteht dadurch, dass durch die Elektrolysenprodukte ein galvanisches Element aufgebaut wird. Die Konzentrationspolarisation wird durch eine Konzentrationskette hervorgerufen. Sie bildet sich, wenn durch die elektrochemischen Vorgänge in der unmittelbaren Umgebung der Elektrode Konzentrationsunterschiede auftreten.

Vermindern lassen sich derartige Polarisationserscheinungen im Falle der Konzentrationspolarisation durch Erhöhung der Temperatur und Rühren.

Bei der chemischen Polarisation hilft oft eine Vergrößerung der Elektrodenoberfläche oder Verwendung eines hochfrequenten Wechselstroms.

Unpolarisierbare Elektroden zeigen keine Behinderung des Stromflusses. Bereits bei beliebig kleiner Klemmenspannung fließt ein Strom.

9 Redoxtitrationen (Oxidimetrie)

Unter einer Redox-Titration versteht man ein maßanalytisches Verfahren, dem eine Redoxreaktion zugrundeliegt.

Bei einer Redox-Titration wird ein Oxidations- oder Reduktionsmittel als *Titrant* verwendet.

Möglich ist eine Redox-Titration immer dann, wenn die Probe oxidierende oder reduzierende Eigenschaften besitzt. Probleme können z. B. dadurch entstehen, dass sich ein Redoxgleichgewicht sehr langsam einstellt, Reaktionsverzögerungen auftreten, die nicht durch Katalyse beseitigt werden können, oder dass Sekundärreaktionen einen reversiblen Reaktionsablauf verhindern.

Oxidationsmittel für die Maßanalyse sind: $KMnO_4$, I_2, $Ce(SO_4)_2$, $KBrO_3$, $K_2Cr_2O_7$.

Von diesen Substanzen werden Äquivalentlösungen hergestellt und hiermit oxidierbare Stoffe titriert. *Beispiele:* Fe^{2+}, Mn^{2+}, SO_3^{2-}, As^{3+}, Sb^{3+}, Sn^{2+}.

Reduktionsmittel werden nur selten benutzt; statt dessen wird indirekt gearbeitet: Lässt man z. B. die zu bestimmende Substanz auf das leicht oxidierbare KI einwirken, so wird eine dem Oxidationsmittel äquivalente Menge I_2 freigesetzt. Dieses kann mit $Na_2S_2O_3$-Lsg. titriert werden.

9.1 Titrationskurven

Berechnung von Titrationskurven

Eine Berechnung von Titrationskurven ist nur bei einfachen Redoxreaktionen sinnvoll.

Die Grundlage für die Berechnung ist die Nernstsche Gleichung, s. S. 262. Mit ihr kann man für verschiedene Konzentrationsverhältnisse der Reaktionspartner die EMK des Redoxsystems berechnen.

Als Beispiel betrachten wir folgende einfache Redoxreaktion:

$$Ox_1 + n\cdot e^- \rightleftharpoons Red_1 \qquad E_1 = E_1^\circ + \frac{R\cdot T}{n\cdot F}\ln\frac{a_{Ox_1}}{a_{Red_1}}$$

$$Red_2 \rightleftharpoons Ox_2 + n\,e^- \qquad E_2 = E_2^\circ + \frac{R\cdot T}{n\cdot F}\ln\frac{a_{Ox_2}}{a_{Red_2}}$$

$$Ox_1 + Red_2 \rightleftharpoons Ox_2 + Red_1 \qquad K = \frac{a_{Ox_2}\cdot a_{Red_1}}{a_{Red_2}\cdot a_{Ox_1}}$$

Bei dieser Reaktion ist Ox_1 das Oxidationsmittel für Red_2. Während der Titration wird solange Ox_1 zu der Lsg. zugegeben, bis alles Red_2 in Ox_2 übergeführt ist.

Ist dies der Fall, haben wir den *Äquivalenzpunkt* erreicht.

Beachte: Bei Redoxtitrationen misst man die Differenz des Potentials einer Messelektrode und des Potentials einer Bezugselektrode.

Beeinflusst wird diese Potentialdifferenz (EMK) durch die Konzentrationsverhältnisse der Redoxpaare Ox_1/Red_1 und Ox_2/Red_2. Da das Potential der Bezugselektrode konstant und sein Wert bekannt ist, kann man anstelle der Potentialdifferenz der Zelle (Messelektrode/ Bezugselektrode) das Potential an der Messelektrode berechnen. Der gemessene Wert unterscheidet sich vom berechneten um das Potential der Messelektrode (z. B. GKE, E = 0,24 V).

9.1.1 Das Potential am Äquivalenzpunkt

Das Potential am Äquivalenzpunkt $E_Ä$ berechnet sich mit der Formel:

$$E_Ä = \frac{E_1^o + E_2^o}{2}$$

Für die allgemeine Reaktion $a\,Ox_1 + b\,Red_2 \rightleftharpoons a\,Red_1 + b\,Ox_2$ gilt entsprechend:

$$E_Ä = \frac{a \cdot E_1^o + b \cdot E_2^o}{a + b}$$

Beachte: In der Nähe des Äquivalenzpunkts wird eine starke Potentialänderung beobachtet. Diese Änderung ist um so größer, je größer der Unterschied zwischen E_1^o und E_2^o ist.

Der Äquivalenzpunkt ist der Wendepunkt der Kurve beim Titrationsgrad 1.

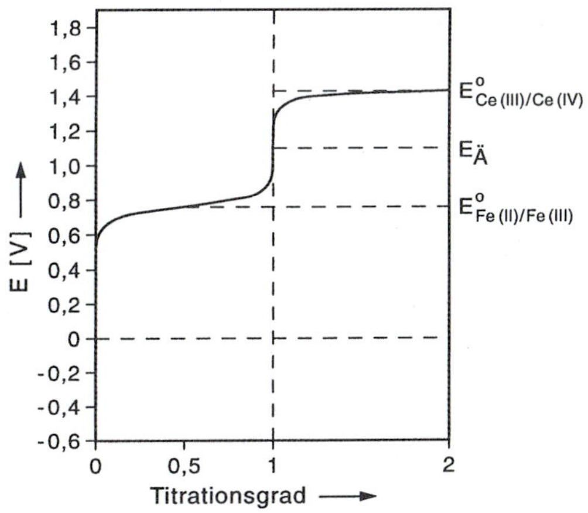

Abb. 43. Kurve der Titration von Fe^{2+}- mit Ce^{4+}-Ionen

9.1.2 Das Potential vor dem Äquivalenzpunkt

Die Gleichung $Red_2 \rightleftharpoons Ox_2 + n\,e^-$ ist potentialbestimmend, d.h.

$$E = E_2^0 + \frac{R \cdot T}{n \cdot F} \ln \frac{a_{Ox_2}}{a_{Red_2}} \quad \text{bzw.} \quad E = E_2^0 + \frac{0.059}{n} \lg \frac{c(Ox_2)}{c(Red_2)}.$$

Ab einem Konzentrationsverhältnis Ox_2:Red_2 > 10^3 wird das Potential durch den Titrant mitbestimmt. Es wird angenommen, dass der zugegebene Titrand Ox_1 vollständig zu Red_1 umgesetzt wird. Wurden genau halb so viele Äquivalente Ox_1 zugegeben wie Red_2 vorhanden sind, gilt $a_{Red_2} = a_{Ox_2}$ und damit $E = E_2^\circ$. Dieser Punkt ist dem Halbneutralisationspunkt bei Säure-Base-Titrationen ($pH = pK_s$) analog und stellt einen Wendepunkt der Kurve dar.

9.1.3 Das Potential nach dem Äquivalenzpunkt

Alles Red_2 ist zu Ox_2 umgewandelt, das Potential der Lösung wird durch $Ox_1 + n\,e^- \rightleftharpoons Red_1$ bestimmt:

$$E = E_1^0 + \frac{R \cdot T}{n \cdot F} \ln \frac{a_{Ox1}}{a_{Red1}} \quad \text{bzw.} \quad E = E_1^0 + \frac{0,059}{n} \lg \frac{c(Ox_1)}{c(Red_2)}$$

Beispiel: Titration von Fe^{2+} (Red_2) mit Ce^{4+}(Ox_1)

$$Fe^{2+} + Ce^{4+} \rightleftharpoons Fe^{3+} + Ce^{3+}$$

$$E^\circ_{Fe^{3+}/Fe^{2+}} = 0,74\ V$$

$$E^\circ_{Ce^{4+}/Ce^{3+}} = 1,44 V \ \text{(für } Ce(SO_4)_2\text{)}$$

Anfang der Titration: $E = 0,74 + 0,059 \lg \frac{c(Fe^{3+})}{c(Fe^{2+})}$ [V]

Halbtitrationspunkt: $E = 0,74$ V

Äquivalenzpunkt:

$c(Fe^{3+}) = c(Ce^{3+})$ und

$c(Fe^{2+}) = c(Ce^{4+})$ gemäß der Stöchiometrie.

$$E = E_{Fe^{3+}/Fe^{2+}}$$

$$E = E_{Ce^{4+}/Ce^{3+}}\ ;\ \text{d.h.}\ 2E = E_{Fe^{3+}/Fe^{2+}} + E_{Ce^{4+}/Ce^{3+}}$$

$$2E = E^{\circ}_{Fe^{3+}/Fe^{2+}} + E^{\circ}_{Ce^{4+}/Ce^{3+}} + 0{,}059\,\lg\frac{c(Fe^{3+})}{c(Fe^{2+})} + 0{,}059\,\lg\frac{c(Ce^{4+})}{c(Ce^{3+})}$$

$$= 2{,}18 + 0{,}059\,\lg\frac{c(Fe^{3+})c(Ce^{4+})}{c(Fe^{2+})c(Ce^{3+})} \quad [V]$$

$$E = 1{,}09\ V \text{ (also Mittelwert von } E_1^{\circ} \text{ und } E_2^{\circ})$$

nach Äquivalenzpunkt: $E = 1.44 + 0.059\,\lg\frac{c(Ce^{4+})}{c(Ce^{3+})} \quad [V]$.

Die Titrationskurve ist in Abb. 43 wiedergegeben.

9.2 Endpunkte der Titration

Der Endpunkt bei Redoxtitrationen kann kolorimetrisch oder elektrochemisch bestimmt werden. Die kolorimetrische Endpunktbestimmung kann entweder direkt bei gefärbten Redoxpartnern oder über Indikatoren erfolgen. Bei elektrochemischer Endpunktbestimmung kann z. B. eine Anordnung wie in Abb. 44 verwendet werden.

Manganometrie

Bei der Manganometrie reicht die Farbe des MnO_4^--Anions unmittelbar nach Überschreitung des Äquivalenzpunkts aus, um diesen zu indizieren.

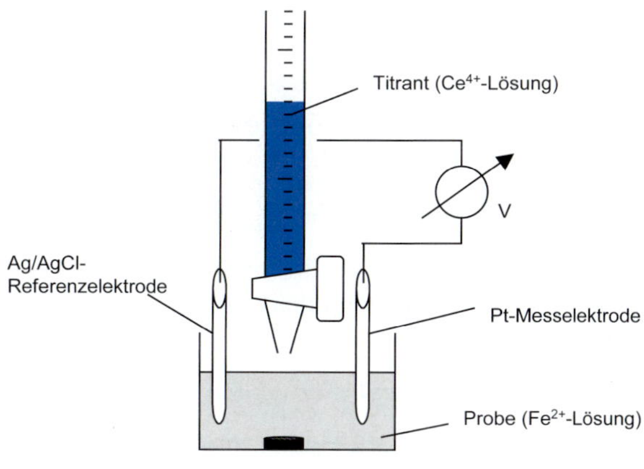

Abb. 44. Anordnung zur potentiometrischen Titration von Fe^{2+} mit Ce^{4+}

Iodometrie

Der Endpunkt bei iodometrischen Titrationen kann dadurch indiziert werden, dass nach Zusatz einer *Stärkelösung* geringste Iod-Mengen an der intensiv blauen Farbe einer Iod-Stärke-Einschlussverbindung erkannt werden können.

Redoxindikatoren

Bei vielen Redoxtitrationen werden sog. Redoxindikatoren verwendet. Dies sind Substanzen, deren reduzierte Form eine andere Farbe hat als die oxidierte Form. Häufig sind die Verhältnisse dadurch komplizierter, dass die Lage des Umschlagsbereichs pH-abhängig ist.

Die Auswahl des Indikators erfolgt so, dass sein Umschlagspotential möglichst nahe beim Äquivalenzpunkt liegt.

***Reversible,** zweifarbige Redoxindikatoren*

Diphenylamin. Der Umschlag erfolgt bei ca. E = +0,76 V.

Diphenylaminsulfonsäure. Sehr scharfer Umschlag von farblos nach rotviolett bei E > +0,83 V.

o-Diphenylaminocarbonsäure (N-Phenylanthranilsäure). Umschlag von farblos in hellrot oder hellrotviolett bei E = +1,08 V.

Eisen(II)-orthophenanthrolin-Ion („Ferroin-Ion“). Das tiefrot gefärbte, komplexe Ion besteht aus drei Molekülen Orthophenanthrolin ($C_{12}H_8N_2$) und einem Fe^{2+}-Ion. Durch Oxidation entsteht ein blau gefärbtes Komplex-Ion mit Fe^{3+}. Das Umschlagspotential beträgt E = +1,20 V (s. Kap. V.4.3).

Weitere Beispiele sind die Triphenylmethanfarbstoffe Eriogrün, Erioglaucin und Setoglaucin.

Irreversible Indikatoren wie Methylorange und Styphninsäure werden durch überschüssigen Titrant (z. B. BrO_3^-) oxidativ zerstört.

9.3 Anwendungsbeispiele

9.3.1 Manganometrie

Bei der Manganometrie wird eine wässrige Lösung von Kaliumpermanganat zur Oxidation des zu titrierenden Stoffes eingesetzt. Das Redoxpotential ist pH-abhängig.

Im alkalischen bis neutralen Milieu:

$$MnO_4^- + 3\,e^- + 2\,H_2O \longrightarrow MnO_2 + 4\,OH^- \qquad E° = 0{,}58\ V\ (I)$$

$$Mn^{7+} + 3\,e^- \longrightarrow Mn^{4+}$$

Im stark sauren Milieu:

$$MnO_4^- + 5\,e^- + 8\,H_3O^+ \longrightarrow Mn^{2+} + 12\,H_2O \qquad (II)$$

$$Mn^{7+} + 5\,e^- \longrightarrow Mn^{2+} \qquad E° = 1{,}5\,V$$

Titrationen mit Kaliumpermanganat werden in den meisten Fällen im stark sauren Bereich vorgenommen, da hier die Oxidationskraft am größten ist. Hinzu kommt die Einfachheit der Endpunktbestimmung: Das MnO_4^--Ion hat im Gegensatz zum farblosen Mn^{2+}-Ion eine intensiv violette Farbe, die schon bei einer Konzentration von 10^{-6} mol·l^{-1} sichtbar ist. Der Titrationsendpunkt wird angezeigt durch eine bleibende Rosafärbung, hervorgerufen durch einen geringen Überschuss von nicht reduziertem Kaliumpermanganat.

Arbeitet man im alkalischen bis neutralen Milieu (Gl. I), entsteht schon während der Titration eine gefärbte Fällung von MnO_2, die die Endpunkterkennung erschwert.

Einstellung einer 0,02 M $KMnO_4$-Lsg. mit c_{eq} = 0,1 mol·l^{-1}

Zur Einstellung der $KMnO_4$-Lsg. kann man Oxalsäure als Urtitersubstanz verwenden. Vereinfacht dargestellt verläuft die Umsetzung bei der Titration nach folgender Gleichung:

$$5\,C_2O_4^{2-} + 2\,MnO_4^- + 16\,H_3O^+ \longrightarrow 10\,CO_2 + 2\,Mn^{2+} + 24\,H_2O$$

Die Titration wird bei einer Temperatur von ca. 80°C in schwefelsaurer Lösung durchgeführt.

Zu Beginn läuft die Reaktion langsamer ab als im weiteren Verlauf der Titration, da das entstehende Mn^{2+} die Reaktion katalysiert.

Für die Berechnung des Faktors ist zu beachten, däß Oxalsäure 2 mol Kristallwasser enthält.

Ein anderer Urtiter ist $(NH_4)_2Fe(SO_4)_2 \cdot 6\,H_2O$ (Mohrsches Salz).

Rechenbeispiel

Wie groß ist die Masse an Natriumoxalat, wenn bei der Titration in schwefelsaurer Lösung 72,5 ml $KMnO_4$-Lsg. mit c_{eq} = 0,1 mol·l^{-1} verbraucht werden?

Zur Titration benutzt man die Violettfärbung durch überschüssiges $KMnO_4$ als Indikator. $KMnO_4$ ist ein Oxidationsmittel, d.h. für Oxalat gilt die Reaktionsgleichung

$$C_2O_4^{2-} \longrightarrow 2\,CO_2 + 2\,e^-$$

$$m_v = 1/2 \cdot 0{,}1 \cdot 72{,}5 \cdot 134 = 486\text{ mg}$$

Alternative Lösung mit dem Umrechnungsfaktor k = 6,7 mg/ml für 0,02 M $KMnO_4$-Lsg. mit $c_{eq} = 0{,}1\ mol \cdot l^{-1}$:

$$m_v = 1 \cdot 6{,}7 \cdot 72{,}5 = 486\ mg$$

Normierfaktor f = 1, da eine $KMnO_4$-Lsg. mit exakt $c_{eq} = 0{,}1\ mol \cdot l^{-1}$ verwendet wurde.

Spezielle manganometrische Bestimmungen

Wasserstoffperoxid

1 ml 0,02 M $KMnO_4$-Lsg. mit $c_{eq} = 0{,}1\ mol \cdot l^{-1}$ $\hat{=}$ 1,701 mg H_2O_2

Konzentrierte und verdünnte Wasserstoffperoxidlösungen können auch manganometrisch bestimmt werden. Die Umsetzung verläuft in schwefelsaurer Lösung nach folgender Gleichung:

$$2\ MnO_4^- + 5\ H_2O_2 + 6\ H_3O^+ \longrightarrow 2\ Mn^{2+} + 5\ O_2 + 14\ H_2O$$

Beachte: H_2O_2 (Oxidationsstufe von Sauerstoff: –1) wird hier zu O_2 (Oxidationsstufe von Sauerstoff: 0) oxidiert, ist also selbst das Reduktionsmittel. Die Äquivalentzahl z ist folglich 2.

Wie groß ist der H_2O_2-Gehalt einer unbekannten Lösung?

2,1053 g der unbekannten Lsg. werden abgewogen, im Messkolben auf genau 100 ml aufgefüllt.

Ein aliquoter Teil von 20 ml wird entnommen und – nach Ansäuern mit verd. Schwefelsäure – mit $KMnO_4$-Lsg. mit f = 1,020 titriert.

Verbrauch: 22,15 ml. Verdünnung: 100:20 = 5, k = 1,7 mg/ml für 0,02 M $KMnO_4$ mit $c_{eq} = 0{,}1\ mol \cdot l^{-1}$.

$$m_v = 1{,}02 \cdot 1{,}7 \cdot 22{,}15 \cdot 5 = 192{,}04\ mg\ H_2O_2$$

oder

$$\frac{192{,}04 \cdot 100}{2105{,}3} = 9{,}12\%\ \ H_2O_2$$

Elementares Eisen

1 ml 0,02 M $KMnO_4$-Lsg. mit $c_{eq} = 0{,}1\ mol \cdot l^{-1}$ $\hat{=}$ 5,585 mg Fe

Fe kann man durch Schütteln mit einer heißen $CuSO_4$-Lsg. lösen:

$$Fe + Cu^{2+} \longrightarrow Cu + Fe^{2+}$$

Das Gleichgewicht liegt dabei auf der rechten Seite, da $E°_{Cu/Cu^{2+}}$ größer ist als $E°_{Fe/Fe^{2+}}$. Die gelösten Fe^{2+}-Ionen werden nach der Filtration der Lösung und Zugabe von Schwefelsäure manganometrisch bestimmt:

$$5\ Fe^{2+} + MnO_4^- + 8\ H_3O^+ \longrightarrow 5\ Fe^{3+} + Mn^{2+} + 12\ H_2O$$

Den Endpunkt der Titration erkennt man an der bleibenden Orangefärbung, einer Mischfarbe aus dem Gelb des Fe^{3+}-Ions und dem Violett des MnO_4^--Ions.

Eine Unterdrückung der Fe(III)-Färbung ist durch den Zusatz von Phosphorsäure möglich (Bildung von Fe^{3+}-Phosphat-Komplexen).

Fe^{2+}

1 ml 0,02 M $KMnO_4$-Lsg. mit $c_{eq} = 0{,}1\ mol \cdot l^{-1}$ $\hat{=}$ 5,585 mg Fe

Die salzsaure Probenlsg. wird mit ca. 10 ml *„Reinhardt/Zimmermann-Lösung"* versetzt und unter Rühren mit $KMnO_4$ titriert.

Die *Reinhardt/Zimmermann*-Lösung verhindert die Oxidation von Salzsäure zu Chlor (Änderung des Potentials MnO_4^-/Mn^{2+} durch Zusatz von Mn^{2+}).

Zusammensetzung: 100 ml reine H_3PO_4 (d = 1,3), 60 ml H_2O, 40 ml H_2SO_4 (d = 1,84) werden zu 20 g $MnSO_4 \cdot 7\ H_2O$ in 100 ml H_2O gegeben.

Fe^{3+}

Fe^{3+} wird mit $SnCl_2$ in der Siedehitze reduziert. Überschüssige Sn^{2+}-Ionen werden in der Kälte mit $HgCl_2$ ($Sn^{2+} + 2\ Hg^{2+} \longrightarrow Sn^{4+} + Hg_2^{2+}$) beseitigt. Vorteilhaft wird hier der so genannte *Jones-Reduktor* eingesetzt (Abb. 45). Dieser enthält festes Zink, das durch 10 minütiges Behandeln mit einer 2%-igen Lösung von $HgCl_2$ in H_2O oberflächlich mit Zink-/Amalgam bedeckt ist. Zur Reduktion einer Fe^{3+}-Probe zu Fe^{2+} wird als Lösemittel 1-molare Schwefelsäure benutzt und die Säule gut mit Wasser gewaschen. Fe^{2+} wird wie oben titriert.

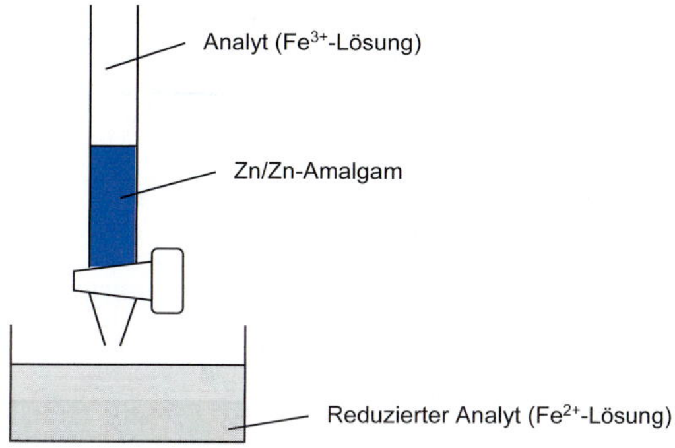

Abb. 45. Jones-Reduktor

Fe^{2+} neben Fe^{3+}

Es werden nebeneinander zwei Titrationen durchgeführt. Fe^{2+} wird direkt titriert. Fe^{3+} wird über den Gesamtgehalt der Lösung an Fe ermittelt.

Oxalat, Oxalsäure

1 ml 0,02 M $KMnO_4$-Lsg. mit $c_{eq} = 0{,}1\ mol \cdot l^{-1}$ ≙ 4,4011 mg $C_2O_4^{2-}$
≙ 4,5019 mg $H_2C_2O_4$

Die Probenlösung wird, falls Beimischungen stören, mit Ca^{2+}-Ionen versetzt. Die Ca-Fällung ist vollständig in schwach ammoniakalischer Lösung, bei Anwesenheit von NH_4Cl und in der Siedehitze. Die Fällung wird in heißer H_2SO_4 (1:1) gelöst. Es wird in der Wärme titriert.

Ca-Salze

1 ml 0,02 M $KMnO_4$-Lsg. mit $c_{eq} = 0{,}1\ mol \cdot l^{-1}$ ≙ 2,004 mg Ca
≙ 2,804 mg CaO

Calcium wird als Oxalat gefällt und dann über Oxalat indirekt bestimmt; s. Oxalat!

Natriumnitrit

1 ml 0,02 M $KMnO_4$-Lsg. mit $c_{eq} = 0{,}1\ mol \cdot l^{-1}$ ≙ 2,3004 mg NO_2^-
≙ 2,3508 mg HNO_2

Natriumnitrit kann manganometrisch titriert werden. Die Umsetzungsgleichung der Titration lautet:

$$5\ NO_2^- + 2\ MnO_4^- + 6\ H_3O^+ \longrightarrow 5\ NO_3^- + 2\ Mn^{2+} + 9\ H_2O$$

Im Unterschied zum üblichen Verfahren wird hier eine bekannte Menge einer 0,02 M $KMnO_4$-Lsg. vorgelegt, die mit H_2SO_4 (1:1) angesäuert ist. Die Probenlösung erhält man dadurch, dass man eine bestimmte Menge $NaNO_2$ abwiegt und in einem bekannten Volumen Wasser löst. Diese Lösung lässt man aus der Bürette zu der ca. 40°C warmen $KMnO_4$-Lsg. bis zur Entfärbung zulaufen, wobei die Bürettenspitze direkt in die Lösung eintauchen soll.

Dieses umgekehrte Verfahren ist hier vorzuziehen, da in saurer Lösung salpetrige Säure HNO_2 entsteht, die sich in der Wärme zersetzt:

$$2\ HNO_2 \longrightarrow H_2O + NO_2 + NO$$

Reaktion mit Luftsauerstoff:

$$NO + 1/2\ O_2 \longrightarrow NO_2$$

Es sei darauf hingewiesen, dass die cerimetrische Bestimmung gegenüber dieser Methode genauere Ergebnisse liefert.

9.3.2 Cerimetrie

Als oxidierendes Reagenz dienen bei der Cerimetrie Ce^{4+}-Ionen, die durch Elektronenaufnahme in die dreiwertigen Ce^{3+}-Ionen übergehen:

$$Ce^{4+} + e^{-} \longrightarrow Ce^{3+}$$

Das Redoxpotential ist abhängig vom Anion des Ce-Salzes. Bei pH = 1 gilt für die Normalpotentiale:

$Ce(SO_4)_2$	E° = 1,44 V
$Ce(NO_3)_4$	E° = 1,61 V
$Ce(ClO_4)_4$	E° = 1,70 V

Die Äquivalentlösung kann man mit Ammoniumcer(IV)-sulfat oder mit Ammoniumcer(IV)-nitrat herstellen.

Die Cerimetrie bietet gegenüber der Manganometrie mehrere Vorteile. So hat die Äquivalentlösung eine höhere Titerbeständigkeit, da sie unempfindlich ist gegenüber Luftsauerstoff. Ce^{4+} setzt aus salzsaurer Lösung kein elementares Chlor frei; es entfällt auch das Problem mit den verschiedenen Wertigkeitsstufen, da nur ein Elektronenübergang von Ce^{4+} nach Ce^{3+} erfolgt.

Ein Nachteil gegenüber $KMnO_4$ ist die Notwendigkeit eines Indikators. Ce^{4+} ist zwar schwach gelb und Ce^{3+} farblos, die Farbintensität reicht jedoch nicht zur Erkennung eines scharfen Umschlags aus. Als Indikatoren verwendet man deshalb Ferroin oder Diphenylamin.

Einstellung der 0,1 M-Ammoniumcer(IV)-nitrat-Lösung mit c_{eq} = 0,1 mol·l^{-1}

Als Urtitersubstanz wird As_2O_3 verwendet. Als Indikator dient Ferroin. Zuerst wird As_2O_3 in NaOH-Lsg. zu Natriumarsenit gelöst:

$$As_2O_3 + 6\ NaOH \longrightarrow 2\ Na_3AsO_3 + 3\ H_2O$$

Das Arsenit (As(III) wird dann zu Arsenat (As(V)) mit Ce^{4+} in H_2SO_4-saurer Lösung oxidiert:

$$AsO_3^{3-} + 2\ Ce^{4+} \longrightarrow AsO_4^{3-} + 2\ Ce^{3+}$$

As(III) zeigt sowohl gegenüber Ce^{4+} als auch gegenüber $KMnO_4$ eine Oxidationsresistenz; deshalb setzt man zweckmäßigerweise bei der Einstellung gegen As_2O_3 eine geringe Menge OsO_4 als Katalysator zu.

Beachte: OsO_4 ist flüchtig und cancerogen!

Eisen(II)-sulfat

1 ml 0,1 M $Ce(SO_4)_2$-Lsg. mit $c_{eq} = 0{,}1\ mol \cdot l^{-1}$ $\mathrel{\hat{=}}$ 5,585 mg Fe

Eisen(II)-salze können partiell durch Luftsauerstoff zu Eisen(III)salzen oxidiert werden. Um eine Verfälschung des Titrationsergebnisses zu verhindern, ist es also erforderlich, den Luftsauerstoff vor Zugabe des Eisen(II)-salzes aus der Probenlösung zu entfernen. Man erreicht dies, indem zu einer wässrigen H_3PO_4/H_2SO_4-Lösung Natriumhydrogencarbonat hinzugegeben wird. Das hierbei freiwerdende CO_2 verdrängt den Luftsauerstoff weitgehend aus der Lösung.

Die Titration mit Ammoniumcer(IV)-nitrat-Lösung lässt sich wie folgt beschreiben.

$$Fe^{2+} + Ce^{4+} \longrightarrow Fe^{3+} + Ce^{3+}$$

Indikator ist *Ferroin*.

Natriumnitrit

1 ml 0,1 M $Ce(SO_4)_2$-Lsg. mit $c_{eq} = 0{,}1\ mol \cdot l^{-1}$ $\mathrel{\hat{=}}$ 4,6008 mg NO_2^-

Aus den oben genannten Gründen (s.Kap. „Manganometrie, Natriumnitrit“) wird auch hier die angesäuerte Cer(IV)-sulfat-Lösung vorgelegt und mit Natriumnitrit, das in 100 ml Wasser gelöst wurde, titriert:

$$NO_2^- + 2\ Ce^{4+} + H_2O \longrightarrow NO_3^- + 2\ Ce^{3+} + 2\ H^+$$

Der Indikator *Ferroin* wird erst kurz vor dem Verschwinden der gelben Farbe des Ce^{4+}-Ions zugesetzt.

Zinkstaub

Zinkstaub enthält neben elementarem Zink Verunreinigungen durch ZnO und Spuren anderer Metalle. Da er hauptsächlich als Reduktionsmittel Verwendung findet, ist es u.U. sinnvoll, seine reduzierende Wirkung quantitativ zu erfassen und nicht etwa den oxidierten Zinkanteil mitzubestimmen.

Das Zink wird in Wasser unter Zusatz von einem Überschuss an Ammoniumeisen(III)sulfat gelöst:

$$Zn + 2\ NH_4Fe(SO_4)_2 \longrightarrow ZnSO_4 + (NH_4Fe)_2(SO_4)_3$$

Da $E^\circ_{Fe^{2+}/Fe^{3+}}$ größer ist als $E^\circ_{Zn/Zn^{2+}}$, löst sich der Zinkstaub unter Oxidation zu Zn^{2+} und reduziert hierbei Fe^{3+} zu Fe^{2+}. Anschließend wird Fe^{2+} in schwefelsaurer Lösung cerimetrisch bestimmt (Reaktionsgleichung s. Eisen(II)-sulfat). Als Indikator verwendet man z. B. *Ferroin*.

9.3.3 Iodometrie

Iod lässt sich leicht zu Iodid reduzieren:

$$I_2 + 2\,e^- \rightleftharpoons 2\,I^- \qquad E° = 0{,}535\ V$$

Die Reversibilität dieses Vorgangs kann man mit dem relativ niedrig liegenden Normalpotential erklären.

Ist das Redoxpotential eines Stoffes niedriger als das der Iodlösung, so wird das Iod von diesem Stoff zu Iodid reduziert. Liegt das Redoxpotential des Stoffes höher als das der Iodlösung, so kann Iodid zu Iod oxidiert werden.

Es sind also sowohl Oxidations- als auch Reduktionsmittel iodometrisch titrierbar.

Die relativ geringe Wasserlöslichkeit des Iods wird durch Zugabe von Kaliumiodid stark erhöht, da sich das gut lösliche I_3^--Ion bildet:

$$I^- + I_2 \longrightarrow I_3^-$$

Der Endpunkt muss indiziert werden, weil die gelbe Farbe von I_3^- für eine genaue Erkennung des Umschlagpunktes nicht ausreicht. Als Indikator bietet sich Stärke an.

Beachte: Oxidationen und Reduktionen mit I_2 bzw. I^- sind Zeitreaktionen. Nach der Zugabe von I_2 bzw. KI muss die Probenlösung ca. 10 min. stehen bleiben. Gelegentlich schüttelt oder rührt man die Lsg. Wegen der Oxidation von I^- zu I_2 durch Sauerstoff und Licht wird die Lösung in einem verschlossenen Schliff-Erlenmeyer im Dunkeln aufbewahrt.

Herstellung der Stärke-Lösung

1 g lösliche Stärke und 5 mg HgI_2 (dient zur Konservierung der Lösung) werden mit wenig kaltem Wasser aufgeschlämmt, mit Wasser auf ca. 500 ml Volumen verdünnt und ca. 5 min. gekocht. Die kalte Lsg. wird filtriert. Für 100 ml Probenlösung nimmt man ca. 2 ml Stärke-Lösung.

Betrachtung der beiden möglichen iodometrischen Titrationsverfahren

a) Bestimmung von Reduktionsmitteln: Ein Reduktionsmittel reduziert Iod zu Iodid. Hierzu gibt man eine eingestellte Iodlösung so lange zur Probe, bis mit Stärke eine bleibende Blaufärbung eintritt. Die bis zu diesem Punkt verbrauchte Iodmenge ist der Menge an Reduktionsmittel äquivalent. Der erste Tropfen Äquivalentlösung, der überschüssiges Iod enthält, verursacht die bleibende Iod-Stärke-Reaktion. Die intensive Blaufärbung beruht auf der Bildung einer Einschlussverbindung von Iod (bzw. dem Polyiodid I_5^-) zwischen die Ketten des Polysaccharids Amylose (Stärke). Die Iod-Stärke-Reaktion ist temperaturabhängig, d.h. sie wird beim Erwärmen schwächer bzw. verschwindet, tritt aber bei Abkühlen wieder auf. Wird zu lange und zu hoch erhitzt, treten bei der Amylose Strukturveränderungen auf, und die Iod-Stärke-Reaktion wird verhindert. Dieses Verhalten der Indikationsreaktion hat zur Folge, dass zur empfindlichen Endpunktbestimmung die Probenlösung gekühlt werden muss.

Eine andere Methode zur Bestimmung von Reduktionsmitteln ist die *indirekte Titration:* Man gibt einen Überschuss eingestellter Iodlösung zur Probenlösung und titriert den Überschuss mit $Na_2S_2O_3$ (Formel s. Abschn. b) zurück. Die Differenz zwischen eingesetzter Iodlösung und verbrauchter $Na_2S_2O_3$-Lsg. entspricht dem Iodverbrauch durch das zu bestimmende Reduktionsmittel.

Beispiele: H_2S, SO_3^{2-} ($SO_3^{2-} + I_2 + H_2O \longrightarrow SO_4^{2-} + 2\,H^+ + 2\,I^-$)

b) Bestimmung von Oxidationsmitteln: Hier wird ein Überschuss an Kaliumiodid (1-2 g KI) zur Probe gegeben. Das in der Probenlösung enthaltene Oxidationsmittel oxidiert eine ihm äquivalente Menge Iodid zu Iod. Die freigesetzte Iodmenge wird anschließend mit eingestellter $Na_2S_2O_3$-Lsg. wieder zu Iodid reduziert:

$$I_2 + 2\,S_2O_3^{2-} \longrightarrow S_4O_6^{2-} + 2\,I^-$$

$S_2O_3^{2-}$ = Thiosulfat

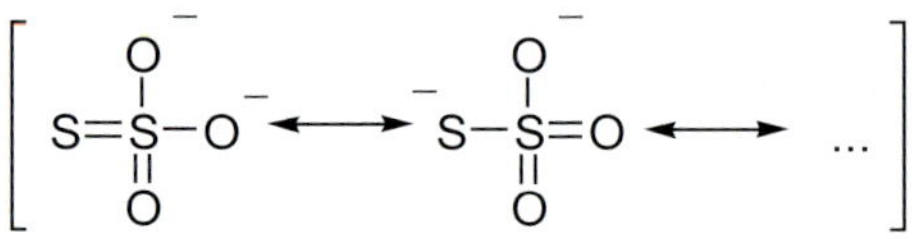

$S_4O_6^{2-}$ = Tetrathionat

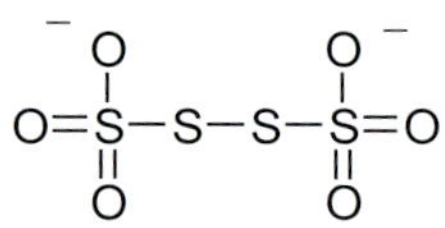

Auch hier erfolgt die Endpunktanzeige durch Zugabe von Stärkelösung. Man titriert bis zum Verschwinden der blauen Färbung, bis also kein elementares Iod mehr vorhanden ist.

Ein Nachteil des Verfahrens b) ist die starke pH-Abhängigkeit der Umsetzung von I_2 mit $S_2O_3^{2-}$. Diese Reaktion läuft nur im sauren bis neutralen Milieu ab. Im stark alkalischen Milieu disproportioniert Iod in Iodid und Hypoiodid. Da Hypoiodid ein höheres Oxidationspotential besitzt als Iod, wird in alkalischer Lösung das Thiosulfat nicht nur bis zum Tetrathionat, sondern partiell bis zum Sulfat oxidiert; deshalb ist hier keine eindeutige Umsetzung mehr gewährleistet.

Für Iod-Lösungen mit $c_{eq} = 0{,}1\ mol \cdot l^{-1}$ liegt die untere Grenze bei pH = 7,6, für Iod-Lösungen mit $c_{eq} = 0{,}01\ mol \cdot l^{-1}$ bei pH = 6,5.

Salze, die mit Wasser OH^- bilden, wie z. B. $CH_3CO_2^-$ ($CH_3CO_2^- + H_2O \rightleftharpoons CH_3COOH + OH^-$), dürfen daher nicht in nennenswerter Konzentration vorhanden sein.

Einen Ausweg bietet die Titration des Iods mit arseniger Säure; dabei wird diese in alkalischer Lösung zu Arsenat oxidiert und Iod zu Iodid reduziert:

$$I_2 + AsO_3^{3-} + 2\,OH^- \rightleftharpoons 2\,I^- + AsO_4^{3-} + H_2O$$

Herstellung der Maßlösungen

Bereitung einer Iod-Lösung mit $c_{eq} = 0{,}1\ mol{\cdot}l^{-1}$

20-25 g reines KI werden in ca. 40 ml Wasser gelöst und 12,7-12,8 g I_2 hinzugefügt. Diese Mischung wird in einem verschlossenen Messkolben solange geschüttelt, bis alles I_2 gelöst ist. Anschließend wird die Lösung auf 1 Liter aufgefüllt, der Faktor bestimmt und in einer braunen Flasche kalt aufbewahrt.

Anmerkung: Um Fehler zu vermeiden, werden zum Ansäuern der Probenlösung nur verdünnte Lösungen von Salzsäure, H_2SO_4 oder HNO_3 verwendet. Um jede Oxidation von I^- zu I_2 beim Ansäuern auszuschließen, kann man auch mit Eisessig ansäuern.

Einstellung einer Iod-Lösung mit $c_{eq} = 0{,}1\ mol{\cdot}l^{-1}$

Häufig nimmt man die Einstellung gegen As_2O_3 in gepufferter Lösung vor. As_2O_3 wird in 1 M NaOH zum Arsenit (AsO_3^{3-}) gelöst. Nach der Neutralisation mit Salzsäure wird eine bestimmte Menge Natriumhydrogencarbonat hinzugefügt. Das so gelöste Arsenit wird mit Iod-Lösung mit $c_{eq} = 0{,}1\ mol{\cdot}l^{-1}$ titriert. Hierbei oxidiert Iod Arsenit zu Arsenat, s.o.

1 ml 0,1 M Iod-Lösung mit $c_{eq} = 0{,}1\ mol{\cdot}l^{-1}$ $\hat{=}$ 4,946 mg As_2O_3

Das Gleichgewicht dieser Reaktion liegt in alkalischer und fast neutraler Lösung auf der rechten Seite. Arbeitet man in stark saurer Lösung, verschiebt es sich auf die linke Seite.

Gelegentlich nimmt man die Einstellung der Iod-Lösung auch gegen Natriumthiosulfat vor. Dieses Verfahren liefert jedoch ungenauere Ergebnisse, da Natriumthiosulfat keine Urtitersubstanz ist.

Bereitung einer $Na_2S_2O_3$-Lösung mit $c_{eq} = 0{,}1\ mol{\cdot}l^{-1}$

Man wiegt ungefähr 0,1 mol $Na_2S_2O_3{\cdot}5\ H_2O$ (M = 248,183) ≈ 25 g reinstes Natriumthiosulfat ab und verdünnt mit Wasser auf 1 Liter.

Nach etwa acht Tagen ermittelt man den genauen Titer der Lösung, die in einer braunen Flasche gegen Lichteinwirkung geschützt werden muss. Zur Haltbarmachung der Lösung wird in der Literatur empfohlen, 1 g Pentanol oder 0,1 g $Hg(CN)_2$ pro Liter Lösung zuzusetzen.

Einstellung einer $Na_2S_2O_3$-Lösung mit $c_{eq} = 0{,}1\ mol{\cdot}l^{-1}$

Die Einstellung kann mit reinstem Iod, $K_2Cr_2O_7$, $KMnO_4$ oder besser KIO_3 vorgenommen werden. KIO_3 wird in schwach saurer Lösung mit überschüssigem KI zu I_2 reduziert, das mit $Na_2S_2O_3$ titriert wird.

$$IO_3^- + 5\ I^- + 6\ H_3O^+ \longrightarrow 3\ I_2 + 9\ H_2O.$$

Man wiegt ca. 0,1 g KIO_3 genau ab, löst in ca. 200 ml H_2O, fügt ca. 1 g KI hinzu, säuert mit verd. HCl an und titriert mit $Na_2S_2O_3$-Lsg.

1 ml 0,1 M $Na_2S_2O_3$-Lsg. mit $c_{eq} = 0{,}1\ mol{\cdot}l^{-1}$ $\hat{=}$ 3,567 mg KIO_3

Spezielle iodometrische Verfahren

a) Bestimmung von Reduktionsmitteln

Ascorbinsäure

In saurer Lösung wird Ascorbinsäure (1) von Iod zu Dehydroascorbinsäure (2) oxidiert:

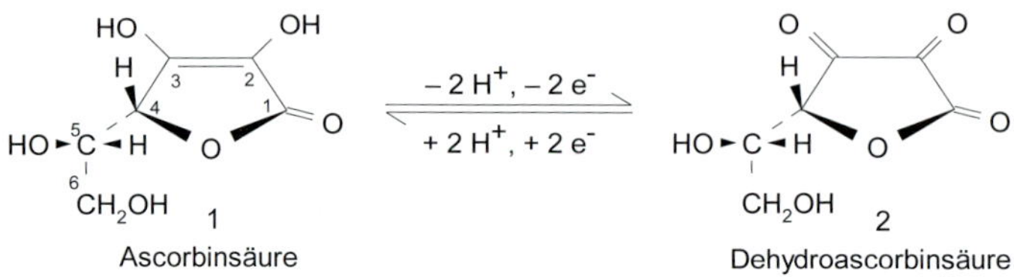

Der Zusatz der Stärkelösung hat einen schleppenden Umschlag zur Folge, da der an Stärke gebundene Iodanteil nur schwer reduzierbar ist.

Anmerkung: Weil Ascorbinsäure eine schwache Säure ist, kann sie auch gegen Phenolphthalein mit Natronlauge titriert werden.

b) Bestimmung von Oxidationsmitteln

Reduzierbare Stoffe (Oxidationsmittel), die iodometrisch titriert werden können, sind z. B. MnO_4^-, Chlorate, Bromate, Iodate, Periodate, AsO_4^{3-}, Fe^{3+}, Cu^{2+}, H_2O_2, Peroxide, Perborate, Hexacyanoferrat(III).

Chlorate

10 ml der Chloratlösung werden in einem Schlifferlenmeyer mit etwa 1 g KBr und 20 ml konz. Salzsäure vermischt und verschlossen ca. 10 min. stehen gelassen. Man fügt ca. 30 ml 0,2 M KI-Lsg. hinzu, verdünnt und titriert das durch Br_2 freigesetzte Iod mit $Na_2S_2O_3$.

$$ClO_3^- + 6\,Br^- \xrightarrow{H_3O^+} 3\,Br_2 + \ldots\,; \qquad Br_2 + 2\,KI \longrightarrow I_2 + 2\,Br^-$$

1 ml 0,1 M $Na_2S_2O_3$-Lsg. mit $c_{eq} = 0{,}1\ mol\cdot l^{-1}$ $\hat{=}$ 2,0242 mg $KClO_3$

$\hat{=}$ 1,391 mg ClO_3^-

Iodate / Periodate

$$IO_3^- + 5\,I^- \xrightarrow{H_3O^+} 3\,I_2 + \text{Wasser}$$

$$IO_4^- + 7\,I^- \xrightarrow{H_3O^+} 4\,I_2 + \text{Wasser}$$

Etwa 0,1 g KIO_3 (KIO_4) wird mit 3 g KI in ca. 200 ml Wasser gelöst und mit 20 ml 2 M HCl vermischt.

1 ml 0,1 M $Na_2S_2O_3$-Lsg. mit $c_{eq} = 0,1\ mol \cdot l^{-1}$ $\hat{=}$ 3,567 mg KIO_3
$\hat{=}$ 2,932 mg HIO_3
$\hat{=}$ 2,399 mg HIO_4

Weitere Beispiele s. Spezialliteratur.

Zur *Wasserbestimmung nach Karl Fischer* s. S. 380.

Formaldehyd

Formaldehyd wird in alkalischer Lösung titriert, da hier das durch Disproportionierung entstehende Hypoiodid ein höheres Redoxpotential hat als freies Iod:

$$I_2 + 2\ OH^- \rightleftharpoons IO^- + I^- + H_2O \qquad (I)$$

Das Hypoiodid oxidiert Formaldehyd zu Ameisensäure nach der Gleichung:

$$CH_2O + IO^- + OH^- \longrightarrow HCOO^- + I^- + H_2O \qquad (II)$$

Man gibt also einen Überschuss an Iod zum Formaldehyd in alkalischer Lösung. Nach der Umsetzung (Gl. II) säuert man an, so dass durch Komproportionierung (Umkehrung von Gl. I) aus dem überschüssigen IO^- und dem I^- wieder elementares Iod entsteht; dieses wird mit Thiosulfat gegen Stärke titriert.

Weitere Reduktionsmittel, die iodometrisch bestimmt werden können: H_2S, Sulfide, Sulfite, $Na_2S_2O_3$, Hydrazin, As(III)-, Sb(III)-, Sn(II)-, Hg(I)-Verbindungen.

1 ml 0,1 M Iodlösung mit $c_{eq} = 0,1\ mol \cdot l^{-1}$ $\hat{=}$ 3,7455 mg As
$\hat{=}$ 6,0880 mg Sb
$\hat{=}$ 5,9350 mg Sn
$\hat{=}$ 20,059 mg Hg

Zur *As(III)-Bestimmung* s. S. 283. (Titerstellung der Iodlsg.).

Die *Sb(III)-* und *Sn(II)-Bestimmung* können analog zur As(III)-Bestimmung erfolgen.

Hg(I)-Verbindungen werden in Gegenwart von überschüssigem KI in $[HgI_4]^{2-}$ übergeführt. Zweckmäßigerweise verwendet man überschüssige Iodlösung und titriert den unverbrauchten Anteil mit $Na_2S_2O_3$ zurück.

9.3.4 Bromometrie

Brom hat ein Redoxpotential von $E^{o}_{Br_2/2Br^-} = 1,07$ V und kann deshalb als Oxidationsmittel wirken; außerdem lassen sich mit Brom leicht elektrophile Substitutionen an aktivierten Aromaten durchführen. Diese beiden chemischen Reaktionen können bei definierten chemischen Umsetzungen zu Gehaltsbestimmungen herangezogen werden. Da Bromlösungen keine hohe Titerbeständigkeit haben, erzeugt man elementares Brom während der Titration, indem man zur sauren Probenlösung, die überschüssiges Bromid enthält, eingestellte $KBrO_3$-Lsg. zutropfen lässt. Durch Komproportionierung entsteht eine äquivalente Brommenge.

$$BrO_3^- + 3\,Br^- + 6\,H^+ \longrightarrow 2\,Br_2 + 3\,H_2O$$

Die Endpunktbestimmung erfolgt auf zwei verschiedenen Wegen. Einmal wird eine genau bekannte überschüssige $KBrO_3$-Menge zugegeben (Bestimmung a) - c)), so dass nach der Reaktion überschüssiges Brom in der Probenlösung vorhanden ist. Danach gibt man Kaliumiodid zu. Aufgrund des höheren Redoxpotentials des Broms oxidiert dieses das Iodid in äquivalenter Menge zu elementarem Iod, welches mit Thiosulfat bestimmt werden kann (s. Kap. Iodometrie).

Eine andere Methode ist die Endpunktbestimmung mit einem Indikator (Bestimmung d)). Dieser wird durch überschüssiges Brom reversibel bzw. irreversibel oxidiert und erfährt hierdurch eine Farbveränderung. Der Indikator ist *Ethoxychrysoidin.*

Eine *Einstellung der $KBrO_3$-Lsg. mit $c_{eq} = 0{,}1\ mol \cdot l^{-1}$* ist nicht notwendig, da Kaliumbromat selbst eine Urtitersubstanz ist.

Bromometrische Titrationen mit iodometrischer Endpunktbestimmung

a) Bestimmung von aromatischen Aminen

Aromatische Amine lassen sich leicht mit Brom elektrophil substituieren, da durch den + M-Effekt der Aminogruppe der Aromat in o- und p-Stellung aktiviert ist.

Die Titration erfolgt – wie oben beschrieben – in saurer Lösung, indem man durch Komproportionierung überschüssiges Brom herstellt, das mit dem Amin reagiert. Der Überschuss setzt dann Iod aus zugesetztem Kaliumiodid frei, das mit Thiosulfat bestimmt wird.

Allgemeine Reaktionsgleichung:

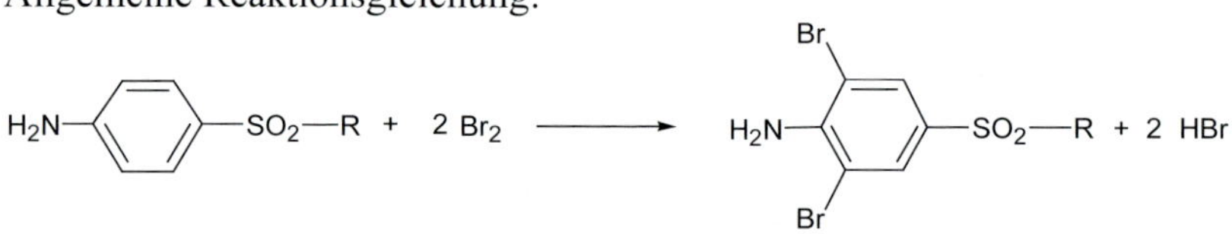

R = —NH_2 Sulfanilamid = Sulfanilyl - amin

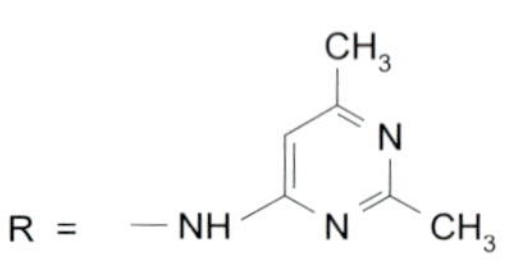

Sulfisomidin = 2,4 - Dimethyl - 6 - (sulfanilyl - amino) - pyrimidin

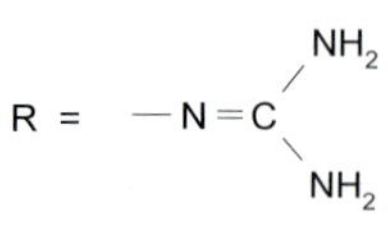

Sulfaguanidin = Sulfanilyl - guanidin

b) Bestimmung von Phenolen

Phenole lassen sich auf Grund des +M-Effektes der Hydroxylgruppe in o- und p-Stellung elektophil substituieren.

Phenol

Bei einer Durchführung analog der Bestimmung von aromatischen Aminen entsteht zunächst 2,4,6-Tribromphenol (**1**), das durch überschüssiges Brom zu 2,4,4,6-Tetrabrom-2,5-cyclohexadienon (**2**) weiter oxidiert wird. Die Zugabe von Kaliumiodid „überführt" **2** wieder zurück in **1**, wobei sich ein Äquivalent Iodbromid bildet. Mit Iodid reagiert dieses zu elementarem Iod und Bromid. Bei der Titration ergibt sich also nur ein Verbrauch von 3 mol Brom pro Mol Phenol.

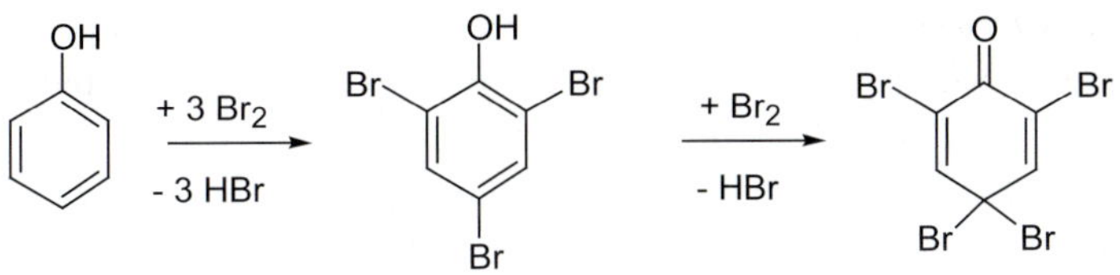

1 **2**

$$\mathbf{2} + I^- \xrightarrow{H^+} \mathbf{1} + IBr$$

$$IBr + I^- \longrightarrow I_2 + Br^-$$

Resorcin

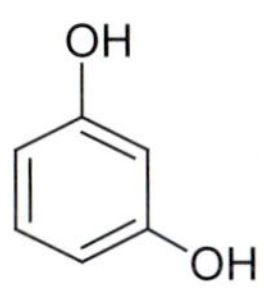

1,3-Dihydroxybenzol

Durch Bromierung entsteht hier zuerst 2,4,6-Tribromresorcin (1), das sich weiter zu 2,4,4,6,6,-Pentabrom-1-cyclohexen-3,5-dion (2) umsetzt. Bei Zugabe von KI entsteht wieder (1), so dass sich der Gesamtverbrauch am Ende der Titration auf 3 mol Brom beläuft:

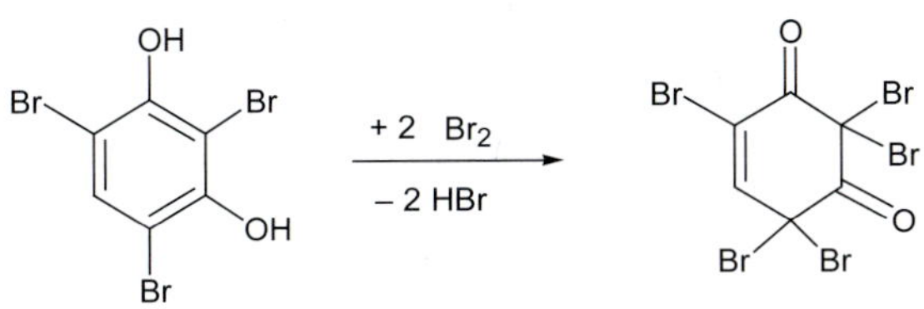

1 **2**

9.3.5 Chromatometrie

$K_2Cr_2O_7$ hat ein Normalpotential von E° = +1,36 V und ist demnach in saurer Lösung ein starkes Oxidationsmittel:

$$Cr_2O_7^{2-} + 14\ H_3O^+ + 6\ e^- \rightleftharpoons 2\ Cr^{3+} + 21\ H_2O$$

$K_2Cr_2O_7$ lässt sich durch mehrmaliges Umkristallisieren aus heißem Wasser und Trocknen bei 130°C leicht titerrein erhalten. Aus diesem Grunde ist bei der Herstellung von Äquivalentlösungen keine Faktorbestimmung erforderlich.

4,9032 g $K_2Cr_2O_7$ werden genau eingewogen, im Messkolben aufgelöst und auf ein Volumen von einem Liter aufgefüllt. Die so hergestellte $K_2Cr_2O_7$-Lsg. mit $c_{eq} = 0{,}1\ mol \cdot l^{-1}$ ist unbegrenzt haltbar.

Beachte: Dichromatabfälle müssen z. B. mit $NaHSO_3$ zu Cr^{3+} reduziert und dieses vor der Entsorgung als $Cr(OH)_3$ gefällt werden.

Endpunkterkennung

Probleme bei der Titration mit $K_2Cr_2O_7$ macht die Erkennung des Endpunkts. Sowohl Dichromat (orange) als auch Cr^{3+} (grün bis violett) sind gefärbt. Indikatoren (s. u.) müssen daher sehr stark gefärbt sein, um den Umschlag erkennen zu lassen. Von Vorteil ist bei Titrationen mit Dichromat daher die Verfolgung des Titrationsverlaufs mittels Platin- und Kalomelelektrode.

Man kann sich auch der „Tüpfelmethode“ bedienen s. hierzu S. Kap. V.10.2. Bei der Titration von Fe^{2+} tüpfelt man z. B. mit ($K_4[Fe(CN)_6]$-freiem) $K_3[Fe(CN)_6]$ als „Tüpfelindikator“.

Fe, Fe^{2+}

1 ml $K_2Cr_2O_7$-Lsg. mit $c_{eq} = 0{,}1\ mol \cdot l^{-1}$ $\hat{=}$ 5,585 mg Fe

Neben der manganometrischen Titration kann man Fe(0) oder Fe^{2+} mit $K_2Cr_2O_7$ bestimmen. Fe(0) (Eisenpulver) wird in H_2SO_4 zu $FeSO_4$ gelöst und dann mit $K_2Cr_2O_7$-Lösung zu Fe^{3+} oxidiert. Der Endpunkt ist mit $K_3[Fe(CN)_6]$ als Tüpfelindikator oder mit Diphenylamin-Schwefelsäure ((Diphenylbenzidinsulfonat; s. S. 200) indizierbar (Umschlag nach tiefviolett).

9.3.6 Kaliumbromat

Kaliumbromat ist im sauren Milleu ein gutes Oxidationsmittel. Es wird über mehrere Stufen bis zum Bromid reduziert.

$$BrO_3^- + 6\ H^+ + 6\ e^- \longrightarrow Br^- + 3\ H_2O$$

Mit Hilfe dieser Reaktion (*Bromatometrie*) lassen sich einige Reduktionsmittel im sauren Milieu titrieren, wie Verbindungen von As(III), Sb(III), Sn(II), Cu(I), Tl(I) oder auch Hydrazin.

Bromat reagiert z. B. mit Arsenit.

$$BrO_3^- + 3\,AsO_3^{3-} \longrightarrow Br^- + 3\,AsO_4^{3-}$$

Nach Umsetzung der gesamten Arsenmenge entsteht aus überschüssigem Bromat und dem entstandenen Bromid durch Komproportionierung elementares Brom, das wie bei bromometrischen Bestimmungen durch einen Indikator angezeigt werden kann.

Als Indikatoren eignen sich Farbstoffe wie Methylrot, Methylorange, Chinolingelb. Sie werden von dem Brom irreversibel zersetzt. Da der Zersetzungsprozeß eine gewisse Zeit erfordert, fügt man die $KBrO_3$-Lsg. gegen Ende der Titration langsam hinzu und gibt einen weiteren Tropfen Indikator zu. Die Titration wird vorteilhaft bei 40-60°C durchgeführt.

$KBrO_3$ ist eine Urtitersubstanz. Es lässt sich durch mehrmaliges Umkristallisieren aus heißem Wasser und Trocknen bei 180°C titerrein erhalten. Zur Bereitung einer $KBrO_3$-Lsg. mit $c_{eq} = 0{,}1\ mol\cdot l^{-1}$ wiegt man 2,7835 g $KBrO_3$ ein und füllt auf einen Liter auf.

Beispiel:

As^{3+}: 1 ml $KBrO_3$-Lsg. mit $c_{eq} = 0{,}1\ mol\cdot l^{-1}$	≙ 3,7455 mg As
	≙ 4,9455 mg As_2O_3
Sb^{3+}: 1 ml $KBrO_3$-Lsg. mit $c_{eq} = 0{,}1\ mol\cdot l^{-1}$	≙ 6,088 mg Sb
	≙ 7,288 mg Sb_2O_3
Bi^{3+}: 1 ml $KBrO_3$-Lsg. mit $c_{eq} = 0{,}1\ mol\cdot l^{-1}$	≙ 6,966 mg Bi
	≙ 1,553 mg Bi_2O_3

9.3.7 Periodat

$NaIO_4$ reagiert mit allen vicinalen Hydroxylgruppen unter oxidativer Spaltung der dazwischenliegenden C–C-Bindungen *(Malaprade-Reaktion)*. Primäre alkoholische Gruppen werden hierbei zu Formaldehyd, sekundäre zu Ameisensäure oxidiert. Das Periodat wird zu Iodat reduziert. Am Beispiel des Glycerins lässt sich diese Reaktion verdeutlichen:

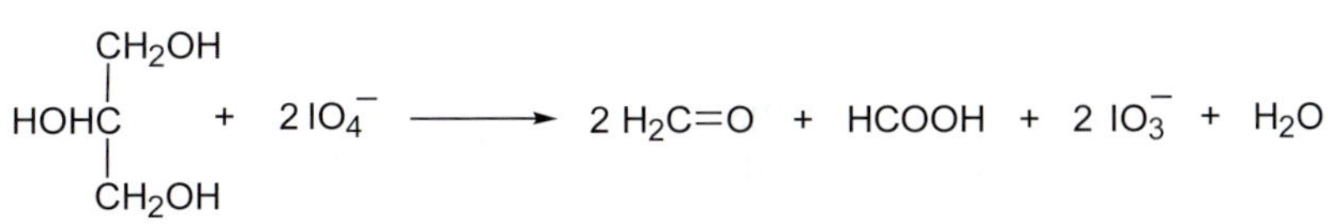

Die Reaktion findet in saurer und neutraler Lösung statt.

Der Verbrauch an Periodat, das im Überschuss zugesetzt wird, kann auf zwei Wegen ermittelt werden:

a) In saurer Lösung gibt man nach der Titration einen Überschuss KI hinzu, wobei IO_4^- und entstandenes IO_3^- mit I^- zu elementarem Iod komproportionieren:

$$IO_4^- + 7\,I^- + 8\,H_3O^+ \longrightarrow 4\,I_2 + 12\,H_2O$$

$$IO_3^- + 5\,I^- + 6\,H_3O^+ \longrightarrow 3\,I_2 + 9\,H_2O$$

Weiter wird ein Blindversuch mit Periodat-Lösung durchgeführt. Aus der Differenz zwischen Haupt- und Blindversuch lässt sich dann die verbrauchte Periodatmenge berechnen.

Diese Methode ist relativ ungenau; deshalb gibt man meist Methode b) den Vorzug.

b) In HCO_3^--gepufferter Lösung wird nur Periodat durch I^- zu IO_3^- reduziert, da das Potential von IO_3^- bei diesem pH für die weitere Reaktion nicht ausreicht.

$$IO_4^- + 2\,I^- + H_2O \longrightarrow IO_3^- + I_2 + 2\,OH^-$$

Das entstandene elementare Iod wird durch Arsenit zu Iodid reduziert.

$$I_2 + AsO_3^{3-} + 2\,OH^- \longrightarrow 2\,I^- + AsO_4^{3-} + H_2O$$

Überschüssiges Arsenit kann mit Iodlösung gegen Stärke titriert werden.

Dieses Verfahren wendet man auch bei Sorbit und Ethylenglykol an.

9.3.8 Hypoiodid

Hypoiodid hat ein höheres Redoxpotential als Iod und lässt sich deshalb zur oxidimetrischen Bestimmung von Stoffen einsetzen, die mit Iod nicht mehr zu oxidieren sind. Ein Beispiel ist die Titration von Formaldehyd.

Hypoiodid entsteht beim alkalisch Machen von Iodlösung durch Disproportionierung. Der Überschuss an Iod kann nach dem Ansäuern wieder mit Thiosulfat zurücktitriert werden. (Näheres hierzu s. S. Kap. V.9.3.3).

10 Fällungstitrationen

Voraussetzung für eine Fällungstitration ist ein eindeutig verlaufender Fällungsvorgang, bei dem eine schwerlösliche Verbindung entsteht. Außerdem muss der Äquivalenzpunkt mit hinreichender Genauigkeit angezeigt werden können.

Über die theoretischen Grundlagen von Fällungsreaktionen Kap. V.1.2.

Beachte: Eine Fällungstitration ist um so genauer, je größer die Anfangskonzentration der Probe und je kleiner das Löslichkeitsprodukt des Niederschlags ist.

10.1 Titrationskurven

Allgemeine Formel

Betrachten wir die allgemeine Gleichung: $A^+ + B^- \rightleftharpoons AB$, und bezeichnet a den *Überschuss* und C_a die *Gesamtkonzentration* einer Ionenart in der Lösung, so gilt:

I. C = a + Ionenkonzentration aus dem Gleichgewicht $AB \rightleftharpoons A^+ + B^-$.

Die Konzentration der im *Unterschuss* in der Lösung vorhandenen Ionenart ist gleich der Löslichkeit L von AB. L errechnet sich mit der Formel:

II. $$L = \frac{a}{2} \pm \sqrt{\frac{a^2}{4} + Lp_{AB}} \qquad \text{mit } (a + L) \cdot L = Lp_{AB}.$$

Die näherungsweise Berechnung von Titrationskurven soll für die Fällung von Ag^+-Ionen (Probe) mit Cl^--Ionen (Titrant) gezeigt werden.

Das Löslichkeitsprodukt von AgCl ist:

$$c(Ag^+) \cdot c(Cl^-) = 1{,}1 \cdot 10^{-10}\ mol^2 \cdot l^{-2} = Lp_{AgCl}.$$

Mit dem Metallionenexponenten $pM^{n+} = -\lg c(M^{n+})$ erhält man für eine reine, an AgCl *gesättigte* Lösung: $pAg^+ = 1/2\ pLp_{AgCl} = 5{,}0$.

Am Äquivalenzpunkt gilt:

$$c(Ag^+) = c(Cl^-) \quad \text{oder} \quad pAg^+ = 1/2\ pLp = 5 \qquad (1)$$

pAg^+ ist somit unabhängig von der Ausgangskonzentration $C(Ag^+)$.

Nach Überschreiten des Äquivalenzpunktes berechnet sich der pAg^+ in grober Näherung nach der Gleichung:

$$pAg^+ = pLp_{AgCl} + \lg c_{Cl^-} \qquad (2)$$

Setzt man der reinen, an AgCl gesättigten Lsg. c $mol \cdot l^{-1}$ Cl^--Ionen zu, so gilt, falls man die Cl^--Ionen vernachlässigt, die nach $AgCl \rightleftharpoons Ag^+ + Cl^-$ entstehen: $c(Cl^-) = c_{Cl^-}$ und $c(Ag^+) = Lp/c_{Cl^-}$. Fügt man der reinen, an AgCl gesättigten Lösung Ag^+-Ionen der Konzentration c_{Ag^+} zu, so gilt, bei Vernachlässigung der durch Dissoziation aus AgCl entstehenden Ag^+-Ionen: $c(Ag^+) = c_{Ag^+}$.

Vor dem Erreichen des Äquivalenzpunktes berechnen sich die pAg^+-Werte in grober Näherung nach der Gleichung:

$$pAg^+ = -\lg c_{Ag^+} \qquad \text{mit } c(Ag^+) = C°(Ag^+) - c_{Cl^-} \qquad (3)$$

Die mit diesen Gleichungen erhaltenen pAg^+-Werte werden in der Nähe des Äquivalenzpunktes ungenau, weil man hier die Dissoziation des Niederschlags nicht mehr vernachlässigen darf.

Graphische Darstellung

Trägt man die mit den Gleichungen (1), (2), (3) oder (I) und (II) berechneten pM-Werte gegen den jeweiligen Titrationsgrad (Umsetzungsgrad) in ein kartesisches Achsenkreuz ein, erhält man eine Titrationskurve, deren Form Abb. 46 entspricht.

Der Wendepunkt der Kurve beim Titrationsgrad 1 ist der Äquivalenzpunkt.

Beachte:

- Die sprunghafte Änderung des Metallionenexponenten im Äquivalenzpunkt ist um so größer, je kleiner das Löslichkeitsprodukt des Niederschlags ist (s. Abb. 47).
- Nur die Titrationskurven von 1:1-Elektrolyten zeigen rechts und links vom Äquivalenzpunkt einen symmetrischen Verlauf.

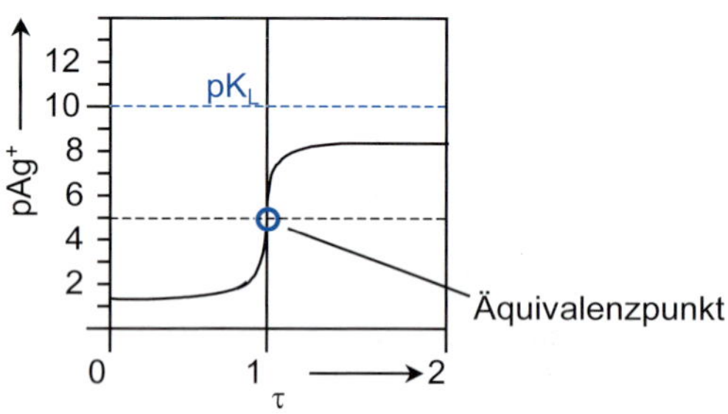

Abb. 46. Berechnete Kurve der Titration von Ag^+-Ionen mit Cl^--Ionen

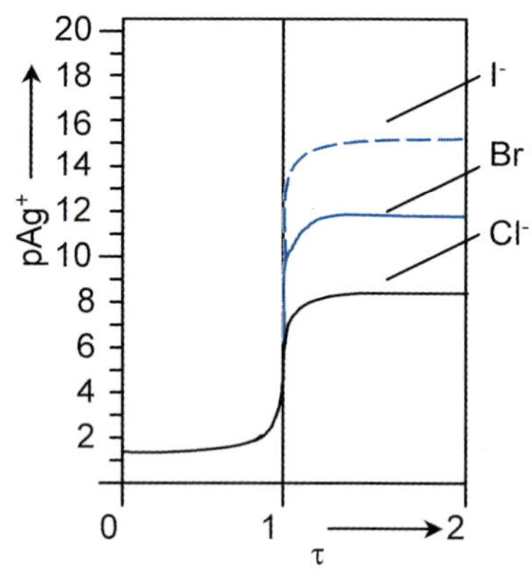

Abb. 47. Titrationskurven für die Titration von Ag^+-Ionen mit Cl^- ($Lp_{AgCl} = 10^{-10}$ mol² l⁻²), Br^- ($Lp_{AgBr} = 5 \cdot 10^{-13}$ mol² l⁻²), I^- ($Lp_{AgI} = 8 \cdot 10^{-17}$ mol² l⁻²)

10.2 Endpunkte der Titrationen

Zur Endpunktbestimmung bei Fällungstitrationen eignen sich besonders *elektrochemische Methoden*, wie sie in Kap. VI beschrieben sind.

Einfach, aber zeitraubend und ungenau ist es, den Endpunkt durch Beobachtung der Ausflockung des Niederschlags zu ermitteln. Man muss hierbei bis zum sog. *„Klarpunkt"* titrieren.

In stark getrübten Lösungen kann der Endpunkt gelegentlich durch *„Tüpfeln"* erkannt werden: Bei der Titration von Zn^{2+}-Ionen mit $K_4[Fe(CN)_6]$-Lsg. entnimmt man der Reaktionslösung gegen Ende der Titration mehrmals einen klaren Tropfen und prüft mit $UO_2(NO_3)_2$-Lösung, ob eine bräunliche Färbung die Bildung von $(UO_2)_2[Fe(CN)_6]$ und damit überschüssiges $K_4[Fe(CN)_6]$ anzeigt (*„Tüpfel-Reaktion"*).

Häufig benutzt man auch die Bildung eines gefärbten Niederschlags oder einer gefärbten löslichen Verbindung zur Indikation des Äquivalenzpunktes. So fügt man der Reaktionslösung bei der Bestimmung von *Cl^- und Br^- mit Ag^+-Ionen* nach *Mohr* CrO_4^{2-}-Ionen zu. Die Überschreitung des Äquivalenzpunktes wird am Auftreten von rotem Ag_2CrO_4 erkannt. Ein weiteres Beispiel ist die Bestimmung von *Ag^+-Ionen* mit SCN^--Ionen nach *Volhard* mit $FeCl_3$ als Indikator.

Auch Adsorptionsindikatoren werden zur Indikation des Äquivalenzpunktes verwendet. Anwendungsbeispiele sind die Bestimmung von *Cl^-, Br^-, I^-, SCN^-* nach *K. Fajans* mit *Eosin* oder *Fluorescein* als Indikator.

10.3 Anwendungsbeispiele

Bestimmung des Silbers, der Cyanide und des Thiocyanats nach Volhard

1 ml 0,1 M $AgNO_3$-Lsg. mit $c_{eq} = 0{,}1\ mol \cdot l^{-1}$	$\hat{=}$ 2,602 mg CN^-
	$\hat{=}$ 3,545 mg Cl^-
	$\hat{=}$ 5,808 mg SCN^-
	$\hat{=}$ 7,991 mg Br^-
	$\hat{=}$ 12,69 mg I^-

Hinweis: Die verwendeten Maßlösungen sollten, wenn irgendmöglich, gekauft werden, da ihre Bereitung und Einstellung nicht ohne Probleme ist. Die $AgNO_3$-Lösung ist lichtempfindlich und muss daher in einer braunen Schliff-Flasche aufbewahrt werden.

Ag^+-Ionen können nach Volhard im salpetersauren Milieu mit SCN^--Ionen titriert werden. Hierbei scheidet sich schwerlösliches Silberthiocyanat ab.

$$Ag^+ + SCN^- \rightleftharpoons AgSCN$$

Zur Ermittlung des Äquivalenzpunktes wird $NH_4Fe(SO_4)_2$ zur Probenlösung zugesetzt, da Fe^{3+} – mit SCN^--Ionen – eine blutrote Färbung gibt. Die Konzentrationsverhältnisse werden so gewählt, dass die erste für das Auge wahrnehmbare Färbung auftritt, wenn $c(SCN^-) = 10^{-5}$ mol·l^{-1} ist. Das Löslichkeitsprodukt von Silberthiocyanat ist $Lp_{AgSCN} \approx 10^{-12}$ mol^2·l^{-2}, so dass der Äquivalenzpunkt der Titration bei $c(Ag^+) = c(SCN^-) = 10^{-6}$ mol·l^{-1} liegt. Kurz nach Überschreiten dieses Äquivalenzpunktes reicht damit die Thiocyanatkonzentration zur Bildung eines sichtbaren Farbkomplexes aus.

Die gleiche Reaktion kann auch zur Bestimmung von SCN^--Ionen herangezogen werden. Hier wird zur SCN^--Lsg. ein Überschuss $AgNO_3$-Lsg. gegeben und das überschüssige Ag^+ mit SCN^--Lösung (c_{eq} = 0,1 mol·l^{-1}) gegen $NH_4Fe(SO_4)_2$ zurücktitriert.

Die Titration von CN^--Ionen mit $AgNO_3$ wirft dagegen die gleichen Probleme auf, wie die Bestimmung von Chlorid nach Volhard s.u. Die Durchführung kann in gleicher Weise erfolgen. Auch die Korrektur beträgt wie bei der Chlorid-Bestimmung 0,7%.

Argentometrie der Halogenide nach Mohr, Volhard und Fajans

Titration der Halogenide nach Volhard

Die Titration der *Halogenide nach Volhard* ist analog der Titration der Pseudohalogenide (s.o.). Zuerst wird ein Überschuss *$AgNO_3$-Lsg.* (c_{eq} = 0,1 mol·l^{-1}) zur HNO_3-sauren Halogenid-Lösung gegeben, um das Halogenid als Silbersalz auszufällen. Der Überschuss an Ag^+-Ionen wird dann mit *SCN^--Lösung* (c_{eq} = 0,1 mol·l^{-1}) gegen *$NH_4Fe(SO_4)_2$* zurücktitriert. Die Differenz zwischen dem ersten und letzten Verbrauch ist der Halogenid-Menge äquivalent.

Bei der Titration von *Br^-* und *I^-* bestehen keine Schwierigkeiten. Hier kann die zweite Titration ohne vorherige Abtrennung der Silberhalogenid-Fällung vorgenommen werden. Bei der Titration von *I^-* ist nur zu beachten, dass der Zusatz von Fe^{3+}-Ionen erst nach der vollständigen Fällung des Iodids erfolgen darf, da sonst das dreiwertige Eisen Iodid zu Iod oxidiert.

Die Titration von *Cl^-* ist problematisch, da bei Anwesenheit eines Bodenkörpers von AgCl bei der zweiten Titration ein zu hoher Verbrauch beobachtet wird. Vergleicht man die Löslichkeitsprodukte der beiden Silbersalze ($Lp_{AgSCN} = 6{,}8 \cdot 10^{-13}$ mol^2·l^{-2} und $Lp_{AgCl} = 1{,}1 \cdot 10^{-10}$ mol^2·l^{-2}), so sieht man, dass bei der Thiocyanatzugabe ein Teil des schon gefällten AgCl wieder in Lösung geht:

$$AgCl + SCN^- \rightleftharpoons AgSCN + Cl^-$$

Vermeidet man dies durch Abfiltrieren der AgCl-Fällung vor der Zugabe von SCN^-, so wird trotzdem die berechnete Chloridmenge zu groß, da die AgCl-Fällung an der Oberfläche Ag^+-Ionen adsorbiert. Ein Abzug von 0,7% von der berechneten Chloridmenge gleicht diesen Fehler aus.

Auf die Abtrennung des AgCl-Niederschlags kann man verzichten, wenn man Toluol oder Nitrobenzol zusetzt. Hierdurch wird der Niederschlag umhüllt und eine Adsorption von Silberionen weitgehend verhindert.

Titration der Halogenide nach Mohr

Bei der Bestimmung von *Chlorid* und *Bromid* nach *Mohr* wird zur Endpunktbestimmung ausgenutzt, dass Ag^+ mit *Chromat-Ionen* einen rotbraunen Niederschlag bildet. Die Probenlösung wird mit $AgNO_3$-Lsg. ($c_{eq} = 0{,}1\ mol \cdot l^{-1}$) versetzt, bis die gesamte Halogenidmenge als Silbersalz ausgefällt ist. Danach bildet sich rotes $\mathbf{Ag_2Cr_2O_4}$. Wichtig ist dabei, däß die Bildung einer sichtbaren farbigen Fällung nahe am Äquivalenzpunkt eintritt. Am Beispiel des Chlorids soll dies erst erläutert werden:

Die Löslichkeitsprodukte der auftretenden Fällungen sind:

$$Lp_{AgCl} = c(Ag^+) \cdot c(Cl^-) = 1{,}1 \cdot 10^{-10}\ mol^2 \cdot l^{-2},$$

d.h. in gesättigter Lösung ist $c(Ag^+) = 10^{-5}$ mol l^{-1}

$$Lp_{Ag_2CrO_4} = c^2(Ag^+) \cdot c(CrO_4^{2-}) = 2 \cdot 10^{-12}\ mol^3 \cdot l^{-3},$$

d.h. in gesättigter Lösung ist $c(Ag^+) = 1{,}6 \cdot 10^{-4}$ mol l^{-1}

Am Äquivalenzpunkt gilt für die Silberkonzentration

$$c(Ag^+) = c(Cl^-) = 1{,}1 \cdot \sqrt{10^{-10}} \approx 10^{-5}\ mol \cdot l^{-1}$$

Die Kaliumchromatkonzentration ist z. B. bei der NaCl-Titration etwa $1 \cdot 10^{-2}$ $mol \cdot l^{-1}$ (2 ml einer 5%-igen Kaliumchromat-Lösung zu 50 ml Probenlösung). Die Ag^+-Konzentration, von der ab Silberchromat ausfällt, beträgt dann

$$c^2(Ag^+) = \frac{Lp_{Ag_2CrO_4}}{c(CrO_4^{2-})}$$

$$c(Ag^+) = \sqrt{\frac{Lp_{Ag_2CrO_4}}{c(CrO_4^{2-})}} = \sqrt{\frac{2 \cdot 10^{-12}}{10^{-2}}} = \sqrt{2 \cdot 10^{-10}} = 1.41 \cdot 10^{-5}\ mol \cdot l^{-1}$$

Daraus folgt, dass erst kurz nach dem Überschreiten des Äquivalenzpunktes ($c(Ag^+) = 10^{-5}\ mol \cdot l^{-1}$) das Löslichkeitsprodukt von $Ag_2Cr_2O_4$ überschritten ist.

Die Löslichkeitsverhältnisse bei der *Bromid-Titration* nach *Mohr* erlauben es ebenfalls, eine analytische Bestimmung von Br^- mit ausreichender Genauigkeit durchzuführen. Diese Voraussetzung ist bei *Iodid* nicht mehr gegeben. Hier tritt eine sichtbare Fällung erst bei einer Ag^+-Konzentration ein, die ca. 2000 mal größer als am Äquivalenzpunkt ist. Demnach ist dieses Verfahren zur Iodidbestimmung nicht geeignet.

Ein Nachteil der sonst recht genauen Titration nach Mohr ist die hohe *pH-Empfindlichkeit* der Reaktion. Sie kann nur im neutralen Bereich durchgeführt werden, da im alkalischen Milieu Ag_2O ausfällt und sich im sauren Bereich Dichromat bildet nach der Gleichung:

$$2\ CrO_4^{2-} + 2\ H^+ \rightleftharpoons Cr_2O_7^{2-} + H_2O$$

$Cr_2O_7^{2-}$ bildet aber mit Ag^+-Ionen keinen farbigen Niederschlag am Äquivalenzpunkt.

Bestimmung der Halogenide nach Fajans

Das Prinzip der argentometrischen Endpunktbestimmung nach *Fajans* ist die Verwendung von *Adsorptionsindikatoren.* Titriert man *Cl^-* mit *Ag^+-Ionen*, so adsorbiert zunächst das ausfallende AgCl die zu Beginn der Titration überschüssigen Chloridionen und lädt sich auf. Nach Überschreiten des Äquivalenzpunktes ist die Konzentration der Silberionen größer als die Chloridkonzentration, so dass die Fällung durch Adsorption von Ag^+ eine positive Ladung annimmt. Als Indikator zugesetztes *Dichlorfluorescein-Na* lagert sich nach Erreichen des Äquivalenzpunktes an die positiv geladene Fällung an (Abb. 48). Hierdurch entsteht eine Farbänderung von gelbgrün nach rosa, die ihre Ursache in der Deformation der Elektronenhülle hat. Zur Titration von Br^-, I^- und SCN^- hat sich Tetrabromfluorescein-Na (Eosin) bewährt.

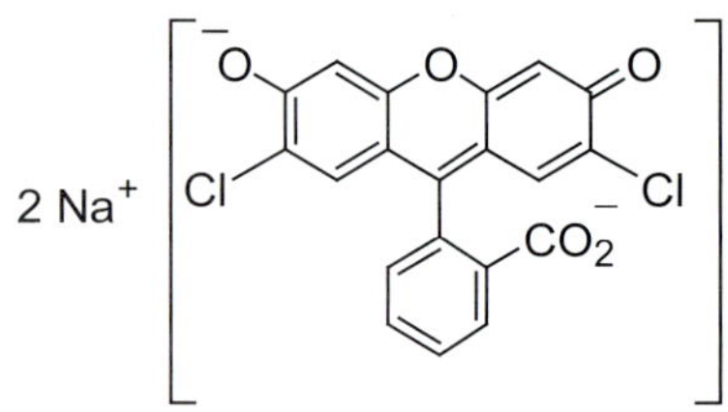

Dichlorfluorescein - Natrium

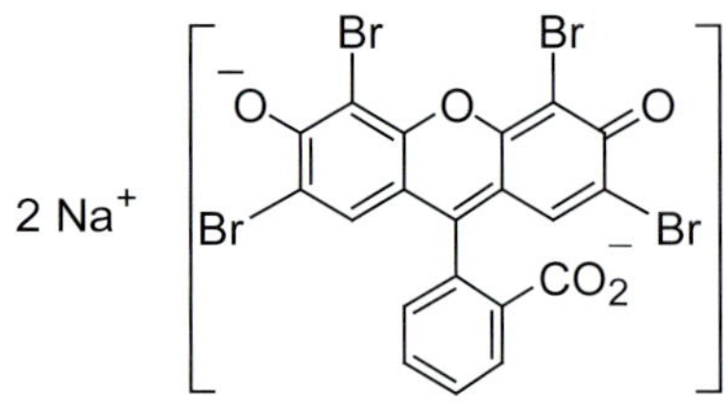

Eosin

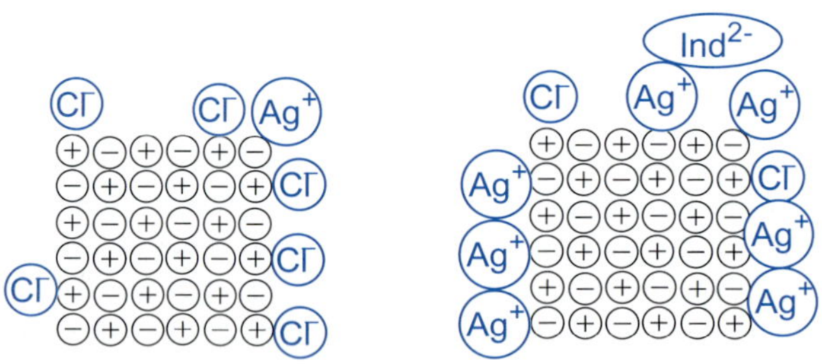

a b

Abb. 48 a u. b. Schematische Darstellung der Adsorption überschüssiger Ionen an die Oberfläche eines wachsenden Kristalls. **a)** Situation vor dem Äquivalenzpunkt (Cl^--Überschuss), **b)** Situation nach dem Äquivalenzpunkt (Ag^+-Überschuss) mit Adsorption des Indikatormoleküls (Ind^{2-}) an den positiv geladenen Kristalliten

Bestimmung organisch gebundener Halogene nach der Freisetzung aus der Substanz

Auch organisch gebundene Halogene lassen sich nach der Spaltung der Halogen-C-Bindung als Ionen mit den oben aufgeführten Verfahren quantitativ bestimmen. Die Abtrennung vom organischen Rest wird durch alkalische Verseifung oder durch oxidative Zerstörung des organischen Restes durchgeführt.

Die sich anschließende Titration des freigesetzten Halogenids erfolgt hier nach der Methode von *Volhard* (s.o.).

a) Halogenbestimmung nach hydrolytischer Abtrennung

Bestimmung des Insektizids γ-Hexachlorocyclohexan (Lindan, Gammexan)

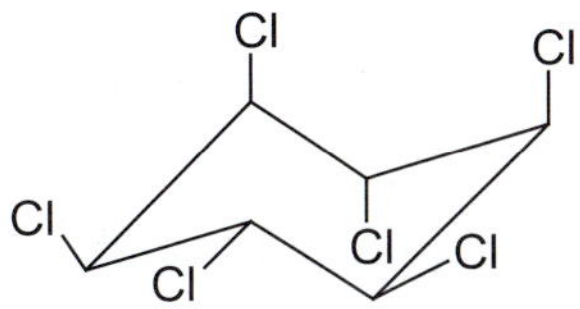

Die Hydrolyse gelingt in ethanolischer KOH durch längeres Erhitzen unter Rückfluss. Dabei werden 3 Moleküle HCl abgespalten, und es entsteht ein Gemisch von isomeren Trichlorbenzolen. Die anschließende Bestimmung des Cl^- nach *Volhard* wird nach Ansäuern der Lösung unter Zusatz von Toluol durchgeführt.

b) Halogenbestimmung nach oxidativer Zerstörung des organischen Restes

Bromidbestimmung

Das organisch gebundene Brom wird zunächst mit alkalischer $KMnO_4$-Lösung unter oxidativer Zerstörung des organischen Restes zu BrO^- und BrO_3^- oxidiert. Bromat, Hypobromid und das wegen des alkalischen Milieus entstandene MnO_2 müssen dann zu Bromid bzw. Mn^{2+} reduziert werden. Dies geschieht durch Zusatz von Natriumsulfit und Ansäuern. Der größte Teil des erforderlichen Sulfits muss vor dem Ansäuern zugesetzt werden, um die Bildung von flüchtigem elementarem Brom zu verhindern. Nach dem Ansäuern wird zur vollständigen Reduktion tropfenweise Sulfit-Lösung bis zur Entfärbung zugesetzt und das entstandene Bromid nach *Volhard* unter Toluolzusatz titriert.

11 Komplexometrische Titrationen (Chelatometrie)

Bei der komplexometrischen Titration nutzt man Konzentrationsänderungen durch Komplexbildung für die maßanalytische Bestimmung. Voraussetzung für die Brauchbarkeit einer Komplexbildungsreaktion ist, dass sich mit *großer* Geschwindigkeit in *einem* Reaktionsschritt *stabile* und *lösliche* Komplexe bilden. Dies ist bei einzähnigen Liganden meist nicht der Fall. Hier liegen in der Regel mehrere ineinander greifende Gleichgewichte vor, d.h. die Komplexbildung erfolgt stufenweise und es liegen mehrere Komplexspezies nebeneinander vor. Das soll am Beispiel der Bildung des Kupfertetrammin-Komplexes $[Cu(NH_3)_4]^{2+}$ erläutert werden.

$$Cu^{2+}_{aq} + 4NH_3 \rightleftharpoons [Cu(NH_3)_4]^{2+} \qquad \lg ß = 12{,}59$$

Versucht man diese Komplexbildung für eine Titration zu nutzen und trägt man den Verlauf der Kupferionenkonzentration, besser den $pCu^{2+} = -\lg c(Cu^{2+})$ gegen die zugesetzten Äquivalente Ammoniak auf, ergibt sich der in Abb. 49 dargestelle Kurvenverlauf. Trotz des großen Wertes für lg ß (Bruttostabilitätskonstante, s. S. 180) ergibt sich kein deutlicher Äquivalenzpunkt. Dies ist verständlich, wenn man die Bildung des Komplexes genauer betrachtet. Hier treten mindestens die angegebenen vier Gleichgewichte auf, wobei alle vier Amminkomplexe ähnliche Stabilitäten aufweisen.

$$Cu^{2+}_{aq} + NH_3 \rightleftharpoons [Cu(NH_3)]^{2+}_{aq} \qquad \lg K_1 = 4{,}13$$

$$[Cu(NH_3)]^{2+}_{aq} + NH_3 \rightleftharpoons [Cu(NH_3)_2]^{2+}_{aq} \qquad \lg K_2 = 3{,}48$$

$$[Cu(NH_3)_2]^{2+}_{aq} + NH_3 \rightleftharpoons [Cu(NH_3)_3]^{2+}_{aq} \qquad \lg K_3 = 2{,}87$$

$$[Cu(NH_3)_3]^{2+}_{aq} + NH_3 \rightleftharpoons [Cu(NH_3)_4]^{2+}_{aq} \qquad \lg K_4 = 2{,}11$$

In der Lösung liegen daher nach der Zugabe von vier Äquivalenten Ammoniak alle denkbaren Komplexionen nebeneinander vor, $[Cu(NH_3)_4]^{2+}$ ist nicht einmal die Hauptspezies.

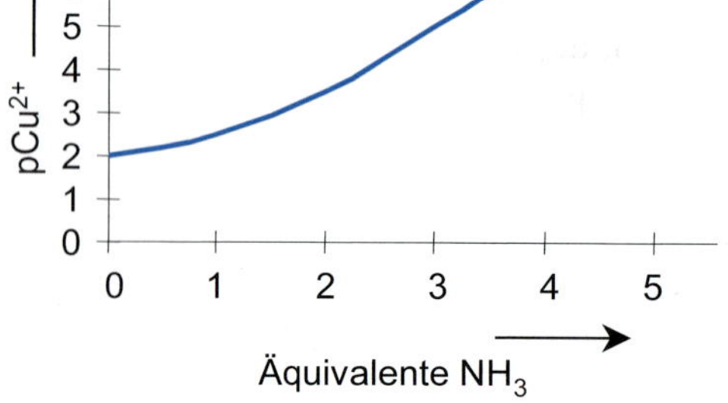

Abb. 49. Titrationskurve von Cu^{2+}-Ionen mit Ammoniak

Mit Ausnahme der Bestimmung von Halogeniden mit Hg^{2+}-Ionen *(Mercurimetrie)* als $HgCl_2$ oder der Bestimmung von CN^- mit Ag^+-Ionen als $[Ag(CN)_2]^-$ werden deshalb für komplexometrische Titrationen ausschließlich Chelat-Komplexe verwendet. Man spricht deshalb auch von *Chelatometrie* und *chelatometrischer Titration*.

Die Grundlagen der Komplexbildung wurden in Kap. V.1.3 behandelt.

Bei der Verwendung von Aminopolycarbonsäuren (s. Tabelle 31) werden bei der Komplexbildung Protonen frei, wie am Beispiel der Reaktion von EDTA (H_2Y^{2-}) mit M^{2+} gezeigt werden soll:

$$M^{2+} + H_2Y^{2-} \rightleftharpoons [MY]^{2-} + 2\ H^+$$

Damit die Protonen das Gleichgewicht nicht nach links verschieben, und weil viele metallspezifische Indikatoren pH-empfindlich sind, muss der Lösung der Probe ein Puffer zugesetzt werden.

11.1 Chelatbildner

Besonders stabile Komplexe entstehen mit Liganden, die gleichzeitig mehr als eine Koordinationsstelle besetzen können. Die Liganden heißen *mehrzähnige Liganden* oder *Chelat-Liganden* und die entsprechenden Komplexe *Chelatkomplexe* (von lat. chelae = Scheren (von Krebstieren)).

Doch woher rührt diese Stabilität?

$$Cd^{2+}_{aq} + 4\ CH_3NH_2 \rightleftharpoons [Cd(NH_2CH_3)_4]^{2+} + n\ H_2O$$

$$Cd_{aq} + 2\ en \rightleftharpoons [Cd(en)_2]^{2+} + n\ H_2O$$

Vergleichen wir die Bildung von Aminokomplexen des Cadmiums mit dem einzähnigen Liganden Methylamin und dem zweizähnigen Liganden Ethylendiamin (en). In Tabelle 30 sind die wichtigsten thermodynamischen Daten für die beiden Komplexe zusammengestellt. Die Stabilitätskonstante ß (s. Kap. V.1.3) hängt über $\Delta G° = -RT \ln ß$ mit der *Gibbschen Freien Enthalpie* zusammen. Diese Triebkraft einer chemischen Reaktion beinhaltet die Reaktionsenthalpie und die Reaktionsentropie:

$$\Delta G° = \Delta H° - T\Delta S°.$$

Ist $\Delta G° < 0$, läuft die Reaktion freiwillig ab, d.h. die Gleichgewichtskonstante oder hier die Stabilitätskonstante ist groß. Die $\Delta H°$ - Werte für beide Reaktionen sind fast gleich. Das können wir verstehen, da ja sehr ähnliche Bindungen neu geknüpft werden und in beiden Fällen die Cd-O-Bindungen gelöst werden. Entscheidend für die unterschiedlichen Komplexstabilitäten ist also die Entropieänderung $\Delta S°$. Wir müssen berücksichtigen, dass – grob gesagt – beim Chelatliganden weniger Teilchen im Komplex gebunden sind als bei einem einzähnigen (H_2O, CH_3NH_2). Die Entropie des Gesamtsystems (Komplex + gelöste = freigesetzte einzähnige Liganden) ist durch die Chelatkomplexbildung größer geworden.

Tabelle 30. Thermodynamische Daten zur Komplexstabilität von $[Cd(NH_2CH_3]^{2+}$ und $[Cd(en)_2]^{2+}$

	lg ß	ΔH° /kJmol^{-1}	ΔS° /Jmol^{-1}K^{-1}	-TΔS° /kJmol^{-1}	ΔG° /kJmol^{-1}
$[Cd(NH_2CH_3)]^{2+}$	6,5	-57,3	-67,3	-20,1	-37,2
$[Cd(en)_2]^{2+}$	10,6	-56,5	+14,1	-4,2	-60,7

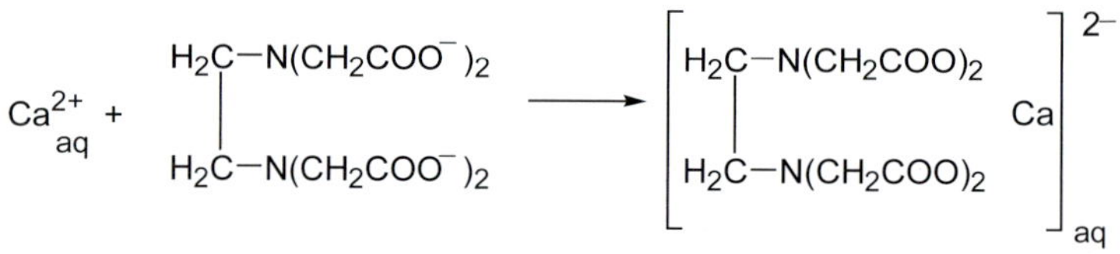

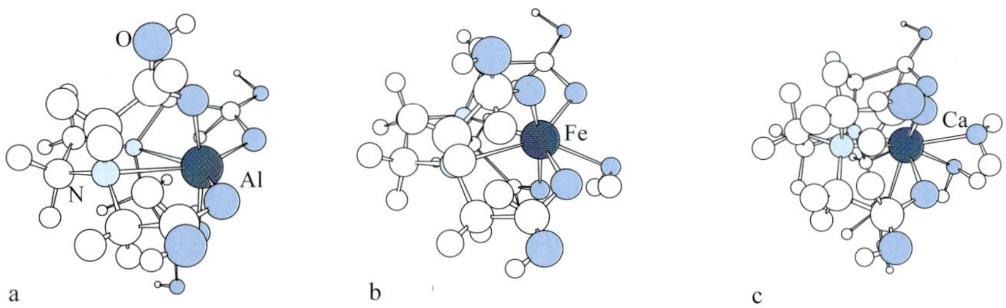

a b c

Abb. 50 a-c. Beispiele für Strukturen von EDTA-Komplexen mit **a)** der Koordinationszahl *sechs*: $[Al(EDTA)]^-$; **b)** der Koordinationszahl *sieben* $[Fe(EDTA)H_2O]^-$ (auch Fe^{2+}, Mg^{2+}, Cd^{2+}, Mn^{2+} etc); **c)** der Koordinationszahl *acht* $[Ca(EDTA)(H_2O)]^{2-}$

Schwarzenbach (1945) hat gezeigt, dass sich die verschiedenen *Aminopolycarbonsäuren* (s. Tabelle 31) für die Chelatometrie besonders gut eignen. Am häufigsten verwendet wird Dinatriumethylendiamintetraacetat = *Na_2-EDTA*. Diese Substanz erfüllt alle Bedingungen, die an einen chelatometrischen Titranten gestellt werden. Sie ist gut wasserlöslich, reagiert mit genügend hoher Geschwindigkeit und bildet mit zahlreichen Kationen stabile und leichtlösliche Komplexe.

Beachte: Die Komplexbildung tritt mit den meisten mehrwertigen Kationen im Verhältnis 1:1 ein. Bei der Chelatometrie arbeitet man daher mit *molaren* Lösungen.

Tabelle 31 enthält ausgewählte Beispiele für verschiedene Chelatliganden. Abb. 50 zeigt Beispiele für Chelatkomplexe mit EDTA-Liganden. Zu beachten ist dabei, dass zwar stets 1:1-Komplexe mit dem sechszähnigen Liganden vorliegen, die Koordinationszahl aber keineswegs stets *sechs* ist. Vielmehr können zusätzlich noch weitere Liganden, v.a. H_2O, an das Zentralatom koordiniert sein und so kommen neben der Koordinationszahl *sechs* auch die Koordinationszahlen *sieben* und *acht* vor. Zu erwähnen ist hier der bekannte CaEDTA-Komplex, in dem das Calcium-Atom die Koordinationszahl *acht* aufweist.

Tabelle 31. Mehrzähnige Liganden (Chelat-Liganden) (Auswahl)

Zweizähnige Liganden

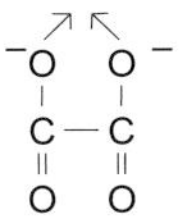
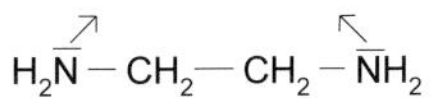
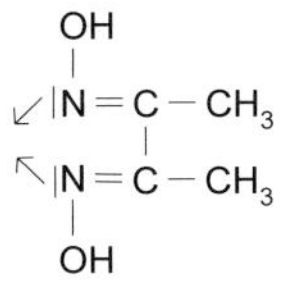
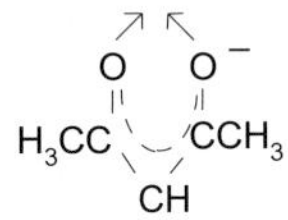
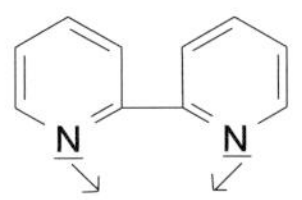

Oxalat-ion	Ethylen-diamin (en)	Diacetyl-dioxim	Acetylacetonat-Ion (acac⁻)	2,2'-Dipyridyl (dipy)

Dreizähniger Ligand

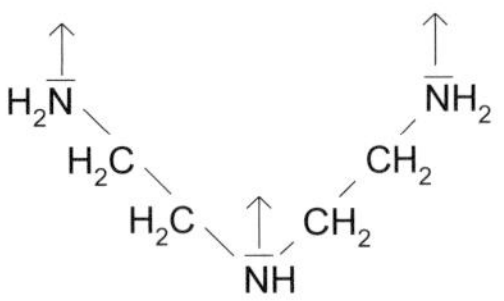

Diethylentriamin (dien)

Vierzähniger Ligand

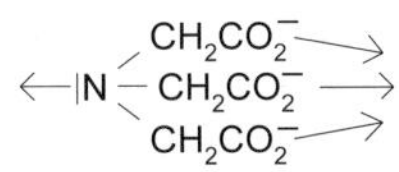

Anion der Nitrilotriessigsäure, NTE; (z. B. Komplexon I, Titriplex I, Idranal I); Molmasse 191,14

$H_2N–(CH_2)_2\ NH–(CH_2)_2–NH–(CH_2)_2–NH_2$
Triethylentetramin

Fünfzähniger Ligand

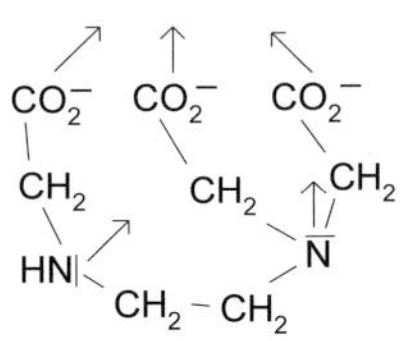

Anion der Ethylendiamin-triessigsäure

Sechszähniger Ligand

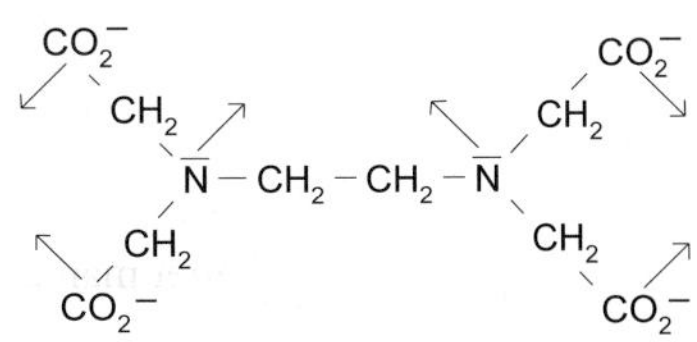

Anion der Ethylendiamintetraessigsäure, EDTE, H_4Y (z. B. Komplexon II, Titriplex II, Idranal II); Molmasse 292,24

Das Dinatriumsalz der EDTE, das Dinatriumethylendiamintetraacetat H_2Y^{2-} 2 Na^+ (EDTA) ist z. B. als Komplexon III, Titriplex III oder Idranal III im Handel. EDTA enthält zwei Moleküle Kristallwasser; Molmasse 372,24. Die wässrige Lösung von EDTA reagiert sauer.

Tabelle 31. (Fortsetzung)

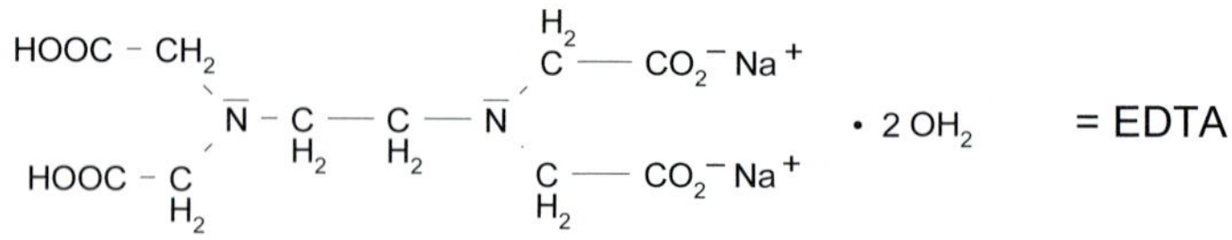

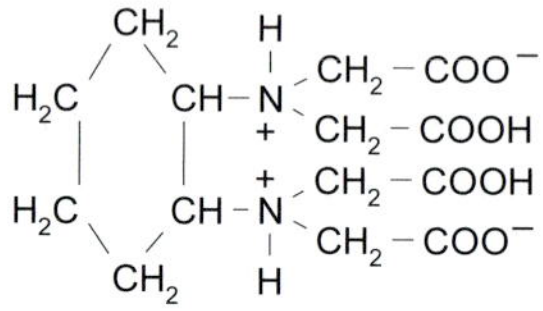

1,2-Diaminocyclohexantetraessigsäure (z. B. Komplexon IV, Idranal IV, Molmasse 346,33)

Die Pfeile deuten die freien Elektronenpaare an, die die Koordinationsstellen besetzen.

In Lösung liegen die Aminopolycarbonsäuren als Betaine vor, wie am Beispiel der 1,2-Diaminocyclohexantetraessigsäure gezeigt wird.

11.2 Titrationsmöglichkeiten mit Dinatriumethylendiamintetraacetat (EDTA)

Die Titrationsmöglichkeiten lassen sich aus der Größenordnung der Stabilitätskonstanten der Chelatkomplexe abschätzen.

Tabelle 32 enthält die Logarithmen der Stabilitätskonstanten lg K von 1:1-Komplexen von EDTA mit einigen ausgewählten Kationen. K ist die Gleichgewichtskonstante für die Reaktion:

$$M^{n+} + Y^{4-} \rightleftharpoons MY^{n-4} \qquad K = \frac{c(MY^{n-4})}{c(M^{n+})c(Y^{4-})}$$

Y^{4-} ist aber nur eine der in Lösung vorhandenen Spezies. H_4Y ist eine vierbasige Säure, kann in saurer Lösung aber noch zweifach protoniert werden zu H_6Y^{2+}. Es ergeben sich folgende sechs Protolysestufen, von denen die vier ersten auf Carboxylprotonen, die beiden anderen auf Ammoniumprotonen zurückgehen.

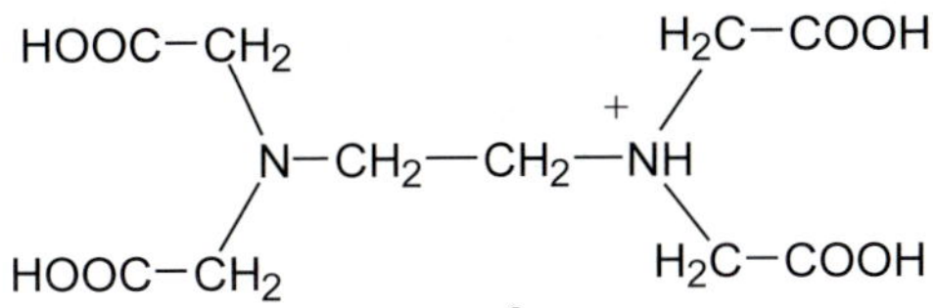

H_6Y^{2+}

$pK_{S_1} = 0{,}0$

$pK_{S_2} = 1{,}5$

$pK_{S_3} = 2{,}0$

$pK_{S_4} = 2{,}66$

$pK_{S_5} = 6{,}16$

$pK_{S_6} = 10{,}24$

Nehmen wir die starken Säuren H_6Y^{2+} und H_5Y^+ als vollständig dissoziiert an, ergibt sich der Anteil an Y^{4-} zu

$$\alpha_{Y^{4-}} = \frac{c(Y^{4-})}{c(H_4Y) + c(H_3Y^-) + c(H_2Y^{2-}) + c(HY^{3-}) + c(Y^{4-})}$$

$$\alpha_{Y^{4}} = \frac{c(Y^{4-})}{c(EDTA)}$$

mit c(EDTA) = Gesamtkonzentration aller freien, also nicht komplexierten EDTA-Spezies. $\alpha_{Y^{4-}}$ ist der Protolysegrad der Säure H_4Y (s. a. S. 210). Durch Umformen und Verwendung der K_S- Werte erhält man

$$\alpha_{Y^{4-}} = \frac{K_{S_3} \cdot K_{S_4} \cdot K_{S_5} \cdot K_{S_6}}{c^4(H^+) + c^3(H^+)K_{S_3} + c^2(H^+)K_{S_3}K_{S_4} + c(H^+)K_{S_3}K_{S_4}K_{S_5} + K_{S_3}K_{S_4}K_{S_5}K_{S_6}}$$

So lässt sich der Anteil von Y^{4-} in Abhängigkeit vom pH-Wert berechnen (Abb. 51 und Tabelle 33), analog natürlich auch der der anderen EDTA-Spezies.

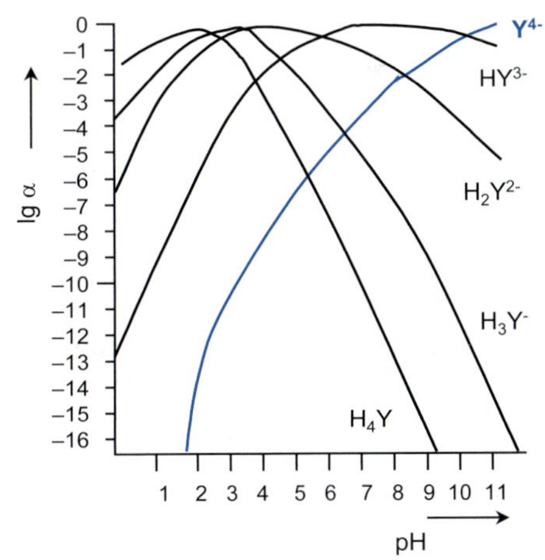

Abb. 51. Anteil der EDTA-Spezies in Abhängigkeit vom pH-Wert

Tabelle 32. Logarithmen der Stabilitätskonstanten K von 1:1-Komplexen von EDTA mit verschiedenen Kationen bei 20°C (nach Schwarzenbach); pK = –lg K

Kation	lg K	Kation	lg K
Be^{2+}	≈ 9	V^{2+}	12,7
Mg^{2+}	8,7	V^{3+}	25,9
Ca^{2+}	10,7	VO^{2+}	18,8
Sr^{2+}	8,6	VO_2^+	18,1
Ba^{2+}	7,8	Mn^{2+}	13,8
Ra^{2+}	7,1	Fe^{2+}	14,3
Al^{3+}	16,1	Fe^{3+}	25,1
Sc^{3+}	23,1	Co^{2+}	16,3
Y^{3+}	18,1	Ni^{2+}	18,6
La^{3+}	15,5	Pd^{2+}	18,5
Au^{3+}	17,0	Cu^{2+}	18,8
Eu^{2+}	7,7	Ag^+	7,3
Lu^{3+}	19,8	Zn^{2+}	16,5
UO_2^{2+}	≈ 10	Cd^{2+}	16,5
U^{4+}	25,5	Hg^{2+}	21,8
Pu^{3+}	18,1	Ga^{3+}	20,3
Am^{3+}	18,2	In^{3+}	24,9
Ti^{3+}	21,3	Tl^+	5,3
Zr^{4+}	29,5	Tl^{3+}	21,5
		Sn^{2+}	22,1
		Pb^{2+}	18,0
		Bi^{3+}	27,9

Tabelle 33. Werte für $\alpha_{Y^{4-}}$ bei 20°C

pH	$\alpha_{Y^{4-}}$	pH	$\alpha_{Y^{4-}}$
0	$1{,}3 \cdot 10^{-23}$	8	$5{,}6 \cdot 10^{-3}$
1	$1{,}9 \cdot 10^{-18}$	9	$5{,}4 \cdot 10^{-2}$
2	$3{,}3 \cdot 10^{-14}$	10	0,36
3	$2{,}6 \cdot 10^{-11}$	11	0,85
4	$3{,}8 \cdot 10^{-9}$	12	0,98
5	$3{,}7 \cdot 10^{-7}$	13	1,00
6	$2{,}3 \cdot 10^{-5}$	14	1,00
7	$5 \cdot 10^{-4}$		

Offensichtlich ist Y^{4-} erst im stark alkalischen Milieu die dominierende Spezies, das Gleichgewicht $M^{n+} + Y^{4-} \rightleftharpoons MY^{n-4}$ ist somit stark vom pH-Wert abhängig. Unter Einbeziehung von $\alpha_{Y^{4-}}$ erhält man für die Stabilitätskonstante K.

$$K = \frac{c(MY^{n-4})}{c(M^{n+}) \cdot c(EDTA) \cdot \alpha_{Y^{4-}}}$$

Bei konstantem pH-Wert, wie er bei der Titration durch Verwendung einer Pufferlösung gehalten wird, ist $\alpha_{Y^{4-}}$ eine Konstante und man erhält:

$$K' = \alpha_{Y^{4-}} \cdot K = \frac{c(MY^{n-4})}{c(M^{n+}) \cdot c(EDTA)}$$

K' ist die konditionelle Stabilitätskonstante (oder auch effektive Stabilitätskonstante). Sie ist für einen bestimmten pH-Wert eine Konstante und ermöglicht die Behandlung von EDTA-Titrationen nur unter Betrachtung der EDTA-Gesamtkonzentration. Ein Beispiel soll dies verdeutlichen.

Wie groß ist die Konzentration x an hydratisierten Al^{3+}-Ionen in einer 0,1 M Aluminiumsalzlösung nach Zugabe von einem Äquivalent 0,1 M EDTA-Lösung bei pH = 2 und pH = 9?

$pK_{AlY} = -16{,}3$; $\alpha_{Y^{4-}} = 3{,}3 \cdot 10^{-14}$ bei pH = 2

$\alpha_{Y^{4-}} = 5{,}4 \cdot 10^{-2}$ bei pH = 9

damit $pK'_{AlY} = -2{,}8$ bei pH = 2

$pK'_{AlY} = -15{,}03$ bei pH = 9

$$K' = \frac{c°(AlY) - x}{x^2}$$ mit $x = c(Al^{3+}) << c(AlY)$ und $c°(AlY) = 0{,}1 \text{ mol l}^{-1}$

$x = 1{,}6 \cdot 10^{-14} \text{ mol l}^{-1}$ bei pH = 2

$x = 10^{-16} \text{ mol l}^{-1}$ bei pH = 9

d. h. die Konzentration an hydratisierten Aluminium-Ionen ist bei pH = 2 etwa um das Hundertfache größer als im basichen.

Um für eine Titration geeignet zu sein, muss eine Komplexbildung nahezu vollständig sein. Dies kann als erreicht gelten, wenn höchstens 0,1% der Metallionen am Äquivalenzpunkt frei vorliegen.

Damit findet man am Äquivalenzpunkt bei einer Gesamtkonzentration C_M für die Metallionen die Spezies M^{n+}, $[MY]^{(n-4)-}$ und EDTA in folgenden Konzentrationen vor:

$c(M^{n+}) = 10^{-3}\, C_M$, $c(MY^{(n-4)-}) = C_M - 10^{-3}\, C_M$ und $c(EDTA) = 10^{-3}\, C_M$

Damit gilt für die konditionelle Stabilitätskonstante $K' \approx 10^6 \cdot C_M^{-1}$.

Das heisst, wenn $C_M = 10^{-2}$ mol l^{-1} beträgt, ist für eine erfolgreiche Titration eine *konditionelle Stabilitätskonstante* pK' von mindestens 8 nötig.

Betrachtet man nun den Mindest-pH-Wert, bei dem diese Bedingung (pK' ≥ 8) für verschiedene Metallionen erfüllt ist (Abb. 52), erkennt man, dass bei genauer pH-Wert-Einstellung selektive Titrationen, also getrennte Bestimmungen in Mischungen möglich sind.

11.3 Titrationsendpunkte

Die Indikation des Äquivalenzpunktes ist auch hier elektrometrisch durchführbar.

Meist verwendet man jedoch in der Chelatometrie *metallspezifische Indikatoren*, wie z. B. Murexid, Brenzkatechinviolett oder Eriochromschwarz T, Phthaleinpurpur. Diese Indikatoren bilden mit den zu bestimmenden Metallionen ebenfalls Chelatkomplexe. Sie sind jedoch weniger stabil als die Komplexe der Metallionen mit den Chelatliganden, mit denen die Titration erfolgt. Am Äquivalenzpunkt liegen die freien Indikatoren vor.

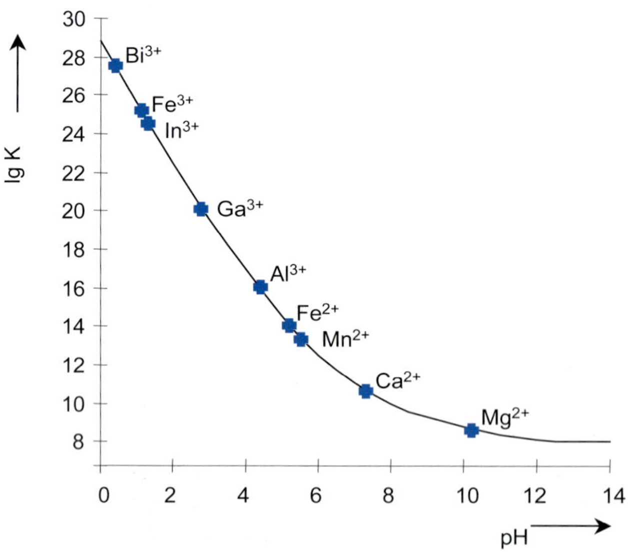

Abb. 52. Mindest-pH-Wert für Titrationen bei verschiedenen Stabilitätskonstanten K

Weil der freie und der komplexgebundene Indikator verschiedene Farben besitzen, wird der Äquivalenzpunkt durch einen Farbumschlag angezeigt.

Beachte: Die metallspezifischen Indikatoren sind pH-empfindlich und zeigen in Abhängigkeit vom pH-Wert verschiedene Farben.

Beispiel:

Eriochromschwarz T (H_2Ind^-):

$$\underset{\text{weinrot}}{H_2Ind^-} \underset{+H^+}{\overset{-H^+}{\rightleftharpoons}} \underset{\text{tiefblau}}{HInd^{2-}} \underset{+H^+}{\overset{-H^+}{\rightleftharpoons}} \underset{\text{orange}}{Ind^{3-}}$$

pH = 6,3 pH = 11,5

Im pH-Bereich < 6 polymerisiert Eriochromschwarz T und wird gelbbraun.

In alkalischer Lösung ist der Indikator sehr oxidationsempfindlich. Wässrige oder alkoholische Lösungen müssen täglich neu angesetzt werden. Ungefähr 14 Tage haltbar ist folgende Lösung: 0,2 g Eriochromschwarz T werden in 15 ml Triethanolamin und 5 ml wasserfreiem Ethanol gelöst.

Murexid zeigt bei Zusatz besonders von *Ca^{2+}-Ionen* bei pH 12 einen deutlichen Farbumschlag von blauviolett nach rot.

Lösungen des Indikators sind höchstens zwei Tage haltbar!

Verfahrensweise: (a) Murexid und NaCl werden im Verhältnis 1:1 verrieben und fest der Lösung zugesetzt. (b) 0,5 g Murexid werden mit Wasser aufgeschlämmt. Es wird dann jeweils die überstehende Lsg. abdekantiert und zur Titration benutzt. Der Rückstand kann dann erneut aufgeschlämmt werden usw.

Phthaleinpurpur (Metallphthalein) ist in Lösung bei pH 7 bis 10 schwach rosa gefärbt. Bei Zusatz von Ba^{2+}, Sr^{2+} ändert sich die Farbe nach tiefviolett. Verbessern lässt sich der Farbumschlag durch Zusatz von ca. 30 ml Ethanol auf ca. 100 ml Probenlösung. Bereitung: 0,1 g Phthaleinpurpur werden in 2 ml konz. Ammoniak-Lsg. gelöst und mit aqua dest. auf ca. 100 ml aufgefüllt! Haltbarkeit der Lösung ca. 7 Tage.

11.4 Komplexometrische Arbeitsweisen

Auch bei der komplexometrischen Titration kennt man verschiedene Ausführungsformen:

Direkte Titration

Bei diesem Verfahren titriert man die Metallionen *direkt* mit dem Titrant. Um günstige Arbeitsbedingungen während der Titration zu garantieren, stellt man mit einer Pufferlösung (käuflich) einen genügend hohen pH-Wert ein (s. Abb. 52). Das Ausfallen von Metallhydroxiden verhindert man durch Zusatz von sog. *Hilfskomplexbildnern* wie Ammoniak, Citrat, Tartrat usw.

Die mit den Hilfskomplexbildnern entstandenen Komplexe müssen natürlich weniger stabil sein als die interessierenden Chelatkomplexe.

Beispiele:

Bestimmung von Mg^{2+}, Zn^{2+}, Cd^{2+} mit EDTA gegen Eriochromschwarz T; Co^{2+}, Ni^{2+}, Cu^{2+} mit EDTA gegen Murexid; Fe^{3+} mit EDTA gegen 5-Sulfosalicylsäure; Ca^{2+} gegen Calcein; Sr^{2+}, Ba^{2+} gegen Phthaleinpurpur (Metallphthalein).

Rücktitration

Steht für eine direkte Titration kein geeigneter Indikator zur Verfügung, ist die Reaktionsgeschwindigkeit zu klein oder lässt sich das Metall nicht in Lösung halten, benutzt man die sog. *Rücktitration*: Man fügt zu der Probe eine Lösung bekannter Konzentration eines geeigneten Komplexbildners hinzu. Bei kleiner Reaktionsgeschwindigkeit wird die Reaktionslösung erhitzt. Nach dem Erkalten der Lösung titriert man den überschüssigen Komplexbildner mit einem geeigneten Kation zurück. Der Komplex dieses Kations muss natürlich weniger stabil sein als der Komplex des zu bestimmenden Kations.

Beispiele: Bestimmung von Ni^{2+}, Al^{3+}, Hg^{2+}, Co^{2+}

Beachte: Rücktitrationen sind mit einem größeren Fehler behaftet als direkte Titrationen, weil mehr Messvorgänge erforderlich sind.

Substitutionstitrationen

Diese Methode nutzt ebenfalls die unterschiedliche Stabilität von Komplexen aus. Man stellt zuerst z. B. mit EDTA und Mg^{2+}- oder Zn^{2+}-Ionen die Komplexe $[MgY]^{2-}$ bzw. $[ZnY]^{2-}$ her. Diese lässt man mit einem Kation reagieren, das mit EDTA einen stabileren Komplex bildet.

Die durch die Reaktion freigesetzten Mg^{2+}- bzw. Zn^{2+}-Ionen werden anschließend mit EDTA zurücktitriert.

Allgemeine Formulierung dieser Substitution:

$$M^{2+} + [MgY]^{2-} \rightleftharpoons [MY]^{2-} + Mg^{2+}$$

Beispiele: Bestimmung von Mn^{2+}, Ca^{2+}

Beachte: Die Stabilitätskonstanten der Komplexe müssen sich hinreichend unterscheiden. Ist dies nicht der Fall, liegen beide Kationen in der Lösung in unterschiedlicher Menge nebeneinander vor.

Mg^{2+}-Ionen lassen sich meist leichter als Zn^{2+}-Ionen substituieren.

Indirekte Titration

Anionen und Kationen, die selbst keine Chelatkomplexe bilden, können manchmal indirekt chelatometrisch bestimmt werden.

Beispiele für Kationen

Na^+-Ionen werden quantitativ in Natriumzinkuranylacetat, $NaZn(UO_2)_3$-$(CH_3CO_2)_9 \cdot 6\ H_2O$, übergeführt; anschließend wird in dem Niederschlag das Zn^{2+}-Kation gleichsam als „Ersatzkation" für Na^+ chelatometrisch bestimmt.

Ag^+-Ionen reagieren mit $[Ni(CN)_4]^{2-}$-Ionen und setzen quantitativ die Ni^{2+}-Ionen frei. Diese können mit EDTA direkt gegen Murexid bestimmt werden. Die Ni^{2+}-Ionen sind die Ersatzkationen für die Ag^+-Ionen.

Beispiele für Anionen

SO_4^{2-} -Ionen werden mit überschüssigem $BaCl_2$ gefällt. Die überschüssigen Ba^{2+}-Ionen werden chelatometrisch bestimmt. Die SO_4^{2-}-Konzentration berechnet sich aus der Differenz.

CN^-, SCN^-, Cl^-, Br^-, I^-, $[Fe(CN)_6]^{4-}$ werden mit einem Kation im Überschuss umgesetzt, das mit den zu bestimmenden Ionen stabilere Komplexe liefert als mit einem Chelatliganden. Der Überschuss des Kations wird anschließend chelatometrisch bestimmt.

PO_4^{3-} lässt sich bestimmen, wenn man es mit NH_3-Lsg. und Mg^{2+} in $Mg(NH_4)PO_4 \cdot 6\ H_2O$ überführt und die überschüssigen Mg^{2+}-Ionen chelatometrisch zurücktitriert.

11.5 Titrationskurven

Die näherungsweise Berechnung der Titrationskurve für die Titration von z. B. M^{2+}-Ionen mit EDTA (YH_2^{2-}) gelingt, wenn man den pM^{2+}-Wert [$pM^{2+} = -\lg c(M^{2+})$] für die einzelnen Kurvenstücke mit den Gleichungen a), b) und c) berechnet. Die konditionelle Stabilitätskonstante K' ist dabei genügend groß angenommen, damit die Reaktion vollständig ist.

$$K' = \frac{c(MY^{2})}{c(M^{2+}) \cdot c(EDTA)} \qquad M^{2+} + EDTA \rightleftharpoons MY^{2-}$$

pM^{2+} ist der neg. lg der Gesamtkonzentration des nicht an den Chelatliganden gebundenen Metalls; C_M ist die Gesamtkonzentration des Metalls in der titrierten Lösung, also freie und komplexgebundene Ionen: $C_M \approx c(M^{2+}) + c(MY^{2-})$. C_Y ist die Gesamtkonzentration des Chelatliganden in der titrierten Lösung, also freies und gebundenes EDTA: $C_Y \approx c(YH_2^{2-}) + c(MY^{2-})$; C(EDTA) ist die Konzentration aller freien EDTA-Spezies.

a) ***vor*** *dem Äquivalenzpunkt*:

Alles zugesetzte EDTA wird zu MY^{2-} verbraucht, der Überschuss an noch nicht komplexierten Metallionen beträgt:

$$c(M^{2+}) = C_M - C_Y \qquad \text{und} \qquad pM^{2+} = -\lg (C_M - C_Y).$$

b) ***am*** *Äquivalenzpunkt*:

Hier gilt $c(M^{2+}) = C(EDTA)$ und $c(MY^{2-}) \approx C_Y$, da die Dissoziation von MY^{2-} vernachlässigt werden kann. Also gilt

$$K' = \frac{C_Y}{c^2(M^{2+})}$$

$$c(M^{2+}) = \sqrt{\frac{C_Y}{K'}} \quad \text{und} \quad pM^{2+} = 1/2\,(pK' - \lg C_Y).$$

c) ***nach*** *dem Äquivalenzpunkt.*

Alle M^{2+}-Ionen liegen als MY^{2-}-Komplex vor, zudem existiert ein Überschuss an EDTA in der Lösung. Vernachlässigen wir wie in den vorigen Beispielen den Verdünnungsfaktor bei der Titration (Größenordnung 2-3) erhalten wir

$$K' = \frac{c(MY^{2-})}{c(M^{2+}) \cdot C(EDTA)} = \frac{C_M}{c(M^{2+})(C_Y - C_M)}$$

$$c(M^{2+}) = \frac{C_M}{K'(C_Y - C_M)} \quad \text{und} \quad pM^{2+} = \lg(C_M - C_Y) - \lg C_M - pK'$$

Beispiel: Titration einer 0,1 M Ca^{2+}-Lösung bei pH = 9 mit einer 0,1 M EDTA-Lösung

$K' = (5{,}4 \cdot 10^{-2})(2 \cdot 10^{-11}) = 1{,}1 \cdot 10^{-12}$, $pK' = 12{,}0$

a) vor dem Äquivalenzpunkt

Titrationsgrad $\tau = 0{,}9$: $pCa^{2+} = -\lg(0{,}1 - 0{,}09) = 2$

$\tau = 0{,}99$: $pCa^{2+} = -\lg(0{,}1 - 0{,}099) = 3$

b) am Äquivalenzpunkt ($\tau = 1$)

$pCa^{2+} = ½\,[-\lg 0{,}1 + 12{,}0] = 6{,}5$

c) nach dem Äquivalenzpunkt

$\tau = 1{,}1$: $pCa^{2+} = \lg 0{,}01 + 12{,}0 - \lg 0{,}1 = 11$

$\tau = 2$: $pCa^{2+} = \lg 0{,}1 + 12{,}0 - \lg 0{,}1 = 12$

Die graphische Darstellung findet sich in Abb. 53.

Graphische Darstellung der Titrationskurven

Berechnet man mit den Formeln a), b) und c) den pM^{2+}-Wert (Metallionenexponent) und trägt die erhaltenen Werte gegen den jeweiligen Titrationsgrad $\tau = C_Y/C_M$ in ein Koordinatenkreuz ein, erhält man Titrationskurven, die derjenigen in Abb. 53 ähnlich sind.

Beachte: Vor der Titration ist $C_Y = 0$ und $pM^{2+} = \lg C_M$. *Beim Titrationsgrad* $\tau = 2$ (d.i. $C_Y = 2\,C_M$) ist $pM^{2+} = -\lg K'$.

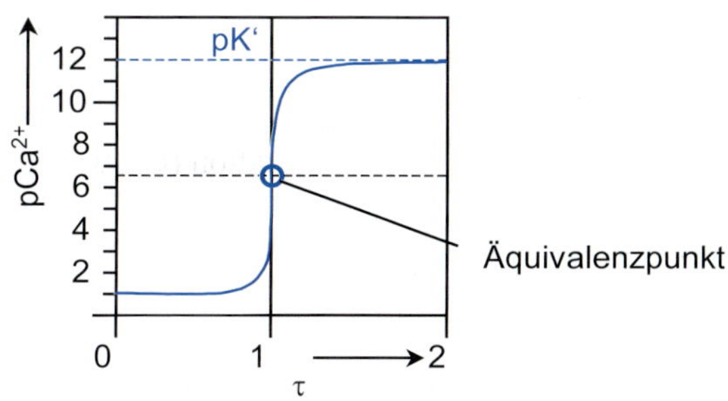

Abb. 53. Berechnete Kurve für die Titration einer 0,1 M M^{2+}-Lsg. mit EDTA

11.6 Anwendungsbeispiele mit EDTA

Arbeitshinweise:

- EDTA ist ein weißes, körniges Pulver, leichtlöslich in Wasser. Die Lsg. hat einen pH-Wert von 4,8. Die Lsg. wird in einer Polyethylenflasche aufbewahrt. Vor der Einwaage wird das Salz bei ca. 80°C getrocknet: $\hat{=}$ $Na_2H_2C_{10}H_{12}O_8N_2 \cdot 2\ H_2O$ (372,24). Trocknet man bei 130°C, verliert die Substanz ihr Kristallwasser.
- Bei Erwärmen auf mind. 50°C verläuft die Komplexbildung sehr schnell.
- Für komplexometrische Titrationen ist reinstes Wasser zu verwenden.
- Wird in einer Lösung mit mehreren Metall-Ionen nur eine Ionensorte bestimmt, müssen die anderen komplexiert (maskiert) werden.

  Komplexierungsmittel: KCN (für Zn, Cd, Hg^{2+}, Cu, Ag, Ni, Co); NaF (für Al, Ti^{4+}); Triethanolamin (für Al, Fe^{3+}).
- Die benötigten Pufferlösungen sind käuflich.
- Zur eigenen Herstellung von Pufferlösungen kann man wie folgt verfahren:
  pH 8 bis 11: wässrige Lösungen von 1 M NH_3 und 1 M NH_4Cl getrennt aufbewahren und nach Bedarf mischen.
  pH 10: 70 g NH_4Cl werden in 570 ml konz. NH_3-Lösung aufgelöst und mit Wasser auf 1 Liter aufgefüllt.
  pH 11 bis 13: 1 M NaOH-Lösung

11.6.1 Bestimmung einzelner Kationen

a) Direkte Titration

Bi

1 ml 0,1 M EDTA-Lsg. $\hat{=}$ 20,898 mg Bi

Bismut bildet einen sehr stabilen EDTA-Komplex, wie die Stabilitätskonstante $\lg K_{BiY^-} = 27{,}94$ zeigt. Demnach kann Bismut komplexometrisch in stark saurem Milieu titriert werden.
Indikator: Xylenolorange oder *Methylthymolblau*

Ca

1 ml 0,1 M EDTA-Lsg. $\hat{=}$ 4,008 mg Ca

Der Ca-EDTA-Komplex ist nicht sehr stabil ($\lg K_{CaY^{2-}} = 10{,}7$). Die Titration erfolgt deshalb in alkalischer Lösung. Meist titriert man gegen *Calcon*, wobei zuerst die größte Menge der Ca^{2+}-Ionen bei saurem pH erfaßt und anschließend bei alkalischem pH bis zum Äquivalenzpunkt titriert wird. Dies verhindert ein Ausfallen von $Ca(OH)_2$.

Hat man keinen geeigneten Indikator zur direkten Ca^{2+}-Titration, verfährt man wie folgt: Zur Probenlsg. gibt man eine bestimmte Menge 0,1 M $ZnSO_4$-Lsg. zu. Bei der Titration erfaßt man zuerst die Ca^{2+}-Ionen, dann die Zn^{2+}-Ionen; danach schlägt der zugegebene *Chromschwarz-Mischindikator* um. Eine Voraussetzung für dieses Vorgehen ist, dass der Zn-EDTA-Komplex weniger stabil ist als der entsprechende Ca-Komplex. Die Stabilitätskonstanten lg $K_{CaY^{2-}}$ = 10,7 und lg $K_{ZnY^{2-}}$ = 16,5 stimmen hiermit nicht überein. Da man aber in ammoniakalischer Lösung arbeitet und der Zn-Ammin-Komplex stabiler als der Ca-Ammin-Komplex ist, wird die scheinbare Stabilitätskonstante des Zn-EDTA-Komplexes kleiner als die des Ca-Komplexes, so dass die Titration in der beschriebenen Weise durchführbar ist.

Cu

1 ml 0,1 M EDTA-Lsg. $\hat{=}$ 6,354 mg Cu

Die Stabilitätskonstante des Cu-EDTA-Komplexes ist lg $K_{CuY^{2-}}$ = 18,8. Die Titration wird gegen *Murexid* in ammoniakalischem Milieu durchgeführt. Der pH-Wert sollte nicht über 8 liegen, da dann geringe Mengen von Erdalkalien nicht stören können. Man gibt soviel Ammoniak zu, dass sich das intermediär gebildete Hydroxid gerade wieder auflöst. Anschließend kann mit EDTA-Lsg. bis zum Farbumschlag von orange nach violett titriert werden.

Mg

1 ml 0,1 M EDTA-Lsg. $\hat{=}$ 2,432 mg Mg

Die Stabilität des Mg-EDTA-Komplexes ist relativ niedrig (lg $K_{MgY^{2-}}$ = 8,7). Einen scharfen Umschlagpunkt erhält man im ammoniakalischen Milieu (pH = 10) gegen *Eriochromschwarz-T-Mischindikator*.

Pb

1 ml 0,1 M EDTA-Lsg. $\hat{=}$ 20,719 mg Pb

Blei lässt sich direkt im schwach sauren Milieu titrieren, da sein EDTA-Komplex relativ stabil ist (lg $K_{PbY^{2-}}$ = 18,04). Man titriert deshalb im essigsauren, mit Hexamethylentetramin (Urotropin) gepufferten Milieu gegen *Xylenylorange*. Der Zusatz von Hexamethylentetramin bewirkt einen sehr deutlichen Indikatorumschlag von rot nach gelb. Dieses Verfahren ist selektiver als eine Bestimmung im alkalischen Bereich.

Man kann auch direkt titrieren. Der Indikator ist *Methylthymolblau*. Die Titration erfolgt hier in ammoniakalischer Lösung. Deshalb ist ein Zusatz von *Kaliumnatriumtartrat* erforderlich, um durch Bildung eines Weinsäure-Komplexes die Fällung von $Pb(OH)_2$ bei diesem pH zu verhindern.

Zn

1 ml 0,1 M EDTA-Lsg. $\hat{=}$ 6,537 mg Zn

Man bestimmt Zn^{2+} in essigsaurer, mit Hexamethylentetramin gepufferter Lösung (s. Blei) gegen *Xylenylorange*. Diese sehr selektive Titration ist bei diesem pH aufgrund des mittelstarken Zn-EDTA-Komplexes (lg $K_{ZnY^{2-}}$ = 16,3) möglich.

Die Zinkoxid-Bestimmung gelingt im ammoniakalischen Milieu gegen *Chromschwarz-Mischindikator*.

b) Rücktitration

Al

Aluminium bildet einen mittelstarken EDTA-Komplex (lg K_{AlY^-} = 16,1). Da Aluminium im alkalischen Bereich Hydroxokomplexe bildet, kann hier die Reaktion mit EDTA verzögert werden.

Man säuert deshalb die Probenlösung mit Salzsäure an und gibt einen Überschuss EDTA-Lösung hinzu. Anschließend wird die vorher neutralisierte Lösung zur Umsetzung evtl. vorhandener Hydroxokomplexe kurz erhitzt. Das überschüssige EDTA titriert man mit 0,05 M *$Pb(NO_3)_2$-Lsg.* zurück, nachdem man mit Hexamethylentetramin gepuffert hat. Der Indikator ist *Xylenylorange*.

c) Titration von Quecksilber

Hg

Für Quecksilber, das mit lg $K_{HgY^{2-}}$ = 21,8 einen sehr stabilen EDTA-Komplex bildet, ist für die Titration im sauren Milieu kein geeigneter Indikator vorhanden. Bei der Bestimmung wird ein Überschuss an EDTA-Lsg. zugesetzt, der im ammoniakalischen Milieu gegen *Eriochromschwarz-Mischindikator* mit *$ZnSO_4$-Lsg.* zurücktitriert wird. Anschließend setzt man *Kaliumiodid* zu. Da Hg mit I^- einen stabileren Komplex als mit EDTA bildet, wird die dem Hg äquivalente EDTA-Menge wieder freigesetzt und kann nun mit $ZnSO_4$-Lsg. titriert werden:

$$[HgY]^{2-} + 4\ I^- \longrightarrow [HgI_4]^{2-} + Y^{4-}$$

Mit diesem Verfahren wird der störende Einfluss der Fremdionen weitgehend ausgeschaltet, der bei einer einfachen Rücktitration auftreten kann.

Anstelle von Iodid-Ionen kann man auch *Natriumthiosulfat* zusetzen. Dieses setzt ebenfalls das an Quecksilber gebundene EDTA frei:

$$[HgY]^{2-} + 2\ S_2O_3^{2-} \longrightarrow [Hg(S_2O_3)_2]^{2-} + Y^{4-}$$

11.6.2 Simultantitration von Kationen

Bestimmung der Gesamthärte von Wasser

Die Gesamthärte von Wasser setzt sich zusammen aus der Mg- und der Ca-Härte. Zur *Bestimmung der Gesamthärte* ist eine Titration bei pH 10 gegen *Erio T* als Indikator möglich, wobei sowohl *Mg* als auch *Ca* zusammen erfaßt werden, da sich ihre EDTA-Komplexe in der Stabilitätskonstante nicht sehr unterscheiden.

Zur *getrennten Bestimmung der Ca- und Mg-Härte* bringt man die Lsg. vorher mit NaOH auf einen pH-Wert über 12. Hierbei fällt Mg^{2+} als $Mg(OH)_2$ aus. Jetzt setzt man *Murexid* als Indikator zu und titriert das Ca^{2+} mit EDTA.

Die Indikatorzugabe sollte erst nach dem Alkalisieren erfolgen, damit der Farbstoff nicht an der Fällung adsorbiert wird. Die Ca-Werte, die man erhält, sind oft zu niedrig, da Ca^{2+} teilweise mitgefällt wird. Nach Erreichen des Umschlagpunktes geht ein Teil wieder in Lösung, so dass man erneut EDTA zugeben kann und auf diese Weise eine genügend große Genauigkeit erzielt.

Anschließend bestimmt man bei einem anderen Teil der Probenlsg. bei pH 10 die Gesamthärte. Der Mg-Anteil lässt sich aus der Differenz zwischen der 1. und 2. Bestimmung errechnen.

Raney-Nickel

Raney-Nickel ist eine Legierung aus 50% Ni und 50% Al. Die Einzelbestimmung eines der beiden Metalle ist nur durch Maskierung des anderen möglich. Zunächst wird die Legierung in Salzsäure zu Ni^{2+} und Al^{3+} gelöst.

1. Bestimmung des Al-Anteils

Man gibt zur sauren Lösung einen Überschuss EDTA und fügt KCN im Überschuss zu. Die CN^--Ionen maskieren das Nickel, da der entstehende $[Ni(CN)_4]^{2-}$-Komplex stabiler ist als der Ni-EDTA-Komplex. Die Rücktitration des überschüssigen EDTA erfolgt bei pH 10, weil hier die CN^--Konzentration aufgrund der Deprotonierung von HCN größer ist. Man titriert den Überschuss mit 0,1 M *$MgCl_2$-Lsg.* gegen *Chromschwarz-Mischindikator* zurück, da eine Zn^{2+}-Lsg. wegen der Bildung von $[Zn(CN)_4]^{2-}$ ungeeignet ist. Eine direkte Titration des Aluminiums im alkalischen Milieu ist aufgrund der entstehenden Hydroxokomplexe nicht durchführbar.

2. Bestimmung des Ni-Anteils

1 ml 0,1 M EDTA-Lsg. $\hat{=}$ 5,689 mg Ni

Die Titration des Ni-Anteils erfolgt bei pH = 10, Vor der Einstellung des pH-Wertes wird ein Überschuss Triethanolamin zur Maskierung des Aluminiums zugegeben.

Als Indikator bei dieser direkten Ni-Bestimmung verwendet man *Murexid.*

11.6.3 Indirekte Titration von Kationen und Anionen

Na

Natrium kann mit einem Überschuss Zinkuranylacetat-Lsg. als $NaZn(UO_2)_3$-$(CH_3COO)_9 \cdot 6\ H_2O$ gefällt werden; man lässt 12 Std. im Eisbad stehen. Der filtrierte und ausgewaschene Nd. wird in verd. Salzsäure aufgenommen. Um das Zink bei pH 10 mit EDTA gegen *Erio T* titrieren zu können, muss zuvor das Uranylion als Carbonatokomplex mit $(NH_4)_2CO_3$-Lsg. maskiert werden. Das so titrierte Zink ist der Natrium-Menge äquivalent.

Ag

Eine direkte Titration des Silbers gegen einen Indikator ist nicht durchführbar, da der Ag-EDTA-Komplex eine zu geringe Stabilität aufweist (lg $K_{AgY^{3-}}$ = 7,2). Eine indirekte Titration dagegen ist möglich. Hierzu wird eine mit NH_3/NH_4Cl gepufferte Lösung hergestellt und ein Überschuss Kaliumtetracyanoniccolat $K_2[Ni(CN)_4]$ zugegeben. Da die Stabilität von $[Ni(CN)_4]^{2-}$ bedeutend kleiner als die von $[Ag(CN)_2]^-$ ist, erfolgt eine nahezu quantitative Austauschreaktion:

$$2\,Ag^+ + [Ni(CN)_4]^{2-} \rightleftharpoons 2\,[Ag(CN)_2]^- + Ni^{2+}$$

Das freigesetzte Nickel kann dann gegen *Murexid* mit EDTA-Lsg. titriert werden. Die Ammoniakzugabe ist erforderlich, um eine Ausfällung von Nickelcyanid durch Bildung eines Nickel-Amminkomplexes zu verhindern.

SO_4^{2-}

1 ml 0,1 M EDTA-Lsg. ≙ 13,736 mg Ba

Die komplexometrische Sulfat-Bestimmung kann auf verschiedenen Wegen erfolgen.

1. Das Sulfat wird mit überschüssiger eingestellter *$BaCl_2$-Lsg.* gefällt, der Niederschlag abfiltriert und das überschüssige Ba^{2+} gegen *Phthaleinpurpur-Mischindikator* titriert. Ein Nachteil dieser Methode liegt darin, dass man $BaSO_4$ nur sehr schwer stöchiometrisch rein fällen kann. Außerdem stören Fremdionen die Titration.
2. Das Sulfat wird quantitativ mit *$BaCl_2$-Lsg.* gefällt; der Niederschlag wird abfiltriert, ausgewaschen und mit überschüssiger ammoniakalischer EDTA-Lsg. gelöst. Der Überschuss EDTA kann mit eingestellter Zn-Salz-Lsg. titriert werden.
3. Eine weitere Methode ist die Fällung des Sulfats als $PbSO_4$, das besser stöchiometrisch rein zu erhalten ist als $BaSO_4$. Die größere Löslichkeit des $PbSO_4$ reduziert man durch Zugabe von Alkohol zur Probenlösung. Der Niederschlag wird dann analog zu Methode 2. weiter verarbeitet.

CN^-

Die zu bestimmende Cyanid-Lösung wird in einen Überschuss an *$NiSO_4$*-Maßlösung, die zuvor mit NH_3/NH_4Cl gepuffert wurde, eingebracht. Hierbei bildet sich $[Ni(CN)_4]^{2-}$. Das überschüssige Ni^{2+} kann gegen *Murexid* mit EDTA rücktitriert werden (zur Pufferung s. Titration von Ag^+).

VI. Elektroanalytische Verfahren

Elektroanalytische Verfahren nutzen die Konzentrationsabhängigkeit von Vorgängen an Elektroden und zwischen Elektroden für analytische Zwecke.

Sie erlauben meist eine schnelle Arbeitsweise, und die Analysenwerte lassen sich oft mit sehr hoher Genauigkeit bestimmen.

Besonders in trüben, gefärbten oder verdünnten Lösungen sind sie klassischen Analysenmethoden überlegen. Deshalb sind elektrochemische Methoden mit zu den wichtigsten Verfahren der Analytischen Chemie zu rechnen. Sie dienen entweder zur Direktbestimmung eines Analyten oder zur Verfolgung einer Titration. Die große Vielfalt elektroanalytischer Verfahren kann primär in zwei Sparten geteilt werden, nämlich solche, die auf Elektrodenreaktionen beruhen und solche, welche die Wanderung von Teilchen im elektrischen Feld nutzen. Zu den ersteren gehören voltammetrische, potentiometrische und coulometrische Methoden, zu letzteren etwa die Konduktometrie und Elektrophorese.

1 Grundlagen der Potentiometrie

Unter Potentiometrie versteht man die potentiometrische Indikation des Äquivalenzpunktes bei Titrationen, also die stromlose Messung von Zellspannungen.

1.1 Allgemeines

Wie der Name Potentiometrie andeutet, nutzt man bei dieser elektrochemischen Methode Potentialänderungen aus, die durch Konzentrationsänderungen während der Titration an einer Messelektrode (Indikatorelektrode) auftreten. Potentialänderungen werden aber nur dann beobachtet, wenn sich an der Elektrode ein *Redoxvorgang* abspielt. Den quantitativen Zusammenhang zwischen Redoxpotential und den Konzentrationen aller an dem Redoxprozess beteiligten Substanzen beschreibt die *Nernstsche Gleichung*, s. S. 262.

Einzelpotentiale von Redoxpaaren (Halbzelle, Halbelement, Halbkette) sind nicht messbar. Man kann nur Potentialdifferenzen (Spannungen) bestimmen. Hierzu muss man immer *zwei* Redoxpaare zu einer Zelle (Element, Kette) kombinieren.

Bei der Potentiometrie kann man als zweites Halbelement eine geeignete Bezugselektrode (Referenzelektrode, Vergleichselektrode) mit konstantem Potential verwenden.

In diesem Falle darf man davon ausgehen, dass sich nur das Potential einer Halbzelle ändert. Durch eine geeignete Messtechnik kann man das Potential der Vergleichselektrode kompensieren; *man registriert dann nur Potentialänderungen an der Messelektrode.*

Trägt man die Potentialänderungen während der Titration gegen das Volumen des im Überschuss zugefügten Titranten auf (man titriert über), erhält man potentiometrisch ermittelte Titrationskurven (s. z. B. Kap. V.6.1. und V.9.1). *Der Wendepunkt der Kurve gibt den Äquivalenzpunkt an; das zugehörige Potential heißt Umschlagspotential.*

Bei dieser sog. *Wendepunktmethode* kommt es nur auf Potentialänderungen am Äquivalenzpunkt an; je größer der Potentialsprung, um so genauer ist die Messung.

Ist der Wendepunkt schlecht zu erkennen, kann man auch die *1. Ableitung* (dE/dV) der Kurve aufzeichnen; V ist dabei das Volumen des Titranten. Da am Äquivalenzpunkt die Steigung der Kurve am größten ist, besitzt die abgeleitete Kurve im Äquivalenzpunkt ein Maximum, s. Abb. 55.

Anmerkung: Für Sonderfälle findet auch die sog. Umschlagsmethode Anwendung. Hierbei titriert man gegen eine Bezugselektrode, bis das Umschlagspotential erreicht ist. Dieses Potential muss natürlich unter den gleichen Bedingungen bekannt sein. Brauchbar ist die Methode zur Bestimmung der K_s-Werte von Säuren.

Die *Differentialtitrationsmethode* eignet sich für sehr verdünnte Lösungen. Die Messungen haben eine Genauigkeit bis zu 0,003%. Bei dieser Methode benutzt man für beide Elektroden das gleiche Material und verbindet sie miteinander über ein *Galvanometer*. Die Bezugselektrode ist drahtförmig ausgebildet und befindet sich in einer Kapillare, die mit der Probenlösung gefüllt ist. Während der Titration bildet sich zwischen beiden Elektroden eine Konzentrationskette aus. Die Stromstärke der Kette wird mit dem Galvanometer verfolgt. Am Äquivalenzpunkt erreichen die Ausschläge des Galvanometerzeigers ihren größten Wert.

1.2 Messanordnung (für die Wendepunktmethode) und Messelektroden

Der Geräteaufbau für eine potentiometrische Titration ist in Abb. 54 angegeben.

Voraussetzung für exakte Messungen von Potentialdifferenzen (Spannungen) ist die Durchführung der Messungen *im stromlosen Zustand*. Bei Stromfluss wird nämlich die Elektrode polarisiert; man misst zu kleine Werte, weil Elektrolysevorgänge die Konzentrationen in der Umgebung der Messelektrode verändern.

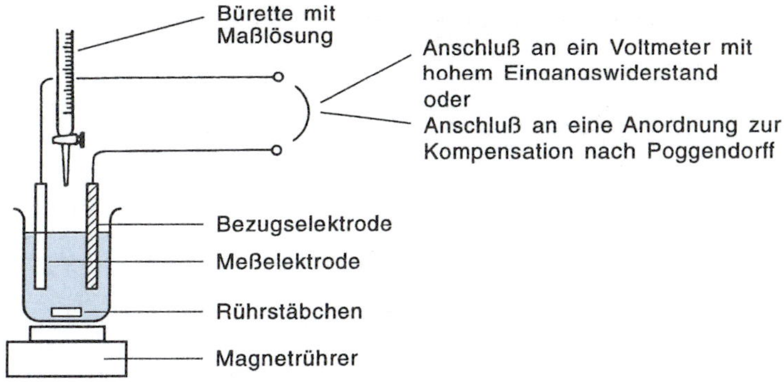

Abb. 54. Messanordnung für potentiometrische Titrationen

Möglichkeiten zur stromlosen Spannungsmessung bieten ein Voltmeter mit hohem Eingangswiderstand (früher auch ein Röhrenvoltmeter oder die Kompensationsschaltung nach Poggendorff).

Über Aufbau und Funktion der verschiedenen im Handel befindlichen Potentiometer siehe die Gebrauchsanleitungen und Gerätebeschreibungen.

Messelektroden (Indikatorelektroden)

Die Messelektroden (1. Halbelement) werden dem analytischen Problem entsprechend gewählt. Für Neutralisationsreaktionen benutzt man in der Regel *Glaselektroden*, s. S. 324. *Platinblech-Elektroden* werden bei Redoxtitrationen verwendet. Entstehen oder verschwinden während einer Titration Metallionen, so kann man das betreffende Metall als Elektrode einsetzen oder aber eine Platinelektrode mit dem Metall überziehen (durch elektrolytische Abscheidung); man erhält auf diese Weise sog. *Metallelektroden.*

Die *Wasserstoffelektrode*, s. Kap. V. 8. 4, wird heute praktisch nicht mehr benutzt.

Bezugs- oder Vergleichselektroden

Als Bezugselektrode (2. Halbelement) kann eine geeignete Elektrode 2. Art benutzt werden.

Man muss nur darauf achten, dass ihre Bestandteile nicht den Titrationsvorgang stören. So darf man z. B. bei der Chlorid-Bestimmung keine Kalomelektrode ohne einen Elektrolytschlüssel wie z. B. KNO_3 verwenden.

1.3 Anwendungsbereiche

Die Potentiometrie eignet sich zur Messung von pH-Werten und zur Indizierung des Äquivalenzpunktes bei Neutralisationstitrationen, Redoxtitrationen und einigen Fällungs- und Komplexbildungsreaktionen. Sie lässt sich in trüben und stark gefärbten Lösungen einsetzen, erlaubt gelegentlich Simultanbestimmungen und liefert meist genauere Werte als die klassischen Methoden.

Brauchbar ist die Methode für Konzentrationen bis 10^{-4} mol·l^{-1}.

1.4 Anwendungsbeispiele

Fällungsreaktionen und Komplexbildungsreaktionen

Die Bestimmung des Äquivalenzpunktes bei Fällungs- und Komplexbildungsreaktionen ist dann potentiometrisch indizierbar, wenn mit der Fällung oder Komplexbildung ein Redoxvorgang verknüpft ist oder wird. Um dies zu erreichen, kann man z. B. ein an der Reaktion beteiligtes Kation oder Anion zu einem Halbelement ergänzen.

Beispiele:

Bei der Bestimmung von *Cl^-, Br^-, I^-, SCN^-* benutzt man z. B. einen Silberdraht als Messelektrode, wenn mit $AgNO_3$ titriert wird.

Als Referenzelektrode dient meist die *GKE*. An der Silber-Indikatorelektrode läuft folgende Reaktion ab:

$$Ag^+ + e^- \rightleftharpoons Ag$$

Die Konzentration von Ag^+ wird durch das Fällungsgleichgewicht bestimmt (s. Kap. V. 10):

$$Ag^+ + Cl^- \rightleftharpoons AgCl$$

Mit einem Sprung der Ag^+-Ionenkonzentration im Äquivalenzpunkt ist somit auch ein Potentialsprung verbunden.

Fällungstitrationen von *Iodiden* können potentiometrisch indiziert werden, wenn man etwas elementares Iod hinzufügt. Man hat dann das Redoxpaar 2 I^-/I_2 an einer Platinelektrode.

Die Äquivalenzpunktbestimmung ist möglich bei Bestimmungen von *Ca, Cd, Zn, Pb, Ge* mit eingestellter Lösung von $K_4[Fe(CN)_6]$, wenn dieses ca. 1% $K_3[Fe(CN)_6]$ enthält. Es bilden sich die schwerlöslichen Niederschläge $K_2Zn_3[Fe(CN)_6]_2$, $K_2Cd[Fe(CN)_6]$ usw. Die Potentialänderung, die mit der Konzentrationsänderung der $[Fe(CN)_6]^{4-}$-Ionen verbunden ist, wird mit einem Platindraht als Messelektrode gemessen.

Bestimmung von F^-: Man kann die F^--Ionen mit einer eingestellten Lösung von $FeCl_3$ potentiometrisch titrieren, wenn die Lösung zusätzlich etwa 1% $FeCl_2$ enthält:

$$Fe^{3+} + 6\,F^- \longrightarrow [FeF_6]^{3-}$$

Im Äquivalenzpunkt wird das Potential, das sich an einer Platinmesselektrode einstellt, nur durch das Potential des Redoxpaares Fe^{2+}/Fe^{3+} bestimmt.

Die potentiometrische Bestimmung von CN^--Ionen gelingt mit Ag^+-Ionen und einem Silberdraht als Messelektrode. Man beobachtet zwei Potentialsprünge, denn die Ag^+-Konzentration wird anfangs durch das Komplexbildungsgleichgewicht zu $[Ag(CN)_2]^-$ bestimmt.

$$Ag^+ + 2\,CN^- \rightleftharpoons [Ag(CN)_2]^- \qquad \text{(1. Sprung)}$$

Nach Zugabe von 1 mol Ag^+ pro 2 ml CN^-, also nach dem 1. Äquivalenzpunkt wird das Lösungsgleichgewicht

$$[Ag(CN)_2]^- + Ag^+ \rightleftharpoons Ag[Ag(CN)_2] \qquad \text{(2. Sprung)}$$

bestimmend für die Ag^+-Konzentration. Erfasst wird hierbei allerdings nur der erste Äquivalenzpunkt.

Diese Titration ist eine modifizierte Art der Cyanid-Bestimmung nach *J. v. Liebig*.

Simultanbestimmungen sind bei Fällungsreaktionen möglich, wenn sich die Löslichkeitsprodukte der schwerlöslichen Niederschläge genügend unterscheiden. Beispiele sind die Trennungen: Cl^-/I^- und Br^-/I^-.

Gelegentlich werden Ungenauigkeiten durch Adsorptionseffekte und Mischkristallbildung verursacht.

Neutralisationsreaktionen (Acidimetrie und Alkalimetrie)

Als Messelektrode muss eine Elektrode verwendet werden, an der ein Redoxprozess abläuft, an welchem H_3O^+-Ionen beteiligt sind. Geeignet sind im Prinzip die Wasserstoffelektrode, und die Chinhydronelektrode. Üblicherweise findet hier die Glaselektrode (s. S. 324) Verwendung. Referenzelektrode muss eine pH-unabhängige Elektrode wie z. B. die Ag/AgCl- oder Kalomelelektrode sein.

Mit einer Änderung des pH-Wertes der Lösung ist eine Potentialänderung verknüpft. Der Potentialsprung ist um so größer, je stärker die zu titrierende Säure oder Base ist (Abb. 55 und Abb. 56). Bei sehr schwachen Säuren oder Basen ist die potentiometrische Indizierung des Äquivalenzpunktes ungenau. Bessere Ergebnisse liefert in diesem Fall die Konduktometrie, s. S. 363.

Beachte: Enthalten die Lösungen auch Oxidationsmittel, können sie nicht potentiometrisch indiziert werden.

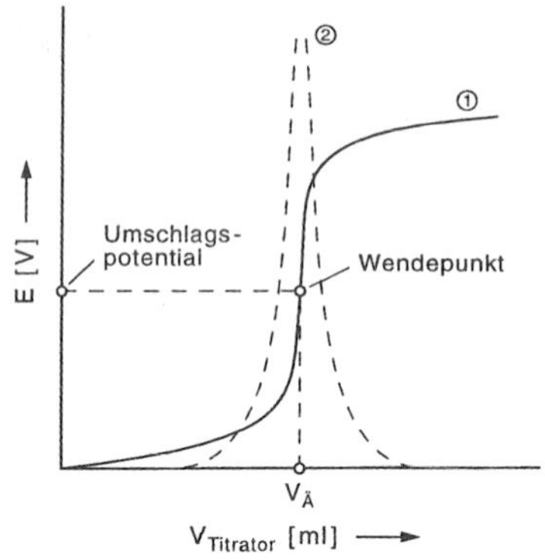

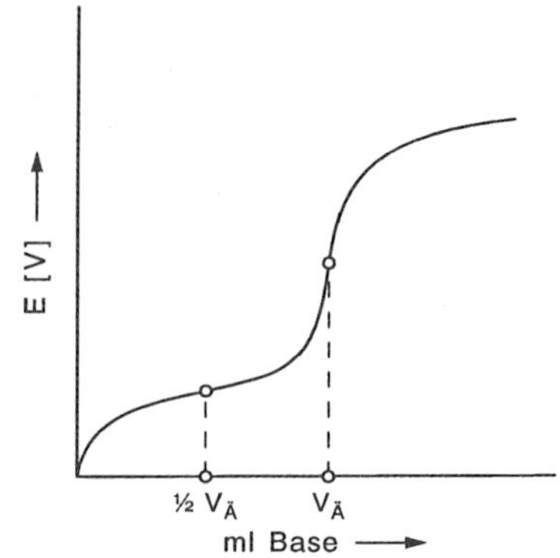

Abb. 55. Kurvenverlauf einer potentiometrisch indizierten Titration einer *starken* Säure mit einer *starken* Base

Kurve 1 ist die normale Kurve,
Kurve 2 ist die abgeleitete Kurve

Abb. 56. Kurvenverlauf der Titration einer schwachen Säure mit einer starken Base. ½ $V_Ä$ ist das Titrationsvolumen, das bis zum Titrationsgrad 0,5 (Halbneutralisationspunkt) verbraucht wird

$V_Ä$ = Volumen des Titranten am Äquivalenzpunkt; E = Elektrodenpotential in Volt

Auch in *nichtwässrigen* Systemen lässt sich die potentiometrische Endpunktbestimmung durchführen. Ein Beispiel ist die Titration der Anionen von Alkaloidsalzen (z. B. Chininhydrochlorid und Atropinsulfat) in Eisessig mit Perchlorsäure ($HClO_4$). Als Messelektrode wird die Glaselektrode verwendet.

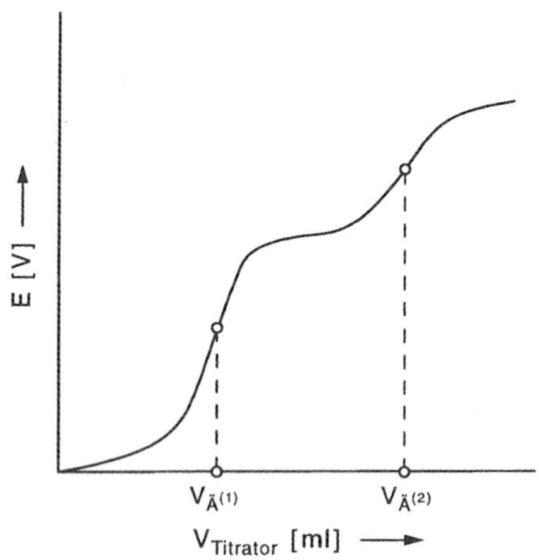

Abb. 57. Kurvenverlauf einer potentiometrisch indizierten *Simultanbestimmung* einer *starken* und einer *schwachen* Säure mit einer *starken* Base. *Beachte:* Der 1. Wendepunkt entspricht der starken Säure. Einen ähnlichen Kurvenverlauf ergibt die Titration einer mehrwertigen Säure

Simultanbestimmungen sind nur dann möglich wenn sich die Säure- oder Basekonstanten der Säuren bzw. Basen um mindestens zwei Zehnerpotenzen unterscheiden (Beispiel: Salzsäure/Essigsäure Abb. 57). Dies gilt auch für die Titration der Protonen mehrwertiger Säuren wie Orthophosphorsäure (H_3PO_4) und ihrer primären Salze (wie Natriumdihydrogenphosphat).

Redoxtitrationen

Bei Redoxtitrationen (vgl. Kap. V.9) kann der Äquivalenzpunkt potentiometrisch indiziert werden, wenn sich die Normalpotentiale der Redoxpaare, die miteinander reagieren, um mindestens 250 mV unterscheiden. Als Messelektroden werden Platinelektroden verwendet.

Beispiele gibt es aus der Manganometrie, Cerimetrie, Chromatometrie.

Abb. 58 zeigt die Titrationskurve der Redoxtitration:

$$5\,Fe^{2+} + MnO_4^- + 8\,H_3O^+ \rightleftharpoons 5\,Fe^{3+} + Mn^{2+} + 12\,H_2O$$

Der potentialbestimmende Vorgang vor dem Äquivalenzpunkt ist:

$$Fe^{2+} \rightleftharpoons Fe^{3+} + e^-$$

und der potentialbestimmende Vorgang nach dem Äquivalenzpunkt ist:

$$Mn^{2+} + 12\,H_2O \rightleftharpoons MnO_4^- + 8\,H_3O^+ + 5\,e^-$$

Die Titrationen von Fe^{2+}-Ionen mit Ce^{4+}-Ionen oder $Cr_2O_7^{2-}$-Ionen ergeben ähnliche Kurven. Gemäß der Ableitung in Kap. V.9.1 ist der Äquivalenzpunkt bei

$$E = \frac{1}{2}(E^\circ_{Fe^{2+}/Fe^{3+}} + E^\circ_{Red/Ox})$$

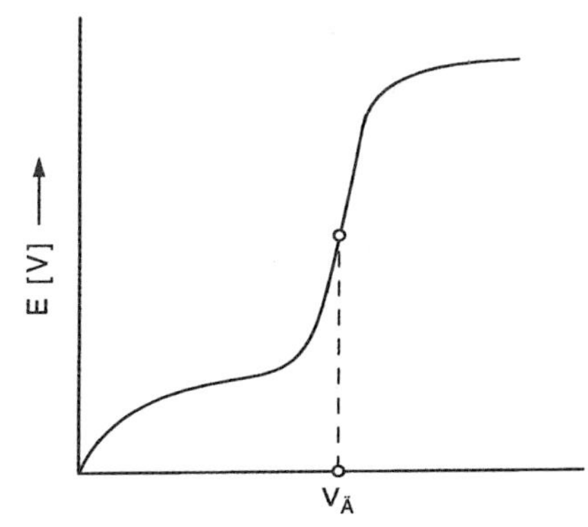

Abb. 58. Potentiometrische Titrationskurve der Bestimmung von Fe^{2+} mit MnO_4^-.
$V_Ä$ = Volumen der $KMnO_4$-Maßlösung am Äquivalenzpunkt

Fe^{3+}-Ionen können vor der potentiometrischen Bestimmung mit H_2SO_3 (angesäuerte Sulfitlösung) zu Fe^{2+}-Ionen reduziert werden.

Weitere Beispiele für Redoxtitrationen finden sich in Kap. V.9.3.

pH-Messung (potentiometrisch)

1. Glaselektrode

Der pH-Wert kann für den Verlauf chemischer und biologischer Prozesse von ausschlaggebender Bedeutung sein. Elektrochemisch kann der pH-Wert durch folgendes Messverfahren bestimmt werden: *Man vergleicht eine Spannung, die mit einer Elektrodenkombination in einer Lösung von bekanntem pH-Wert gemessen wird, mit der gemessenen Spannung in einer Probenlösung.*

Als Messelektrode wird nahezu ausschließlich die sog. *Glaselektrode* benutzt. Sie besteht aus einem dickwandigen Glasrohr, an dessen Ende eine (meist kugelförmige) dünnwandige Membran aus einer besonderen Glassorte angeschmolzen ist. Die Glaskugel ist mit einer Pufferlösung von bekanntem und konstantem pH-Wert gefüllt (*Innenlösung* = Bezugslösung). Sie taucht in die Probenlösung ein, deren pH-Wert gemessen werden soll (*Außenlösung*). Durch Austauschprozesse zwischen den H_3O^+-Ionen und Na^+-Ionen in der Glasmembran entstehen pH-abhängige Potentiale auf der Innen- und Außenseite der Glasmembran. Die Differenz ΔE zwischen dem Potential E_i an der Phasengrenze Glas/Innenlösung und dem Potential E_a an der Phasengrenze Glas/Außenlösung hängt von der Acidität der Außenlösung ab. Zur Messung von ΔE benutzt man eine Messanordnung, die derjenigen in Abb. 59a ähnlich ist. In die Außenlösung taucht über eine KCl-Brücke als pH-unabhängige Bezugselektrode eine gesättigte Kalomel-Elektrode (Halbelement Hg/Hg_2Cl_2). In die Glaselektrode fest eingebaut ist als Ableitelektrode z. B. eine Ag/AgCl-Elektrode in 0,1 M HCl-Lsg. Moderne Glaselektroden enthalten oft beide Elektroden zu einem Bauelement kombiniert = Einstabelektrode (Abb. 59b).

Zusammen mit der Ableitelektrode bilden die Pufferlösung und die Probenlösung eine sog. *Konzentrationszelle* (Konzentrationskette). Für die EMK der Zelle (ΔE) ergibt sich mit der Nernstschen Gleichung bei t = 25°C:

$$\Delta E = E_a - E_i = 0{,}059 \cdot (pH_i - pH_a)$$

Da die H_3O^+-Konzentration der Pufferlösung bekannt ist, kann man aus der gemessenen EMK den pH-Wert der Probenlösung berechnen bzw. an einem entsprechend ausgerüsteten Potentiometer (pH-Meter) direkt ablesen. Die Glaselektrode stellt eine Konzentrationskette für H_3O^+-Ionen dar. Eine Differenz von 59 mV entspricht einer Änderung der Aktivität der H^+-Ionen a_{H^+} von 1, also einer pH-Einheit.

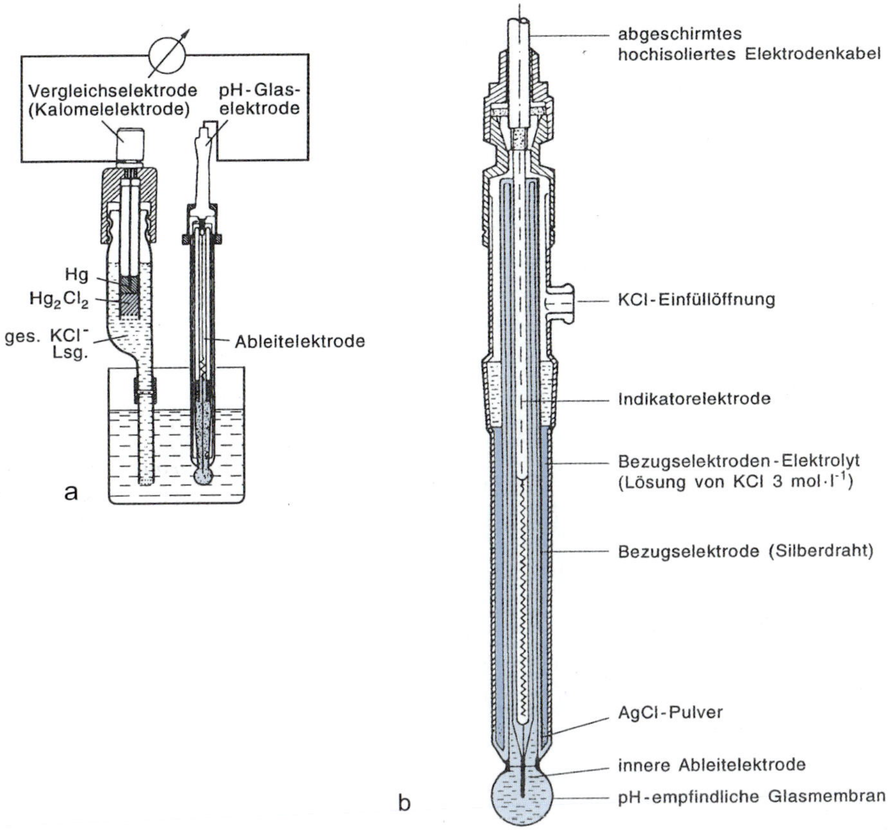

Abb. 59a u. b. Versuchsanordnung zur Messung von pH-Werten: **a)** Kalomel-Elektrode kombiniert mit Glaselektrode, **b)** Einstab-Glaselektrode

Beachte: Der gemessene pH-Wert entspricht der Aktivität $a_{H_3O^+}$ und nicht der stöchiometrischen H_3O^+-Konzentration. In stark sauren und stark alkalischen Lösungen werden die Messwerte durch den sog. Säure- oder Alkalifehler verfälscht. Der Alkalifehler beruht auf dem Aufbau eines Membranpotentials durch Austausch von Na^+ und K^+-Ionen, das ab pH 10 zu Fehlern führt.

2. Redoxelektroden

Außer der Glaselektrode gibt es andere Elektroden zur pH-Messung, die im Prinzip alle auf Redoxvorgängen beruhen. Die wichtigsten sind die Wasserstoffelektrode, die Chinhydronelektrode (s. Kap. V.8.4.2) und Metall-Metalloxidelektroden. Praktische Bedeutung haben vor allem die *Antimon-* und die *Bismutelektrode*.

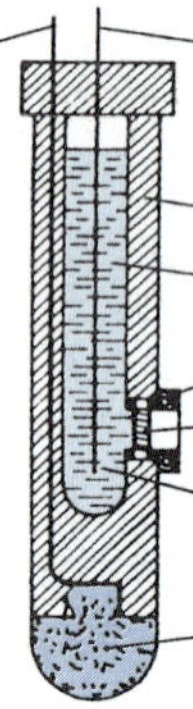

Abb. 60. Antimon-Elektrode mit Ag/AgCl-Elektroden als Bezugselektrode

Ihr Potential wird durch die Gleichung

$$M + OH^- \rightleftharpoons MOH + e^-$$

bestimmt. Über das Ionenprodukt des Wassers ergibt sich dann der gesuchte Zusammenhang zwischen dem Potential und dem pH-Wert.

Abb. 60 zeigt eine Antimon-Elektrode mit eingebauter Ag/AgCl-Elektrode als Bezugselektrode. Diese Anordnung erlaubt eine pH-Messung zwischen pH = 0,4 und pH = 13.

Das Redoxpaar ist Sb^0/Sb^{3+}. (Bei hohem Sauerstoffdruck entstehen auch Oxide mit Sb(V)).

Metall-Metalloxidelektroden werden vor allem bei technischen Reaktionen für pH-Wert-Messungen benutzt. Die Antimon-Elektrode kann sehr gut miniaturisiert werden und findet auch zur direkten pH-Wert-Messung in der Blutbahn Verwendung oder sogar in einzelnen Zellen.

3. Ionensensitive Elektroden

Ionensensitive (ionenselektive) Elektroden ähneln in ihrem Aufbau der Glaselektrode zur pH-Messung. Die Messungen werden auch auf die gleiche Weise durchgeführt. Man braucht dazu eine ionensensitive Elektrode (Feststoff-Membran- und Flüssig-Membran-Elektrode oder Enzymelektrode), eine gewöhnliche Bezugselektrode und ein pH-Meter (s. Abb. 61).

Die ionensensitive Elektrode ist eine Halbzelle, deren Potential von der Aktivität eines bestimmten Ions abhängt. Anstelle der pH-Skala definiert man eine Ionen-Skala wie z. B. eine pNa^+- oder pCN^--Skala. Die zugehörigen Elektroden heißen dann pNa-, pCN-Elektrode. Viele Anionen und Kationen, aber auch Gase wie NH_3, CO_2, SO_2 können direkt bestimmt werden. Auch nicht direkt messbare

Ionen oder Neutralsubstanzen werden mit Hilfe der direkt messbaren Ionen einer indirekten Bestimmung zugänglich, wenn sich ihre Aktivität z. B. durch Niederschlagsbildung, Komplexbildung oder biochemische Reaktionen stöchiometrisch ändert. Das Potential einer solchen ionenselektiven Elektrode beruht also nicht auf einem Redoxvorgang wie bei Metallelektroden, sondern ist wie bei der pH-Glaselektrode ein Grenzschichtpotential, das sich an einer Membran ausbildet, die Analysenlösung und Bezugslösung voneinander trennt.

Man unterscheidet nach Art der Membran zwischen kristallinen Membranen (Abb. 62) und nichtkristallinen. Letztere nutzen Glasmembranen (z. B. pH-, Na^+-Elektrode) oder Flüssigmembranen (z. B. ein Ionenaustauscher gelöst in organischen Lösemitteln und einer inerten Polymermembran; Abb. 63 und Abb. 64).

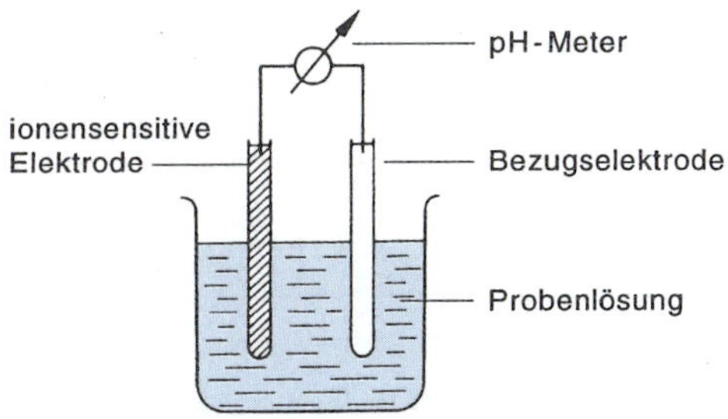

Abb. 61. Messanordnung für quantitative Bestimmungen mit ionensensitiven Elektroden

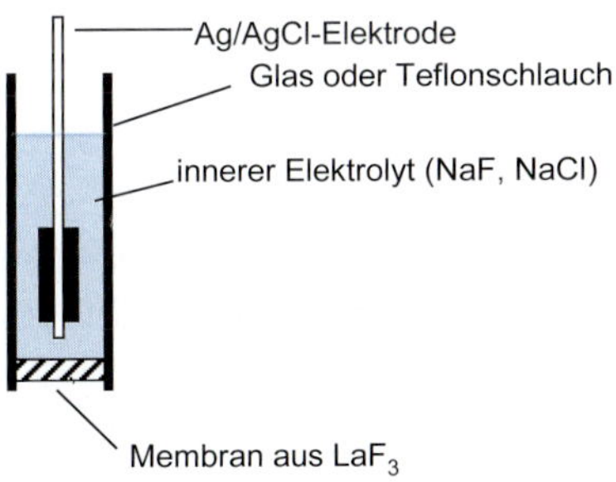

Abb. 62. Fluoridelektrode

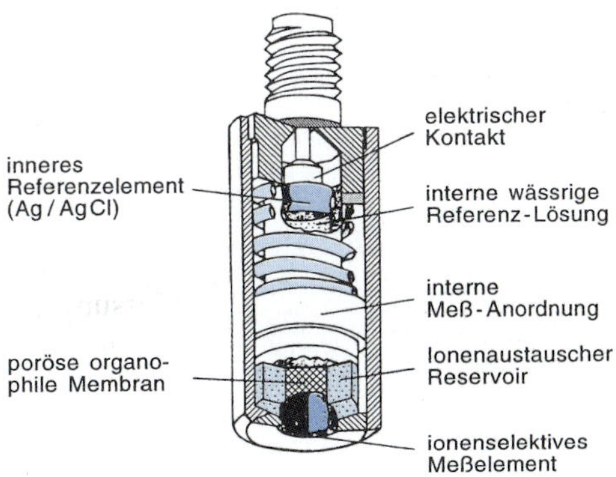

Abb. 63. Aufbau eines Nitratmoduls (Colora)

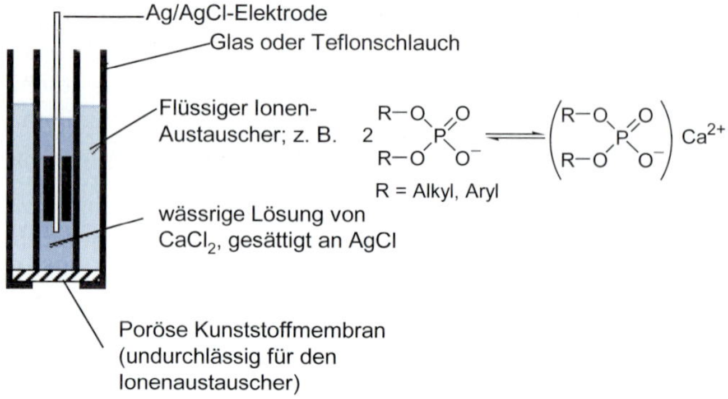

Abb. 64. Flüssigkeitsmembranelektrode für Ca^{2+}

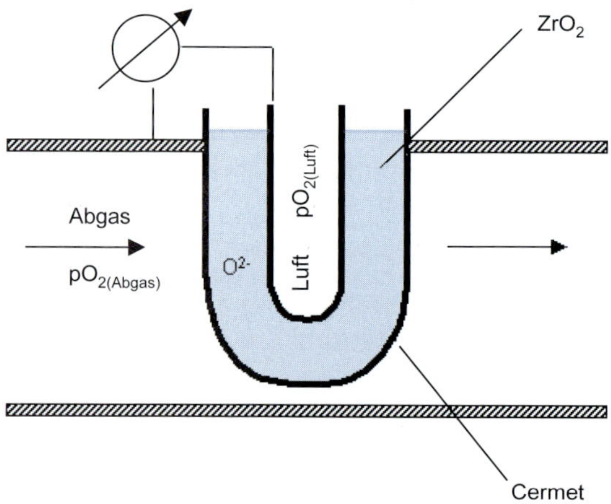

Abb. 65. Schematischer Bau einer λ-Sonde mit einer ionenleitenden ZrO_2/Y_2O_3-Membran

Die Anwendungen ionen- und molekülselektiver Elektroden (Abb. 66) liegen zum Teil im industriellen Bereich, wie z. B. der Überwachung der Wasserhärte mit Ca^{2+}/Mg^{2+}-selektiven Elektroden, der Schadstoffüberwachung mit ionen- und gassensitiven Messsonden. Hier sei vor allem die mittlerweile in allen Kraftfahrzeugen mit Abgaskatalysator vorhandene O_2-sensitive λ-Sonde zur Regulierung des Benzin/Luft-Gemisches erwähnt (Abb. 65). Auch im Bereich der klinischen Chemie (Ca^{2+}-Bestimmung im Serum, Glucose, Harnstoff etc.) werden sie unter Verwendung von Membranen mit immobilisierten Enzymen eingesetzt. Die Diskussion dieser Anwendungen und die rapide Entwicklung der chemischen Sensorik und ihre Reduzierung auf den nm-Maßstab würde aber den Rahmen dieses einführenden Lehrbuchs sprengen.

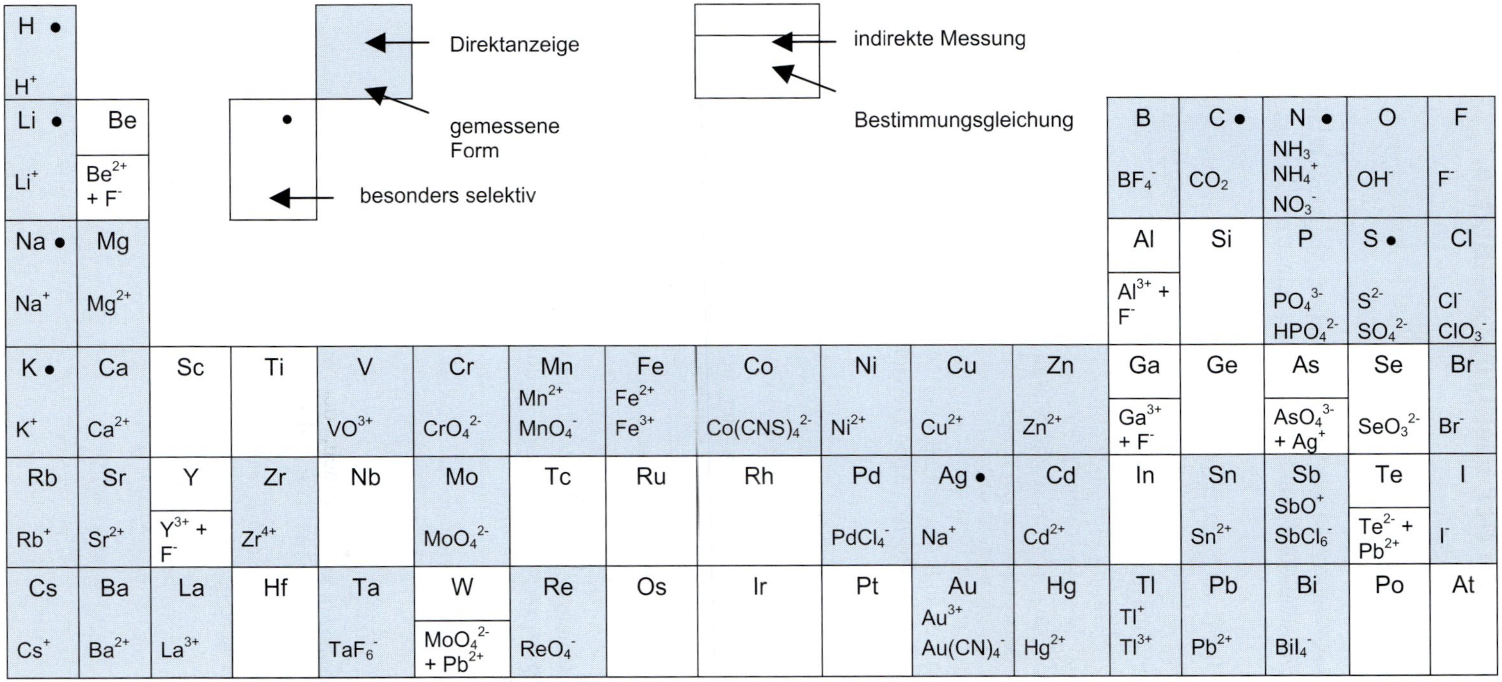

Abb. 66. Überblick über Ionen und Neutralsubstanzen, die mit ionenselektiven Elektroden bestimmt werden können. (Nach Karl Camman, H. Galster „Arbeiten mit ionenselektiven Elektroden". Springer 1996, Berlin Heidelberg New York). Auch Anionen wie CO_3^{2-}, CN^-, SCN^- und Oxalat sowie organische Verbindungen wie Harnstoff, Aminosäuren, Penicillin sind so bestimmbar

2 Grundlagen der Elektrogravimetrie

2.1 Allgemeines

Die *Elektrogravimetrie* ist ein gravimetrisches Analysenverfahren, bei dem die Ausfällung (Abscheidung) eines Metalls aus seiner Salzlösung durch Elektrolyse erfolgt.

Elektrolyse heißt die Zerlegung eines Stoffes durch den elektrischen Strom (Umwandlung elektrischer Energie in chemische Energie). Hierbei werden an der Anode Oxidationen und an der Kathode Reduktionen erzwungen.

Bei der Elektrolyse mit Gleichspannung werden die Metalle meist an der Kathode abgeschieden. Nur in solchen Fällen, in denen sich schlecht haftende Metallüberzüge bilden, wird man die Metalle *anodisch* oxidieren und an der Anode als Metalloxide abscheiden (*Beispiele: Pb* als $\mathbf{PbO_2}$, *Mn* als $\mathbf{MnO_2}$).

Elektrogravimetrische Bestimmungen sind *„Absolut-Mengenbestimmungen"*. Die Elektrode, an der sich das Metall oder Metalloxid abscheidet, wird vor und nach der Elektrolyse gewogen. Die Gewichtsdifferenz ergibt die abgeschiedene Substanzmenge.

Faradaysche Gesetze (1833/34)

Die Zusammenhänge zwischen der abgeschiedenen Substanzmenge und der verbrauchten Elektrizitätsmenge werden durch die Faradayschen Gesetze quantitativ wiedergegeben.

> *1. Faradaysches Gesetz*
>
> Die Stoffmenge m der elektrolytischen Zersetzungsprodukte ist der Elektrizitätsmenge (elektrische Ladung) Q proportional, die durch die Lösung transportiert wird.

Da die Elektrizitätsmenge Q das Produkt aus der Stromstärke I und der Stromflusszeit t ist, gilt:

$$m = k \cdot I \cdot t = k \cdot Q$$

t wird in Sekunden s angegeben, I in Ampère A und Q in A·s (Ampèresekunden) bzw. Coulomb C.

k ist ein Proportionalitätsfaktor (elektrochemisches Äquivalent). Er gibt an, welche Stoffmenge von der Ladung 1 A·s = 1 C abgeschieden wird. Für Ag: k = 1,118 $mg \cdot C^{-1}$; für Cu: 0,329 $mg \cdot C^{-1}$.

2. Faradaysches Gesetz

Die abgeschiedenen Stoffmengen m_1 bzw. m_2 verschiedener Stoffe sind bei gleicher Stromstärke und Zeit proportional dem Quotienten aus molarer Masse M_1 bzw. M_2 und Ladung z_1 bzw. z_2 (z = Äquivalentzahl).

$$m_1 : m_2 = \frac{M_1}{z_1} : \frac{M_2}{z_2}$$

Um ein Äquivalent, z. B. ein Mol Ionen mit der Ladung (Äquivalentzahl) z = 1 abzuscheiden, sind 96485 A·s (Ampèresekunden = Coulomb) erforderlich.

$F = 96485\ A{\cdot}s{\cdot}mol^{-1}$ Faraday-Konstante (Ladung von 1 mol Elektronen)

Für F, die Avogadrosche Zahl $N_A = 6{,}022{\cdot}10^{23} mol^{-1}$ und die elektrische Elementarladung $e_0 = 1{,}6{\cdot}10^{-19} A{\cdot}s$ gilt die Beziehung:

$$F = N_A \cdot e_0.$$

Mit 1 F lassen sich abscheiden:

	107,88 g Ag	$(Ag^+ + e^- \longrightarrow Ag^0)$
oder	63,52/2 = 31,78 g Cu	$(Cu^{2+} + 2\,e^- \longrightarrow Cu^0)$

Strom-Spannungskurve bei einer Elektrolyse

Trägt man die bei einer Elektrolyse – mit ansteigender Spannung gemessenen Wertepaare für die *Stromstärke I* und die *Spannung U* in ein Koordinatenkreuz ein, erhält man eine *Strom-Spannungskurve*, die der Kurve in Abb. 67 sehr ähnlich ist, denn die Elektrolysen werden meist mit *polarisierbaren* Elektroden durchgeführt.

Elektrolysen mit polarisierbaren Elektroden

Während der Elektrolyse werden an diesen Elektroden Elektrolyseprodukte abgeschieden oder adsorbiert. An jeder Elektrode bildet sich ein Halbelement aus. Aus beiden Halbelementen entsteht ein *galvanisches Element*, das unter Rückbildung der Edukte einen elektrischen Strom *(Polarisationsstrom)* liefert. Die Spannung des Elements *(Polarisationsspannung)* ist der von außen angelegten *Klemmenspannung = Polarisierspannung* entgegengesetzt. Kompensieren sich beide Spannungen, ist die resultierende Spannung und Stromstärke Null.

Anmerkung: Der Polarisationsstrom lässt sich nach Abschalten der äußeren Stromquelle beobachten.

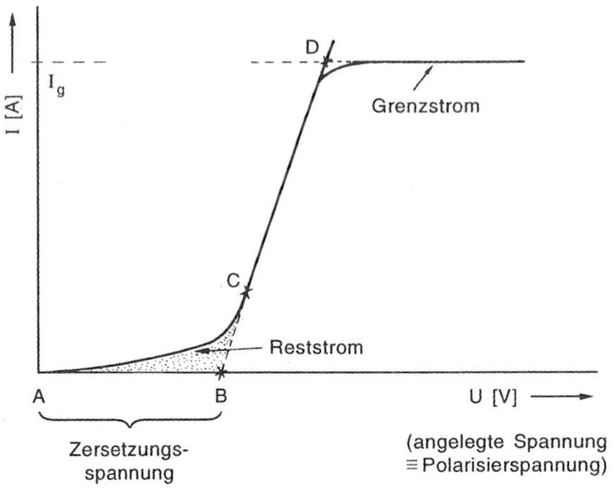

Abb. 67. Strom-Spannungskurve bei einer Elektrolyse an polarisierbaren Elektroden

Will man nun die Elektrolyse durchführen, muss die von außen angelegte Spannung eine Mindestspannung, die sog. *Zersetzungsspannung U_z* überschreiten.

Die Zersetzungsspannung U_z ist zahlenmäßig gleich dem Maximalwert der Polarisationsspannung (EMK) des durch die Elektrolyse aufgebauten galvanischen Elements. Sie hängt u.a. ab von der Art des Elektrolyten, der Temperatur und vom Elektrodenmaterial.

Für die Elektrolyse lautet das Ohmsche Gesetz:

$$U = I \cdot R + U_z$$

Der Widerstand R ist abhängig von der Elektrolytkonzentration, dem Elektrodenabstand, der Elektrodenform und der Temperatur; s. hierzu auch Kap. VI.5. Die graphische Darstellung ergibt den geraden Teil der Strom-Spannungskurve zwischen den Punkten C und D in Abb. 67.

Die Krümmung in der Kurve (A – C) rührt daher, dass die Stromstärke bis zum Erreichen der Zersetzungsspannung etwas größer ist als Null. Es fließt nämlich ein kleiner *Diffusions-* oder *Reststrom*. Durch diesen Strom werden die Elektrolyseprodukte ersetzt, die von den Elektroden wegdiffundieren. Auf diese Weise wird das Gleichgewicht zwischen polarisierender Spannung und Polarisationsspannung aufrechterhalten.

Wird die Spannung zu hoch, nähert sich die Stromstärke I asymptotisch einem konstanten Wert *I_g = Grenzstrom*. Der Ionentransport erfolgt jetzt ausschließlich durch Diffusion; vgl. hierzu S. 354.

Ermittlung der Zersetzungsspannung

a) experimentelle Ermittlung

Die Auswertung der Strom-Spannungskurve bietet eine Möglichkeit, die Zersetzungsspannung experimentell zu bestimmen. Verlängert man nämlich das gerade Kurvenstück bis zum Schnittpunkt mit der Abszisse, so gibt dieser Schnittpunkt (B) den Wert der Zersetzungsspannung an. So erhaltene Werte sind in Tabelle 34 zusammengestellt.

b) Berechnung der Zersetzungsspannung

Der theoretische Wert der Zersetzungsspannung = $(U_z)_{th}$ ergibt sich aus den Einzelpotentialen des durch die Elektrolyse entstandenen Redoxsystems:

$$|(U_z)_{th}| = E_{Anode} - E_{Kathode}$$

Es kommt nur auf den Betrag von U_z an!

E_{Anode} ist das Potential des Redoxpaares an der Anode, $E_{Kathode}$ ist das Potential des Redoxpaares an der Kathode, jeweils gemessen gegen die Normalwasserstoffelektrode.

Für den Fall, dass die Komponenten des Redoxsystems unter Normalbedingungen vorliegen, können die Redoxpotentiale der elektrochemischen Spannungsreihe entnommen werden. Man muss jedoch beachten, dass sich die Konzentrationen der Ionen in der Lösung während der Elektrolyse ändern. Damit ändern sich die Redoxpotentiale und die Zersetzungsspannung.

Die Konzentrationsabhängigkeit der Zersetzungsspannung wird durch die *Nernstsche Gleichung* erfaßt, s. S. 262.

Der tatsächliche (effektive) Wert der Zersetzungsspannung U_z weicht meist sehr stark vom theoretischen Wert ab. Schuld daran sind Erscheinungen, die unter den Begriffen Überspannung und Polarisation zusammengefaßt werden; s. hierzu Kap. V.

Tabelle 34. Zersetzungsspannungen von wässrigen Lösungen mit Äquivalenzkonzentrationen von 1 mol l^{-1} (gemessene Werte)

$ZnSO_4$	2,35 V	$Pb(NO_3)_2$	1,52 V
$CdSO_4$	2,03 V	$AgNO_3$	0,70 V
$CuSO_4$	1,49 V		
		HNO_3	1,69 V
		H_2SO_4	1,67 V
		HCl	1,31 V

Bei der Abscheidung von Metallen sind die auftretenden Überspannungen im Allgemeinen vernachlässigbar klein.

Beachte: Bei gehemmten Elektrodenvorgängen werden die Überspannungswerte η zu den Redoxpotentialen addiert:

$$U_z = (U_z)_{th} + \eta$$

Rechenbeispiel: Eine wässrige $CuSO_4$-Lsg. wird bei 25°C an Platin-Elektroden elektrolysiert.

Die Cu^{2+}-Ionen werden kathodisch zu elementarem Kupfer reduziert. An der Anode entwickelt sich Sauerstoff durch Oxidation von H_2O bzw. der OH^--Ionen:

Anodenvorgang: $H_2O \rightleftharpoons 2\,e^- + \frac{1}{2}\,O_2 + 2\,H^+$

Kathodenvorgang: $Cu^{2+} + 2\,e^- \rightleftharpoons Cu$

Gesamtvorgang: $Cu^{2+} + H_2O \rightleftharpoons Cu + \frac{1}{2}\,O_2 + 2\,H^+$

$$E_{Kathode} = E^o_{Cu/Cu^{2+}} + \frac{0{,}059}{2} \lg a_{Cu^{2+}} + (\eta_{Cu}) \qquad E° = 0{,}35\ V$$

$$E_{Anode} = E^o_{O_2/H_2O} - 0{,}059 \cdot pH + \eta_{O_2} \qquad E° = 1{,}23\ V$$

Anmerkung: Das Anodenpotential wurde für den Fall berechnet, dass die Platinelektrode von Sauerstoffgas unter dem Druck von 1 bar (Standarddruck) umspült wird (s. Sauerstoffelektrode, s. Kap. V.8.3). Bei kleineren Drücken kann Wasser bereits bei niedrigeren Spannungswerten zersetzt werden.

η_{O_2} und η_{Cu} sind die Überspannungen von O_2 bzw. Cu.

Bei 1 c_{eq} Säurelösungen an Platinelektroden ist $\eta_{O_2} = 0{,}47$ V.

Im Verlauf der Elektrolyse steigt der pH-Wert und somit das Anodenpotential E_{Anode} um:

$$\Delta E_{Anode} = 0{,}059 \cdot \Delta pH$$

Das Kathodenpotential $E_{Kathode}$ steigt um:

$$\Delta E_{Kathode} = -\frac{0{,}059}{2} \lg \frac{a_{Cu^{2+}}(\text{Anfang})}{a_{Cu^{2+}}(\text{Ende})}$$

Für den Anstieg der Zersetzungsspannung ergibt sich daraus:

$$\Delta U_Z = 0{,}059 \cdot \left[\Delta pH + \frac{1}{2} \lg \frac{a_{Cu^{2+}}(\text{Anfang})}{a_{Cu^{2+}}(\text{Ende})} \right]$$

Beachte: Da die Zersetzungsspannung mit abnehmender Metallionenkonzentration größer wird, muss man die Polarisierspannung (Klemmenspannung) entsprechend erhöhen. Die obere Grenze bildet die Zersetzungsspannung des Lösemittels.

Aus diesem Grunde ist es unmöglich, ein bestimmtes Ion quantitativ abzuscheiden.

Für analytische Zwecke begnügt man sich meist mit einer 99,99%-igen Abscheidung; dies entspricht einem Fehler von 0,01%.

2.2 Trennungen durch Elektrolyse

Allgemeine Bemerkungen

Alle Metalle mit einem *positiveren* Redoxpotential als Wasserstoff sind in *saurer* Lösung elektrolytisch abscheidbar.

Bei einem *negativeren* Potential ist eine Abscheidung möglich bei möglichst hoher Überspannung η_{H_2} und hohem pH-Wert der Lösung (alkalische Lösung) entsprechend der Beziehung:

$$E_H = 0 - 0{,}059 \cdot pH - \eta_{H_2}$$

Trennungen von Metallen sind möglich, wenn sich ihre Normalpotentiale um mindestens 0,4 V voneinander unterscheiden. Die Ionen werden in der Reihenfolge ihrer Zersetzungsspannungen abgeschieden.

Das edlere Metall wird jeweils zuerst abgeschieden.

Da sich die Zersetzungsspannung mit der Konzentration ändert, kann man durch künstlich herbeigeführte Konzentrationsänderungen, z. B. durch Fällungs- oder Komplexbildungsreaktionen, die Unterschiede zwischen den Zersetzungsspannungen vergrößern und manchmal sogar die Reihenfolge umkehren.

Trennung durch Simultanabscheidung an Kathode und Anode

Beispiel: Elektrolytische Trennung von *Blei* und *Kupfer*

Liegen die Ionen dieser beiden Metalle in Lösung vor, so kann man Pb^{2+} anodisch zu Pb^{4+} oxidieren und als PbO_2 an der Anode abscheiden. Die Cu^{2+}-Ionen werden als elementares Kupfer auf der Kathode abgeschieden.

Trennung durch Wahl der Zersetzungsspannung

Beispiel: Abscheidung von *Silber* neben *Blei*

Diese Metalle können auf vielerlei Weise getrennt werden. Eine Möglichkeit ist die Abscheidung von Blei als $PbSO_4$ aus H_2SO_4-saurer Lösung und die anschließende elektrolytische Abscheidung von Silber bei ca. 80°C, 0,1 A und 1,2 V.

Beispiel: Trennung von *Cadmium* und *Cobalt*

Aufgrund der Normalpotentiale ist eine elektrolytische Trennung der beiden Metalle in saurer Lösung unmöglich ($E^{\circ}_{Cd/Cd^{2+}} = -0{,}40\ V, E^{\circ}_{Co/Co^{2+}} = -0{,}28\ V$).

Abhilfe: Man macht die Lösung alkalisch und fügt CN^--Ionen hinzu. Von den entstandenen Cyanid-Komplexen ist der Co-Komplex stabiler. Dadurch ist die Co-Konzentration in Lösung geringer als die Konzentration der Cd^{2+}-Ionen. Cobalt ist damit edler geworden als Cadmium, das nun zuerst abgeschieden wird.

Hinweise für die Durchführung von Elektrolysen

Durch Zusatz sog. *Depolarisatoren* lässt sich gelegentlich eine Gasentwicklung unterdrücken.

Entsteht bei der Elektrolyse an der Anode Chlorgas, wird das Elektrodenmaterial angegriffen. Durch Zugabe von *Reduktionsmitteln* wie Hydrazin lässt sich die Chlorentwicklung meist vermeiden.

Oxidationsmittel wie NO_3^- wirken dagegen kathodisch depolarisierend. Besonders dichte Metallüberzüge erhält man bei der Elektrolyse von Komplexsalzlösungen.

Für kathodische Abscheidungen ist oft ein hoher pH-Wert (alkalische oder ammoniakalische Lösung) günstig, falls keine Metallhydroxide ausfallen. Gelöste Hydroxokomplexe eignen sich für elektrolytische Bestimmungen.

Bei der Wahl der Polarisierspannung braucht man meist nur wenige Zehntel Volt über den Anfangswert der Zersetzungsspannung zu gehen. Für die Abscheidung von Kupfer genügt z. B. schon eine Spannungsdifferenz von 0,5 V.

Den *Endpunkt* einer elektrolytischen Abscheidung kann man erkennen z. B. am Spannungsanstieg, am Stromstärkeabfall (mit Potentiostat) oder mit einem qualitativen mikroanalytischen Nachweis. Gelegentlich sieht man das Ende der Abscheidung auch, wenn man einen noch unbedeckten Teil der Elektrode in die Elektrolytlösung eintaucht und dann eine weitere Abscheidung ausbleibt.

Die Herausnahme der Elektroden aus der Elektrolytlösung soll bei eingeschaltetem Strom erfolgen (galvanisches Element!).

Oxidationsempfindliche Abscheidungen müssen unter Inertgasatmosphäre aufbewahrt und ausgewogen werden.

2.3 Instrumentelle Anordnung

Eine Apparatur für die elektrogravimetrische Analyse ist in Abb. 68 skizziert.

Über einen regelbaren Widerstand R (Potentiometer) wird eine variable Gleichspannung an die Elektroden gelegt. Mit dem Voltmeter kann die *Spannung*, mit dem Ampèremeter die *Stromstärke* und damit die *Stromdichte* kontrolliert werden. Letzteres ist nötig, weil sich bei hohen Stromdichten das Metall oft schwammig abscheidet und dann leicht von der Elektrode abfallen kann. Die Elektrode an der die Abscheidung erfolgt (meist Kathode) ist dabei netzförmig gebaut (Netzkathode), um eine möglichst große Fläche zur Abscheidung des Metalls zu bieten. Als Gegenelektrode dient eine Drahtspirale, die gleichzeitig als Rührer dienen kann. Die Elektroden tauchen in die Elektrolytlösung ein. Diese wird gerührt und auf ca. 60-80°C erwärmt. Man erzielt damit einen schnelleren Konzentrationsausgleich. Als Folge davon wird die Elektrolysezeit verkürzt, die Oberflächenbeschaffenheit und manchmal auch die Reinheit des Metallüberzuges verbessert.

Als *Elektrolysezelle* kann ein Becherglas verwendet werden. Bei Gasentwicklung muss ein Verspritzen der Lösung verhindert werden.

Bei dieser einfachen Anordnung steigt gegen Ende der Elektrolyse die Zersetzungsspannung steil an.

Die Polarisierspannung (Klemmen-Spannung) muss entsprechend nachgefahren werden.

Anordnung mit Potentiostat

Für Trennprobleme geeigneter ist eine Anordnung, die anstelle des Potentiometers einen *Potentiostaten* (s. S. 343) enthält. Dieser erlaubt die Einhaltung eines einmal gewählten Spannungswertes. Bei dieser Versuchsanordnung sinkt die Stromstärke von einem anfänglichen Höchstwert gegen Ende der Elektrolyse langsam auf Null ab.

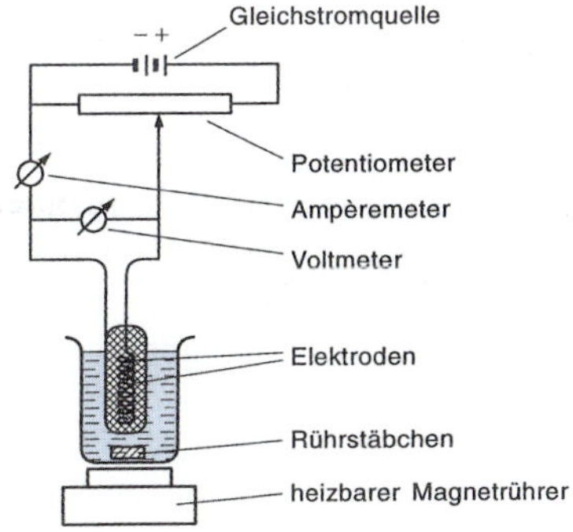

Abb. 68. Instrumentelle Anordnung für die Elektrogravimetrie bei konstantgehaltener Stromstärke

Elektroden

Als *Anodenmaterial* kommt nur Platin oder eine Platinlegierung wie Pt/Ir in Frage. Die *Kathode* kann bestehen aus Platin, Gold, Silber, Quecksilber, Kupfer, Tantal u.a.

Zur Abscheidung unedler Metalle schützt man Platinelektroden durch vorherige elektrolytische Abscheidung von Kupfer. Wasserstoff hat zudem an den verkupferten Elektroden eine hohe Überspannung, so dass auch z. B. Cd^{2+}, Ni^{2+} und Co^{2+} in saurer Lösung abgeschieden werden können.

Elektrolytische Zersetzung von Anionen

Cl^--Ionen werden entladen, bevor das Lösemittel Wasser zersetzt wird. Abhilfe schafft oft ein Zusatz von Hydrazin.

NO_3^--Ionen werden nur bei langen Elektrolysezeiten merklich reduziert ($\longrightarrow$ HNO_2, NO, NH_4^+).

Das *SO_4^{2-}-Ion* wird bei den üblichen Elektrolysebedingungen nicht angegriffen.

2.4 Anwendungen

Kathodische Bestimmungen

Beispiele:

Abscheidung von *Silber*

Die elektrolytische Abscheidung gelingt z. B. auf folgende Weise:

a) Man versetzt die salpetersaure Lösung mit ca. 5 ml Ethanol, um die Bildung von Ag_2O_2 zu vermeiden und elektrolysiert bei 50-60°C, 0,5 A und 1,35 V.

b) Aus schwefelsaurer Lösung (4 Vol% H_2SO_4) kann Silber bei ca. 80°C, 0,1 A und 1,2 V abgeschieden werden.

Anmerkung: Enthält die Lösung HNO_3, muss nach der Zugabe von H_2SO_4 bis zum Auftreten weißer Nebel abgeraucht werden. Der Rückstand wird in heißem Wasser gelöst.

Abscheidung von *Kupfer*

Die salpetersaure Losung soll 2-4 Vol% HNO_3 und 0,15 g $KClO_3$ enthalten, um die Bildung von NO_2 zu unterdrücken. Die Abscheidungsbedingungen sind z. B. 70°C, 0,2-0,8 A, 2,4 – 2,5 V.

Abscheidung von *Blei*

100 ml Lösung sollen ca. 10 ml konz. HNO_3 und 5 Tropfen konz. H_2SO_4 enthalten. Bei 60-90°C und 0,5 A wird die Hauptmenge abgeschieden. Gegen Ende der

Elektrolyse erhöht man auf ca. 1,5 A. Die Elektrolysedauer beträgt unter diesen Bedingungen ca. 60 Minuten.

Abscheidung von *Cadmium*

Die Abscheidung gelingt aus schwefelsaurer, ammoniakalischer und cyanidhaltiger (alkalischer) Lösung.

Abscheidung aus schwefelsaurer Lösung: Die Probenlösung soll etwa 0,25 molar an H_2SO_4 sein. Man fügt ca. 5 g $KHSO_4$ hinzu und elektrolysiert unter Rühren mit 0,7-1,5 A und 2,7 V. Eine hohe Stromdichte ist erforderlich, um ein Wiederauflösen von Cadmium zu verhindern.

Anodische Bestimmungen

Bestimmung von *Blei* als $\mathbf{PbO_2}$

Pb^{2+}-Ionen lassen sich anodisch in salpetersaurer Lösung zu PbO_2 oxidieren. Solange die PbO_2-Menge unter 100 mg bleibt, ist der Umrechnungsfaktor auf Pb 0,8662. Größere Mengen PbO_2 sind nur schwer zu entwässern.

Bestimmung von Mangan als $\mathbf{MnO_2}$

Mn^{2+}-Ionen lassen sich anodisch zu MnO_2 oxidieren. $E^{o}_{Mn^{2+}/MnO_2} = 1{,}23$ V (in saurer Lösung).

3 Grundlagen der Coulometrie

3.1 Allgemeines

Coulometrie heißt die Messung von Elektrizitätsmengen. Bei Elektrolysen, die quantitativ und eindeutig ablaufen, besteht ein einfacher Zusammenhang zwischen der Menge der abgeschiedenen (freigesetzten) Elektrolyseprodukte und der – während der Elektrolyse – durch den Stromkreis geflossenen Elektrizitätsmenge. Ist die Elektrizitätsmenge bekannt, kann man auf die Stoffmengen zurückschließen. Die Coulometrie kann daher als genaue quantitative Bestimmungsmethode für viele analytische Probleme benutzt werden.

Grundlagen der Coulometrie sind die Faradayschen Gesetze s. hierzu auch S. 330.

1. Faradaysches Gesetz:

$$m = k \cdot I \cdot t \quad \textit{oder mit} \quad Q = I \cdot t \quad \textit{auch } m = k \cdot Q$$

2. Faradaysches Gesetz:

Gleiche Elektrizitätsmengen Q scheiden verschiedene Stoffe im Verhältnis ihrer Äquivalente ab.

Die Zusammenfassung beider Gesetze gibt mit $k = M/z \cdot F$:

$$m = \frac{M \cdot Q}{z \cdot F}$$

M = Atom- bzw. Molmasse ($g \cdot mol^{-1}$); z = Äquivalentzahl (elektrochemische Wertigkeit); F = Faradaysche Konstante = 96 485 $C \cdot mol^{-1}$ (1 C = 1 A·s)

Die Faradayschen Gesetze gelten streng nur für die Entladung oder Umladung von Ionen. Die Schritte, die sich dem Elektronenübergang *(Primärvorgang)* anschließen, müssen *eindeutig* verlaufen. Bei diesen *Sekundärvorgängen* handelt es sich um Reaktionen der Teilchen untereinander, Reaktionen mit der Elektrode, dem Elektrolyten, dem Lösemittel usw.

Bei der Elektrolyse dürfen also keine unkontrollierten stromliefernden oder stromverbrauchenden Nebenreaktionen stattfinden, und es darf keine Stromwärme auftreten.

Beachte: Voraussetzung für die Anwendung der Faradayschen Gesetze ist eine *quantitative Stromausbeute* bei der Elektrolyse.

Anmerkung: Stromausbeute ist das Verhältnis von tatsächlich abgeschiedener Stoffmenge zu der nach den Faradayschen Gesetzen berechneten Stoffmenge.

Misst man die Elektrizitätsmenge (elektrische Ladung) Q durch eine Zeitmessung bei konstanter Stromstärke, spricht man von *galvanostatischer Coulometrie* oder *coulometrischer Titration.*

Die Ermittlung von Q bei konstanter Spannung heißt *potentiostatische Coulometrie* oder *coulometrische Analyse.*

3.2 Durchführung coulometrischer Messungen

Elektrolysezellen

Form und Ausrüstung der Elektrolysezellen müssen der gewählten coulometrischen Methode und dem jeweiligen analytischen Problem angepaßt werden.

Die Zellen enthalten eine *Arbeitselektrode*, an der die betreffende Elektrodenreaktion abläuft, eine *Gegenelektrode* und eine *Bezugselektrode*.

Man misst die Potentialdifferenz zwischen der Arbeitselektrode und der Bezugselektrode, deren Potential konstant und meist bekannt ist.

Wird bei coulometrischen Titrationen der Äquivalenzpunkt elektrometrisch ermittelt, braucht man zusätzlich noch eine *Indikatorelektrode*: über Einzelheiten hierzu s. Kap. V.8.4.2.

Die *Arbeitselektroden* bestehen aus Platin, Platinlegierungen, Gold, Silber, Quecksilber oder Amalgam. Geformt sind sie als Netzzylinder, Spiralen, Drähte, Kügelchen oder Folien. Gelegentlich müssen sie vor Beginn einer Messung vorbehandelt werden.

Die *Gegenelektroden* (meist als Anode geschaltet) bestehen aus Platin oder Graphit. Verwendet wurden auch Hg_2Cl_2/Hg- und $PbSO_4$/Pb-Halbzellen.

Als *Bezugselektroden* verwendet man die bekannten Elektroden 2. Art wie die Kalomelektrode oder die Silber/Silberchlorid-Elektrode.

Um eine 100%-ige Stromausbeute zu erzielen, muss man verhindern, dass die Elektrolyseprodukte an die jeweilige Gegenelektrode diffundieren. Man erreicht dies durch ein *Diaphragma* zwischen Anoden- und Kathodenraum oder durch eine völlige Trennung der Elektrolyseräume und die Herstellung der elektrolytischen Leitung zwischen ihnen durch einen *Stromschlüssel* (Salzschlüssel). Die Analysenlösung wird in den Raum um die Arbeitselektrode gebracht.

Als *Stromschlüssel* eignet sich ein U-förmig gebogenes Glasrohr, das beidseitig mit einem Sinterglas- oder Porzellan-Diaphragma verschlossen ist. Das U-Rohr wird mit einer Elektrolytlösung gefüllt, die das Analysenergebnis nicht beeinflusst.

Beispiele für Elektrolytlösungen sind eine wässrige Lösung von KCl, KNO_3, $(NH_4)_2SO_4$, meist angedickt mit Agar-Agar oder H_2SO_4, aufgesaugt in Kieselgel.

Werden die Elektrodenräume durch ein *Diaphragma* getrennt, soll der elektrische Widerstand des Diaphragmas höchstens 100-250 Ohm betragen. Als Diaphragmenmaterial eignen sich poröse Porzellan- oder Sinterglasmembranen (Frittenplatten) . Den Flüssigkeitsspiegel im Raum der Gegenelektrode wählt man etwas höher als denjenigen im Raum der Arbeitselektrode, um eine Diffusion der Analysensubstanz aus dem Raum der Arbeitselektrode zu verhindern.

Die *Elektrolysedauer* lässt sich erheblich verkürzen z. B. durch Rühren der Lösung, Temperaturerhöhung, Verwendung großer Elektrodenoberflächen und kleiner Lösungsvolumina.

Messung von Elektrizitätsmengen

Elektrizitätsmengen lassen sich auf vielerlei Weise messen. Ausschlaggebend für die jeweils benutzte Methode sind die Anforderungen, die an die Genauigkeit der Messung gestellt werden, und der damit verbundene technische Aufwand.

Genaue und präzise Messungen gestattet ein elektronischer *Stromintegrator*.

Eine Möglichkeit zur Ermittlung von Elektrizitätsmengen bietet auch die *Auswertung von coulometrischen I-t-Kurven*. Hierbei zeichnet man die Änderung der Stromstärke I als Funktion der Elektrolysezeit t graphisch auf. Während der

Elektrolyse sinkt die Stromstärke von einem Anfangswert I_0 bis auf einen Restwert (Grundstromstärke) ab. Für den Abfall gilt die Gleichung:

$$I_t = I_0 \cdot \exp\left(-\left(\frac{D \cdot A}{\delta \cdot V}\right) \cdot t\right) = I_0 \cdot \exp(-K \cdot t) \quad \text{mit } K = \frac{D \cdot A}{\delta \cdot V}$$

D = Diffusionskoeffizient, A = Elektrodenoberfläche, δ = Diffusionsschichtdicke an der Arbeitselektrode, V = Volumen, t = Elektrolysezeit, I_0 = Stromstärke zur Zeit t = 0. I_t = Stromstärke zur Zeit t. Abb. 69 zeigt eine entsprechende Kurve.

Zur Ermittlung der Elektrizitätsmenge Q = I · t kann man nun entweder die Fläche unter der Kurve integrieren

$$Q = \int_0^t I(t) \cdot dt$$

oder man trägt lg I als Funktion der Zeit auf (Abb. 69). *Die Steigung der erhaltenen Geraden ergibt -K.* Damit lässt sich die gesuchte Elektrizitätsmenge bestimmen. Diese Methode eignet sich für schnelle Messungen, weil man aus wenigen Messpunkten den Kurvenverlauf konstruieren und auf das Ende der Elektrolyse (t→∞) extrapolieren kann.

Genaue Messungen der Elektrizitätsmengen erlauben die sog. *chemischen Coulometer*, die in Reihe zur Messzelle geschaltet werden.

Chemische Coulometer sind Elektrolysezellen, welche die Bestimmung der Elektrizitätsmenge auf der Grundlage der Faradayschen Gesetze ermöglichen.

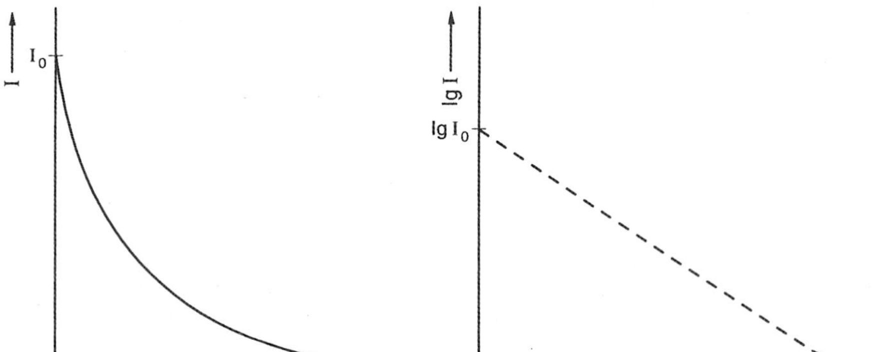

a b

Abb. 69 a u. b. Coulometrische I-t-Kurve. **a)** I aufgetragen gegen t; **b)** lg I aufgetragen gegen t; lg I = lg I_0 – 0,434 K·t

Beispiele für chemische Coulometer

Ein in der Praxis häufig benutztes Coulometer ist das *Kupfercoulometer.* Es besteht aus einer Anode aus reinstem Kupfer, einer Kathode aus Kupfer oder Platin und einer Elektrolytlösung, die 125 g $CuSO_4 \cdot 5\ H_2O$, 50 g H_2SO_4 und 50 g C_2H_5OH auf einen Liter Lösung enthält. Die Elektrizitätsmenge wird aus der Gewichtsdifferenz der Kathode vor und nach der Elektrolyse bestimmt. Dieses Coulometer arbeitet ungenau, weil sich aus den Cu^{2+}-Ionen und dem bereits abgeschiedenen elementaren Kupfer Cu^{+}-Ionen bilden.

Für Präzisionsmessungen eignet sich das *Silbercoulometer* (Abb. 70): $Ag^{+} + e^{-} \longrightarrow Ag$. Es besteht aus zwei Silber- oder Platinelektroden, die in eine 10-20 %-ige neutrale Lösung von $AgNO_3$ oder $AgClO_3$ eintauchen.

Die kathodische Stromdichte soll < 0,02 $A \cdot cm^{-2}$, die anodische Stromdichte < 0,2 $A \cdot cm^{-2}$ sein, und es sollen nicht mehr als 100 mg Ag pro cm^2 Kathodenoberfläche abgeschieden werden.

Sehr genau ist auch das *Iodcoulometer*. Hier wird aus einer KI-Lösung anodisch I_2 abgeschieden, das sich in KI-Lsg. als KI_3 löst. Die abgeschiedene Iodmenge wird mit einer eingestellten $Na_2S_2O_3$-Lsg. oder arseniger Säure titriert. Als Elektroden werden Platinelektroden verwendet.

Potentiostatische Coulometrie (coulometrische Analyse)

Für die potentiostatische Coulometrie wird eine Dreielektrodenzelle verwendet. Bei dieser Methode wird das Potential der Arbeitselektrode konstant gehalten. Sein Wert entspricht dem Abscheidungspotential der Analysensubstanz. Durch den Zusatz eines indifferenten Leitsalzes im Überschuss wird sichergestellt, dass der Stromtransport in der Lösung ausschließlich durch die Ionen des Leitsalzes erfolgt. Die Analysensubstanz gelangt daher ausschließlich durch Diffusion an die Arbeitselektrode. Gemessen wird demzufolge nur der *Diffusionsstrom* (Grenzstrom), s. hierzu S. 354. Die Diffusionsstromstärke nimmt im Verlauf der Elektrolyse ab, weil die Analysensubstanz elektrolytisch zersetzt wird. Die Elektrolyse ist beendet, wenn die Stromstärke den Wert Null erreicht hat.

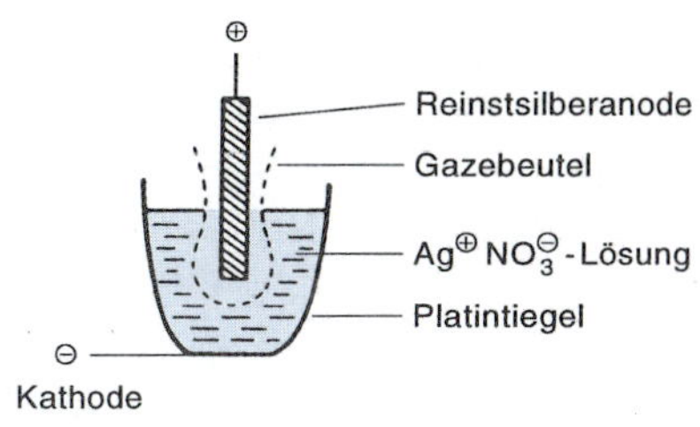

Abb. 70. Skizze eines Silbercoulometers. Die Silbermenge wird aus der Gewichtsdifferenz der Kathode vor und nach der Elektrolyse bestimmt. Der Gazebeutel soll von der Anode abfallendes metallisches Silber auffangen

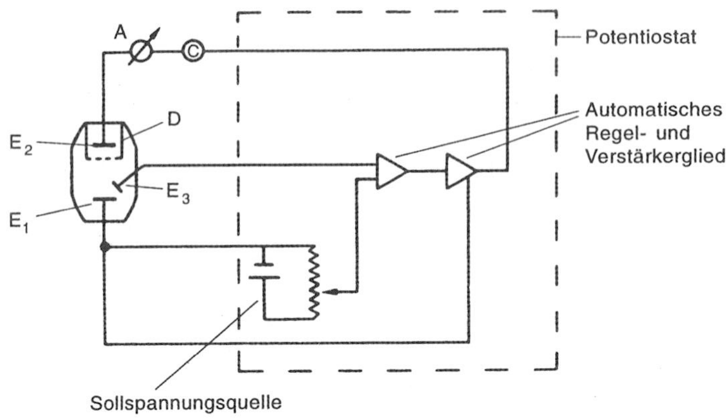

Abb. 71. Prinzipschaltbild für potentiostatische Coulometrie mit einem elektronisch geregelten Potentiostaten (nach Wenking). E_1 = Arbeitselektrode, E_2 = Gegenelektrode, E_3 = Bezugselektrode, A = Galvanometer, C = Coulometer, D = Diaphragma, V = Voltmeter

Konstanthaltung des Potentials der Arbeitselektrode

Am besten lässt sich das Potential der Arbeitselektrode mit einem elektronisch geregelten *Potentiostaten* konstant halten; Abb. 71 zeigt eine entsprechende Messanordnung.

Arbeitsprinzip des Potentiostaten

Das Potential der Arbeitselektrode E_1 gegen die Bezugselektrode E_3 wird durch ein Hilfspotential kompensiert, das an der „Sollspannungsquelle“ mit einem Potentiometer eingestellt wird. Weicht das Potential der Arbeitselektrode während der Elektrolyse von dem Sollwert ab, tritt eine Differenzspannung auf, die über ein automatisches Regel- und Verstärkerglied die zwischen E_1 und E_2 angelegte Spannung so steuert, dass das Potential von E_1 wieder seinen Sollwert erreicht.

Anwendungsbereiche der potentiostatischen Coulometrie

Diese Methode eignet sich zur Bestimmung aller reduzierbaren und oxidierbaren Ionen sowie von polarographisch aktiven organischen Substanzen. Der normale Arbeitsbereich liegt zwischen 10 und 1000 mg. Die sog. *Mikrocoulometrie* erfaßt Substanzmengen < 10 mg. Bei dieser Methode wird die Analysensubstanz als Amalgam angereichert. Bei einem anschließenden inversen Löseprozeß wird die zum Auflösen benötigte Elektrizitätsmenge bestimmt.

Vorteile der Methode: Die Methode eignet sich für Spurenanalysen. Gegenüber der galvanostatischen Coulometrie besitzt sie eine größere Selektivität. So können z. B. Metalle nacheinander bestimmt werden, deren Redoxpotentiale ca. 0,2 V auseinanderliegen.

Anwendungsbeispiele:

Reduktionen an Platin- oder Quecksilber-Kathoden

Metallabscheidungen: Bi, Cd, Co, Cu, Ni, Pb, Zn

Wertigkeitsänderungen: $CrO_4^{2-} \longrightarrow Cr^{3+}$

Oxidationen

Abscheidungen von Cl^-, Br^-, I^-, SCN^- an Silber-Anoden

Wertigkeitsänderungen an Platin-Anoden: $As^{3+} \longrightarrow As^{5+}$; $Fe^{2+} \longrightarrow Fe^{3+}$

Galvanostatische Coulometrie (coulometrische Titration)

Bei dieser Methode bestimmt man die Elektrizitätsmenge bei konstant gehaltener Stromstärke durch eine *Zeitmessung*; sie ist gleich dem Produkt aus der Stromstärke und der Elektrolysedauer: $\mathbf{Q = I \cdot t}$.

Elektrolysiert wird nicht die Analysensubstanz, sondern eine sog. *Hilfssubstanz.*

Man erzeugt also bei konstantem Stromfluss elektrochemisch ein Reagenz (Titrant), das mit dem Analyten reagiert. Die Indikation des Äquivalenzpunktes ist möglich mit klassischen oder elektrochemischen Methoden wie potentiometrischer Indikation, s. S. 317, amperometrischer Indikation, s. S. 375, Polarisationsspannungsindikation, s. S. 372. Voraussetzung ist allerdings, dass die Anzeige nicht durch das Feld des Generatorstromes gestört wird.

Messanordnung

Abb. 72 zeigt die Messanordnung für die galvanostatische Coulometrie. Sie enthält außer der Messzelle, der Spannungsquelle und dem Galvanometer zwei regelbare Widerstände und eine Uhr.

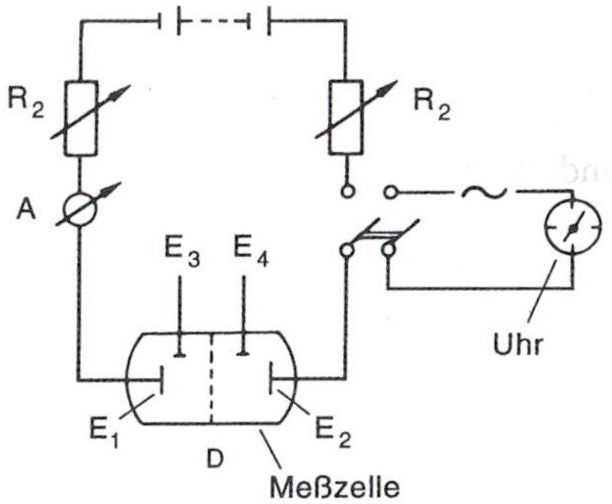

R_1, R_2 sind regelbare Widerstände
A = Galvanometer
E_1 = Arbeitselektrode
E_2 = Gegenelektrode
E_3 = Bezugselektrode bzw. 1. Indikatorelektrode
E_4 = 2. Indikatorelektrode

Abb. 72. Prinzipschaltbild für galvanostatische Coulometrie

Konstanthaltung der Stromstärke

Die Stromstärke lässt sich auf folgende einfache Weise konstant halten: Man arbeitet mit einer hohen Gleichspannung (100-200 V). Hierzu wird die Netzspannung gleichgerichtet und elektronisch stabilisiert. In den Stromkreis legt man einen hochohmigen Ballastwiderstand (mehrere Hundert kΩ). Änderungen des Widerstandes der Messzelle während der Elektrolyse im kΩ-Bereich wirken sich dadurch nicht auf die Stromstärke aus.

Die Stromstärke soll für die Messung etwa 20 mA betragen.

Zeitmessung

Zur Messung der Elektrolysedauer kann man eine Additionsstoppuhr oder besser eine elektrische Synchronuhr benutzen. Letztere kann z. B. über eine magnetische Kupplung gleichzeitig mit dem Generatorstrom ein- und ausgeschaltet werden.

Anwendungsbereiche

Die galvanostatische Coulometrie eignet sich besonders für Redoxtitrationen von luftempfindlichen Ionen wie Ti^{3+}, Fe^{2+}, Cr^{2+}. Sie kann auch bei Neutralisationsanalysen eingesetzt werden.

Vorteile: Die Vorteile liegen darin, dass man keine Maßlösung braucht. Weil sich Elektrizitätsmengen sehr genau bestimmen lassen, ist die Methode den klassischen Verfahren besonders im Mikro- und Submikrobereich überlegen.

Gegenüber der potentiostatischen Coulometrie hat sie den Vorteil, dass in Fällen, in denen keine hohe Selektivität verlangt wird, die Elektrolysedauer kürzer und die Elektrizitätsmengenmessung einfacher ist.

Genauigkeit: Die Methode erlaubt die genaue Bestimmung von Mengen, die im Milli- bis Nanogrammbereich liegen.

Hilfssubstanz und Zwischenreagenz

Anlass für die Verwendung einer *Hilfssubstanz* ist die Erscheinung, dass im Verlauf der Elektrolyse einer Analysensubstanz, die in geringer Konzentration vorliegt, nur zu Beginn der Elektrolyse die Stromausbeute 100% beträgt. Während der Elektrolyse verarmt die unmittelbare Umgebung der Elektrode an Analysensubstanz, ein Konzentrationsausgleich ist im wesentlichen nur durch Diffusion möglich, und diese ist u.a. konzentrationsabhängig. Eine unmittelbare Folge davon ist eine Konzentrationspolarisation der Elektrode, die ihrerseits eine quantitative Stromausbeute verhindert.

Fügt man nun der Lösung der Analysensubstanz in relativ hoher Konzentration einen geeigneten Elektrolyten (= Hilfssubstanz) zu, dessen Redoxpotential etwas höher liegt als dasjenige der Analysensubstanz, so spielt sich zunächst der gleiche Vorgang ab, wie oben beschrieben; das Elektrodenpotential steigt jetzt jedoch nur so weit, bis das Abscheidungspotential der Hilfssubstanz erreicht ist. Diese Substanz wird elektrolysiert, und weil sie in hoher Konzentration vorhanden ist, reicht ihre Nachlieferung an die Elektrodenoberfläche durch Diffusion aus, um eine quantitative Stromausbeute zu erzielen.

Als Hilfssubstanz eignet sich ein Elektrolyt, dessen kathodische oder anodische Elektrolyseprodukte mit der Analysensubstanz quantitativ und in eindeutiger Weise reagieren.

Die Elektrolyseprodukte, die für analytische Reaktionen als Titrant verwendet werden, heißen *Zwischenreagenz* (= Hilfstitrant).

In den meisten Fällen finden die Elektrolyse der Hilfssubstanz und die Reaktion der Elektrolyseprodukte mit der Analysensubstanz im gleichen Gefäß statt. In besonderen Fällen lassen sich beide Vorgänge auch voneinander getrennt durchführen. Man verwendet dann eine sog. *Durchflusszelle*; bei dieser fließt die Lösung des Zwischenreagenzes kontinuierlich aus der Elektrolysezelle in das Titriergefäß.

3.3 Anwendungsbeispiele coulometrischer Titrationen

Titration von Säuren und Basen

Säuren und Basen können coulometrisch titriert werden, wenn die benötigten OH^-- und H^+-Ionen durch Elektrolyse einer geeigneten Hilfssubstanz erzeugt werden.

Im Normalfall werden wässrige Lösungen von Salzen wie KCl oder Na_2SO_4 an indifferenten Elektroden in einer geteilten Zelle elektrolysiert, wobei mit quantitativer Stromausbeute an der Kathode OH^--Ionen und an der Anode H^+-Ionen entstehen.

Enthält die Lösung der Analysensubstanz Stoffe, welche die Elektrolyse der Hilfssubstanz stören, kann man die Elektrolyse und Titration in getrennten Gefäßen durchführen. Den Titranten lässt man dann kontinuierlich in das Titriergefäß fließen. Bei diesem Verfahren treten allerdings Verdünnungsfehler auf.

Beispiel: Die Titration der Säuren *H_2SO_4* und *Salzsäure* gelingt mit wässriger KCl-Lösung als Hilfssubstanz an einer Pt-Kathode und einer Ag-Anode. Für die Bestimmung des Äquivalenzpunktes eignet sich Bromkresolgrün als Indikator oder die potentiometrische Indikation mit einer Glaselektrode und einer Kalomelelektrode.

Fällungstitrationen und Komplexbildungsreaktionen

Fällungs- und Komplexbildungsreaktionen können coulometrisch durchgeführt werden, wenn das Fällungs- bzw. Komplexbildungsreagenz durch Elektrolyse einer geeigneten Hilfssubstanz gebildet werden kann.

Für die Fällung von Cl^-, Br^- und I^- eignet sich als Zwischenreagenz: Ag^+ oder Hg^{2+}. Für die Bestimmung von S^{2-} lässt sich z. B. Zn^{2+} verwenden.

Redoxtitrationen

Auch Redoxtitrationen können coulometrisch durchgeführt werden. Für sie gelten die gleichen Bedingungen, die schon bei anderen Titrationen besprochen wurden.

Beispiele für Oxidationen

Bestimmung von Eisen durch Oxidation von Fe^{2+} zu Fe^{3+}

Zu der Analysenlösung gibt man Ce^{3+}-Ionen im Überschuss; diese werden an einer Pt-Anode zu Ce^{4+} oxidiert.

Die Ce^{4+}-Ionen oxidieren ihrerseits als Zwischenreagenz die Fe^{2+} Ionen zu Fe^{3+}-Ionen. Nach Überschreiten des Äquivalenzpunktes können überschüssige Ce^{4+}-Ionen nachgewiesen werden.

Titration von As^{3+}-Ionen durch Oxidation zu As^{5+}

Die Oxidation gelingt mit den Zwischenreagenzien Cl_2, Br_2, I_2, Ce^{4+} oder MnO_4^-.

Arbeitsbedingungen für die Oxidation mit anodisch gebildetem I_2:

0,1 M KI-Lsg. wird mit einem Phosphatpuffer (NaH_2PO_4 + NaOH) auf einen pH-Wert von 8 eingestellt. Elektrolysiert wird in einer geteilten Zelle mit einer Pt-Anode und einer Pt-Kathode (in 1 M H_2SO_4). Die Indikation des Äquivalenzpunktes ist z. B. amperometrisch möglich. Arbeitsbereich: 65-1200 µg, Genauigkeit: ± 0,6 µg

oder

0,3 M KI-Lsg. (mit 0,1 M H_3BO_3 und 0,5 M Na_2SO_4) wird in einer Durchflusszelle mit Pt-Elektroden elektrolysiert. Der Äquivalenzpunkt kann z. B. potentiometrisch mit einer Glas- und einer Kalomelelektrode indiziert werden. Arbeitsbereich: mg-Mengen; Genauigkeit: ± 0,1%

oder

0,4-0,5 M KI-Lsg. (mit 0,1-0,25 M NaH_2PO_4 und NaOH auf einen pH-Wert von 6,4-7 eingestellt) wird in einer geteilten Zelle mit einer Pt-Anode und einer Pt-Kathode in 1 M H_2SO_4 elektrolysiert. Die Erkennung des Äquivalenzpunktes ist nach Stärkezusatz photometrisch möglich. Arbeitsbereich: 8 mg, Genauigkeit: ± 0,15 %; Arbeitsbereich: 40 mg, Genauigkeit: 0,08%

Beispiele für Reduktionen

Zwischenreagenz	Analytische Reaktion	
Fe^{3+}/Fe^2	$Ce^{4+} \longrightarrow Ce^{3+}$	$MnO_4^- \longrightarrow Mn^{2+}$
Ti^{4+}/Ti^{3+}	$Fe^{3+} \longrightarrow Fe^{2+}$	$IO_4^- \longrightarrow IO_3^-$
Cu^{2+}/Cu^+	$BrO_3^- \longrightarrow Br^-$	$CrO_4^{2-} \longrightarrow Cr^{3+}$

4 Grundlagen der Polarographie

4.1 Allgemeines und instrumentelle Anordnung

Polarographie – im engeren Sinne – ist eine voltammetrische Messmethode, bei der mit einer *tropfenden Quecksilberelektrode* als Arbeitselektrode Strom-Spannungs-Kurven aufgenommen und analytisch ausgewertet werden.

Die Grundlagen der Polarographie wurden bereits 1922 von *J. Heyrovský* entwickelt.

Anmerkung: Voltammetrie (von Voltam(pero)metrie) ist die allg. Bezeichnung für Messmethoden, die sich mit dem Polarisationszustand von Elektroden in Abhängigkeit von Depolarisatoren befassen.

Gleichspannungspolarographie

Das Prinzip der Polarographie besteht darin, dass man eine Substanz elektrolysiert, dabei aber die Reaktion nur an *einer* Elektrode, der *Arbeitselektrode*, untersucht.

Abb. 73 zeigt die Prinzipschaltung einer einfachen polarographischen Messanordnung (= Polarograph). Sie besteht aus einer *Gleichspannungsquelle*, einem *Potentiometer*, einem *Galvanometer* und der *Messzelle*.

Aufbau der Messzelle

Die Messzelle enthält eine *polarisierbare* Arbeitselektrode und eine *unpolarisierbare* Gegenelektrode, die im ***Zwei***-Elektrodensystem gleichzeitig Bezugselektrode ist.

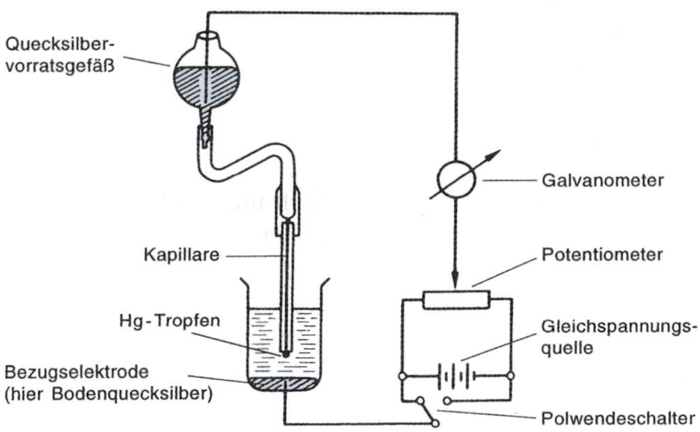

Abb. 73. Prinzipschaltung eines einfachen Polarographen mit Quecksilber-Tropfelektrode. Bei einer *Drei*-Elektrodenanordnung enthält die Zelle zusätzlich eine Bezugselektrode

Arbeitselektrode

Arbeitselektrode heißt die Elektrode, an der eine elektrochemische Reaktion mit dem elektroaktiven Teil der Probensubstanz stattfindet. *Sie muss polarisierbar sein.* Vgl. hierzu Kap. V.8.4.2. Die mögliche Polarisation einer Elektrode ist abhängig von der Elektrodenoberfläche. Kleine Oberfläche bedeutet in der Regel große Polarisation.

a) Quecksilber-Tropfelektrode

Als Arbeitselektrode besonders für *Reduktionen* eignet sich die tropfende Quecksilberelektrode. Sie besteht aus einer Glaskapillare (0,05-0,1 mm innerer Durchmesser) und einem Vorratsgefäß mit Quecksilber. Beide sind mit einem flexiblen Schlauch verbunden. Der untere Teil der Kapillare taucht in die Probenlösung ein. Am Kapillarende tritt tropfenweise Quecksilber aus. Jeder Quecksilbertropfen hängt für einige Sekunden am Kapillarende und steht während dieser Zeit für eine elektrochemische Reaktion zur Verfügung.

Die Tropfzeit ist konstant und beträgt 0,4 bis 6 s. Die Tropfenfolge lässt sich entweder durch die Höhe des Vorratsgefäßes oder durch kontrolliertes Abschlagen des Quecksilbertropfens *(Rapidpolarographie)* variieren.

Tropfzeit und Ausflussgeschwindigkeit sind Kapillarkonstanten. Mit ihrer Hilfe kann man die Oberfläche einer Tropfelektrode berechnen.

Vorteile der Quecksilber-Tropfelektrode

Die Vorteile liegen darin, dass sich die Elektrodenoberfläche regelmäßig erneuert. Für Elektrodenreaktionen steht somit immer wieder eine neue Elektrodenfläche zur Verfügung. Dies ermöglicht auch bei längerer Elektrolysedauer gut reproduzierbare Ergebnisse.

Nachteile

Die Quecksilbertropfelektrode ist nur in einem *Spannungsbereich von –2,6 V (mit Tetraalkylammoniumsalzen als Leitsalz) bis + 0,3 V* einsetzbar. Oberhalb von + 0,3 V geht Quecksilber anodisch als Hg_2^{2+} in Lösung.

Enthält die Lösung Anionen, die mit Quecksilber schwerlösliche Niederschläge oder stabile Komplexe bilden, erfolgt die Oxidation noch früher.

b) Rotierende Platin-Elektrode

Als Arbeitselektrode wird gelegentlich auch eine mit konstanter Geschwindigkeit rotierende Platindraht-Elektrode verwendet. Hierbei ragt ein 0,5 mm dicker Platindraht ca. 4 mm aus einem Glasrohr heraus, in das er eingeschmolzen ist. Die Diffusionsschicht, die sich an der Platindrahtspitze ausbildet, hat eine konstante Dicke, die von der Rotationsgeschwindigkeit abhängt.

Vorteile

Mit dieser Elektrode lassen sich Strom-Spannungskurven auch im positiven Potentialbereich aufnehmen, so dass auch Oxidationsreaktionen untersucht werden können.

Nachteile

Die rotierende Platinelektrode ist wie alle Festelektroden sehr empfindlich gegen „Vergiftung". Nach jeder Messung muss sie gründlich gereinigt werden.

Bezugselektrode – Gegenelektrode

Die Bezugselektrode muss unpolarisierbar sein.

Man kann – wie in Abb. 73 – die Quecksilberschicht am Boden der Messzelle (= Gegenelektrode) auch gleichzeitig als Bezugselektrode benutzen. Bei einem Oberflächenverhältnis von Arbeitselektrode : Bezugselektrode von etwa 1:100 wird diese Elektrode bei Stromfluss nicht polarisiert. Wenn die Lösung an Hg_2^{2+}-Ionen gesättigt ist, ist das Potential dieser Elektrode auch ausreichend stabil, in chloridhaltigen Lösungen liegt nichts anderes als eine Kalomelelektrode vor.

Beachte: Die Hg_2^{2+}-Ionen entstehen aus dem Bodenquecksilber ($2\ Hg \longrightarrow Hg_2^{2+} + 2\ e^-$), weil ja an der Gegenelektrode ein elektrochemischer Prozeß ablaufen muss, der demjenigen an der Tropfelektrode äquivalent ist.

Zusätzlich zum Bodenquecksilber als Gegenelektrode kann man als Bezugselektrode eine Elektrode 2. Art verwenden, wie z. B. die Kalomel- oder Silber/ Silberchloridelektrode. Man hat dann eine **Drei**elektrodenanordnung. Mit einer solchen Anordnung lassen sich die Halbstufenpotentiale (s. S. 356) genauer bestimmen, denn das Potential der Bodenquecksilberelektrode ist auch von der Art des Leitsalzes abhängig.

Vorbereitung der Messung

Lösen der Probensubstanz

Die Probensubstanz wird – wenn möglich – in Wasser gelöst. Zum Lösen organischer Substanzen kann man Mischungen von Wasser mit Methanol, Ethanol, Propanol, Aceton, Dioxan u.a. verwenden. Auch nichtwässrige Lösemittel wie Eisessig, Ameisensäure, Acetonitril, Dimethylformamid, flüssiges Ammoniak oder auch konz. H_2SO_4 wurden schon benutzt.

Zugabe von Leitsalz

Vor Beginn der Messung gibt man zu der Lösung einen 50-100-fachen Überschuss an Leitsalz (Zusatz- oder Grundelektrolyt). Durch das Leitsalz wird der Widerstand der Lösung herabgesetzt und verhindert, dass der *Depolarisator (= polarographisch aktive Substanz)* durch Überführung im elektrischen Feld an die Elektrode gelangt. *Die Leitfähigkeit der Lösung wird also ausschließlich durch das Leitsalz verursacht.*

Durch den Leitsalzzusatz wird die angelegte Spannung U an den Elektroden mit guter Näherung gleich dem Potential E der polarisierbaren Arbeitselektrode, bezogen auf das Potential der Gegenelektrode, das man manchmal auch willkürlich gleich Null setzt.

Bei der Auswahl des Leitsalzes müssen verschiedene Gesichtspunkte beachtet werden: Es muss sich in dem verwendeten Lösemittel ausreichend lösen (etwa 0,1 M), es darf nicht mit dem Quecksilber reagieren, sein Kation soll bei möglichst negativem Potential reduziert werden usw.

Beispiele für Leitsalze: Chloride, Chlorate und Perchlorate der Alkali- und Erdalkalimetalle; Alkalisulfate; Na_2CO_3; Alkalihydroxide; Tetraalkylammoniumsalze; $NaBF_4$.

Lithium-Ionen erlauben einen Potentialbereich bis -2 V, Tetraalkylammoniumsalze bis –2,6 V, bezogen auf die „gesättigte Kalomelelektrode".

Zugabe von Pufferlösungen

Müssen organische Substanzen in gepufferten Lösungen untersucht werden, weil das Redoxpotential vom pH-Wert abhängt, so kann man geeignete Puffersysteme hinzufügen. Es kann dann u.U. auch das Leitsalz aus einem Puffersystem bestehen.

Zugabe von Komplexbildnern

Enthält die Lösung mehrere polarographisch aktive Kationen, deren Halbstufenpotentiale eng beieinander liegen (< 150 mV), kann es u. U. sinnvoll sein, durch Zugabe von Komplexbildnern die elektrochemischen Eigenschaften der Ionen zu verändern.

Sauerstoffstufen, Entlüftung

Die Lösungen müssen vor Beginn der Messung von gelöstem Sauerstoff befreit werden. Man erreicht dies durch Durchblasen von Inertgas wie Stickstoff oder Argon.

Wird der Sauerstoff nicht entfernt, erhält man zwei polarographische Stufen, eine für die Reduktion von O_2 zu H_2O_2 und eine für die Reduktion zu H_2O.

Durchführung der Messung

Polarographische Kurven

Enthält die Lösung in der Messzelle eine Substanz, die sich unter den gegebenen Bedingungen reduzieren lässt (*Depolarisator*), und ändert man das Potential der Arbeitselektrode schrittweise nach negativen Werten, so beobachtet man in einem bestimmten Potentialbereich einen erhöhten Stromfluss. Trägt man die zwischen Arbeitselektrode und Bezugselektrode gemessenen Stromstärken gegen die zugehörigen Spannungswerte in ein Achsenkreuz ein, erhält man die *polarographische Strom-Spannungskurve = Polarogramm* (U = f(I)). Abb. 74a zeigt den prinzipiellen Kurvenverlauf bei einem einfachen Gleichstrompolarogramm. Es besteht vor allem im Diffusionsstrombereich aus einer Vielzahl von Zacken. Die

Anzahl der Zacken ist identisch mit der Tropfenzahl. Die Zacken kommen dadurch zustande, dass für jeden Quecksilbertropfen die Stromstärke während seines Wachstums von geringen Werten bis zu einem Maximum ansteigt.

In Abb. 74b wird durch Dämpfung der Registrieranlage eine „glatte" Kurve erhalten. Dies geht natürlich bei kleinen Konzentrationen auf Kosten der Empfindlichkeit.

Beachte: Die Polarogramme sind im kathodischen Bereich aufgenommen; dementsprechend ist der Kurvenverlauf von rechts nach links aufgezeichnet.

Auswertung von Polarogrammen

Polarographische Ströme

Die gesamte elektrochemische Reaktion besteht aus mehreren Teilschritten.

Bei der sog. *Durchtrittsreaktion* überschreiten die potentialbestimmenden Ladungsträger die Phasengrenze zwischen Elektronenleiter (= Metall) und Ionenleiter (= Elektrolytlösung). Andere Teilschritte sind die *Diffusion* der Teilchen an die Elektrode, die *Adsorption* der Teilchen und/oder ihrer Elektrolyseprodukte an der Elektrode, die *Desorption* der Produkte von der Elektrode und ihre Diffusion von der Elektrode weg ins Lösungsinnere, sowie *katalytische Vorgänge* oder *chemische Reaktionen*, die der eigentlichen Durchtrittsreaktion vorgelagert oder nachgelagert sein können oder parallel zu ihr verlaufen.

Der langsamste Teilschritt bestimmt die Geschwindigkeit der Gesamtreaktion und damit die Höhe des Stromflusses. Man spricht deshalb vom sog. *Diffusionsstrom*, von *Adsorptionsströmen*, *katalytischen* und *kinetischen Strömen*.

Wir wollen uns hier nur mit dem Diffusionsstrom näher befassen.

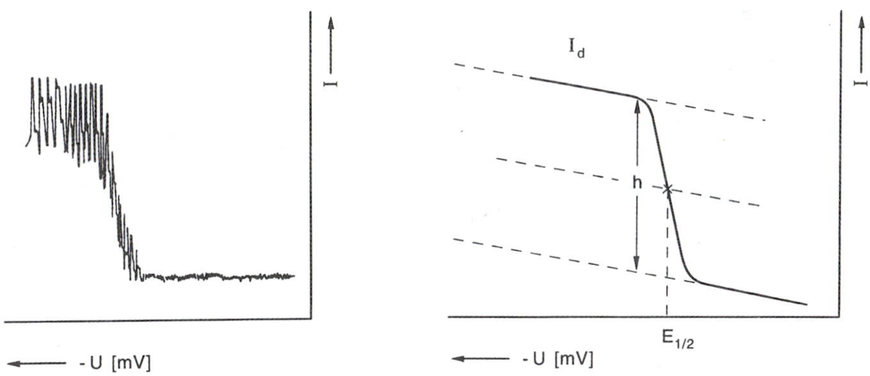

a b

Abb. 74 a u. b. Polarographisch ermittelte Strom-Spannungs-Kurve **a)** ohne Dämpfung; **b)** mit Dämpfung; h = Stufenhöhe; $E_{½}$ = Halbstufenpotential; I_d = Diffusionsstrom; U = angelegte Spannung

Diffusionsstrom I_d oder I_g

Von *Diffusionsstrom* spricht man, wenn die Stromstärke bei der Elektrodenreaktion nur durch die Teilchen eines Depolarisators bestimmt wird, die an die Elektrodenoberfläche diffundieren.

Der Diffusionsstrom heißt gelegentlich auch *Grenzstrom* oder *Diffusionsgrenzstrom,* weil eine Steigerung der Stromstärke über die Stromstärke des Diffusionsstromes hinaus nicht möglich ist. Jedes Teilchen, das zur Elektrode gelangt, reagiert dort sofort, d.h. es können gar nicht mehr Teilchen reagieren, weil die Diffusion der geschwindigkeitsbestimmende Schritt ist; sie begrenzt also die Stromstärke.

Voraussetzung für die Beobachtung des Diffusionsstromes ist allerdings, dass der Teilchentransport durch Ionenwanderung im elektrischen Feld (Migration) ausgeschlossen wird. Man erreicht dies durch Zugabe eines Leitsalzes im Überschuss, s. S. 351.

Die Diffusion von Teilchen in Lösung ist von ihrer Konzentration in der Lösung abhängig. Aus diesem Grunde wird *die Höhe des Diffusionsstromes von der Konzentration der Teilchen bestimmt,* deren Zersetzungsspannung an der Elektrode anliegt.

Der Diffusionsstrom kann daher zur *quantitativen* Bestimmung einer Substanz benutzt werden.

Formelmäßig beschreiben lässt sich die Höhe des Diffusionsstromes für die Quecksilber-Tropfelektrode durch die (vereinfachte) Ilkovič-Gleichung:

$$I_d = 0{,}627 \cdot n \cdot F \cdot D^{1/2} \cdot m^{2/3} \cdot t^{1/6} \cdot c$$

oder $I_d = K \cdot c$ K = Ilkovič-Konstante

I_d = Diffusionsstrom (μA); n = Anzahl der ausgetauschten Elektronen; D = Diffusionskoeffizient ($cm^2 \cdot s^{-1}$); t = Tropfzeit (Zeitabstand der Tropfen) (s); F = Faraday-Konstante; m = Masse des je Sekunde ausfließenden Quecksilbers ($mg \cdot s^{-1}$); c = Konzentration des zu bestimmenden Depolarisators ($mol \cdot l^{-1}$)

In der angegebenen Form gilt die Ilkovič -Gleichung für den sog. mittleren Strom, der von einem Galvanometer oder Schreiber registriert wird.

Die Gleichung enthält die Masse m des je Sekunde ausfließenden Quecksilbers; m ist direkt proportional zur Höhe H des Vorratsbehälters (m = k'H). Die Tropfzeit t ist der Höhe H umgekehrt proportional ($t = k''H^{-1}$).

Setzt man diese beiden Beziehungen in die Ilkovič -Gleichung ein, ergibt sich für die Höhe des Diffusionsstromes:

$$I_d = k\sqrt{H} \qquad \left(\text{aus } I_d = (k'H)^{2/3}\left(\frac{k''}{H}\right)^{1/6}\right)$$

oder in Worten:
Der Diffusionsstrom I_d ist proportional zur Quadratwurzel der Höhe der Quecksilbersäule.

Kapazitätsstrom heißt der geringe Stromfluss, den man registriert, wenn von der Lösung *mit* Leitsalz, aber *ohne* Depolarisator, ein Polarogramm angefertigt wird. Er ist von der Größenordnung 10^{-7} A·V^{-1}, und bestimmt die Erfassungsgrenze der einfachen Gleichspannungspolarographie. Ab Konzentrationen von etwa 10^{-5} mol·l^{-1} macht es nämlich Schwierigkeiten, die polarographischen Stufen vom Kapazitätsstrom zu unterscheiden.

Die Ursache für die Bildung dieses Stromes ist die Aufladung einer elektrischen Doppelschicht an der Elektrode (Abb. 75). Die Oberfläche eines Quecksilbertropfens wirkt mit der sie umgebenden Flüssigkeitsschicht als Kondensator, der Ladung aufnehmen kann. Von den fallenden Quecksilbertropfen wird diese Ladung von der Elektrode wegtransportiert, und es kommt zu einem Stromfluss (Kapazitätsstrom).

Anmerkung: Wegen der sich stets neu bildenden Tropfenoberfläche ist bei der Quecksilbertropfelektrode die Doppelschicht – summiert über alle Tropfen – größer als bei einer stationären Elektrode.

Möglichkeiten zur Verringerung des Kapazitätsstromes

Bei der einfachen Gleichspannungspolarographie gelingt die Unterdrückung des Kapazitätsstromes wenigstens teilweise dadurch, dass man ihm im Polarographen einen Strom entgegenschaltet, der mit dem Potential der Arbeitselektrode linear ansteigt. Die Höhe dieses Kompensationsstromes wird experimentell ermittelt.

Über weitere Möglichkeiten zur Unterdrückung bzw. Eliminierung des Kapazitätsstromes, s. S. 359, 361.

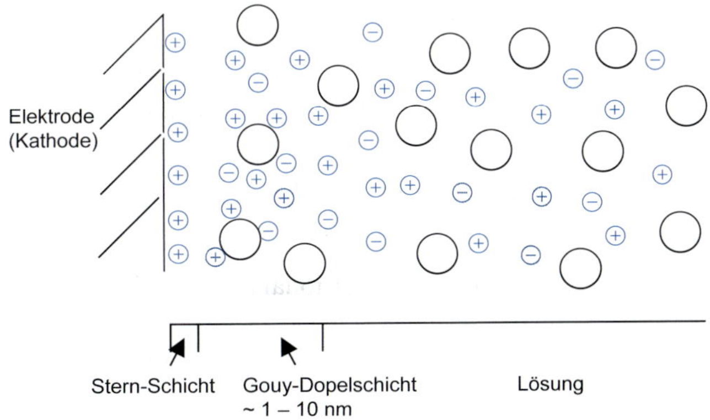

Abb. 75. Schematische Darstellung einer elektrischen Doppelschicht an einer Elektrodenoberfläche. Diese unterteilt sich in eine innere, fest adsorbierte Schicht (*Stern- oder Helmholtzschicht*) und eine diffuse Schicht. Hier finden sich Lösemittelmoleküle und Ionen des Analyten, also an einer Kathode v.a. Kationen. Die Ladung der Elektrode wird dadurch aber nicht exakt kompensiert, so dass auch im *diffusen Teil* der Doppelschicht die Kationen überwiegen

Erläuterung des Polarogramms in Abb. 74b.

Aus der Kurve sieht man, dass die Stromstärke mit steigender Spannung zuerst langsam ansteigt. In diesem Spannungsbereich wird die Elektrode polarisiert. Dann wird sie depolarisiert durch die Umladung der elektrochemisch aktiven Substanz *(Depolarisator)*. Die Stromstärke wächst in einem realtiv schmalen Spannungsbereich stark an und erreicht dann den Wert der Diffusionsstromstärke (Grenzstromstärke) I_g bzw. I_d.

- Den Stromanstieg in dem Polarogramm nennt man eine polarographische Stufe oder Welle.
- Die Höhe der Stufe (h) ist ein Maß für die Konzentration des Depolarisators.
- Die Stromstärke vor einer Stufe heißt Grundstrom (Reststrom).

Das Potential am Wendepunkt der Kurve heißt *Halbstufen- oder Halbwellenpotential $E_{1/2}$*. Es entspricht der Spannung für $I = 0{,}5\ I_d$; sein Wert wird durch den ablaufenden Redoxvorgang bestimmt. $E_{1/2}$ ist *konzentrationsunabhängig* und *charakteristisch* für den betreffenden Depolarisator und kann daher zu seiner *qualitativen* Charakterisierung dienen (dies gilt allerdings nur für reversible Reaktionen; s. hierzu Lehrbücher der Elektrochemie).

Beachte: Das Halbstufenpotential $E_{1/2}$ ist meist nicht identisch mit dem E° des betreffenden Redoxpaares (wegen Amalgambildung).

Bestimmung des Halbstufenpotentials

Man verlängert die geraden Teile der S-förmigen Kurve und ermittelt die Gerade, welche den Abstand zwischen den beiden verlängerten Kurvenstücken halbiert. Der Schnittpunkt dieser Geraden mit der Kurve ist der *Wendepunkt* der Kurve. Der zugehörige Wert auf der Spannungsachse ist das Halbstufenpotential, bezogen auf das Potential der verwendeten Bezugselektrode.

Anmerkung: Arbeitet man mit Bodenquecksilber als Bezugselektrode, misst man das Potential dieser Elektrode gegen eine andere Bezugselektrode mit bekanntem Potential (z. B. Kalomelektrode) oder man gibt zu der Probenlösung eine Tl_2SO_4-Lösung hinzu. Das Halbstufenpotential des Tl^+-Ions ist -0,49 V bezogen auf die N-Kalomelelektrode.

Bestimmung der Stufenhöhe

Man kann die Stufenhöhe aus einem Polarogramm entnehmen, wenn man so verfährt wie in Abb. 74b.

Einen genaueren Wert erhält man, wenn man einmal die Lösung mit und einmal ohne Depolarisator polarographiert und die Differenz zwischen Grundstrom und Diffusionsstrom misst.

Konzentrationsbestimmung eines bekannten Depolarisators

Prinzipiell kann man die Konzentration einer Lösung mit der Ilkovič -Gleichung (s. S. 354) berechnen.

In der Praxis wird zweckmäßigerweise ein *Eichverfahren* benutzt.

So vergleicht man z. B. die Stufenhöhe im Polarogramm der Probenlösung mit der Stufenhöhe im Polarogramm der Eichlösung. Aus dem Verhältnis beider Stufenhöhen errechnet sich die unbekannte Konzentration. Die Aufnahmebedingungen müssen dabei die gleichen sein.

Werden an die Genauigkeit keine großen Forderungen gestellt, kann man auch den Diffusionsstrom im dem Polarogramm der Probenlösung mit dem Diffusionsstrom von Eichlösungen vergleichen.

Bestimmung der Anzahl der übertragenen Elektronen

Die Anzahl n der bei der Elektrodenreaktion übertragenen Elektronen lässt sich für reversible Reaktionen mit folgender Gleichung ermitteln:

$$(E - E_{1/2}) \cdot \frac{n}{0{,}059} = \lg \frac{I_d - I}{I} \quad (t = 25°C;\ T = 298\ K)$$

Trägt man $\lg \frac{I_d - I}{I}$ gegen E auf, ergibt sich eine Gerade. Aus ihrer Steigung kann man n bestimmen.

Polarographische Maxima

Polarographische Kurven zeigen bisweilen sog. Maxima; dies sind reproduzierbare Erhöhungen des Stroms über den zu erwartenden Diffusionsstrom hinaus. Man unterscheidet zwischen Maxima 1. und 2. Art. Vgl. Abb. 76.

Maxima 1. Art

Ihre Ursachen sind Turbulenzen in der Lösungsschicht um den Quecksilbertropfen, die durch Oberflächenspannungseffekte bedingt sind. Durch Zugabe von Stoffen, wie Gelatine, Alkohole, Netzmittel und Kolloide können sie völlig unterdrückt werden.

Maxima 2. Art

Sie erstrecken sich über einen größeren Spannungsbereich und können leicht eine polarographische Stufe vortäuschen.

Ihre Entstehung wird darauf zurückgeführt, dass die ausströmenden Quecksilbertropfen Lösung mitreißen. Sie lassen sich durch Verringern der Ausflussgeschwindigkeit des Quecksilbers oder durch Zugabe oberflächenaktiver Substanzen unterdrücken.

Beachte: Polarographische Maxima erschweren die Auswertung eines Polarogramms. In Sonderfällen, z. B. zur O_2-Bestimmung, werden aber gerade Maxima zur Auswertung benutzt.

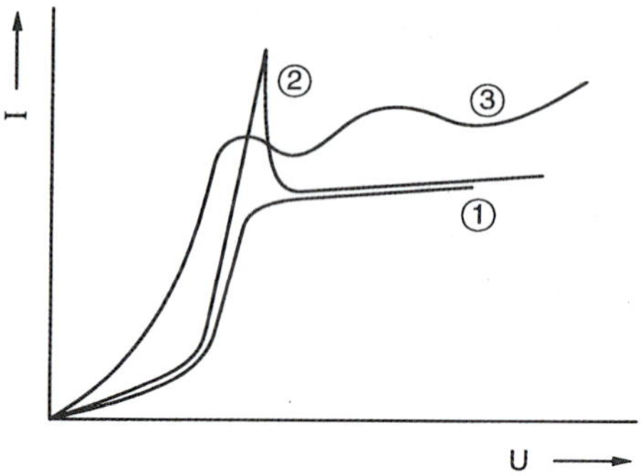

Abb. 76. Polarographische Maxima. 1) Polarogramm ohne Maximum; 2) mit Maximum 1. Art; 3) mit Maximum 2. Art

Polarogramme von Gemischen

Enthält eine Lösung mehrere polarographisch aktive Substanzen, so bekommt man theoretisch für jede Substanz eine polarographische Stufe.

Der Diffusionsstrom der vorhergehenden Stufe ist der Grundstrom der folgenden Stufe usw. Begrenzt wird die Nachweismöglichkeit von Mischungen durch das Auflösungsvermögen der benutzten polarographischen Methode. Vgl. hierzu Abb. 77.

Nachweis- und Bestimmungsgrenzen

Die normale Gleichspannungspolarographie ist anwendbar in einem Konzentrationsbereich von 10^{-3} bis 10^{-6} $mol \cdot l^{-1}$. Normalerweise arbeitet man mit Lösungen im Bereich 10^{-3} bis 10^{-4} $mol \cdot l^{-1}$. Das Auflösungsvermögen liegt bei ca. 150 mV; d.h. liegen die Halbstufenpotentiale zweier Stufen näher zusammen als 150 mV, können sie nicht mehr als getrennte Stufen erkannt werden.

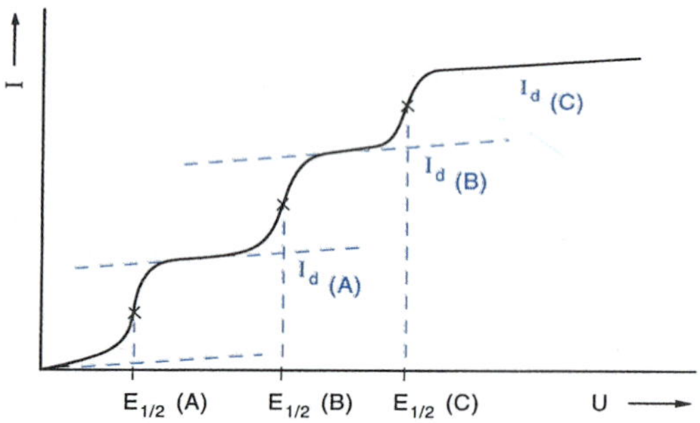

Abb. 77. Polarogramm eines Gemisches aus drei Substanzen A, B und C

Verbesserungen der einfachen Gleichspannungspolarographie

Seit der Einführung des ersten Polarographen (1925) hat die Aufnahmetechnik erhebliche Verbesserungen erfahren. So werden in kommerziellen Polarographen die Strom-Spannungskurven automatisch aufgenommen. Man hat dazu das Potentiometer mit einem Synchronmotor verbunden, womit sich das Potential an der Arbeitselektrode kontinuierlich ändern lässt. Die Werte für Stromstärke und Spannung werden mit einem Schreiber registriert.

Bis zu zehnmal kürzere Aufnahmezeiten erzielt man mit der sog. *Rapidtechnik.* Hierbei schlägt man den Quecksilbertropfen kontrolliert ab und erreicht damit ganz bestimmte Tropfzeiten. Gleichzeitig lassen sich auf diese Weise Verzerrungen der Kurven vermeiden, die durch zu starke Dämpfung der Registriereinrichtung entstehen.

Eine Verbesserung des Auflösungsvermögens auf etwa 50 mV brachte die *Derivativpolarographie.* Bei dieser Aufnahmetechnik wird die erste Ableitung (dI/dE) des ursprünglichen Polarogramms aufgezeichnet. Anstelle von Stufen erhält man Peaks. Die Peakmaxima entsprechen den jeweiligen Halbstufenpotentialen.

Bei der sog. *Tastpolarographie* wird der Stromfluss nur in einem kurzen Zeitintervall gegen Ende des Tropfenlebens, z. B. während der letzten 200 ms, registriert. In diesem Zeitintervall nimmt die Tropfenoberfläche praktisch nicht mehr zu, und das Verhältnis von Diffusionsstrom zu Kapazitätsstrom (s. S. 355) wird dadurch wesentlich günstiger, vgl. hierzu Abb. 78.

Bei der *Pulspolarographie* überlagert man der gleichmäßig ansteigenden Gleichspannung bei jedem Tropfen für ca. 1/25 Sekunden eine zusätzliche Gleichspannung von z. B. 50 mV. Der vor diesen Impulsen fließende Strom wird automatisch kompensiert. Um den durch den Impuls hervorgerufenen zusätzlichen Kapazitätsstrom auszuschalten, misst man den zusätzlichen Stromfluss nur in der 2. Hälfte der Impulszeit.

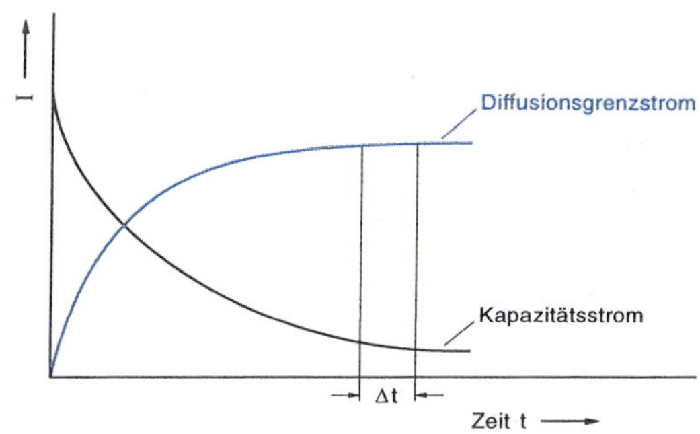

Abb. 78. Vergleich von Diffusions- und Kapazitätsstrom im Verlauf eines Tropfenlebens. Δt ist die Messzeit bei der Tastpolarographie

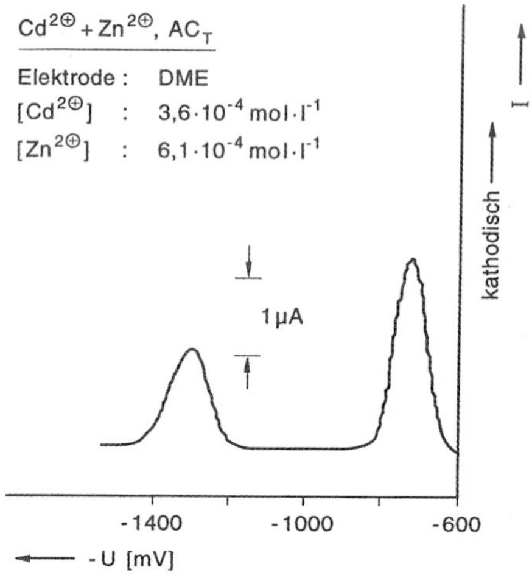

Abb. 79. „Getastetes" Wechselstrompolarogramm (AC_T) einer Lösung mit Cd^{2+}- und Zn^{2+}-Ionen (Firmenschrift von Metrohm); AC = Wechselstrom; T ist das Symbol für Taster; DME = Quecksilber-Tropfelektrode (Dropping Mercury Electrode)

Anwendung: Die Methode eignet sich zur Spurenanalyse, da edlere (positivere) Depolarisatoren selbst bei 10^4-fachem Überschuss nicht stören.

Die *Differenz-* oder *Differentialpolarographie* arbeitet mit zwei synchron tropfenden Tropfelektroden. Eine Elektrode taucht in die Lösung des Grundelektrolyten, die andere in die Lösung mit Grundelektrolyt und Depolarisator. Misst man die Differenz der Ströme in Abhängigkeit von der an beiden Elektroden angelegten Spannung, wird auf diese Weise der Kapazitätsstrom eliminiert.

Bei der sog. *Wechselstrompolarographie* wird der gleichmäßig ansteigenden Gleichspannung eine niederfrequente sinusförmige Wechselspannung (1-250 Hz, Amplitude 1-60 mV) aufgeprägt. Gemessen wird nun nur der nach seinem Durchtritt durch die Elektrode gleichgerichtete Wechselstrom. Im Bereich der gleichstrompolarographischen Stufen ergeben sich damit Peakkurven, deren Maxima den Halbstufenpotentialen entsprechen. Die Peakhöhen sind konzentrationsabhängig.

Vorteile: Peaks sind leichter zu erkennen als Stufen, das Auflösungsvermögen ist dadurch verbessert. Die Nachweisempfindlichkeit wird bis auf Konzentrationen von 10^{-7} mol·l^{-1} gesteigert. Damit eignet sich die Wechselstrompolarographie vorzüglich für die Spurenanalyse. Abb. 79 zeigt ein Beispiel.

Anwendungen

Die Polarographie eignet sich zur Bestimmung fast aller anorganischer Kationen und einer größeren Zahl von Anionen. Auch organische Verbindungen mit bestimmten Gruppen wie Carbonylgruppen, Nitrogruppen etc. können polarographisch aktiv sein. Entsprechend vielfältig sind die Anwendungsmöglichkeiten in der Chemie, Medizin, Pharmazie usw.. Die rechnergestützte Polarographie ist eine ausgesprochen anwenderfreundliche und leistungsstarke Analysenmethode geworden.

Bestimmung von Zink im Insulin

Zink kann in Depot-Insulin-Präparaten polarographisch bestimmt werden, ohne dass die organischen Begleitsubstanzen stören.

Bestimmung von Anthrachinonen

Stoffe, die leicht reduziert werden können, wie Anthrachinone oder Ascaridol, können ebenfalls mit der Polarographie quantitativ erfaßt werden.

Inverse Voltammetrie

Diese Methode benutzt statt der Tropfelektrode *stationäre* Elektroden mit konstanter Oberfläche (aus Hg, Pt, Au, Graphit). Damit eliminiert man den Teil des Kapazitätsstroms, der bei der Tropfelektrode durch die Änderung der Oberfläche verursacht wird. Es bleibt nur der Anteil vom Kapazitätsstrom I_C übrig, der von der Potentialänderung herrührt. Seine Größe ist der Potentialänderung proportional.

Statt der polarographischen Stufe (im normalen Gleichspannungspolarogramm) erhält man für geeignete Depolarisatoren *Spitzenströme* I_{sp}. Die Nachweisgrenze der Methode wird bestimmt durch das Verhältnis: $I_{sp}/I_C \sim 1/\sqrt{v}$, wobei v die Geschwindigkeit der Potentialänderung ist. Die Nachweisgrenze liegt bei Konzentrationen von 10^{-6} bis 10^{-7} mol·l^{-1}. Sie lässt sich bis auf Konzentrationen von 10^{-9} bis 10^{-10} mol·l^{-1} verschieben, wenn man den Depolarisator auf der Elektrode elektrolytisch abscheidet (anreichert) und zur genauen Bestimmung wieder elektrolytisch ablöst *(= stripping analysis)*. Gemessen wird der bei der Auflösung der Substanz auftretende Diffusionsstrom. Die Bestimmung erfolgt demnach unter Umkehrung der Strom- und Diffusionsrichtung.

Es gibt auch eine Ausführungsform, die mit einem *hängenden* Hg-Tropfen arbeitet *(Inverspolarographie)*.

Beispiel: Cl^- wird auf einer positiv polarisierten Quecksilberelektrode als Hg_2Cl_2 abgeschieden. Zur Bestimmung von Cl^- wird Hg_2Cl_2 durch Veränderung des Potentials nach negativen Werten wieder zu Hg reduziert. Der Auflösungsstrom steigt zu Anfang linear mit der Anreicherungszeit und strebt dann einem Grenzwert zu.

Anwendung: Spurenanalyse

Beachte: Die Nachweisgrenze wird durch die Reinheit der verwendeten Reagenzien (Leitsalz, Lösemittel) mitbestimmt.

Zyklische Voltammetrie

Die *zyklische Voltammetrie* erfolgt an stationären Elektroden. Das Potential wird dabei innerhalb weniger Sekunden linear verändert und nach Erreichen des Maximalwerts zurück auf den Ausgangspunkt gebracht. Es ergibt sich somit ein *Dreieckspotential* (Abb. 80a). Das *zyklische Voltammogramm* einer $K_3[Fe(CN)_6]$-Lösung ist in Abb. 80b wiedergegeben.

Mit zunehmend kleiner werdendem Potential beobachtet man ab einem bestimmten Potential einen *kathodischen Strom* durch Reduktion von $[Fe(CN)_6]^{3-}$, der sein Maximum bei E_{pK} erreicht. Nach Umkehrung der Potentialänderung bei * wird weiter $[Fe(CN)_6]^{3-}$ reduziert, bis das Potential wieder zu hoch wird. Der Strom ist dann wieder Null. Weitere Potentialerhöhung führt zur Oxidation von $[Fe(CN)_6]^{4-}$, das Maximum des anodischen Stroms liegt bei E_{pa}.

Bei einer ideal reversiblen Redoxreaktion gilt

$$E_{pa} - E_{pK} = \frac{2{,}22RT}{nF} = \frac{0{,}059V}{n} \qquad (25°C), \quad n = \text{Zahl der umgesetzten Elektronen}$$

Das *Halbstufenpotential* $E_{1/2}$ liegt in der Mitte zwischen den beiden Peakpotentialen.

Bei einer irreversiblen Reaktion sind kathodischer und anodischer Peak verzerrt und verschoben.

Anwendung: Untersuchung der Reversibilität von Elektrodenreaktionen und Reaktionsmechanismen.

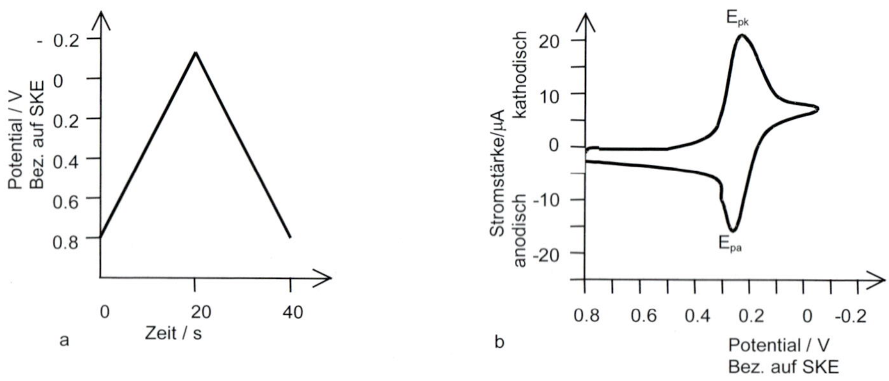

Abb. 80. a) Steuersignalform in der zyklischen Voltammetrie; **b)** zyklisches Voltammogramm einer $K_3[Fe(CN)_6]$-Lösung ($c = 0{,}006$ mol l^{-1}) mit KNO_3 als Leitsalz

5 Grundlagen der Konduktometrie

5.1 Allgemeines

Unter *Konduktometrie* versteht man die Messung der elektrischen Leitfähigkeit von Elektrolytlösungen.

Für den Zusammenhang der Leitfähigkeit eines elektrischen Leiters mit seinem Widerstand R gilt die Beziehung: $\lambda = 1/R$. Der Widerstand R des Leiters hängt von der Natur des Leiters und seinen Dimensionen ab.

Der Widerstand ist der Länge L direkt und dem Querschnitt q des Leiters umgekehrt proportional:

$$R = \rho \cdot \frac{L}{q}$$

Der Proportionalitätsfaktor ρ heißt *spezifischer Widerstand.* Bezogen wird er auf eine Länge von 1 cm und einen Querschnitt von 1 cm^2.

Der reziproke Wert von ρ heißt die *spezifische Leitfähigkeit* κ oder Konduktivität.

Da Elektrolytlösungen bis zu einer bestimmten Spannung dem Ohmschen Gesetz gehorchen, lassen sich die folgenden Beziehungen auf solche Lösungen übertragen.

$$\kappa = 1/\rho \text{ oder } \kappa = \frac{L}{R \cdot q} \; [\Omega^{-1} \cdot cm^{-1}] \quad (= S \cdot cm^{-1}) \; (1\,\Omega^{-1} = 1\,S = \text{Siemens})$$

oder $$\kappa = \frac{C}{R} \text{ mit } C = \frac{L}{q}$$

In Elektrolytlösungen bezeichnet L den Elektrodenabstand und q den Querschnitt der Flüssigkeitssäule zwischen den Elektroden, durch die die Leitung erfolgt (wirksame Elektrodenoberfläche).

Der Quotient *L/q* hat für ein bestimmtes Gefäß mit festangeordneten Elektroden (Messzelle) bei gleicher Füllhöhe einen bestimmten Wert. Er heißt Widerstandskapazität C der Zelle oder *Zellkonstante.*

Bei Absolutmessungen der Leitfähigkeit muss C experimentell bestimmt werden. Zu diesem Zweck misst man den Widerstand, den Eichlösungen bekannter Leitfähigkeit in der betreffenden Messzelle haben (für 1 M KCl-Lsg. ist $\kappa_{18°} = 0{,}09827$ $\Omega^{-1} \cdot cm^{-1}$).

Bezieht man die spezifische Leitfähigkeit κ auf die Äquivalentmenge $n_{eq} = 1\,mol$, so erhält man die Äquivalentleitfähigkeit Λ_V:

$$\Lambda_V = \frac{\kappa \cdot 1000}{N} \; [\Omega^{-1} \cdot cm^2 \cdot mol^{-1}]$$

N ist die Anzahl Äquivalente in 1000 ml Lösung (Äquivalentkonzentration, früher: Normalität).

Grenzleitfähigkeit Λ_0 oder Λ_∞ nennt man die Leitfähigkeit einer Lösung bei unendlicher Verdünnung (Verdünnung ist der reziproke Wert der Konzentration c). Den Grenzwert der Leitfähigkeit erreicht man durch Extrapolation.

$$\lim_{c \to 0} \Lambda = \Lambda_\infty$$

Λ_∞ ist für einen Elektrolyten eine charakteristische Größe.

Beachte: Die spezifische Leitfähigkeit einer Elektrolytlösung ist proportional der Konzentration aller freibeweglichen Ionen ($N \cdot \alpha \cdot f_\lambda$) und der Summe der Ionenleitfähigkeiten Λ_K bzw. Λ_A; siehe hierzu Lehrbücher der Physikalischen Chemie!

In Formeln:

$$\kappa = \frac{N \cdot \alpha \cdot f_\lambda}{1000} \, (\Lambda_K + \Lambda_A)$$

α = Dissoziationsgrad des Elektrolyten; N = Äquivalentkonzentration in mol/1000 ml (Normalität der Lösung); Λ_K bzw. Λ_A = Ionenleitfähigkeit der Kationen bzw. Anionen; die Ionenleitfähigkeit ist die Beweglichkeit von 1 mol Ionen, die der Strommenge 1 Faraday entsprechen. Dimension:$[\Omega^{-1} \cdot cm^2 \cdot mol^{-1}]$. Die Ionenbeweglichkeit ist der Direktweg pro Sekunde auf die Elektrode zu bei einer Feldstärke 1 $V \cdot cm^{-1}$; f_λ = Leitfähigkeitskoeffizient; er berücksichtigt die interionischen Wechselwirkungen zwischen Kationen und Anionen. f_λ ist stets ≤ 1; bei unendlicher Verdünnung ist $f_\lambda = 1$.

Enthält eine Lösung mehrere Elektrolyte gleichzeitig, ist die gesamte Leitfähigkeit gleich der Summe der Einzelwerte. Durch 1000 wird dividiert, weil man dadurch die Äquivalentkonzentration in $mol \cdot ml^{-1}$ erhält. κ hat somit die Dimension $[\Omega^{-1} \cdot cm^{-1}]$. *Absolutwerte* der spezifischen Leitfähigkeit von Lösungen liefern Informationen über Dissoziationskonstanten, Dissoziationsgrad, Hydrolysegrad, Leitfähigkeitskoeffizient, Löslichkeiten usw.

Benutzt man die Konduktometrie zur Indizierung von Äquivalenzpunkten, spricht man von *konduktometrischer Titration* (= Leitfähigkeitstitration).

Konduktometrische Titrationen / Niederfrequenz-Leitfähigkeitsmessungen

Bei der konduktometrischen Titration misst man die Abhängigkeit der Leitfähigkeit einer Lösung vom Volumen der hinzugefügten Maßlösung.

Die konduktometrische Indikation des Äquivalenzpunktes ist nur dann möglich, wenn sich bei der Titration die Leitfähigkeit der Lösung am Äquivalenzpunkt *sprunghaft* ändert. Beschränkt wird ihre Anwendung auch dadurch, dass sich die Leitfähigkeit der Lösung *additiv* aus den Einzelleitfähigkeiten aller Ionen in der Lösung zusammensetzt.

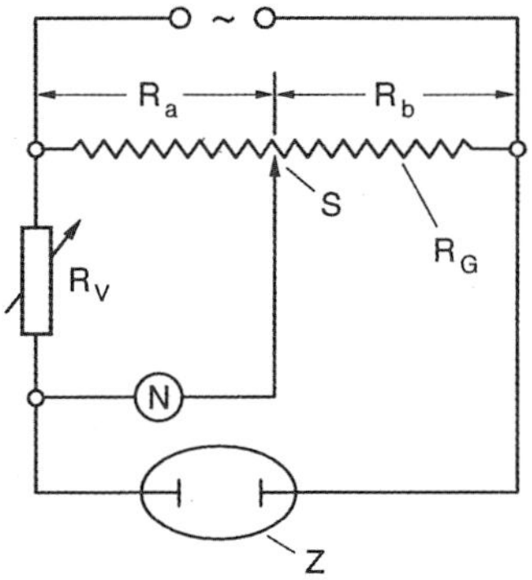

R_V	=	Vergleichswiderstand (Stöpsel- oder Dekadenrheostat)
N	=	Nullinstrument
Z	=	Meßzelle mit Widerstand R_L
R_a, R_b	=	Teilwiderstände des Gesamtwiderstandes R_G
S	=	Schleifkontakt

Abb. 81. Prinzipielle Versuchsanordnung für konduktometrische Messungen

Messanordnung

Die prinzipielle Messanordnung ist in Abb. 81 skizziert. Sie enthält eine Wechselstromquelle (z. B. Röhrengenerator), die Messzelle und eine Brückenschaltung nach Wheatstone.

Prinzip der Widerstandsmessungen

Da die Leitfähigkeit eines Stoffes gleich seinem reziproken Widerstand ist, bestimmt man die Leitfähigkeit mit einer Widerstandsmessung. Gesucht ist demzufolge der Widerstand der Lösung in der Messzelle R_L. Seine Bestimmung erfolgt mit der Brückenschaltung nach Wheatstone durch einen Vergleich mit den bekannten Widerständen R_V (regelbarer Vergleichswiderstand) und den Widerständen R_a und R_b:

$$R_L = R_V \cdot \frac{R_a}{R_b}$$

Die Widerstände R_a und R_b sind Teilwiderstände des Gesamtwiderstandes R_G. R_G kann u.a. ein homogener, kalibrierter Widerstandsdraht von bekanntem Querschnitt und ca. 1 m Länge sein; er kann auch ein Potentiometer mit linearem Widerstandsverlauf sein. Der Schleifkontakt S wird solange verschoben, bis das Nullinstrument (magisches Auge oder Differenzverstärker mit Oszilloskop) eine Stromlosigkeit in dem Leiterkreis anzeigt. Die Größe von R_V wird so gewählt, dass R_a und R_b etwa gleich groß sind.

Messzelle für konduktometrische Titrationen

Als Messzelle kann man ein Glasgefäß mit zwei fest angebrachten Platinblech-Elektroden (1 bis 2 cm^2) benutzen, oder man kann eine Elektrodenkombination in ein beliebiges Glasgefäß eintauchen (Tauchelektrode, s. Abb. 82).

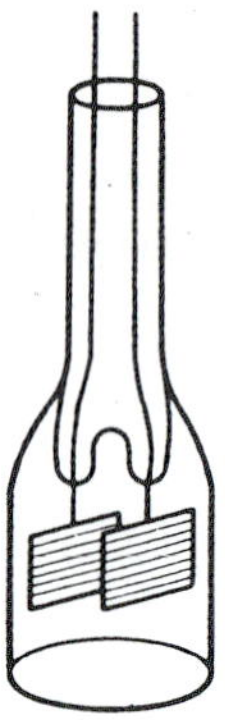

Abb. 82. Skizze einer Tauchelektrode für konduktometrische Titrationen

Der Widerstand zwischen den Elektroden soll 100 bis 5000 Ohm betragen; dementsprechend verwendet man in Lösungen mit geringer (großer) Leitfähigkeit große (kleine) Elektroden und macht den Abstand zwischen den Elektroden klein (groß).

Platinieren von Elektroden

Die Polarisierbarkeit von Elektroden ist auch eine Funktion der Elektrodenoberfläche. Da man für Leitfähigkeitsmessungen unpolarisierbare Elektroden braucht, versucht man, ihre Oberfläche groß und damit die Polarisierbarkeit klein zu machen. Eine Vergrößerung der Elektrodenoberfläche bis auf das Tausendfache erreicht man durch elektrolytische Abscheidung von fein verteiltem Platin (Platinschwamm, Platinmohr) auf den Pt–Elektroden. Das Verfahren nennt man *Platinieren.*

Durchführung: Man füllt in die gereinigte Zelle eine Lösung von 3 g H_2PtCl_6 und 25 mg $Pb(CH_3CO_2)_2$ in 100 ml Wasser. Beide Elektroden werden miteinander verbunden und als Kathoden gegen eine zusätzlich eingetauchte Pt-Anode geschaltet. Man elektrolysiert bei 4 Volt und ca. 30 mA ca. 10 Minuten. Anschließend ersetzt man die Lösung durch verd. H_2SO_4 und elektrolysiert erneut einige Minuten. Gereinigt werden die Elektroden dann mit dest. Wasser. Damit die Platinierung ihre Wirksamkeit behält, müssen die Elektroden in dest. Wasser aufbewahrt werden

Durchführung von konduktometrischen Messungen

Um Oberflächenveränderungen an den Elektroden und damit verbundene Konzentrationsänderungen in der Lösung auszuschließen, benutzt man in der Regel für Leitfähigkeitsmessungen eine Wechselspannung. Ihre Frequenz beträgt in konzentrierten Lösungen meist 50 Hz, in verdünnten Lösungen 1000 Hz (= 1 kHz). Da bei konduktometrisch indizierten Titrationen nur die sprunghafte Änderung der Leitfähigkeit der Lösung am Äquivalenzpunkt interessiert, muss die Widerstandskapazität der Zelle (Zellkonstante) nicht bekannt sein. Ihr Wert muss jedoch während der Messung konstant bleiben. Weil das Volumen der Lösung die Zellkonstante beeinflusst, müssen große Volumenänderungen während der Titration vermieden werden. Man benutzt daher zur Titration konzentrierte Maßlösungen, die man aus Mikrobüretten (0,01 ml Unterteilung) zulaufen lässt. Nach jeder Zugabe von Maßlösung wird die Analysenlösung gerührt.

Genaue Messungen müssen bei konstanter Temperatur durchgeführt werden, weil sich die Äquivalentleitfähigkeit pro °C um 1 bis 2% erhöht. Die „ideale Kurve" erhält man, wenn man die Volumenzunahme (V_{Ende}/V_{Anfang}) bei der Titration berücksichtigt.

Die Auswertung der Messergebnisse erfolgt rechnerisch oder graphisch.

Beachte: Bei konduktometrischen Titrationen wird stets über den Äquivalenzpunkt hinaus titriert (übertitriert).

Genauigkeit

Die konduktometrische Indikation des Äquivalenzpunktes ist um so genauer, je spitzer der Winkel ist, mit dem sich die Geraden vor und nach dem Äquivalenzpunkt schneiden. Bei genügend spitzen Winkeln (z. B. Neutralisationstitrationen von starken Säuren mit starken Basen) ist der Fehler geringer als ± 1%.

Anwendungsbereiche

Geeignet ist die konduktometrische Indikation des Äquivalenzpunktes bei vielen *Neutralisations-*, *Fällungs-* und *Komplexbildungsreaktionen*, besonders in trüben, gefärbten oder verdünnten Lösungen. Weil die Leitfähigkeit einer Lösung die Summe der Einzelleitfähigkeiten aller Ionen in der Lösung ist, kann sie für keine bestimmte Ionensorte in einer Lösung benutzt werden.

Ihre Anwendung beschränkt sich daher auf die Lösung nur einer Substanz oder aber auf die Bestimmung des Gesamtelektrolytgehaltes der Lösung. Die Methode findet auch Verwendung bei *Reinheitsuntersuchungen*, der *Bestimmung der Wasserhärte* usw. Sie lässt sich relativ leicht automatisieren.

Titrationskurven

Konduktometrische Titrationskurven lassen sich zerlegen in einen Kurvenabschnitt vor dem Äquivalenzpunkt (Reaktionsgerade) und in einen Kurvenabschnitt nach dem Äquivalenzpunkt (Reagenzgerade).

Kurvenabschnitt ***vor*** *dem Äquivalenzpunkt:* Man erhält eine steigende oder fallende Gerade, je nachdem, ob sich die Leitfähigkeit der Lösung während der Titration durch den Verbrauch der Probe (Titrand) erhöht oder verringert.

*Kurvenabschnitt **nach** dem Äquivalenzpunkt:* Die Probe (Titrand) ist jetzt vollständig aufgebraucht. Die Leitfähigkeit der Lösung wird ausschließlich durch den Titranten (Titrator) bestimmt.

Die Steilheit der Geraden hängt davon ab, ob während der Titration Ionen mit großer Grenzleitfähigkeit durch Ionen mit kleinerer Grenzleitfähigkeit ersetzt werden und umgekehrt; sie ist um so größer, je größer die Differenz der Ionenleitfähigkeiten ist (Tabelle 35).

H_3O^+- und OH^--Ionen besitzen eine ungewöhnlich hohe Grenzleitfähigkeit („Extraleitfähigkeit"). Sie hängt mit einem besonderen Transportmechanismus zusammen. Nach *Grotthuss* wandern hier nicht die Ionen, sondern es wird durch Verschieben von Wasserstoffbrückenbindungen nur die Ladung transportiert (Abb. 83). Eine O-H ··· O-Wasserstoffbrückenbindung ist unsymmetrisch, d.h. das Proton sitzt näher an einem der beiden Sauerstoffatome. Trägt man die Energie gegen den O-H-Abstand auf, ergibt sich ein Doppelminimumpotential. Die Verschiebung des Protons erfordert somit eine gewisse Aktivierungsenergie. Die hohe spezifische Leitfähigkeit lässt einen Mechanismus vermuten, bei dem der Aktivierungsberg quantenmechanisch „untertunnelt" wird (Tunneleffekt).

In der Nähe des Äquivalenzpunktes sind die Kurven meist mehr oder weniger stark gekrümmt. Nicht allzu große Krümmungen können vernachlässigt werden; man kann die beiden Geraden auf beiden Seiten des Äquivalenzpunktes bis zum Schnittpunkt (Äquivalenzpunkt) verlängern.

Die Krümmung der Kurven ist um so geringer, je quantitativer die Reaktion, je geringer die Löslichkeit eines gefällten Niederschlags und je größer die Komplexstabilitätskonstante eines gebildeten Komplexes ist.

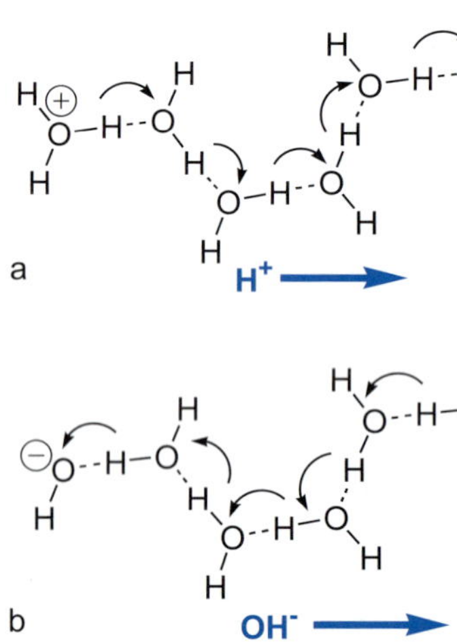

Abb. 83 a u. b. Schematische Darstellung des *Grotthuss*-Mechanismus für die „Wanderung" von **a)** Protonen und **b)** Hydroxid-Ionen im Wasser

Tabelle 35. Grenzleitfähigkeiten [$\Omega^{-1}\cdot cm^2\cdot mol^{-1}$] in Wasser bei 18°C (Auswahl)

Kation	Λ_∞	Anion	Λ_∞
H_3O^+	314,5	OH^-	173,5
K^+	64,5	1/2 SO_4^{2-}	68,0
NH_4^+	64,5	Br^-	67,6
½ Ba^{2+}	55,0	I^-	66,1
Ag^+	54,2	Cl^-	65,5
Na^+	43,4	NO_3^-	61,8
		1/2 CO_3^{2-}	60,5
		F^-	46,7
		$CH_3CO_2^-$	34,6

5.2 Prinzipielle Anwendung

Neutralisationstitrationen

Die Abb. 84 und Abb. 85 zeigen den prinzipiellen Verlauf von konduktometrischen Titrationskurven bei Neutralisationsreaktionen anhand ausgewählter Beispiele.

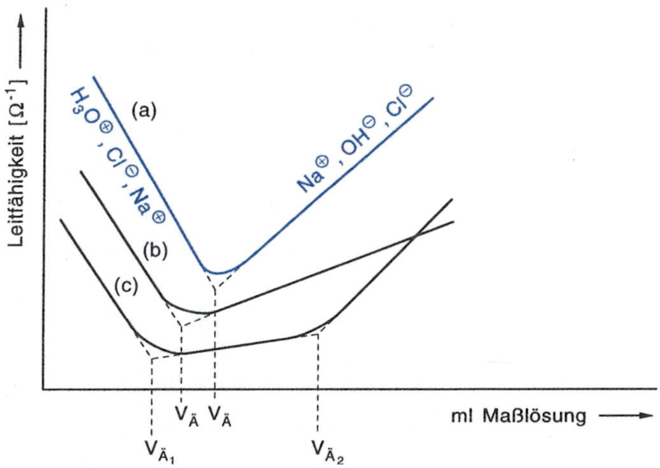

Abb. 84. Konduktometrische Titrationskurven von Neutralisationstitrationen.
a) Titration einer starken Säure mit einer starken Base (*Beispiel*: wässrige HCl + NaOH). *b)* Titration einer starken Säure mit einer schwachen Base (*Beispiel*: wässrige HCl + wässrige NH_3-Lösung). *c)* Titration einer starken und einer schwachen Säure mit einer starken Base (*Beispiel*: wässrige HCl und Essigsäure CH_3COOH mit NaOH). $V_Ä$ = Volumen der Maßlösung bis zum Äquivalenzpunkt

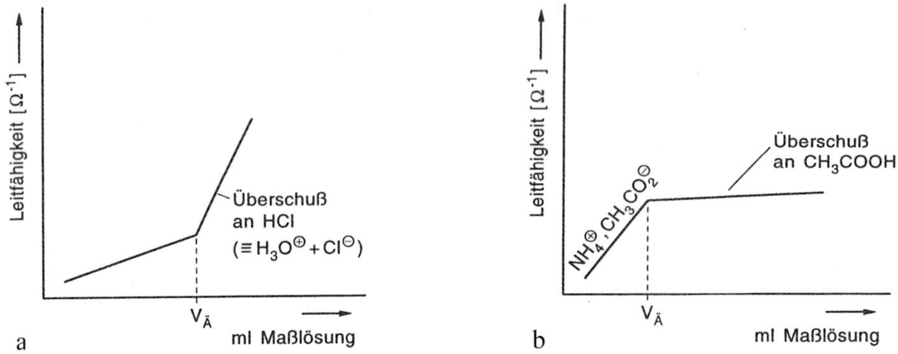

Abb. 85 a u. b. Konduktometrische Titrationskurven der Reaktionen
a) $NH_3 + HCl \longrightarrow NH_4^+ + Cl^-$ und **b)** $NH_3 + CH_3COOH \longrightarrow NH_4^+ + CH_3CO_2^-$

Interpretation der Kurvenverläufe in den Abb. 84 und Abb. 85.

Abb. 84, *Kurve a):* Der Abfall der Leitfähigkeit bis zum Äquivalenzpunkt rührt daher, dass H_3O^+-Ionen durch Na^+-Ionen ersetzt werden. Die OH^--Ionen der Base reagieren mit H_3O^+-Ionen zu H_2O. Nach dem Äquivalenzpunkt wird die zunehmende Leitfähigkeit durch Na^+-Ionen und vor allem durch überschüssige OH^--Ionen verursacht.

Kurve b): Der gegenüber a) geringere Anstieg des Leitvermögens der Lösung nach Überschreiten des Äquivalenzpunktes kommt von der kleineren Ionenkonzentration ($NH_4^+ + OH^-$) in wässriger NH_3-Lösung.

Kurve c): Bis zum *ersten* Äquivalenzpunkt wird die Salzsäure neutralisiert. Bei der sich anschließenden Neutralisation der nur schwach protolysierten Essigsäure steigt die Ionenkonzentration und damit die Leitfähigkeit an. Nach Überschreiten des zweiten Äquivalenzpunktes sorgt überschüssige NaOH für die starke Zunahme der Leitfähigkeit.

Beachte: Bei *mehrwertigen* Säuren sind die Verhältnisse ähnlich; sie können als verschieden starke Säuren betrachtet werden.

Abb. 85, *Kurve a):* Bis zum Äquivalenzpunkt erhöht sich die Ionenkonzentration und damit die Leitfähigkeit geringfügig (NH_4^+- und Cl^--Ionen). Den steilen Anstieg nach dem Äquivalenzpunkt verursachen die überschüssigen H_3O^+-Ionen.

Kurve b): Der sehr geringe Anstieg der Leitfähigkeit nach dem Äquivalenzpunkt kommt daher, dass die überschüssige Essigsäure nur in geringem Maße protolysiert ist. Dieses Beispiel steht stellvertretend für die Titration *organischer Basen* wie Chinolin oder von Alkaloiden.

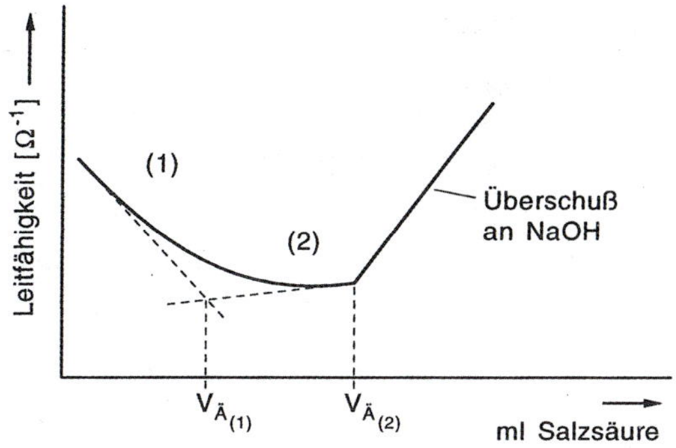

Abb. 86. Konduktometrische Titrationskurve für die Umsetzung von Na_2CO_3 mit wässriger HCl; $V_{Ä(1)} = V_{Ä(2)}$

Verdrängungsreaktionen

Beispiel:

$$(NH_4)_2SO_4 + 2\ NaOH \longrightarrow Na_2SO_4 + 2NH_3 + 2\ H_2O$$

Bis zum Äquivalenzpunkt sinkt die Leitfähigkeit, weil die NH_4^+-Ionen durch Na^+-Ionen ersetzt werden.

Nach Überschreiten des Äquivalenzpunktes bewirken die überschüssigen OH^--Ionen einen starken Anstieg der Leitfähigkeit.

Beispiel:

$$Na_2CO_3 + HCl \longrightarrow NaHCO_3 + NaCl \quad (1)$$

$$NaHCO_3 + HCl \longrightarrow NaCl + CO_2 + H_2O \quad (2)$$

Abb. 86 zeigt den Kurvenverlauf für diese Reaktionen.

Redoxtitrationen

Redoxtitrationen können dann konduktometrisch verfolgt werden, wenn sich die Leitfähigkeit am Äquivalenzpunkt sprunghaft ändert. Dies ist dann der Fall, wenn mit der Titration eine deutliche pH-Änderung verbunden ist.

Beispiel: Iodometrische Titration arseniger Säure:

$$AsO_3^{3-} + I_2 + 3\ H_2O \rightleftharpoons AsO_4^{3-} + 2\ I^- + 2\ H_3O^+$$

Beispiel: Chromatometrische Bestimmung von Fe^{2+}-Ionen:

$$6\ Fe^{2+} + Cr_2O_7^{2-} + 14\ H_3O^+ \rightleftharpoons 6\ Fe^{3+} + 2\ Cr^{3+} + 21\ H_2O$$

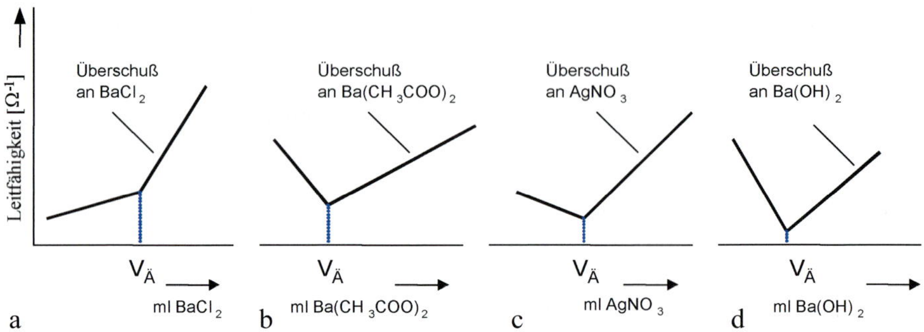

Abb. 87 a-d. Konduktometrische Titrationskurven von Fällungstitrationen

Komplexometrische Titrationen

Beispiel: Titration von F^--Ionen mit eingestellter $AlCl_3$-Lsg.:

$$6\ Na^+F^- + AlCl_3 \longrightarrow (Na^+)_3[AlF_6]^{3-} + 3\ Na^+Cl^-$$

Bis zum Äquivalenzpunkt sinkt die Leitfähigkeit, weil die Anzahl der Ionen abnimmt. Nach Überschreiten des Äquivalenzpunktes bewirkt überschüssiges $AlCl_3$ einen Anstieg.

Fällungstitrationen

Beispiele:

a) $(NH_4)_2SO_4 + BaCl_2 \longrightarrow BaSO_4 + 2\ NH_4Cl$

Zu dieser Reaktion gehört die Kurve a) in Abb. 87.

b) $(NH_4)_2SO_4 + Ba(CH_3CO_2)_2 \longrightarrow BaSO_4 + 2\ NH_4^+CH_3CO_2^-$

Zu dieser Reaktion gehört die Kurve b) in Abb. 87.

c) $NaCl + AgNO_3 \longrightarrow AgCl + NaNO_3$

Zu dieser Reaktion gehört die Kurve c) in Abb. 87.

d) $H_2SO_4 + Ba(OH)_2 \longrightarrow BaSO_4 + 2H_2O$

Hier wird eine Neutralisationstitration mit einer Fällungsreaktion verknüpft, was sich besonders vorteilhaft auf den Leitfähigkeitssprung auswirkt (Kurve d in Abb. 87).

Hochfrequenz-Leitfähigkeitsmessungen
(Oszillometrie, oszillometrische Titration; Hochfrequenz-Titration)

Bei den gewöhnlichen Leitfähigkeitsmessungen tauchen die Messelektroden in die Elektrolytlösung. Durch diesen galvanischen Kontakt kann es zur Adsorption und somit zu störenden Einflüssen kommen. Man kann nun diese Fehlerquelle vermeiden, wenn man Messzellen verwendet, bei denen die Elektroden mit dem Elektrolyten nicht in Berührung kommen. Bei der meist benutzten „*Kapazitätszelle*“ (Kondensatorzelle) erfolgt die Stromführung kapazitiv; die Elektroden werden z. B. auf die Messzelle aufgebracht (z. B. aufgedampfte Metallbeschläge).

Um eine ausreichende Empfindlichkeit zu erreichen, verwendet man einen *hochfrequenten Strom* (im MHz-Bereich).

Während der Titration ändert sich der Widerstand der Probenlösung und damit auch die Kapazität der Zelle. Diese Änderungen werden zur Indikation von Titrationen genutzt.

Vorteile: Polarisationserscheinungen sind eliminiert. Die Form der Titrationskurve lässt sich durch Variation der Geräteparameter leichter optimieren; somit können Lösungen mit geringer und Lösungen mit hoher Eigenleitfähigkeit gleich gut titriert werden.

Anwendungen: Komplex-, Neutralisations-, Fällungs-Reaktionen

6 Grundlagen der Voltametrie

6.1 Allgemeines

Voltametrie heißt ein elektrochemisches Indikationsverfahren von Titrationsendpunkten, das die Konzentrationsabhängigkeit von Elektrodenpotentialen bei konstanter Stromstärke ausnutzt.

Das Verfahren ist auch bekannt als *voltametrische Titration, Polarisationsspannungstitration, galvanostatische Polarisationstitration, polaro-potentiometrische Titration, Polarovoltrie oder potentiometrische Titration bei konstantem Strom.*

Messanordnung

Es sind verschiedene Ausführungsformen der voltametrischen Indikation beschrieben.

So arbeitet man z. B. mit einer *polarisierbaren* Elektrode (Quecksilber-Tropfelektrode in ruhender Lösung oder rotierende Platinelektrode in gerührter Lösung) *und* einer *unpolarisierbaren* Elektrode (z. B. Kalomelektrode).

Benutzt man *zwei polarisierbare* Elektroden (z. B. Platinbleche von 3 mm^2 Fläche), so kann man entweder die Spannung zwischen beiden Elektroden messen oder zwischen einer Elektrode und einer zusätzlichen Bezugselektrode.

Die Messanordnung mit zwei polarisierbaren Elektroden ist sehr beliebt. Sie kann auch für Titrationen in *nichtwässrigen* Lösungen verwendet werden.

Die Prinzipschaltung für diese Messanordnung ist in Abb. 89 wiedergegeben. Sie entspricht derjenigen für potentiometrische Messungen.

Die Messanordnung enthält eine stabilisierte Spannungsquelle (10-300 V), einen hochohmigen Widerstand (10^6-10^7 Ω), um den Widerstand der Messzelle (einige kΩ) vernachlässigbar klein und den Stromfluss konstant zu halten. Damit in Reihe geschaltet ist ein Galvanometer sowie die Messzelle. Die Spannung an den Elektroden wird mit einem Röhrenvoltmeter gemessen, das mit einem Schreiber verbunden sein kann.

Durchführung der Messung

In die Probenlösung gibt man einen Überschuss an Leitsalz, um sicherzustellen, dass der Stofftransport zur Elektrode nur durch Diffusion erfolgt.

Durch Anlegen der Spannung (vorzugsweise Gleichspannung) lässt man einen konstanten Strom mit einer Stärke zwischen 1 und 10 μA fließen. Die Stromstärke soll dabei viel kleiner sein als die Stärke des Diffusionsgrenzstromes vor Beginn der Titration. Während der Titration misst man die Potentialdifferenz an den Elektroden gegen das verbrauchte Volumen der Maßlösung.

Der Äquivalenzpunkt wird durch eine sprunghafte Spannungsänderung angezeigt.

Voltametrische Titrationskurven

Abb. 88 zeigt den prinzipiellen Verlauf von Titrationskurven bei der Verwendung von zwei polarisierbaren Elektroden.

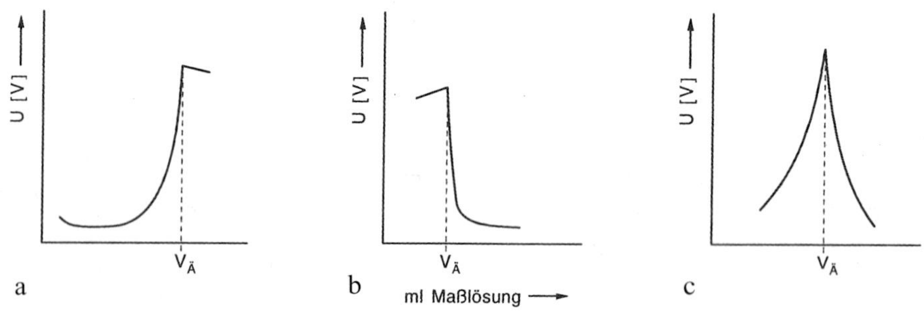

Abb. 88 a-c. Voltametrische Titrationskurven. **a)** Titration eines reversiblen Systems mit einem irreversiblen System, *Beispiel:* Fe^{2+}/Fe^{3+} mit $Cr_2O_7^{2-}/Cr^{3+}$. **b)** Titration eines irreversiblen Systems mit einem reversiblen System, *Beispiel:* $S_2O_3^{2-}/S_4O_6^{2-}$ mit I_2/I^-. **c)** Titration eines reversiblen Systems mit einem reversiblen System, *Beispiel:* Fe^{2+}/Fe^{3+} mit Ce^{3+}/Ce^{4+}. $V_Ä$ ist das verbrauchte Volumen der Maßlösung bis zum Äquivalenzpunkt

Titrierfehler

Der Titrierfehler ist um so größer, je kleiner die Ausgangskonzentration der Probenlösung ist. Er ist um so kleiner, je kleiner die gewählte Stromstärke gegenüber der möglichen Grenzstromstärke vor Beginn der Titration ist.

6.2 Prinzipielle Anwendung

Die Methode ist prinzipiell auf solche Umsetzungen anwendbar, an denen wenigstens ein reversibles Ionenpaar beteiligt ist, das an einer Elektrode in einem bestimmten Spannungsbereich oxidierbar oder reduzierbar ist. Sie wird eingesetzt für Endpunktbestimmungen bei *Fällungs-*, *Komplexbildungs-* und *Redoxtitrationen.*

Vorteile der voltametrischen Titration

Im Vergleich zur potentiometrischen Indikation ist hiermit der Endpunkt im Allgemeinen besser zu erkennen. Die Messzeit ist kürzer. Die Methode ist auf sehr verdünnte Lösungen (Mikromolbereich) anwendbar.

7 Grundlagen der Amperometrie

7.1 Allgemeines

Die *Amperometrie* ist ein elektrochemisches Verfahren, das fast ausschließlich zur Erkennung von Titrationsendpunkten benutzt wird. Man misst hierbei die Größe eines Gleichstromes, der durch eine Elektrolytlösung fließt in Abhängigkeit von der Zugabe einer Maßlösung.

Den Endpunkt der Titration erkennt man daran, dass sich der Diffusionsgrenzstrom (s. S. 354) plötzlich ändert. Der Diffusionsgrenzstrom ist nämlich – bei konstanter Spannung gemessen – proportional der Konzentration der elektrochemisch wirksamen Substanz.

Der Endpunkt der Titration fällt meist mit dem Äquivalenzpunkt zusammen.

Man unterscheidet *zwei* Ausführungsformen:

Die *Amperometrie im engeren Sinne* verwendet *eine* polarisierbare und *eine* unpolarisierbare Elektrode. In der Literatur heißt sie gelegentlich *Grenzstromtitration, polarographische Titration* oder *polarometrische Titration.*

Die zweite Ausführungsform arbeitet mit *zwei* polarisierbaren Elektroden. Sie ist bekannt als *biamperometrische Titration, Polarisationsstromtitration* oder *Dead-stop-Methode.*

7.2 Amperometrische Titration mit einer polarisierbaren Elektrode

Abb. 89 zeigt die Prinzipschaltung für diese Methode.

Instrumentelle Anordnung und Vorbereitung der Messung

Die Messanordnung ist im Prinzip die gleiche, die für polarographische Untersuchungen benutzt wurde, vgl. S. 349. Führt man die Messung ohne Rühren durch, verwendet man die Quecksilber-Tropfelektrode. Für Messungen in gerührten Lösungen benutzt man unbewegte oder rotierende Platin- oder Graphitelektroden als Arbeitselektroden. Als unpolarisierbare Elektrode nimmt man eine Elektrode 2. Art mit einem geringen Widerstand (ohne Fritte oder eingeschmolzenen Asbestfaden!) s. Kap. V.8.4.1.

Messungen mit rotierenden Elektroden werden meist bevorzugt. Bei der Rotation der Elektrode – und evtl. zusätzlicher Rührung – erfolgt eine schnelle Durchmischung der Analysensubstanz und der zugesetzten Reagenzlösung. Durch die Rotation nimmt die Dicke der Diffusionsgrenzschicht ab und als Folge davon die Stromstärke zu. Es treten auch keine Störungen durch Kapazitätsströme auf.

Die konstante Spannung, die man an die Elektroden anlegt, liegt im Grenzstromgebiet der Probenlösung und/oder des Titranten. Man kann sie z. B. dadurch ermitteln, dass man zuerst ein Polarogramm von der verdünnten Probenlösung anfertigt und die Spannung ermittelt, die zur Erreichung des Diffusionsgrenzstromes für die betreffende elektrochemisch wirksame Substanz erforderlich ist.

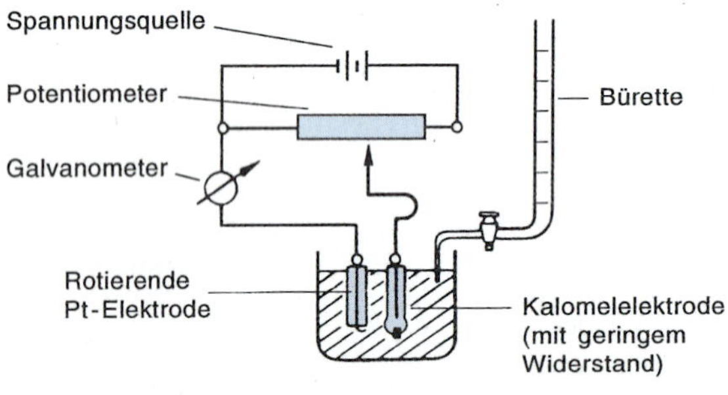

Abb. 89. Prinzipschaltung für amperometrische Titrationen mit einer polarisierbaren Elektrode

Ausführung der Endpunktsbestimmung

Man legt eine geeignete Spannung an die Elektroden. Nach definierter Zugabe der Maßlösung (in ml) misst man die jeweilige Stromstärke (in A), trägt die erhaltenen Wertepaare in ein kartesisches Achsenkreuz ein und erhält zwei Geraden, deren Schnittpunkt den Äquivalenzpunkt angibt.

Es können *drei* verschiedene Kurventypen beobachtet werden, s. Abb. 90.

Kurve a) wird erhalten, wenn das Ion, das die Leitfähigkeit verursacht, durch die Titration verbraucht wird.

Kurve b) entsteht, wenn das leitende Ion vom Titranten stammt und durch die Probenlösung solange verbraucht wird, bis der Äquivalenzpunkt erreicht wird. Nach dem Überschreiten des Äquivalenzpunktes wird seine Konzentration in der Lösung größer und dementsprechend steigt die Stromstärke an.

Kurve c) wird beobachtet, wenn die Probenlösung bis zum Äquivalenzpunkt für die Leitfähigkeit bzw. Stromstärke verantwortlich ist. Das Ansteigen der Kurve nach dem Äquivalenzpunkt wird durch die überschüssigen Ionen des Titranten verursacht.

Wie aus Abb. 90 hervorgeht, sind die Kurven in der Umgebung des Äquivalenzpunktes mehr oder weniger stark gekrümmt. Die Krümmung ist um so stärker, je besser die ausgefällte Substanz löslich ist, oder je stärker ein während der Titration gebildeter Komplex dissoziiert.

Verringern lässt sich die Krümmung manchmal dadurch, dass man die Konzentration der Maßlösung um den Faktor 10 konzentrierter macht als die Analysenlösung.

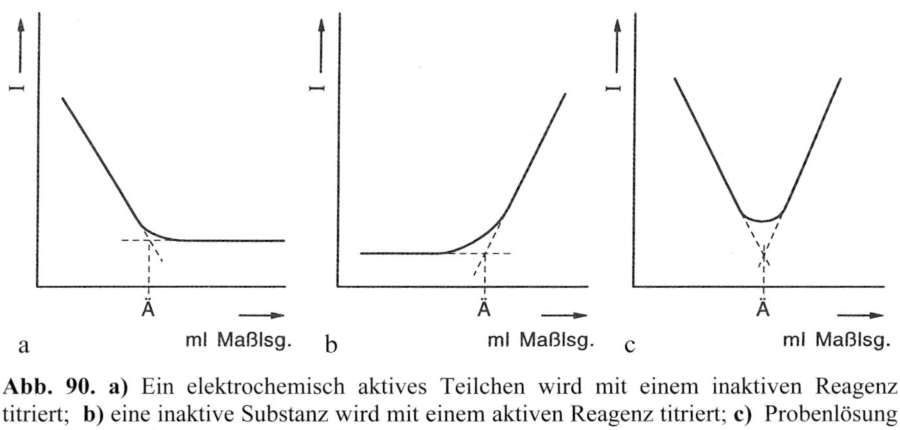

Abb. 90. a) Ein elektrochemisch aktives Teilchen wird mit einem inaktiven Reagenz titriert; **b)** eine inaktive Substanz wird mit einem aktiven Reagenz titriert; **c)** Probenlösung und Titrant sind elektrochemisch aktiv

Prinzipielle Anwendung

Die Anwendung der Amperometrie im engeren Sinne ist hauptsächlich auf die Endpunktbestimmung bei Fällungs- und Komplexbildungsreaktionen beschränkt.

Vorteile

Ihr Vorteil gegenüber anderen elektrochemischen Indikationsmethoden ist ihre Anwendbarkeit auf große Konzentrationsbereiche bis zur unteren Grenze von 10^{-6}-molaren Lösungen. Im Unterschied zur Konduktometrie stören Ionensorten mit höheren Halbstufenpotentialen nicht. Sie gestattet auch die Bestimmung von Ionen, die keine polarographische Stufe besitzen, wie SO_4^{2-}.

Nachteile

Die Nachteile der Methode liegen darin, dass sie für qualitative Nachweise ungeeignet ist und keine Simultanbestimmung erlaubt.

Genauigkeit

Die Grenze der Genauigkeit ist ± 0,1%.

7.3 Amperometrie mit zwei polarisierbaren Elektroden, biamperometrische Titration, Dead-stop-Titration

Diese Ausführungsform der amperometrischen Titration benutzt anstelle der einen unpolarisierbaren Elektrode eine zweite, zur ersten meist gleichartige, polarisierbare Elektrode. Bis auf diesen Unterschied ist die Prinzipschaltung die gleiche wie die in Abb. 89 angegebene.

Angepaßt an die durchzuführende Titration legt man z. B. an zwei Platin-Elektroden, die in eine gerührte Lösung eintauchen, eine Spannung im Bereich von 10 bis einigen hundert mV und misst die Änderung der Stromstärke während der Titration.

Der Verlauf der Titrationskurve hängt von der Probenlösung und vom Titranten ab. Da beide Elektroden polarisierbar sind, können Kathode und Anode während der Titration unterschiedlich polarisiert werden.

Beispiele für Titrationskurven

a) Findet z. B. an den Elektroden mit der Probenlösung ein reversibler Prozeß statt, d.h. Reduktion eines Teilchens an der Kathode und Reoxidation dieses Teilchens an der Anode, so fließt ein schwacher Strom. Die Elektroden sind bis zu einem gewissen Grad depolarisiert.

Wird nun durch Zugabe des Titranten (irreversibles System) das reversible System verbraucht, und werden die Elektroden dabei polarisiert, so steigt am Äquivalenzpunkt die Polarisationsspannung sprunghaft an, und die Stromstärke fällt auf einen kleinen Restwert ab.

b) Wird ein reversibles System mit einem reversiblen System titriert, fällt die Stromstärke bis zum Äquivalenzpunkt ab und steigt dann wieder an (Überschuss des Titranten).

c) Werden Kathode und Anode während der Titration unterschiedlich polarisiert, indem z. B. ein kathodischer Depolarisator verbraucht und ein anodischer Depolarisator gebildet wird, dann steigt die Stromstärke erst an, durchläuft beim Titrationsgrad 0,5 ein Maximum und fällt am Äquivalenzpunkt auf Null ab.

d) Häufig ist auch der Fall, dass die geringe Potentialdifferenz an den Elektroden ausreicht, um diese fast vollständig zu polarisieren. In diesem Falle verhindert die Polarisationsspannung solange einen Stromfluss, bis im Endpunkt der Titration ein anodischer oder kathodischer Depolarisator (Ion, Oxidationsmittel, Reduktionsmittel) vorhanden ist. Die Nähe des Endpunktes macht sich durch starke Ausschläge des Galvanometerzeigers mit jedem Tropfen Maßlösung bemerkbar.

Beachte: In allen diesen Fällen haben die Absolutwerte der Stromstärke keinen Einfluss auf die Genauigkeit der Titration. Entscheidend ist nur die sprunghafte Änderung im Äquivalenzpunkt.

Die Stromstärke liegt im μA-Bereich.

Als *Dead-stop-Titration* (Tot-Punkt-Titration) bezeichnet man üblicherweise eine biamperometrische Titration bei kleincr angelegter Spannung, bei der man auf die Aufnahme einer Titrationskurve verzichtet und lediglich das sprunghafte Ansteigen oder Abfallen der Stromstärke im Äquivalenzpunkt beobachtet.

Empfindlichkeit der Methode

Die Empfindlichkeit ist sehr hoch. So lassen sich z. B. noch 0,01 μg I_2 in 100 ml Lösung nachweisen.

Anwendungen

Die biamperometrische Titration erlaubt ebenso wie die amperometrische Titration mit einer polarisierbaren Elektrode Endpunktbestimmungen in gefärbten Flüssigkeiten, Aufschlämmungen, Emulsionen usw. Sie eignet sich auch für Titrationen in *nichtwässrigen* Lösemitteln.

Anwenden lässt sie sich bei *Fällungs-*, *Komplexbildungs-* und *Redoxreaktionen.*

Beispiele:

Titration von I_2 mit $S_2O_3^{2-}$-Lsg. ($I_2 + 2\,S_2O_3^{2-} \longrightarrow 2\,I^- + S_4O_6^{2-}$)

In der Iod-Lösung (I_2 in KI-Lsg.) wird durch eine geringe Potentialdifferenz an den Elektroden ein kleiner Stromfluss bewirkt ($I_2 + 2\,e^- \rightleftharpoons 2\,I^-$). Durch die Zugabe von $S_2O_3^{2-}$-Lsg. ändert sich daran bis zum Äquivalenzpunkt nicht sehr viel. Es werden aber immer mehr $S_2O_3^{2-}$-Ionen zu $S_4O_6^{2-}$ irreversibel oxidiert. Dadurch wird die Kathode immer stärker polarisiert. Am Äquivalenzpunkt ist sie völlig polarisiert (weil kein reduzierbares I_2 mehr vorhanden ist); dies führt zu einem plötzlichen Abfall der Stromstärke.

Indizierung der Karl-Fischer-Titration

Titrationen mit *„Karl-Fischer-Lösungen"* benutzt man zur maßanalytischen Bestimmung von *Wasser*. Besonders elegant gelingt die Endpunktbestimmung bei dieser Titration mit der Dead-Stop-Methode.

Die Grundlage der Karl-Fischer-Titration bildet die Reaktion von I_2 mit SO_2 in Gegenwart von Wasser nach der Gleichung:

$$I_2 + SO_2 + 2\,H_2O \rightleftharpoons 2\,HI + H_2SO_4$$

Diese Reaktion wurde bereits von *Bunsen* gefunden. *Karl Fischer* benutzte als Lösemittel Methanol und setzte Pyridin hinzu, um das Gleichgewicht der Redoxreaktion nach rechts zu verschieben. Dadurch wurde der Reaktionsablauf komplizierter:

$$SO_2 + I_2 + H_2O + 3\,C_5H_5N \longrightarrow 2\,C_5H_5N\cdot HI + C_5H_5N\cdot SO_3$$

und $C_5H_5N\cdot SO_3 + CH_3OH \longrightarrow C_5H_5N\cdot HSO_4CH_3$

Bestimmung primärer aromatischer Amine

Die Bestimmung primärer aromatischer Amine gelingt mit einer amperometrischen Endpunktbestimmung. Das Amin wird in saurer Lösung unter Zusatz von KBr mit 0,1 M $NaNO_2$-Lsg. diazotiert. Vor Erreichen des Äquivalenzpunktes sind nur Br^--Ionen in der Lösung; es fließt kein Strom, weil keine Substanz kathodisch reduziert werden kann. Nach Überschreiten des Äquivalenzpunktes ist in der Lösung überschüssiges $NaNO_2$ und Br_2 vorhanden. Diese Substanzen können kathodisch reduziert werden. An der Anode werden NO_2^- und Br^- oxidiert, und jetzt fließt ein elektrischer Strom.

Reaktionsgleichung:

VII. Optische und spektroskopische Analysenverfahren

Bei den bisher besprochenen qualitativen und quantitativen Analysenmethoden wurde die zu untersuchende Substanz chemischen Reaktionen unterworfen und damit in ihrer Zusammensetzung oder Struktur verändert. Im Gegensatz dazu erlauben es viele physikalische Analysenmethoden, eine Substanz unverändert, d.h. zerstörungsfrei zu analysieren. Benutzt werden diese Verfahren sowohl zur Identifizierung als auch zur Strukturaufklärung. Sie eigenen sich außerdem für Reinheitsprüfungen, falls sie auf Verunreinigungen einer Probe empfindlich genug reagieren.

In der Regel wird ein Stoff als „rein" bezeichnet, wenn sich seine physikalischen Eigenschaften nach wiederholten Reinigungsprozessen wie Destillieren, Chromatographieren etc. nicht geändert haben. Die noch zulässigen Grenzwerte an (chemischen) Verunreinigungen werden dem Verwendungszweck der Substanz entsprechend gewählt.

1 Einfache optische Analysenmethoden

1.1 Refraktometrie

Beschreibung des Verfahrens

Refraktometrie heißt die Messung der Brechungsindizes (Brechungszahlen, Brechungswerte) zur Bestimmung der Art und Menge von Probenbestandteilen. Grundlage der Messmethode ist das *Snellius'sche Brechungsgesetz* (Abb. 91a). Es gibt an, wie einfallendes Licht an der Grenzfläche zweier Medien gebrochen wird. Diese Brechung n (Richtungsänderung) des Lichts ist stark temperaturabhängig und nur für eine bestimmte Farbe (Wellenlänge λ) eine Materialkonstante:

$$n_{\lambda}^{T} = \frac{c_1}{c_2} = \frac{\sin \alpha}{\sin \beta}$$

c_1 = Lichtgeschwindigkeit im Medium 1 (z. B. Luft); c_2 = Lichtgeschwindigkeit im Medium 2 (z. B. Flüssigkeit); α = Einfallswinkel gegen Einfallslot; β = Austrittswinkel gegen Einfallslot; T = Temperatur; λ = Mess-Wellenlänge

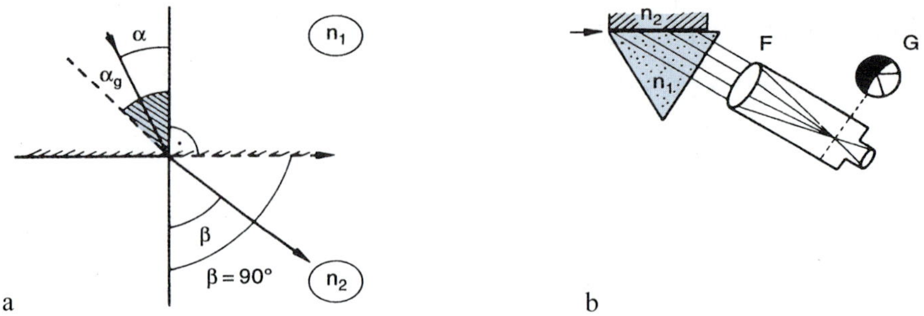

Abb. 91. a) Schema zum Brechungsgesetz **b)** Grenzwinkelrefraktometer; n_2 Brechungszahl der Probe; n_1 Brechungszahl des Prismas vom Winkel φ; F Fernrohr; G Sehfeld mit Grenzlinie und Fadenkreuz

Voraussetzung für eine Messgenauigkeit von $\pm 10^{-4}$ ist die Temperierung des Refraktometers auf ± 0,2°C. Temperatur T (meist 20° oder 25°C) und Wellenlänge λ werden als Indizes am Brechungsindex n vermerkt, z. B. n_D^{20} für die Natrium-Linie bei 20°C. Bei dem meist verwendeten Abbe-Refraktometer wird durch ein Kompensationssystem auch bei Verwendung von Tages- oder Kunstlicht der Brechungsindex bei der D-Linie des Natriumlichts (λ_D = 589 nm) erhalten.

Bei flüssigen Proben erfolgt die Bestimmung des Brechungsindexes durch Bestimmung des *Grenzwinkels der Totalreflexion* (Abb. 91b).

Beim Einfall eines Lichtstrahls von einem optisch dichteren Medium mit der Brechzahl n_1 auf die Grenzfläche gegen ein optisch dünneres Medium mit der Brechzahl n_2 ($n_2 < n_1$) wird dieser vom Einfallslot weg gebrochen. Bei einem maximalen Austrittswinkel β = 90° tritt der gebrochene Strahl streifend zur Grenzfläche aus (Abb. 91a). Der zugehörige Grenzwinkel α_g ist dann:

$$\frac{\sin\alpha}{\sin 90^\circ} = \frac{n_2}{n_1} \qquad \text{oder} \qquad \sin\alpha = \frac{n_2}{n_1}$$

Bei dem Refraktometer nach Abbe (Prinzip Abb. 91, Ausführung Abb. 92) wird der Lichtweg umgekehrt, d.h. die aus verschiedenen Richtungen kommenden Strahlen verlaufen nach der Brechung innerhalb des in Abb. 91a schraffierten Winkelbereichs. Die abgelenkten Lichtstrahlen werden im Okular des Refraktometers vereinigt und als Hell-Dunkelgrenze sichtbar. Zusätzlich wird meist eine geeichte Skala eingespiegelt, auf welcher der gesuchte Brechungsindex n_2 direkt abgelesen werden kann (n_1 ist durch das Glasprisma vorgegeben, α wird über den Spiegel S in Abb. 92. gemessen). Die Eichung kann überprüft werden, z. B. mit dest. Wasser(n_D^{20} = 1,333) oder anderen reinen Flüssigkeiten mit bekanntem Brechungsindex.

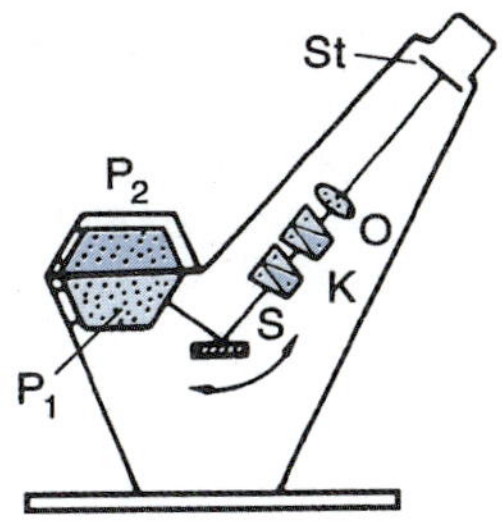

Abb. 92. Abbe-Refraktometer, Bauart Carl Zeiss. P_1 Messprisma; P_2 Beleuchtungsprisma; S beweglicher Spiegel; K Dispersionskompensator; O Objektiv; St Strichkreuz

Durchführung einer Messung

Nachdem man zuvor das Beleuchtungsprisma P_2 hochgeklappt hat, wird ein Tropfen der zu messenden Flüssigkeit auf das Messprisma P_1 aufgebracht. Man achte darauf, die Oberfläche des Prismas nicht mit scharfkantigen Gegenständen zu zerkratzen (Glasstäbe rundschmelzen oder Plastikröhrchen verwenden). Nach Zuklappen des Prismas P_2 wird der Messwert durch das Okular abgelesen und das Refraktometer danach gereinigt. Die richtige Temperierung des Gerätes ist gelegentlich zu überprüfen.

Anwendungsbereich

Anwendung findet die Refraktometrie zur *Identifizierung* und *Reinheitsprüfung* von Stoffen, daneben auch zur Konzentrationsbestimmung von Stoffgemischen. Der Brechungsindex binärer Mischungen zeigt nämlich eine lineare Abhängigkeit von der Konzentration (Vol-%) der Komponenten (gilt nur bei vernachlässigbarer Volumenänderung!). Meist wird man jedoch Eichkurven aufstellen; diese sind teilweise auch in Handbüchern tabelliert (z. B. für wässrige Zuckerlösungen).

1.2 Polarimetrie

Polarimetrie nennt man die Messung der Drehung der Polarisationsebene des Lichts zur Konzentrationsbestimmung optisch aktiver Substanzen.

Polarisiertes Licht

Licht kann bekanntlich als transversale elektromagnetische Welle aufgefaßt werden, deren Schwingung senkrecht zu ihrer Fortpflanzungsrichtung erfolgt. Im natürlichen Licht ist keine Schwingungsebene bevorzugt, d.h. die Wellen schwingen unabhängig voneinander in allen möglichen Richtungen. Dabei hat allerdings jeder Wellenzug einen bestimmten Polarisierungszustand:

a) Schwingt der elektrische Vektor der Lichtwelle in einer Ebene, die durch die Ausbreitungsrichtung geht, so heißt die zu ihr senkrechte Ebene Polarisationsebene und das Licht *linear polarisiert.* Es kann aus zwei zirkular-polarisierten Wellen mit entgegengesetztem Drehsinn und gleicher Amplitude zusammengesetzt werden.

b) Schwingt der elektrische Feldvektor so, dass seine Spitze auf einer Ellipse (bzw. Kreis) läuft, so heißt dieses Licht *elliptisch (bzw. zirkular) polarisiert.*

Aufbau eines Polarimeters

In einem Polarimeter (Abb. 93) wird durch einen *Polarisator* linear polarisiertes Licht aus monochromatischem Licht erzeugt. Dieses tritt durch das sog. Probenrohr, eine mit der Messlösung gefüllte Küvette, verlässt diese und gelangt durch den drehbaren *Analysator* in das *Messokular.* Enthält die Lsg. eine optisch aktive Verbindung, z. B. D(+)-Glucose, dann wird die Schwingungsebene des polarisierten Lichts im Probenrohr um den Winkel α gedreht (Abb. 94).

Erklärung: Das chirale Medium zerlegt linearpolarisiertes Licht in eine rechts- und eine links-polarisierte Welle mit verschiedener Ausbreitungsgeschwindigkeit. Nach dem Durchgang beträgt die Phasendifferenz der beiden Wellen 2α. Addition ergibt wieder eine linear polarisierte Welle, deren Schwingungsebene um α gegenüber der ursprünglichen gedreht ist.

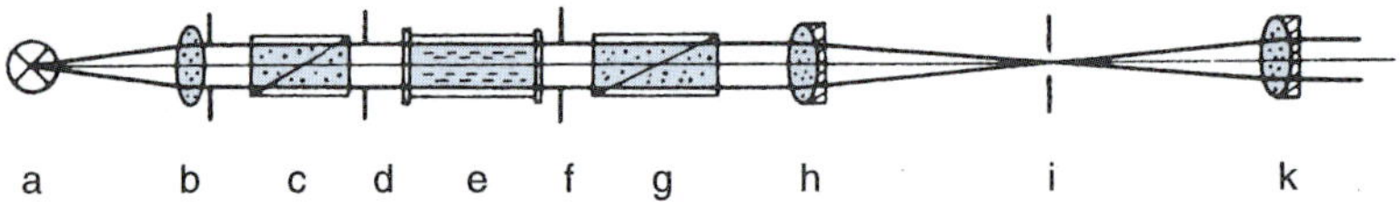

Abb. 93. Strahlengang (Schema) eines einfachen Polarimeters. a = Lichtquelle; b = Kondensor; c = Polarisator; d, f, i = Blenden; e = Flüssigkeitsküvette; g = Analysator; h = Fernrohrobjektiv; k = Fernrohrokular

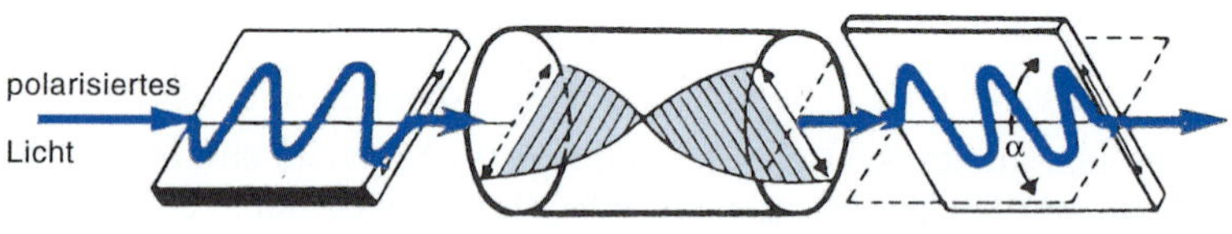

Abb. 94. Polarimetrie

Die dadurch hervorgerufene Helligkeitsverminderung des Lichts im Okular kann durch eine entsprechende Drehung des Analysators um α kompensiert werden, womit gleichzeitig der Drehwinkel α bestimmt wird.

Der Drehwinkel α ist abhängig vom Lösemittel, der Konzentration c, der Schichtdicke l (meist Küvettenlänge) der durchstrahlten Substanz, der Temperatur T und der Wellenlänge λ. Die letzteren werden als Indizes am Drehwert angegeben. Für die spezifische Drehung einer optisch aktiven Substanz gilt:

$$[\alpha]_\lambda^T = \frac{[\alpha]_\lambda^T \text{ (gemessen)}}{l\,[\text{dm}]\cdot c\,[\text{g/ml}]} = \frac{[\alpha]_\lambda^T \text{ (gemessen)}\cdot 1000}{l\,[\text{cm}]\cdot c\,[\text{g/100 ml}]}$$

Die *spezifische Drehung* ist die Drehung um α, die man bei 10 cm (= 1 dm) Schichtdicke und der Konzentration 1 g·cm^{-3} Lösung erhält. (Beachte die unterschiedlichen Einheiten in den vorstehenden Gleichungen!)

Als Standardwellenlänge verwendet man meist die Natrium-D-Linie und als Messtemperatur 20°C, so dass die Angabe des Drehwinkels dann lautet: $[\alpha]_D^{20}$. Wegen der Wechselwirkung der zu untersuchenden Verbindung mit dem Lösemittel muss nicht nur das verwendete Lösemittel, sondern auch die benutzte Konzentration c der Lösung angegeben werden. Man beachte, dass sich der Drehsinn in verschiedenen Lösemitteln umkehren kann (Solvatationseffekte!).

Da eine Drehung im *Uhrzeigersinn* um α sowohl einer Rechtsdrehung um α (bzw. 180° + α) als auch einer Linksdrehung um 180° – α entsprechen kann, muss durch eine zweite Messung, z. B. mit halbierter Küvettenlänge oder Konzentration, der Drehsinn gesondert herausgefunden werden. In diesen Fällen erhält man bei Rechtsdrehung (+) entsprechend α/2 (bzw. α/2 + 90°) und bei Linksdrehung (–) analog 90° – α/2 (bzw. 180° – α/2).

Bei einem Enantiomeren-Gemisch gibt man seine *optische Reinheit* p an:

$$p = \frac{[\alpha]}{[A]}$$

mit [α] = spez. Drehwert des Gemisches, [A] = spez. Drehwert des reinen Enantiomeren.

Die Messung des Drehwertes α bei verschiedenen Wellenlängen λ ergibt – als Diagramm aufgetragen – die Kurven der sog. Optischen Rotationsdispersion (ORD). Die Abhängigkeit von λ wird damit begründet, dass sich die Brechungsindizes für rechts- und links-zirkularpolarisiertes Licht verschieden stark ändern. *Die ORD-Kurven von zwei Enantiomeren sind spiegelbildlich gleich.*

Neben dem Brechungsindex ist auch der Extinktionskoeffizient ε bezüglich rechts- oder links-polarisiertem Licht verschieden. Die *Differenz* $\Delta\varepsilon = \varepsilon_{\text{links}} - \varepsilon_{\text{rechts}}$ nennt man den *Circular-Dichroismus* (CD). Trägt man ε gegen λ auf, erhält man Extinktionskurven und, für Δε gegen λ, die Kurve des Circular-Dichroismus.

1.3 Nephelometrie

Bei der Untersuchung von kolloiden Lösungen kann der *Faraday-Tyndall-Effekt* zur Konzentrationsbestimmung benutzt werden (z. B. Proteinlösungen, Chloridbestimmung als AgCl-Suspension). Er beruht auf der Beugung des in die Lösung eingestrahlten Lichts durch die Teilchen der kolloiden Lösung. Die Intensität des Streulichts hängt u.a. ab von der Größe und Anzahl der Teilchen und kann nach verschiedenen Formeln berechnet werden.

Man unterscheidet zwei Verfahren (Abb. 95): Die *Turbidimetrie* (Trübungsmessung) misst die Herabsetzung der Lichtintensität des durch die Lösung tretenden Lichts. Diese (scheinbare) Extinktion beruht jedoch nicht auf einem Absorptionsvorgang, sondern auf der Lichtstreuung.

Die *Tyndallometrie* (Streuungsmessung) benutzt die Messung der Intensität des Streulichts.

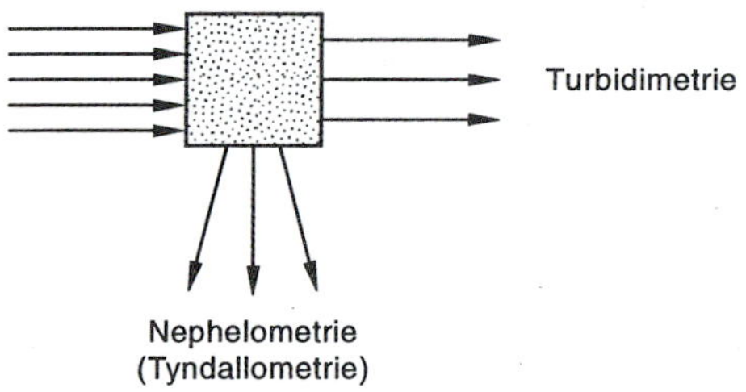

Abb. 95. Prinzip nephelometrischer und turbidimetrischer Messungen

2 Gemeinsame Grundlagen von Atom- und Molekülspektren

2.1 Das elektromagnetische Spektrum

Die spektroskopischen Methoden haben sich als sehr hilfreich erwiesen für die Identifizierung, Reinheitsprüfung und die Strukturaufklärung unbekannter Verbindungen.

Sie beruhen in der Regel alle auf dem gleichen Prinzip: *Aus dem Gebiet des elektromagnetischen Spektrums werden die für die Erzeugung angeregter Zustände benötigten Frequenzen ausgewählt und die zu untersuchenden Verbindungen damit bestrahlt. Das Ergebnis wird als Emissions-, Absorptions- oder Beugungsdiagramm registriert und ausgewertet.*

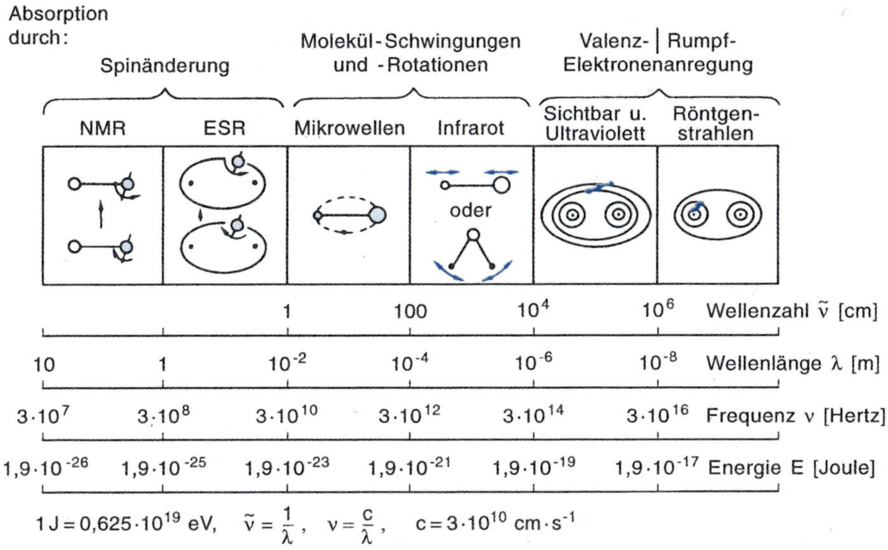

Abb. 96. Gebiete des elektromagnetischen Spektrums

Aus Abb. 96 geht hervor, dass sichtbares Licht aus elektromagnetischen Wellen der Länge **400 – 800 nm** besteht. **Weißes Licht** enthält alle Wellenlängen des sichtbaren Bereichs, **monochromatisches** (monofrequentes) Licht enthält dagegen nur eine einzige, bestimmte Wellenlänge. Diese entspricht einer bestimmten Farbe (Beispiel: das gelbe Licht der Natriumdampflampe). An das für das menschliche Auge sichtbare Licht schließt sich von etwa **800 – 100 000 nm** der **infrarote Bereich** an, den wir als Wärmestrahlung in gewissem Umfang noch registrieren können. Der Bereich von etwa **10 – 400 nm** wird als **Ultraviolett-Strahlung** bezeichnet; er ist für einige Tiere, wie z. B. Bienen, teilweise sichtbar.

2.2 Emission von Energie

Atome und Moleküle liegen normalerweise im *Grundzustand* vor, d.i. der Zustand kleinster potentieller Energie. Durch Energiezufuhr können sie *angeregt* und damit in einen Zustand *höherer Energie* gebracht werden. Die Energiezustände für die elektronischen (und vibratorischen) Niveaus eines Moleküls lassen sich nach dem *Jablonsky-Termschema* charakterisieren (Abb. 97). Man unterscheidet zwischen Singulett- (S_0, S_1, S_2) und Triplett-Zuständen (T_1, T_2). Bei *Singulett-*Zuständen haben Elektronen antiparallelen Spin, in *Triplett-Zuständen* parallelen.

Die dabei aufgenommene Energie wird i.a. nach einer gewissen Zeit (etwa 10^{-8} s) wieder abgegeben, wobei der Grundzustand wieder erreicht wird. Geschieht dies durch Emission von Strahlung, so nennt man das **Fluoreszenz**. Meist wird nicht nur eine einzige Wellenlänge, sondern ein ganzes Fluoreszenzspektrum abgestrahlt, aus dem man Rückschlüsse über die Schwingungszustände der Elektronen im Grundzustand ziehen kann. Bei einer längeren Lebensdauer der angeregten Zustände (i.a. bis zu mehreren Sekunden) spricht man von **Phosphoreszenz**. Der übergeordnete Begriff lautet **Lumineszenz**. Nach dem *Gesetz von Stokes* ist die ausgestrahlte Energie bei der Fluoreszenz kleiner als die absorbierte, d.h. das abgestrahlte Licht ist langwelliger als das zur Anregung benutzte. So wird bei der Bestimmung von Riboflavin Licht bei 440 nm eingestellt, das Fluoreszenzlicht aber bei 565 nm gemessen. Die Anregungsenergie ist für die einzelnen Elemente verschieden groß. Man kann sie für die Außenelektronen gut abschätzen, wenn man die Ionisierungspotentiale der Atome kennt. Diese liegen z. B. bei den Alkali- und Erdalkalimetallen besonders niedrig. Man wird daher erwarten, dass diese leichter anregbar sind als z. B. die Schwermetalle.

Dies kann man in der Tat auch bei den verschiedenen *Anregungsverfahren* beobachten. So genügt für die Alkali- und Erdalkalimetalle mit ihrem relativ linienarmen Spektrum eine (Bunsenbrenner-)Flamme bei hoher Nachweisempfindlichkeit *(Flammenspektroskopie)*. Zur Anregung verschiedener Schwermetalle werden hingegen elektrische Funkenentladungen *(Funkenspektren)* oder der elektrische Lichtbogen *(Bogenspektren)* verwendet. Teilweise versucht man auch, mit besonders heißen Flammen eine Anregung zu erreichen (Acetylen/O_2: 3100°C, $(CN)_2/O_2$: 4400°C).

Von *Atomen* erhält man i.a. ein *Linienspektrum* mit auseinanderliegenden Linien. *Moleküle* liefern ein *Bandenspektrum* mit eng benachbarten Emissionslinien, die von den Messgeräten nicht mehr einzeln aufgelöst werden können und nur noch als Banden registriert werden.

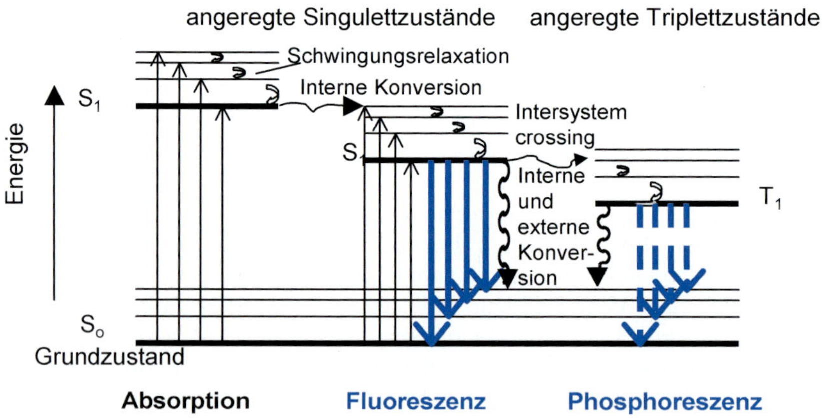

Abb. 97. Jablonsky-Termschema für ein photolumineszierendes System

2.3 Absorption von Energie

Bei der Aufnahme (Absorption) von Energie (z. B. Licht) können nicht nur die *Elektronen* angeregt werden, sondern auch *Molekülschwingungen* und/oder *Molekülrotationen*. Auch ihre Energien sind gequantelt und tragen zur Gesamtenergie des Moleküls bei. Aus Abb. 96 ist zu ersehen, dass eine Änderung der Elektronenenergie mehr Energie erfordert als eine Änderung der Schwingungsenergie und diese wiederum mehr als eine Änderung der Rotationsenergie.

Bei Raumtemperatur befinden sich die Moleküle normalerweise im *Elektronengrundzustand*. Einstrahlung von Energie führt zu einer entsprechenden Absorption. Dabei werden durch die Einstrahlung von Energie im Bereich der *Radiowellen* Spinänderungen von Elektronen und Nukleonen verursacht (ESR = Elektronenspinresonanz-Spektroskopie, NMR = Kernresonanzspektroskopie). Verwendet man *Mikrowellen,* so reicht ihre Energie aus, um Moleküle zu Rotationen um ihren Schwerpunkt anzuregen. *Infrarotes Licht* (IR) regt zusätzlich Molekülschwingungen an und liefert wertvolle Informationen über die Molekülstruktur. Die energiereichere *Strahlung im sichtbaren (Vis-)* und vor allem im *UV-Bereich* führt darüber hinaus zur Anregung der äußeren Elektronen (Bindungselektronen, freie Elektronenpaare) von Atomen und Molekülen (Elektronenübergänge). Die inneren Elektronen werden in erster Linie durch sehr energiereiche Strahlung (Röntgen-, Gamma-Strahlung) angeregt. Es können auch Bindungen gespalten und Atome bzw. Moleküle ionisiert werden.

Elektronenübergänge in Molekülen sind nur in den optischen Spektren (wie z. B. UV) sichtbar.

Spektren kann man sowohl in Absorption als auch in Emission aufnehmen.

Ein bekanntes Beispiel für die Absorption von Energie ist die sog. Umkehr der Na-Linie (Resonanzabsorption): Strahlt man weisses Glühlicht durch Natriumdampf, so findet man im kontinuierlichen Spektrum zwei dunkle Linien, die mit den Wellenlängen der Na-D-Linien (589,0 und 589,6 nm) übereinstimmen. Natriumdampf erscheint im Durchlicht purpurfarben. Praktische Anwendung findet dieser Vorgang bei der Spektralanalyse z. B. von Fixstern- und Planetenatmosphären *(Fraunhofersche Linien)* oder bei der Atomabsorptionsspektrometrie (s. Kap. VII.4.3).

Man beachte, dass die Lage der Energieniveaus statistisch schwankt und deshalb auch die Spektrallinien nicht unendlich scharf sind. Besonders stark macht sich das bei Festkörpern wie glühenden Metallen (z. B. kontinuierliches Spektrum eines schwarzen Strahlers), aber auch schon bei größeren Molekülen bemerkbar. Bei letzteren findet man häufig nur noch Absorptionsbanden, die z. B. auf Schwingungen von Molekülteilen zurückzuführen sind.

Schwingungen und Rotationen werden meist schon zusammen mit den höherenergetischen Elektronenniveaus angeregt.

Andererseits ist es möglich, zunächst durch Energieabsorption im langwelligen Spektralbereich nur die Molekülrotationen anzuregen (z. B. mit Mikrowellen) und dann, mit abnehmender Wellenlänge und zunehmender Quantenenergie, die anderen Energiezustände (Abb. 96).

Die aufzubringenden Energien können berechnet werden nach $E = h \cdot \nu$ mit $\nu = c/\lambda$ (h = Plancksches Wirkungsquantum, ν = Frequenz, λ = Wellenlänge, c = Lichtgeschwindigkeit).

Je kleiner die Wellenlänge einer Strahlung ist, umso größer ist ihre Frequenz und Energie.

Treten Moleküle in der beschriebenen Weise mit Licht in Wechselwirkung, dann wird die Intensität der elektromagnetischen Welle, die die Energieerhöhung bewirkt hat, geschwächt: Die betreffende Welle wird absorbiert.

2.4 Gesetz der Lichtabsorption

Für die Intensität einer Absorption in den bekannten Spektralbereichen gilt das *Lambert-Beersche Gesetz*:

$$E = \lg \frac{I_0}{I} = \varepsilon \cdot c \cdot d$$

E heisst *Extinktion* (optische Dichte) der Probenlösung.

Eine andere Größe ist die *Transmission* (Durchlässigkeit) D in %:

$$D = \frac{I}{I_0} \cdot 100$$

E ergibt sich daraus zu $E = \lg \frac{100}{D}$.

I_0 und I sind die Intensitäten eines (monochromatischen) Lichtstrahls vor und hinter der absorbierenden Probenlösung. c ist die Konzentration der absorbierenden Substanz in $mol \cdot l^{-1}$, d.h. die Anzahl der absorbierenden Teilchen. d ist die Weglänge des Lichtstrahls in der Lösung, d.h. der Durchmesser des Gefäßes (Küvette), das die Probenlösung enthält. d wird in cm gemessen. ε ist der molare Extinktionskoeffizient und damit eine bei der Wellenlänge λ charakteristische Stoffkonstante. Für eine Substanz ist $\varepsilon = 1\ mol^{-1} \cdot cm^{-1} \cdot l$, wenn sie in der Konzentration $1\ mol \cdot l^{-1}$ und der Schichtdicke 1 cm die Intensität von Licht der Wellenlänge λ auf 1/10 schwächt.

Man beachte, dass das genannte Gesetz ($E \sim c$) nur für verdünnte Lösungen ($c < 10^{-2}\ mol \cdot l^{-1}$) streng gilt.

Bei Aufnahme einer Extinktionskurve (Abb. 98) misst man die Durchlässigkeit bei möglichst vielen Wellenlängen (c, d sind konstant) und trägt ε bzw. $\lg \varepsilon$ als Ordinate auf. Als Abszisse gibt man λ oder ν oder auch häufig die Wellenzahl $\tilde{\nu} = \frac{1}{\lambda} = \frac{\nu}{c}$ an (c = Lichtgeschwindigkeit).

Bei Vorliegen eines binären Gleichgewichts zweier Komponenten (A + B) setzt sich die Extinktion aus zwei Anteilen zusammen (Abb. 98):

$$E = \varepsilon_A \cdot c_A + \varepsilon_B \cdot c_B = \varepsilon_{gesamt} \cdot c_{gesamt}$$

Eine Extinktionsänderung ΔE ist daher nicht mehr einer Konzentrationsänderung $\Delta c_{ges.}$ proportional.

Beim *isosbestischen Punkt* bei einer bestimmten Wellenlänge mit $\varepsilon_A = \varepsilon_B = \varepsilon_{ges.}$ ändert sich $\varepsilon_{ges.}$ bei einer Konzentrationsänderung nicht. Erhält man umgekehrt bei Variation der Konzentration einen isosbestischen Punkt, kann man auf das Vorliegen eines binären Gleichgewichts schließen (z. B. Lacton – Hydroxysäure).

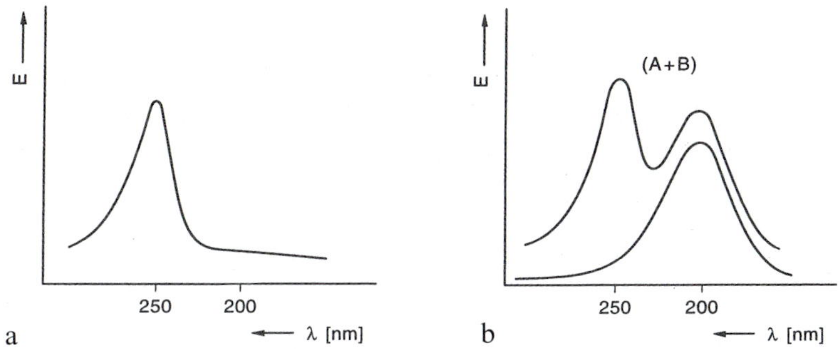

Abb. 98. Extinktionskurven **a)** der Substanzen A, B und **b)** einer Mischung von A und B mit $c_A = c_B$

3 Molekülspektroskopische Methoden

3.1 Absorptionsspektroskopie im ultravioletten und sichtbaren Bereich

3.1.1 Molekülanregung

Die Absorptions-Spektroskopie im ultravioletten (UV)- und sichtbaren (Vis)-Bereich wird oft auch als *Elektronenspektroskopie* bezeichnet, da die Energieaufnahme zur Anregung von Elektronen führt. Diese werden von ihrem Grundzustand in höhere Niveaus (angeregter Zustand) angehoben. Infolge statistischer Verteilung und bedingt durch die zusätzliche Anregung von Molekülschwingungen und -rotationen findet man diskrete Absorptionsbanden anstelle von Linien *(Bandenspektren)*. Allerdings führt nicht jeder energetisch mögliche

Elektronenübergang zu einer Absorption. Es gelten auch hier die aus der Quantenmechanik bekannten Auswahlregeln. *Somit erfolgen nur solche Übergänge, für die gilt:* $\mathbf{\Delta L = \pm 1}$ (L = Quantenzahl des Bahndrehimpulses). Wichtig ist nun, dass man auch energetisch verbotene Übergänge beobachten kann. Der Grund hierfür ist die Änderung der Symmetrie der Zustände durch Molekülschwingungen oder, z. B. bei aromatischen Verbindungen, durch Substitution.

3.1.2 Molekülstruktur und absorbiertes Licht

Im Allgemeinen wird man erwarten, dass die Art bzw. Polarisierbarkeit der Elektronensysteme einen wichtigen Einfluss auf ihre Anregbarkeit haben. So absorbieren die **σ-Elektronen** in C–C- und C–H-Bindungen etwa bei 125 bis 140 nm. Alkane z. B. erscheinen daher für unser Auge farblos. Moleküle mit π-Systemen besitzen leichter anregbare **π-Elektronen**, und man beobachtet eine Verschiebung der Absorptionsbanden zum sichtbaren Teil des Spektrums. Dadurch erscheinen uns die Substanzen farbig. Derartige ungesättigte Gruppen, die die selektive Absorption beeinflussen, nennt man *Chromophore.* Die Anhäufung von chromophoren Gruppen führt zu einer *Farbvertiefung (Bathochromie),* d.h. einer Verschiebung der Absorptionsmaxima zu längeren Wellenlängen. Umgekehrt bezeichnet man die Verschiebung nach kürzeren Wellenlängen als *hypsochromen Effekt.* Bestimmte gesättigte Gruppen wie $-NH_2$, -OH, -NHR, $-OCH_3$, die meist an einen Chromophor gebunden sind, werden auch *Auxochrome* genannt. Sie enthalten freie Elektronenpaare (Symbol: n).

Auxochrome Gruppen verstärken die Absorption und weisen einen bathochromen Effekt auf, d.h. sie verändern die Wellenlänge und die Intensität des Absorptionsmaximums.

Tabelle 36 enthält wichtige chromophore Gruppen und die Lage ihrer Absorptionsmaxima. n bedeutet nichtbindende Elektronen, π, σ bindende Elektronen, π*, σ* antibindende Elektronen entsprechend der bekannten Bezeichnungsweise der MO-Theorie.

Elektronenübergänge finden statt aus besetzten (bindenden oder nichtbindenden) σ-, π- oder n-Orbitalen in nichtbesetzte π- bzw. σ*-Orbitale.*

Die erforderliche Wellenlänge ist nach Energie $= h \cdot \frac{c}{\lambda}$ ein Maß für den Abstand der Energieniveaus. *Je kurzwelliger (= energiereicher) die Strahlung ist, desto weiter liegen die Orbitale energetisch auseinander.*

Tabelle 37 bringt die Extinktionskoeffizienten ($E = \varepsilon \cdot c \cdot d$) für ausgewählte Verbindungen mit Angabe der Elektronenübergänge und z.T. des langwelligen Maximums.

Tabelle 36. Absorption chromophorer Gruppen

Art	Elektronenübergang (Symbol)	λ_{max} [nm]
σ-Elektronen		
H_3C-CH_3	$\sigma \rightarrow \sigma^*$	135
Freie Elektronenpaare		
H_3C-O-H	$n \rightarrow \sigma^*$	177
H_3C-S-H	$n \rightarrow \sigma^*$	195
H_3C-Br	$n \rightarrow \sigma^*$	203
H_3C-NH_2	$n \rightarrow \sigma^*$	215
$(H_3C)_2C=O$	$n \rightarrow \sigma^*$	166
	$n \rightarrow \pi^*$	279
$H_3C-COOC_2H_5$	$n \rightarrow \pi^*$	207
π-Elektronen (isoliert)		
$(H_3C)_2C=C(CH_3)_2$	$\pi \rightarrow \pi^*$	196

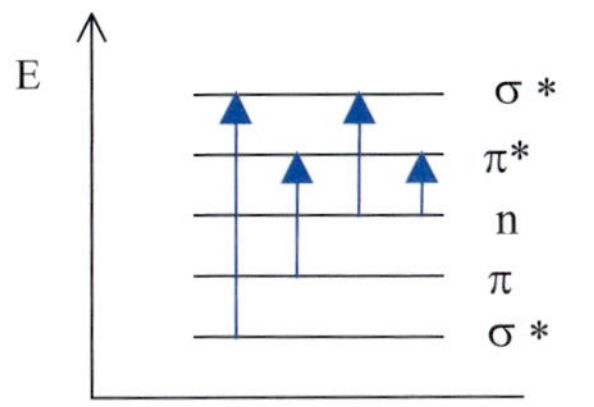

$\sigma \rightarrow \sigma^*$, $\pi \rightarrow \pi^*$, $n \rightarrow \sigma^*$, $n \rightarrow \pi^*$

Lage der elektronischen Energieniveaus (schematisch)

Bei *Carbonyl-Gruppen*, z. B. in Aldehyden und Ketonen, können die Übergänge $n \rightarrow \pi^*$ und $\pi \rightarrow \pi^*$ angeregt werden. Die Absorptionsbande ist bei α,β-ungesättigten Carbonyl-Verbindungen infolge Konjugation in den langwelligen Bereich verschoben. Die Absorption konjugierter Doppelbindungen ist im Vergleich zur Absorption isolierter Doppelbindungen ebenfalls nach größerer Wellenlänge verschoben. Bekannte natürliche Polyene sind z. B. Retinol, Carotine, Xanthophylle etc.. Abb. 100 zeigt zum Vergleich einige gemessene UV-Spektren.

Die Absorption von Aromaten kann durch ihr Substitutionsmuster stark beeinflusst werden. So bewirken z. B. die freien Elektronenpaare im Phenol und Anilin im Vergleich zum Benzol eine Verschiebung in den langwelligen Bereich („Rotverschiebung"). Ähnliches gilt für anellierte Ringe, wie Abb. 101 zeigt.

Tabelle 37. Beispiele für die UV-Spektroskopie

	Beispiel	ε	λ bzw. λ_{max} [nm]	Lösemittel
>C=O	$H_3C-C(=O)-CH_3$			
π → π*		900	189	Hexan
n → σ*		16000		als Gas
n → π*		15		Hexan
>C=C<	$H_2C=CH_2$	15000	162	Heptan
(π → π*)	$H_2C=CH-CH=CH_2$	21000	217	Hexan
	$H_2C=CH-CH=CH-CH=CH_2$	35000	258	Isooctan
	$H_3C-(CH=CH)_4-CH_3$	76000	310	Hexan
	$H_3C-(CH=CH)_5-CH_3$	122000	342	Hexan
	$H_3C-(CH=CH)_6-CH_3$	146000	380	Hexan
Aromaten	Benzol	60000	184	Hexan
π → π*		7400	203,5	
		204	254	
	Phenol	6200	210,5	Wasser
		1450	270	
	Benzoesäure	11600	230	Wasser
		970	273	
	Anilin	8600	230	Wasser
		1430	280	
	Nitrobenzol	10000	252	Hexan

3.1.3 Messmethodik

In Abb. 99 ist der prinzipielle Aufbau eines Spektralphotometers wiedergegeben. Das benötigte monochromatische Licht wird durch Zerlegung von polychromatischem Licht an einem Dispersionssystem wie Prisma oder Gitter erhalten, und die verschiedenen Wellenlängen werden durch Drehung des Dispersionssystems am Austrittsspalt vorbeigeführt. Als Lichtquelle dient für den UV-Bereich meist eine Wasserstoff- (evtl. Deuterium-)-Lampe, für den Vis-Bereich eine Glühlampe.

Tabelle 38 enthält eine Reihe von üblichen Lösemitteln für die UV-Spektroskopie mit Angabe der unteren Grenze der Wellenlängen (für 1 cm Messzellen).

Man beachte, dass häufig *Solvatationseffekte* auftreten. So beobachtet man bei Verwendung von Ethanol als Lösemittel die Maxima meist bei längerer Wellenlänge als in Hexan. Andererseits liegt z. B. λ_{max} für Aceton in Hexan bei 279 nm, in Wasser dagegen bei 264,5 nm.

3.1.4 Darstellung der Messwerte

Aus den gemessenen Extinktionswerten E werden ε oder lg ε berechnet und auf der Ordinate gegen λ oder $\tilde{\nu} = \lambda^{-1}$ aufgetragen. Auch das von einem Schreiber gezeichnete Spektrum muss mit Hilfe des *Lambert-Beerschen Gesetzes* umgezeichnet werden. Die Vorteile der Verwendung von $\lg \varepsilon = \lg E - \lg d - \lg c$ sind, dass sich schwache Banden gegenüber starken besser abheben, der zeichnerische Wiedergabebereich sehr groß ist und die Form der Kurven gleich bleibt, wenn für c andere Maßeinheiten gewählt werden (z. B. g/l statt mol/l).

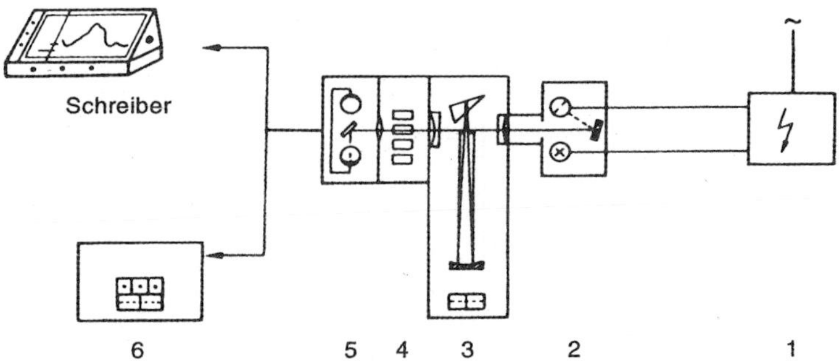

Abb. 99. Schema eines Spektralphotometers. 1. Netzanschluss für Lampen; 2. Leuchte mit Glüh(Vis)- und Deuteriumlampe (UV); 3. Monochromator; 4. Probenwechsler mit vier Küvetten; 5. Empfängergehäuse; 6. Anzeigegerät (digital und Schreiber)

Tabelle 38. Lösemittel für die UV-Spektroskopie

Lösemittel	λ_{min} [nm]
n-Hexan	201
Methanol	203
Ethanol (95%)	204
Cyclohexan	195
Chloroform	237

3.1.5 Auswertung und Anwendung

In der Regel wird man ein Spektrum so auswerten, dass man die Intensität der Banden untersucht. Für eine qualitative Strukturanalyse wird man dann UV-Spektren von Verbindungen mit ähnlichem Chromophor heranziehen, wofür große Spektrensammlungen zur Verfügung stehen. Daneben gibt es Absorptionsregeln, die es erlauben, die Maxima mit Hilfe empirischer Werte zu berechnen. Besonders brauchbare Spektren liefern polyzyklische Aromaten, die nicht nur zur Identifizierung, sondern teilweise auch zur Isomerenanalyse herangezogen werden können. So kann man aus der Lage, der Struktur und der Intensität der Banden oft erkennen, wie groß die Ringsysteme sind oder ob sie linear oder angular anelliert sind (Abb. 101, Abb. 102). Quantitative Analysen werden photometrisch meist nur im sichtbaren Bereich durchgeführt, weil im UV-Bereich zahlreiche Verunreinigungen stören. Mit Hilfe von Eichkurven können Gehaltsbestimmungen (z. B. von Vitamin A mit $SbCl_3$ bei λ = 610-620 nm) oder auch Reinheitsprüfungen durchgeführt werden.

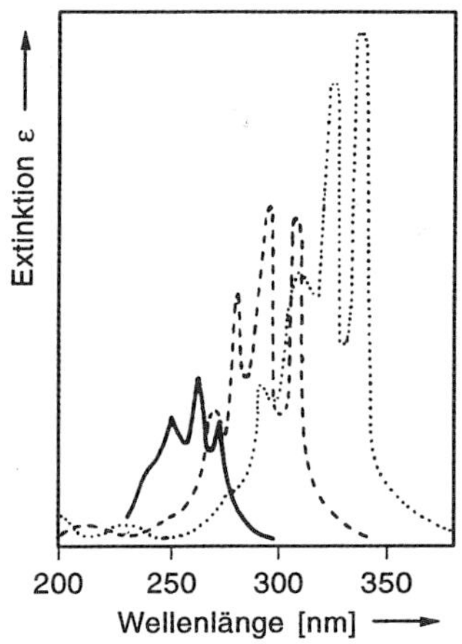

Abb. 100. UV-Spektren konjugierter Polyene. 2,4,6–Octatrien; 2,4,6,8-Decatetraen; 2,4,6,8,10-Dodecapentaen

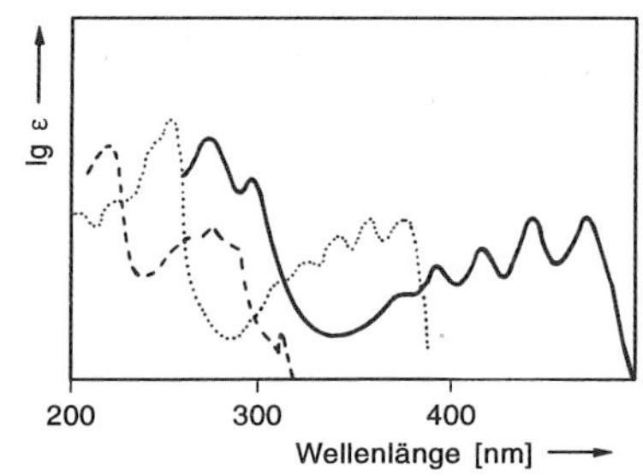

Abb. 101. UV-Spektren polyzyklischer Arene (Naphthalin - - - -, Anthracen ········ Tetracen ——)

Beispiel:

Mit Hilfe des UV-Spektrums soll zwischen den folgenden, einfach ungesättigten Ketonen entschieden werden:

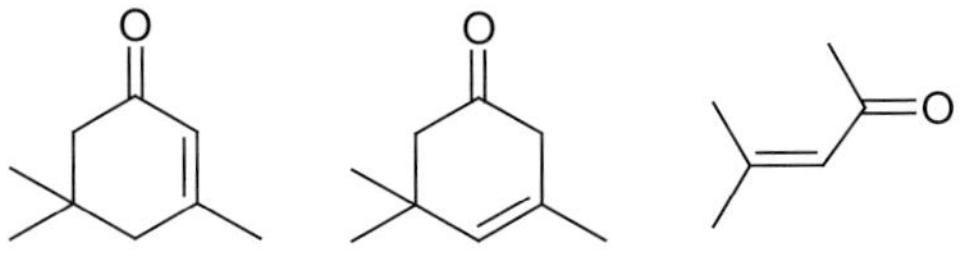

I II III

Experimentelle Daten zu den beiden Kurvenzügen 1 und 2 in Abb. 102. Einwaage: 1,47 mg in 10 ml Ethanol; d = 1 cm; Verdünnung bei 1 = keine, bei 2 = 1:24.

Abb. 102 zeigt das Spektrum einer Substanzprobe, der eine der Strukturformeln **I - III** zuzuordnen ist. Das Originalspektrum wurde mit Hilfe der angegebenen experimentellen Daten umgezeichnet und hieraus die Kurve A (mit lg ε = lg E – lg d – lg c) in Abb. 103 erhalten. Das umgezeichnete Spektrum A ist von der molaren Konzentration der vermessenen Lösung unabhängig. Man erkennt deutlich ein starkes Maximum bei λ = 238 nm mit ε > 4,2 sowie ein zweites, schwaches Maximum bei λ = 315 nm mit ε = 1,8.

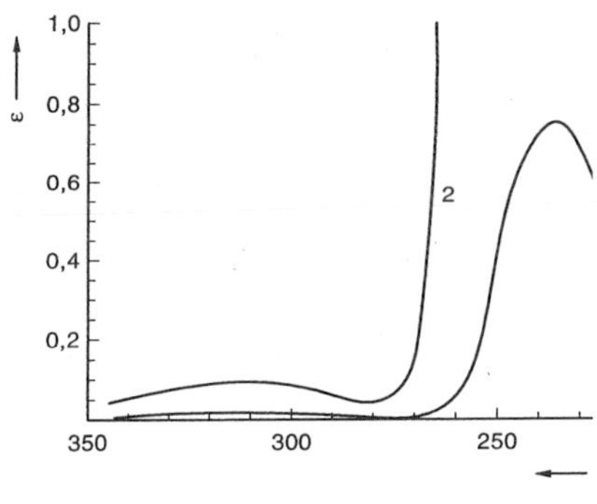

Abb. 102. Probenspektrum

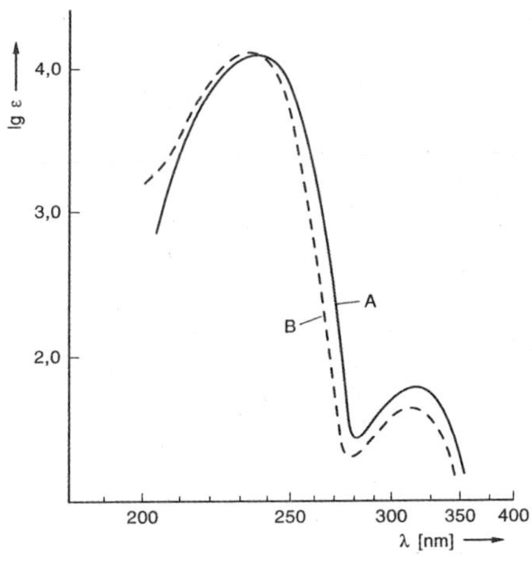

Abb. 103. Umgezeichnetes Probenspektrum

Abb. 104. Vergleichsspektrum (in Hexan) von

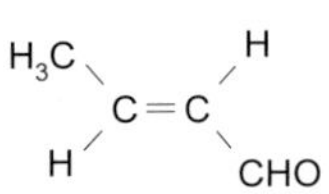

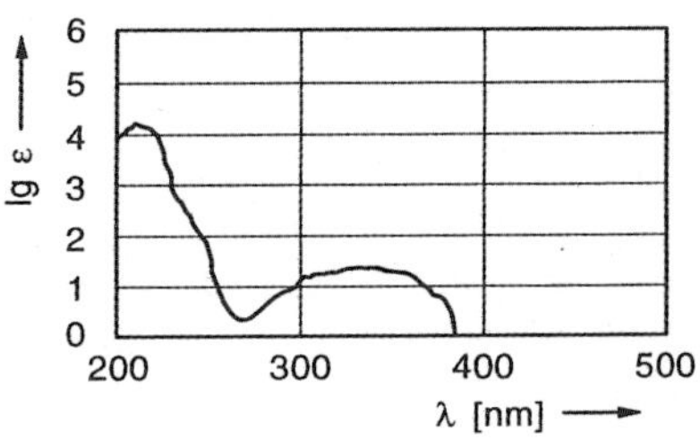

Die vorgeschlagenen Strukturformeln **I** - **III** lassen folgende Spektren erwarten:

I ist ein cyclisches Keton mit konjugierten Chromophoren (Isophoron). Aus Tabelle 36 und Tabelle 37 ist zu entnehmen, dass hierfür ein starkes Maximum im Bereich von 220-260 nm ($\pi \rightarrow \pi^*$) sowie ein schwaches Maximum bei 280-340 ($n \rightarrow \pi^*$) auftreten sollte.

II ist ein cyclisches Keton mit isolierten Chromophoren. Es ist eine intensive Bande bei 175-195 nm ($\pi \rightarrow \pi^*$) sowie eine schwache im Bereich 270-290 nm ($n \rightarrow \pi^*$) zu erwarten.

III ist ein acyclisches Keton mit konjugierten Chromophoren (Mesityloxid). Es sollte eine starke Bande bei 230-240 nm ($\pi \rightarrow \pi^*$) sowie bei 310-320 nm ($n \rightarrow \pi^*$) eine schwache Bande aufweisen.

Zur weiteren Aufklärung zieht man Vergleichsspektren heran, wie z. B. Abb. 104. Ein Vergleich der vorstehend gemachten Aussagen mit den Spektren Abb. 102 und Abb. 103 ergibt, dass **I** oder **III** als mögliche Strukturen in Frage kommen. Eine Unterscheidung zwischen diesen beiden Alternativen mittels UV-Spektrum allein ist nicht möglich. (In Abb. 103 zeigt Kurve A das Spektrum der Verbindung **III**, Kurve B das von **I**).

Hinweis: Zur Abschätzung der Lage der Maxima werden häufig auch die hier nicht erläuterten empirischen Rechenregeln nach *Woodward* verwendet.

3.2 Absorptionsphotometrie

Die *Absorptionsphotometrie* ist eine gerätetechnisch vereinfachte Absorptionsspektroskopie, die zur Konzentrationsbestimmung und Reinheitskontrolle von Lösungen, aber auch zum Studium von Reaktionsabläufen benutzt wird. Zur Messung verwendet man dabei weitgehend monochromatisches Licht mit *einer* Wellenlänge λ, wobei λ in der Nähe des Absorptionsmaximums liegen sollte. Die technisch aufwendigeren Geräte zur Absorptionsspektroskopie können daher auch als Photometer benutzt werden.

Daneben dienen für Routineuntersuchungen häufig einfachere Geräte, die z. B. bei Verwendung von Hg-Lampen als Lichtquellen mit λ = 254, 366 oder 560 nm arbeiten. Als Lichtquellen für den sichtbaren Bereich verwendet man Glühlampen. Die benötigte monochromatische Strahlung wird durch Monochromatoren oder Interferenzfilter erzeugt. Zur Lichtdispersion benutzt man Prismen oder Gitter; die verschiedenen Wellenlängen werden durch einen Austrittsspalt ausgeblendet. Als Strahlungsempfänger dienen das Auge, Photoplatten oder photoelektrische Detektoren wie Photozellen oder Photomultiplier.

Bei den Messverfahren kann man zwei Methoden unterscheiden. In den Einstrahlgeräten (Abb. 105) werden Lösung und Lösemittel nacheinander in den Strahlengang gebracht, bei Zweistrahlgeräten wird das Licht in zwei Bündel gleicher Intensität zerlegt und die Lösemittelküvette in den einen, die Probenküvette in den anderen Strahlengang eingeschaltet. Bei beiden Verfahren können eine Photozelle (Einzellenmethode) oder zwei Photozellen (Zweizellenmethode) verwendet werden, wobei das letztere Verfahren die Intensitätsschwankungen der Lichtquelle weitgehend ausgleicht.

Zur Durchführung der Messung bringt man eine saubere gefüllte Küvette in den Strahlengang und lässt das Licht sowohl durch die klare (!) Probenlösung als auch durch das reine Lösemittel fallen. Man achte dabei auf gleiche Arbeitsbedingungen wie Schichtdicke oder Temperatur der Proben und fasse die Küvette nicht an den zu durchstrahlenden Flächen an. Das Gerät misst die erhaltenen Photoströme; z.T. wird auch das Intensitätsverhältnis direkt ermittelt.

Die Konzentration der Probenlösung ergibt sich aus dem Vergleich der gemessenen Extinktion mit einer empirischen Eichkurve. Dabei sind ohne weiteres Genauigkeiten von 99,9% zu erreichen.

3.3 Kolorimetrie

Die Kolorimetrie ist eine Absorptionsphotometrie im Bereich des sichtbaren Lichts und dient zur Konzentrationsbestimmung der farbigen Lösung einer Substanz.

Zur Messung verwendet man üblicherweise weißes Licht anstelle von monochromatischem Licht. Als Lichtquellen dienen i.a. Glühlampen, gelegentlich mit vorgesetztem Farbfilter, um einen geeigneten Spektralbereich auszublenden.

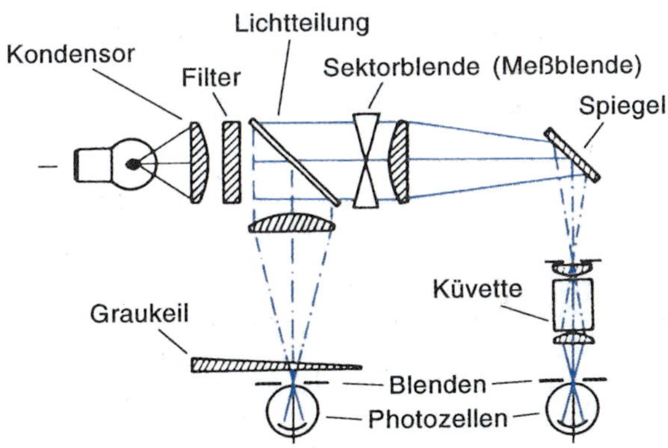

Abb. 105. Schematischer Schnitt durch ein Elektrophotometer. Einstrahlgerät nach der Zweizellenmethode. Der Graukeil dient zum Nullabgleich vor der Messung

Zur Durchführung werden zwei gleiche, in ihrer Schichtdicke veränderbare Küvetten benutzt. Eine enthält eine Standard-Lösung bekannter Konzentration (c_1), die andere eine Lösung des gleichen Stoffes unbekannter Konzentration (c_2).

Man schickt nun Licht gleicher spektraler Zusammensetzung durch beide gefärbte Lösungen und variiert die Schichtdicke (d_2) der Probenlsg. so lange, bis ihre gemessene Intensität gleich derjenigen der Standardlsg. (d_1) ist. *Die Konzentrationsbestimmung erfolgt also durch Vergleich zweier gefärbter Lösungen.*

Die gesuchte Konzentration $c_2 = \frac{c_1 \cdot d_1}{d_2}$ kann berechnet oder einer Eichkurve entnommen werden.

Das einfachste kolorimetrische Verfahren verwendet gefärbte Vergleichslösungen in Reagenzgläsern, deren Gehalt sinnvoll abgestuft ist, und mit denen man die Konzentration im Probenglas vergleicht. Gleiche Farbtiefe gilt dann als Gehaltsgleichheit.

Beim Eintauchkolorimeter (Abb. 106) werden Tauchrohre verwendet, um entsprechende Schichtdickenänderungen zu erreichen.

Kolorimetrische Messungen können natürlich auch mit den technisch aufwendigeren Absorptionsphotometern oder -spektrometern durchgeführt werden.

Als Strahlungsempfänger dient bei den visuellen Verfahren das menschliche Auge. Seine Empfindlichkeit ist stark wellenlängenabhängig (Maximum bei 550 nm) und auch von anderen physiologischen Faktoren beeinflussbar. Unter günstigen Bedingungen beträgt die maximal erreichbare Konzentrationsgenauigkeit ± 0,5%, i.a. jedoch 1–5%.

Wichtige Anwendungen sind die Bestimmung von Metallionen mit organischen Reagenzien unter Bildung gefärbter Lösungen. Hier findet man in der Literatur rund 8000 verschiedenen Reagenzien und Bestimmungsmethoden. Tabelle 39 enthält einige ausgewählte Beispiele.

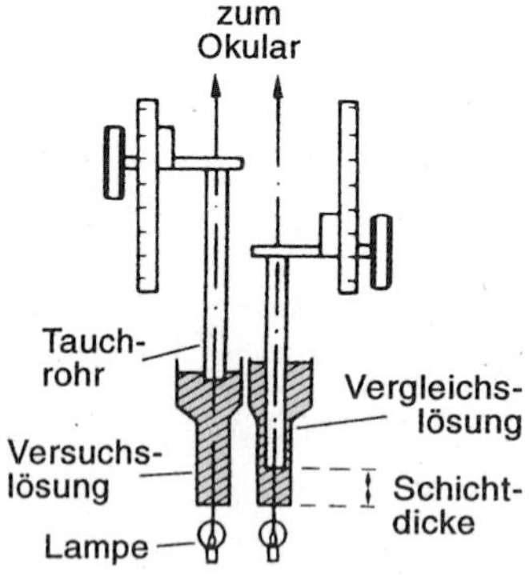

Abb. 106. Schema des Dubosq-Kolorimeters

Tabelle 39. Beispiele zur kolorimetrischen bzw. photometrischen Metallbestimmung

Metallion	Reagenz
Ti^{4+}	H_2O_2
Fe^{3+}	SCN^-
Fe^{2+}	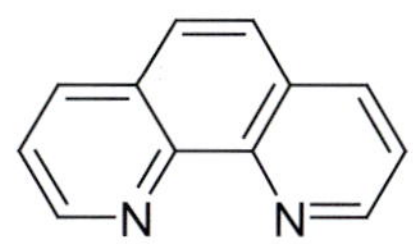 o-Phenanthrolin
Cu^{2+}	NH_3
	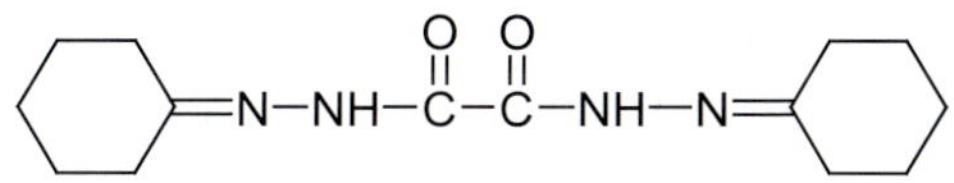 „Cuprizon"
Cu^{2+}, Ni^{2+}	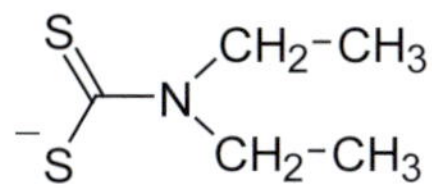 Diethyldithiocarbamat

3.4 Fluoreszenz- und Phosphoreszenzanalyse

Die Photolumineszenzerscheinungen Fluoreszenz und Phosphoreszenz (VII.2.2) lassen sich allenfalls für qualitative und quantitative Bestimmungen nutzen (Fluorimetrie und Phosphorimetrie). Zwar zeigt nur eine begrenzte Anzahl von Molekülen Fluoreszenz, diese können aber anhand dieser direkt bestimmt werden. Hier sind vor allem kondensierte Aromaten, Enzyme, Coenzyme, Steroide und Vitamine zu nennen. Die Anwendung von Phosphoreszenz hat nur untergeordnete Bedeutung. Die Fluorimetrie hat zudem Einsatz zur Bestimmung einer Reihe von Hauptgruppenmetallkationen unter Verwendung fluorimetrischer Reagenzien (Tabelle 40) gefunden. Hier werden Nachweisgrenzen im Bereich von $pg \cdot l^{-1}$ erreicht, die Verfahren sind also um Größenordnungen empfindlicher als entsprechende photometrische. Der prinzipielle Aufbau von Fluotimetern unterscheidet sich von Spektralphotometern v.a. im Strahlengang, da die Messung nicht im Durchlicht erfolgen kann, sondern in einem Winkel von 90° zum Primärstrahl.

Tabelle 40. Beispiele für fluorimetrische Methoden zum Nachweis anorganischer Ionen

Ion	Reagenz	λ(Absorption) /nm	λ(Fluoreszenz) /nm	Empfind-lichkeit/$\mu g \cdot l^{-1}$
Al^{3}	Morin	420	488	0,03
F^{-}	Quenchen der Fl. des Al-Morin-Komplexes	420	488	0,01
$B_4O_7^{2-}$	Benzoin	370	450	0,04
Li^{+}	8-Hydroxychinolin	370	580	0,2
Sn^{4+}	Flavanol	400	470	0,1
Cd^{2+}	2-(o-Hydroxyphenyl)-benzoxazol	365	blau	2

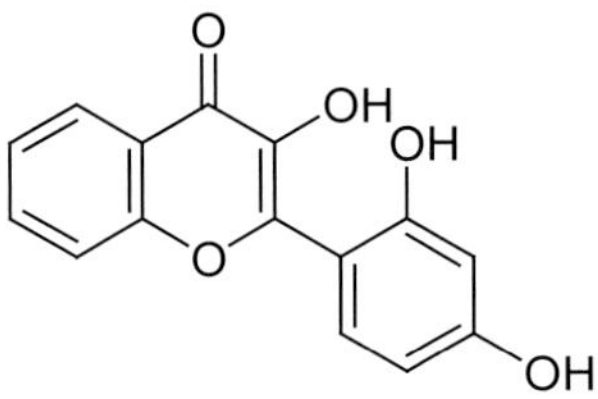

Morin

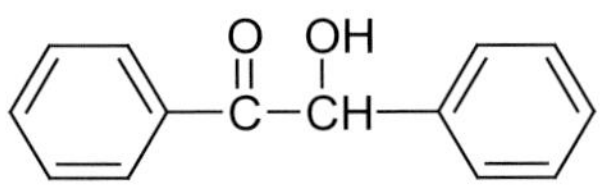

Benzoin

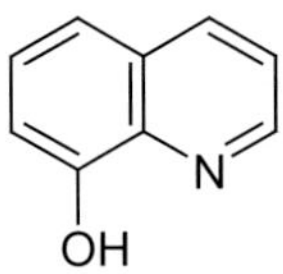

8-Hydroxychinolin

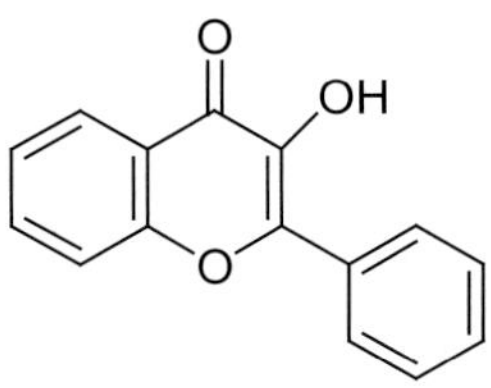

Flavanol

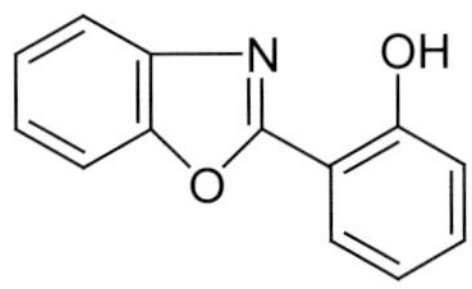

2-(o-Hydroxy-
phenyl)benzoxazol

3.5 Infrarot-Absorptionsspektroskopie und Raman-Spektroskopie

3.5.1 Molekülanregung

In einem Molekül sind die Atome nicht starr fixiert, sondern können sich um ihre Ruhelage bewegen. Die verschiedenen Schwingungen eines Moleküls sind Kombinationen von Bewegungen der Atome um ihre Ruhelage. Ihre Frequenz hängt u.a. ab von der Atommasse, der Bindungsstärke zwischen den Atomen und ihrer räumlichen Anordnung im Molekül.

Diese Eigenschwingungen können durch infrarotes Licht angeregt werden, wenn sich während der Schwingung das Dipolmoment, also die Symmetrie der Ladungsverteilung, ändert.

Alle Schwingungen, bei denen sich das Dipolmoment verändert, sind IR-aktiv, solche ohne Dipolmoment IR-inaktiv.

Ein schwingender Dipol nimmt immer dann Energie auf (Absorption), wenn die Frequenz der Strahlung seiner Eigenfrequenz entspricht (Resonanz).

Neben den Grundschwingungen können auch Oberschwingungen angeregt werden. Verändern sich nur die Bindungswinkel, nicht aber die Atomabstände, spricht man von **Deformationsschwingungen**, im anderen Fall von **Valenzschwingungen**. Zusätzlich werden auch die **Rotationsschwingungen** der Moleküle angeregt, was eine Verbreiterung der IR-Absorptionsbanden zur Folge hat. Abb. 107 zeigt verschiedene Schwingungsmöglichkeiten einer Atomgruppe.

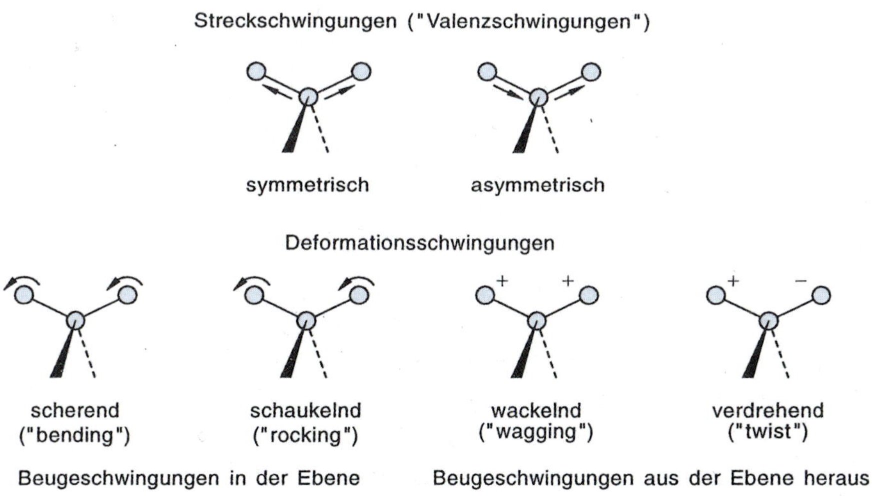

Abb. 107. Schwingungsmöglichkeiten einer Atomgruppe (+ und – deuten Schwingungen senkrecht zur Papierebene an)

Beim Aufzeichnen eines IR-Absorptionsspektrums wird nacheinander kontinuierlich der Wellenlängenbereich von λ = 2-15 µm eingestrahlt ($\hat{=}\ \tilde{\nu}$ = 5000-600 cm^{-1}). Dabei werden allerdings nicht alle Atome eines Moleküls gleichmäßig, sondern verschiedene Atomgruppierungen unterschiedlich stark angeregt. Dies hat zur Folge, dass man aufgrund vieler Vergleichsspektren charakteristische Gruppenfrequenzen für bestimmte Bindungstypen (z. B. -C≡C-) oder funktionelle Gruppen (z. B. >C=O) angeben kann. Umgekehrt lassen sich diese Erfahrungswerte für die Strukturanalyse unbekannter Substanzen verwenden.

Die für bestimmte Verbindungen charakteristischen Wellenzahlen *(Gruppenfrequenzen)* liegen im Bereich von $\tilde{\nu}$ = 4000-1250 cm^{-1} (λ = 2,5 - 8 µm). Absorptionsspektren im Gebiet von 1250-600 cm^{-1} sind für organische Moleküle meist so kompliziert, dass dieser Bereich für den Identitätsnachweis herangezogen wird *(fingerprint-Gebiet).* Man kann aufgrund vieler Erfahrungswerte annehmen, dass zwei Substanzen (z. B. Naturstoff und synthetisierte Verbindung) identisch sind, wenn ihre IR-Spektren in diesem Gebiet völlig übereinstimmen.

In Kombination mit der UV-Spektroskopie bietet sich für Benzolderivate die Möglichkeit, im Bereich von 900-700 cm^{-1} Aussagen über das Substitutionsmuster am Benzol-Ring zu gewinnen, da die Frequenzen dieser Schwingungen durch die Anzahl der benachbarten H-Atome am Ring bestimmt werden.

3.5.2 Absorptionsbereich

Die für die Zuordnung zu einer Substanzklasse bzw. funktionellen Gruppe wichtigen Absorptionsbereiche sind in Tabelle 41 und Abb. 108 angegeben. Abb. 109 und Abb. 110 zeigen als Beispiel zwei IR-Spektren, deren Banden zugeordnet sind.

Aromaten und **Olefine** erkennt man an der *=C–H-Valenzschwingung* zwischen 3000 und 3100 cm^{-1} und den *C–C-Valenz-* sowie *Gerüstschwingungen* von 1200 – 600 cm^{-1}. Für Aromaten findet man noch Valenzschwingungen bei 1600 cm^{-1} und 1500 cm^{-1}. Die *C=C-Valenzschwingung* der Olefine liegt bei 1600 – 1660 cm^{-1}. Fehlen diese Banden und treten statt dessen Absorptionen zwischen 2800 – 3000 cm^{-1} auf, so handelt es sich um *C–H-Valenzschwingungen* von **Alkanen**.

O–H- und N–H- Gruppen in **Alkoholen**, **Phenolen** und **Aminen** lassen sich durch intensive Banden zwischen 3700 und 3100 cm^{-1} gut erkennen.

Carbonyl-Verbindungen fallen durch intensive Absorption im Bereich von 1900 – 1600 cm^{-1} auf, wobei die Lage der Bande stark von Substituenten am Carbonyl-Kohlenstoff beeinflusst wird.

Tabelle 41. Charakteristische Gruppen- und Gerüstfrequenzen im IR-Gebiet

Wellenzahl (cm^{-1})	Schwingungstyp	Verbindungen
3700......3100	–O–H-Valenz.u. N–H-Valenz. frei u. assoziiert	Alkohole, Phenole, Säuren, Ketoalkohole, Hydroxyester prim. u. sek. Amine u. Amide
3300......3270	≡C–H-Valenz.	monosubstituierte Acetylene
3300......2500 (sehr breit)	–O–H-Valenz. (assoziiert)	Carbonsäuren, Chelate
3100......3000	=C–H-Valenz.	Aromaten, Olefine
3000......2800	–C–H-Valenz.	Paraffine, Cycloparaffine
2300......2100	-C≡X-Valenz. (X = C, N, O)	Acetylene, Nitrile, Kohlenmonoxid
1900......1600	–C=O-Valenz.	Carbonyl-Verbindungen
1850......1740	–C=O-Valenz.	Carbonsäurehalogenide
1840......1780 1780......1720	–C=O-Valenz.	Carbonsäureanhydride (2 Banden)
1760......1700	–C=O-Valenz.	gesättigte Carbonsäuren
1750......1730	–C=O-Valenz.	gesättigte Carbonsäurealkylester
1730......1710	–C=O-Valenz.	gesättigte Aldehyde und Ketone, α,β-ungesätt. u. aromat. Carbonsäureester
1715......1680	–C=O-Valenz.	α,β-ungesätt. u. aromat. Aldehyde
1690......1660	–C=O-Valenz.	α,β-ungesätt. u. aromat. Ketone
1680......1630	–C=O-Valenz.	prim., sek. u. tert. Carbonsäureamide (Amidbande I)
1660......1600	–C=C-Valenz.	Olefine
1600......1500	–C=C-Valenz.	Aromaten
1650......1620	$-NH_2$-Deform.	prim. Säureamide, Aromaten (Amidbande II)
1650......1580	–N–H-Deform.	prim. u. sek. Amine
1570......1510	–N–H-Deform.	sek. Säureamide (Amidbande II)
1560 / 1518	$-NO_2$-Valenz.	Nitroalkane / Nitroaromaten
1480......1430 1390......1370	$-CH_3$- u. $-CH_2$ Deform.	Kohlenwasserstoffe, Ester usw.
1360......1030	–C–N-Valenz.	Amide, Amine
1335......1310	$-SO_2-$Valenz.	Org. Sulfonyl-Verb.
1290......1050	–C–O-Valenz.	Ether, Alkohole, Lactone, Ketale, Acetale, Ester
1200....... 600	–C–C-Valenz. Gerüstschwing.	Paraffine, Cycloparaffine, Olefine, Aromaten mit Seitenketten
1000....... 950	=C–H-Deform.	Olefine (*trans*)

Tabelle 41. (Fortsetzung)

Wellenzahl (cm^{-1})	Schwingungstyp	Verbindungen
915........ 905	=C–H-Deform.	1,3-disubst. Benzole
900........ 860		
810........ 750		
725........ 680		
860........ 800	=C–H-Deform.	1,4-disubst.. Benzole
780........ 500	–C–Hal-Valenz.	aromat. u. aliphat. Halogen-Verbindungen
770........ 735	=C–H-Deform.	1,2-disubst. Benzole
770........ 730	=C–H-Deform.	monosubst. Benzole
710........ 690		
730........ 670		Olefine (*cis*)
705........ 550	–C–S-Valenz.	Org. Schwefel-Verb. (Mercaptane, Thioether usw.)

3.5.3 Messmethodik

Abb. 111 zeigt das Schema eines (Zweistrahl-) IR-Spektrometers. Als Strahlungsquelle dient z. B. ein *Nernst-Stift* (Keramikstab), dessen Licht einen hohen IR-Anteil aufweist. Nach Durchlaufen der Probe wird das polychromatische Licht im *Monochromator* zerlegt und von einem IR-empfindlichen *Detektor* registriert. Das Verhältnis der Intensitäten des Messstrahls I und des ungeschwächten Vergleichsstrahls I_0 wird ermittelt und im Messdiagramm gegen die Wellenzahl $\tilde{\nu}$ aufgezeichnet. So erhaltene Spektren zeigen die Abb. 109 und Abb. 110.

Bei einem solchen konventionellen Gerät wird das Spektrum schrittweise (wellenlängendispersiv) aufgenommen. Ein FT-Spektrometer (FT = Fourier-Transform) liefert die Information des Spektrums als Interferogramm. Grundbauteil solcher Geräte ist das Michelson-Interferometer (Abb. 112). Es beruht darauf, dass der Strahl in zwei Teile geteilt wird. Strahl A hat einen konstanten Weg, die zurückzulegende Weglänge von Strahl B wird durch den beweglichen Spiegel variiert. Bei der Rekombination der Strahlen kommt es zur Interferenz, die in Abhängigkeit vom Wellenlängenunterschied der beiden Strahlen zu konstruktiver Interferenz oder aber Auslöschung führen kann. Eine Verschiebung des Spiegels um $\lambda/4$ entspricht einem Weglängenunterschied von $\lambda/2$. Folglich kommt es hier zur Auslöschung. Das am Detektor registrierte Signal zeigt einen cosinusförmigen Verlauf der Intensität. Bei einer polychromatischen Quelle wird so ein Interferogramm dieser Quelle als eine Abfolge von Minima und Maxima erhalten.

Mit der IR-Spektroskopie kann eine Verbindung als *Gas*, als *Flüssigkeit*, *in Lösung* oder im *festen Zustand* untersucht werden. Flüssige Substanzen werden meist zwischen Kochsalzplatten gepresst, die im Bereich von 4000-667 cm^{-1} für

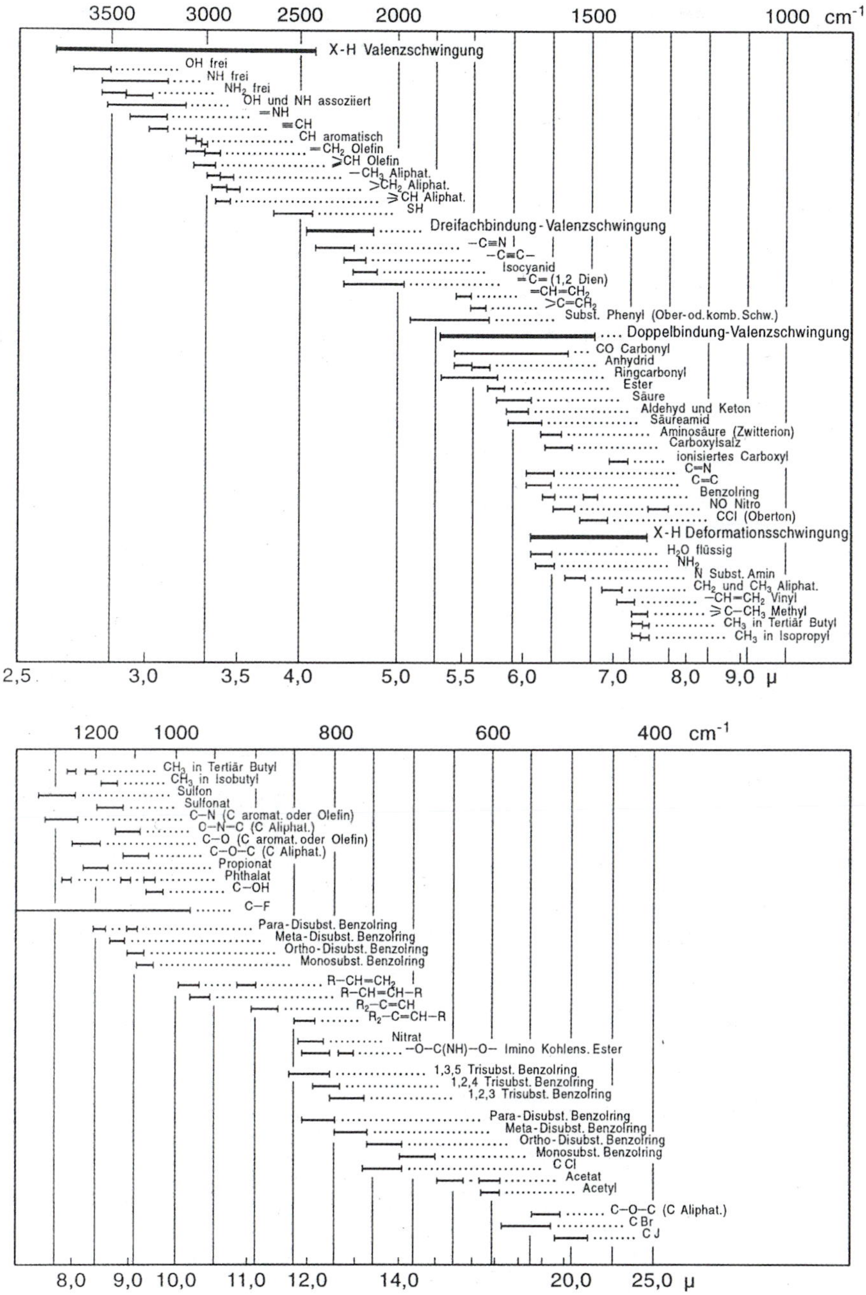

Abb. 108. Übersichtsschema zu **Tabelle 41** (aus Kortüm)

IR-Licht durchlässig sind. Feste Substanzen werden in einem Mörser mit *Nujol* (flüssiger Kohlenwasserstoff), *Hostaflon* oder *Perfluorkerosin* verrieben und die

Suspension als Paste zwischen NaCl-Platten gepresst. Man kann aber auch die Verbindung mit wasserfreiem *KBr* verreiben und in einer Presse zu einer durchscheinenden Pille pressen. Mit diesem Verfahren erhält man meist sehr gute Spektren, die sich ausgezeichnet als Vergleichsspektren eignen.

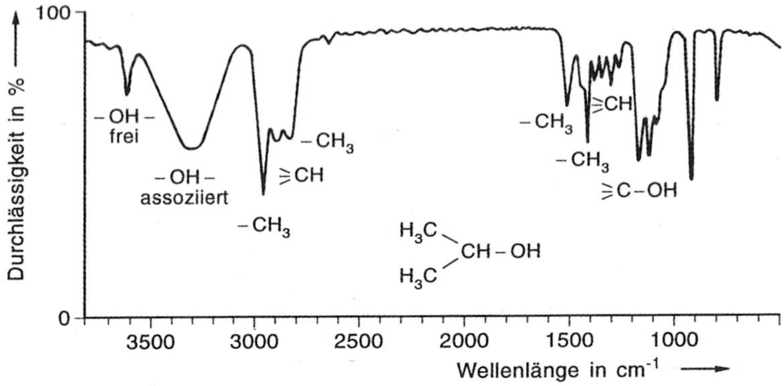

Abb. 109. IR-Spektrum von 2-Propanol, $(CH_3)_2CHOH$

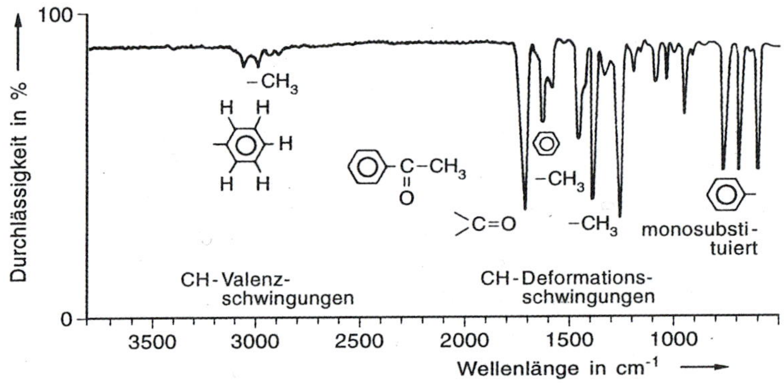

Abb. 110. IR-Spektrum von Methyl-phenyl-keton, C_6H_5–CO–CH_3

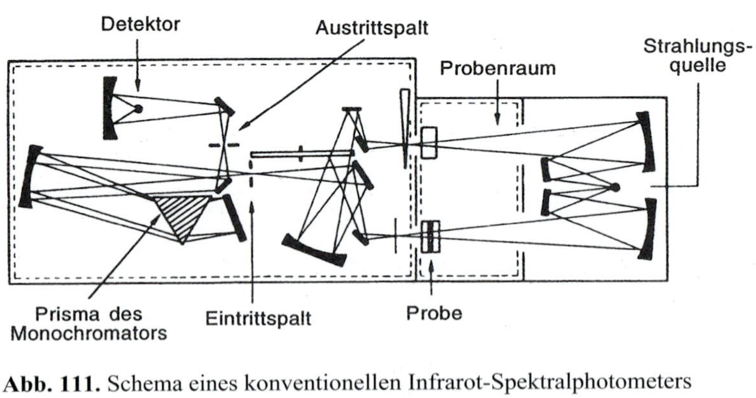

Abb. 111. Schema eines konventionellen Infrarot-Spektralphotometers

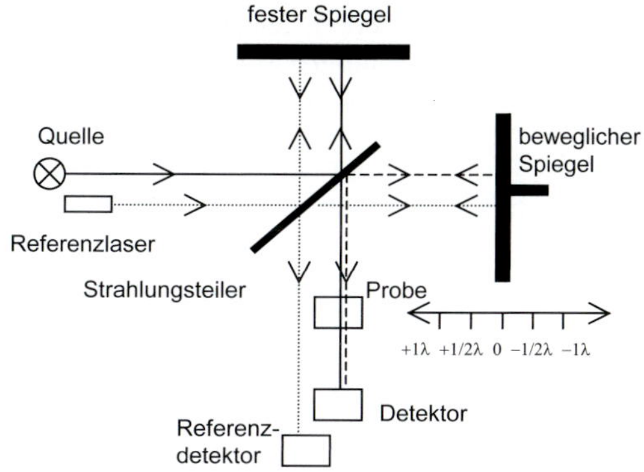

Abb. 112. Prinzip des Michelson-Interferometers

Bei der Verwendung der bekannten Spektrensammlungen muss allerdings auf die oft unterschiedlichen Aufnahmebedingungen geachtet werden. Dazu gehören auch Aufnahmen in Lösung, wozu Lösemittel wie CCl_4 (820-720, 1560-1550 cm^{-1}) oder CS_2 (2400-2200, 1600-1400 cm^{-1}) verwendet werden. In Klammern sind die Bereiche angegeben, in denen das Lösemittel wegen zu großer Eigenabsorption nicht verwendbar ist. Beim Messen ist außerdem darauf zu achten, dass zwei Küvetten verwendet werden, von denen eine mit der Probenlösung und die andere zur Kompensation mit dem Lösemittel gefüllt wird. Die erforderlichen Substanzmengen liegen meist im mg-Bereich, bei Mikrotechniken im µg-Bereich.

3.5.4 Anwendungen und Auswertung

Bei der Strukturanalyse von Verbindungen versucht man, aus den charakteristischen Frequenzlagen der Banden z. B. die Substanzklasse, funktionelle Gruppen oder das Substitutionsmuster (bei Aromaten) zu ermitteln. Für unbekannte Verbindungen stehen zahlreiche Spektrenkataloge zum Vergleich zur Verfügung. Für Reinheitsprüfungen ist die IR-Spektroskopie wegen der komplizierten Bandenmuster oft weniger geeignet.

3.6 Raman-Spektroskopie

Voraussetzung für das Auftreten von IR-Absorptionsbanden sind Änderungen im Dipolmoment der absorbierenden Moleküle. Ändert sich die *Polarisierbarkeit*, d.h. die Deformierbarkeit des Elektronensystems im Molekül, dann treten ebenfalls Absorptionsbanden auf, die Schwingungs- (und Rotations-) Übergängen zugeordnet werden können. Diese Banden werden als *Raman-Linien,* ihre Diagramme als *Raman-Spektren* bezeichnet. Ihre Entstehung lässt sich wie folgt erklären:
Monochromatisches Licht trifft auf eine transparente, gasförmige, flüssige oder feste Substanz. Es wird an einzelnen Molekülen der Substanz gestreut. Das

Streulicht enthält neben der Linie des eingestrahlten Primärlichts weitere Linien von kürzerer oder längerer Wellenlänge, die man auch als *Antistokessche* bzw. *Stokessche Linien* bezeichnet.

Ein Raman-Spektrum entsteht nun, wenn die eingestrahlten Photonen der Energie $E = h \cdot \nu_0$ mit Molekülen zusammenstoßen. Diese können die Energie $h \cdot \nu_1$ von den Photonen übernehmen, bzw. es kann umgekehrt die gleiche Energie von angeregten Molekülen abgegeben werden. Wir erhalten dann eine Streustrahlung, die man spektral zerlegen und registrieren kann. *Das Spektrum enthält die Raman-Linien, die um die Raman-Frequenz $\Delta\nu = \pm\ \nu_1$ gegenüber ν_0 verschoben sind.* Die Wellenzahlen liegen meist zwischen 4000-100 cm^{-1} und sind charakteristisch für die Schwingungen einzelner Atomgruppen. *In einem Molekül mit Symmetriezentrum sind die Schwingungen, die symmetrisch zum Symmetriezentrum erfolgen, IR-inaktiv (= verboten), aber Raman-aktiv. Nicht-symmetrische Schwingungen sind Raman-inaktiv und meist IR-aktiv.*

Dies sei am Beispiel des CO_2-Moleküls erläutert:

← → ← O = C = O		← → O = C = O
asymmetrisch	Valenzschwingung	symmetrisch
verändert	Dipolmoment	unverändert
aktiv	*IR-Licht*	inaktiv
unverändert	Polarisierbarkeit	verändert
inaktiv	*Raman*	aktiv

Das Beispiel zeigt, dass sich beide spektroskopische Methoden ergänzen. Abb. 113 bringt zum Vergleich beide Spektren von Cyclohexen.

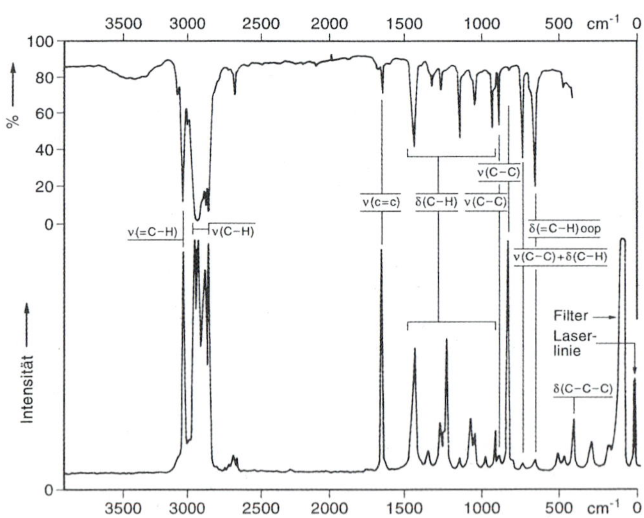

Abb. 113. IR- und Raman-Spektrum von Cyclohexen zum Vergleich

3.7 Kernresonanzspektroskopie – NMR

Die NMR-Spektroskopie (*Nuclear Magnetic Resonance*) hat sich zur wichtigsten Methode der Strukturaufklärung von Molekülen und von Biomolekülen entwickelt. NMR kann nicht nur in flüssiger Phase, sondern auch an Festkörpern betrieben werden, somit können auch anorganische Feststoffe untersucht werden. Hier sollen nur die Grundlagen erläutert werden.

3.7.1 Grundlagen

Atomkerne und Magnetfeld

Aus Abb. 96 entnehmen wir, dass Atomkerne elektromagnetische Strahlung absorbieren können. Es ist aber nicht ausreichend, solche in Form von Radiowellen auf eine Probe einwirken zu lassen, da unterschiedliche Energieniveaus erst in einem homogenen Magnetfeld aufgespalten werden.

Voraussetzung dafür ist, dass Atomkerne ein magnetisches Moment μ besitzen, das durch den Kernspin p (Eigendrehimpuls) hervorgerufen wird. p und damit μ kann nach den Gesetzen der Quantenmechanik nur gewisse Werte annehmen, wobei I, die sog. Spinquantenzahl, von der Art und Anzahl der vorhandenen Nukleonen abhängt (Tabelle 42).

$$p = \sqrt{I(I+1)}\hbar, \quad \left(\hbar = \frac{h}{2\pi}, \quad h = 6{,}626176 \cdot 10^{-34}\ \mathrm{Js}\ \text{Planck'sches Wirkungsquantum}\right)$$

$$\mu = \gamma \cdot p$$

Tabelle 42. Zusammenhang zwischen I und der Anzahl von Neutronen und Protonen im Atomkern (g: gerade Anzahl, u: ungerade Anzahl)

Zahl der Protonen	Zahl der Neutronen	I
g	g	0
g	u	1/2, 3/2, 5/2, ...
u	g	1/2, 3/2, 5/2, ...
u	u	1, 2, 3, ...

Der Proportionalitätsfaktor γ ist das gyromagnetische Verhältnis. Dieses ist eine für einen bestimmten Kern spezifische Konstante (Tabelle 43). NMR ist also eine isotopenspezifische Methode. Bringt man Kerne mit einem $I \neq 0$ in ein homogenes Magnetfeld der magnetischen Flussdichte B_0, haben deren magnetische Momente verschiedene Orientierungsmöglichkeiten, wobei die magnetischen Momente um die Vorzugsrichtung z (Richtung von B_0) präzedieren (Abb. 114). Für Kerne mit $I = \frac{1}{2}$ ergeben sich somit zwei Einstellungen, parallel und antiparallel zum äußeren Magnetfeld, besser gesagt, die z-Komponente μ_z des magnetischen Moments μ kann diese zwei Werte einnehmen; es existieren also zwei magnetische Zustände.

$$\mu_z = \pm\tfrac{1}{2}\gamma \cdot \hbar$$

oder allgemein

$$\mu_z = m\gamma\hbar\text{ , } m = I, I\text{-}1, I\text{-}2, \ldots -I \qquad \text{magnetische Quantenzahl.}$$

Die verschiedenen Werte für μ_z haben unterschiedliche potentielle Energie

$$\boxed{E = -\gamma \cdot \hbar \cdot B_0 \cdot m}\text{, damit } \boxed{\Delta E = -\gamma \cdot \hbar \cdot B_0} \text{ bei } \Delta m = 1.$$

Für Kerne mit $I = \frac{1}{2}$ also

$$E_{+\frac{1}{2}} = -\tfrac{1}{2}\gamma \cdot \hbar \cdot B_0 \text{ und } E_{-\frac{1}{2}} = \tfrac{1}{2}\gamma \cdot \hbar \cdot B_0 .$$

Der Besetzungsunterschied zwischen den beiden Energieniveaus ist gering. Der Überschuss im tieferen Niveau (parallele Einstellung) beträgt nach der Boltzmann-Verteilung bei einem $B_0 = 1{,}4$ T für ^{1}H-Kerne nur 0,0001%. Bei einem größeren B^0 von 4,7 T immerhin schon 0,0003%. Das heisst, *je größer B_0, desto größer der Besetzungsunterschied und damit auch die Empfindlichkeit.*

Die Präzessonsfrequenz der magnetischen Momente (Larmor-Frequenz) beträgt

$$\nu_0 = \frac{\gamma B_0}{2\pi}$$

Bei Erüllung der Resonanzbedingung, also der Absorption von Energiequanten $\Delta E = h\,\nu_0$, lassen sich Kerne vom tieferen ins höhere Niveau anregen. Von dort fallen sie wieder auf das tiefere Niveau zurück. *Ohne geeignete Relaxation wäre keine Messung möglich.*

Typische Messfrequenzen für die ^{1}H-NMR-Spektroskopie sind in Tabelle 44 zusammengestellt.

Tabelle 43. Eigenschaften wichtiger Kerne für die NMR-Spektroskopie

Isotop	I	nat. Häufigkeit %	$\gamma/10^7 T^{-1} s^{-1}$	relat. Empfindlichkeit
^1H	1/2	99,98	26,752	1
^{10}B	3	19,6	2,875	0,02
^{11}B	3/2	80,4	8,584	0,16
^{13}C	1/2	1,11	6,728	0,016
^{14}N	1	99,63	1,934	0,001
^{15}N	1/2	0,366	-2,712	0,001
^{17}O	5/2	0,038	-3,628	0,03
^{19}F	1/2	100	25,181	0,83
^{31}P	1/2	100	10,841	0,07

Tabelle 44. Magnetische Flussdichten und Messfrequenzen für die ^1H-NMR-Spektroskopie

B_0	Messfrequenz/MHz	B_0	Messfrequenz/MHz
1,41	60	5,87	250
1,88	80	7,05	300
2,11	90	9,40	400
2,35	100	11,74	500
4,70	200	14,09	600

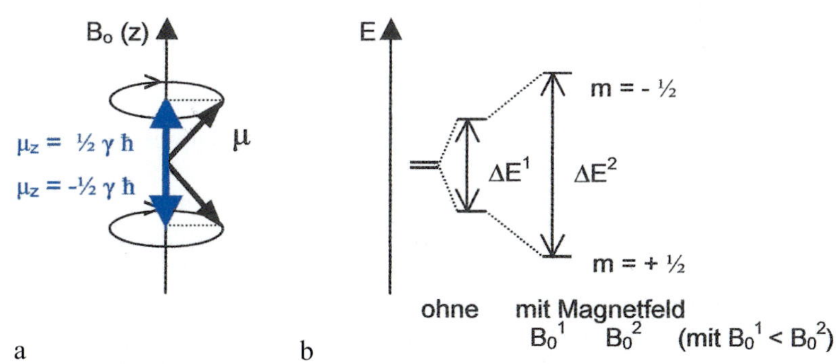

Abb. 114. a) Doppelpräzessionskegel und Werte für μ_z für Kerne mit I = 1/2 , **b)** Kern-Zeeman-Niveaus in einem Magnetfeld

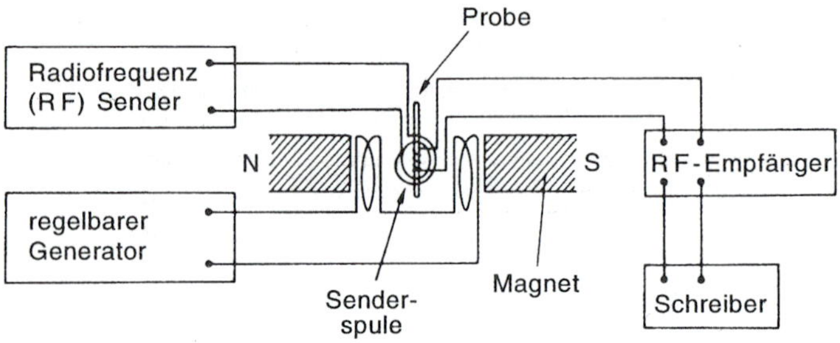

Abb. 115. Schema eines Messgerätes für die Kernresonanz-Spektroskopie (NMR)

Zur Aufnahme eines NMR-Spektrums benötigt man ein homogenes Magnetfeld, einen Radiofrequenzsender und –empfänger (Abb. 115).

Aus praktischen Gründen wird meist bei konstantem Magnetfeld die Senderfrequenz variiert. Dies sind die sogenannten CW (continuous wave, frequency sweep)-Spektrometer. Das Signal-Rausch-Verhältnis bei den konventionellen Geräten ist relativ schlecht (s. Besetzungsunterschied). Auf dem Markt befinden sich heute allerdings meist Geräte, die nach dem Puls-Fouriertransform-Verfahren arbeiten.

FT-NMR-Spektroskopie

Hierbei wird die Probe zeitlich aufeinanderfolgenden Impulsen des Radiofrequenzsignals ausgesetzt. Die *Pulsdauer* τ liegt dabei im µs-Bereich. Ein solch kurzer Puls der Trägerfrequenz ν_0 ist ein Frequenzband $\nu_0 \pm \nu'$. In der Probe liegt entsprechend dem Besetzungsunterschied der Kern-Zeeman-Niveaus eine Gesamtmagnetisierung M_z vor (Abb. 116). Bei einem Impuls in x-Richtung wird die Magnetisierung M verändert, d.h. um den Winkel α ausgelenkt. α hängt von der Impulsdauer und B_1 von der elektromagnetischen Strahlung ab.

$$\alpha = \gamma\, B_1 \tau$$

Es entsteht also eine Magnetisierung in y-Richtung. Dieses M_y nimmt nach Ende des Pulses ab, die ursprüngliche Magnetisierung M_z wird wieder angenommen. Hierzu sind verschiedene Relaxationsmechanismen nötig. Die Abnahme der Magnetisierung in y-Richtung wird als Spin-Spin-Relaxation bezeichnet, die Dauer dieser transversalen Relaxation ist T_1. Die Zunahme der z-Magnetisierung ist die Spin-Gitter-Relaxation, mit der longitudinalen Relaxationszeit T_2. Gemessen wird die Abnahme von M_y mittels einer Empfängerspule. Dabei wird ein sogenannter FID (*F*ree *I*nduction *D*ecay) erhalten (Abb. 117), der das Spektrum als Intensität über Zeit (*Zeitdomäne*) enthält. Durch die mathematische Operation der Fourier-Transformation gelangt man zum Spektrum in der gewohnten Intensität/Frequenz-Auftragung (*Frequenzdomäne*).

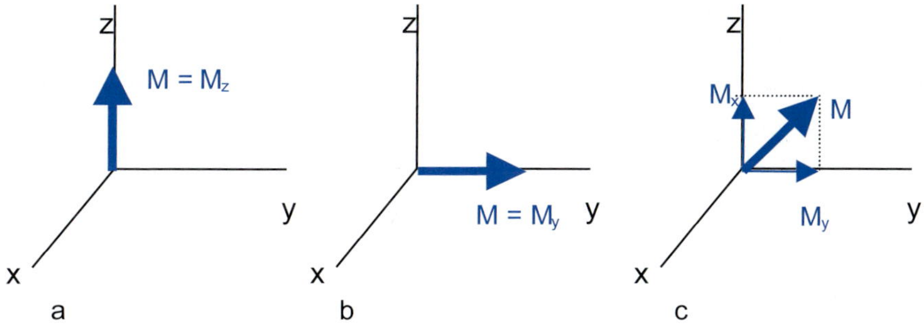

Abb. 116 a-c. Verhalten der Magnetisierung M bei einem 90°-Puls **a)** Magnetisierung im Magnetfeld B_0, **b)** Magnetisierung nach 90°-Puls, **c)** Relaxation nach Ende des Impulses

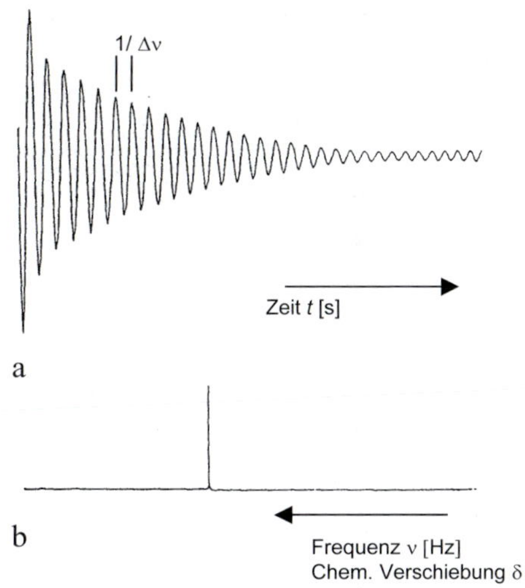

Abb. 117a, b. Spektrum als **a)** FID und **b)** in der Frequenzdomäne

3.7.2 Chemische Verschiebung

Eine Variation der Resonanzfrequenz bzw. des Feldes ist erforderlich, da Kerne des gleichen Isotops (z. B. ^{1}H) in Abhängigkeit von ihrer jeweiligen chemischen Umgebung geringe Unterschiede in ihren Resonanzfrequenzen zeigen. Grund hierfür ist, dass die einzelnen Kerne verschieden stark durch die sie umgebenden Elektronenhüllen gegen das angelegte Magnetfeld abgeschirmt werden. Das Elektronensystem erzeugt nämlich ein Magnetfeld mit der Flussdichte B', welches das angelegte Feld verändert und ihm entgegengerichtet ist. Das effektiv wirksame Magnetfeld ist also $B_{eff} = B_0 - \sigma B_0 = (1 - \sigma)B_0$. σ ist die sogenannte Abschirmkonstante. Die so hervorgerufene Änderung des Magnetfeldes bzw. der zugehörigen Resonanzfrequenz wird als *chemische Verschiebung* (chemical shift) bezeichnet. Die Unterschiede der Verschiebung sind nicht besonders groß. Sie hängen von dem untersuchten Kern ab und betragen z. B. für ^{1}H i.a. nicht mehr als 1000 Hz (für ein 60 MHz-Gerät, d.h. B = 1,4 Tesla).

Abb. 118 zeigt zur Erläuterung das Spektrum von Bromethan. Man erkennt deutlich zwei verschiedene Signal-Gruppen δ_A und δ_B, die Protonen unterschiedlicher chemischer Umgebung zuzuordnen sind. *Der Unterschied $\Delta\nu$ der Resonanzfrequenzen der beiden Signale ist dabei von der Stärke des Magnetfeldes abhängig.*

Zur *Auswertung* der Spektren hat man daher eine Skala mit feldunabhängigen Einheiten gewählt, wobei man die chemische Verschiebung auf das Resonanzsignal einer *Standardsubstanz* bezieht (= willkürlicher Nullpunkt), z. B. Tetramethylsilan (TMS) bei ^{1}H- und ^{13}C-NMR, 85% H_3PO_4 bei ^{31}P-NMR.

Als Maß für die chemische Verschiebung gilt dann die Differenz der Resonanzfrequenz der Probensubstanz ν und des Standards ν_{St}, dividiert durch die jeweilige Senderfrequenz. Für Protonen ergibt sich z. B.

$$\delta = \frac{\nu - \nu_{St}}{200}\frac{[Hz]}{[MHz]}$$ bei einer Messfrequenz von 200 MHz. δ ist dimensionslos.

Wegen $\frac{[Hz]}{[MHz]} = \frac{[Hz]}{10^6[Hz]}$ ist man versucht, δ-Werte in ppm (parts per million) anzugeben.

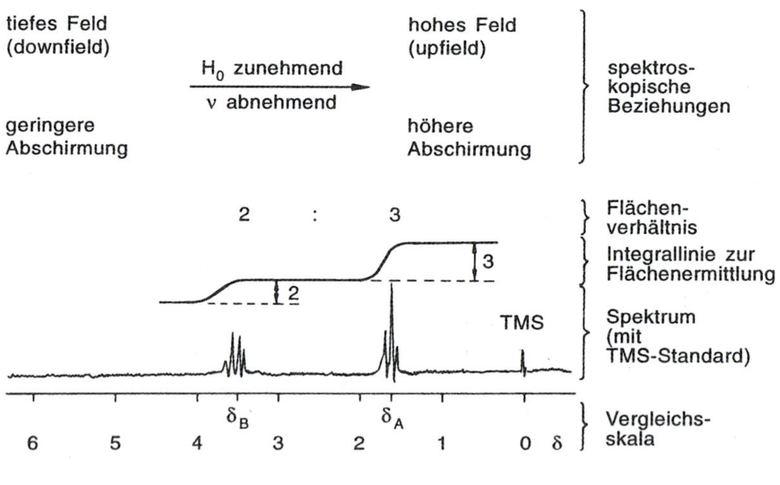

Abb. 118. 60 MHz-CW-^{1}H-NMR-Spektrum von Bromethan, CH_3–CH_2–Br, mit Erläuterungen

3.7.3 Interpretation der Signale

Das ^{1}H-NMR-Spektrum von Bromethan, CH_3CH_2Br (Abb. 118) enthält zwei verschiedene Signale mit den chemischen Verschiebungen δ_A und δ_B. Das bedeutet, dass in Bromethan *zwei* Arten von Protonen enthalten sein müssen, die verschieden stark durch das angelegte Magnetfeld beeinflusst werden. Da insgesamt aber fünf Protonen im Molekül enthalten sind, können diese offenbar in *zwei* Gruppen von Protonen aufgeteilt werden, die untereinander gleichwertig sind. Dies steht in Einklang mit der Strukturformel, die eine *Methylgruppe* mit drei Protonen und eine davon verschiedene *Methylengruppe* mit zwei Protonen enthält. Man bezeichnet zwei Atome derselben Isotopenart als *chemisch äquivalent,* wenn sie rotationssymmetrisch zueinander sind. Können sie durch eine Drehspiegelachse ineinander übergeführt werden, so sind sie gegenüber achiralen Reagenzien ebenfalls chemisch äquivalent (denn sie sind enantiotop). Zwei Protonen werden als isochron bezeichnet, wenn sie dieselbe chemische Verschiebung aufweisen. Chemisch äquivalente Protonen sind immer *isochron.* Diastereotope Protonen sind nicht isochron *(= anisochron).*

Im Beispiel Bromethan sind die Protonen der Methylgruppe rotationssymmetrisch zueinander. Sie sind chemisch äquivalent und isochron. Die Protonen der Methylengruppe können durch eine Drehspiegelachse ineinander übergeführt werden. Gegenüber den achiralen Radiowellen des NMR-Gerätes sind sie ebenfalls chemisch äquivalent und isochron. Isochrone Gruppen erhalten in den Spektren gleiche Buchstaben.

Beachte: Im NMR-Spektrum können auch zufällige Isochronien auftreten, d.h. isochrone Protonen müssen nicht unbedingt auch chemisch äquivalent sein. Enantiomere haben in achiralen Lösemitteln identische NMR-Spektren.

Beispiele:	$CH_3–CH_2–CH_2–Br$	$CH_3–CHBr–CH_3$	$C_6H_5–CHBr–CH_2Br$
	a b c	a b a	d c a,b
	1-Brompropan	2-Brompropan	1,2-Dibrom-phenylethan
	Abb. 119	Abb. 120	Abb. 121

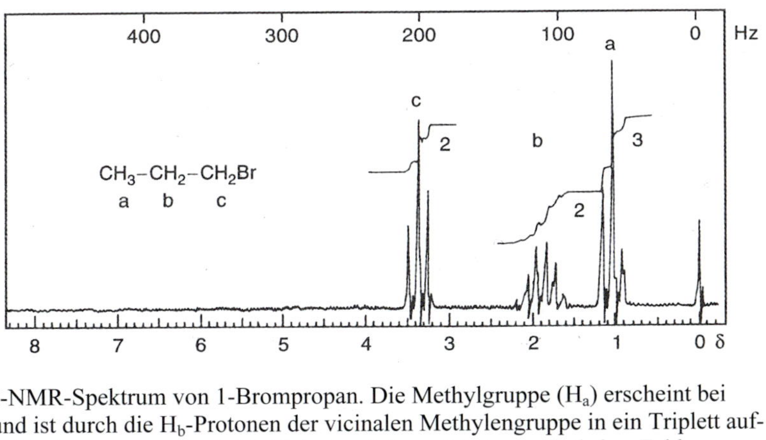

Abb. 119. ^{1}H-NMR-Spektrum von 1-Brompropan. Die Methylgruppe (H_a) erscheint bei hohem Feld und ist durch die H_b-Protonen der vicinalen Methylengruppe in ein Triplett aufgespalten. Die H_b-Protonen treten als Multiplett auf. Am stärksten nach tiefem Feld verschoben sind die H_c-Protonen der CH_2Br-Gruppe, die als Triplett in Erscheinung treten

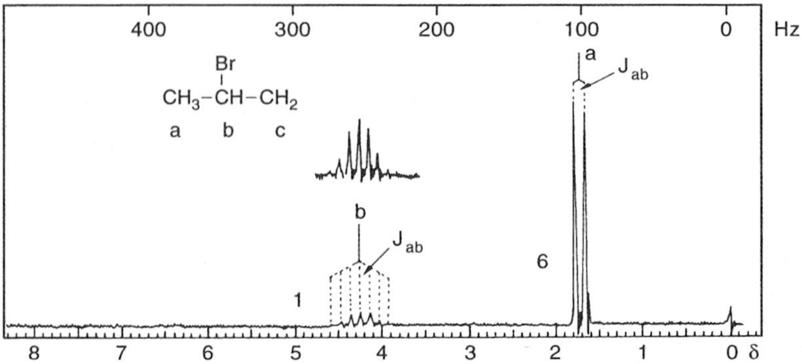

Abb. 120. ^{1}H-NMR-Spektrum von 2-Brompropan. Die Absorption der sechs Methylprotonen H_a erscheint bei hohem Feld und ist durch das Nachbarproton H_b zu einem Dublett aufgespalten. H_b absorbiert bei niedrigerer Feldstärke (induktiver Effekt des Broms) und ist in ein Septett aufgespalten, wobei die beiden äußeren Linien meist nur schwach zu sehen sind

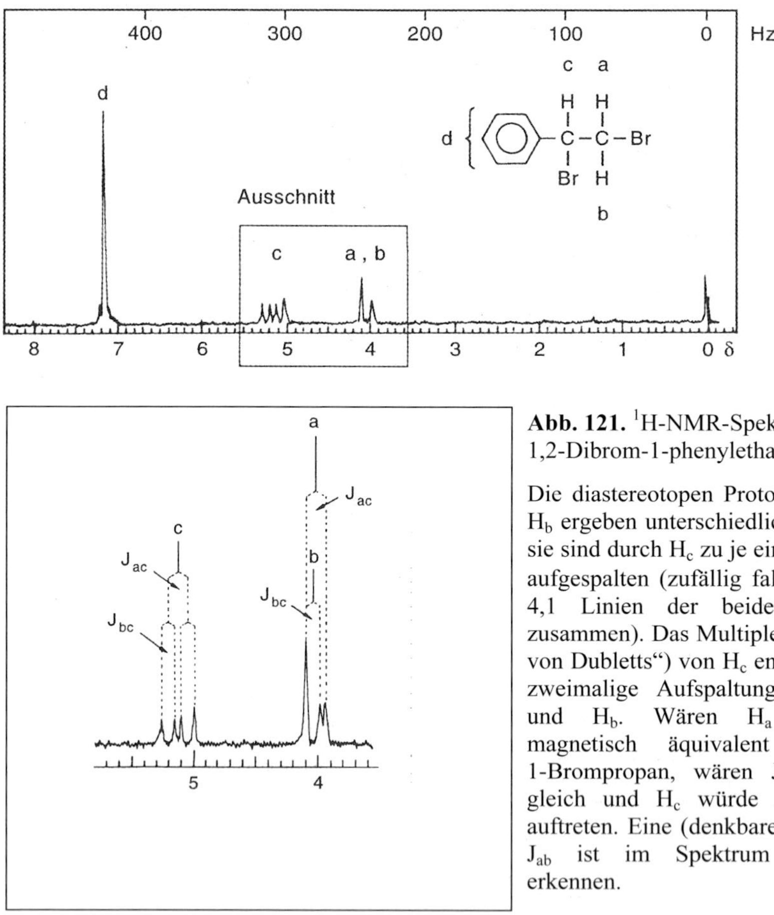

Abb. 121. ^{1}H-NMR-Spektrum von 1,2-Dibrom-1-phenylethan

Die diastereotopen Protonen H_a und H_b ergeben unterschiedliche Signale; sie sind durch H_c zu je einem Dublett aufgespalten (zufällig fallen bei δ = 4,1 Linien der beiden Dubletts zusammen). Das Multiplett („Dublett von Dubletts") von H_c entsteht durch zweimalige Aufspaltung durch H_a und H_b. Wären H_a und H_b magnetisch äquivalent wie im 1-Brompropan, wären J_{ac} und J_{bc} gleich und H_c würde als Triplett auftreten. Eine (denkbare) Kopplung J_{ab} ist im Spektrum nicht zu erkennen.

3.7.4 Zuordnung der Signale

Beim Vergleich der Abb. 119 und Abb. 121 wird deutlich, dass sich aus der chemischen Verschiebung Anhaltspunkte für das Vorliegen bestimmter funktioneller Gruppen sowie Strukturhinweise entnehmen lassen. So absorbieren z. B. Methylgruppen i.a. bei hohem Feld (sie sind am stärksten abgeschirmt), während Phenylgruppen bei tieferem Feld auftreten, weil sie schwächer gegen das äußere Magnetfeld abgeschirmt werden. Einzelheiten s. Abb. 123.

3.7.5 Intensität der Signale

Die relative Anzahl äquivalenter Protonen pro Gruppe kann durch Integration der Flächen unter den Signalen ermittelt werden, da die Intensität der Signale proportional der Anzahl der H-Atome ist; s. Abb. 118.

3.7.6 Spin-Spin-Kopplung

Das NMR-Spektrum gibt außer über die Anzahl der verschiedenen Kerne und die durch die chemische Verschiebung zum Ausdruck kommende Art, also die chemische Umgebung, weitere Informationen. Für die ^{1}H-NMR-Spektroskopie soll dies näher erläutert werden.

In Abb. 122 erkennt man deutlich eine Signalaufspaltung für jede der beiden Protonengruppen a und b . Die *Feinaufspaltung der Signale* beruht darauf, dass auf die betreffende Protonengruppe nicht nur das äußere Messmagnetfeld, sondern auch zusätzlich das Magnetfeld der benachbarten Protonen wirkt. Dies hat eine Wechselwirkung der Protonen miteinander zur Folge, die *Spin-Spin-Kopplung.* Das Ausmaß der Kopplung wird durch die *Spin-Spin-Kopplungskonstante J* ausgedrückt. Sie beträgt bei Protonen ca. 0-20 Hz und ist – im Gegensatz zur chemischen Verschiebung – *von der Stärke B_0 des Messfeldes unabhängig.*

Prinzipiell gilt dies aber auch für alle anderen Kerne. Als Beispiel sei das Spektrum von P_4S_3 (Abb. 124) aufgeführt.

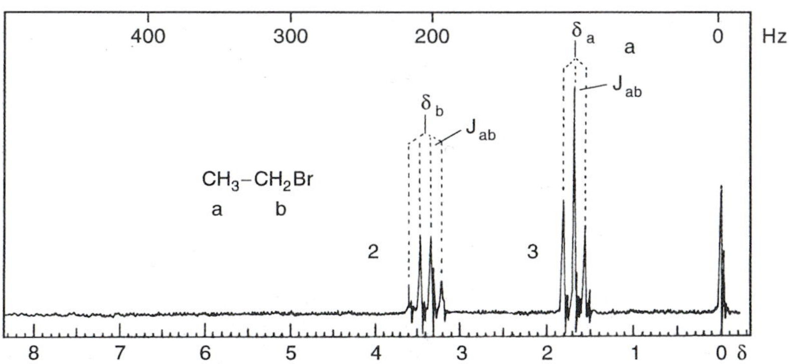

Abb. 122. ^{1}H-NMR-Spektrum von Bromethan

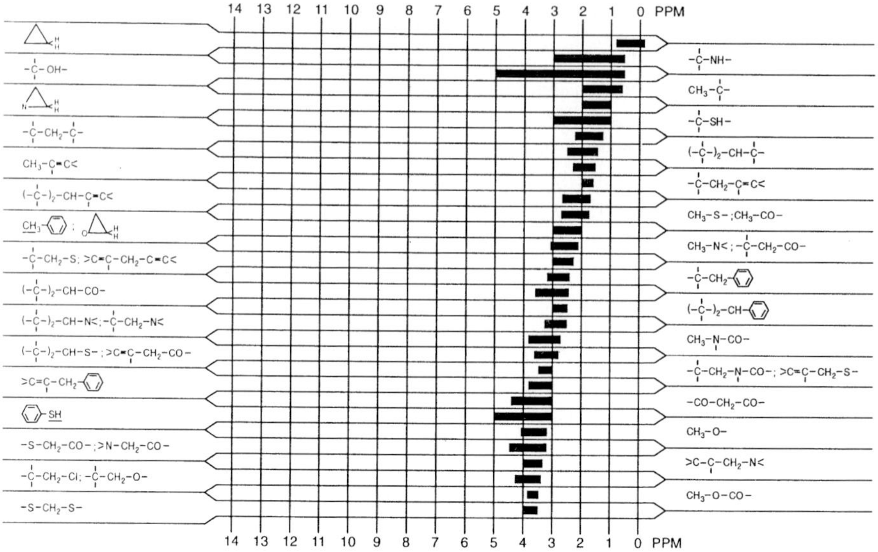

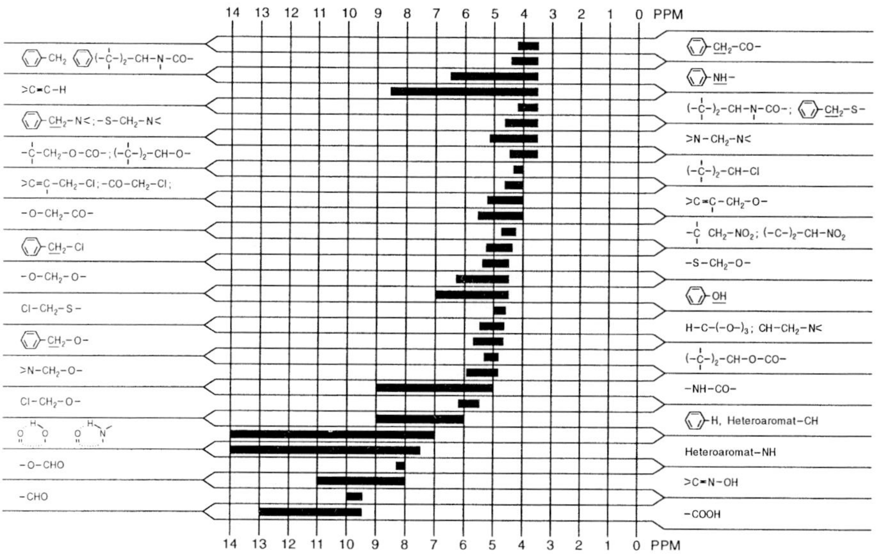

Abb. 123. (Aus *Pretsch et al.*, Springer 1981)

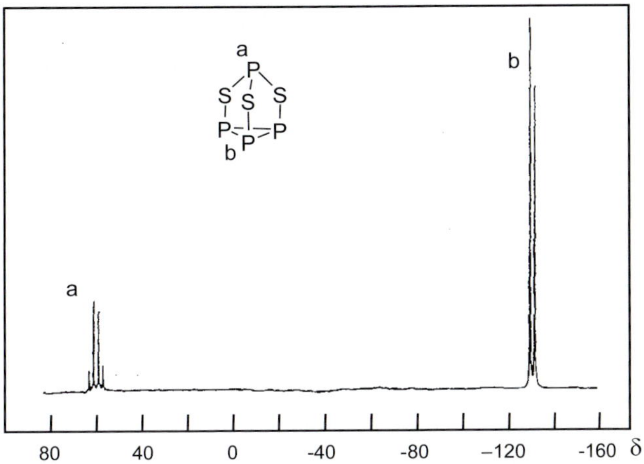

Abb. 124. ^{31}P-NMR-Spektrum von P_4S_3. Das Spektrum zeigt zwei Signalgruppen, ein Dublett für die drei äquivalenten Phosphoratome des P_3-Rings und ein Quartett für das einzelne Phosphoratom. Verantwortlich für die Aufspaltung sind die $^2J_{PP}$-Kopplungen

Als magnetisch äquivalent bezeichnet man isochrone Kerne (z. B. Protonen), die in jeweils gleicher Weise mit den Kernen benachbarter isochroner Gruppen koppeln. Im Bromethan sind demnach die drei Methylprotonen magnetisch äquivalent; Gleiches gilt für die zwei Methylenprotonen. *Eine Spin-Spin-Kopplung zwischen magnetisch äquivalenten Protonen* (z. B. den Methylprotonen untereinander) *tritt im Spektrum nicht in Erscheinung.*

Im Allgemeinen kann man daher davon ausgehen, dass Spin-Spin-Aufspaltungen lediglich durch magnetisch nicht äquivalente, unmittelbar benachbarte (vicinale) Protonen verursacht werden. Beim Bromethan tritt also eine Wechselwirkung zwischen den Methylprotonen und den Methylenprotonen auf. Weitere Beispiele s. Abb. 125 und Abb. 121.

Beachte: Isochrone Protonen können, müssen aber nicht gleiche Kopplungskonstanten mit Nachbargruppen haben.

Beispiel:

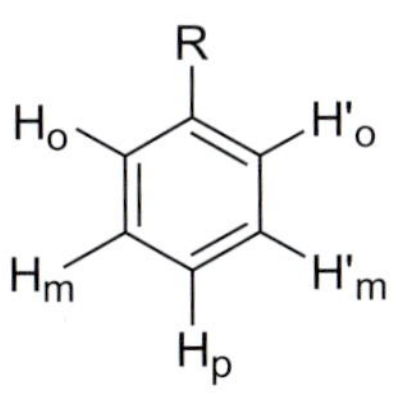

Die Protonen H_0 und H_0' haben die gleiche chemische Verschiebung (= isochron), aber verschiedene Kopplungskonstanten in bezug auf H_m. Sie sind also magnetisch nicht äquivalent, obwohl ihre Kopplungskonstanten in bezug auf H_p gleich sind!

3.7.7 Interpretation der Spin-Spin-Aufspaltung

Wenn die Differenz $\Delta\nu$ der chemischen Verschiebung zweier Signalgruppen ν_1 und ν_2 groß ist im Vergleich zu ihrer Kopplungskonstanten J, d.h. $\Delta\nu \gg J$, handelt es sich um *Spektren 1. Ordnung.*

Für die Interpretation einfacher Spektren (Spektren 1. Ordnung) gilt: Die *Multiplizität Z* der Aufspaltung eines Signals (für Kerne mit I = ½) berechnet sich zu **Z = N + 1,** wobei N die Anzahl der benachbarten Kerne ist. In Abb. 122 wird das Signal für die CH_3-Gruppe bei δ = 1,68 demnach durch die benachbarte CH_2-Gruppe in Z = 2 + 1 = 3 Linien, ein *Triplett*, aufgespalten.

Umgekehrt wird aus dem Signal der CH_2-Gruppe bei δ = 3,4 ein *Quartett* (mit Z = 3 + 1 = 4), verursacht durch die drei Protonen der Methylgruppe. Die chemische Verschiebungen δ werden dabei von der Mitte des Tripletts (t) bzw. Quartetts (q) aus gemessen. Schreibweise: δ = 1,68 (3H, t, $-CH_3$); 3,4 (2H, q, $-CH_2-$).

Die Intensitätsverteilung der Linien innerhalb der Signalgruppen (Multipletts) lässt sich über die Binominal-Koeffizienten ermitteln. (Pascalsches Zahlendreieck, Tabelle 45). Im Fall des Bromethans gilt für die Methylgruppe folglich ein Verhältnis der Signale wie 1:2:1.

Die Linienabstände in Abb. 125 entsprechen den Spinkopplungskonstanten J_{ab} und sind alle gleich, denn die Spin-Spin-Kopplung erfolgt wechselseitig (H_a koppelt mit H_b und umgekehrt).

Die Kopplungskonstante J erlaubt eine Aussage über die Art der Bindungen und die Stereochemie des Moleküls. So gilt für ein C=C-Isomerenpaar immer $J_{trans} > J_{cis}$. Bei einfachen acyclischen Olefinen ist $J_{cis} \approx$ 6–11 Hz und $J_{trans} \approx$ 11–18 Hz. Beim Cyclohexanring findet man $J_{aa} > J_{ee}$ (a = axial, e = äquatorial).

Tabelle 45. Intensitätsverteilung

Anzahl der äquival. direkt benachb. H-Atome	Anzahl der erwarteten Peaks im Spektrum	Verhältnis der Flächen	Bezeichnung
0	1	1	Singulett (s)
1	2	1:1	Dublett (d)
2	3	1:2:1	Triplett (t)
3	4	1:3:3:1	Quartett (q)
4	5	1:4:6:4:1	•
5	6	1:5:10:10:5:1	•
6	7	1:6:15:20:15:6:1	•

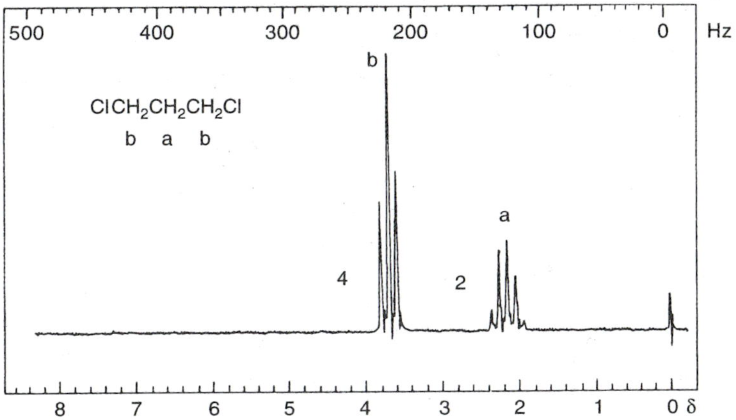

Abb. 125. ^{1}H-NMR-Spektrum von 1,3-Dichlorpropan. $\underset{b}{Cl–CH_2}–\underset{a}{CH_2}–\underset{b}{CH_2–Cl}$

Die Spektren höherer Ordnung ($\Delta\nu \geq J$) müssen einer exakteren Analyse unterzogen werden, wobei man oft zunächst versuchen wird, gemäß den vorstehenden Regeln für Spektren erster Ordnung vorzugehen. Da die chemische Verschiebung feldabhängig ist, lassen sich Spektren höherer Ordnung durch die Verwendung von Spektrometern mit höherer magnetischer Induktion (z. B. 7 Tesla) vereinfachen.

Beispiele zur Spin-Spin-Kopplung

Die vier Protonen der beiden CH_2Cl-Gruppen sind magnetisch äquivalent und zur mittleren CH_2-Gruppe direkt benachbart. Wir erwarten also zwei Tripletts mit einem Intensitätsverhältnis von 1:2:1, die exakt übereinander liegen (δ_b = 3,66). Die zentrale CH_2-Gruppe erscheint bei δ_a = 2,1 als Quintett mit einem Intensitätsverhältnis von 1:4:6:4:1, da die Kopplungskonstanten gleich groß sind (Abb. 125).

Die CH_2Cl- bzw. CH_2Br-Gruppen sind magnetisch und chemisch nicht äquivalent. Sie erscheinen jeweils als Triplett bei δ_c = 3,66 bzw. δ_b = 3,54, überlappen also stark (Unterschied zu Abb. 125). Zufälligerweise sind die Kopplungskonstanten J_{ab} und J_{ac} gleich groß, so dass die zentrale CH_2-Gruppe wie in Abb. 125 als Quintett bei δ_a = 2,15 erscheint Abb. 126).

Protonenaustausch

Abschließend sei noch auf eine Besonderheit bei Verbindungen mit leicht abspaltbaren Protonen wie Alkoholen oder Aminen hingewiesen. Diese Protonen treten im Spektrum oft als *breite Signale* auf, deren Lage variiert und stark von Konzentration und Temperatur abhängig ist. Spin-Spin-Kopplung mit anderen Protonen findet man nur, wenn kein schneller intermolekularer Protonenaustausch erfolgt. Das Spektrum von handelsüblichem Ethanol (Abb. 127) zeigt daher für die CH_2-Gruppe lediglich ein Quartett infolge Kopplung mit der CH_3-Gruppe, da keine Kopplung mit der OH-Gruppe stattfindet.

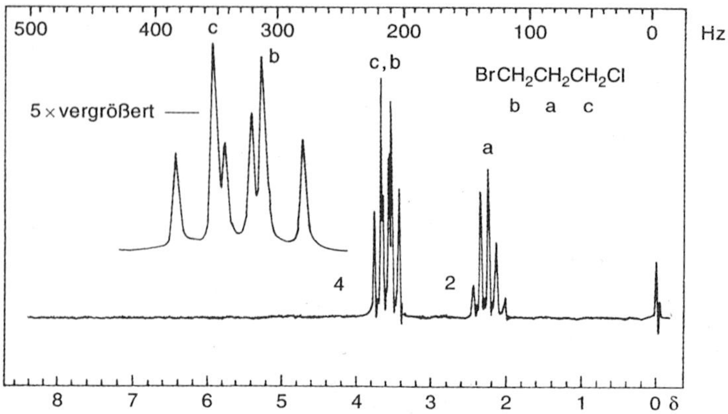

Abb. 126. ^{1}H-NMR-Spektrum von 1-Brom-3-chlorpropan, $Cl–CH_2–CH_2–CH_2–Br$
c a b

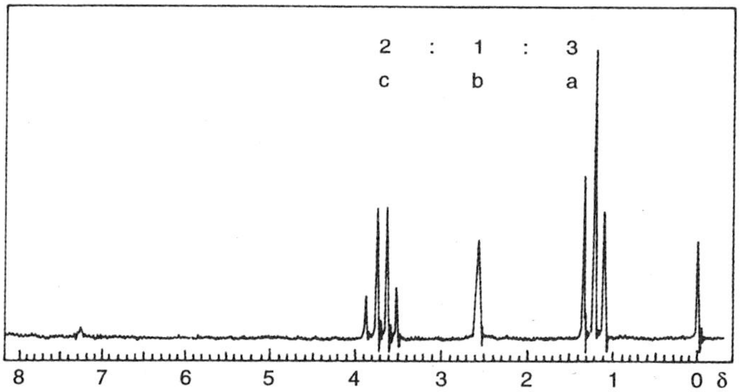

Abb. 127. Ethanol, $CH_3–CH_2–OH$
a c b

(stark verdünnt in CCl_4, bei höheren Konzentrationen ist Signal b zu tieferem Feld verschoben als Signal c)

Bei Zugabe von *D₂O* zur Probenlsg. findet ein *H/D-Austausch* statt, und die Signale leicht abspaltbarer Protonen verschwinden. Dadurch wird ein übersichtlicheres Spektrum erhalten: $^{2}_{1}H$ (D) absorbiert im Resonanzbereich der Protonen bei Aufnahme eines ^{1}H-NMR-Spektrums nicht. Die H/D-Kopplung ist wesentlich kleiner (ca. 1/6) als eine H/H-Kopplung. Sie stört deshalb bei der Auswertung nicht. Bei Aufnahme eines Ethanol-Spektrums unter Zugabe von D_2O würde das Signal für die OH-Gruppe in Abb. 127 fehlen, bei im übrigen unveränderten Spektrum.

3.7.8 Messung und Anwendung

Zur Messung wird eine Lösung der Probensubstanz in einem Messröhrchen in das Magnetfeld gebracht. Man benötigt etwa 0,5-1 ml Lsg., die ca. 1-25 mg Substanz enthalten sollte (abhängig von der Stärke des Magnetfelds). Zum Ausgleich von Feldinhomogenitäten lässt man das Röhrchen während der Messung mittels einer Turbine rotieren.

Die Lösemittel sollten im Messbereich möglichst nicht absorbieren. Für die ^{1}H-NMR-Spektroskopie verwendet man daher deuterierte Lösemittel wie $CDCl_3$, C_6D_6 oder perhalogenierte Substanzen wie CCl_4, C_6F_6.

Die NMR-Spektroskopie ist ein äußerst wichtiges Hilfsmittel zur Strukturaufklärung unbekannter Verbindungen, für Konformationsanalysen, zur Bestimmung von Reaktionsmechanismen etc.

Verschiedene Einstrahlungstechniken, wie z. B. *Spin-Spin-Entkopplung* vereinfachen die Spektren und erleichtern die Auswertung: Bei auf diese Weise entkoppelten Spins erscheint ein Signal nur noch als einzelner, nicht aufgespaltener Peak. In Sonderfällen hilft auch der Einbau von D statt H *(Deuterierung)* in das Molekül durch Synthese, wenn ein bestimmtes Signal von Interesse ist.

Infolge der Entwicklung neuer Techniken, wie z. B. der *Fourier-Transform-Spektroskopie* für kleinste Probenmengen und kurze Messzeiten, oder der Aufnahme von ^{13}C-Spektren ohne Isotopenanreicherung, ist die NMR-Spektroskopie eine überaus wichtige Messmethode geworden.

3.8 Elektronenspinresonanz-Spektroskopie (ESR)

Die Eigenrotation von Elektronen, der *Elektronenspin*, hat ein magnetisches Moment zur Folge. Dieses hat in bezug auf ein äußeres Magnetfeld mehrere energetisch verschiedene Einstellungsmöglichkeiten, denen Energieniveaus entsprechen.

Bringt man ungepaarte Elektronen in ein homogenes Magnetfeld (ähnlich Abb. 115), so können sie durch Einstrahlung geeigneter Energie zur *Resonanzabsorption* gebracht werden.

Analog zur NMR-Spektroskopie werden dabei Elektronen aus energetisch tieferen in höherliegende Zustände angeregt. Sie relaxieren danach. Zur Anregung von Elektronen verwendet man *elektromagnetische Strahlung im Mikrowellenbereich* (z. B. 9,5 GHz bei B = 0,35 Tesla), denn das magnetische Moment der Elektronen ist etwa 1000 mal größer als das der Atomkerne.

Ebenso wie bei der NMR-Spektroskopie treten auch hier *Feinaufspaltungen* der Absorptionsbanden auf, die durch gegenseitige Wechselwirkung der Elektronen mit den magnetischen Momenten benachbarter Atomkerne verursacht werden. Die Lage und Struktur der Signale gestattet oft Aussagen über die Aufenthaltswahrscheinlichkeit eines ungepaarten Elektrons und seine Umgebung, z. B. in *Radikalen* oder *Metallkomplexen*.

Beachte: In diamagnetischen Verbindungen kompensieren sich je zwei Elektronen so, dass nach außen hin kein magnetisches Moment beobachtet werden kann. Die ESR-Spektroskopie ist daher auf Substanzen mit ungepaarten Elektronen, wie z. B. paramagnetische Atome, Ionen oder freie Radikale, beschränkt.

4 Atomspektroskopie

Die Atomspektroskopie beruht auf der Absorption, Emission oder Fluoreszenz von Atomen oder Elementionen. Die erste atomspektroskopische Methode war die Spektralanalyse nach *Bunsen* und *Kirchhoff*, deren Anwendung im 19. Jahrhundert zur Entdeckung der Elemente Rb, Cs, Ga In und Tl führte.

Die wesentlichen Schlussfolgerungen von Kirchhoff und Bunsen waren:

- Die beobachteten Linien stammen von freien Atomen (nicht von Verbindungen) und sind für diese charakteristisch.
- Atome, die Licht einer bestimmten Wellenlänge emittieren, absorbieren ebensolches (Gesetz der Gleichartigkeit von Absorption und Emission).

Die Methoden arbeiten nicht zerstörungsfrei, naturgemäß muss die Probe in atomaren Dampf umgewandelt, *atomisiert* werden. Zur Atomisierung können Flammen, induktiv gekoppeltes Plasma, elektrothermische Methoden und der elektrische Lichtbogen verwendet werden.

Die benötigten Substanzmengen sind bei hoher Genauigkeit und Empfindlichkeit der Verfahren im Vergleich zur Nassanalyse sehr gering.

4.1 Flammenphotometrie

Die Flammenemissionsspektroskopie (Flammenphotometrie) AES ist eine Emissionsspektralanalyse, die sich vor allem zur Bestimmung von Elementen eignet. Sie zählt zu den beliebtesten Multi-Elementmethoden.

Die zu messende Probe wird als Lösung dosiert in eine Flamme eingesprüht. Diese regt die zu bestimmenden Atome an; ihr Emissionsspektrum wird photoelektrisch gemessen. Der Gehalt der Probe kann dann mit einer Eichkurve ermittelt werden. Für quantitative Messungen erforderlich sind eine konstante Flamme und die Einhaltung günstiger Konzentrationsbereiche für die zu bestimmenden Elemente.

Die wesentlichen Bauelemente eines Flammenphotometers (Abb. 128) sind:

- fein regulierbarer Brenner
- Zerstäuber
- Filter bzw. Monochromator (zur Zerlegung der emittierten Strahlung)
- Empfänger (meist Photodetektor)
- Anzeigegerät

Die Auswahl der Flamme richtet sich nach den für die einzelnen Elemente erforderlichen Anregungsenergien. Leuchtgas/Luft liefert Flammentemperaturen von ca. 1800°C, C_2H_2/Luft ca. 2200°C, H_2/O_2 ca. 2800°C und C_2H_2/O_2 ca. 3100°C.

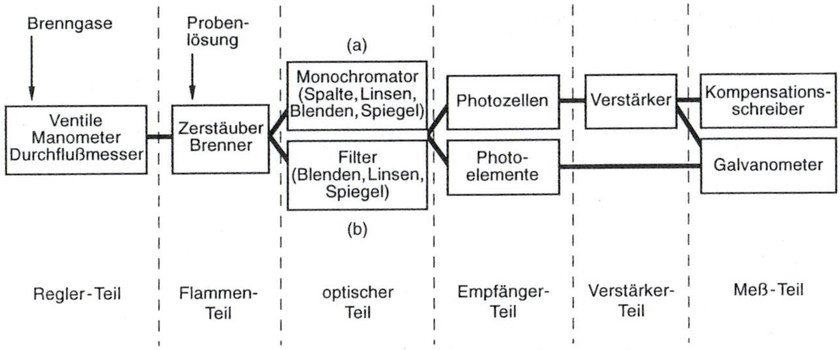

Abb. 128. Bauteile und mögliche Kombinationen eines Flammenphotometers

Das Bestimmungsverfahren ist für *Alkalimetalle* spezifisch; Trennungs-oder Reinigungsoperationen entfallen. Die Erfassungsgrenzen betragen für **Li** 0,05 (1-10), **Na** 0,002 (1-10), **K** 0,05 (1-10), **Rb** 0,2 (5-10), **Cs** 0,5 (5-10), **Ca** 0,05 (5-10), **Sr** 0,05 (5-10) µg/ml. In Klammern wurde jeweils der günstigste Konzentrationsbereich in µg/ml angegeben. Im Allgemeinen wird man versuchen, die Eichkurve in den angegebenen Bereich zu legen, weil sie dann meist als Gerade verläuft (mit $I = \text{konst} \cdot c$). Dies ist notwendig, da die Intensität I der Emissionslinien nicht allein von der Konzentration c des zu bestimmenden Elementes in der Analysenlösung abhängt.

4.2 Emissions-Spektroskopie

Atome können außer durch Flammen auch mit Hilfe von elektrischen Entladungen angeregt werden, z. B. durch Funkenentladungen und Anregung im Lichtbogen. Am häufigsten kommt heute die *ICP*-Anregung (*I*nductively *C*oupled *P*lasma) zur Anwendung. Hierbei wird die Probenlösung mit Argongas zerstäubt und in ein gezündetes Hochfrequenzargonplasma geblasen. Dabei entstehen freie Atome und Ionen, die thermisch angeregt werden (T = 6000 – 10000K). Es sind sowohl qualitative als auch quantitative Analysen möglich, wobei die Emissions-Spektroskopie besonders für Spurenanalysen geeignet ist (Gehalte von 10^{-3} bis 10^{-6} %, absolute Empfindlichkeit 0,0001 µg je Element). Der Zustand der Probe spielt eine untergeordnete Rolle, weil z. B. mit der Funkenanregung auch schwerlösliches Probenmaterial (z. B. Metalle, Keramik) analysiert werden kann. Es können gleichzeitig mehrere Elemente nebeneinander bestimmt werden. Mit modernen Geräten sind Simultanbestimmungen der Konzentration von 10 Elementen pro Minute möglich.

4.3 Atomabsorptionsspektroskopie (AAS)

Bei der AAS wird die Resonanz-Absorption von Strahlung bestimmter Wellenlänge durch Atome benutzt, um die einzelnen Elemente quantitativ zu bestimmen. Die untersuchten Atome befinden sich hauptsächlich im *Grundzustand.* Das Verfahren ist daher empfindlicher als die Flammenphotometrie.

Beispiele (in Klammern sind die Nachweisgrenzen in µg/ml = ppm angegeben für das Gerät in Abb. 129): **As** (0,1), **Pb** (0,03), **Cd** (0,005), **Zn** (0,002), **Sr** (0,001), **Hg** (0,5).

Messverfahren (Abb. 129): Es handelt sich im Prinzip um die Lichtabsorption durch Atome im Dampfzustand (vgl. Beispiel Na, S. 387). Die Probe wird in gelöster Form durch ein Zerstäubungssystem z. B. in eine Flamme eingebracht und durch thermische Dissoziation atomisiert. Da die Atome in einem nicht angeregten Grundzustand vorliegen, sind sie in der Lage, diejenige Resonanzstrahlung zu absorbieren, die sie im Anregungszustand selbst emittieren würden. Als Lichtquellen dienen Hohlkathodenlampen, deren Kathode aus dem zu bestimmenden Element hergestellt wurde. Über 60 Metalle lassen sich mit AAS analysieren. Im Unterschied zur AES ist der Aufwand aber höher, da für jedes zu bestimmende Element eine eigene Lichtquelle nötig ist.

Bei der Messung schickt man das von der Lampe emittierte Licht mehrfach durch die Flamme, wobei es teilweise absorbiert wird. Mit Hilfe eines Gittermonochromators trennt man dann die für die Auswertung benötigte Resonanzstrahlung von der Störstrahlung. Die Schwächung der Lichtintensität durch die Resonanzabsorption wird gemessen und über eine Eichkurve ausgewertet.

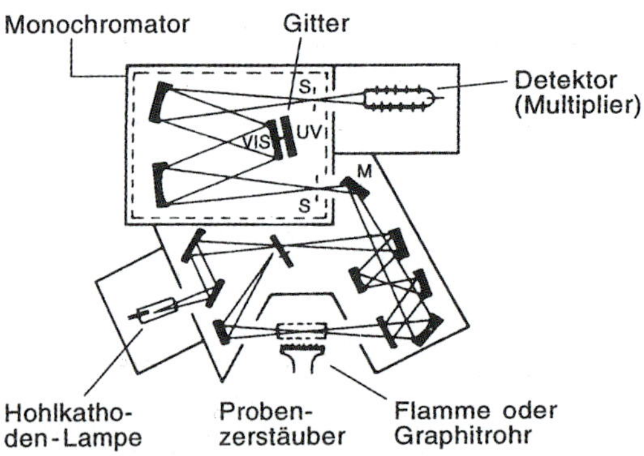

Abb. 129. Schema eines Doppelstrahl-Atomabsorptions-Spektrometers

5 Röntgen- und Elektronenspektroskopie

Auch diese Spektroskopie-Methoden beruhen wie die optischen Methoden auf Absorption, Emission und Fluoreszenz. Mögliche Anregungsmechanismen sind in Abb. 130 zusammengestellt.

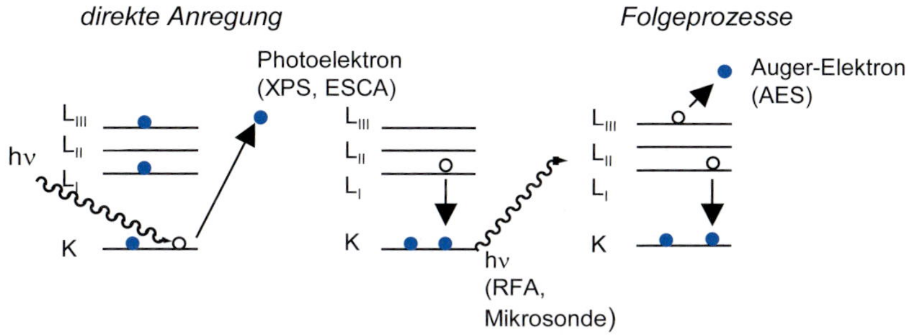

Abb. 130. Anregungsmechanismen bei der Röntgenspektroskopie

5.1 Röntgenfluoreszenzspektroskopie (RFA)

Hierbei handelt es sich um eine Emissionsspektralanalyse, bei der *Röntgenstrahlung* als Primärstrahlung zur Anregung der zu bestimmenden Probe benutzt wird (Abb. 131). Durch die Primärstrahlung werden aus den inneren Energieniveaus der Atome Elektronen herausgeschlagen. Die so durch Ionisation entstandenen Lücken werden durch Elektronen aufgefüllt, die von einem äußeren, energiereicheren Niveau auf das innere, energieärmere Niveau „springen". Die freiwerdende Energie wird als Energiequant h·ν abgestrahlt. *(Sekundäranregung, „Fluoreszenz")*.

Auf diese Weise erhält man ein *Röntgenspektrum,* das meist aus mehreren voneinander getrennten Liniengruppen besteht, die als K-, L-, M- usw. -Serie bezeichnet werden.

Die Wellenlängen der charakteristischen Strahlung (K_α) sind entsprechend dem Moseleyschen Gesetz von der Ordnungszahl des betreffenden Elements abhängig.

$$\frac{1}{\lambda_{K_\alpha}} = \tfrac{3}{4} R_\infty (Z-1)^2 \quad R_\infty \text{ : Rydberg-Konstante; Z: Ordnungszahl}$$

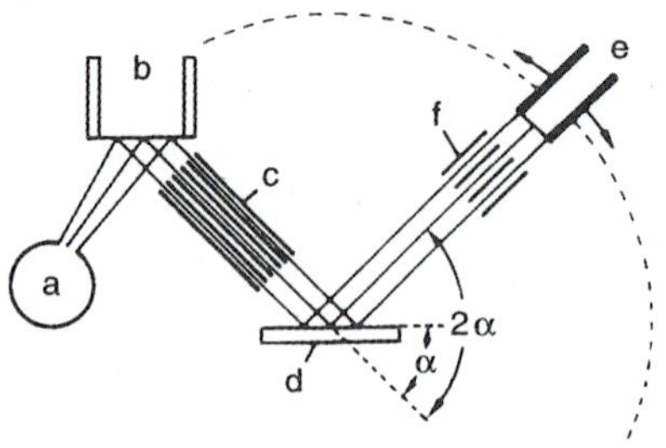

Abb. 131. Röntgenspektrograph. *a)* Röntgenröhre; *b)* Präparatehalter; *c)* Soller-Blende (Kollimator); *d)* Kristall; *e)* Detektor; *f)* Hilfsblende, α Glanzwinkel

Die spektrale Zusammensetzung der Strahlung wird durch Beugung an einem Kristall bestimmt, indem man diesen um einen Winkel α dreht und mit der Braggschen Gleichung

$$n \cdot \lambda = 2\,d \cdot \sin\alpha$$

n = natürliche Zahl, d = Abstand der Gitterebenen im Kristall

die einzelnen Wellenlängen λ berechnet (Abb. 131). Die verschiedenen Elemente lassen sich dann mit Hilfe von Tabellen zuordnen. Die quantitative Bestimmung erfolgt über Eichkurven aufgrund der Messung der Strahlungsintensität geeigneter, charakteristischer Linien des Spektrums.

Anwendung findet die Methode zur Untersuchung von *Festkörpern* wie Mineralien, Gläsern oder Legierungen (Metallurgie).

5.2 Elektronenstrahl-Mikroanalyse (Mikrosonde)

Bei dieser Methode werden Atome einer ebenen Probe durch einen *Elektronenstrahl* zum Aussenden von Röntgenfluoreszenzstrahlung angeregt. Man kann damit die räumliche Verteilung von Elementen in festen Stoffen bestimmen (zweidimensionale Flächenanalyse) und eine definierte lokale Mikroelementaranalyse vornehmen (Punktschärfe: 1 μm).

5.3 Photoelektronenspektroskopie (PS und ESCA)

*Die Photoelektronenspektroskopie **(PS)** misst die Energie von (Valenz-) Elektronen, die eine Substanz infolge des Photoeffekts emittiert.* Dieser kann z. B. durch UV-Strahlung (UPS - UV-Photoelektronenspektroskopie; Elektronen äußerer Schale) oder Röntgenstrahlen (XPS, ESCA; Elektronen innerer Schalen) hervorgerufen werden. ESCA steht für *E*lectron *S*pectroscopy for *C*hemical *A*nalysis.

Davon zu unterscheiden ist die Auger-Elektronenspektroskopie, bei der die Energie von inneren Elektronen gemessen wird, die aufgrund des Auger-Effektes (innerer Photoeffekt, s. Lehrbücher der Physik) nach vorangegangener Ionisation mit Elektronen- bzw. Röntgenstrahlen auftreten. Die gemessene Energie ist für die Bindungsverhältnisse eines bestimmten Atoms typisch, auch wenn keine Valenzelektronen analysiert werden. Beide Verfahren (UPS und ESCA) werden meist in Kombination betrieben und erlauben im Gegensatz zu anderen spektroskopischen Methoden, die *Bestimmung der absoluten Lage von Energieniveaus*. Sie dienen daher zur experimentellen Überprüfung von theoretischen Rechnungen, Strukturuntersuchungen, Oberflächenanalysen etc.

Für die Ionisation eines Stoffes ist eine bestimmte Mindestanregungsenergie notwendig. Abb. 132 zeigt die verschiedenen Möglichkeiten.

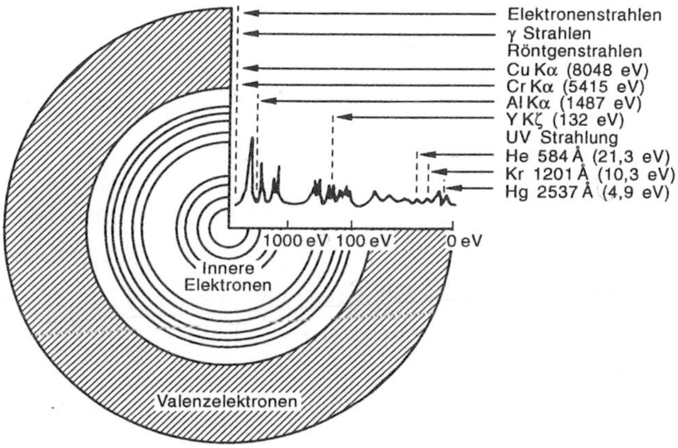

Abb. 132. Anregungsmöglichkeiten eines Elektronenspektrums bei PS und ESCA

6 Massenspektrometrie (MS)

Bei der Massenspektrometrie wird die zu untersuchende Substanzprobe im gasförmigen Zustand im Hochvakuum ionisiert und häufig in viele Molekülbruchstücke zerlegt (fragmentiert). Die benötigte Substanzmenge liegt im µg-Bereich; Festkörper werden im Vakuum verdampft. Meist ionisiert man die Probe durch Beschuss mit Elektronen (aus einem Heizdraht), wodurch man ein positives *Molekül-Ion* (Radikal-Kation) erhält (EI: Elektronen-Stoßionisation). Wird dabei mehr Energie auf das Molekül übertragen als zur Ionisierung notwendig ist, dann zerfällt dieses in *Bruchstücke (Fragmente).* Die geladenen Partikel werden in einem elektrischen Feld beschleunigt, in einem Magnetfeld entsprechend ihrem *Masse-Ladungs-Verhältnis (m/e-Wert)* getrennt und danach als Massenspektrum registriert. Man erhält es, indem man entweder das Magnetfeld oder die Beschleunigungsspannung variiert. Die Ionen werden nach ihren m/e-Werten aufgefangen und ihre Intensität (= Ionenhäufigkeit, Ionenstrom) aufgezeichnet (Abb. 134). Es gelten die aus der Physik bekannten Gesetze, z. B.

$$\frac{m}{e} = \frac{H^2 \cdot r^2}{2 \cdot U}$$

H = Magnetfeldstärke, U = Beschleunigungsspannung, r = Radius der Ionenbahn

Durch geeignete Wahl der Stoßenergie der Elektronen versucht man, ein möglichst charakteristisches, gut interpretierbares und reproduzierbares Fragmentierungsspektrum zu erhalten.

Neben der EI-Methode sind eine Reihe weiterer Ionisierungsverfahren im Gebrauch, die zu unterschiedlichen Fragmentierungsmustern führen können. Dies sind z. B.:

- CI (Chemische Ionisation), bei der ein Reaktionsgas ionisiert wird (z. B. CH_4^+, das dann mit der Probe reagiert.
- FI (Feldionisation): Ionisation durch starkes elektrisches Feld in Gasphase
- FD (Felddesorption): ähnlich FI, Probe auf Emitter aufgebracht
- FAB (Fast Atom Bombardement): Beschuss der Probe mit hochenergetischen Atomen (Xe, Ar)

Abb. 133 zeigt das Schema eines einfachen Sektorfeld-Massenspektrometers. Andere Möglichkeiten zur Trennung der Ionen nutzen die weit verbreiteten *Quadrupolmassenspektrometer* (dynamische Trennung der Ionen zwischen vier Magneten) und *Flugzeitmassenspektrometer* (TOF: *T*ime *o*f *F*light, Abhängigkeit der Geschwindigkeit von Masse).

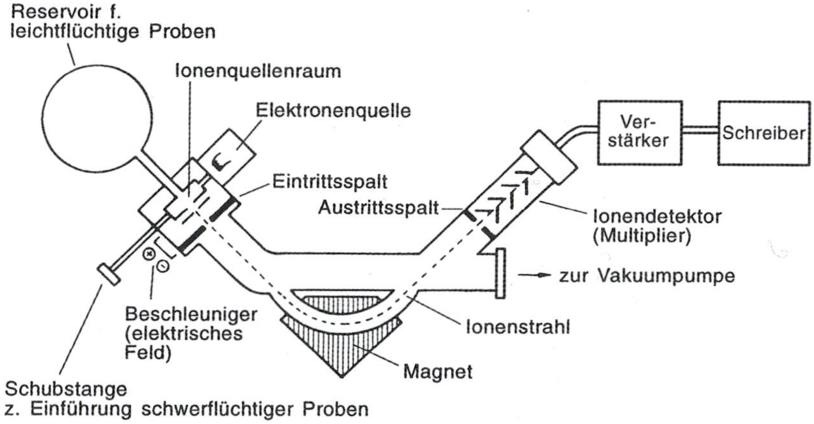

Abb. 133. Schema eines Massenspektrometers (einfach-focussierendes Gerät mit 90° magnetischem Sektor)

Das Massenspektrum wird entweder tabellarisch oder als Strichspektrum wiedergegeben, wobei die Intensität des stärksten Signals *(base peak)* willkürlich gleich *100* gesetzt wird (Abb. 134, n-Nonan). Das Signal mit der höchsten Massenzahl ist oft der *Molekülpeak* (parent peak, M^+). Er entspricht der Masse des Molekülions und gibt die exakte Molmasse der Substanz an. Viele Signale sind häufig von kleinen *Isotopenpeaks* umgeben (z. B. m/e = 129 in Abb. 134), die das Isotopenverhältnis der natürlichen Elemente wiederspiegeln (hier durch ^{13}C verursacht) und somit zur Kontrolle der Summenformel dienen können.

Der durch n C-Atome verursachte Isotopenpeak ($M^+ + 1$) weist eine relative Intensität von $n \cdot 1{,}1\%$ auf. Im Fall des n-Nonans beträgt ($M^+ + 1$) etwa 10% von M^+, woraus folgt, dass maximal 10:1,1 = 9 C-Atome im Molekül enthalten sein können. Elemente wie Kohlenstoff, Chlor, Brom, Schwefel weisen sehr unterschiedliche Isotopenverteilungen auf: Natürlicher Kohlenstoff enthält neben ^{12}C nur etwa 1,1% ^{13}C, aber Chlor: ^{35}Cl neben 32% ^{37}Cl, Brom: ^{79}Br neben 98% ^{81}Br, Schwefel: ^{32}S neben 4,4% ^{34}S. Ein deutlich sichtbarer ($M^+ + 2$) Peak deutet daher auf die Anwesenheit von Cl, Br oder S im Molekül hin. Dabei kann oft die Art und Anzahl der Br- und/oder Cl-Atome aus dem *Isotopenverteilungsmuster* entnommen werden, da dieses für die verschiedenen Kombinationen von Br und Cl charakteristisch ist.

Bei besonders präzisen Messungen (hochaufgelöste MS) lässt sich aufgrund der Intensitätsverhältnisse die genaue Summenformel des Ions angeben, das einem bestimmten Signal zuzuordnen ist.

Bei Betrachtung des Isotopenpeaks ($M^+ + 1$) beachte man, dass polare Verbindungen häufig ein Proton anlagern, somit ein Molekül $\mathbf{M^+H}$ mit der Masse ($M^+ + 1$) bilden und damit die Auswertung des Spektrums erschweren.

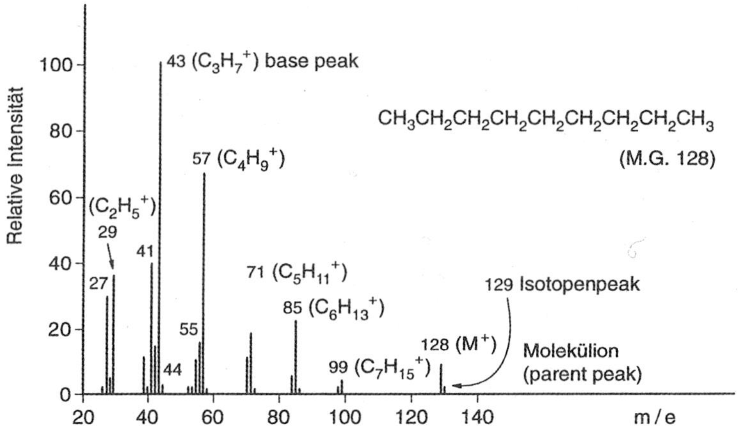

Abb. 134. Massenspektrum von n-Nonan, C_9H_{20}

Die Errechnung der Summenformel wird durch Tabellen erleichtert, die alle möglichen Kombinationen von z. B. C, H, O und N mit ihrer Molmasse auflisten. Hierzu ist auch eine Reihe von Computerprogrammen verfügbar, die zusätzlich die Isotopenverteilungsmuster simulieren.

Auch S-haltige Verbindungen können damit ermittelt werden, da ^{32}S genau die doppelte Atommasse von ^{16}O besitzt.

Neben der Verwendung des Massenspektrums zum *Identitätsbeweis* wird es meist zur *Strukturaufklärung* benutzt. Durch geschickte Interpretation des erhaltenen Massenspektrums ist häufig eine in Verbindung mit anderen spektroskopischen Methoden sinnvolle Strukturzuordnung der Ausgangsverbindung möglich. *Das Molekül-Ion zerfällt nämlich nicht willkürlich, sondern auf dem energetisch günstigsten Weg.* Man erhält daher meist ein typisches Zerfallsspektrum, das oft sog. *Schlüsselfragmente* enthält. Dies sind Bruchstücke hoher Stabilität, die bevorzugt gebildet werden (Stabilisierung z. B. durch induktive und mesomere Effekte) und zur Orientierung bei der Strukturaufklärung dienen. Im Spektrum des n-Nonans beispielsweise ist $C_3H_7^+$ die häufigste Gruppe. Die Peak-Differenz von 14 Masseneinheiten zu den anderen Bruchstücken entspricht jeweils einer CH_2-Gruppe.

Bei der Auswertung des MS achte man darauf, dass der Molekülpeak M^+ einer Verbindung alle Elemente enthalten muss, die man auch in den gefundenen Fragmenten zu erkennen glaubt.

7 Röntgenstrukturanalyse

Während die bisher erwähnten strukturanalytischen Methoden meist kombiniert werden müssen, um eine vollständige exakte Strukturformel zu erhalten, *bietet die Röntgenstrukturanalyse die Möglichkeit, ein genaues Abbild einer Molekülstruktur (mit Bindungswinkeln und Atomabständen) zerstörungsfrei zu liefern*. Die verwandte *Neutronenbeugung* erlaubt sogar die Lokalisation von Wasserstoffatomen. Nachteilig ist eigentlich nur die Notwendigkeit, i.a. mit Einkristallen zu arbeiten. Bei einer typischen Kristallgröße von 0,2 x 0,2 x 0,2 mm Kantenlänge liegt der Substanzbedarf im pmol-Bereich.

Bei der Röntgenstrukturanalyse wird die genaue räumliche Struktur fester kristalliner Stoffe mit Hilfe von *Röntgenstrahlen* bestimmt, die an den Gitterbausteinen der Kristalle gestreut werden. Man erhält ein *Beugungsbild des dreidimensionalen Kristallgitters*, da die an verschiedenen Gitterpunkten gebeugten Strahlen miteinander interferieren. Aus der Winkellage lassen sich auf Grundlage des *Braggschen Reflexionsgesetzes* die Zellkonstanten der Elementarzelle bestimmen.

$$n \cdot \lambda = 2\,d \cdot \sin \alpha$$

Die Intensität der Interferenzen enthält die Information über Lage und Art der einzelnen Atome, also über die Verteilung der Elektronendichte im Kristallraum. Mit Hilfe mathematischer Methoden (Fourier-Analyse) wird so ein dreidimensionales Bild des Objektes erhalten. Mit modernen Einkristalldiffraktometern ist der Aufwand für eine Messung nur noch im Bereich von Stunden. Auch die Auswertung ist durch moderne Software weitgehend automatisiert (Abb. 135).

Strukturanalysen können nicht nur von kleinen Verbindungen, sondern auch von großen biochemisch wichtigen Molekülen wie Proteinen, Nucleinsäuren etc. gemacht werden und so gehört die Röntgenstrukturanalyse heute zum unverzichtbaren Werkzeug des Chemikers.

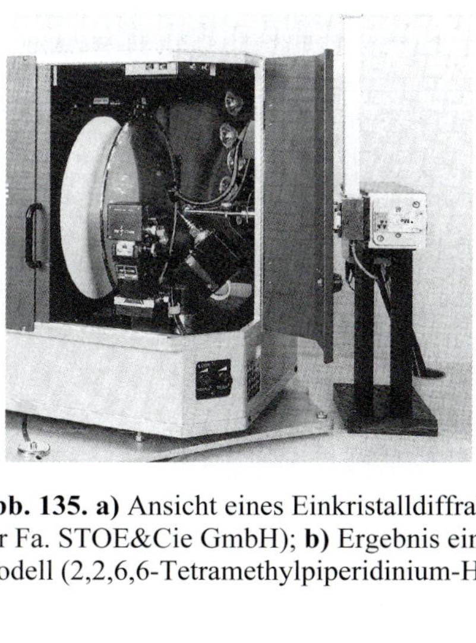

a

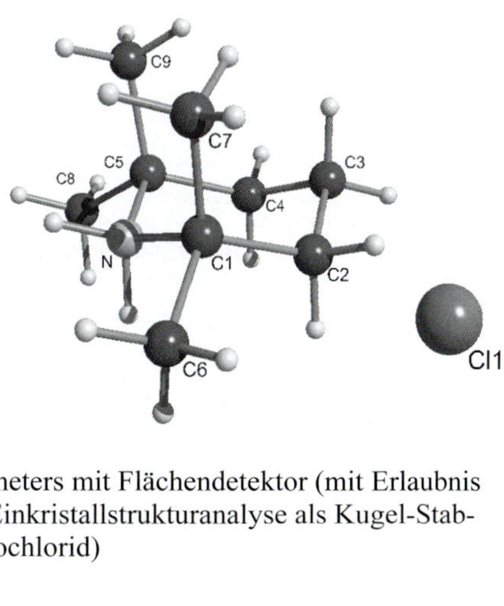

b

Abb. 135. a) Ansicht eines Einkristalldiffraktometers mit Flächendetektor (mit Erlaubnis der Fa. STOE&Cie GmbH); **b)** Ergebnis einer Einkristallstrukturanalyse als Kugel-Stab-Modell (2,2,6,6-Tetramethylpiperidinium-Hydrochlorid)

8 Strukturbestimmung mit spektroskopischen Methoden

Im folgenden soll anhand von Beispielen aus der organischen Chemie das Zusammenwirken verschiedener Analysenmethoden bei der Ermittlung der Struktur einer unbekannten Substanz gezeigt werden.

8.1 Aufgabenstellung und Analysenplanung

Bei der Strukturermittlung unbekannter Verbindungen ist es zweckmäßig, einen bestimmten Weg einzuschlagen. Zunächst prüft man die Löslichkeit der chromatographisch reinen Substanz in den für die jeweilige spektroskopische Methode brauchbaren Lösemitteln und fertigt je nach Vorinformation IR-, NMR-, UV- oder MS-Spektren an. Zur Untersuchung von Zwischenprodukten bei Synthesen begnügt man sich oft mit IR- oder NMR-Spektren, da diese schnell anzufertigen sind und zahlreiche Strukturinformationen liefern. Bei einfachen Verbindungen genügt statt eines Massenspektrums oft auch eine Elementaranalyse zur Bestimmung der Summenformel, evtl. in Verbindung mit einer einfachen separaten Molmassebestimmung. Liegt ein Massenspektrum vor, überprüft man die Summenformel anhand des Spektrums und stellt die Übereinstimmung der errechneten mit der experimentell ermittelten Molmasse sicher.

Aus der Summenformel entnimmt man Anzahl und Art der vorhandenen Heteroatome. Hieraus ergeben sich Hinweise auf die entsprechenden funktionellen Gruppen. Da bei einem Ringschluss oder bei der Einführung einer Doppelbindung (C=C, C=O, N=O usw.) jeweils zwei H-Atome entfallen, lässt sich durch Vergleich der Anzahl der H-Atome mit dem zugrunde liegenden Stammalkan die Anzahl derartiger Struktureinheiten („Doppelbindungsäquivalente“) ermitteln.

Beispiel: Dem Benzol mit der Summenformel C_6H_6 liegt das Stammalkan C_6H_{14} zugrunde (allgemein: C_nH_{2n+2}) Die Differenz beträgt acht H-Atome, d.h. es sind 8:2 = 4 Struktureinheiten vorhanden, in diesem Fall 3 C=C und 1 Ring. Die Anzahl Z der Struktureinheiten lässt sich berechnen nach

$$Z = \text{C-Atom} + 1 - \frac{\text{H-Atome}}{2} - \frac{\text{Halogen-Atome}}{2} + \frac{\text{N-Atome (dreiwert.)}}{2}$$

Zweiwertige Atome wie O und S bleiben unberücksichtigt.

Weitere Beispiele:

Struktur	Summenformel	Z	Struktureinheiten
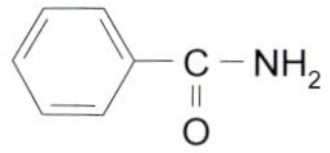	C_7H_7NO	$7 + 1 - 3{,}5 + 0{,}5 = 5$	3 C=C 1 C=O 1 Ring
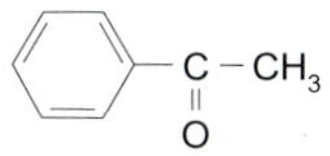	C_8H_8O	$9 - 4 = 5$	3 C=C 1 C=O 1 Ring
$H_2C=CHCH_2SH$	C_3H_6S	$4 - 3 = 1$	1 C=C
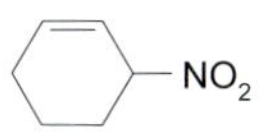	$C_6H_9NO_2$	$7 - 4{,}5 + 0{,}5 = 3$	1 C=C 1 N=O 1 Ring
$CH_3C\equiv N$	C_2H_3N	$3 - 1{,}5 + 0{,}5 = 2$	2 aus C≡N
$H_2C=CHBr$	C_2H_3Br	$3 - 1{,}5 - 0{,}5 = 1$	1 C=C
H_3C-SO_3H	CH_4SO_3	$2 - 2 = 0$	–

Haben sich aus der Summenformel somit erste Hinweise auf die Struktur ergeben, analysiert man die Spektren jeweils für sich. Reihenfolge: UV, IR, MS, NMR. Man notiert sich auffallende charakteristische Strukturhinweise einschließlich solcher, die eindeutig auszuschließen sind (z. B. Fehlen einer >C=O-Schwingung im IR). Es ist zweckmäßig, nach jedem Schritt Teil-Strukturformeln aufzuzeichnen, diese mit der Summenformel zu vergleichen und die Art der restlichen Atome festzustellen. Dabei wird man aus dem vorhandenen Datenmaterial häufig mehrere mögliche Strukturen ableiten können. Bei erneuter Überprüfung auf Übereinstimmung mit den Spektrendaten lässt sich ihre Anzahl i.a. auf ein Minimum reduzieren; stereochemische Probleme sollten erst zuletzt angegangen werden.

8.2 Auswertung der Spektren

Ein Strukturproblem kann häufig durch geschickte Kombination einzelner Spektraldaten schneller gelöst werden als durch (aufwendige) separate vollständige Spektrenauswertung. Dabei ist es unerläßlich, die so erhaltenen Ergebnisse einer sorgfältigen Endbeurteilung zu unterziehen. Nachfolgend sind charakteristische Aussagemöglichkeiten der einzelnen Analysenverfahren kurz dargestellt.

UV/VIS-Spektrum

Das UV/VIS-Spektrum weist auf die Anwesenheit von Chromophoren, insbesondere von konjugierten Chromophoren hin.

Das Fehlen einer Bande bei $\lambda_{max} \geq 210$ nm zeigt an, dass keine konjugierten Gruppen vorhanden sind. *Ketone ohne Konjugation* absorbieren schwach bei 280-260 nm (lg ε = 1-2). *Aromatische Verbindungen* zeigen (wenigstens) eine starke Absorption bei 210-220 nm (lg ε = 2-4). Ein einzelner symmetrischer Peak bei $\lambda_{max} \geq 300$ nm (lg ε = 4,3-5,2) deutet auf ein *Polyen* oder ein *Enon* hin.

Bei Spektren, die mehr als ein λ_{max} enthalten, ist es erforderlich, weiterführende Literatur sowie Vergleichsspektren heranzuziehen.

IR-Spektrum

Im IR-Spektrum lassen sich funktionelle Gruppen relativ sicher zuordnen, wenn man sich bei einer ersten Durchsicht auf charakteristische Bereiche beschränkt. Dazu gehören:

- Die *OH-* oder *NH-Bande*, oft durch H-Brückenbindung verbreitert, bei 3100-3600 cm^{-1}. Die *CH-Bande* bei 2900 cm^{-1} erscheint in praktisch allen organischen Verbindungen und ist somit wenig brauchbar.
- *Dreifachbindungen* (X≡Y) findet man bei 2400-2200 cm^{-1}, manchmal nur schwach ausgeprägt. Die *kumulierten Bindungen* X=Y=Z erscheinen bei 2100 cm^{-1}, oft stärker als X≡Y.
- *Carbonylbanden* (C=O) liefern bei 1800-1550 cm^{-1} (6,4-5,5 µm) i.a. ausgeprägte, starke Signale. *C=C* absorbiert in diesem Bereich nur, wenn es in konjugierten Systemen enthalten ist.

MS-Spektrum

Im Massenspektrum empfiehlt sich die Suche nach Bruchstücken im Bereich von 50-100 Masseneinheiten vom Molekülion.

Masseneinheiten wie 15 für CH_3, 17/18 für OH/H_2O, 19/20 für F/HF, 31 für OCH_3, 45 für OC_2H_5 und andere deuten auf gewisse einfache, funktionelle Gruppen hin.

NMR-Spektren

Aus einem NMR-Spektrum 1. Ordnung kann man folgende Informationen entnehmen:

- die Anzahl der H-Atome pro Signal (durch das Integral der Fläche)
- die Umgebung der H-Atome (durch die chemische Verschiebung)
- die Anzahl der benachbarten H-Atome (durch die Signal-Aufspaltung)

Absorptionen von *gesättigten C-H-Bindungen* liegen i.a. bei $\delta < 2$, oft überlappend. *Aromatische Protonen* erscheinen bei $\delta = 7\text{-}8$, d.h. bei tieferem Feld und treten meist als Multiplett auf. *OH*, *NH* und *SH-Protonen* findet man häufig als breite Signale an verschiedenen Stellen. Sie können durch Zugabe von D_2O zum Verschwinden gebracht werden, wodurch das Erscheinungsbild des Spektrums bei einer Neuaufnahme oft klarer wird.

Nach Auswertung des Integrals beginnt man am besten mit einer Interpretation der Signale bei $\delta = 0\text{-}3$ durch Feststellung ihrer chemischen Verschiebung und des

Aufspaltungsmusters. Hieraus lassen sich Schlüsse über die Anzahl der benachbarten Protonen ziehen. Besonders leicht sind dabei Methylgruppen zu erkennen: als *Singulett* (>N–CH_3, –O–CH_3, >C–CH_3), als *Dublett* (>CH–CH_3) oder *Triplett* (–CH_2–CH_3).

Die Auswertung der Spin-Spin-Kopplungskonstanten erlaubt schließlich stereochemische Aussagen zur Struktur der untersuchten Verbindung.

8.3 Praktische Anwendungen

1. Beispiel

Von einer unbekannten Flüssigkeit, die eine negative Baeyer-Probe gegeben hat, sind folgende Daten bekannt:

- Molmasse: 70
- IR-Spektrum: Signale bei 2900 cm^{-1} (3,4 µm, stark, breit); 1450 (6,9 µm stark); 890 cm^{-1} (11,2 µm mittel)
- UV-Spektrum: keine nennenswerte Absorption > 200 nm
- NMR-Spektrum: ein Signal bei $\delta = 1{,}5$ (s)

Interpretation der Daten

Das IR-Spektrum zeigt CH-Valenzschwingungen bei 2900 cm^{-1} und CH-Deformationsschwingungen bei 1450 cm^{-1}. Auch das Signal bei 890 cm^{-1} weist wegen der negativen Baeyer-Probe auf ein Alkan hin.

Das NMR-Spektrum zeigt lediglich ein oder mehrere aliphatische Protonen.

Falls mehrere Protonen vorhanden sind, sind diese entweder äquivalent (vorzugsweise in einem symmetrischen Molekül) oder ihre Signale müssten sich zufällig sämtlich exakt überlagern.

Folgerung: Das IR-Spektrum weist eindeutig auf ein Alkan hin. Das NMR-Spektrum legt ein einfach gebautes, symmetrisches Alkan nahe. Mit der allgemeinen Summenformel C_nH_{2n} für Cycloalkane und der Molmasse 70 folgt für die unbekannte Verbindung: **Cyclopentan, C_5H_{10}**.

2. Beispiel

Von einer unbekannten festen Substanz sind folgende Daten bekannt:

- Summenformel: $C_8H_8N_2$
- IR: 3500 u. 3350 (2,9 u. 3 µm); 3000 (3,3 µm); 2250 (4,45 µm); 1610 (6,2 µm) 1520 (6,6 µm); 1280 (7,8 µm); 815 (12,25 µm) cm^{-1}
- NMR: δ = 3,5 (s, 2H); 3,7 (s verbreitert, 2H); 6,8 (m „Quartett“, 4 H)

Interpretation der Daten

1. Schritt: Aus der Summenformel ergibt sich für die Struktur, dass $C_8H_8N_2 \rightarrow Z = 8 + 1 - 4 + 1 = 6$ Struktureinheiten vorliegen müssen, also z. B. ein Benzolring (3 C=C, 1 Ring) und dazu 2 C=X oder 1 C≡X. Bei der Entscheidung über die Wahl der Struktureinheiten hilft das NMR-Spektrum. Die Signale bei δ = 6,8 samt Aufspaltungsmuster weisen eindeutig auf ein 1,4-substituiertes Benzol hin. Dies wird bestätigt durch die IR-Signale bei 3000 cm^{-1} (arom. C-H-Valenzschwingung), 1610 und 1520 cm^{-1} (aromat. C=C-Valenzschwingung) und 815 cm^{-1} (C-H-Deformationsschwingung für 1,4-disubstit. Benzole). Daraus ergibt sich als *1. Zwischenergebnis*:

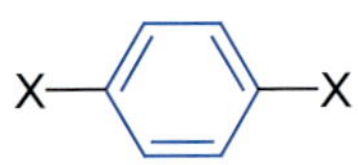

Es liegt ein 1,4-disubstituiertes Benzol vor. Es bleibt als Rest:
$C_8H_8N_2 - C_6H_4 = C_2H_4N_2$.

2. Schritt: Die Heteroatome im Molekül deuten auf charakteristische funktionelle Gruppen hin. Einen Hinweis auf eine NH_2-Gruppe gibt das verbreiterte Singulett im NMR-Spektrum bei δ = 3,7 (Bestätigung durch D_2O-Austausch wäre zweckmäßig). Dies wird durch die Signale im IR-Spektrum bei 3500 und 3350 cm^{-1} gestützt, die auf ein primäres Amin hindeuten. Das Signal bei 1280 cm^{-1} spricht ebenfalls für ein aromatisches Amin. *2. Zwischenergebnis*: Es liegt vermutlich ein ringsubstituiertes Anilin vor.

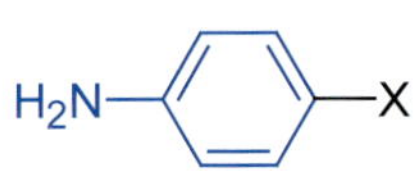

Es bleibt als Rest: $C_8H_8N_2 - C_6H_6N = C_2H_2N$

3. Schritt: Die noch verbleibenden Atome C_2H_2N sind auf eine zweite funktionelle Gruppe aufzuteilen. Diese muss entweder zwei Doppelbindungen oder eine Dreifachbindung aufweisen, da noch zwei Struktureinheiten unterzubringen sind. Das IR-Spektrum deutet auf eine C≡N-Gruppe hin, wofür das Signal bei 2250 cm^{-1} charakteristisch ist.

Somit verbleibt als Rest: $C_2H_2N - CN = CH_2$, d.i. noch eine Methylengruppe, die im NMR-Spektrum bei δ = 3,5 als Singulett erscheint.

Endergebnis: Die gesuchte Verbindung hat die Struktur

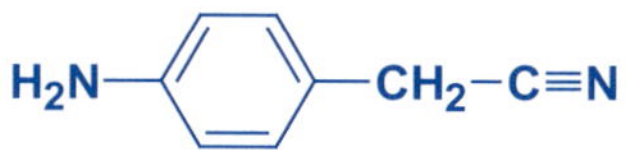

Anmerkung: Mit den hier angegebenen ausgewählten Daten wäre als Lösung auch die Struktur $H_2N–CH_2–C_6H_4–CN$ möglich. Eine Entscheidung über die Struktur erfordert eine genaue Analyse der Originalspektren.

3. Beispiel

Von einer unbekannten Flüssigkeit sind folgende Spektren (Abb. 136) erhalten worden, deren wesentliche Daten zusätzlich angegeben sind.

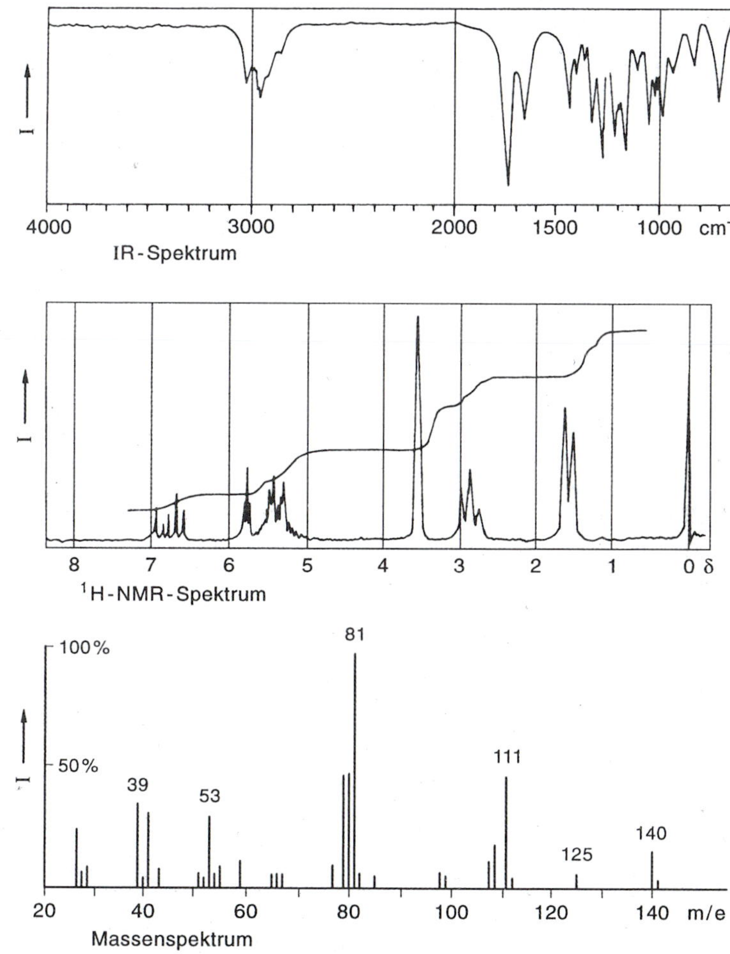

Abb. 136. Spektren zum Beispiel 3 (aus *„Analytikum“*)

- UV (in CH_3OH): λ_{max} = 205 nm mit lg ε = 4,0
- IR (als Film): Signale bei 3025, 1735, 1665, 1280, 1175, 990, 710 cm^{-1}
- MS (mit 70 eV): m/e = 141 (9% von 140), 140 (M^+), 125 (M^+-15), 111 (M^+-29), 109 (M^+-31), 81 (M^+-59).
- NMR (in CCl_4): δ = 1,66 (3H); 2,84 (2H); 3,58 (3H); 5,0-5,7 u. 5,65 (zus. 3H); 6,77 (1H, J = 15,5 Hz)

Interpretation der Daten

1. Schritt: Aus dem UV-Spektrum ergibt sich, dass weder ein Aromat vorliegt, noch konjugierte Doppelbindungen im Molekül enthalten sind. Diese erste Aussage steht in Einklang mit dem IR-Spektrum (Fehlen einer C=C-Ringschwingung bei 1500-1600 cm^{-1}) und dem NMR-Spektrum (im Aromatenbereich bei δ = 6-8 liegt nur ein Proton mit auffallendem Aufspaltungsmuster). Dem IR-Spektrum (Bereich 3025 und 1665 cm^{-1}) sowie dem NMR-Spektrum (δ = 5-7) ist zu entnehmen, dass C=C-Doppelbindungen vorhanden sind, die aufgrund des UV-Spektrums nicht konjugiert sind.

Das IR-Spektrum enthält eine auffallende Bande bei 1735 cm^{-1}, die eindeutig einer Carbonylgruppe zuzuordnen ist. Ihre Lage weist auf eine α,β-ungesättigte Estergruppe hin. Dies wird durch die C-O-Valenzschwingung bei 1280 cm^{-1} und 1175 cm^{-1} gestützt.

1. Zwischenergebnis: Es handelt sich vermutlich um einen α,β-ungesättigten Carbonsäureester des Typs

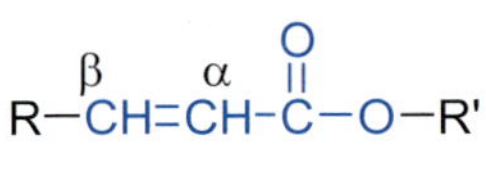

wobei R und R' nicht aromatisch und nicht konjugiert olefinisch sind.

2. Schritt: Das Massenspektrum erlaubt die Aussage: Wegen der geradzahligen Molmasse M = 140 enthält die Verbindung kein oder aber eine geradzahlige Anzahl von N-Atomen. Das Fehlen eines ausgeprägten (M^+ + 2) Signals zeigt das Fehlen von Cl-, Br- oder S-Atomen an. Die maximale Zahl der C-Atome ergibt sich aus der Intensität des (M^+ + 1)-Signals zu 9:1,1 = 8. Aus Tabellenwerken (z. B. *Silverstein-Bassler*) ermittelt man damit die Summenformel zu $C_8H_{12}O_2$.

Bei einfachen Verbindungen wie in diesem Beispiel findet man die Summenformel auch bei sinnvoller Interpretation charakteristischer Molekülbruchstücke aus dem MS. Das Signal mit m/e = 125 entsteht durch Abspaltung einer CH_3-Gruppe (M = 15) . Abspaltung einer C_2H_5-Gruppe (M = 29) führt zu dem Signal bei m/e = 111; dieses ist allerdings unspezifisch. Charakteristisch sind die Signale bei m/e = 109 und m/e = 108 für CH_3O (M = 31) bzw. CH_3OH (M = 32), die beide auf Methylester oder Methylether hinweisen. Durch Abspalten von M = 59, das den Gruppen $C_2H_3O_2$ (Methylester) oder C_3H_7O (Propylester/-ether) zugeordnet werden kann, erhält man einen nicht weiter interpretierbaren Olefinrest mit m/e = 81.

Bei der unbekannten Substanz handelt es sich offenbar um einen Methylester; dies stimmt mit dem IR- und NMR-Spektrum (Signal bei δ = 3,58) völlig überein. Die Substanz enthält daher neben den aus dem MS bekannten 8 C-Atomen wenigstens 2 O-Atome, woraus sich schon eine Teil-Molmasse von 128 errechnet. Die Differenz von 140 – 128 = 12 Masseneinheiten ist daher 12 H-Atomen zuzuordnen, womit sich erneut die Summenformel $C_8H_{12}O_2$ ergibt.

2. Zwischenergebnis: Die untersuchte Verbindung ist ein Methylester mit der Summenformel $C_8H_{12}O_2$. Ergänzter Strukturvorschlag:

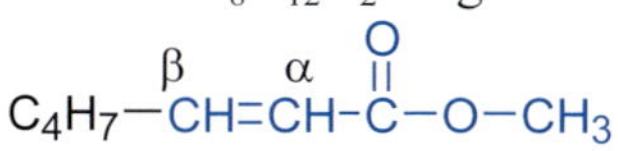

3. Schritt: Aus $C_8H_{12}O_2$ entnimmt man, dass 8 + 1 – 6 = 3 ungesättigte Struktureinheiten vorhanden sein müssen. Die Molekülgruppe C_4H_7 enthält somit noch eine C=C-Doppelbindung, deren Lage aus dem NMR-Spektrum zu ermitteln ist. Zunächst wird das Singulett bei δ = 3,58 mit 3 Protonen aufgrund seiner Lage und Erscheinungsform eindeutig der Methylgruppe des Esters (-$COOCH_3$) zugeordnet. Damit muss das Dublett bei δ = 1,66 mit 3 Protonen einer endständigen Methylgruppe entsprechen, die einer CH-Gruppe benachbart ist (=CH–CH_3). Das Signal bei δ = 2,84 mit 2 Protonen (aufgespaltenes Triplett ?) ist aufgrund seiner Lage einer Methylengruppe zuzuordnen, die (wenigstens) einer CH-Gruppe benachbart ist (=CH–CH_2–). Die restlichen 4 Protonen bei δ = 5-7 sind eindeutig olefinische Protonen.

3. Zwischenergebnis: Die Gruppe C_4H_7 des Methylesters hat folgende Struktureinheiten: CH_3–CH= und =CH–CH_2–. Daraus folgt als neuer, verbesserter Strukturvorschlag:

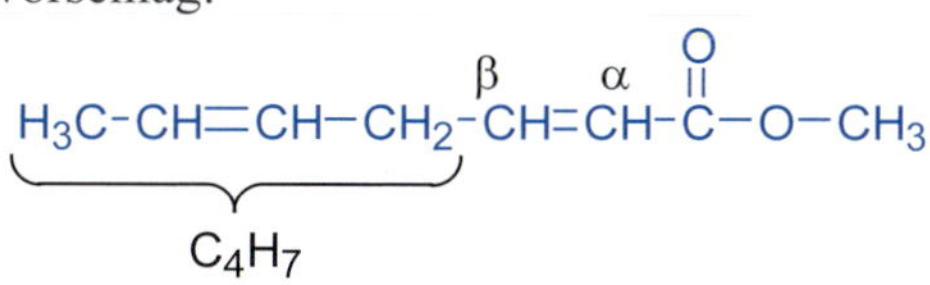

4. Schritt: Zuzuordnen sind noch die Signale der olefinischen Protonen; zusätzlich muss die Stereochemie der Doppelbindungen bestimmt werden. Das Signal bei δ = 6,77 ist aufgrund seiner Lage und seines Aufspaltungsmusters dem Proton am β-C-Atom zuzuordnen. Das Proton am α-C-Atom sowie die Protonen der zweiten Doppelbindung liegen dann bei δ = 5-5,7. Die Kopplungskonstante von J = 15,5 Hz zeigt, dass sich das Proton am β-C-Atom in *trans*-Stellung vom Proton am α-C-Atom befindet. Das IR-Spektrum steht damit in Einklang: Die Bande bei 990 cm^{-1} ist charakteristisch für eine *trans*-Deformationsschwingung.

Die *cis*/*trans*-Zuordnung der zweiten Doppelbindung ist aus diesem NMR-Spektrum kaum möglich. Im IR-Spektrum zeigt jedoch ein Signal bei 710 cm^{-1} eine *cis*-Deformationsschwingung an, so dass sich folgende Strukturformel ergibt:

Endergebnis:

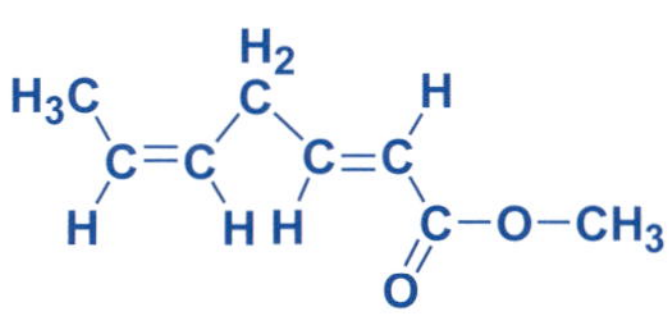

VIII. Grundlagen der chromatographischen Analysenverfahren

1 Prinzip und Mechanismen der Chromatographie; Kenngrößen

Chromatographische Verfahren dienen zur Trennung von Stoffgemischen, zur Anreicherung der einzelnen Komponenten und zu ihrer qualitativen oder quantitativen Bestimmung.

Allen Arten der Chromatographie ist gemeinsam, dass ein Stoffgemisch zwischen *zwei Phasen* verteilt wird, von denen eine ruht (stationäre Phase), während die andere beweglich ist, die *stationäre Phase* durchdringt und dabei das Substanzgemisch mitführt. Diese *mobile Phase* kann flüssig oder gasförmig sein. Übersicht s.Tabelle 46.

Die stationäre Phase besteht entweder aus adsorptionsaktivem, feinkörnigem Material *(feste Phase)* oder aus einem mit einer Flüssigkeit beladenen Träger *(flüssige Phase)*.

Die Trennwirkung beruht auf *Adsorptions-*, *Austausch-* und *Verteilungsvorgängen*, die sich auch gegenseitig beeinflussen. Von Bedeutung ist dabei die *Polarität der Phasen*: Substanzen sind polar, wenn sie ein Dipolmoment haben; Sorbentien heißen polar, wenn sie polare Substanzen bevorzugt festhalten.

1.1 Arten der Trennwirkung

a) Verteilungsvorgänge

Bei der Verteilungschromatographie, deren wichtigste Vertreter die Papier- (PC) und die Gas-Flüssigkeits-Chromatographie (GLC) sind, ist die Trennwirkung sehr hoch. Die Mengendurchsätze sind jedoch kleiner als bei anderen Verfahren, so dass man sie vorwiegend für analytische Zwecke einsetzt.

Ein poröser oder quellfähiger Träger (Cellulose, Kieselgur, Stärke etc.) wird mit einer geeigneten Flüssigkeit beladen (stationäre Phase, Abb. 137) und hält diese auch dann fest, wenn eine damit nicht mischbare Lösung oder ein Trägergas daran vorbeigeführt wird (mobile Phase). Das Substanzgemisch verteilt sich nach dem

Nernstschen Verteilungsgesetz zwischen den beiden Phasen und wandert in Abhängigkeit von dem Verteilungskoeffizienten k mehr oder weniger schnell mit der strömenden Lösung bzw. dem Gas. Im Normalfall ist die stationäre Phase stärker polar als die mobile Phase.

$$k = \frac{c_1}{c_2}$$

c_1 = Konzentration eines Stoffes in der Phase 1

c_2 = Konzentration desselben Stoffes in der Phase 2

Bedingt durch die Eigenschaften des Trägers spielen allerdings auch *Adsorptionseffekte* und ggf. ein *Ionenaustausch* eine gewisse Rolle.

Verteilungs-Chromatographie mit umgekehrter Polarität der Phasen nennt man *reversed phase chromatographie.* Dazu hydrophobiert man das anorganische Trägermaterial z. B. mit einem Silan („silanisieren“) und belädt („imprägniert“) dann mit einer lipophilen Phase (z. B. flüssiges Paraffin). Die mobile Phase muss dann stärker polar sein (z. B. Aceton/Wasser) als die stationäre Phase. Das Verfahren dient zur Trennung von Substanzen, die sich in lipophilen Systemen gut lösen. Der Name „reversed phase“ rührt daher, dass die normalerweise stark polaren Kieselgele infolge der Oberflächenbehandlung weitgehend unpolar werden und deshalb unterschiedlich polare Substanzen in – gegenüber polarem Kieselgel – umgekehrter Folge trennen.

Tabelle 46. Einteilung und Abkürzungen wichtiger chromatographischer Methoden. Die Vorsilbe HP bedeutet high performance (z. B. HPTLC).

Gas-Chromatographie (GC)			Flüssig(keits)-Chromatographie (LC, liquid chromatography)					
gas-liquid (GLC)	gas-solid (GSC)	**auf der Säule**	liquid-liquid (LLC)	liquid-solid (LSC)	ion exchange (IEC)	bonded phase (BPC)	exclusion (EC)	
							/ gel permeation (GPC)	\ gel filtration (GFC)
		in der Ebene	paper (PC)	thin layer (TLC)				

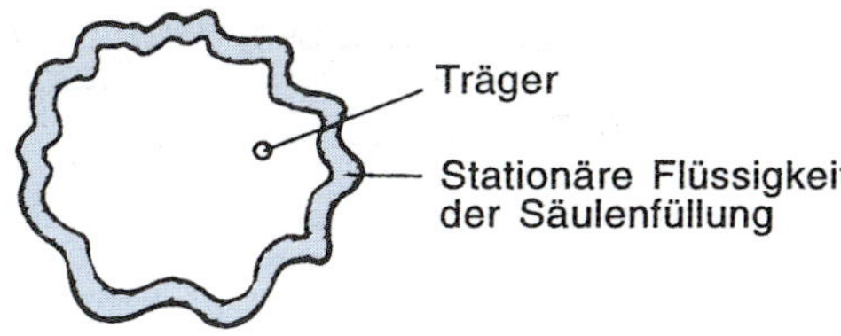

Abb. 137. Stationäre Phase bei der Verteilungschromatographie

Die getrennten Substanzen reichern sich in *Zonen* an, die im Idealfall scharf und eng begrenzt sind und die stationäre Phase durchwandern (s. S. 452). Im Fall der Papierchromatographie können sie z. B. durch *Fluoreszenz im UV-Licht* sichtbar gemacht werden, sofern sie keine Eigenfarbe haben.

Bei der Gaschromatographie werden sie mit geeigneten *Detektoren* (z. B. Flammenionisationsdetektor) erkannt.

b) Austauschvorgänge

Bei der *Ionenaustausch-Chromatographie* (IEC) stellt sich ein Austauschgleichgewicht zwischen den Ionen in der Lösung und den sogenannten Gegenionen ein, die an eine feste stationäre Phase elektrostatisch gebunden und deshalb austauschbar sind. Die stationäre Phase kann ein Kunststoff mit entsprechenden funktionellen Gruppen (Kunstharzaustauscher) oder ein natürliches bzw. künstlich hergestelltes Silicat (Zeolith, Permutit) sein. Prinzipiell unterscheidet man zwischen *Kationen-* und *Anionen-Austauschern*. Die Wanderungsgeschwindigkeit der Ionen wird meist durch den pH-Wert der Lösung bestimmt (mobile Phase).

c) Adsorptionsvorgänge

Adsorptionseffekte werden bei der *Dünnschicht-* (TLC), der *Säulen-* (LSC) und der *Gasadsorptions-Chromatographie* (GSC) zur Trennung ausgenutzt. *Adsorption nennt man die Anreicherung einer Substanz an der Oberfläche des festen Füllmaterials, das als Adsorbens oder Adsorptionsmittel bezeichnet wird* (= stationäre Phase). Das Lösemittel (oder Trägergas), die mobile Phase, darf nur schwach adsorbiert werden, da es sonst die adsorbierenden aktiven Stellen blockieren würde. Die Stärke der Adsorption hängt ab von der Aktivität des Adsorbens, d.h. seiner Affinität zum adsorbierten Stoff (dem *Adsorbat*), von der Eigenadsorption des Lösemittels und von der Löslichkeit des Stoffes in der mobilen Phase. *Äußere Faktoren* wie Druck und Temperatur spielen für das Trennergebnis vor allem in der Gaschromatographie eine entscheidende Rolle.

Tabelle 47. Eluotrope Reihe (gültig für Al_2O_3 und Kieselgel)

Zunahme der Eluotionswirkung ↓

Petrolether	Essigester
Cyclohexan	2-Butanon
Schwefelkohlenstoff	Aceton
Tetrachlorkohlenstoff	Ethanol
Toluol	Methanol
Dichlormethan	Wasser
Chloroform	Eisessig
Diethylether	
Acetonitril	
2-Propanol	

Die Lage des Adsorptionsgleichgewichts kann in weitem Umfang durch die Wahl der stationären oder mobilen Phasen beeinflusst werden (*innere Faktoren).* Ein unpolares, lipophiles Adsorbens wie Aktivkohle verhält sich anders als die hydrophilen, polaren Adsorbentien Aluminiumoxid, Kieselgel, Calciumcarbonat, Stärke und Cellulose. Vor allem Wasser wird von diesen besonders fest adsorbiert und desaktiviert daher teilweise das Adsorbens. Beim Aluminiumoxid, das in saurer, neutraler oder basischer Einstellung (entsprechend dem pH-Wert in wässriger Suspenion) erhältlich ist, unterscheidet man nach dem Wassergehalt verschiedene *Aktivitätsstufen. Für die Auswahl der mobilen Phase sind vor allem zu beachten:* hydrophile bzw. lipophile Eigenschaften der Lösemittel sowie ihre Dielektrizitätskonstanten.

Die Lösemittel werden in einer *eluotropen Reihe* angeordnet (Tabelle 47). Die Reihenfolge entspricht ihrem Vermögen, eine adsorbierte Substanz vom Adsorbens zu lösen (zu eluieren, daher auch Elutionsmittel).

1.2 Auswertung der Daten über Kenngrößen

Die Auswertung der Chromatogramme erfolgt so, dass die getrennten Substanzen durch bestimmte *Kenngrößen* charakterisiert werden. Diese sind für eine große Anzahl von Verbindungen tabelliert und können daher in vielen Fällen zur Identifizierung verwendet werden.

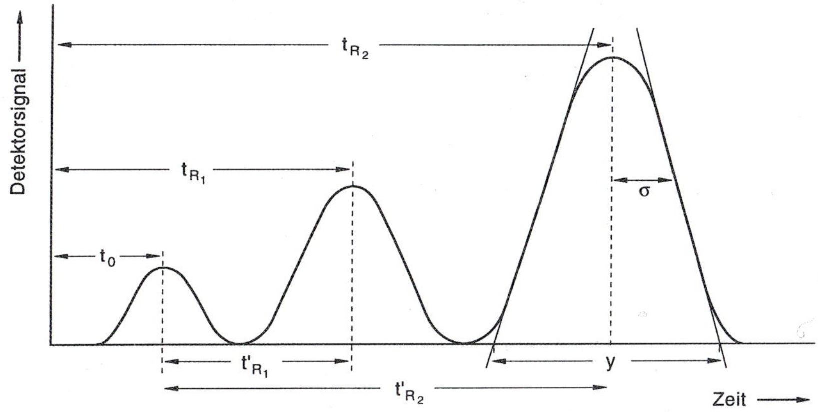

Abb. 138. Erläuterung der wichtigsten Parameter zur Charakterisierung einer Trennung. t_0 = Totzeit der Trennsäule (Elutionspeak einer nicht zurückgehaltenen Substanz). t_{R1}, t_{R2} = Retentionszeiten der Komponenten 1, 2, ...; t_{R1}'; t_{R2}' , ... = effektive Retentionszeiten der Komponenten 1, 2 ...; y = Basisbreite des Peaks (Schnittpunkt der Wendetangenten mit der Null-Linie; σ = Varianz der Gauß-Kurve)

Im Allgemeinen beziehen sich die Kenndaten darauf, wie lange eine Substanz braucht, bis sie vom Ausgangspunkt (z. B. Einlass) zum Endpunkt (z. B. Detektor) gelangt, d.h. wie stark sie zurückgehalten wird (Retention), Abb. 138.

Kenngrößen bei der Gas- und Säulenchromatographie

Als *Retentionszeit* bezeichnet man in der *Gas- und Säulen-Chromatographie* die Zeit, die vom Start bis zum Auftreten des Substanzmaximums verstrichen ist. Sie ist um die sog. *Totzeit* zu verringern, die ein Flüssigkeits- oder Gasstrom (mobile Phase) benötigt, um von der Einlassstelle zum Detektor zu gelangen. Daraus ergibt sich die *effektive Retentionszeit* t_R'. Bei konstanter Strömungsgeschwindigkeit strömt in dieser Zeit ein bestimmtes Gasvolumen, das sog. *effektive Retentionsvolumen* V_R', durch die Säule. Häufig gibt man auch nur die *relative Retention* in Bezug auf einen Standard an, den man der Probe zumischt (effektive Retentionszeit des Standards t_S). Die relative Retention ist dann

$$R_{rel} = \frac{t_R}{t_S}$$

Die Retentionszeiten können bei isothermer Arbeitsweise direkt als *Längen* aus dem aufgezeichneten Chromatogramm entnommen werden, sofern der Schreiber einen konstanten Papiervorschub hat.

Kenngrößen bei der Papier- und Dünnschicht-Chromatographie

In der *Dünnschicht- und Papierchromatographie* gibt man meist die sog. *R_F-Werte* an (retention factor, ratio of fronts). Sie werden wie folgt ermittelt:

$$R_F = \frac{\text{Entfernung Start} \leftrightarrow \text{Substanzfleck (Mitte)}}{\text{Entfernung Start} \leftrightarrow \text{Lösemittelfront}}$$

Die Komponenten eines Substanzgemisches werden auch hier durch ihre Wanderungsgeschwindigkeit charakterisiert. Zur Sicherheit lässt man meist bei einem Chromatogramm eine bekannte *Vergleichssubstanz* mitlaufen, um Veränderungen der R_F-Werte z. B. durch Temperaturschwankungen, Verunreinigungen des Lösemittels, Inhomogenitäten der festen Phase usw. kontrollieren zu können.

Manchmal gibt man daher zusätzlich sog. *R_{St}-Werte* an. Für diese gilt:

$$R_{St} = \frac{\text{Entfernung Start} \leftrightarrow \text{Probensubstanzfleck}}{\text{Entfernung Start} \leftrightarrow \text{Standardsubstanzfleck}}$$

1.3 Charakterisierung der Trennleistung bei der Säulen-Chromatographie

Die Trennleistung einer Säule wird durch die Anzahl der sog. *theoretischen Böden* angegeben. Ein theoretischer Boden ist eine gedachte Ebene innerhalb einer Säule, bei der sich ein Gleichgewicht zwischen mobiler und stationärer Phase einstellt. Der Begriff „Boden" stammt aus der Destillationstechnik.

Ähnlich wie bei einer Destillation (s. S. 482) die Dampfphase an einer Komponente angereichert ist, kann bei der Säulenchromatographie auch die mobile Phase bestimmte Komponenten bevorzugt transportieren, so dass schließlich eine Trennung des Substanzgemisches stattfindet.

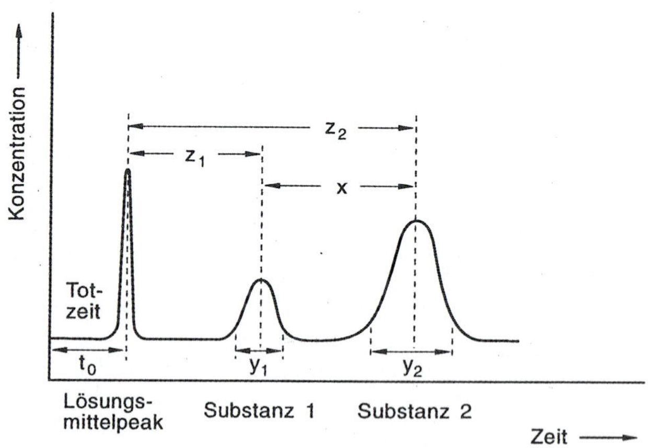

Abb. 139. Trennleistung bei der Säulenchromatographie

Erläuterung zu Abb. 139:

Die Auflösung, d.h. die Trennwirkung, ist gegeben durch

$$R = \frac{x}{(y_1 + y_2)/2} = \frac{2x}{y_1 + y_2}$$

x = Strecke zwischen beiden Signalmitten; y = Basis-Breite der Signale (Schnittpunkte der Nullinie mit den Wendepunktstangenten, vgl. Abb. 138).

Die Anzahl N der theoretischen Böden einer Säule ist $N = 16(z/y)^2$.

z = Entfernung Substanzpeak ↔ Lösemittelpeak (also Differenz der Elutionszeit des Lösemittels und der Komponenten).

Im Idealfall wäre $N = 16(z_1/y_1)^2 = 16(z_2/y_2)^2$, d.h. unabhängig von der wandernden Substanz.

Experimentelle Bestimmung der Trennleistung

Das *Höhenäquivalent eines theoretischen Bodens* (HETP: height equivalent to a theoretical plate) ist

$$H = \frac{L}{N}$$ L = Länge der Säule, N = Anzahl der theoretischen Böden.

Je kleiner H, desto geringer ist die Bandenverbreiterung d und desto besser ist die Trennleistung einer Säule. Bei gegebener Säulenlänge L ist H um so kleiner, je größer N ist. Die *Bandenbreite* ist von N abhängig und wird vor allem durch drei Parameter A, B, C (Störeffekte) beeinflusst:

A Wanderung von Substanzen durch Poren und Kanäle unterschiedlicher Länge (Umwegeffekt). A hängt von der Partikelgröße ab.

B Molekulardiffusion; diese macht sich vor allem bei kleinen Elutionsgeschwindigkeiten bemerkbar.

C Massentransfer. Bei hohen Durchflussgeschwindigkeiten wird die Gleichgewichtseinstellung zwischen mobiler und stationärer Phase unvollständig sein.

Daraus entwickelte *van Deemter* die nach ihm benannte Gleichung für H:

$$H = A + \frac{B}{v} + C \cdot v$$

v = Durchflussgeschwindigkeit, A, B, C = Konstanten.

In der Praxis wird H zunächst experimentell bei verschiedenen Durchflussgeschwindigkeiten v ermittelt und dann als Funktion von v graphisch dargestellt (Abb. 140). Man erhält einen Kurvenzug, aus dem sich die optimale Elutionsgeschwindigkeit ermitteln lässt.

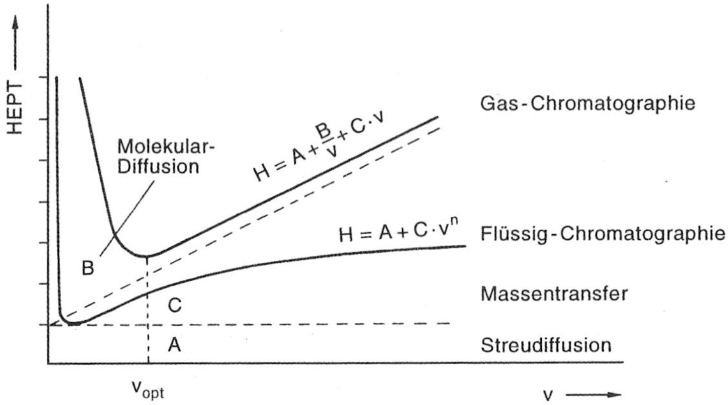

Abb. 140. Graphische Darstellung der van Deemter-Gleichung mit den Regionen der Parameter A, B, C

1.4 Zonenbildung

Bei der praktischen Durchführung einer chromatographischen Trennung stellt man fest, dass die Zonen, in denen die getrennten Substanzen laufen, sich ständig verbreitern.

Der Grund für die Ausbildung von Zonen ist die statistische Verteilung der besprochenen Störeffekte; dabei verlassen die einzelnen Moleküle derselben Substanz die Säule zu verschiedenen Zeiten. Die Verbreiterung kann durch verschiedene Faktoren auf ein Mindestmaß verringert werden, z. B. durch geeignete Wahl von mobiler und stationärer Phase, Auftragen einer möglichst konzentrierten Probe etc.

Abb. 141 zeigt verschiedene Arten der Zonenbildung. *Substanz 1* wird stärker adsorbiert und befindet sich größtenteils in der stationären Phase ($c_S > c_L$). *Substanz 2* wurde vom Elutionsmittel weitertransportiert ($c_S < c_L$).

I zeigt den Idealfall mit eng begrenzten, scharfen Zonen und guter Trennung beider Substanzen.

II berücksichtigt die statistische Verteilung infolge Diffusion (Glockenkurve).

III *zeigt die realen Verhältnisse*: Durch die sich ständig wiederholenden Adsorptions-Desorptionsvorgänge treten Konzentrationsänderungen ein. Bei niedriger Konzentration erfolgt eine relativ stärkere Adsorption: es kommt zur *Schwanzbildung (tailing)*.

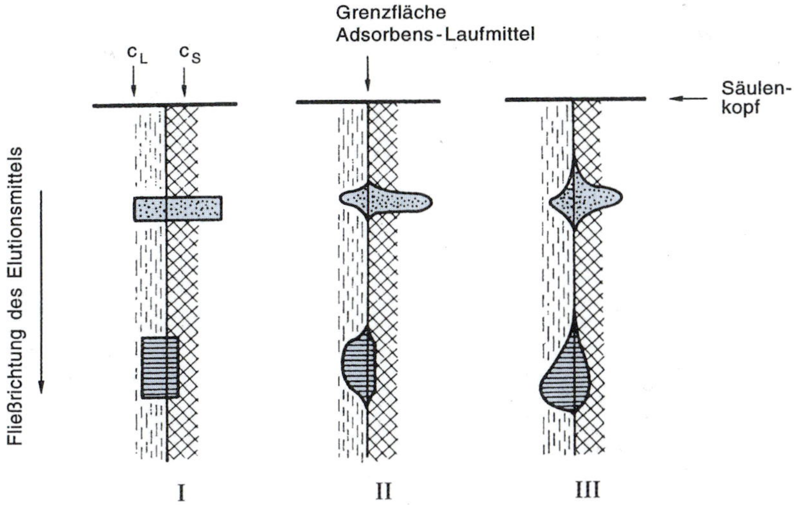

Abb. 141. Zonenbildung bei der Adsorptionschromatographie
$\hat{=}$ c_S = Konzentration in der stationären Phase; = Substanz 1
$\hat{=}$ c_L = Konzentration im Laufmittel; = Substanz 2

2 Papierchromatographie (PC)

Die Papierchromatographie verwendet als *stationäre Phase* reine *Cellulose* (ohne Leim oder Zusatzstoffe etc.) in Form von Filterpapieren. Die Cellulosefaser ist entweder schon mit Wasser benetzt oder man lässt das wasserhaltige, organische Laufmittel durchsickern, so dass ein Teil des Wassers vom Papier adsorbiert werden kann und mit ihm zusammen die stationäre Phase bildet. Als *mobile Phase* verwendet man z. B. wasserhaltiges n-Butanol, Phenol oder Kresol.

Für die einzelnen Substanzklassen wie Aminosäuren, Peptide, Zucker, Nucleotide, Phenole, Steroide usw. werden außer den reinen Cellulosepapieren bestimmter Saugfähigkeit und sehr gleichmäßiger Textur auch Spezialpapiere verwendet. Hierzu gehören acetyliertes Papier für Fettsäuren, Aromaten und Insektizide, *Carboxylpapier* für Aminosäuren u.a.

Die gelöste Substanzprobe (ca. 20 μg je Komponente) wird am sog. *Startpunkt* als möglichst kleiner Substanzfleck (Ø max. 5 mm) auf dem Papierstreifen aufgetragen und trocknen lassen. Danach wird das Papier in einer *Trennkammer* in eine mit Laufmittel gefüllte Schale gehängt oder gestellt, z. B. in Form eines Papierrohres.

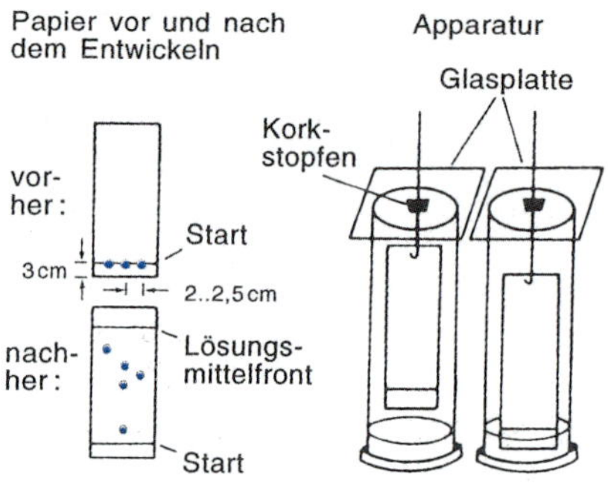

Abb. 142. Aufsteigende PC

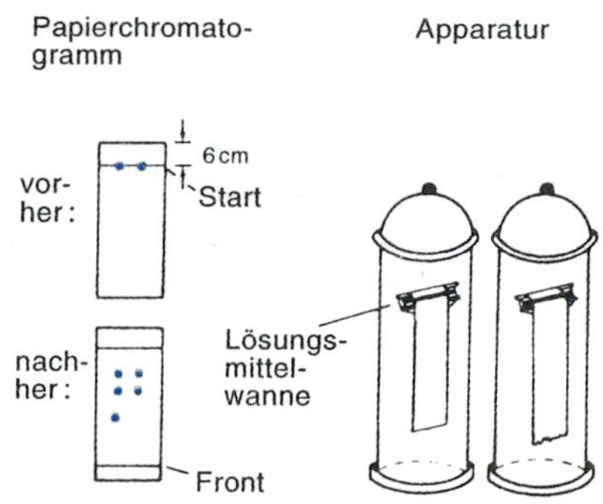

Abb. 143. Absteigende PC

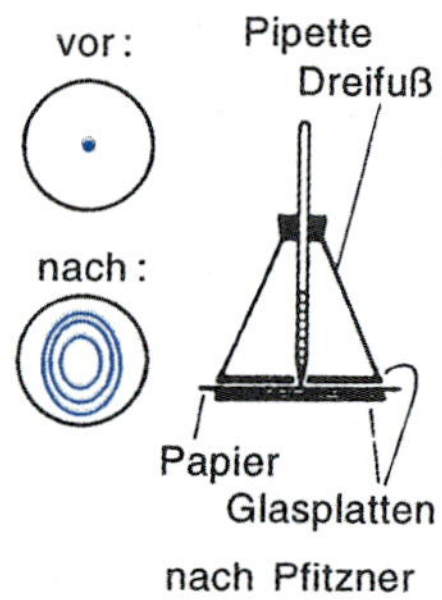

a Tropfmethode

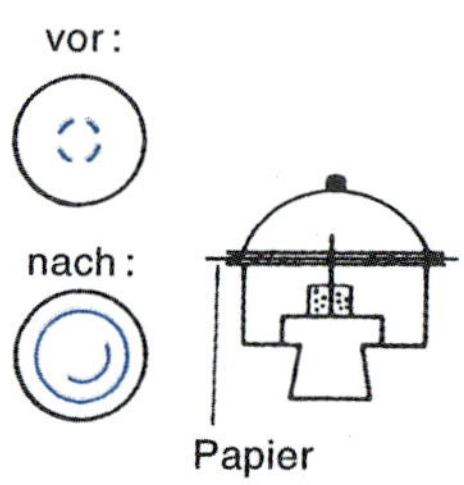

b Saugmethode

Abb. 144 a u. b. Zirkulare Papier-Chromatographie

Hinweis: Grundsätzlich wird immer rechtwinklig zur herstellungsbedingten Faserstruktur chromatographiert, die durch den *Wassertropfen-Test* ermittelt wird. Ein Wassertropfen breitet sich nämlich ellipsenförmig am stärksten in Faserrichtung aus.

Bei der *aufsteigenden Chromatographie* läuft die Lösemittelfront nach oben (Abb. 142, Papierhöhe bis 30 cm). Da die Schwerkraft den Kapillarkräften entgegenwirkt, nimmt die Sauggeschwindigkeit allmählich immer stärker ab, d.h. *die Laufstrecke ist begrenzt*.

Diesen Nachteil vermeidet die *absteigende Methode* (Abb. 143), bei der das Papier über den Rand einer Wanne herabhängt und nur mit seinem oberen Ende in die mobile Phase eintaucht. Die Trennung erfolgt schneller, da die Schwerkraft zusätzlich wirkt. Es gibt keine Begrenzung der Laufstrecke *(Durchlaufchromatographie)*, jedoch muss hier evtl. auf die Angabe eines R_F-Wertes verzichtet werden.

Seltener angewendet wird die *radial-horizontale Methode (Zirkularchromatographie)*. Dabei läuft die mobile Phase von der Mitte eines Rundfilters aus kontinuierlich nach außen. Das Laufmittel wird von oben aufgetropft (Abb. 144a) oder mit Hilfe eines Papierdochtes von unten angesaugt (Abb. 144b).

Bei allen Verfahren darf das Lösemittel während der Durchführung der Trennung nicht verdunsten (Reproduzierbarkeit des Ergebnisses!). Man verwendet deshalb geschlossene Apparaturen (meist Glaskammern), deren Atmosphäre mit den Dämpfen des verwendeten Lösemittelgemisches gesättigt ist. Das Chromatographie-Papier sollte die Kammerwände nicht berühren (Verfälschung der Ergebnisse durch Kapillareffekte).

Ist die Lösemittelfront weit genug gewandert, markiert man sie und lässt das Papier trocknen.

Zum Nachweis der einzelnen Substanzflecken werden diese, sofern sie keine Eigenfarbe haben, mit einem *Sprühreagenz* besprüht, das mit den Substanzflecken Farbeffekte gibt („*Entwicklung*", z. B. mit Ninhydrin bei Aminosäuren). Oft hilft es auch, das Chromatogramm im *UV-Licht* zu betrachten, falls die Substanzen entsprechend absorbieren.

Abb. 145 zeigt ein fertig entwickeltes Chromatogramm.

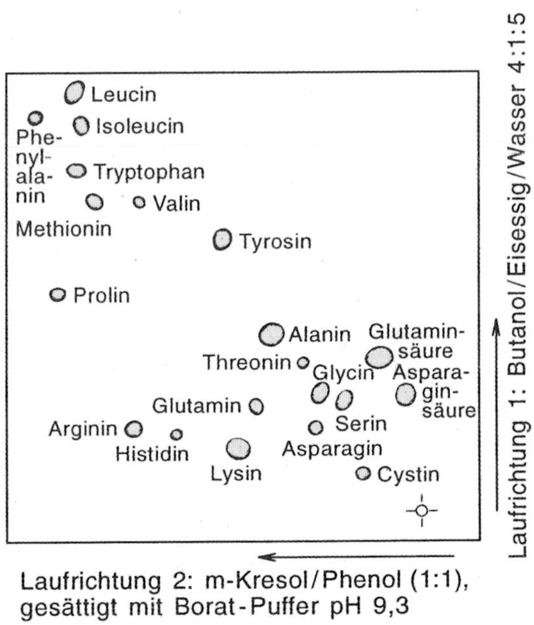

Abb. 145. Zweidimensionale papierchromatographische Trennung von 20 Aminosäuren (nach A.L. Levy und D. Chung; Analytic Chem. *25*, 396 (1953))

Quantitative Auswertung

Eine quantitative Auswertung des Chromatogramms ist möglich durch das *Auswaschen der Substanz und anschließende Mikroanalyse.* Hierzu muss man allerdings mehrere Chromatogramme laufen lassen, um aus einem, z. B. mit Hilfe der Sprühreagenzien, die Lage der Substanzflecken bestimmen zu können.

Man kann aber auch das Chromatogramm mit einem geeigneten Reagenz entwickeln und anschließend mit einem Spektralphotometer die Intensitäten des reflektierten Lichts bzw. der Fluoreszenz-Strahlung ausmessen *(photometrieren).* Ein anderes Verfahren bestimmt die Durchlässigkeit des Substanzflecks im Vergleich zu einer fleckenfreien Stelle. Die einfachste Methode ist die *Bestimmung der Fleckengröße* mit einem Planimeter oder durch Ausschneiden und Auswiegen entsprechender Papierstücke der Probe und der Vergleichssubstanz. Der Fehler bei diesem Verfahren beträgt etwa 10%.

3 Dünnschichtchromatographie (DC)

Die Dünnschichtchromatographie erlaubt die Trennung größerer Substanzmengen, benötigt kürzere Trennzeiten und bringt meist eine bessere Auftrennung eines Gemischs als die Papierchromatographie. Sie ist eine Adsorptionschromatographie, bei der auch Verteilungsgleichgewichte eine Rolle spielen. Die stationäre Phase ist eine Adsorbensschicht, die auf Glasplatten, Aluminium- oder Kunststoff-Folien als Träger aufgebracht wird. Man kann entweder fertig beschichtete Platten kaufen oder mit Hilfe eines Streichgerätes eine ca. 250 µm starke Adsorbensschicht selbst auftragen.

Schnellverfahren: Zwei trockene saubere Objektträger werden Rücken an Rücken in eine Adsorbenssuspension getaucht (25 g Kieselgel oder 60 g Aluminiumoxid in ein Gemisch aus 65 ml $CHCl_3$ und 35 ml CH_3OH). Man zieht sie langsam heraus, lässt kurz abtropfen, trennt und lässt 5 min trocknen. Die Kanten werden ausgeglichen, indem man eine geringe Menge Adsorbens entfernt.

Die Variationsbreite für das Adsorbens ist sehr groß. Es gibt verschiedene Adsorbentien wie Kieselgele, Aluminiumoxide, Cellulose, Polyamide usw., die teilweise mit einem Fluoreszenzindikator versehen sind. Auf derart beschichteten Platten werden bei Bestrahlung mit UV-Licht (λ = 254 nm) alle Substanzen sichtbar, die oberhalb 230 nm absorbieren (unabhängig von einer evtl. Eigenfluoreszenz). Auch die Imprägnierung mit Metallsalzen (Abb. 146) kann die Trennwirkung verbessern.

Die Substanzproben werden analog zur Papierchromatographie an einem Ende einer Platte aufgetragen.

Praktische Hinweise für 20 cm Platten: Startlinie ca. 15 mm vom unteren Plattenrand, Probenabstand mind. 10 mm, Probenmenge 0,5-3 µg in 1-3 µl Lösung, Substanzfleckdurchmesser max. 3 mm. Zum Auftragen genügt ein fein ausgezogenes Schmelzpunktröhrchen, wobei die Sorptionsschicht nicht beschädigt werden sollte. Nach dem Antrocknen wird die Platte in einem Entwicklungstank, meist einem Glasgefäß, mit dem

Laufmittel in Berührung gebracht (Abb. 146). *„Entwickeln"* heißt in diesem Fall die Trennung der Probe mit Hilfe des Lösemittels (mobile Phase). Es können, unter Beachtung der eluotropen Reihe, die gleichen Laufmittel wie in der Papierchromatographie verwendet werden.

Schnelltest zur Wahl von Laufmittel und Adsorbens: In der Mitte eines punktförmigen Probenflecks lässt man etwas Lösemittel aus einer fein ausgezogenen Pipette ausfließen, bis sich eine Fläche von ca. 15 mm Durchmesser gebildet hat. Dabei sollte sich das Gemisch in ringförmige Substanzzonen trennen. Andernfalls variiert man die Polarität des Lösemittels, indem man vom weniger zum höher polaren fortschreitet.

Die Entwicklung wird beschleunigt, wenn man den Luftraum der Kammer mit Lösemitteldämpfen sättigt. Dies geschieht am einfachsten durch ein eingebrachtes Filterpapier (Abb. 146). Eine optimale Trennung ist meist nach einer Fließmittellaufstrecke von ca. 10 cm erreicht. Die Lösemittelfront wird nach dem Herausnehmen der Platte aus der Kammer sofort markiert, da das Lösemittel rasch verdunstet.

Die meistbenutzte Methode ist die *aufsteigende Chromatographie.* Weitere Verfahren wie Mehrfach-Entwicklung, Stufentechnik, zweidimensionale Trennungen (analog Abb. 145) oder Gradienten-Techniken sind in den bekannten Handbüchern beschrieben.

Die qualitative (R_F-Werte) *und quantitative Auswertung geschieht analog zur Papierchromatographie.*

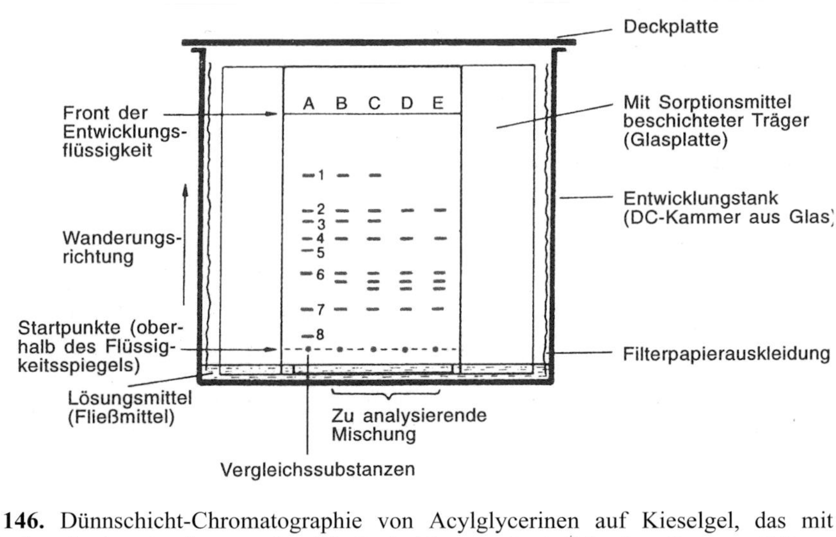

Abb. 146. Dünnschicht-Chromatographie von Acylglycerinen auf Kieselgel, das mit $AgNO_3$ imprägniert ist (wegen der Wechselwirkung mit Ag^+ laufen die ungesättigten Verbindungen langsamer). A = Synthetisches Gemisch, B = Schweineschmalz, C = Kakaobutter, D = Baumwollsamenöl, E = Erdnußöl. Die Flecken sind (1) Tristearin, (2) 2-Oleodistearin, (3) 1-Oleo-distearin, (4) 6-Triolein, (7) Trilinolein und (8) Monostearin

Auch für die Sichtbarmachung verwendet man neben UV-Licht die bekannten Sprühreagenzien, mit denen viele Substanzen charakteristische Farbreaktionen geben. Im Labor sind mit Ioddampf gesättigte Glasgefäße (Iodkammern) sehr beliebt (es bilden sich gefärbte Iod-Komplexe). Üblich ist auch das Besprühen mit Schwefelsäure und damit das Verkohlen der Substanzen.

Da viele Farbflecke nicht beständig sind, empfiehlt es sich, sie mit einer Nadel zu umreißen, wodurch die Dokumentation erleichtert wird.

Die Dünnschichtchromatographie findet als einfache, schnelle und preiswerte Standardmethode für Substanztrennungen in praktisch allen analytischen Gebieten der Naturwissenschaften und Medizin Anwendung.

Präparative Dünnschichtchromatographie

Für die Trennung größerer Substanzmengen wurden aus den analytischen Trennmethoden verschiedene präparative Trennverfahren entwickelt. Hierzu gehören die präparative Gaschromatographie, die präparative Dünnschichtchromatographie und die Säulenchromatographie.

Bevor man einen präparativen Trennversuch unternimmt, macht man meist mit einer kleinen Substanzprobe einen Vorversuch auf einer Dünnschichtplatte und wählt nach dem Ergebnis des Vorversuchs Laufmittel und Adsorbens für die Trennung in größerem Maßstab aus.

Die präparative Dünnschichtchromatographie verwendet Sorptionsmittelschichten von 1,5-2 mm Dicke („Dickschichtchromatographie“) und Trägerplatten von 20-100 cm Länge (bei 20 cm Breite). Die Entwicklungsdauer ist kürzer als bei der Säulenchromatographie. Die mit den getrennten Substanzen beladenen Sorptionsmittelschichten werden nach der Entwicklung von der Glasplatte abgekratzt und mit geeigneten Lösemitteln eluiert.

Die aufzutrennende Probenmenge kann bei einer Plattengröße 20 x 20 cm bis zu 1 g betragen.

4 Säulenchromatographie (SC)

Für Probenmengen ab 1 g wird häufig die Säulen-Adsorptionschromatographie eingesetzt. Der Trennvorgang erfolgt hierbei in einem Rohr, in dem sich eine feste stationäre Phase befindet, die von einer flüssigen, mobilen Phase durchdrungen wird.

Anmerkung: Auch bei anderen Verfahren wie Gaschromatographie, Ionenaustausch- und Gelchromatographie werden Säulen zur Trennung benutzt, ohne dass sie speziell als Säulenchromatographie bezeichnet würden.

Arbeitstechnik

Im Allgemeinen verwendet man als Trennsäule ein senkrecht stehendes Glasrohr mit einem Verhältnis Länge : Durchmesser $\geq$ 20:1. Der untere Teil des Rohres wird verengt und ist mit einem (möglichst ungefetteten) Hahn versehen, um den Lösemitteldurchfluss regulieren zu können (Abb. 147). Zuerst wird ein Glaswollepfropfen eingebracht – sofern keine Glasfritte eingeschmolzen ist –, um ein Herausfließen des Adsorbens zu verhindern. Watte ist weniger brauchbar, da z. B. zugesetzte optische Aufheller die Auswertung über ein Photometer stören können. Das Adsorbens wird meist im Elutionsmittel (Laufmittel) aufgeschlämmt und als Suspension in die senkrecht stehende Säule von oben eingefüllt. Dabei lässt man das Laufmittel teilweise langsam auslaufen, um das Absetzen des Adsorbens zu beschleunigen. Die Suspension muss klumpen- und blasenfrei sein (evtl. mit Ultraschall entgasen). Man rechnet mit wenigstens 50-100 g Adsorbens pro g Probe. Feinere Körnung erhöht die Trennwirkung (kürzere Säulen), erfordert jedoch einen höheren Laufmitteldruck. Bei portionsweiser Zugabe füllt man Schichthöhen von ca. 10 cm ein, wobei man leicht gegen die Säule klopft, die zu max. 2/3 mit Adsorbens gefüllt wird. Beachte die Volumenvergrößerung bei der Herstellung von Kieselgel-Suspensionen! Die Zugabe der nächsten Portion muss erfolgen, bevor sich die erste vollständig abgesetzt hat, da sich sonst störende Schichten bilden. Die fertige Säulenfüllung muss frei sein von Luftblasen und Rissen und sollte möglichst gleichmäßig gefüllt sein. Sie darf auch nicht trockenlaufen, d.h. sie muss stets mit Lösemittel bedeckt sein.

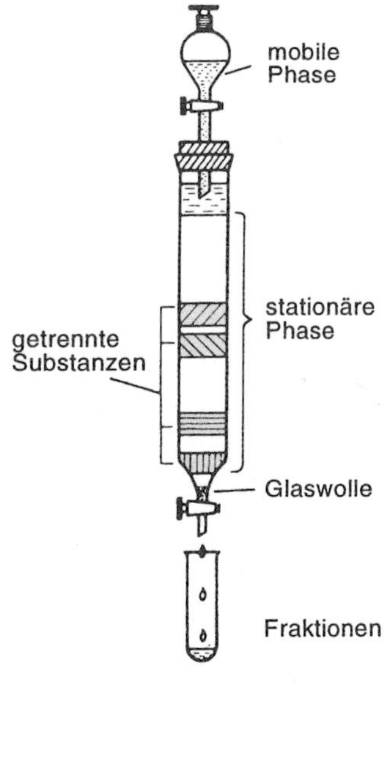

Abb. 147. Säulenchromatographie

Übliche Adsorbentien sind verschiedene Aluminiumoxide und Kieselgele. Für die Lösemittel gilt die bekannte eluotrope Reihe.

Die Adsorbentien werden mit verschiedenen Porendurchmessern (Körnung) geliefert, *Aluminiumoxide* ferner als neutral (pH 7,5), basisch (pH 9,0) oder sauer (pH 4,0). *Kieselgele* haben in 10% wässr. Suspension pH-Werte von 5,5-7,5. Die Aktivität der Oberflächen kann durch Zugabe von Wasser vermindert werden. Tabelle 48 zeigt, wie sich verschiedene Aktivitäten (nach Brockmann) einstellen lassen. Tabelle 49 gibt einen Überblick über die Reihenfolge der Aktivität verschiedener Materialien. Die Wahl der drei wichtigsten Faktoren wird durch die *Dreiecksregel* in Abb. 148 erleichtert.

Tabelle 48. Erforderliche Wasserzugabe in % für bestimmte Aktivitätsstufen

	Wasser-Gehalt [%]	
Stufe	Al_2O_3	Kieselgel
I	–	–
II	3	10
III	6	12
IV	10	15
V	15	20

Tabelle 49. Verschiedene Adsorbentien

Cellulose	niedrig	
Stärke	↓	
Zucker	↓	
Calciumsulfat	↓	Zunahme der
Kieselgel	↓	Aktivität
Florisil (Magnesiumsilicat)	↓	
Magnesiumoxid	↓	
Aluminiumoxid	↓	
Aktivkohle (aktiviert)	hoch	

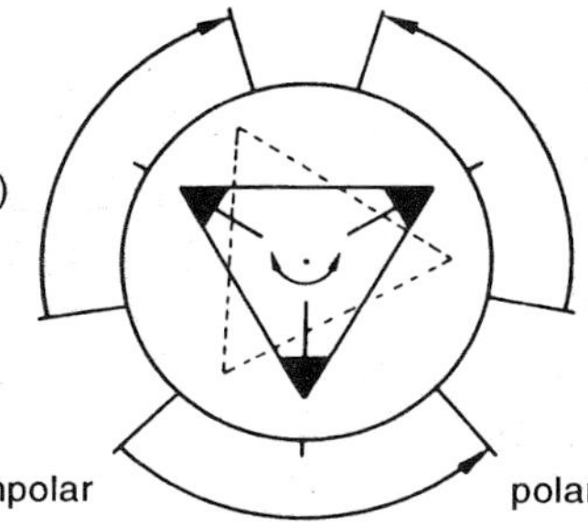

Abb. 148. Orientierungsschema zur Adsorptions-Chromatographie

Das Dreieck ist in der Mitte drehbar. Man gibt eine Größe vor und stellt eine Ecke hierauf ein. Die beiden anderen Ecken zeigen dann auf die gesuchten Eigenschaften der übrigen Komponenten.

Käufliche Fertigsäulen erleichtern eine Reproduzierbarkeit der Trennung und können mehrfach verwendet werden. Das zu trennende Gemisch wird in möglichst konzentrierter Form mit Hilfe einer Pipette auf eine Filterpapierscheibe aufgetragen, welche die Adsorbensfüllung nach oben abschließt. Alternativ stellt man sich eine Suspension aus Probenlösung und Adsorbens her, womit man vorsichtig die Säulenfüllung überschichtet. Anschließend lässt man das Laufmittel behutsam nachlaufen und regelt die Auslaufgeschwindigkeit mit dem Hahn.

Die *Lösung des Substanzgemisches* strömt als mobile Phase unter dem Einfluss der Schwerkraft über das Adsorbens. Die einzelnen Komponenten werden je nach ihrer Affinität zum Lösemittel und zur stationären Phase verschieden stark *adsorbiert.* Sie wandern daher im Laufe der Zeit als *Zonen* verschieden schnell durch die Säule. Die am schwächsten adsorbierte Substanz erscheint zuerst am Säulenende im *Eluat.* Dieses wird (z. B. mit automatischen Fraktionssammlern) in Fraktionen geeigneter Größe aufgefangen.

Durchflussgeschwindigkeit: 1-5 ml pro cm^2 Rohrquerschnitt pro Stunde.

Tabelle 50 gibt die Reihenfolge an, in der verschiedene Verbindungsklassen i.a. eluiert werden, in Abhängigkeit von der Polarität ihrer funktionellen Gruppe.

Falls die eluierende Kraft des eingesetzten Lösemittels nicht ausreicht, verwendet man gemäß der *eluotropen Reihe* zusammengesetzte Laufmittelgemische *(fraktioniertes Auswaschen).*

Tabelle 50. Elution verschiedener Verbindungen

Kohlenwasserstoffe	leicht	
Olefine		
Ether		
Halogenverbindungen		Zunahme der
Aromaten		Adsorption =
Ketone		Abnahme der Elutions-
Aldehyde		geschwindigkeit
Ester		
Alkohole, Amine, Merkaptane		
Säuren und starke Basen	schwer	

Detektion

Bei UV-absorbierenden Stoffen können die einzelnen Fraktionen mit einem *Durchflussphotometer* registriert werden. Andere Substanzen müssen z. B. mittels *Dünnschichtchromatographie* in den einzelnen Fraktionen getrennt nachgewiesen werden.

Anwendungsbereich

Die Säulenchromatographie wird meist zur Auftrennung von Substanzgemischen, manchmal aber auch zur Abtrennung von Verunreinigungen benutzt. Bei geeigneter Wahl von Adsorbens und Laufmittel bleiben die Verunreinigungen auf der Säule hängen, und die reine Substanz befindet sich im Eluat.

5 Gaschromatographie (GC)

Die Gaschromatographie ist ein Verfahren zur Trennung von Gemischen, die gasförmig vorliegen oder vollständig verdampft werden können. Als mobile Phase dient ein Gas (H_2, He, N_2, Ar, CO_2), das als *Trägergas* den Stofftransport übernimmt und durch eine *Trennsäule* (Durchmesser 1-20 mm, Kapillarsäulen 0,2-1 mm) aus Metall, Glas oder Kunststoff (Länge 0,3-30 m) strömt. Die Säule enthält die stationäre Phase.

Im Falle der **Gas-Adsorptionschromatographie** ist dies ein Festkörper mit adsorptiv wirksamer Oberfläche wie Kieselgel, Aktivkohle, Aluminiumoxid, Molekularsiebe oder Harze verschiedener Porenweite („Poropak"). Bei der **Gas-Flüssigkeitsverteilungschromatographie** handelt es sich um eine Flüssigkeit (Squalan, Siliconöle, Ester, Glykole etc.) auf einem indifferenten

Träger (Abb. 137). Dieser kann ein saugfähiges Füllmaterial (Kieselgur, Tone) oder die Kapillarwand selbst sein (Flüssigkeitsfilm bei Kapillarsäulen).

Die erforderlichen Trennsäulen sind käuflich, können aber mit viel Erfahrung auch selbst hergestellt werden. *Bekannte Trägermaterialien sind*: Chromosorb G, P, W, die aus geglühtem Kieselgur hergestellt werden, Chromosorb T aus Teflonfasern und Carbopack C aus graphitisiertem Kohlenstoff. Die Träger können vorbehandelt werden: NAW = non acid washed, AW = acid washed, KOH washed, DMCS = Dimethyldichlorsilan behandelt etc. Die Vorbehandlung verringert i.a. die Aktivität des Trägers. Die kleineren Korngrößen (0,125–0,150 mm) verwendet man meist für kürzere Säulen. Für längere Säulen sind oft Fraktionen mit 0,180–0,250 mm besser geeignet.

Die *Auswahl der Trennflüssigkeiten* erfolgte früher nach der Faustregel: a) inert, b) Dampfdruck < 0,5 Torr bei der beabsichtigten Arbeitstemperatur und c) ähnliche Polarität wie die Analysensubstanz. Heute wird die Trennphase in zunehmendem Maße anhand von experimentell ermittelten *Kennwerten* ausgewählt (z. B. mit Hilfe der Rohrschneider- oder Mc Reynolds-Konstanten). Bei diesen Kennwerten handelt es sich um die *Differenz im Retentionsindex* für verschieden polare Verbindungen wie Benzol, Butanol, Nitropropan, Pyridin usw. Dazu lässt man diese Substanzen über die unpolare Standardphase Squalan laufen und zum Vergleich über andere stationäre Phasen wie Ester, Glykole etc. und ermittelt die Retentionsindices.

Die daraus erhaltenen Kennwerte sind charakteristisch für die einzelnen chemischen Substanzklassen in bezug auf eine bestimmte Trennphase. Beim Arbeiten mit den tabellierten Kennwerten bedeutet ein hoher Wert z. B. der Konstanten für Benzol, dass die betreffende Substanzklasse – hier die Aromaten – von der Trennphase stark zurückgehalten wird.

Arbeitstechnik (Abb. 149)

Die Substanzprobe wird in einem heizbaren *Probenkopf* aufgegeben, darin, falls erforderlich, verdampft und vom Gasstrom durch die Säule geführt. Flüssigkeiten werden z. B. mit einer Injektionsspritze durch ein Septum in den Probenkopf gespritzt. In der Säule verteilt sich die Substanz entsprechend den Verteilungskoeffizienten zwischen Gas und Flüssigkeit und wird mehr oder weniger stark adsorbiert.

Die so getrennten Komponenten werden am Ende der Trennsäulen mit Hilfe eines *Detektors* registriert. Die *Arbeitstemperatur* (0-400°C) richtet sich nach dem Trennproblem: Sie kann entweder konstant gehalten *(isotherme Arbeitsweise)* oder nach einem frei wählbaren Programm variiert werden. Die auswechselbaren Säulen sind daher meist in einen heizbaren *Thermostaten* („Ofen“) eingebaut.

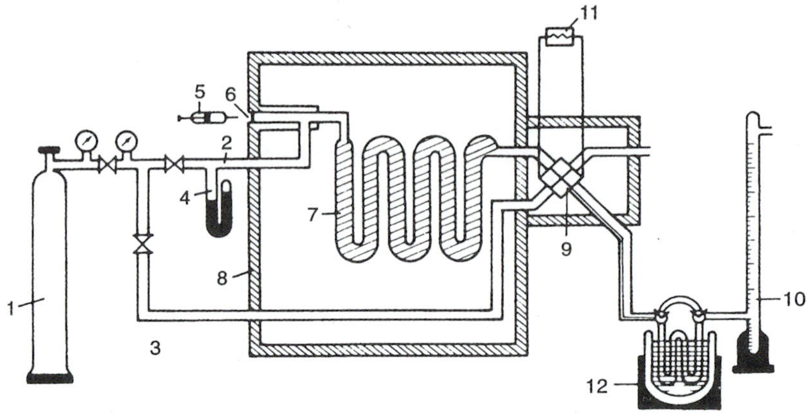

Abb. 149. Schema einer Apparatur zur Gas-Chromatographie. Trägergasflasche; 2. Trägergas; 3. Vergleichsgas; 4. Manometer; 5. Proben-Injektionsspritze; 6. Proben-Aufgabevorrichtung, heizbar; 7. Trennsäule; 8. Säulenraum, thermostatisierbar; 9. Detektor (hier Wärmeleitfähigkeits-Messzelle); 10. Strömungsmesser; 11. Schreiber; 12. Kühlfalle für präparative Gas-Chromatographie

Die Detektoren nutzen Änderungen in den physikalischen Eigenschaften der Gase, die durch die mitgeführten Probensubstanzen verursacht werden.

Bei *Wärmeleitfähigkeitsdetektoren (WLD)* strömt das Gas am Ende der chromatographischen Säule über einen heißen Wolfram-Rhenium-Draht. Treten Analyte aus der Säule aus, verringert sich die Wärmeleitfähigkeit des Gasstroms, der Metallfaden wird heißer und damit ändert sich dessen elektrischer Widerstand. Die Nachweisgrenze liegt bei 10^{-9} g ml^{-1}.

Beim *Flammenionisationsdetektor (FID)* wird das Eluat in einer H_2-Flamme verbrannt. Die dabei entstehenden Fragmente organischer Moleküle (Radikale) werden durch Sauerstoff oxidiert, wobei es zur Bildung von Ionen kommt. Der so entstehende *Ionenstrom* wird an einer Sammelkathode als Spannungsabfall registriert. Dieser sehr häufig eingesetzte Detektor ist sehr empfindlich (Nachweisgrenze 10^{-12} g ml^{-1}). Beide Arten von Detektoren geben konzentrationsabhängige Ausschläge, sind also für quantitative Bestimmungen geeignet. Die Messergebnisse werden als Ausschläge (Banden, Peaks) registriert.

Für eine verbindungsspezifische Detektion kann ein Massenspektrometer als Detektor verwendet werden (GC-MS-Kopplung).

Jede Analyse erfordert grundsätzlich *Vergleichsmessungen* mit einer bekannten Standardsubstanz. Auf diese Weise erhält man die relativen *Retentionszeiten*, die für viele Substanzen tabelliert sind.

Qualitative Analyse (Abb. 150)

Der Vergleich der *Retentionszeiten* mit denen aus Vergleichsmessungen an einer bekannten Standardsubstanz ist die einfachste Methode zur Identifizierung einer Probe. In der Regel arbeitet man mit *Standardaddition*, d.h. die Vergleichssubstanz wird der Probe zugemischt. Sind Probe und Vergleichssubstanz identisch, wird der entsprechende Peak vergrößert.

Die Kopplung von GC mit spektroskopischen Methoden (IR, MS) ist natürlich leistungsfähiger.

Quantitative Analyse

Für die *quantitative Auswertung* der Chromatogramme werden meist die Flächen unter den Signalen (Peaks) integriert und miteinander verglichen. Mit Hilfe von *automatischen Probengebern* können reproduzierbar genau dosierte Mengen von einer Substanz eingegeben werden.

Die wichtigste Anwendung der Gaschromatographie liegt in der Reinheitsprüfung und Identifizierung von Stoffen. Die hohe Trennwirkung des Verfahrens ist der Grund, weshalb sie in immer stärkeren Maße auch als präparative Trennmethode verwendet wird (geringer Zeitbedarf, gleichzeitige Ausführung qualitativer und quantitativer Analysen).

Berechnung der Ausbeute mittels innerem Standard

Die Berechnung erfolgt mit Hilfe folgender Auswerteformeln:

$$m_i = \frac{F \cdot A_{ip} \cdot Z_s \cdot m_t}{E_p \cdot A_{sp}} \qquad F = \frac{A_s \cdot E_i}{A_i \cdot E_s}$$

Erläuterung der Formelgrößen und praktische Vorgehensweise

1. Schritt: Zunächst isoliert man eine kleine Menge der interessierenden Verbindung i zur Bestimmung des stoff- und gerätespezifischen Faktors F in bezug auf die Standardsubstanz s. Zur Berechnung benötigt man die Substanzeinwaagen E sowie die Flächen A der Peaks aus dem Chromatogramm.

2. Schritt: Man wiegt jeweils eine kleine Probe (E_i bzw. E_s) der interessierenden und der Standard-Substanz aus, mischt gut und injiziert die erforderliche Menge in die Säule. Aus dem Chromatogramm erhält man die Flächen A_i bzw. A_s und kann somit F berechnen.

3. Schritt: Eine Probe E_p des Substanzgemisches der Gesamtmasse m_t, das die Verbindung i enthält, wird ausgewogen, eine bestimmte Menge z_s des Standards wird zugewogen, gut gemischt und eine Probe in die Säule injiziert (auf gleiche Arbeitsbedingungen wie bei der Bestimmung von F achten). Die Flächen A_{ip} und A_{sp} der interessierenden Verbindung bzw. des Standards werden aus dem Chromatogramm entnommen und damit m_i berechnet.
m_i ist die Masse der Verbindung i in der Gesamtmasse m_t des Gemisches; man achte auf die richtigen Maßeinheiten!

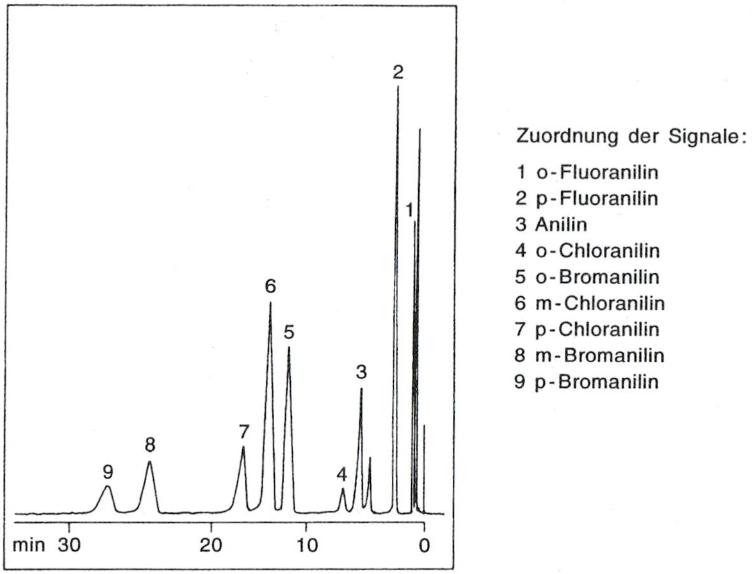

Abb. 150. Beispiel für eine GC-Trennung verschiedener Aniline. Säule: 5% Zinkstearat auf Chromosorb G (AW-DMCS, 80-100 mesh) Glassäule 2 m, Ø 3 mm, Temperatur: 140°C; FID-Detektor

6 Hochleistungsflüssigkeitschromatographie (HPLC)

Die Hochleistungsflüssigkeitschromatographie (HPLC - high performance liquid chromatography) ist eine *Methode zur schnellen Trennung von Substanzen unter milden Bedingungen und mit hoher Trennschärfe (*Abb. 151*)*. Im Unterschied zur Gaschromatographie dient als mobile Phase eine Flüssigkeit, in der das zu trennende Gemisch löslich sein muss. Die HPLC erlaubt daher die Trennung von Verbindungen, die wegen zu *geringer Flüchtigkeit* oder *thermischer Labilität* gaschromatographisch nicht analysiert werden können.

Verwendet werden meist *Trennsäulen* aus Edelstahl mit einem inneren Durchmesser von 2-6 mm, um auch die Trennung von Mikromengen zu erreichen. Die benötigten Substanzmengen liegen je nach Trennproblem im Mikrogramm- bis Picogramm-Bereich. Selbstverständlich sind auch präparative Trennungen möglich.

Als Sorptionsmittel dient ein sehr *feinkörniges Trägermaterial* (Partikelgröße etwa 10 µm, enger Korngrößenbereich), möglichst druckstabil. Wegen des damit verbundenen hohen Strömungswiderstandes muss die Fließgeschwindigkeit der mobilen Phase durch einen *hohen Eingangsdruck* (10-400 bar) erhöht werden. Die Strömungsgeschwindigkeiten liegen zwischen 0,1 und 5 $cm \cdot s^{-1}$.

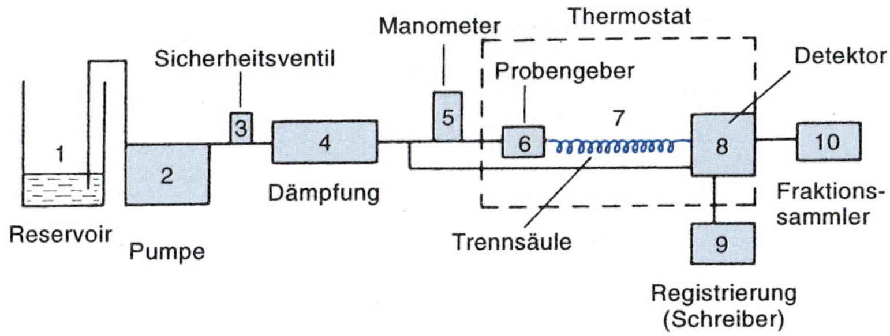

Abb. 151. Aufbau einer Apparatur für HPLC

Die Säulen sind 20-100 cm lang und können auch hintereinander geschaltet werden. Die Trennzeiten pro Analyse sind ähnlich wie in der Gaschromatographie, wenn kurze Säulen verwendet werden.

Die Zahl der theoretischen Böden bei einer analytischen Säule (25 cm, Partikelgröße 10 µm) liegt bei etwa 3000. Die Verkleinerung der Partikelgröße führt zu einer Erhöhung der theoretischen Böden. Bei 3µm Teilchen lassen sich bis zu 100 000 theoretische Böden pro m Säule erreichen.

Je nach Säulenfüllmaterial kann die HPLC eingesetzt werden zur Gelchromatographie, Ionenaustauschchromatographie, Adsorptionschromatographie oder Verteilungschromatographie. Die HPLC hat sich zu einem unverzichtbaren Standardwerkzeug in der analytischen und präparativen Chemie entwickelt.

7 Ionenaustauschchromatographie (IEC)

Bei der Ionenaustauschchromatographie (IEC – *I*on *E*xchange *C*hromatography) und ihrer Hochleistungsvariante, der Ionenchromatographie (s. HPLC) werden Ionen (meist anorganische) unter Einsatz von Ionenaustauschern getrennt bzw. analysiert. Ionenaustauscher sind Substanzen, die im Kontakt mit Elektrolytlösungen Ionen aufnehmen und *im Austausch* äquivalente Mengen anderer Ionen (mit gleichem Vorzeichen) abgeben können. Sie sind wegen ihrer hohen Reinheit und der Möglichkeit, sie für den jeweiligen Verwendungszweck passend herzustellen, zur Lösung vieler Trennprobleme geeignet.

Ionenaustauscher bestehen aus einem *Grundgerüst (Matrix)* und *aktiven Gruppen* (Abb. 153). *Die dreidimensional aufgebaute Matrix ist der Träger von Festionen,* d.h. sie trägt eine positive oder negative Überschussladung und bedingt die Unlöslichkeit des Ionenaustauschers in den üblichen Lösemitteln.

Die Festionen sind fest mit dem Grundgerüst verbunden. Im Fall der mineralischen Austauscher (Zeolithe, Permutite) handelt es sich um Alkali-Alumosilicate, in deren Kristallgitter dreiwertige Metall-Ionen (z. B. Al^{3+}) anstelle von Silicium eingebaut sind. Die dadurch hervorgerufenen negativen Überschussladungen werden durch positive Gegenionen kompensiert, die relativ frei beweglich sind und somit den austauschbaren Bestandteil der aktiven Gruppen darstellen.

Ionenaustauscher sind demnach Polyelektrolyte, die reversibel äquivalente Mengen gelöster Ionen gleicher Ladung austauschen gegen gleichsinnig geladene Gegenionen der aktiven Gruppen des Austauschers. Der Austausch erfolgt bis zur Einstellung eines Gleichgewichts-Zustands, der von verschiedenen Faktoren wie Selektivität des Austauschers, Ionenkonzentration, Temperatur etc. abhängt.

Die Na-Form des *Zeolithtyps A* hat die Summenformel $Na_{12}[(AlO)_{12}](SiO_2)_{12} \cdot aq$ und im Strukturbild die Form eines Kubus mit je einer Öffnung definierten Durchmessers (hier 0,42 nm) in jeder der sechs Seiten (Abb. 152).

Kunstharz-Ionenaustauscher bestehen aus einem hochpolymeren, räumlichen Netzwerk aus Kohlenwasserstoffketten, an das die ladungstragenden aktiven Gruppen (Festionen) über Atombindungen fest gebunden sind (Abb. 153).

Im Fall eines *Kationenaustauschers* ist die aktive Gruppe eine anionische Gruppe (wie z. B. $-SO_3^-H^+$, $-COO^-H^+$, $-PO_3^{2-}2H^+$) mit abdissoziierbarem Kation (H^+, Na^+ usw.).

Man unterscheidet schwachsaure Kationenaustauscher (z. B. mit Carboxylgruppen) und solche mit stark sauren aktiven Gruppen wie Sulfonsäuregruppen.

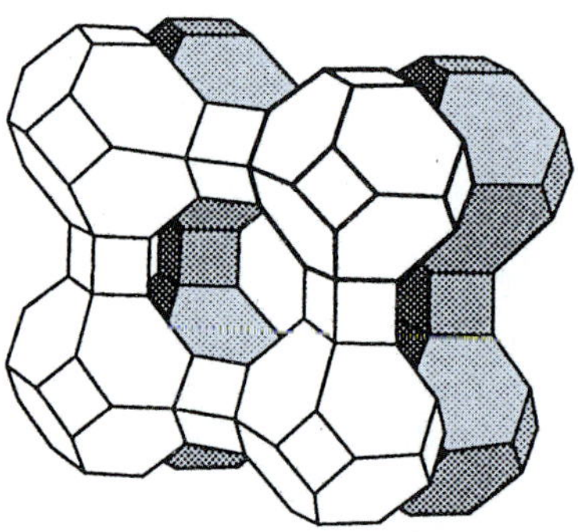

Zeolith A

Abb. 152. Grundbaustein des Siebtyps A, (Chem. Ztg. *95*, T 123 (1971))

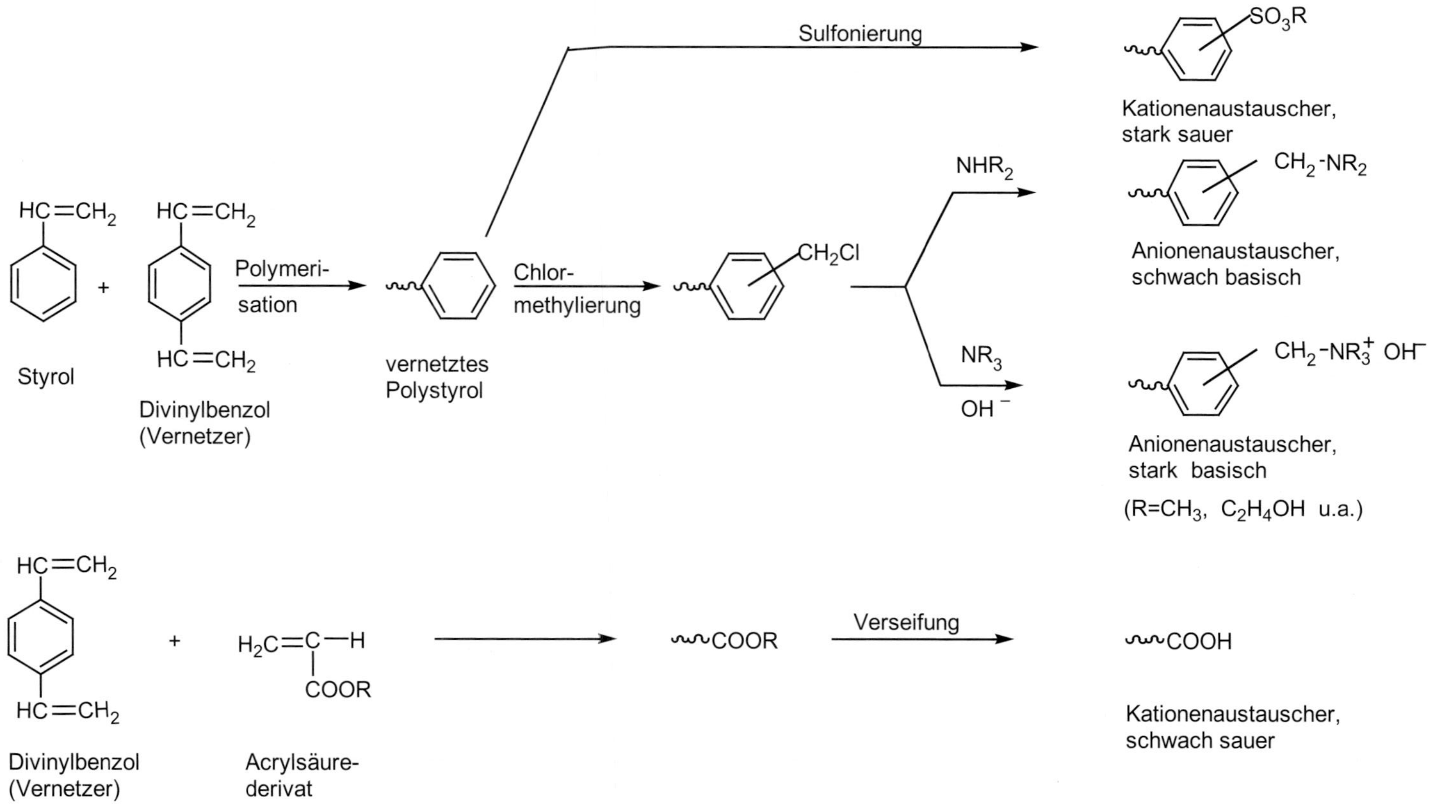

Abb. 153. Herstellung der wichtigsten Kunstharz-Ionenaustauscher

Bei den *Anionenaustauschern* enthalten stark basische Sorten quartäre Ammoniumgruppen ($-NR_3^+$) als aktive Gruppen, die ihr Gegenion austauschen können. Schwach basische Austauscher haben Aminogruppen, die freie Säuren anlagern können, wobei die Säureanionen reversibel festgehalten werden.

Unter der *Selektivität* eines Austauschers versteht man die bevorzugte Aufnahme einer bestimmten Ionensorte. Innerhalb einer Ionenklasse bevorzugt der Austauscher das hydratisierte Ion mit dem kleineren Radius. *Für stark saure Kationenaustauscher gilt z. B. folgende Reihe:* $Li^+ < H^+ < Na^+ < NH_4^+ < K^+ < Mg^{2+} < Ca^{2+} < Al^{3+}$. *Für stark basische Anionenaustauscher gibt es eine ähnliche Reihe:* $OH^- < F^- < Cl^- < Br^- < NO_3^- < HSO_4^- < I^-$. Die Selektivität eines Austauschers für zwei Ionen A und B wird durch die Gleichgewichtskonstante K der Austauschreaktion $\nu A + \mu \overline{B} \rightleftharpoons \nu \overline{A} + \mu B$ wiedergegeben ($\overline{B}$ bzw. $\overline{A}$ sind die am Austauscher gebundenen Gegenionen):

$$K = \frac{[\overline{A}]^{\nu} \cdot [B]^{\mu}}{[A]^{\nu} \cdot [\overline{B}]^{\mu}} \qquad \nu, \mu = \text{Wertigkeit der Ionen}$$

Beachte: K ist keine Stoffkonstante; sie hängt von der Beladung des Austauschers ab.

Das Aufnahmevermögen eines Austauschers wird als *Austauschkapazität* bezeichnet. Es entspricht der Gesamtmenge der zum Austausch zur Verfügung stehenden Gegenionen und wird meist angegeben in $mmol \cdot g^{-1}$ (bezogen auf 1 g feuchten Austauscher). Bei schwach sauren oder basischen Austauschern ist die Kapazität pH-abhängig. Unabhängig von der Art und Wertigkeit der Gegenionen ist die Kapazität eigentlich nur für kleine, anorganische Ionen bei Kunstharz-Austauschern.

Unter der *Austauschaktivität* versteht man den Anteil (Prozentsatz) an austauschaktiven Gruppen eines Austauschers, der in einer austauschfähigen Form (OH^-- bzw. H^+-Form) vorliegt. Falls die experimentell gefundene Austauschaktivität im Vergleich zur Austauschkapazität zu gering ist, z. B. durch häufigen Gebrauch des Austauschers, muss dieser regeneriert werden.

Arbeitstechniken

Klassische Ionenaustauschchromatographie

Die praktische Anwendung der Ionenaustauscher geschieht wie in der Säulenchromatographie in einem Glasrohr mit regulierbarem Auslauf oder analog zur Dünnschichtchromatographie durch Ausstreichen dünner Schichten auf Glasplatten. Das Elutionsmittel, wässrige Pufferlösungen oder organische Lösemittel, lässt man durch die Austauscherschicht strömen, wobei die Säule bzw. Platte stufenweise beladen wird. Vor jedem erneuten Gebrauch führt man in der Regel einen *Regenerierungsprozeß* durch. Hierunter versteht man die Zurückführung des Ionenaustauschers in seine Ausgangsform (H^+-, Na^+-Form etc.). Als Regenerierungsmittel (s. Tabelle 51) dienen meist verd. Salzsäure, verd. NaOH- und verd. NaCl-Lösungen; danach wird mit dest. Wasser bis zur Neutralität gewaschen.

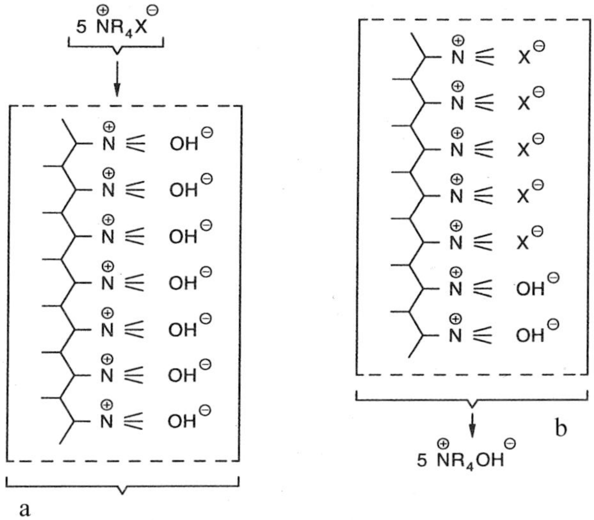

Abb. 154. Säule mit Anionenaustauscher. *a* = vor dem Ionenaustausch, *b* = nach dem Ionenaustausch

Abb. 154 zeigt schematisch das Austauschverfahren bei der Gehaltsbestimmung eines Ammoniumsalzes. Man erkennt, dass das Anion X^- gegen die äquivalente Menge OH^--Ionen ausgetauscht wurde, die anschließend titriert werden kann.

Ionenaustauscher werden vielseitig verwendet, so z. B. bei der Wasserenthärtung, Reinigung von Naturstoffen, für analytische Zwecke, aber auch großtechnisch, z. B. zur Gewinnung der Seltenen Erden.

Ionenchromatographie (IC)

Hier werden HPLC-Module verwendet. Als Packungsmaterial der Säulen können keine Austauscherharze verwendet werden (Kompressibilität, Quellung, ...). Stattdessen werden hier Ionenaustauscher auf der Oberfläche von Glas- oder Polymerkügelchen (30-40 μm) verwendet. Als Detektor dient meist ein Leitfähigkeitsdetektor. Mit der Ionenchromatographie lassen sich Ionen bis in den 0,1 ppb-Bereich bestimmen, was z. B. in der Halbleitertechnologie von Bedeutung ist.

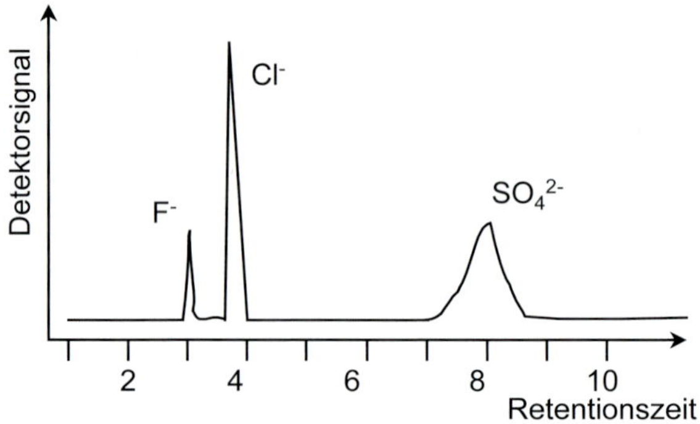

Abb. 155. Schema eines Ionenchromatogramms einer Trinkwasserprobe mit 1 ppm F^-, 20 ppm Cl^- und 200 ppm SO_4^{2-}

Beispiel:

Messung kleiner Konzentrationen von Anionen im Trinkwasser. Der Probenbedarf ist 100 µl.

Prinzip:

1. $X^- + HarzOH \rightarrow Harz\text{-}X + OH^-$

2. Elution:

$$NaOH + Harz\text{-}X \rightarrow Harz\text{-}OH + \mathbf{Na^+X^-}$$

$$+ \text{ verdünnte Natronlauge}$$

3. Da die verd. Natronlauge die Erfassung der geringen X^--Konzentration druch den Leitfähigkeitsdetektor stört, wird das Eluat noch über einen nachgeschalteten Kationenaustauscher gegeben (Supressorsäule).

$$NaOH + Harz\text{-}H^+ \rightarrow Harz\text{-}Na^+ + \mathbf{H_2O}$$

$$NaX + Harz\text{-}H^+ \rightarrow Harz\text{-}Na^+ + H^+X^-$$

In unserem Beispiel (Abb. 155) sei $X^- = F^-$ (1 ppm), Cl^- (20 ppm) und SO_4^{2-} (200 ppm). Mit dieser Methode lassen sich z. B. F^-, Cl^-, Br^-, NO_2^-, NO_3^-, SO_4^{2-} und HPO_4^{2-} in einem Arbeitsgang innerhalb weniger Minuten bestimmen.

Funktionsablauf beim Ionenaustausch

Das für den Ionenaustausch charakteristische Prinzip der reversiblen Adsorption erlaubt auch die Trennung verschieden stark geladener Moleküle, wie z. B. von Proteinen oder Nucleinsäuren. Die Trennung der Substanzgemische erfolgt dadurch, dass die einzelnen Komponenten nacheinander abgelöst werden. Dies ist immer dann möglich, wenn sie sich in ihren elektrischen Eigenschaften so unterscheiden, dass sie verschieden stark an den Austauscher gebunden werden.

Die Arbeitsschritte sind in Abb. 156 schematisch dargestellt:

1. Der Ionenaustauscher ist im Gleichgewicht mit den Gegenionen (o)
2. Zugabe der Probe, deren Komponenten (▲,■) vom Austauscher gebunden werden, unter Freisetzung der Gegenionen (o)
3. Selektive Desorption der einen Komponente (▲) durch die Ionen (•) des Puffers
4. Selektive Desorption der anderen Komponente (■) z. B. nach Erhöhung des pH-Wertes
5. Regeneration des Austauschers

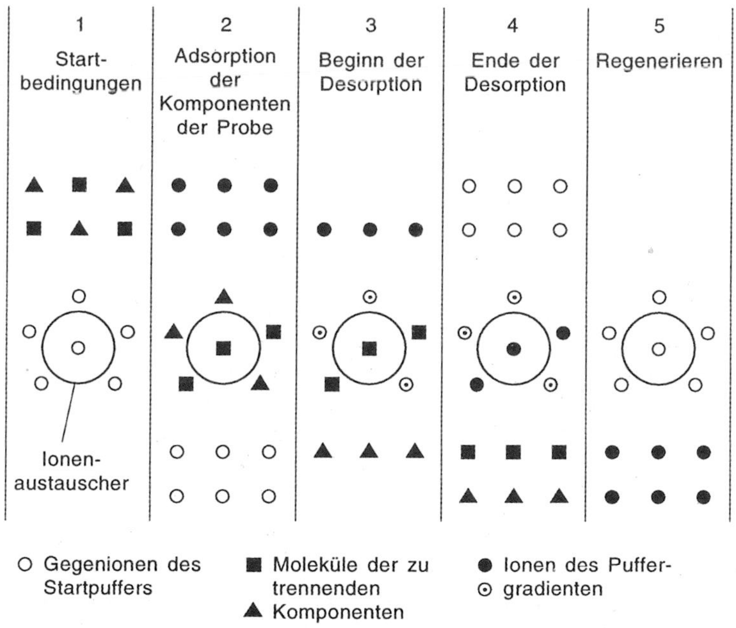

Abb. 156. Wirkungsweise eines Ionenaustauschers

Tabelle 51. Regeneriermittel für verschiedene Ionenaustauschertypen zur Überführung in eine gewünschte Ionenform

Ionenaustauscher-Typ	Gewünschte Ionenform	Regeneriermittel		Erforderliche Liter Regeneriermittel pro 1 Liter Ionenaustauscher
Kationenaustauscher	H^+	HCl	6 %	3,0
stark sauer	Na^+	NaCl	10 %	2,5
Kationenaustauscher	H^+	HCl	3 %	2,5
schwach sauer				
Anionenaustauscher	OH^-	NaOH	4 %	2,5
stark basisch	Cl^-	NaCl	6 %	2,5
Anionenaustauscher	freie Base	NaOH	4 %	2,0
schwach basisch				

8 Gelchromatographie (Gelpermeationschromatographie)

Diese vor allem in der Biochemie und Naturstoffchemie angewandte chromatographische Methode nutzt die *Größenunterschiede* der zu trennenden Teilchen zur Trennung aus.

Ähnliche Methoden, die Größenunterschiede ausnutzen, sind z. B. die Dialyse mit Hilfe von semipermeablen Membranen, deren Porenstruktur nur für kleine Moleküle durchlässig ist. Auch die bereits erwähnten Zeolithe, die sich synthetisch mit definierter Porenweite herstellen lassen, werden zur Trennung in der Gaschromatographie oder zum Entwässern von Lösemitteln (Molekularsieb, Porenweite 0,4 nm) eingesetzt.

Für die *Flüssigkeits-Molekularchromatographie* werden jedoch Produkte benötigt, die einen hohen Siebeffekt bei schwachen Ionenaustausch- und Adsorptionseigenschaften zeigen. Dazu verwendet man heute u.a. Stärke, Agargele und mit Acrylamid vernetzte Polystyrolgele. Die bekanntesten sind wohl die *Dextrangele*. Dextran, ein Polysaccharid aus Glucose-Einheiten, wird mit Epichlorhydrin zu einem wasserunlöslichen Makropolymer vernetzt.

Arbeitstechnik

Entsprechend den Angaben der Hersteller wählt man ein geeignetes Gel nach Material und Körnung aus, lässt es in Wasser quellen und füllt die Suspension in eine geeignete (Glas-) Säule. Hierfür sind besonders die käuflichen Chromatographierohre geeignet, die mit weiteren Geräten wie Pumpen, Misch- und Vorratsgefäßen, Detektoren u.a. zu kompletten Chromatographiesystemen zusammengesetzt werden können. Die gefüllte Säule wird mit dem Laufmittel *äquilibriert* (ins Gleichgewicht gebracht), indem man das 2-3-fache des Gesamtvolumens V_t an Elutionsmittel durchlaufen lässt. Anschließend wird das zu trennende Substanzgemisch aufgegeben in einer Menge von 0,5-4 % von V_t. Die Elution der getrennten Substanzen wird häufig mit einem UV-Durchflussphotometer verfolgt und mit einem Schreiber registriert.

Allgemeine theoretische Betrachtungen zur Gelchromatographie

Bei der Elution erscheinen die einzelnen Komponenten nacheinander in der Reihenfolge abnehmender Molekülgröße, d.h. *die größten Moleküle (mit der höchsten Molmasse) werden zuerst eluiert* (Abb. 157). Erklärt wird dieser Vorgang durch das sog. *Ausschlusskonzept*. Danach enthält das Gel *Poren* definierter Größe. Die größeren Moleküle können nicht in das Innere der Gelmatrix eindringen und werden daher vom Lösemittel rascher fortgeführt als kleinere diffusionsfähige Moleküle. Somit erscheinen alle Moleküle, deren Molekülgröße (und damit Molmasse) außerhalb der *Ausschlussgrenze* liegt, praktisch gleichzeitig im Eluat. Das hierfür benötigte Elutionsvolumen V_e ist das Ausschlussvolumen V_0 (entspricht t_0 in Abb. 139). Für *große* Moleküle gilt also: $V_e = V_0$.

Mittelgroße Moleküle dringen demgegenüber etwas in das Gel ein. Ihnen steht für diese Diffusion ein Teil des Volumens der Gelporen zur Verfügung. Bezeichnet man dieses Volumen der Gelporen als das innere Volumen V_i (Abb. 159), dann gilt für mittelgroße Moleküle $V_e = V_0 + K_d \cdot V_i$, wobei $K_d \cdot V_i$ der für die Diffusion verfügbare Volumenanteil ist.

Kleinere Moleküle durchdringen die gesamte Gelmatrix und dringen dabei *unterschiedlich* stark in das Gel ein. Sie können dadurch voneinander getrennt werden. Für sie gilt: $V_e = V_0 + V_i$. Entscheidend für eine gute Trennung ist dabei das innere Volumen V_i. Für jede Komponente wird ein bestimmtes Elutionsvolumen V_e zum Auswaschen aus der Säule benötigt.

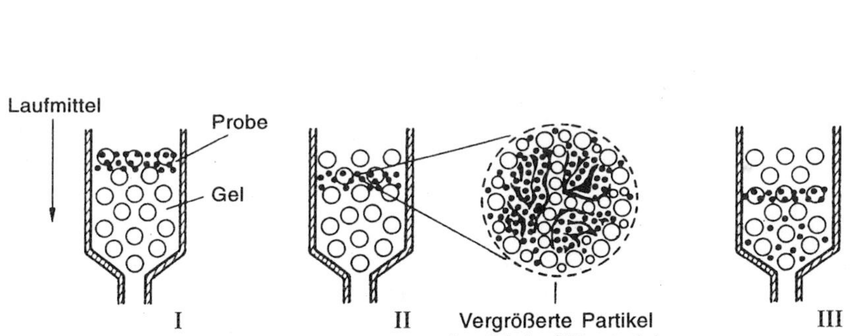

Abb. 157. Verlauf einer Gelfiltration an einem granulierten Gel

Analog den R_f-Werten gibt man bei der Gelchromatographie die *Werte für* K_d (d = distribution) *oder* K_{av} (av = available) an (Abb. 158). V_e, V_0 und V_t lassen sich für eine Substanz leicht experimentell bestimmen.

Muss man nur sehr große von sehr kleinen Molekülen trennen, spricht man oft von **Gelfiltration**; überstreicht das zu trennende Gemisch einen großen Fraktionsbereich, nennt man es **Gelchromatographie**.

Variationsmöglichkeiten und Anwendungen

Die Porenweite und damit die Ausschlussgrenze kann durch den *Vernetzungsgrad* des Dextrangels beeinflusst werden. Ein starker Vernetzungsgrad bedeutet ein geringes Quellvermögen, kleinere Porenweite und Ausschlussgrenze bei kleinerer Molekülmasse. Eine weitere Beeinflussung der Trennleistung ist über die *Partikelgröße* der Gelkörner möglich.

Quellmittel können außer Wasser bzw. wässrige Pufferlösungen auch organische Lösemittel sein. Um diese verwenden zu können, ist es zweckmäßig, die freien Hydroxylgruppen des Dextrangels partiell zu acetylieren.

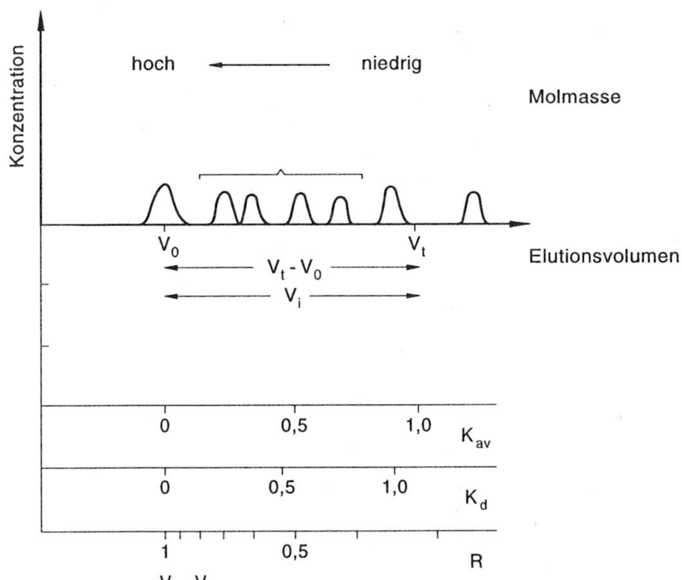

$$K_{av} = \frac{V_e - V_0}{V_t - V_0}$$

$$K_d = \frac{V_e - V_0}{V_t - V_0 - V_m} = \frac{V_e - V_0}{V_i}$$

R = Retentionskoeffizient = V_0 / V_e

Abb. 158. Elutionsdiagramm mit einigen Kennwerten

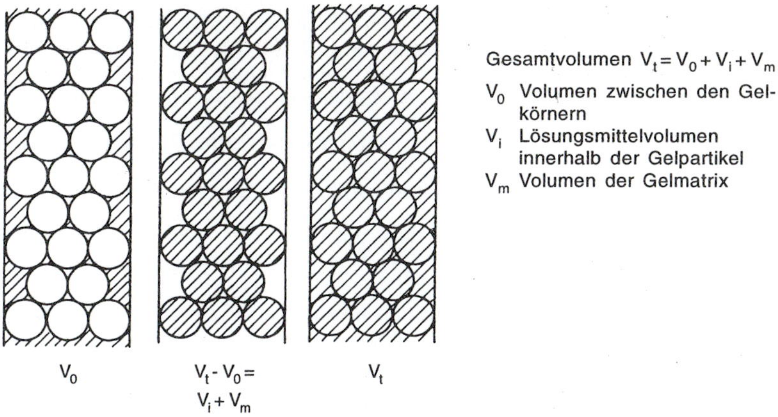

Abb. 159. Schematische Darstellung der Gelvolumina

Die Gelchromatographie lässt sich außer zu Trennungen auch zur *Abschätzung von Molmassen* verwenden, da eine Korrelation zwischen den Elutionsdaten und der Molmasse (eigentlich der Molekülgröße) hergestellt werden kann. Hierzu ist es jedoch erforderlich, für die verwendete Chromatographiesäule mit bekannten Substanzen eine *Eichkurve* zu erstellen. Die gefundenen Werte sind um so besser, je ähnlicher die Strukturen der Eichsubstanzen und der zu bestimmenden Verbindungen sind (Beispiel: Globuläre Proteine). Eine wichtige Anwendung dieses Verfahrens ist die Bestimmung der *Molmassenverteilung* in synthetischen Hochpolymerengemischen.

9 Affinitätschromatographie

Die Affinitätschromatographie (biospezifische Adsorption) ist eine Reinigungsmethode speziell für *biologische Substanzen.* Sie nutzt spezifische Wechselwirkungen zwischen affinen Reaktionspartnern, die miteinander Komplexe bilden können. Ein Beispiel ist die Komplexbildung zwischen einem Enzym und seinem Inhibitor.

Arbeitstechnik (Abb. 160)

Bindet man einen Reaktionspartner, den sog. *Effektor*, an einen wasserunlöslichen *Träger,* erhält man ein *„Affinitätsharz"*. Füllt man dieses in eine Chromatographiesäule und lässt die Lösung eines Substanzgemisches, das den zum Effektor *affinen* Reaktionspartner enthält, durch die Säule fließen, so wird der Reaktionspartner festgehalten, und die Begleitsubstanzen laufen ungehindert durch. Durch Zerstörung des Komplexes (z. B. durch Änderung des pH-Wertes) lässt sich der affine Reaktionspartner anschließend eluieren und so rein isolieren.

Für die Enzymreinigung können als Effektoren verwendet werden:

Coenzyme, reversible Inhibitoren, gruppenspezifische Reagenzien u.a.

Effektoren in der Immunologie sind Haptene, Antigene, Antikörper.

Bei den *Trägern* handelt es sich u.a. um die Cellulosederivate Aminohexyl-Cellulose (AHC) und succinylierte Aminohexyl-Cellulose (SAHC):

Die hochporösen Träger enthalten an ihren relativ langen *Seitenketten* funktionelle Gruppen wie $-NH_2$ und $-COOH$. Diese reagieren mit den Effektoren und bilden das Affinitätsharz. Die Seitenketten halten den Effektor vom Grundgerüst des Trägers entfernt, damit er sterisch ungehindert mit seinem affinen Reaktionspartner in Wechselwirkung treten kann.

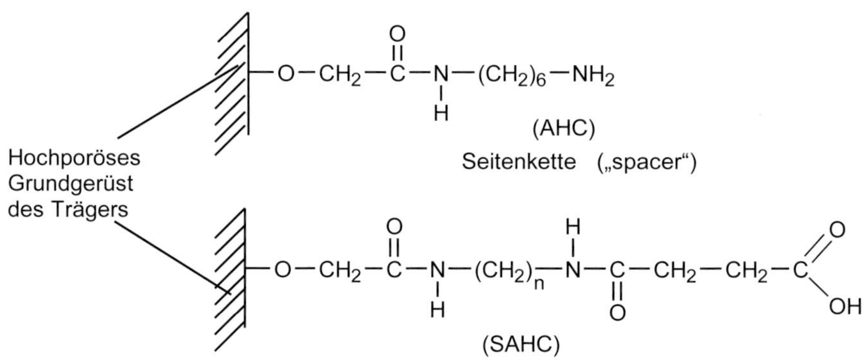

Abb. 160. Trägerharz

Grundprinzip der Affinitätschromatographie (Abb. 161):

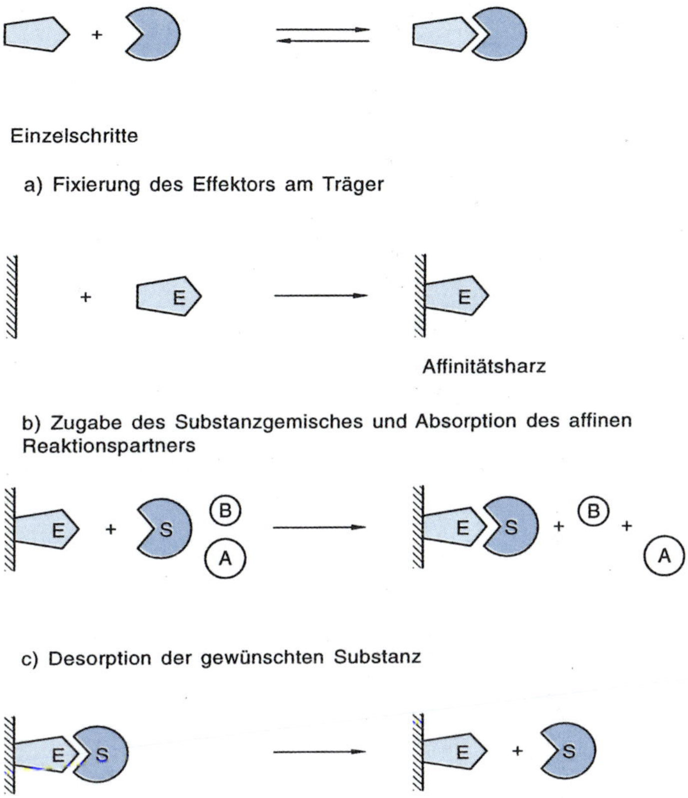

Abb. 161. Affinitätschromatographie

IX. Reinigung und Trennung von Verbindungen

1 Charakterisierung von Verbindungen durch Schmelz- und Siedepunkt

Neben der Angabe spektroskopischer, optischer und chromatographischer Daten dienen vor allem Schmelz- und Siedetemperatur zur Charakterisierung reiner Substanzen.

1.1 Schmelztemperatur

Die Begriffe *Schmelztemperatur*, *Schmelzpunkt* und *Festpunkt* (Schmp., Fp.) werden im gleichen Sinne verwendet. Sie bezeichnen die Temperatur, bei der ein Stoff vom festen in den flüssigen Aggregatzustand übergeht. Reine Stoffe haben i.a. einen scharfen Schmelzpunkt. Verunreinigungen können ihn beträchtlich herabsetzen. *Zers.* bedeutet Zersetzung.

Zur Bestimmung des Schmelzpunktes wird meist ein Kapillarröhrchen benutzt, das einseitig zugeschmolzen ist und etwa 3 mm hoch mit der zu prüfenden Substanz gefüllt wird. Das gefüllte Schmelzpunktröhrchen wird dann in einem Flüssigkeitsbad oder Metallblock mit Thermometer und Beobachtungslupe langsam erwärmt (1-2°C pro min bis kurz unterhalb des Fp.).

1.2 Siedetemperatur

Die Begriffe *Siedetemperatur*, *Siedepunkt* und *Kochpunkt* (Sdp., Kp.) werden im gleichen Sinne verwendet. Der Siedepunkt ist die Temperatur, bei der der Dampfdruck einer Flüssigkeit 760 Torr = 1,013 bar erreicht. Er ist druckabhängig und wird meist bei der Destillation mitbestimmt.

Die Angabe eines Siedebereiches anstelle des Siedepunktes ist sinnvoll, weil für die untersuchten Substanzen, z. B. infolge von Verunreinigungen, oft kein exakter Siedepunkt angegeben werden kann. Der *Siedebereich* ist der auf 1,013 bar korrigierte Temperaturbereich, innerhalb dessen die Substanz (oder ein bestimmter Teil davon) unter den vorgeschriebenen Bedingungen überdestilliert.

2 Trennung und Reinigung von Lösungen

2.1 Destillation

Bei der Destillation wird eine flüssige Stoffmischung verdampft (Abb. 162). *Die Komponenten verflüchtigen sich in der Reihenfolge ihrer Siedepunkte und werden anschließend wieder kondensiert.* Besteht das Gemisch z. B. aus zwei Komponenten, ist im Dampf diejenige mit dem höheren Dampfdruck (niedrigeren Siedepunkt) angereichert. Diese Zusammensetzung der Gasphase bleibt im Kondensat erhalten. Es hat demnach im Vergleich zur ursprünglichen Mischung in gewissem Ausmaß eine Stofftrennung stattgefunden.

Destilliert man das Kondensat erneut, wird man eine weitere Auftrennung des Substanzgemisches erreichen (*fraktionierte Destillation*). Nachteilig ist dabei der große Zeitbedarf für die mehrfache Wiederholung dieser Reinigungsoperation.

Zum schnellen und substanzschonenden Abdestillieren größerer Mengen Lösemittel wird meist der *Rotationsverdampfer* verwendet (Abb. 163). Der rotierende Destillationskolben verhindert zum einen Siedeverzüge, zum anderen bildet sich ein dünner Flüssigkeitsfilm aus, der rasch verdampft und ständig wieder erneuert wird.

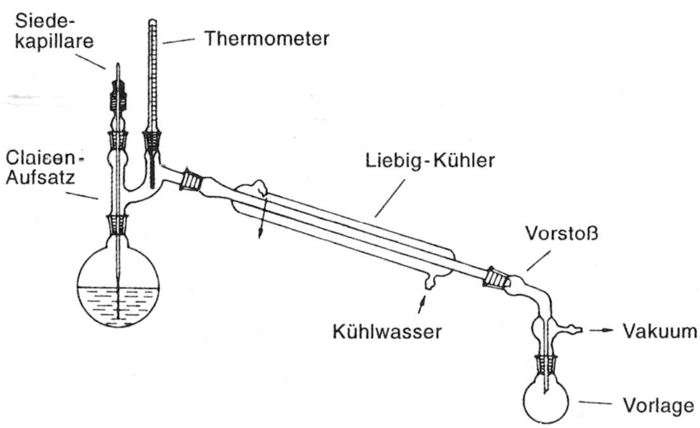

Abb. 162. Destillationsapparatur

1 Antrieb
2 Stativ
3 Dampfdurchführungsrohr
4 Verdampferkolben
5 NS-Klammer
6 Auffangkolben
7 Kugelschliffklammer
8 Diagonal-Flansch-Kühler
9 Überwurfmutter
10 Einleitrohr

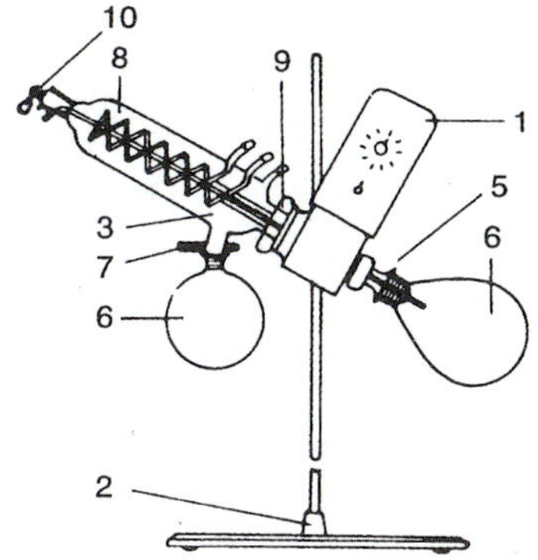

Abb. 163. Rotationsverdampfer

2.2 Rektifikation

Bei der Rektifikation mit *Destillierkolonnen* führt man das wiederholte Verdampfen und Kondensieren in einem Arbeitsgang durch. Dabei werden ein Teil des Kondensats und das Dampfgemisch im *Gegenstrom* zueinander geführt. Beide Phasen vermischen sich unter Wärme- und Stoffaustausch in mehreren aufeinander folgenden Stufen und werden wieder getrennt, bis sich am Kopf der Kolonne der leichter siedende Anteil und am Boden der Kolonne der schwerer siedende Anteil angereichert hat.

Bei den in der Technik am meisten eingesetzten *Bodenkolonnen* (Abb. 164) vermischen sich Dampf und Kondensatrücklauf nur auf den einzelnen *Böden*, die fest mit dem Kolonnenrohr verbunden sind. Auf jedem Boden findet quasi eine einfache Destillation statt. Je größer die Anzahl der Böden, umso besser die Trennleistung der Kolonne, umso höher aber auch der Energiebedarf.

Im Labor werden meist Glasrohre mit verschiedenen Füllkörpern (Abb. 165, Abb. 167) oder Ablaufnasen (Vigreux-Kolonne, Abb. 166) verwendet. Beides dient der Vergrößerung der Austauschfläche zwischen aufsteigendem Dampf und herabströmendem Kondensat. Es ist zweckmäßig, die Kolonnen zur Wärmeisolierung mit Aluminiumfolie oder mit einem Vakuummantel zu umkleiden.

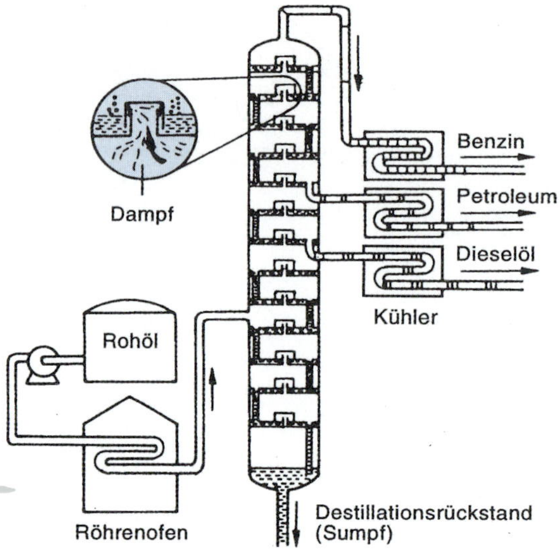

Abb. 164. Fraktionierkolonne für Erdöl (Glockenbodenkolonne)

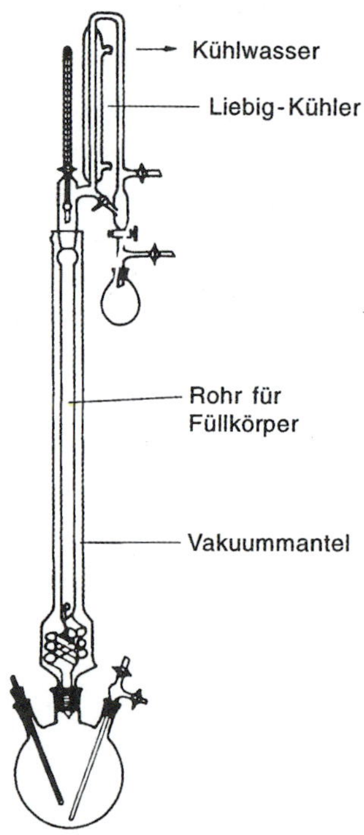

Abb. 165. Füllkörperkolonne

Abb. 166. Vigreux-Kolonne

a b c d

Abb. 167 a-d. Füllkörper-Formen. **a)** Glasring (Raschig-Ringe); **b)** Wendeln; **c)** Sattelkörper; **d)** Spirale

2.3 Azeotrope Destillation; Wasserdampfdestillation

Die Wasserdampfdestillation ist ein Spezialfall der *azeotropen Destillation: Azeotrope Gemische zeigen gleiche Siedetemperaturen*; *Dampf und Flüssigkeit haben die gleiche Zusammensetzung*. Dabei gilt das *Raoultsche Gesetz:* Zwei nicht mischbare Flüssigkeiten sieden dann gemeinsam, wenn die Summe ihrer Einzeldampfdrücke gleich dem äußeren Luftdruck ist. Das bedeutet, dass die Siedetemperatur des Gemisches tiefer liegt als die der einzelnen Komponenten. So siedet z. B. das System Wasser/Benzol bei 69°C, während Benzol bei 80°C und Wasser bei 100°C sieden.

Es ist daher möglich, temperaturempfindliche Substanzen oder Stoffe mit sehr hohem Siedepunkt mit Wasserdampf schonend abzudestillieren. Der Wasserdampf kann durch einen Dampfentwickler erzeugt werden. Bei kleinen Mengen genügt die Zugabe von Wasser in den Destillationskolben

Falls bei der Destillation ein *heterogenes Azeotrop* auftritt, wie im Fall Benzol/Wasser, hat lediglich die Gasphase eine konstante Zusammensetzung, während das erhaltene Kondensat zwei flüssige Phasen zurückbildet.

Man kann daher in Umkehrung des Verfahrens Benzol zu einer Flüssigkeit zusetzen, um Wasser daraus zu entfernen. So bildet Ethanol mit Wasser ein konstant siedendes Gemisch, ein *homogenes Azeotrop,* das destillativ nicht trennbar ist. Setzt man dem 96%-igen Ethanol jedoch Benzol als „Wasserschlepper" zu, erhält man ein *ternäres* Azeotrop vom Siedepunkt 65°C, das zum Entwässern des Ethanols dienen kann.

Auch das im Laufe einer Umsetzung entstandene Reaktionswasser kann auf diese Weise entfernt werden, um das Gleichgewicht zu verändern. Hierzu verwendet man sogenannte Wasserabscheider (Abb. 168), in denen sich das Kondensat in die beiden Phasen Wasser und Schleppmittel trennt. Letzteres fließt im Kreislauf in den Destillationskolben zurück, während das Wasser in einem graduierten Sammelrohr verbleibt.

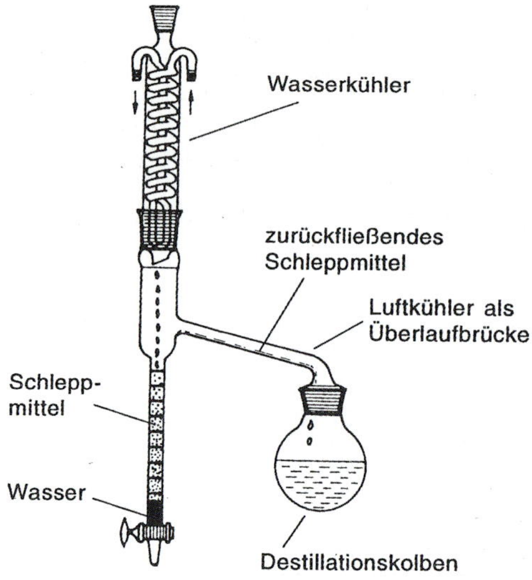

Abb. 168. Wasserabscheider (graduiert) mit aufgesetztem Kühler und Destillationskolben

3 Reinigung von festen Stoffen

3.1 Kristallisation

Die wichtigste Reinigungsmethode für feste Stoffe ist die *Kristallisation.* Dazu wird die verunreinigte Substanz in der Wärme in einem geeigneten Lösemittel gelöst und heiß filtriert. Das Filtrat lässt man abkühlen, wobei die Substanz reiner auskristallisiert. Verunreinigungen bleiben in der *Mutterlauge* zurück, sofern sie nicht schon bei der Filtration entfernt wurden. *Das Lösemittel ist so auszuwählen, dass es keine chemische Reaktion mit der Substanz eingeht, möglichst leicht wieder zu entfernen ist und sein Siedepunkt 10-20 Grad unter dem Schmelzpunkt der Substanz liegt.* Gefärbte Verunreinigungen lassen sich häufig dadurch entfernen, dass man die Substanzlösung kurzzeitig mit wenig Aktivkohle, Aluminiumoxid oder anderen *Adsorptionsmitteln* aufkocht und heiß filtriert. Die ausgeschiedenen Kristalle werden nach dem Abtrennen von der Mutterlauge gewaschen und getrocknet. Danach bestimmt man ihren Schmelzpunkt.

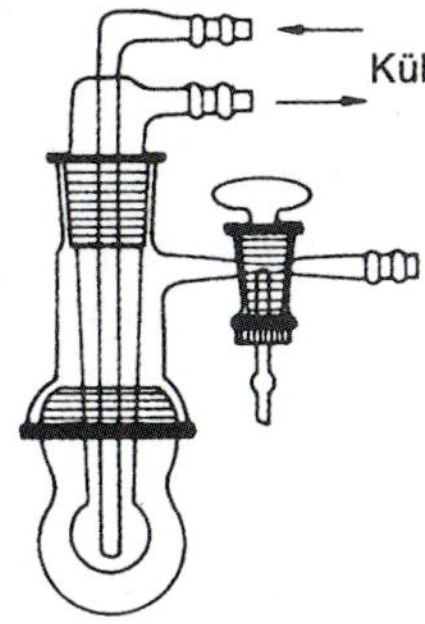

Abb. 169. Sublimationsapparat mit Schliffverbindung

3.2 Sublimation

Feste Stoffe können manchmal auch durch Sublimation gereinigt werden (Abb. 169). Dabei geht die Substanz vom festen *direkt* in den dampfförmigen Zustand über und wird aus dem Dampf durch Abkühlen als Feststoff wieder abgeschieden. Der flüssige Zustand wird dabei übergangen. Sublimation kann sowohl bei Normaldruck als auch im Vakuum erfolgen.

Eine bekannte Anwendung in der Biochemie ist die *Gefriertrocknung* (Lyophilisation) von wässrigen Lösungen. Diese werden soweit abgekühlt, bis sie gefroren sind. Im Vakuum saugt man bei Zimmertemperatur die Verbindung mit dem höchsten Dampfdruck – i.a. das Wasser – ab. Die getrocknete Substanz bleibt als lockeres Pulver zurück. Die Temperatur steigt dabei nicht über 0°C, da die für die Sublimation des Wassers aufzuwendende Sublimationswärme ein Schmelzen des Eises verhindert.

4 Extraktion

Unter *Extrahieren* versteht man das Herauslösen eines oder mehrerer Stoffe aus einem festen Gemisch oder einer Lösung.

a) Festkörper

Zum Extrahieren gut löslicher Substanzen genügt es oft, das Gemisch mit einem Lösemittel unter Rühren aufzukochen. Bei wenig löslichen Verbindungen verwendet man *Extraktoren* (Abb. 170). Diese bestehen aus einem Rundkolben mit dem siedenden Lösemittel, aufgesetztem Extraktor mit dem Gemisch und einem Rückflusskühler. Das Lösemittel wird im Rückflusskühler kondensiert, tropft von dort auf das Substanzgemisch und löst die gesuchte Substanz. Die Lösung läuft in den Rundkolben zurück, aus dem reines Lösemittel verdampft werden kann.

b) Lösungen

Gelöste Substanzen können am einfachsten durch Ausschütteln im *Scheidetrichter* extrahiert werden (Abb. 171). Dieser enthält die Lösung und ein damit nicht mischbares Extraktionsmittel. Die zu extrahierende Substanz verteilt sich beim Schütteln gemäß dem *Nernstschen Verteilungsgesetz* zwischen beide Phasen. Nach dem Trennen der Phasen und dem Trocknen des Extraktionsmittels verdampft man das Extraktionsmittel und erhält so die gesuchte Substanz.

Arbeitshinweis: Man schüttelt mehrmals mit kleinen Mengen Extraktionsmittel aus (und nicht nur einmal mit einer großen Menge). Nach jedem Schütteln ist zur Druckentlastung der Hahn kurz zu öffnen, wobei man den Auslauf nach oben vom Körper weghält. Zum Ablassen der Phasen ist vorher der Verschlussstopfen zu entfernen.

Bei geringen Unterschieden in den Verteilungskoeffizienten von Substanzen lässt sich eine Trennung durch einmaliges Ausschütteln nur schwer erreichen. Beim *multiplikativen Verteilungsverfahren* führt man diese Operation in automatisch arbeitenden Geräten mehrfach nacheinander durch und kann so Substanzgemische quantitativ trennen.

Zur kontinuierlichen Extraktion von Lösungen dienen *Perforatoren* (Flüssig-Flüssig-Extraktoren, Abb. 172 u. Abb. 173). Diese arbeiten so, dass eine Phase feinverteilt durch die andere hindurchströmt (ähnlich dem Extraktor).

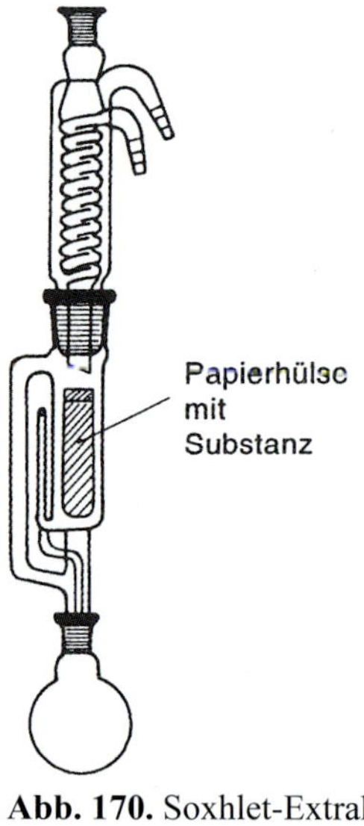

Abb. 170. Soxhlet-Extraktor

Abb. 171. Scheidetrichter

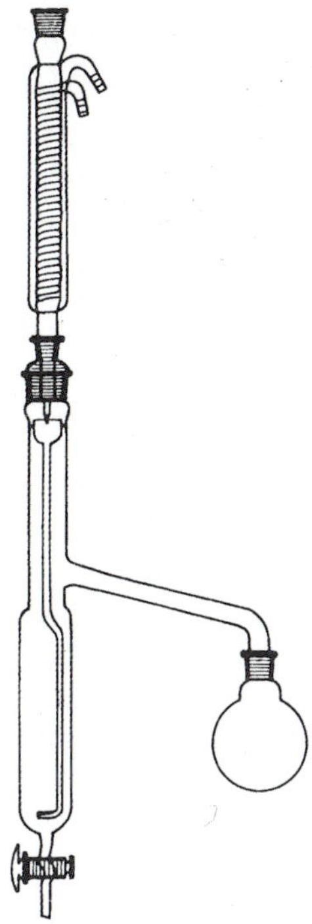

Abb. 172. Perforator für spezifisch leichte Extraktionsmittel

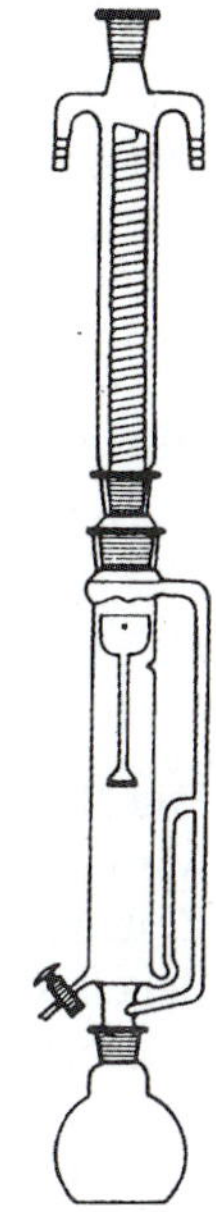

Abb. 173. Perforator für spezifisch schwere Extraktionsmittel

5 Trennung aufgrund kinetischer Effekte

In der Biochemie und Naturstoffchemie ist es häufig notwendig, höhermolekulare Verbindungen wie Glykoside oder Proteine und Kolloide zu trennen. Außer den bekannten chromatographischen Methoden, insbesondere der Gelchromatographie, bedient man sich hierzu kinetischer Trennverfahren.

5.1 Dialyse

Die *Dialyse* ist ein physikalisches Verfahren zur Trennung gelöster, niedermolekularer von makromolekularen oder kolloiden Stoffen. Sie beruht darauf, dass makromolekulare oder kolloiddisperse (10-100 nm) Substanzen nicht oder nur schwer durch halbdurchlässige Membranen („Ultrafilter“, tierische, pflanzliche oder künstliche Membranen) diffundieren.

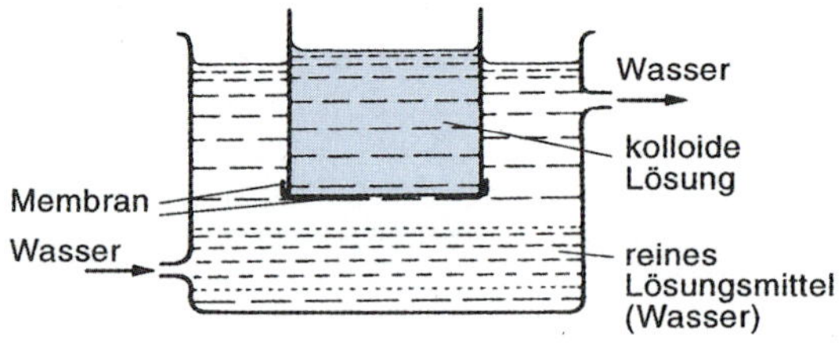

Abb. 174. Dialyse

Die *Dialysegeschwindigkeit* v, d.h. die Abnahme der Konzentration des durch die Membran diffundierenden molekulardispers (0,1-3 nm) gelösten Stoffes pro Zeiteinheit ($v = -dc/dt$), ist in jedem Augenblick der Dialyse der gerade vorhandenen Konzentration c proportional: $\mathbf{v = \lambda \cdot c}$, ($\lambda$ = Dialysekoeffizient). λ hat bei gegebenen Bedingungen (Temperatur, Flächengröße der Membran, Schichthöhe der Lösung, Konzentrationsunterschied auf beiden Seiten der Membran) für jeden gelösten Stoff einen charakteristischen Wert.

Für zwei Stoffe A und B mit der Molekülmasse M_A bzw. M_B gilt die Beziehung:

$$\frac{\lambda_A}{\lambda_B} = \sqrt{\frac{M_B}{M_A}}$$

Abb. 174 zeigt einen einfachen Dialyseapparat (Dialysator). Die echt gelösten (molekulardispersen) Teilchen diffundieren unter dem Einfluss der *Brownschen Molekularbewegung* durch die Membran und werden von dem strömenden Außenwasser abgeführt.

5.2 Ultrazentrifugation (Sedimentation)

Man verwendet eine *Zentrifuge* sehr hoher Beschleunigung (bis etwa 10^6 g, 1 g = 9,8 ms^{-2}). Sie ermöglicht, das Verhalten von Teilchen in einem vorgegebenen Schwerefeld und unter konstanten äußeren Bedingungen wie Druck und Temperatur zu beobachten. Die Sedimentationsgeschwindigkeit während des Zentrifugierens wird meist zur Bestimmung der Molmasse M benutzt, wofür folgende Gleichung gilt:

$$M = \frac{R \cdot T \cdot s}{D \cdot (1 - V \cdot \rho)}$$

R = Gaskonstante; T = Temperatur; D = Diffusionskoeffizient; s = Sedimentationskonstante; ρ = Dichte des Lösemittels; V = partielles spezifisches Volumen der gelösten Substanz

V, ρ, D und s werden aus den experimentellen Daten bestimmt.

Bei einer Abänderung des Verfahrens, dem *Sedimentationsgleichgewicht*, wird die Drehzahl (und damit g) so gewählt, dass sich Sedimentation und Diffusion gerade kompensieren. Hierfür gilt:

$$M = \frac{2 \cdot R \cdot T \cdot \ln c_2 / c_1}{\omega^2 \cdot \left(x_2^2 - x_1^2\right) \cdot (1 - V \cdot \rho)}$$

$c_{1,2}$ = Konzentrationen in den Abständen $x_{1,2}$ vom Rotationszentrum, ω = Winkelgeschwindigkeit des Rotors

Außer zur *Molmassenbestimmung* werden Ultrazentrifugen benutzt, um *Molmassenverteilungen* zu ermitteln, d.h. man kann Substanzgemische fraktionieren. Gleichzeitig gewinnt man eine Aussage über Reinheit, Einheitlichkeit und Mengenverteilung der zu untersuchenden Substanzprobe.

5.3 Elektrophorese

Hierunter versteht man die Wanderung von geladenen Teilchen in einem elektrischen Feld. Sie werden aufgrund ihrer unterschiedlichen Beweglichkeit und Ladung voneinander getrennt und können dadurch charakterisiert bzw. analytisch bestimmt werden. Man arbeitet dabei entweder in einer Messlösung, die beiderseits an eine Pufferlösung angrenzt *(freie Elektrophorese)* oder die Messlösung ist auf ein mit Pufferlösung getränktes Trägermaterial aufgetragen *(Träger-Elektrophorese)*. Letzteres hat den Vorteil, dass die einzelnen Zonen (Puffer-Messlösung-Puffer) besser gegeneinander abzugrenzen sind und sich die Fronten durch Diffusionsvorgänge kaum vermischen. Allerdings machen sich dabei Adsorptions- und Kapillareffekte zusätzlich bemerkbar. Beweglichkeit und Trennschärfe lassen sich auch durch Variation des pH-Wertes verändern, weil dadurch die Eigenladungen der zu trennenden Substanzen verändert werden. Dabei muss man allerdings vermeiden, in die Nähe des isoelektrischen Punktes zu kommen, weil die Teilchen evtl. durch Ausflocken unbeweglich werden können.

Die trägerfreie Elektrophorese wird heute nur noch verwendet, wenn die Gefahr besteht, dass die Probe mit Trägermaterial verunreinigt wird oder der Kontakt mit ihr, z. B. bei Proteinen, zu irreversiblen Veränderungen führt. Eine leistungsfähige Methode ist die *Ablenkungselektrophorese* (Abb. 175), die mit einer vertikal strömenden Probenlösung arbeitet. Diese fließt in eine Pufferlösung ein, die sich zwischen zwei senkrecht stehenden parallelen Glasplatten im rechten Winkel zu den Kraftlinien eines Gleichstromfeldes bewegt. Die Ionen werden dann aus der

Strömungsrichtung des Puffers um einen bestimmten Winkel abgelenkt und am unteren Ende der Platten getrennt aufgefangen. Der Ablenkungswinkel ist für jede Substanz verschieden und abhängig z. B. von der Strömungsgeschwindigkeit und der Beweglichkeit der Teilchen.

Als *Träger* dienen bei der Träger-Elektrophorese Cellulose-Filterpapiere, Kunstfaserpapier u.a. Diese sind jedoch ebenso wie bei der Papierchromatographie inzwischen von der *Dünnschicht-Elektrophorese* abgelöst worden, die z. B. mit normalen DC-Platten arbeitet. Die *Mikrozonen-Elektrophorese* verwendet Celluloseacetatfolien und erreicht bei hoher Trenngeschwindigkeit gute Trennwerte bei einer Nachweisgrenze von 1-2 µg. Verwendet man Stärke oder Polyacrylamid als Träger, dann wirken diese zusätzlich als Molekularsiebe (vgl. Gelchromatographie). Diese *Gel-Elektrophorese* wird auch als *Disk-Elektrophorese* (Abb. 176) bezeichnet, weil man den Träger diskontinuierlich aufbaut. Das zu trennende Substanzgemisch (z. B. Proteine) wird im *Sammelgel* zu einer schmalen Startzone aufkonzentriert, in der die einzelnen Proteine nach ihrer Beweglichkeit hintereinander angeordnet sind. Im anschließenden *Trenngel* findet dann die eigentliche Zonen-Elektrophorese statt, wobei die Proteine durch die verschiedenen Porengrößen der Gelmatrix nach Molekül-Ladung, -Größe und -Gestalt getrennt werden. Sie können danach durch Anfärben mit Farbstoffen sichtbar gemacht werden.

Bei der sog. *Immuno-Elektrophorese* (Abb. 177) kombiniert man die Elektrophorese mit einer serologischen Nachweismethode, nämlich der Ausflockungs-(Präzipitats)-Reaktion zwischen Antigen und Antikörper. Beim Verfahren nach *Grabar/Williams* wird ein Proteingemisch zunächst elektrophoretisch getrennt. In den Träger lässt man entsprechende Antikörper eindiffundieren, die beim Zusammentreffen mit ihrem spezifischen Antigen ausfallen und als dünne, leicht gekrümmte „Präzipitatsbanden“ in Erscheinung treten.

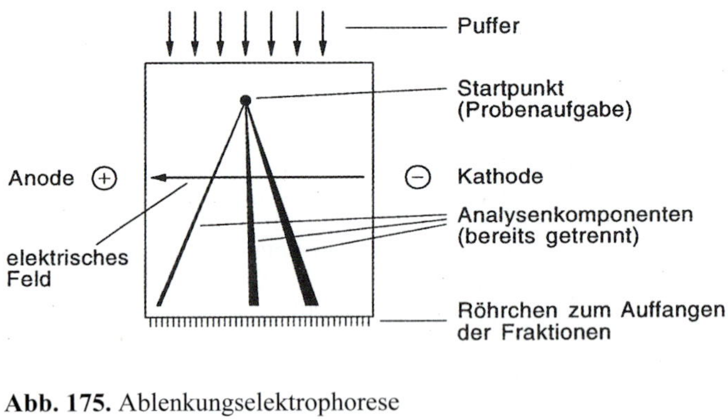

Abb. 175. Ablenkungselektrophorese

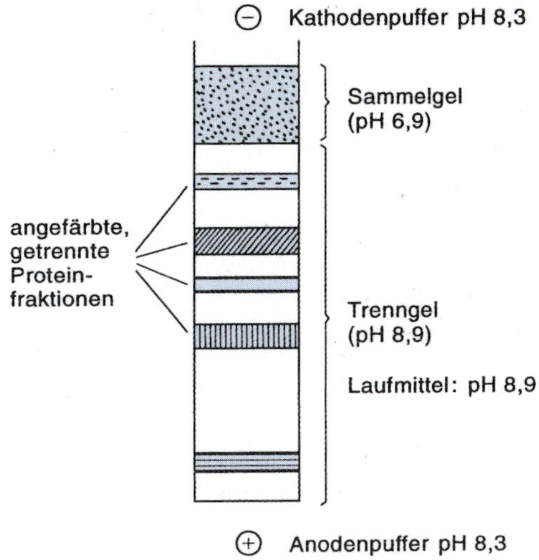

Abb. 176. Gel-Elektrophorese mit den pH-Werten für ein „Standard“ Disk-System

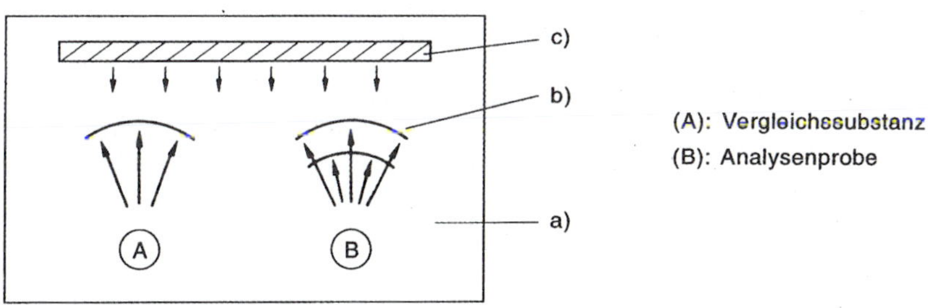

Abb. 177. Immunoelektrophorese: *a)* Träger; *b)* Präzipitatsbanden in der Diffusionszone; *c)* Rinne mit Antiserum (wird erst nach der Elektrophorese angelegt)

Literaturnachweis und weiterführende Literatur

Allgemeine bzw. kapitelübergreifende Literatur

Latscha, H. P., Klein, A.: Anorganische Chemie (Reihe Basiswissen Chemie I). Springer, Berlin Heidelberg New York, 2002.

Harris, D. C.: Lehrbuch der quantitativen Analyse. Springer, Berlin Heidelberg New York, 2002.

Otto, M.: Analytische Chemie, 2. Aufl. Wiley-VCH, Weinheim, 2000.

Skoog-O´Leary, Instrumentale Analytik, Grundlagen – Geräte - Anwendungen. Springer, Berlin Heidelberg New York, 1996.

Wedler, G.: Lehrbuch der Physikalischen Chemie, 4. Aufl. Wiley-VCH, Weinheim, 1997.

Kapitel II

Qualitative anorganische Analyse

Ackermann, G.: Einführung in die qualitative anorganische Halbmikroanalyse. VEB Deutscher Verlag für Grundstoffindustrie, Leipzig.

Bock, R.: Handbuch der analytisch-chemischen Aufschlußmethoden, 1. Aufl. Wiley-VCH, Weinheim, 2001.

Donald, J., Pietrzyk u. Clyde W. Frank: Analytical chemistry. Academic Press, New York London.

Feigl, F.: Tüpfelanalyse, 4. Aufl. Akademische Verlagsgesellschaft Frankfurt/M, 1960.

Fresenius, W., Jander, G.: Handbuch der analytischen Chemie. Springer, Berlin Heidelberg New York, 1956.

Friks, J., Getrost, H.: Organische Reagenzien für die Spurenanalyse. Firmenschrift E. Merck, Darmstadt.

Geilmann, W.: Bilder zur qualitativen Mikroanalyse anorganischer Stoffe. Verlag Chemie, Weinheim, 1954.

Gerdes, E.: Qualitative Anorganische Analyse, 2. Aufl. Springer, Berlin Heidelberg New York, 1998.

Hofmann, H., Jander, G.: Qualitative Analyse, 4. Aufl. de Gruyter, Berlin New York, 1972.

Jander, G., Blasius, E.: Lehrbuch der analytischen und präparativen anorganischen Chemie, 14. Aufl. Hirzel, Stuttgart, 1995.

Köster-Pflugmacher, A.: Qualitative Schnellanalyse der Kationen und Anionen. de Gruyter, Berlin New York, 1969.

Medicus, L., Goehring, M.: Qualitative Analyse, 25. Aufl. Steinkopff, Dresden Leipzig, 1950.

Müller, G.-O.: Lehrbuch der Angewandten Chemie, Bd. I. Qualitativ-anorganisches Praktikum, Hirzel, Leipzig, 1988.

Okac, A.: Qualitative analytische Chemie. Akademische Verlagsgesellschaft, Leipzig.

Riesenfeld, E., Remy H.: Anorganisch-Chemisches Praktikum, 17. Aufl. Rascher, Zürich, 1956.

Kapitel III

Qualitative organische Analyse

Ehrenberger, F., Gorbach, S.: Methoden der organischen Elementar-und Spurenanalyse. Verlag Chemie, Weinheim.

Firmenschrift E. Merck: Reagenzien für die organische Gruppenanalyse. Darmstadt.

Houben-Weyl-Müller: Methoden der organischen Chemie, Bd. II. Thieme, Stuttgart.

Huber, W.: Chemischer Nachweis funktioneller organischer Gruppen in Analytiker-Taschenbuch, Bd. II. Springer, Berlin Heidelberg New York, 1998.

Hünig, S., Musso, H.: Nachweis funktioneller Gruppen in organischen Verbindungen. Manuskript, Marburg.

Schwertlick, K. (Hrsg.): Organikum, 21. Aufl. Wiley-VCH, Weinheim, 2001.

Staudinger, H.: Anleitung zur organischen qualitativen Analyse. Springer, Berlin Göttingen Heidelberg, 1944.

Kapitel IV, V und VI

Gravimetrie

Maßanalyse

Elektroanalytische Verfahren

Doerfel, K., Geyer, R., Müller, H. (Hrsg.): Analytikum: Methoden der analytischen Chemie und ihre theoretischen Grundlagen, 9. Aufl. Wiley-VCH, Weinheim, 1994.

Kolditz, L. (Hrsg.): Anorganikum, 13. Aufl. Wiley-VCH, Weinheim, 1993.

Becke-Goehring, M., Fluck, E.: Einführung in die Theorie der Quantitativen Analyse. Steinkopff, Dresden.

Biltz, H., Biltz, W.: Ausführung quantitativer Analysen. Hirzel, Stuttgart.

Böhme, H., Hartke, K.: Kommentar zum Deutschen Arzneibuch,. Bd. I, II., 2. Aufl. Wissenschaftliche Verlagsgesellschaft, . Stuttgart, und Govi-Verlag, Frankfurt, 1978.

Brdička, R.: Grundlagen der physikalischen Chemie, 15. Aufl. Wiley-VCH, Weinheim, 1992.

Danzer, Kl., Than, E., Molch, D.: Analytik: Systematischer Überblick. Wissenschaftliche Verlagsgesellschaft, Stuttgart, 1998.

Firmenschrift E. Merck: Komplexometrische Bestimmungsmethoden mit Titriplex. Darmstadt.

Gyenes, J.: Titrationen in nicht-wäßrigen Medien. Enke, Stuttgart,1970.

Hägg, G.: Die theoretischen Grundlagen der analytischen Chemie, 2. Aufl. Birkhäuser, Basel, 1962.

Huber, W.: Titrationen in nicht-wäßrigen Lösemitteln. Akademische Verlagsgesellschaft, Frankfurt.

Jander, G., Jahr, K. F.: Maßanalyse, 15. Aufl. de Gruyter, Berlin New York, 1989.

Kullbach, W.: Mengenberechnungen in der Chemie. Verlag Chemie, Weinheim, 1980.

Kunze, U.R., Schwedt, G.: Grundlagen der qualitativen und quantitativen Analyse. Wiley-VCH, Weinheim, 2003.

Leichnitz, K.: Prüfröhrchen Taschenbuch. Drägerwerk, Lübeck, 1988.

Müller, G.-O.: Lehr- und Übungsbuch der anorganisch-analytischen Chemie, Bd. 3: Quantitativ-anorganisches Praktikum. Harry Deutsch, Frankfurt/M., 1994

Näser, K.H., Peschel, G.: Physikalisch-chemische Meßmethoden. Wiley-VCH, Weinheim, 2002.

Näser, K.H., Regen, O., Lemne, D.: Physikalische Chemie für Techniker und Ingenieure. Wiley-VCH, Weinheim .

Näser, K.H., Regen, O., Brandes, G.: Aufgabensammlung zur physikalischen Chemie. Wiley-VCH, Weinheim.

Nylen, P., Wigren, N.: Einführung in die Stöchiometrie, 19. Aufl. Steinkopff, Darmstadt.

Poethke, W., Joppien, G.: Praktikum der Maßanalyse. Deutsch, Zürich Frankfurt, 1973.

Schwarzenbach, G., Flaschka, H.: Die komplexometrische Titration. Enke, Stuttgart, 1968.

Seel, F.: Grundlagen der analytischen Chemie. Verlag Chemie, Weinheim, 1979.

Vogel, A.I.: Vogel's Textbook of Quantitative Inorganic Analysis, 4. Aufl. Longmans, Science and Technology, London New York, Toronto, 1980.

Wittenberger, W.: Rechnen in der Chemie, 14. Aufl. Springer, Wien, 1995.

Wittenberger, W.: Chemische Laboratoriumstechnik. Springer, Wien, 1957.

Kapitel VI (speziell)

Elektroanalytische Verfahren

Abrahamczik, E.: Potentiometrische und konduktometrische Titration, Bd. III, 4. Aufl. In: Methoden der organischen Chemie. Houben-Weyl.

Abresch, K., Claasen, I.: Coulometrische Analyse. Verlag Chemie, Weinheim, 1961.

Abresch, K., Büchel, E.: Die coulometrische Analyse. Angew. Chem. *74*, 685 (1962).

Analytiker-Taschenbuch, Bd. II. Springer, Berlin Heidelberg New York.

Cammann, K., Galster, H.: Das Arbeiten mit Ionenselektiven Elektroden: Eine Einführung für Praktiker. Springer, Berlin Heidelberg New York, 1996.

Cruse, K., Huber, R.: Hochfrequenztitration. Verlag Chemie, Weinheim, 1957.

Ebel, S., Parzefall, W.: Experimentelle Einführung in die Potentiometrie. Verlag Chemie, Weinheim, 1975.

Ebert, H.: Elektrochemie. Grundlagen und Anwendungsmöglichkeiten, 2. Aufl. Vogel, Würzburg, 1979.

Fachlexikon, ABC Chemie. Verlag Harri Deutsch , Frankfurt/M., Thun, 1979.

Graue, G.: Coulometrie. Chem.Lab. Betr. *13* (1962).

Hamann, C.H., Vielstich, W.: Elektrochemie I und II. Wiley-VCH, Weinheim, 1998.

Heyrovský, J.: Polarographisches Praktikum. Springer, Berlin, 1960.

Heyrovský, J., Zuman, P.: Einführung in die praktische Polarographie. Berlin: VEB Verlag Technik, 1959.

Kortüm, G.: Lehrbuch der Elektrochemie, 5. Aufl. Verlag Chemie, Weinheim, 1972.

Koryta, J., Dvořák, J., Boháčková, V.: Lehrbuch der Elektrochemie. Springer, Berlin Heidelberg New York, 1975.

Lohmann, F.: Die coulometrische Analyse und ihre Anwendungen. Chem. Techn. *13*, 668 (1961).

Meiters, L.: Polarographie techniques. Interscience Publ., New York, 1955.

Neumüller, O.-H.: Basis-Römpp. Franckhsche Verlagsbuchhandlung, Stuttgart.

Nürnberg, H.W.: Elektroanalytical Chemistry. Wiley, London New York, 1974.

Schmidt, H., v. Stachelberg, M.: Neuartige polarographische Methoden. Verlag Chemie, Weinheim.

Stock, J.T.: Amperometrische Titration. New York; Interscience Publishers

Trobisch, K.H.: Die coulometrische Titration. Chem. Techn. 6, 649 (1957).

Vetter, K.J.: Coulometrie. In: Ullmanns Enzyklopädie der technischen Chemie, Bd. 2/1, S. 618 (1961), bis 4. Aufl in deutsch, ab 5. Aufl. in engl.: Ullmanns Encyclopedia of Industrial Chemistry (auch als CD ROM).

Kapitel VII

Optische und spektroskopische Analysenverfahren

Zusammenfassungen (s. vorstehende Literatur):

Näser, K.H., Brdička, R.; Houben-Weyl; Organikum. Ullmann; Analytikum. Danzer, Than und Molch.

Bergert, K.-H., Pruggmayer, D.: Möglichkeiten der instrumentellen Analytik. G-I-T-Verlag, Darmstadt.

Clerc, Th., Pretsch, E.: Kernresonanzspektroskopie. Frankfurt: Akademische Verlagsgesellschaft, Clerc, Th., Pretsch, E.: Spectra Interpretation of Organic Compounds, Wiley-VCH, Weinheim, 1997.

Friebolin, H.: Ein- und zweidimensionale NMR –Spektroskopie. Wiley-VCH, Weinheim 1999.

Gerson, F.: Hochauflösende ESR-Spektroskopie. Wiley-VCH, Weinheim.

Huber, W.: Electron Spin Resonance Spectroscopy for Organic Chemists. Wiley-VCH, Weinheim, 2003.

Günther, H.: NMR-Spektroskopie. Thieme, Stuttgart, 1992

Günzler, H., Böck. H.: IR-Spektroskopie. 3. Aufl. Wiley-VCH, Weinheim, 1996.

Kortüm, G.: Kolorimetrie, Photometrie und Spektroskopie. Springer, Berlin Heidelberg New York, 1962.

Kortüm, G.: Reflexionsspektroskopie. Springer, Berlin Heidelberg New York, 1976.

Pretsch, Clerc, Seibl, Simon: Tabellen zur Strukturaufklärung organischer Verbindungen mit spektroskopischen Methoden. Springer, Berlin Heidelberg New York, 1991.

Silverstein, R.M., Bassler, G.C., Morri, T. C.: Spectrometric identification of organic compounds. Wiley-VCH, New York, 1991.

Ternay, A.L.: Contemporary organic chemistry. Saunders, Philadelphia, 1979.

Williams, D., Fleming, I.: Spektroskopische Methoden in der organischen Chemie. Thieme, Stuttgart, 1986.

Zschunke, A.: Kernmagnetische Resonanzspektroskopie in der organischen Chemie. Akademie-Verlag, Berlin, 1971, Wissenschaftliche Taschenbücher Bd. 88, Vieweg, Braunschweig.

Kapitel VIII

Chromatographische Methoden

Doerfel, K., Geyer, R., Müller, H. (Hrsg.) Analytikum, 9. Aufl. Wiley-VCH, Weinheim, 1994.

Brewer, J.M., Pesce, A.J., Ashworth, R.B.: Experimentelle Methoden in der Biochemie. Fischer, Stuttgart, 1977.

Determann, H.: Gelchromatographie. Springer, Berlin Heidelberg New York, 1967.

Engelhardt, H.: Hochdruckflüssigkeitschromatographie. Springer, Berlin Heidelberg New York.

Firmenschriften u.a. von E. Merck, Darmstadt; Deutsche Pharmacia GmbH, Frankfurt; Waters GmbH, Königstein/Ts.; Riedel-de Haën AG, Seelze/Hannover.

Kaiser, R.: Chromatographie in der Gasphase I - IV. Bibliograph. Inst., Mannheim, 1960 – 1965.

Schwedt, G.: Chromatographische Trennmethoden, 3. Aufl. Wiley-VCH, Weinheim, 1994.

Stahl, E.: Dünnschichtchromatographie. 2. Aufl. Springer, Berlin Heidelberg New York, 1967.

Ullmanns Enzyklopädie der technischen Chemie. München: Urban & Schwarzenberg, ab 5. Aufl. Ullmanns Encyclopedia of Industrial Chemistry (CD-ROM).

Wittenberger, W.: Chemische Laboratoriumstechnik. Springer, Wien, 1957

Abbildungsnachweis

Analytikum: VEB Deutscher Verlag für Grundstoffindustrie, Leipzig, 1971.

Christen, H.R.: Grundlagen der organischen Chemie. Sauerländer-Salle, Aarau Frankfurt/M., 1968.

Engelhardt, H.: Hochdruck-Flüssigkeits-Chromatographie. Springer, Berlin Heidelberg New York, 1975.

Fachzeitschrift für das Laboratorium. G-I-T-Verlag, Darmstadt, 1973.

Kortüm, G.: Kolorimetrie, Photometrie und Spektroskopie, 3. Aufl. Springer, Berlin Göttingen Heidelberg, 1955.

Organikum: VEB Deutscher Verlag für Grundstoffindustrie, Leipzig, 1971.

Ullmann: Enzyklopädie der technischen Chemie. Urban u. Schwarzenberg, München Berlin, 1961.

Weitere Abbildungen stammen aus den Büchern „Chemie für Mediziner“ von H.P. Latscha und H.A. Klein, „Chemie für Pharmazeuten“ von H.P. Latscha, H.A. Klein und R. Mosebach, „Parmazeutische Analytik“ von H.P. Latscha, H.A. Klein und J. Kessel und „Chemie Basiswissen I und II“ von H.P. Latscha und H.A. Klein, alle Springer-Verlag, sowie aus Vorlesungsskripten von H.P. Latscha und G. Linti. Sie wurden mit z.T. erheblichen Veränderungen den im Literaturnachweis aufgeführten Lehrbüchern und Monographien entnommen.

Sachverzeichnis

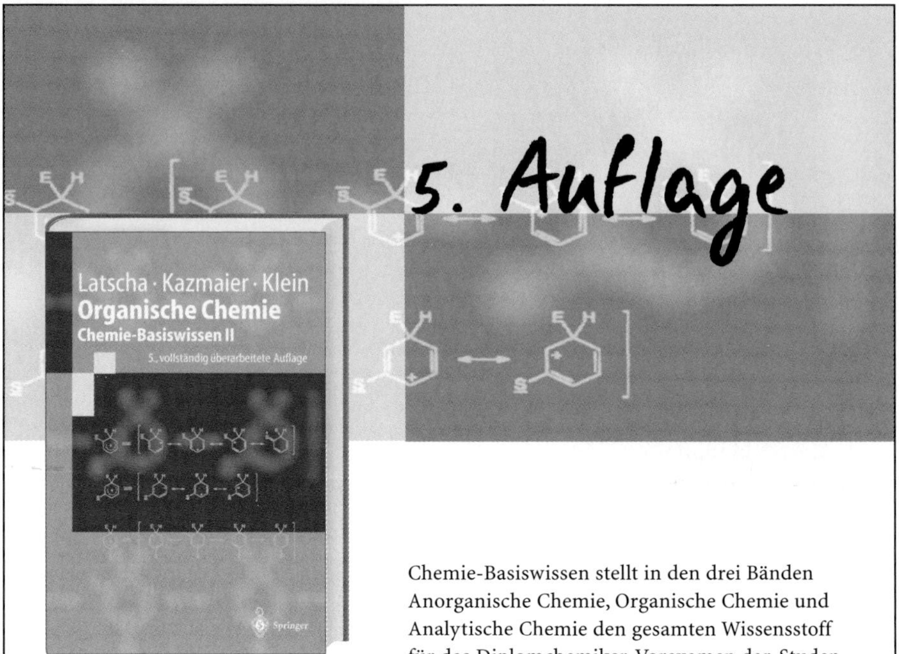

H.P. Latscha, Universität Heidelberg; **U. Kazmaier,** Universität des Saarlandes, Saarbrücken; **H.A. Klein,** Bundesministerium für Arbeit und Sozialordnung, Bonn

Organische Chemie

Chemie-Basiswissen II

5., vollst. überarb. Aufl. 2002. XXIV, 617 S.
91 Abb., 66 Tab. Geb. **€ 29,95**; sFr 46,50
ISBN 3-540-42941-7

Chemie-Basiswissen stellt in den drei Bänden Anorganische Chemie, Organische Chemie und Analytische Chemie den gesamten Wissensstoff für das Diplomchemiker-Vorexamen dar. Studenten mit Chemie im Nebenfach und Studierende des höheren Lehramtes dient Chemie-Basiswissen als Examensvorbereitung. Der Band 2, Organische Chemie, präsentiert den Stoff dieses Gebietes in kurzer und übersichtlicher Form. Das didaktische Konzept und die am Curriculum orientierte Stoffauswahl haben das Buch bei Haupt- und Nebenfachstudenten der Chemie sowie Studierenden des höheren Lehramtes beliebt gemacht. Die 5. Auflage wurde grundlegend überarbeitet; mechanistische Aspekte wurden verstärkt und in den Vordergrund gestellt ohne die „Stoffchemie" zu vernachlässigen.

Springer · Kundenservice
Haberstr. 7 · 69126 Heidelberg
Tel.: (0 62 21) 345 - 217/-218
Fax: (0 62 21) 345 - 229
e-mail: orders@springer.de

Springer

Die €-Preise für Bücher sind gültig in Deutschland und enthalten 7% MwSt.
Preisänderungen und Irrtümer vorbehalten. d&p · BA 42938/1

Druck: Mercedes-Druck, Berlin
Verarbeitung: Stein + Lehmann, Berlin